"十三五"国家重点出版物出版规划项目

光电子科学与技术前沿丛书

聚合物太阳能电池：体相异质结结构调控

韩艳春　刘剑刚/编著

科学出版社
北京

内 容 简 介

本书介绍聚合物及其共混体系凝聚态结构调控的研究进展，并详细阐述凝聚态结构在场效应晶体管及有机太阳能电池等光电器件中的重要应用。主要内容包括光电器件的工作原理、溶液状态与凝聚态结构的表征方法及原理、共轭聚合物分子结晶行为、共轭分子共混体系结晶及相分离行为、光电器件活性层的凝聚态结构与器件光物理过程间的构效关系。

本书不仅可供凝聚态结构调控方向的科研人员及从事有机光电子器件领域的工业生产的技术人员参考，也可供各大专院校作为高分子物理类及电子信息类教材使用。

图书在版编目(CIP)数据

聚合物太阳能电池：体相异质结结构调控/韩艳春，刘剑刚编著. —北京：科学出版社，2020.11

(光电子科学与技术前沿丛书)

"十三五"国家重点出版物出版规划项目　国家出版基金项目

ISBN 978-7-03-066392-4

Ⅰ.聚…　Ⅱ.①韩…②刘…　Ⅲ.薄膜太阳能电池-研究　Ⅳ.TM914.4

中国版本图书馆CIP数据核字(2020)第199658号

责任编辑：张淑晓　杨新改/责任校对：杨　赛
责任印制：肖　兴/封面设计：黄华斌

科学出版社 出版
北京东黄城根北街16号
邮政编码：100717
http://www.sciencep.com

北京通州皇家印刷厂 印刷

科学出版社发行　各地新华书店经销

*

2020年11月第　一　版　开本：720×1000 1/16
2020年11月第一次印刷　印张：23
字数：460 000

定价：160.00元

(如有印装质量问题，我社负责调换)

丛书序

光电子科学与技术涉及化学、物理、材料科学、信息科学、生命科学和工程技术等多学科的交叉与融合，涉及半导体材料在光电子领域的应用，是能源、通信、健康、环境等领域现代技术的基础。光电子科学与技术对传统产业的技术改造、新兴产业的发展、产业结构的调整优化，以及对我国加快创新型国家建设和建成科技强国将起到巨大的促进作用。

中国经过几十年的发展，光电子科学与技术水平有了很大程度的提高，半导体光电子材料、光电子器件和各种相关应用已发展到一定高度，逐步在若干方面赶上了世界水平，并在一些领域实现了超越。系统而全面地整理光电子科学与技术各前沿方向的科学理论、最新研究进展、存在问题和前景，将为科研人员以及刚进入该领域的学生提供多学科、实用、前沿、系统化的知识，将启迪青年学者与学子的思维，推动和引领这一科学技术领域的发展。为此，我们适时成立了“光电子科学与技术前沿丛书”专家委员会，在丛书专家委员会和科学出版社的组织下，邀请国内光电子科学与技术领域杰出的科学家，将各自相关领域的基础理论和最新科研成果进行总结梳理并出版。

“光电子科学与技术前沿丛书”以高质量、科学性、系统性、前瞻性和实用性为目标，内容既包括光电转换导论、有机自旋光电子学、有机光电材料理论等基础科学理论，也涵盖了太阳电池材料、有机光电材料、硅基光电材料、微纳光子材料、非线性光学材料和导电聚合物等先进的光电功能材料，以及有机/聚合物光电子器件和集成光电子器件等光电子器件，还包括光电子激光技术、飞秒光谱技术、太赫兹技术、半导体激光技术、印刷显示技术和荧光传感技术等先进的光电子技术及其应用，将涵盖光电子科学与技术的重要领域。希望业内同行和读者不吝赐教，帮助我们共同打造这套丛书。

在丛书编委会和科学出版社的共同努力下，“光电子科学与技术前沿丛书”获得 2018 年度国家出版基金支持，并入选了“十三五”国家重点出版物出版规划项目。

我们期待能为广大读者提供一套高质量、高水平的光电子科学与技术前沿著作，希望丛书的出版为助力光电子科学与技术研究的深入，促进学科理论体系的建设，激发创新思想，推动我国光电子科学与技术产业的发展，做出一定的贡献。

最后，感谢为丛书付出辛勤劳动的各位作者和出版社的同仁们！

“光电子科学与技术前沿丛书”编委会

2018 年 8 月

前 言

聚合物共混是调控聚合物性能的重要手段之一，聚合物共混体系不但可以具有每一组分的优异性质，另外，其微结构还可以带来每一组分都不具有的新性质。聚合物共混体系的形态结构是决定其性能的最基本要素之一，因此，研究各种聚合物共混体系的形态结构，探讨形态结构与性能之间的联系以及有意识地对共混体系进行形态结构设计，一直是高分子科学研究的核心主题。高分子材料的许多性能（如力学性能、光电性能等）都与聚合物的凝聚态结构和形貌密切相关。全共轭聚合物共混体系的相分离是高分子科学的重要方向之一，从基础研究角度来讲，刚性主链和 π-π 相互作用如何影响双共轭聚合物共混体系相分离的机理以及双结晶共轭聚合物的结晶和相分离的竞争与协同作用还不清楚。从应用基础角度来讲，共轭聚合物作为场效应晶体管(field effect transistor，FET)以及有机太阳能电池(organic solar cell，OSC)等的重要组成部分，不仅具有易于分子剪裁和溶液成型加工的特点，而且可以通过相应的共混体系优化其光电性质并获得单一均聚物所不具备的新的性质和现象，有效提高了光电器件的效率和稳定性等指标。因而，研究全共轭聚合物共混体系相分离结构与光伏性质的关系既是学科发展的需要，也有明确的应用前景。

在 FET 及 OSC 中，活性层的凝聚态结构决定器件性能。例如，FET 中需要形成结晶度高、长程有序排列程度高及分子取向适宜的形貌；而 OSC 的性能则与活性层的体相异质结结构的有序堆叠程度、相区尺寸、相区纯度、相分离结构及界面扩散程度密不可分。因此，如何实现活性层凝聚态结构的优化是进一步提高器件性能的基础。本书以笔者研究组的研究成果为基础，结合国内外最新研究进展，力求对共轭聚合物在 FET 及 OSC 领域的凝聚态结构调控做一全面系统的介绍。本书共三部分。第一部分为绪论，简单介绍共轭聚合物及 OSC 的发展历史，器件结构、制备、分类和工作原理等相关知识(第 1 章)。第二部分介绍形貌表征的相关知识，即结晶性、分子取向、相分离程度等形貌细节所需的表征方法及相关原理(第 2 章)。第三部分介绍共轭聚合物及相关共混体系的相分离原理与形貌调控方法(第 3 章为共轭聚合物凝聚态结构调控、第 4 章为聚合物/富勒烯共混体系凝聚态结构调控、第 5 章为全聚合物共混体系凝聚态结构调控、第 6 章为聚合物/非富勒烯小分子共混体系凝聚态结构调控)。

最近几年共轭聚合物光电器件领域发展迅速，新材料、新器件结构及新的形貌调控手段日新月异。限于篇幅，很多重要成果未能一一介绍，请相关研究者予以谅解！书中也难免有不当和错误之处，敬请读者批评指正。另外，近年来可溶液加工的有机小分子光伏领域发展迅猛，但是由于笔者研究组对相关研究的认识并不深入，未敢贸然撰写，特此说明。

本书所涉及的笔者研究组的工作得到了国家自然科学基金重点项目(编号：21334006)、面上项目(编号：51573185、21474113、51773203、51573185)、国家自然科学基金创新研究群体项目(编号：20621401，20921061)、中国科学院战略性先导科技专项(B 类)(编号：XDB12020300)和国家重点研发计划项目的支持，本书的出版得到国家出版基金资助，特此致谢！

作 者

2020 年 8 月

目 录

第 1 章

有机太阳能电池的发展

有机太阳能电池(organic solar cell，OSC)是采用有机半导体材料作为光活性层制备的将光能转化成电能的装置。其主要工作过程为活性层吸收光子，产生激子，激子在给受体界面处分离形成自由的载流子，载流子传输后被相应电极收集。有机太阳能电池具有制备工艺简单(如卷对卷印刷技术)、制作成本低、质量轻以及可制备成柔性大面积器件等独特优势。随着器件结构、材料种类、界面工程以及活性层形貌调控等方面的不断优化，近十五年间，单节有机太阳能电池的能量转化效率由最初的不到 1%提高到了 16%以上，叠层有机太阳能电池已经突破 17%，其商业化应用前景非常广阔(如屋顶式器件、半透明幕窗式器件及便携式充电设备)，已成为当今新材料和新能源领域最富活力和生机的研究前沿之一[1-8]。

第一个 OSC 器件是 1958 年由 Kearns 和 Calvin[9]在美国加利福尼亚大学化学与辐射实验室制备的，其主要材料为酞菁镁(MgPc)染料，染料层夹在两个功函数不同的电极之间。在该器件上，他们观测到了 200 mV 的开路电压，但器件几乎没有光电转化效率。邓青云博士[1]首次提出了基于给体/受体结构的双层异质结太阳能电池，这是有机太阳能电池领域的一个重要里程碑。他以酞菁铜(CuPc)为给体(D)，以一种四羧基苝衍生物为受体(A)制备了一种双层异质结结构的有机太阳能电池器件，光电转化效率达到 1%左右。1992 年，Heeger 等[10]发现，在有机半导体材料与富勒烯的界面上激子可以以很高的速率实现电荷分离，而且分离之后的电荷不容易在界面上复合。因此，Heeger 及其同事在 1993 年首次将富勒烯作为受体材料应用于有机太阳能电池的研究中，并取得了较好的能量转换效率。自此以后，富勒烯材料成为主流的受体材料[11]。为了进一步增加给受体界面面积，在 1995 年，Yu 等[12]将聚对苯撑乙烯(PPV)衍生物和富勒烯衍生物(PCBM)共混，成功制备了给受体共混的体相异质结(bulk heterojunction，BHJ)有机太阳能电池器件。由于体相异质结电池器件制备工艺简单且能量转换效率高，因此在可溶液加工的太阳能电池体系中被广泛应用。以共轭聚合物材料为给体，富勒烯及其衍生物为受体的共混体系是目前有机太阳能电池研究最为广泛的模型体系，其中最为经典的是聚(3-己基噻吩)(P3HT)与 C_{60} 的衍生物(如 $PC_{61}BM$)组成的共混体系。

虽然富勒烯衍生物受体材料具有良好的电子传输性能，但也有提纯成本高、可见光吸收弱、调节能级较难、稳定性较差等缺点。而非富勒烯材料的出现给有机太阳能电池领域带来了“新鲜血液”，引起了众多科研工作者的兴趣，逐渐成为研究的热点。相比富勒烯而言，非富勒烯具有种类丰富、能带易调、可见光区吸光强、加工成本低等优点[13]。非富勒烯材料主要分为小分子非富勒烯材料和共轭聚合物受体材料两大类。经过科学家们多年的努力，目前已经发展了诸如苝四酰亚二胺类、芴类及苯并噻二唑类等一系列性能优异的非富勒烯小分子材料。2015年，北京大学的占肖卫教授等[14]首先报道了基于稠环结构的非富勒烯小分子受体材料 ITIC，基于该材料的有机太阳能电池效率首次达到了与富勒烯衍生物受体材料相当的能量转换效率，从此掀起了非富勒烯受体小分子研究的高潮。在材料结构不断优化的基础上，基于非富勒烯受体材料的有机太阳能电池器件能量转换效率不断提高，目前单节有机太阳能电池器件效率已经超过 16%。相对于非富勒烯受体小分子，聚合物受体分子除了能够通过分子剪裁实现光吸收范围可调、能级结构可调等优点外，还能够增加溶液黏度，使其与大面积溶液加工相容性更好。在聚合物受体材料中，由美国西北大学和 Polyera 公司的 Facchetti 教授及其合作者[15]开发的 N2200 是最经典的材料。该材料具有迁移率高、稳定性好和易于溶液加工等优点，目前已经广泛应用于场效应晶体管、太阳能电池和锂电池等研究领域。

有机太阳能电池现阶段主要处于研究开发阶段，距离大规模生产应用还有一定的距离，但小规模的有机太阳能电池在日常生活中的应用已经逐步展开。例如，丹麦的一家创业公司(infinityPV)，设计出世界上首款卷轴式太阳能充电宝 HeLi-on，重 105 g，尺寸仅为 11.3 cm × 3.6 cm × 2.8 cm(比一台 iPhone 6 手机还要小)，小巧便携，可随身携带。将 HeLi-on 展开，为一张超薄的太阳能面板，置于阳光下便可以蓄电。有机太阳能电池具有轻便、柔性可折叠等优点，这使其发展越来越迅速。通过科学家的不懈努力，有机太阳能电池领域已经发展得越来越成熟，但是离实际应用还有一定距离。如何将有机太阳能电池的实际应用化沟壑为坦途，还需要今后科研人员更加细致和突破性的工作。相信在科研工作者的努力下，在不久的将来，有机太阳能电池一定能够走进千家万户，为人们的生产、生活提供更多便利。

1.1 有机太阳能电池工作原理

有机太阳能电池是将光能转化为电能的装置。给体(donor)能够传输空穴，是 p 型有机半导体；受体(acceptor)能够传输电子，是 n 型有机半导体。有机太阳能电池受光照激发所产生的不是自由移动的电子和空穴，而是受库仑力束缚的电子-空穴对，也就是激子。由于有机半导体内电场强度不足以把激子分离成电子和空穴，因此激子要扩散到给体/受体(D/A)异质结界面处进行激子分离。由于给体与受体之间存在能量差，在D/A异质结界面处能够形成内建电场促进激子分离为电子和空穴，分离后空穴留在给体中而电子留在受体中。空穴经给体材料传输至阳极，被阳极所收集；电子经受体材料传输至阴极，被阴极所收集，形成闭合回路[16, 17]。一般来讲，有机太阳能电池工作过程可以概述为以下五个步骤，如图1-1所示：①有机半导体受光激发产生激子(过程❶)；②激子在有机半导体内扩散(过程❷)；③扩散到D/A异质结界面的激子分离为电子和空穴(过程❸)；④电子和空穴传输至相应电极(过程❹)；⑤通过外接负载形成回路，完成最终的电荷收集过程(过程❺)[17-20]。下述将详细介绍有机太阳能电池工作工程的各个步骤。

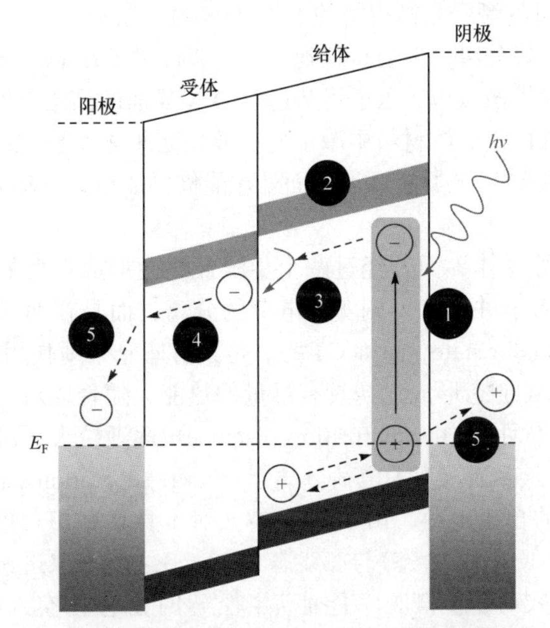

图1-1　有机体相异质结电池光伏转化基本物理过程

1. 激子产生

光吸收是太阳能电池是将光能转化为电能的第一步。在光的辐照下，活性层吸收太阳能，电子受激发从最高占据分子轨道(highest occupied molecular orbital, HOMO)跃迁到最低未占分子轨道(lowest unoccupied molecular orbital， LUMO)形成激子。决定有机太阳能电池对太阳光吸收能力大小的因素有以下几个方面。①半导体材料的光学带隙E_g：光子能量大于E_g的会被活性层吸收，而光子能量小于E_g的则会透过光活性层。聚合物半导体材料的E_g通常在1.2～2.0 eV之间。通过合理地调节半导体材料的分子结构，可以有效地调节分子的光学带隙，从而拓展可吸收的光子数量。但是 E_g 并不是越窄越好，因为 E_g 太小时，高能量的光子由于内部稳定跃迁，会产生较高的光热效应，影响器件的效率和稳定性。②半导体材料的吸光系数：在同等膜厚的情况下，较大吸光系数的聚合物会吸收更多的光子，从而产生更大的电流。③活性层的厚度：在 E_g 和吸光系数为定值的情况下，增加活性层厚度可以增加吸收的光子数，但是由于有机半导体材料的迁移率较低，因此优化之后的活性层厚度通常在 100～300 nm。④光场调控：通过器件结构的合理设计，可以调节光场的分布；或者利用光散射等原理增加光在活性层中的传输路径长度，也能够促进活性层吸收更多的光子。

2. 激子扩散

由于聚合物半导体材料的介电常数较小（2～4）[20]，因此激子的束缚能较大（0.4～1 eV），此时的激子是被束缚的电子-空穴对。激子具有一定的寿命 τ，如果在时间 τ 内不被有效分离，则会衰减到基态。假设激子在 D/A 界面处有效分离浓度为零，由于浓度扩散效应，激子将从远离 D/A 界面的高浓度处经由离域的轨道扩散到界面处。有机半导体材料中激子的扩散长度通常为 5～20 nm[21-23]，在扩散过程中激子到达缺陷部位或者 D/A 界面处才能借助能级差驱动激子有效分离。

3. 激子分离

激子扩散到给受体界面处经过两个步骤最终会形成自由的电子和空穴。首先扩散至界面的激子并不会即刻实现电荷的分离，而是在两相界面处形成电荷转移态（charge transfer state，简称 CT 态，是具有库仑束缚作用的电子-空穴对），如图 1-2 所示[22]。CT 态形成之初具有过量的热能，随着成对电子和空穴的空间距离 a［又称为热化距离（thermalization distance）］逐渐拉大并最终大于库仑捕获半径 r_c，CT 态就会逐渐转变为电荷分离态（charge separation state，简称 CS 态），即不受库仑束缚的自由电荷。由于电子-空穴对本身具有相对较弱的电子耦合能力，CT 态会在单线态（^{1}CT 态）与三线态（^{3}CT 态）之间采取迅速的自旋混合。当界面处的电子-空穴对不能摆脱库仑捕获半径 r_c 时，电子-空穴对则会在 D/A 界面处发生复合（称为成对复合过程），并依据其自旋状态衰减到基态（S_0）或者形成三线态激子（T_1），如图 1-2（b）所示。从激子实现电荷分离的能级示意图可以看出，自由电荷的产生实际上是多个转化过程动力学竞争的结果。当电荷产生过程发生在高能 CT 态（*CS）时，主要的竞争过程发生在热松弛 CT 态与高能 CT 态的分离之间；当电荷产生过程发生在松弛的 CT 态时，主要的竞争过程发生在成对复合与热松弛的 CT 态分离之间。CT 态分离形成 CS 态后，自由电荷沿着给体/受体形成的连续通道传输到相应电极，在这个过程中，自由电荷的复合过程也会与电荷传输竞争，从而影响最终的载流子的产生效率。

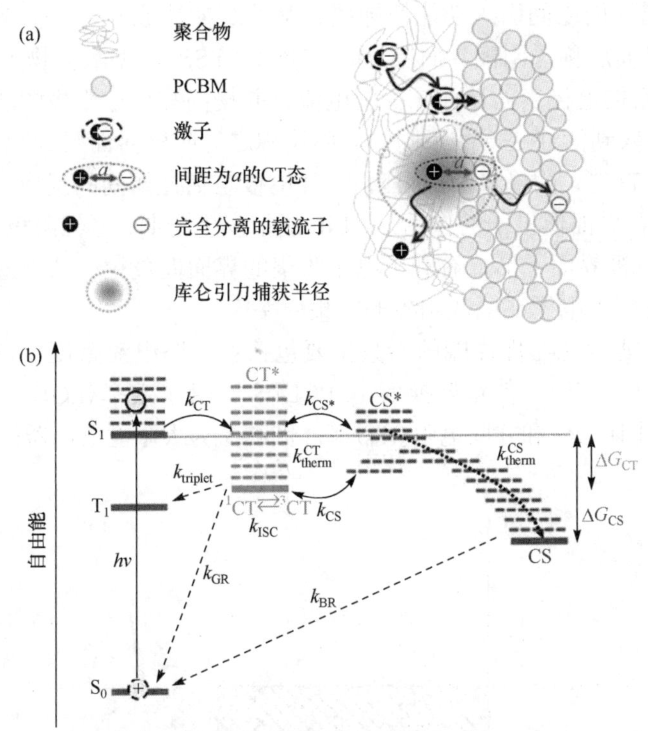

图 1-2　聚合物/富勒烯共混体系界面处电荷分离示意图(a)；激子实现电荷分离的能级示意图(b)[20]

S_0：基态；S_1：单线态激子；T_1：三线态激子；k_{CT}：激子分离形成高能电荷转移态(CT 态)的速率常数；k_{therm}^{CT}：CT 态热松弛过程的速率常数；k_{ISC}：^{1}CT 态与 ^{3}CT 态的自旋混合的速率常数；$k_{triplet}$：^{3}CT 态衰减形成 T_1 的成对复合过程的速率常数；k_{GR}：^{1}CT 衰减至基态的成对复合过程的速率常数；k_{CS^*}：高能 CT 态分离形成电荷分离态(CS 态)的速率常数；k_{CS}：热松弛的 CT 态分离形成 CS 态的速率常数；k_{therm}^{CS}：CS 态的热松弛过程的速率常数；k_{BR}：CS 态的自由电荷复合过程的速率常数

4. 自由载流子的传输

异质结中的自由电子和空穴通过内建电场驱动，利用给受体形成的互穿网络通道传输到相对应的电极，从而被收集。自由载流子的寿命(τ)通常在 10^{-6} s。自由载流子在寿命内必须移动到电极处被收集，否则会被复合掉。因此自由载流子的移动长度要大于活性层厚度。提高载流子迁移率的一个重要方法是优化活性层形貌，形成良好的给受体纳米互穿网络结构，为载流子传输提供连续通路；另外增强活性层结晶性，降低活性层内的缺陷浓度等方法也可提高载流子迁移率。

5. 自由载流子的收集

传输至电极的空穴和电子将被相应的阳极及阴极所收集，影响这个过程的主要因素是活性层与金属电极的界面接触。为了提高载流子收集效率，通常在活性层与金属界面之间引入功能修饰层，又称缓冲层或界面层。引入到活性层与阳极间的界面层称为阳极界面层(如 PEDOT：PSS，p 型氧化物等)，主要作用为平滑 ITO 粗糙电极表面从而减少漏电流，并提高和稳定阳极的功函数，增强内建电场。引入到活性层与阴极间的界面层称之为阴极界面层(如 LiF)，主要作用包括两点：首先，阴极界面层可阻止 Al 电极与活性层间的反应，增加器件稳定性；其次，在界面偶极子的作用下，LiF 能带发生弯曲，器件阴极功函数降低，并在活性层/电极界面上形成有利于电子收集的界面偶极矩，从而减小了电子的注入势垒，提高了电子在电池阴极的收集效率[24]。

衡量太阳能电池器件性能的参数主要包括：短路电流密度(J_{sc})、开路电压(V_{oc})、填充因子(FF)、能量转换效率(PCE)、外量子效率(EQE)、内量子效率(IQE)、串联电阻(R_s)和并联电阻(R_{sh})等。图 1-3 为太阳能电池器件电流密度-电压特性曲线。

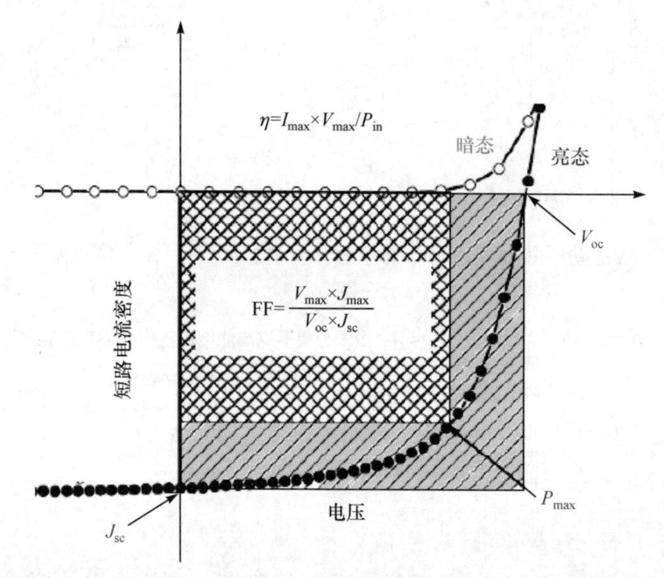

图 1-3 太阳能电池的典型电流密度-电压(J-V)曲线图

1. 短路电流

将太阳能电池置于光源照射下，当电池发生短路时，即外置偏压为零时，异质结处积累的少数载流子将全部流经外回路，形成最大的电流密度，称之为短路电流密度 J_{sc}(J-V 曲线与电流轴的交点)。短路电流密度 J_{sc} 的大小与活性层对光的吸收强度和吸收范围(激子的含量)、激子分离、电子和空穴的传输以及电极收集载流子的能力等因素密切相关。

2. 开路电压

当太阳能电池的外置偏压从 0 开始增加时，电流密度从 J_{sc} 开始下降，电池的输出功率亦从 0 开始增加，当电压达到某个值时，输出功率可达到一个最大值 P_{max}，对应的电流密度和电压称为最大工作电流密度 J_{max} 和最大工作电压 V_{max}。当电压继续增加，功率将从 P_{max} 开始下降并逐渐减小至 0，此时电路为开路状态，两电极之间的电位差称为开路电压 V_{oc}（J-V 曲线与电压轴的交点）。在金属/半导体/金属（MIM）模型中，在非欧姆接触的条件下，影响电池器件开路电压的决定性因素是正负电极的功函数的差。在体相异质结电池结构中，当活性层与正负电极界面之间为欧姆接触时，由于给体材料的 HOMO 能级及受体材料的 LUMO 能级和金属电极的费米能级之间存在钉扎现象，电极功函数在一定范围内的变化并不会对开路电压有太大的影响。在这种条件下，器件的最大开路电压主要由电子给体的 HOMO 与电子受体的 LUMO 的差值所决定。

3. 填充因子

填充因子是全面衡量太阳能电池品质的参数，定义为 J-V 曲线中输出功率为 P_{max} 时对应的最大工作电流密度和最大工作电压的乘积（$J_{max}\times V_{max}$）与 $J_{sc}\times V_{oc}$ 之比。很明显，太阳能电池的 J-V 曲线越趋向方形，边长为 J_{max} 和 V_{max} 的矩形的面积越大，电池输出特性越好，光电转换效率越高。填充因子和电池器件的串联和并联密切相关，减小器件的串联电阻和增大并联电阻是提高填充因子的关键。因此，设计合成高迁移率的给体和受体材料、优化活性层的厚度和给受体两相的连续性、降低界面接触势垒、提高载流子收集效率等都是提高填充因子的有效手段。

4. 能量转换效率

器件的能量转换效率是器件的最大输出功率与入射光强度的比值，其数值为短路电流密度、开路电压和填充因子三者的乘积。

5. 外量子效率

器件的外量子效率是指器件所产生的电子-空穴对的数目与入射到器件的光子数的比值，表征了器件对于不同波长光子的利用情况，其积分数值即为器件的短路电流密度。它主要与活性层的吸光率、激子产生与分离效率以及载流子的收集率有关。由于入射的光子会有部分被反射或透射而损失，因此电池器件的外量子效率不能达到 100%。

6. 内量子效率

器件的内量子效率为器件电极所收集的电荷数目与器件所吸收的光子数的比值。它是激子运动到分离位置的效率、激子转化为自由载流子的效率以及载流子收集效率三者的乘积。

7. 串联电阻

器件的串联电阻主要取决于活性层、界面层和电极的电导率，以及它们之间的接触电阻，减小器件的串联电阻将有利于获得更高的填充因子。

8. 并联电阻

器件的并联电阻主要取决于各层薄膜形貌和它们之间界面接触的质量。由于薄膜内部通常存在孔洞及缺陷态，会造成电荷在传输过程中被复合或俘获，这都将会导致并联电阻减小，从而影响器件的性能。

1.2 有机太阳能电池活性层结构

由于有机半导体材料介电常数低，激子束缚能大。而 p 型半导体材料和 n 型半导体材料接触后，在两种不同的半导体界面区域会形成异质结结构(pn 结)，异质结界面处形成内建电场，可有效促进激子分离。因此，有机太阳能电池活性层通常是由 p 型半导体材料(给体材料)和 n 型半导体材料(受体材料)共同组成。按照活性层中给受体沉积方式不同，活性层中异质结结构主要分为双层异质结结构(给体及受体材料依次沉积)及体相异质结结构(给体材料及受体材料均匀混合后同时沉积)。

1.2.1 双层平面异质结

所谓双层平面异质结，指的是在电极之间插入两层有机材料，一层为 p 型材料，另一层为 n 型材料，如图 1-4 所示。1986，Kodak 公司的邓青云博士[1]首次采用双层平面异质结结构 ITO/酞菁铜(CuPc)/四羧基苝衍生物(PV)/Ag 来制备有机半导体太阳能电池，并得到光电转换效率约为 1%的器件。1992 年，Heeger 课题组[10]的研究表明：在光照下，聚对苯撑乙烯衍生物(MEH-PPV)和富勒烯 C_{60} 之间的电荷转移可达 50～100 fs，如图 1-5 所示，并在此基础上以 MEH-PPV 为电子给体，C_{60} 为电子受体制备了双层平面异质结的有机太阳能电池器件，光电转换效率比单层 MEH-PPV 结构的器件增加一个数量级以上。双层平面异质结太阳能电池与传统的单层结构[如肖特基势垒(Schottky barrier)型]太阳能电池相比，D/A 接触面(异质结区域)给体材料和受体材料的电子亲和势(EA)存在一定差值，因此会产生内建电场，内建电场可提供额外的驱动力促使激子分离形成自由载流子，增加了激子分离效率；另外，激子分离后所产生的空穴和电子会分别在 p 型和 n 型材料中传输，降低载流子在传输过程中的复合概率；第三，在双层平面异质结太阳能电池中，可以通过选择合适的给体材料和受体材料来拓宽光谱响应的范围，有效提高光子吸收效率。因此，相对于单层结构的太阳能电池，双层平面异质结太阳能电池的能量转换效率有了进一步的提高。

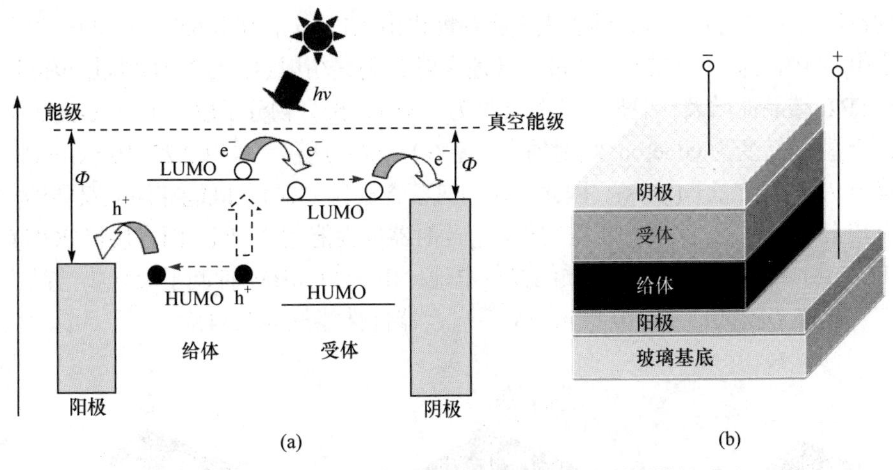

图 1-4　双层异质结太阳能电池原理图(a)和器件结构图(b)

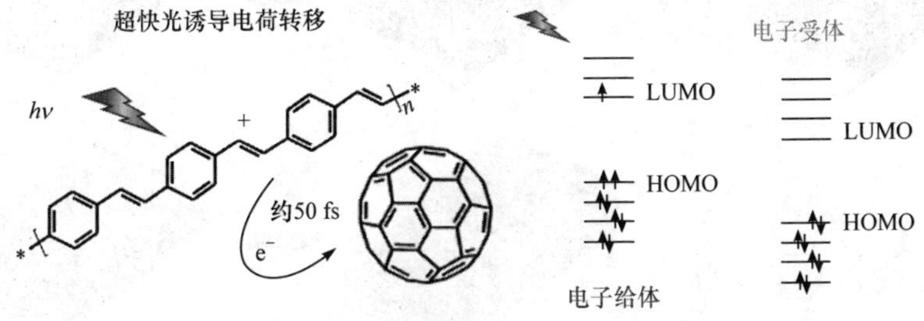

图 1-5　光诱导超快电荷转移示意图[10]

然而，双层异质结太阳能电池有着不可回避的局限性：由于激子的分离只发生在 D/A 界面处，而双层异质结界面面积较小，因此大部分激子在向界面扩散的过程中就已发生复合或被各种陷阱俘获，激子的分离效率极低。但是，由于其结构可控性强，更适于建立活性层结构与性能间关联，用于研究有机光伏电池的光物理过程。

目前，溶液法制备双层异质结普遍采用的方案是顺序沉积法，即先利用溶液法沉积聚合物层，然后用正交溶剂溶解富勒烯，再次利用溶液法在聚合物层表面沉积富勒烯层。例如，Kim 等[25]利用顺序沉积法制备了 PONTBT/$PC_{71}BM$ 双层异质结：先利用 PONTBT 的氯苯溶液旋涂形成 PONTBT 聚合物层；然后利用二氯甲烷作为正交溶剂溶解 $PC_{71}BM$，待 PONTBT 层完全干燥后将 $PC_{71}BM$ 溶液进一步旋涂至 PONTBT 层表面，从而形成双层异质结结构，如图 1-6 所示。界面面积过小是限制双层异质结性能的主要因素，增大底层聚合物层粗糙度是增加界面面积的有效手段。Kim 等[25]通过向聚合物 PONTBT 溶液中添加氯萘，促进底层聚合物结晶，从而形成粗糙的表面。通过原子力显微镜图 1-7 可以看到，随着氯萘含量的增加，聚合物数量增多、尺寸增大，薄膜表面粗糙度也由 1.1 nm 上升至 6.9 nm，激子猝灭效率也由 84.0%提高至 92.7%；通过二维掠入射 X 射线衍射(2D-GIXRD)数据也能得出 PONTBT 结晶性增大，但是当氯萘含量为 3%时，聚合物分子取向由 face-on(π平面平行于基底)转变为 edge-on(侧基垂直于基底)，空穴迁移率也由 2.25×10^{-5} cm²/(V · s)下降至 7.50×10^{-6} cm²/(V · s)。因此，仅当氯萘含量为 1%时，既能够保证双层异质结具有较大界面面积，又有利于空穴传输，此时器件性能达 4.54%。而直接将 PONTBT 与 $PC_{71}BM$ 共混制备的体相异质结光伏电池，由于 $PC_{71}BM$ 抑制了聚合物结晶，导致空穴迁移率较低[3.53×10^{-6} cm²/(V · s)]，器件性能仅为 2.54%。

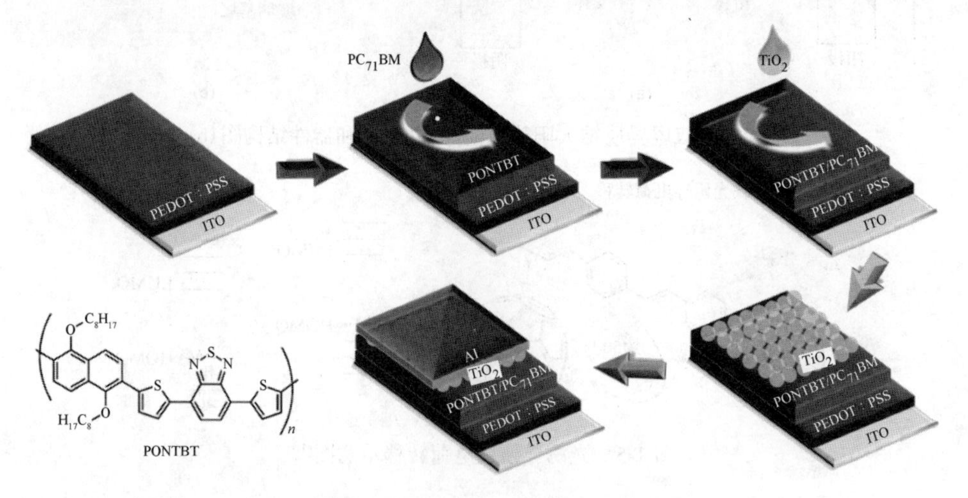

图 1-6　PONTBT 结构式及溶液顺序沉积法制备双层异质结示意图[25]

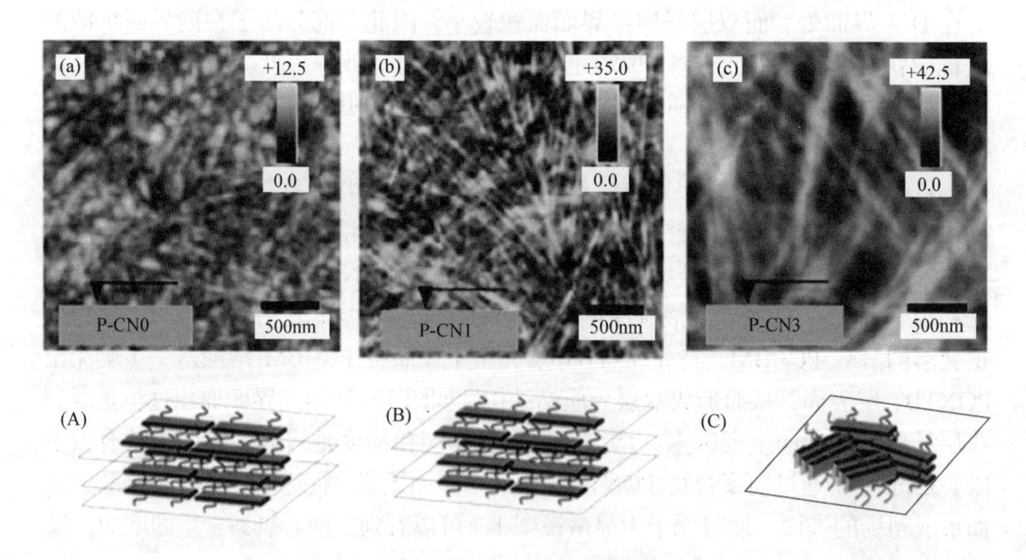

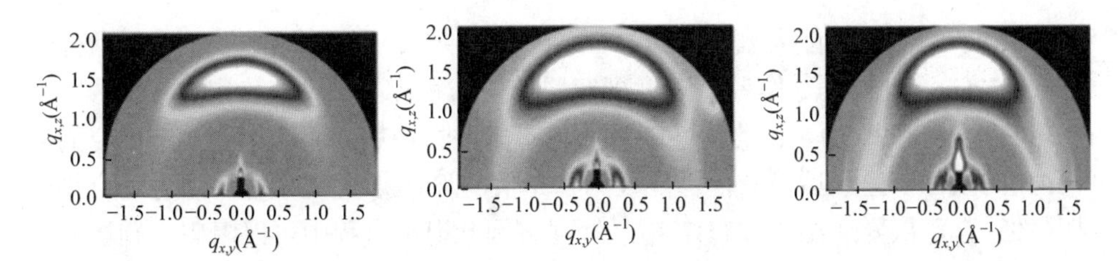

图 1-7 溶液中添加不同含量的氯萘旋涂成膜后的 PONTBT 层的原子力显微镜照片(a～c)、2D-GIXRD 照片及分子取向示意图(A～C)[25]

(a), (A)未添加氯萘; (b), (B)添加 1%氯萘; (c), (C)添加 3%氯萘

通过增强聚合物结晶性不仅能够增加双层异质结界面面积,还能够提高器件稳定性。Kim 等[26]研究了基于 PTB7/$PC_{71}BM$ 体系的双层异质结与体相异质结器件的稳定性。作者通过向 PTB7 的氯苯溶液体系中添加氯萘及 1,8-二碘辛烷(DIO)作为添加剂,大幅增加了双层异质结中 PTB7 的结晶性。然而,PTB7/$PC_{71}BM$ 共混体系中的 PTB7 结晶性较差,如图 1-8 所示。通过器件的 *J-V* 曲线可以看到,PTB7 结晶性提高后,

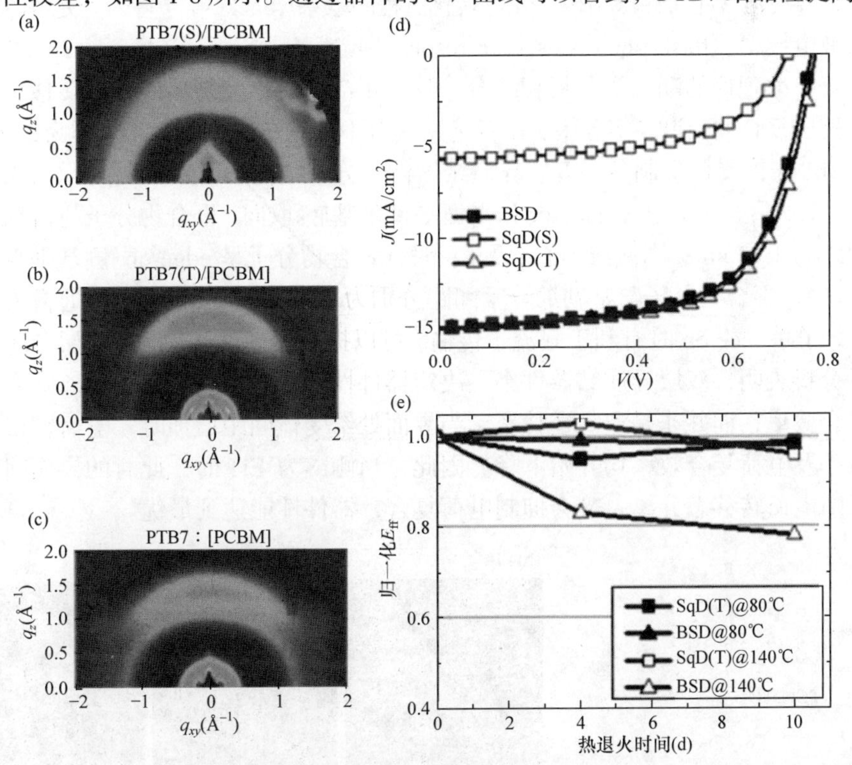

图 1-8 双层异质结及体相异质结活性层洗涤掉 $PC_{71}BM$ 后残余 PTB7 的 2D-GIXRD 照片:(a)不含添加剂的双层异质结[SqD(S)]; (b)含添加剂的双层异质结[SqD(T)]; (c)含添加剂的体相异质结(BSD)。双层异质结及体相异质结相应器件的 *J-V* 曲线(d)及相应器件在热退火处理条件下的性能变化趋势(e)[26]

双层异质结的器件性能大幅增加至 7.43%，已经超过了体相异质结相应的器件性能(7.17%)。与此同时，作者[27]还发现双层异质结相应的器件热稳定性优异，即使在 140℃下热退火 10 d，器件性能依然无明显下降趋势。而体相异质结相应的器件在相同条件下退火后，器件性能仅为初始值的 78%。此现象可归因为聚合物的结晶性：在双层异质结中 PTB7 结晶性强，因此退火过程中可以阻碍富勒烯分子向聚合物的无定形区扩散，从而保持了异质结形貌的稳定性；而体相异质结中，由于 PTB7 分子结晶性差，存在大量无定形区，导致退火过程中富勒烯分子扩散进入 PTB7 分子间，破坏了原有的互穿网络结构。同理，作者[26]在 PCDTBT/$PC_{71}BM$ 中也观测到了此现象：在长时间热退火情况下(80℃，10 d)，双层异质结相应器件的性能还能维持初始性能的 97.2%，而体相异质结相应器件性能大幅降低至初始性能的 37.5%。进一步证实了双层异质结器件热稳定性优于体相异质结器件的观点。

双层异质结器件不仅在热稳定性上具有较大优势，由于其活性层结构简单，因此更容易建立起活性层结构与光电转化过程间联系。Saeki 等[28]将闪光光解时间分辨微波电导率（flash-photolysis time-resolved microwave conductivity，fp-TRMC）与基于扩散理论的动力学分析相结合，建立了活性层形貌与器件电荷转移态分离及载流子复合间关联。实验中，作者选用具有不同侧链的 PCPDTBT 作为给体层，$PC_{71}BM$ 作为受体层制备了双层异质结器件，分子结构如图 1-9(a)所示。当侧链为 EH 时，聚合物分子呈 face-on(π平面平行于基底)取向，聚合物分子与富勒烯分子间距为 1.12 nm；当侧链为 C_{12} 及 C_{16} 时，聚合物分子呈 edge-on(侧基垂直于基底)取向，聚合物分子与富勒烯分子间距分别为 2.37 nm 及 2.54 nm。通常人们认为，分子呈 face-on 时有利于载流子传输，可以提高器件性能。但从双层异质结的结果分析表明，双层异质结器件中，决定器件性能的是电荷转移态分离效率与电荷复合效率，而并非是空穴迁移率。当界面处给受体间距增加时，电荷转移态分离效率及电荷复合效率均开始下降。因此，当侧链为 EH 时，此时的界面间距既能保障电荷转移态分离，又会抑制电荷复合，器件性能达到最优。

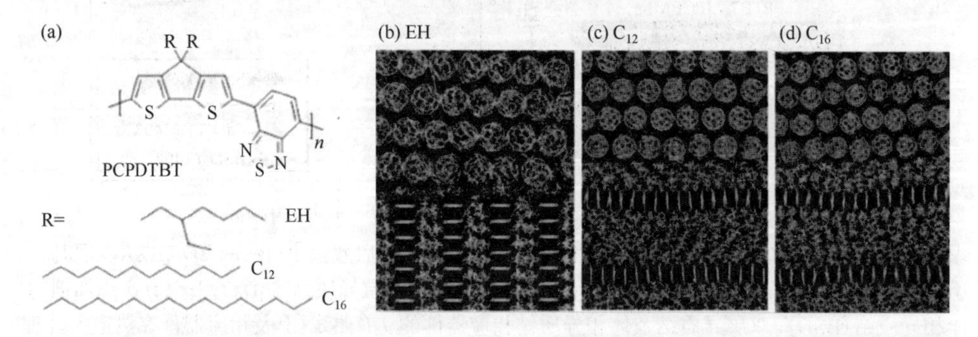

图 1-9 不同侧链的 PCPDTBT 分子结构式(a)及与富勒烯共混后界面处的模拟图像(b)～(d)[28]

由此可见，通过合理控制聚合物层的结晶行为，可以大幅提高给受体界面面积，从而能够获得与体相异质结器件相似的能量转换效率。与此同时，由于聚合物的高结晶性，器件的热稳定性也随之提高。另外，鉴于双层异质结结构简单，以此为模型能够更加清晰地分析活性层形貌与器件光物理过程间的构效关系。但是由于双层异质结制备工艺复杂，难以与大面积溶液加工工艺兼容，因此，未来发展趋势依然是基于体相异质结的太阳能电池器件。

1.2.2　体相异质结

在双层平面异质结的基础上，为了提高器件的能量转换效率，就要增加活性层内部给体材料与受体材料的接触面积。体相异质结（BHJ）太阳能电池（图 1-10）的出现则完全解决了给受体界面面积有限这一难题。体相异质结活性层是通过在有机溶剂中混合充当电子给体和电子受体两类有机材料，经旋涂等溶液加工工艺得到有机固态共混膜。共混膜中，由于给体及受体相区尺寸均为纳米级别，因此极大地增加了给体材料与受体材料间的界面面积，可确保多数激子均能够扩散至界面区域进行后续的分离，提升了激子的分离效率。激子分离后形成的自由电荷需要有效传输至相应的电极，这就要求共混膜中给体材料与受体材料能够各自形成贯穿活性层的互穿网络结构（interpenetrating network），从而降低电子和空穴在输运至相应电极过程中的复合概率。1995 年，Yu 等[12]以共轭聚合物 MEH-PPV 为给体材料，可溶性富勒烯衍生物 $PC_{61}BM$ 为受体材料，通过溶液加工的方式制备了体相异质结有机太阳能电池，器件在 20 mW/cm^2、波长为 430 nm 的单色光照射下，光电转换效率达到了 2.9%。在此后十几年内，基于体相异质结器件结构的有机太阳能电池得到了飞跃式的发展[29, 30]，尤其近年来，通过对给体及受体材料结构和电池器件结构的优化，以富勒烯衍生物为受体材料，基于共轭聚合物或小

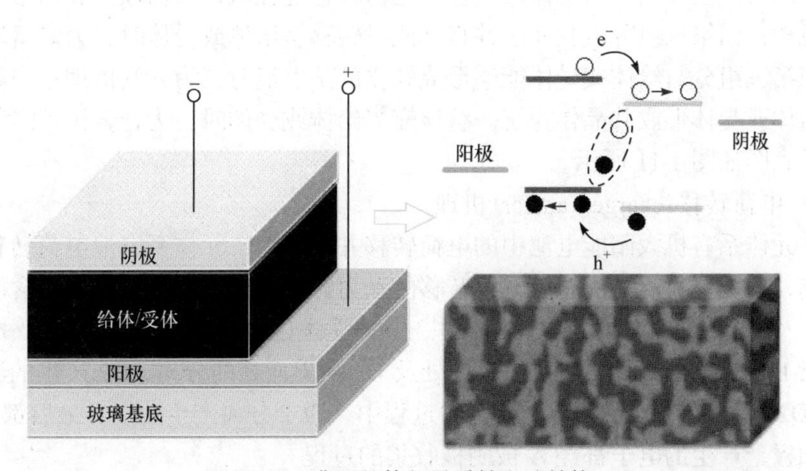

图 1-10　典型的体相异质结电池结构

分子为给体材料的体相异质结太阳能电池器件的性能得到了显著的提高[30-33]。另外，在适当的溶剂中将给体、受体材料混合溶解后，可以通过旋涂、刮涂及喷墨打印等简单工艺制备较大面积的活性层，大幅降低了太阳能电池生产成本，为未来的商业化应用和普及提供了强力的支持[34-40]。

1.2.3 三元体系

虽然体相异质结太阳能电池器件的能量转换效率已经有了大幅提高，然而其受限于有机材料“窄吸收”特性，二元(单一组分给体及单一组分受体)共混薄膜难以实现对太阳能的有效宽光谱利用，并且始终存在相共混(利于激子分离)和相分离(利于电荷传输)这对基础性矛盾，制约了有机太阳能器件性能的进一步突破。此外，在实际生产和应用中也需要有机太阳能器件具有一些其他独特的性质(如半透明、多色彩等特征)，以实现在不同领域的应用。因此，如何拓宽活性层光谱吸收范围、实现具有多样化优势的有机太阳能器件一直是研究的热点和难点。通过简单的三元策略(向给受体共混的二元体系中加入第三种组分，由三种物质共同构成活性层的太阳能电池)，有机太阳能器件便可实现功能多样化，成功解决二元共混薄膜难以克服的问题。三元共混中可以是两种给体一种受体(D1D2A)[41-44]，也可以是一种给体两种受体(DA1A2)[45-49]，或者是一种给体、一种受体及能量给体或/和受体[50-53]。下面将着重介绍三元体系体相异质结有机太阳能电池的工作机理及如何优化活性层形貌。

1. 三元体系有机太阳能电池工作机理

三元体系太阳能电池由于具有多个给体或多个受体，使得器件的物理过程变得复杂。根据添加的第三组分的作用，电池工作过程中的物理机制也差别较大。例如，当第三组分利于给受体之间发生电荷转移过程时，其物理机制通常为电荷转移机理；当第三组分吸收光子并将其能量转移至给体或受体时，为能量转移机理；当第三组分与给体或受体能够形成独立的子电池时，为并联机理；当第三组分与给体或受体形成共晶作为统一整体充当给体或受体时，为合金机理[54-57]；各机理示意图如图 1-11 所示。

1）电荷转移(charge transfer)机理

三元体系有机太阳能电池中的电荷转移并非两个二元体系电池电荷转移的简单叠加，有机材料的能级差是电荷转移的动力源泉。例如在活性层中包含两种给体(D1 及 D2，D1 为主给体、含量多)、一种受体(A)的三元体系器件中，电荷转移是指 D1 产生的激子在 D1/D2 界面处及 D1/A 界面处的分离，D2 产生的激子在界面 D2/A 处发生分离，在电荷传输过程中，激子分离产生的空穴最后都由 D1 传回阳极，产生的电子都经 A 被阴极收集的过程。

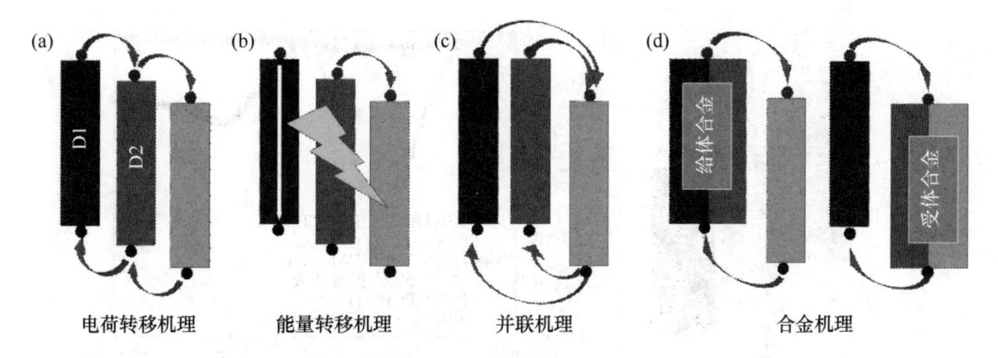

图 1-11 三元体系有机太阳能电池不同工作原理的能级分布及电荷、能量转移情况

三元体系有机太阳能电池中的电荷转移和传输过程与二元体系有机太阳能电池不同，受到多种因素的影响，如第三组分的能级、带隙，第三组分的位置分布，活性层的微观结构等。在电荷转移机理中，因为第三组分依靠占主导地位的 D1/A 体系形成的路径进行电荷传输，因此，第三组分应当分布于主给体和受体的界面之间。同时第三组分要求具有合适的能级，它的 LUMO 和 HOMO 能级应该介于主给体和受体之间，如图 1-11(a)所示。这种能级的梯度分布有利于电荷的分离和传输，避免在活性层中形成激子和电荷陷阱。当添加的第三组分为给体时，给体中产生的激子可以在 D1/D2、D1/A 或 D2/A 的界面上分离为电荷载流子；这些空穴可以通过 HOMO 能级较高的给体有效地传输到阳极，电子则只能通过受体传输到阴极。同理，当添加的第三组分为受体时，原理与上述双给体的三元体系是相似的。Ye 等[58]在 P3HT/DTDCTB/PC_{61}BM 电池中，通过稳态光诱导吸收(PIA)测试研究了 P3HT 和 DTDCTB 之间的电荷转移过程：DTDCTB/PC_{61}BM 的泵浦光源和光诱导吸收信号对应的波长分别为 780 nm 和 1320 nm，P3HT/PC_{61}BM 的泵浦光源和光诱导吸收信号对应的波长则为 532 nm 和 990 nm。用 780 nm 的光源去激发三元体系电池 P3HT/DTDCTB/PC_{61}BM，在 990 nm 观察到了大量的 P3HT 极化子，同时其中的 DTDCTB 极化子的浓度明显低于二元体系 DTDCTB/PC_{61}BM 中的浓度；由此可见，在三元体系电池中空穴由 DTDCTB 转移到了 P3HT，最后经 P3HT 传回到了阳极，如图 1-12 所示。在电荷转移机理占主导的情况下，第三组分作为电子和空穴传输的电荷继电器，位于界面处可以实现有效的电荷转移。因此在设计或选择第三组分时需要注重其能级分布，以确保组分之间有效的电荷转移。

2）能量转移(energy transfer)机理

分子间的能量传递可细分为有辐射的能量转移和无辐射的能量转移两大类。通常情况，有机太阳能电池中的能量转移属于无辐射的能量转移。能量给体的发射光谱与能量受体的吸收光谱有重叠是发生能量转移的必要条件。三元体系有机太阳能电池中常见的能量传递是福斯特(Förster)能量转移。电池工作过程中，能量给

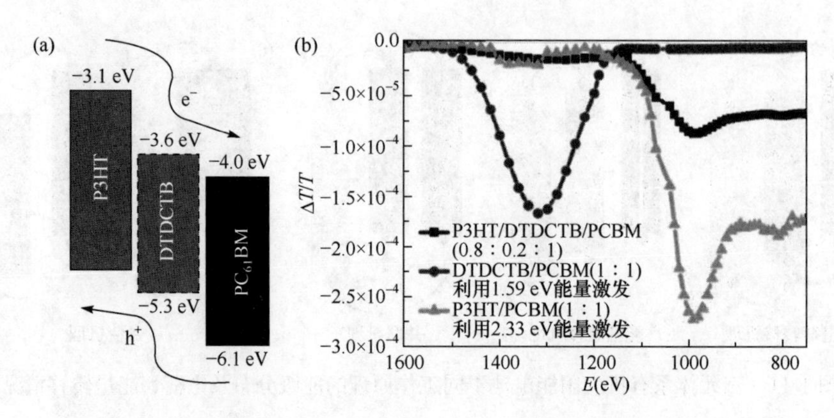

图 1-12　P3HT/DTDCTB/$PC_{61}BM$ 三元体系能级分布图及各个组分间电荷转移示意图(a)；P3HT/DTDCTB/$PC_{61}BM$ 及 DTDCTB/$PC_{61}BM$ 薄膜的光诱导吸收光谱(b)[58]

体将能量传递给给体或者受体，从而在给体或者受体上产生额外的激子；激子进一步扩散至给受体界面分离形成自由载流子，经由载流子传输、收集，完成整个工作过程[52, 59]。荧光(PL)光谱及荧光寿命测试是表征能量传递的有效方法。例如，An 等[60]用 490 nm 的光源去激发 P3HT 和 DIB-SQ，观察到 P3HT 和 DIB-SQ 的发射峰分别位于 585 nm 和 700 nm。用同样的光源去激发不同比例的 P3HT/DIB-SQ 混合溶液时，在 DIB-SQ 浓度由 0%到 100%变化的过程中，P3HT 的发光信号逐渐减弱，DIB-SQ 的发光信号逐渐增强，这一现象表明 P3HT 将能量传递给了 DIB-SQ，如图 1-13 所示。Hao 等[61]在三元体系有机太阳能电池 P3HT/$PC_{61}BM$/PTB7 中用荧光寿命测试法证实了 P3HT 与 PTB7 之间发生了能量传递。实验中选用 400 nm 和 650 nm 作为激发光和探测光，在用光源激发 P3HT 及不同比例 P3HT/PTB7 薄膜的过程中，每一次的测试结果都得到了三个寿命参数，前两个寿命时间较短，取值范围为从几百飞秒(fs)到几十皮秒(ps)，这两个短寿命来源于低能态的振荡弛豫或者物质之间的激子跳跃；第三个寿命较长，为荧光寿命。随着 PTB7 浓度的增加，荧光寿命在逐渐地缩短，由最初的 226 ps(P3HT 薄膜)减小到 13 ps(含有 50%PTB7 的混合薄膜)，混合薄膜荧光寿命的缩短表明了聚合物之间发生了能量转移。能量转移效率有多种评估方法，Zhu 等[62]将 SQ 掺入 PCDTBT/$PC_{71}BM$，通过测定 PCDTBT、PCDTBT/SQ 薄膜的光致发光强度，根据等式

$$\Phi_{\mathrm{q}} = \frac{I_{\mathrm{PCDTBT}} - I}{I_{\mathrm{PCDTBT}}} \times 100\%$$

发现，SQ 与 PCDTBT 之间的能量传递效率高达 98.64%。其中 I_{PCDTBT} 为 PCDTBT 薄膜中 PCDTBT 的发射峰处的发光强度，I 为混合薄膜中对应 SQ 特征峰处的发光强度。物质间能量转移效率也可以根据荧光寿命进行计算。具体表达式为

$$E = 1 - \frac{\tau_{DA}}{\tau_D}$$

式中，τ_D 和 τ_{DA} 分别为在只有给体及给受体共存的情况下有机材料的荧光寿命[63]。

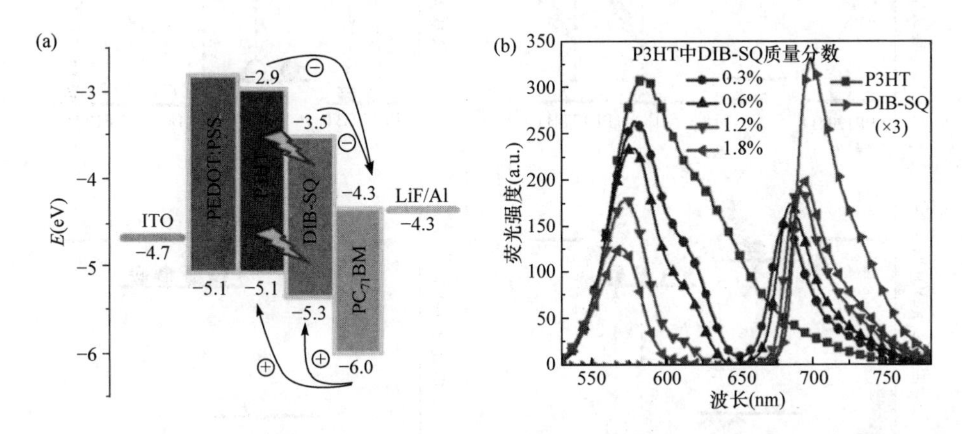

图 1-13　P3HT/DIB-SQ/PC71BM 三元体系能级分布图及各个组分间能量转移及电荷转移示意图（a）；P3HT/DIB-SQ 薄膜的荧光光谱随 DIB-SQ 浓度变化谱图（b）[60]

然而，在能量转移机理的三元体系太阳能电池中，需要第三组分仅能均匀分布在能量给体或能量受体相区内，而未分布在相应相区内的第三组分则可能成为“死点”，不利于器件性能提高。为消除第三组分对分布位置的依赖性，Liu 等[64]发展了双福斯特能量转移（dual Förster resonance energy transfer）机理，即第三组分为能量给体，而给体分子及受体分子均为能量受体。因此，第三组分仅需均一分散在活性层内部，即可与给体及受体均发生福斯特能量转移，将吸收的光能转移至给体及受体，从而全部参与到光电转换过程当中。根据上述原则，Liu 选取 PTB7-Th 为给体，P（NDI2OD-T2）作为受体，PF12TBT 作为第三组分，构筑了 PTB7-Th/PF12TBT/P（NDI2OD-T2）三元体系太阳能电池。结果表明，三元体系内 PF12TBT 可有效将能量转移至 PTB7-Th 分子及 P（NDI2OD-T2）分子上，能量转移过程如图 1-14 所示，从而拓宽活性层光子吸收范围，提高短路电流，器件能量转换效率由 4.70%大幅提高至 6.07%。

电荷转移和能量转移机理都是通过拓宽光谱吸收和更有效的电荷产生来提高器件的短路电流。实际上，这两种机理通常是交织在一起的，电荷转移和能量转移发生在同一个三元体系中的情况并不少见[65]，可以通过光致发光或瞬态吸收光谱实验区分这些过程。

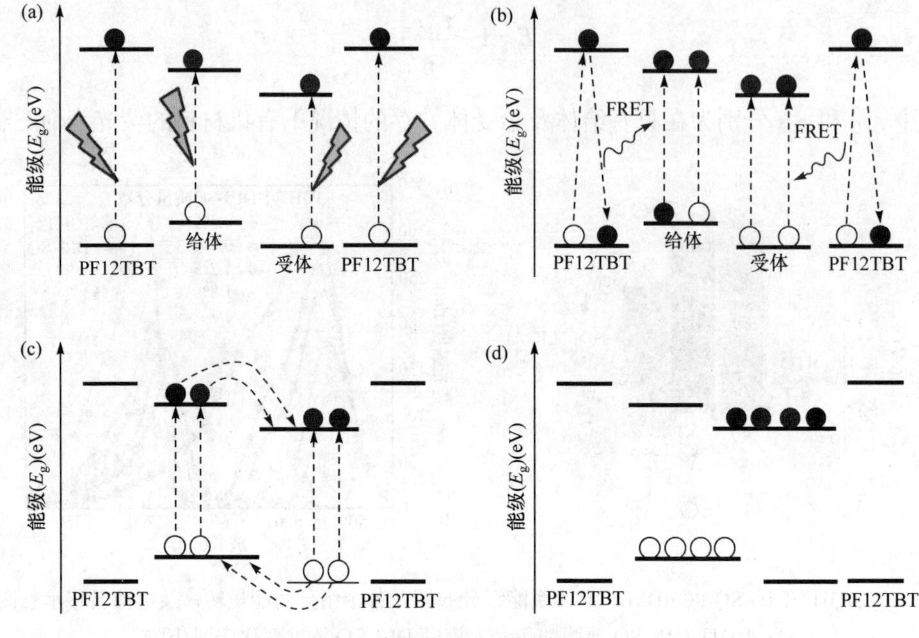

图 1-14 双福斯特能量转移示意图[64]

3）并联机理(parallel model)

并联机理是不同于电荷转移和能量传递的机理，在并联电池机理的三元体系电池中，例如 D1/D2/A 共混体系，两给体材料与受体材料形成两个子电池(D1/A 及 D2/A)，并且两个子电池独立工作不会互相受影响，形成并联结构；不同的给体材料与受体材料接触后均可以形成异质结，并生成载流子；电子被受体收集并传输至阴极，空穴通过给相应的给体通道传输至阳极[66, 67]。You 等[68]通过设计厚度为 100 nm 的两种三元体系器件 TAZ/DTBT/PCBM=0.5：0.5：1，DTffBT/DTPyT/PCBM=0.5：0.5：1 和厚度为 50 nm 的二元子电池聚合物 1/PCBM=1：1、聚合物 2：PCBM=1：1 来证实平行电池机理。结果表明在两个三元体系中厚度为 100 nm 的三元体系电池 EQE 的数值接近于两个 50 nm 子电池 EQE 的数值之和。可见，在三元体系器件中各个子电池产生的自由电荷都能有效地被外电路所收集，即并联机理中三元体系电池的短路电流近似等于两个子电池短路电流之和。值得注意的是，在 You 所选的三元体系当中，三元体系电池长波长对应的 EQE 值大于窄带系聚合物在对应波长处的 EQE 值(图 1-15)，推蔽其原因可能是宽带隙聚合物具有较高的载流子迁移率，为窄带隙聚合物中的电荷传输提供了额外的传输通道，从而使器件的内量子效率得到了提高。

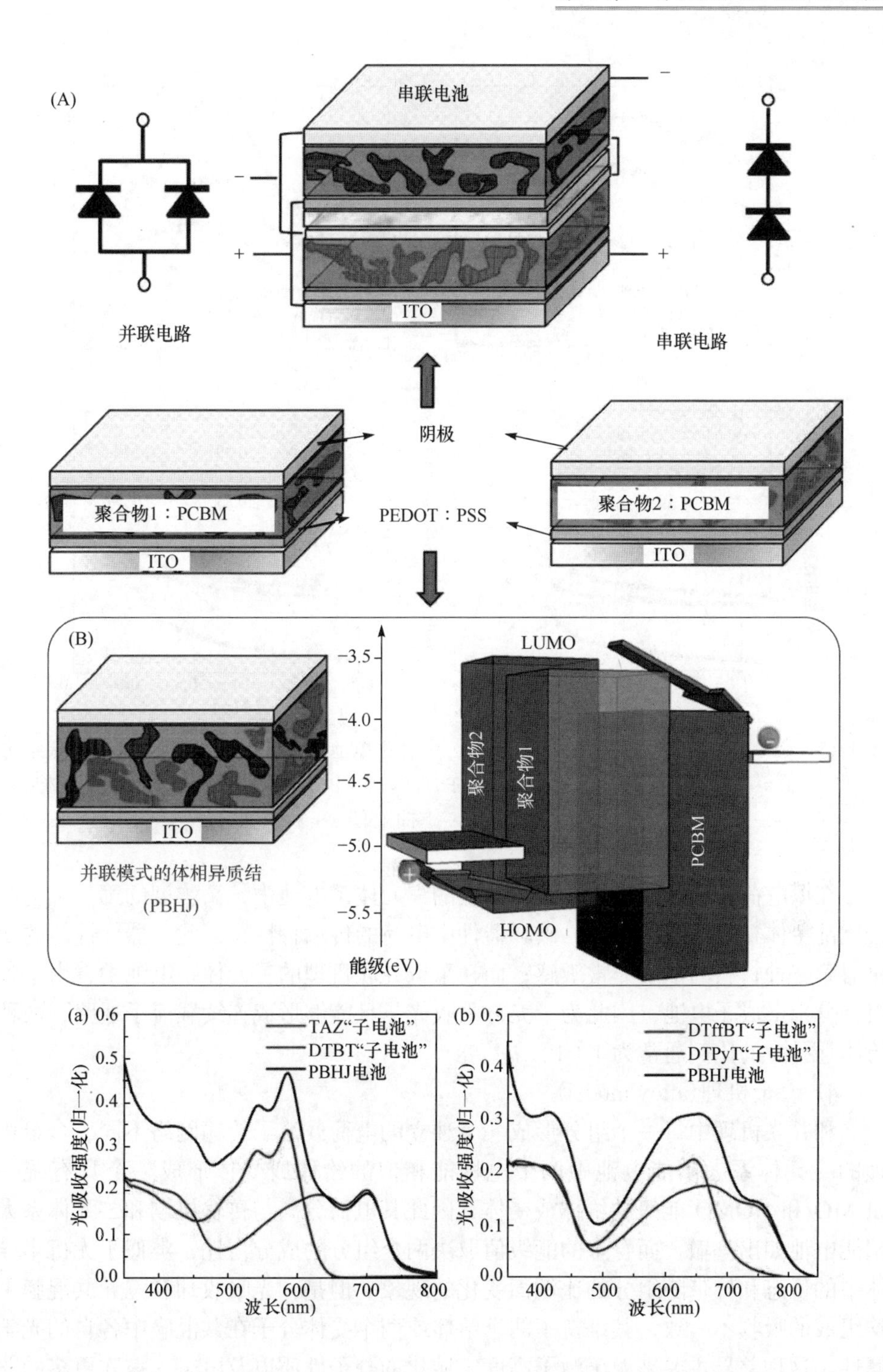
(A)
串联电池
并联电路
ITO
串联电路
阴极
聚合物1：PCBM
PEDOT：PSS
聚合物2：PCBM
ITO
ITO
(B)
LUMO
-3.5
-4.0
-4.5
-5.0
-5.5
聚合物2
聚合物1
PCBM
HOMO
能级(eV)
ITO
并联模式的体相异质结
(PBHJ)
(a)
TAZ"子电池"
DTBT"子电池"
PBHJ电池
光吸收强度(归一化)
波长(nm)
(b)
DTffBT"子电池"
DTPyT"子电池"
PBHJ电池
光吸收强度(归一化)
波长(nm)

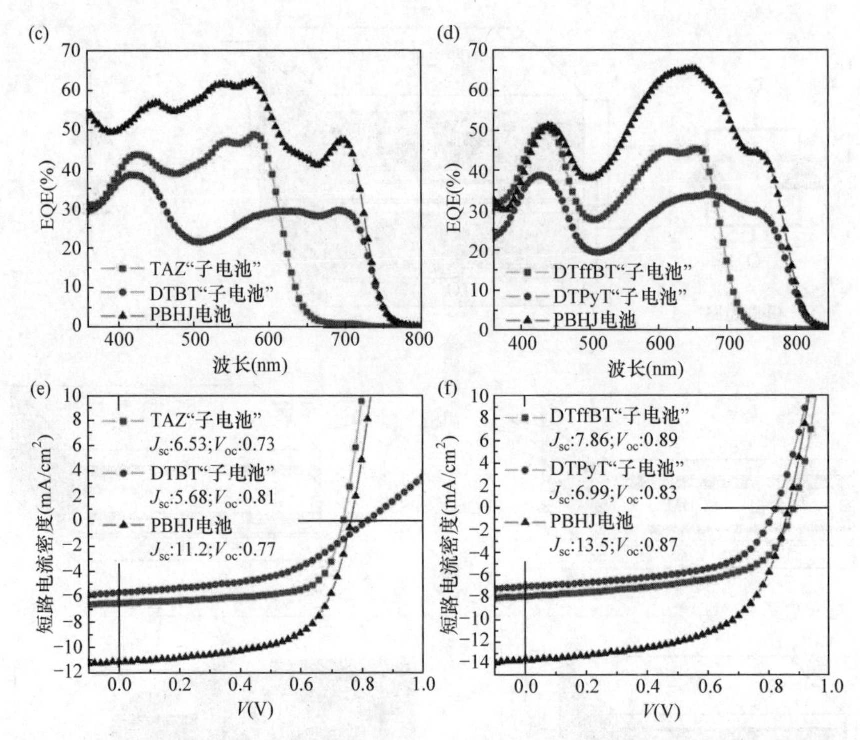

图 1-15 (A)串联电池及子电池示意图；(B)三元体系电池示意图及平行电池机理中能级结构示意图；(a)～(f) TAZ/DTBT/PCBM 及 DTffBT/DTPyT/PCBM 三元体系及相应二元体系光吸收、EQE 及 J - V 曲线[68]

在以电荷转移和能量转移机理为主的三元体系电池中，高浓度的第三种物质会扰乱主体材料的晶体结构，破坏器件中电荷的传输特性，因此，器件性能的变化对第三种材料的浓度非常敏感；而在采取并联机理的三元体系电池中，由于各组分分别形成子电池，因此为了充分吸收光子且能够形成连续载流子通路，两种给体(受体)的比例通常为 1∶1。

4） 合金机理(alloy model)

和并联机理中每一个组分形成一个独立的电荷载流子传输网络不同，合金机理的三元体系太阳能电池中两个电性能相似的给体或受体形成一个具有统一 LUMO 和 HOMO 能级的给体或受体，因此其电荷分离与传输机制和二元体系太阳能电池如出一辙。而合金的能级值取决两个组分的成分占比，类似于无机半导体中的价态和导带随组分的比例而变化的现象。但是，光吸收却和三元共混膜平均组成的吸收不一致，其维持了两个给体或两个受体分子在共混膜中各自的光学属性。这种差异主要来源于激子高度定域化的分子性质以及电子、空穴更多的非定域化的分子间的性质[6, 69, 70]。因此，三元体系太阳能电池的开路电压随着两个给体或两个受体组成的改变而发生变化；由于第三组分的添加拓宽了吸收光谱，短路电流则会相应增加。通常两个给体或两个受体间具有很好的相容性是其能够形成合金的重要前提。Zhang 等[71]通过掠入射广角 X 射线衍射(GIWAXS)研究了基于合金机理的三元体系电池 PTB7-Th/*p*-DTS(FBTTh$_2$)$_2$/PC$_{71}$BM。当小分子材料 *p*-DTS(FBTTh$_2$)$_2$浓度低于 15%时，在 GIWAXS 图中并没有观察到单独的 PTB7-Th 和 *p*-DTS(FBTTh$_2$)$_2$ 的衍射峰，而是捕捉到了介于两者之间的第三个峰位。这一现象表明，聚合物 PTB7-Th 和 *p*-DTS(FBTTh$_2$)$_2$ 在器件内部并没有形成独立的结晶结构，而是以合金(共晶)形式存在。因此，合金的光物理过程机制原则上与二元体系太阳能器件相似，可被认为是一个既可以与受体形成异质结界面促进电荷转移态分离，又可以形成连续相提供空穴传输通路的给体相。然而，对于平行/合金机理这种模型中光物理过程的理解还不透彻，仍然存在着很多争论，需要进一步的探讨和研究。

2. 三元体系有机太阳能电池形貌调控

第三组分不仅可以改变太阳能电池光物理过程，同时还能够影响活性层形貌，而且由于额外组分的引入导致形貌调控更加复杂。因此，要根据三元体系器件工作的光物理机制，在二元共混体系的基础上，进一步优化活性层形貌(例如改变第三组分分布、降低相区尺寸、增加结晶性等)，从而确保第三组分吸收的光子可以充分转换成自由载流子被电极所收集，达到提高器件性能的目的。

通过上述三元体系太阳能电池光物理机理的介绍可知，当三元体系机理为能量转移机理时，第三组分应当充分与能量受体接触，从而确保其吸收光子产生的能量能够快速而有效地传递给能量受体。然而，在 PTB7-Th/PF12TBT/PC$_{71}$BM 三元体系中(PF12TBT 为能量供体，PTB7-Th 为能量受体)，PF12TBT 倾向于被包埋在 PC$_{71}$BM 相中，导致其能量难以通过福斯特能量转移传递给 PTB7-Th。针对这一问题，Tang 等[72]通过调节溶剂与溶质间的弗洛里-哈金斯(Flory-Huggins)相互作用参数，实现了 PF12TBT 在 PTB7-Th 相区中的分布。作者利用杨氏方程计算润湿系数以及利用原子力显微镜(AFM)、透射电子显微镜(TEM)观测活性层形貌，证实在三元体系中 PF12TBT 倾向于在表面能的驱动下分散于 PC$_{71}$BM 相中。由于 PF12TBT 与 PTB7-Th 间距较大，因此福斯特能量转移效率较低，器件性能改善并不明显(由二元体系的 8.09%提高至三元体系的 8.56%)。为了降低能量给体与能量受体间间距，作者向共混溶剂(CB/DIO)中添加 PTB7-Th 的不良溶剂 PX。PX 的引入可增加 PTB7-Th 分子间作用力，导致在成膜过程中 PTB7-Th 聚集诱导发生液-固相分离，从而形成结晶网络结构。一方面，PTB7-Th 的结晶网络可限制 PC$_{71}$BM 相区在 Ostwald 熟化过程中的生长，抑制了大尺寸 PC$_{71}$BM 相的形成；另一方面，其能够阻碍 PF12TBT 分子扩散，确保部分 PF12TBT 分子滞留于 PTB7-Th 相区内部。由于能量给体与受体间间距降低，福斯特能量转移效率提高，器件性能提高至 9.28%。

上述提及的三元体系 PTB7-Th/PF12TBT/P(NDI2OD-T2)的物理机制为双福斯特能量转移机理[64]，通过机理分析可以得知活性层的理想形貌是第三组分 PF12TBT 应当均一分散在活性层内部与 PTB7-Th 及 P(NDI2OD-T2)充分接触，进而在福斯特能量转移过程中，PF12TBT 可高效地将吸收的光能转移至给体及受体，参与光电转换过程。为了使 PF12TBT 能够均一分散在活性层中，Liu 等[64]向共混体系中添加 3-己基噻吩(3HT)。相对于主溶剂 CB 而言(溶度参数为 21.9 $J^{1/2}/cm^{2/3}$)，由于 3HT 的溶度参数(20.0 $J^{1/2}/cm^{2/3}$)与 PF12TBT 的溶度参数(20.2 $J^{1/2}/cm^{2/3}$)更为接近，因此能够降低 F12TBT 在溶液中的聚集程度，确保成膜过程中 F12TBT 均匀分散在给体及受体相区。由器件性能可以看出，不添加 3HT 的三元体系太阳能电池的能量转换效率为 5.82%；而添加 3HT 后，由于福斯特能量转移效率提高，器件的短路电流得到进一步提升，能量转换效率也提高至 6.07%。

由于三元体系光物理机制较为复杂，同时也会对三元体系形貌提出更高的要求。因此，在设计三元体系时，除了要考虑光谱互补、梯度能级、能量转移等光物理过程的合理性外，还要思考如何构建活性层相分离结构，最大限度地发挥第三组分的作用。中国科学院化学研究所 Zhu 等[73]选择强结晶、宽带隙的 BTR 作为给体材料，具有自聚集和优异电子传输特性的 $PC_{71}BM$ 作为受体材料，组成 BTR/$PC_{71}BM$ 二元体系；选择弱结晶、窄带隙电子受体材料 NITI 作为第三组分，组成三者具有合理的梯度能级结构和互补光吸收的 BTR/$PC_{71}BM$/NITI 三元体系，构筑了具有“分级结构”(hierarchical structure)的三元活性层形貌，实现了光电转化效率的大幅提升。经器件优化制备，上述三元体系器件在 300 nm 最佳膜厚下取得最高 13.63%(平均 13.20%)的光电转换效率，相对于对应的二元体系器件性能提升幅度高达 51%和 100%，如图 1-16(a)所示。同时，作者提出了“分级结构”的三元活性层新形貌，如图 1-16(b)所示：NITI 和 BTR 高度共混，形成有利于电荷分离的相分离精细结构，$PC_{71}BM$ 在 BTR 和 NITI 共混区外围形成大尺度的相分离结构。NITI 受体在光电过程中发挥了重要作用，它限制了 BTR 和 $PC_{71}BM$ 的直接接触，使得三元体系器件获得了和二元体系器件(BTR/NITI)相当的低开路电压损失；被 NITI 挤出的 $PC_{71}BM$ 在活性层中形成了连续的电子传输高速通路，将 NITI 中的电子有效输运至电极，从而同时保证了高的 EQE 和 FF。该工作设计并证实了三元体系有机电池活性层新形貌，充分发挥了 D-A 型小分子和富勒烯电子受体在有机太阳能电池中的独特优势，同时实现了高开路电压、高电流和高填充因子，为有机三元体系电池活性层形貌调控提供了新思路。

为了解决活性层光吸收问题，D1/D2/A 或 D/A1/A2 结构的三元体系有机太阳能电池近年来发展迅速，其拓宽的吸光范围、高效的能量转移和电荷传输、优化的形貌和器件稳定性，推动了太阳能电池的飞速发展。然而，由于单一第三组分

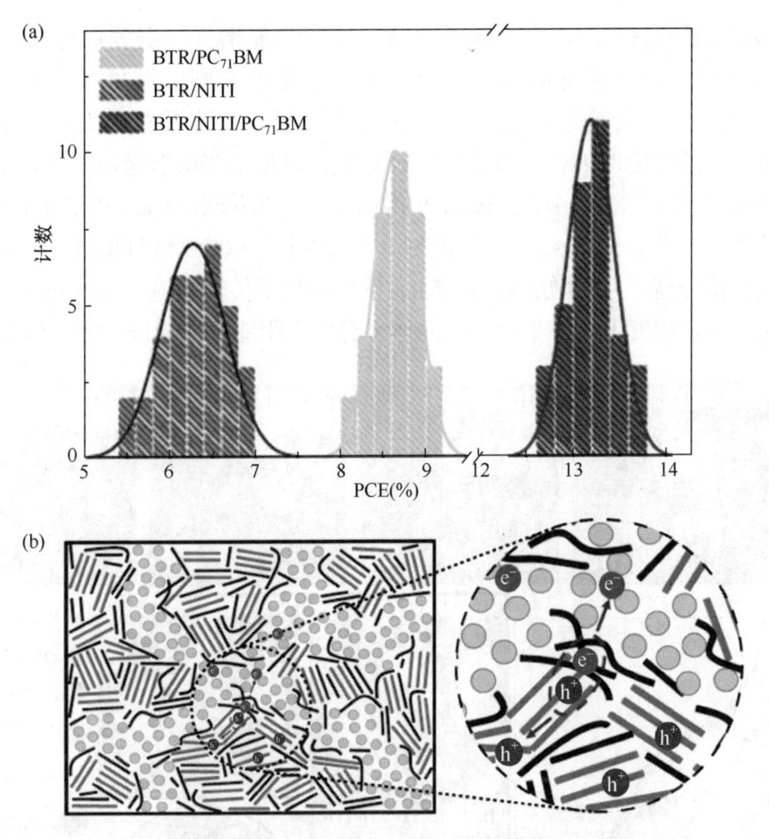

图 1-16　基于二元体系活性层及三元体系活性层的器件性能(a)；三元体系分级结构示意图(b)[73]

的贡献有限，三元体系有机太阳能电池很难充分发挥出三种光活性材料的潜力。例如：第三组分可以增强器件的光伏响应，但可能对光活性层的形貌影响不明显；另一方面，第三组分可以优化共混膜形貌，但对器件的能量转换效率影响不大。因此，在活性层引入合适的、具有额外功能的第四组分则能够充分开发太阳能电池的潜力。最近，西安交通大学的 Ma 等[74]设计了一种能够应用于四元体系有机太阳能电池中的“并联-合金”结构模型。该模型有助于优化四元活性层形貌，改善了激子分离和电荷传输，大幅提高了电池的能量转换效率。Ma 等选择 PBDB-T、PTB7-Th、ITIC 及 FOIC 组成四元体系，系统研究了四元体系有机太阳能电池能量转换效率提升的主要原因有：增强光谱响应、降低激子分离和传输过程中的复合、提高电荷收集效率。同时，作者借助掠入射广角 X 射线衍射(GIWAXS)、TEM 以及共振软 X 射线散射(RSoXS)研究了活性层内部形貌结构。结合形貌数据及相应的器件参数变化，作者揭示 PBDB-T 和 PTB7-Th 两种聚合物之间形成了并联结构模型，ITIC 和 FOIC 两种小分子之间形成了合金结构模型,如图 1-17 所示。聚合物的并联结构模型能增强共混膜中分子的 face-on 排列和结晶性，减小相分离尺寸。小分子的合金模型则能够进一步减小相分离尺度，优化载流子传输通道。最后，作者总结了四元体系有机太阳能电池光电转换性能优异的可能原因：①PBDB-T 能拓宽活性层的光吸收范围；②PBDB-T 和 ITIC 能够优化激子激发、分离和载流子传输过程；③并联结构的 PBDB-T 能提高共混膜结晶性，促进 face-on 排列，降低相分离尺度；④FOIC 和 ITIC 的合金结构能够进一步减小相分离尺寸，增加 D/A 界面，优化载流子传输通道。这种并联-合金结构模型的建立一定程度上能够为高效四元体系有机太阳能电池的设计提供借鉴。

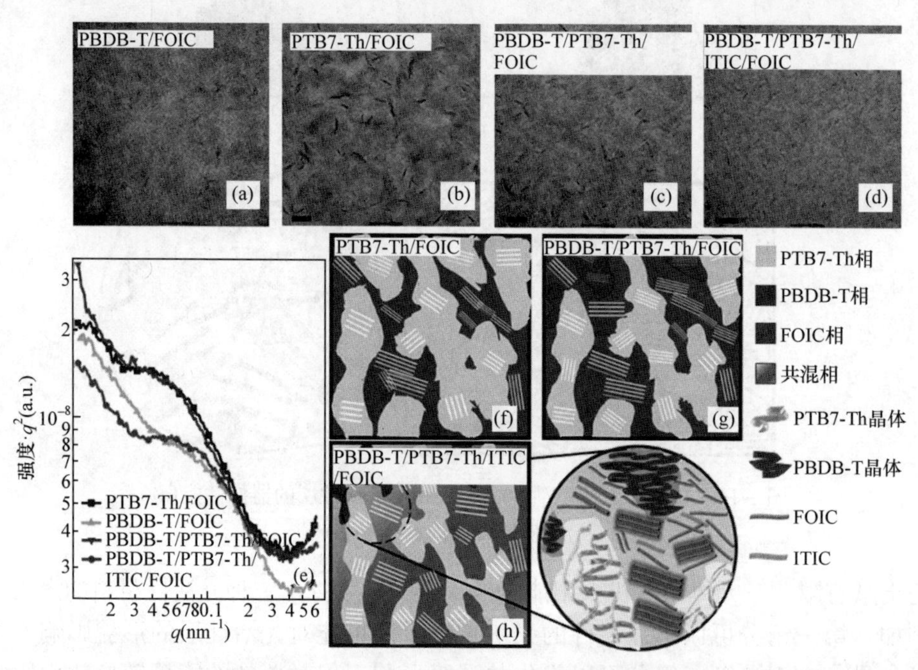

图 1-17　二元体系 OSC、三元体系 OSC 和四元体系 OSC 的 TEM 图[(a)～(d)]，RSoXS 图(e)及对应的形貌示意图[(f)～(h)][74]

有机太阳能电池中使用三元/四元体系是克服二元体系限制的非常有效的策略。二元体系太阳能电池的每个方面在三元/四元体系中都可以得到改进：通过使用互补吸收范围的材料来拓宽光吸收范围,通过掺杂高介电常数的材料以降低激子结合能从而增加激子分离效率,加入高迁移率的材料能够大大提高电荷传输效率。在这些过程中，通过合理选择第三组分，可以使基于二元体系器件的薄膜形貌、光化学稳定性或机械性能得到优化,同时电池器件的各项参数也得到提升。另外，许多中等性能的中-宽带隙聚合物的潜力可以在多元共混物中得以释放。但是,要想将上述不同方面的优势恰到好处地整合到一个体系中仍然是一个巨大的挑战，需要对多元体系太阳能电池的基本机制(形态特征、电动力学、光物理过程)有更深入的了解。总之，多元体系太阳能电池的提出为研究人员提供了一个更为广阔的研究空间，我们相信随着材料结构的优化和形貌的精细控制，多元体系有机太阳能电池将进一步显示出巨大的潜力。

1.2.4　单分子异质结

效率、稳定性及成本是有机太阳能电池实现商业化应用的关键。体相异质结太阳能电池活性层中给体与受体以物理方式共混，在太阳光长时间照射下，温度升高，易于发生聚集而破坏原有的相分离结构，导致器件的稳定性差。单分子异质结是提升电池器件稳定性的一种有效的解决思路。所谓单分子异质结是指活性层由单一种类分子构成，分子通常由电子给体单元与电子受体单元通过共价键连接而成；其内部存在分子内异质结结构，不仅可以为激子提供分离驱动力，同时还能够传导电子与空穴[75-77]。单分子异质结器件由于活性层为单一组分，不存在双相共混体系中升温之后破坏相分离结构的问题，热稳定性得到明显改善。值得指出的是，这一系列材料虽然可以作为单一组分应用到有机太阳能电池中，但是从物理的角度而言，依然采用的是给体/受体双组分的概念与分子设计思路。从分子结构上分，适用于单分子异质结太阳能电池的聚合物主要包括嵌段共聚物以及双缆共聚物，其结构特点如图 1-18 所示。

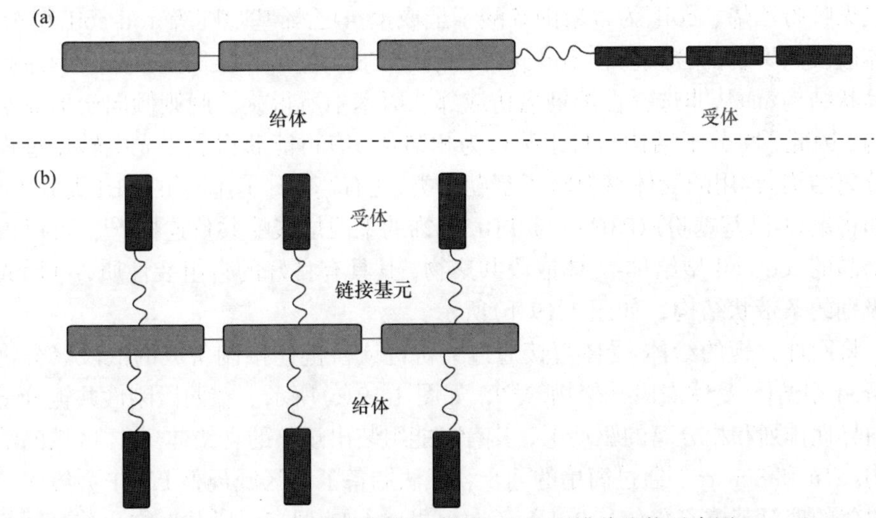

图 1-18　(a) 嵌段共聚物示意图；(b) 双缆共聚物示意图

1. 嵌段共聚物

嵌段共聚物是单组分聚合物中研究较多的种类，其结构特点为分子主链由给体链段和受体链段通过化学键连接而成。根据分子主链刚性不同，嵌段共聚物主要分为：coil-coil（线-线）型给体-受体嵌段共聚物、rod-coil（棒-线）型给体-受体嵌段共聚物及 rod-rod（棒-棒）型给体-受体嵌段共聚物。

Thelakkat 等[78, 79]采用活性自由基聚合合成了以三苯胺为空穴传输材料、苝二酰亚胺（PBI）为电子传输材料的给体-受体嵌段共聚物，三苯胺和苝二酰亚胺分别作为侧基连接在聚乙烯和聚丙烯酸酯主链上，构成 coil-coil 型嵌段共聚物，如图 1-19（a）所示。嵌段共聚物在 PBI 的 π-π 相互作用驱动下发生相分离，形成苝二酰亚胺纳米线镶嵌在三苯胺无定形相中的相分离结构[图 1-19（a）]。相对给体-受体材料共混所形成的微米级相分离结构，这种纳米结构可以有效增大给体-受体界面面积，提高激子扩散到界面发生电荷分离的效率。

Coil-coil 型给体-受体嵌段共聚物虽然可以形成可控的纳米相分离结构，但其光伏性能仍然很低。鉴于采用共聚物作为给体、富勒烯为受体的共混体系太阳能电池均有较高的能量转换效率，因此，将共聚物，如聚对苯撑乙烯（PPV）、聚噻吩，与富勒烯修饰的柔性聚合物通过共价连接组成 rod-coil 型给体-受体嵌段共聚物也是一类具有研究价值的典型分子。Hadziioannou 等[80]首先通过 Siegrist 缩聚反应制备了分子量可控、窄分布、单端基功能化的 PPV；以此为大分子引发剂，经活性自由基聚合合成聚（乙烯-*stat*-氯甲基乙烯）coil 段，coil 段中的氯甲基再与 C_{60} 反应生成 rod-coil 型给体-受体嵌段共聚物 PPV-*b*-P（S-*stat*-C_{60}MS）。受体 C_{60} 的含量可以通过控制氯甲基乙烯单体的投料比来调节。此方法还可用于 rod 为聚噻吩或聚噻吩乙烯、coil 为含聚丙烯酸丁酯或聚 4-乙烯基吡啶等 rod-coil 型给体-受体嵌段共聚物的合成。在 coil 选择性溶剂 CS_2 中，rod 段发生聚集，旋涂膜为蜂窝状结构；而从非选择性溶剂氯仿或邻二氯苯中所得旋涂膜则倾向于形成条带结构。因此，将分子结构与自组装行为相结合，有可能获得利于光电转化过程的相分离结构。常用的受体材料除了富勒烯类，还有高电子迁移率的 PBI 类分子[81]。例如将聚（3-己基噻吩）（P3HT）与 PBI 修饰的聚丙烯酸酯共价连接[82]，可以得到双结晶的 rod-coil 型给体-受体嵌段共聚物，其具有良好的自组装性质，可形成纳米级别的条带状结构，如图 1-19（b）所示。

将刚性共轭的给体-受体直接通过共价键或桥链连接制备成的嵌段聚合物为 rod-rod 型给体-受体嵌段共聚物[83-85]，如图 1-19（c）所示。在两段刚性共轭分子的各向异性排列和相分离的驱动下，其有可能组装出规整的含给体-受体区域的纳米结构。Tu 和 Scherf[86]通过简单的两步合成法制备了以区域规整 P3HT 为给体、腈基取代的聚对苯撑乙烯（CN-PPV）为受体的 D-A-D 型三嵌段共聚物。首先制备含双溴端基的 CN-PPV 和含单溴端基的 P3HT，再将两段偶联得三嵌段共聚物。共聚物每段分子量可以通过聚合物溶解度和聚合时间来调控。该 D-A-D 型三嵌段共聚物在薄膜中可以形成直径 60～90 nm 的球状聚集体，而相应的给体-受体共混物则形成更大相分离尺度的无规聚集体，如图 1-19(c)所示。Sun 等[87]将烷氧基取代的 PPV 给体和烷砜基取代的 PPV 受体通过非共轭柔性链连接起来，构造了 rod-rod 型给体-受体嵌段共聚物；由于每段共轭分子均能自组织结晶，同时共价键的连接限制了相分离尺寸。因此，相对于共混体系而言，嵌段共聚物提高了激子的分离效率和载流子传输效率，使器件的能量转换效率大幅提高。Geng 等[88,89]在这一领域也展开了系统的研究。作者设计了一系列结构精确的寡聚物，以芴-噻吩嵌段为给体、苝酰亚胺为受体，通过共价键连接。这类分子可以获得 10 nm 左右的相分离形貌和 1%～2%的光电转换效率。Verduzco 等[90]通过选择吸收光谱互补的给体、受体两链段，合成了 P3HT-*b*-PFTBT 嵌段聚合物。通过优化热退火处理温度，诱导嵌段聚合物自组装形成相区尺寸约 9 nm 的层状相分离结构，利于激子分离及载流子传输，器件性能可达 3.1%。目前，通过合理搭配给受体两嵌段的组成、优化相分离结构，基于 rod-rod 型给体-受体嵌段共聚物太阳能电池的能量转换效率已经突破了 5%[91, 92]。由此可见，rod-rod 型给体-受体嵌段共聚物的发展空间依旧很大。但由于共聚物溶解度差、提纯困难及合成方法的限制，制备给受体嵌段匹配度好、分子分散度低、结构精确可控的高性能嵌段共聚物仍是一项挑战。

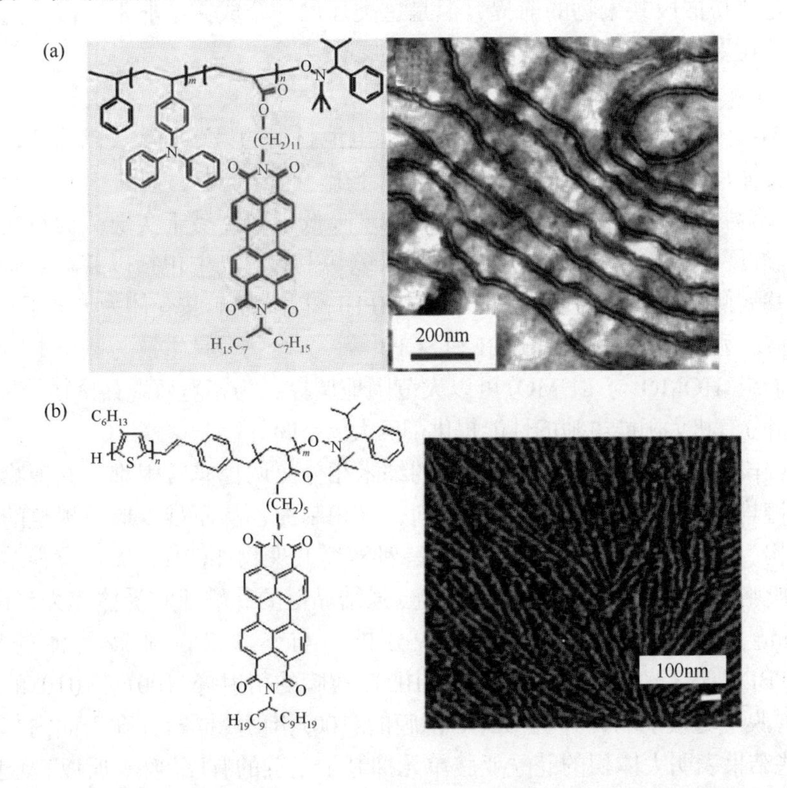

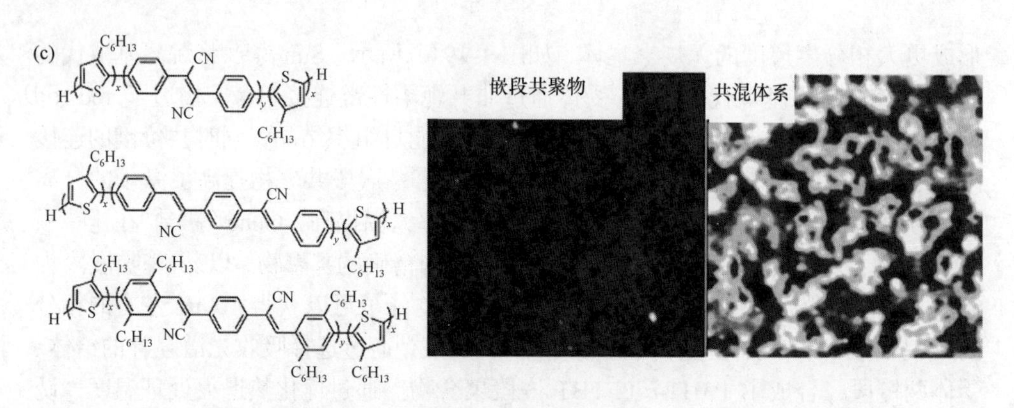

图 1-19 (a) coil-coil 型给体-受体嵌段共聚物分子结构及典型纳米相分离 TEM 图[78,79]；(b) P3HT-*b*-PBI 共聚物分子结构和溶剂退火薄膜 AFM 图[82]；(c) D-A-D 型三嵌段共聚物分子结构和相应共混物的薄膜 AFM 图[86]

虽然嵌段共聚物的易形成利于有机太阳能电池光物理过程的微纳结构，但是其合成方法极大限制了材料的种类以及光伏性能的调控。端基含反应位点的聚合物片段是获得嵌段共聚物的前提，但是这类片段的合成方法非常有限，因此限制了嵌段共轭聚合物太阳能电池的进一步发展。

2. 双缆共聚物

给体-受体双缆共聚物是单组分太阳能电池材料的另一种类，以给体聚合物为骨架、受体片段为侧链，通过链接基元结合在一个分子中，如图 1-18 (b)所示。与嵌段聚合物相比，双缆共聚物的合成难度降低很多，易于实现结构与光伏性能的调控。近两年，Li 等[94]合成了一系列双缆共聚物，其中包括以苝酰亚胺受体为给电子基元侧链的聚合物，例如 SF-PBDBPBI；以苝酰亚胺受体为吸电子基元侧链的聚合物，例如 PTPDPBI、PIIPBI 和 SCP3 等。聚合物兼具主链与侧链的吸收，前线轨道能级(HOMO 与 LUMO)可以大范围地调控，为拓宽双缆共聚物的种类以及提升单组分有机太阳能电池的性能提供了巨大的空间。

与嵌段共聚物相比，双缆共聚物的纳米相分离调控非常困难。共聚物主链与受体侧链均具有强的结晶性与聚集倾向，互相制约，从而难以形成规整的纳米相分离结构。例如，Li 研究组[95]设计了一种双缆共聚物 SCP1，以具有强结晶性的吡咯并吡咯二酮类聚合物作为给体主链、强结晶性的苝酰亚胺受体作为受体侧链、己基为链接基元。通过对薄膜形貌分析，与不含苝酰亚胺受体的聚合物 PDPP2TBDT 进行对比发现，PDPP2TBDT 薄膜的衍射峰(100)和(010)的强度在 SCP1 薄膜中均被削弱，并且 SCP1 薄膜的(100)衍射峰同时存在于面内与面外方向。这些结果表明大体积的苝酰亚胺单元抑制了主链的有序堆积。所以，基于 SCP1 的单组分有机太阳能电池的光电转换效率仅为 0.51%。为了进一步提高聚合物结晶性，Li 等将 SCP1 的链接基元 C_6H_{12} 延长为 $C_{12}H_{24}$，获得聚合物 SCP2，如图 1-20(a)所示。长的链接基元可以削弱给体主链与受体侧链的相互作用，从而改善双缆共聚物的相分离结构。形貌分析表明，SCP2 薄膜中的(100)及(010)衍射峰增强，且表现为面内堆积，这与 PDPP2TBDT 的堆积相似，基于 SCP2 的单组分太阳能电池性能提高到 1.58%。另外，在共轭主链中引入烷硫基(SCP3)，可以进一步提高主链的结晶性，使得单组分电池的性能提高至 2.74%，如图 1-20(b)、(c)所示。

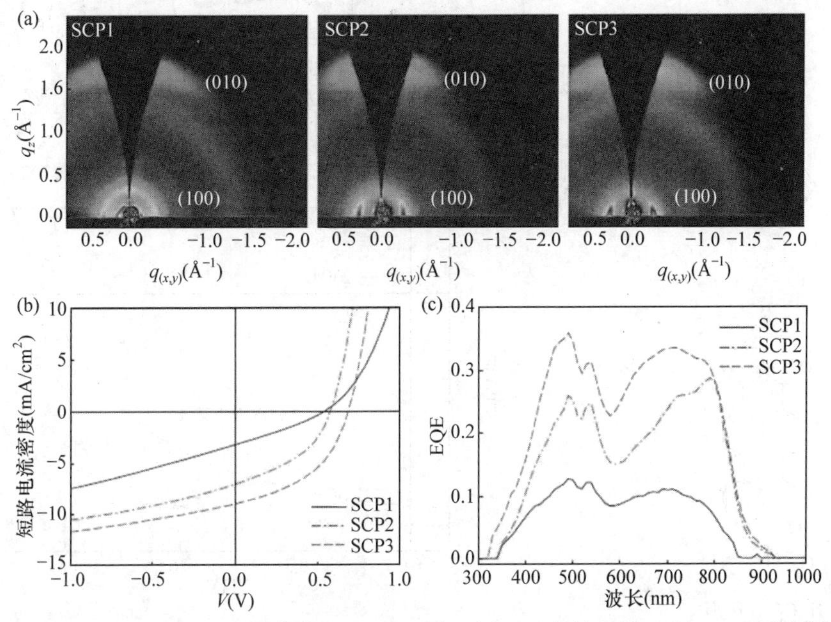

图 1-20 (a) SCP1～SCP3 薄膜 GIWAXS 图；(b) J-V 特性曲线；(c) EQE 图谱[95]

最近，Li 等[96]提出了“先侧链功能化，后聚合”的设计思路，成功制备了一系列以直线型共轭骨架为主链的双缆型分子，实现了双缆共聚物中小尺度的纳米相分离结构，如图 1-21 所示。例如，该课题组以苯并二噻吩(BDT)的均聚物 PBDTT 为给体共轭主链，PBI 为侧链受体单元，合成了一组共轭主链为直线型的双缆共聚物，并将硫原子和氟原子引入到 BDT 的侧链噻吩上以调节聚合物的能级和结晶性。通过对薄膜形貌表征发现，该聚合物的给体共轭主链 PBDTT 以及受体单元 PBI 在薄膜中具有“face-on”的堆积取向和小尺寸的纳米相分离结构(大约 5 nm)，这有利于单组分电池中的激子分离和电荷传输。基于这类聚合物的单组分太阳能电池能量转换效率达到了 4.18%，外量子效率和内量子效率分别达到了 0.67 和 0.80。随后，作者[97]又将苯并二噻吩二酮引入共轭主链合成了第四系列双缆共聚物，并发现该聚合物在薄膜中的相分离形貌对温度敏感：随着退火温度升高，聚合

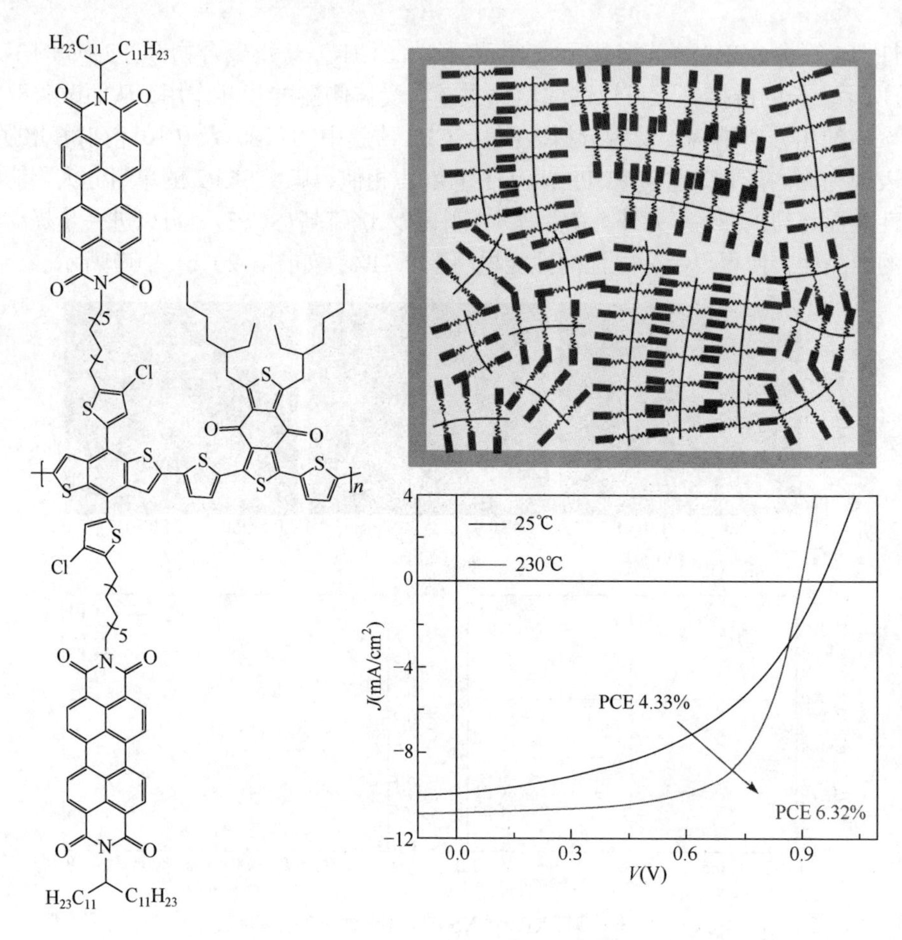

图 1-21　双缆共聚物结构式、结构示意图及相应器件的 *J-V* 曲线[97]

物的给体主链及受体侧链的堆积逐渐变得有序，退火后太阳能电池获得了 6.3%的光电转换效率。由于聚合物的给受体单元间有化学键连接，因此太阳能电池器件显示出了优异的热稳定性，在连续 1 个太阳光强度照射 300 个小时后仍能保持 93%的初始效率。

相关工作表明，通过采用直线型共轭主链的设计策略，单组分聚合物可以获得优异的纳米相分离结构，进而实现高性能的单组分有机太阳能电池。尽管单分子异质结有机太阳能电池的性能仍然远低于体相异质结太阳能电池；但我们相信，以目前报道的大量给受体共聚物及非富勒烯电子受体为基础，设计新型嵌段/双缆共聚物，并结合相分离结构的优化，单分子异质结太阳能电池的性能将实现巨大的提升。鉴于单分子异质结可简化器件制备工艺及提升器件稳定性，嵌段/双缆共聚物依然具有巨大的研究价值和应用潜力。

1.3　有机太阳能电池器件结构

1.3.1　正置单节结构

从器件结构角度考虑，体相异质结有机太阳能电池主要有两种类型，包含正置器件及倒置器件。如图 1-22(a)所示，在正置电池器件中，每层薄膜都沉积在以半透明的氧化铟锡(ITO)或柔性聚酯薄膜为电极的基底上，从下至上的薄膜层分别是空穴传输层(hole transporting layer，HTL)，如聚(3, 4-亚乙二氧噻吩)：聚(苯乙烯磺酸)(PEDPT：PSS)，活性层，电子传输层(如 LiF) 和低功函数的金属阴极(如 Al)。这种结构的有机太阳能电池有两大缺点：PEDOT：PSS 呈酸性，会腐蚀 ITO 玻璃表面[98, 99]，导致器件的内部电阻增大，开路电压减小，效率下降，而且铟离子的扩散也会影响器件的性能；此外，该类器件一般使用的阴极电极功函数较低，易在空气中氧化。这些缺点都严重影响了器件的性能、稳定性以及工作寿命。

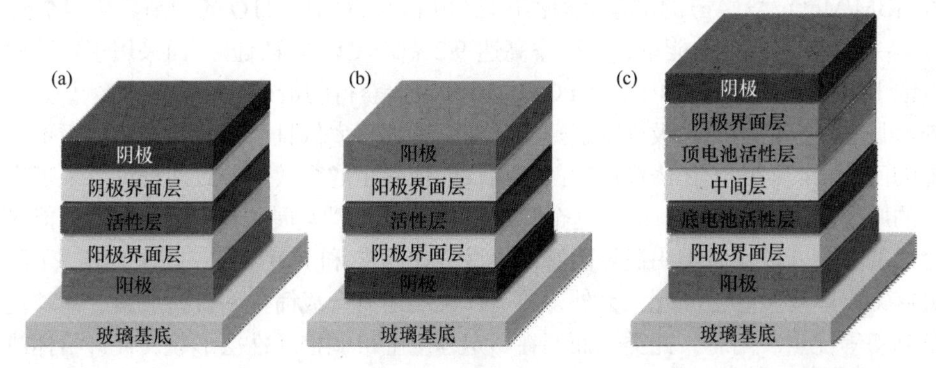

图 1-22　有机太阳能电池正置器件结构(a)、倒置器件结构(b)及叠层结构(c)示意图

1.3.2　倒置单节结构

针对正置电池结构的缺陷，研究者在体相异质结电池器件的基础上设计了倒置结构的有机太阳能电池，使得电池器件的转换效率、稳定性和工作寿命都得到了提升[100-102]，结构示意图如图 1-22(b)所示。在这种结构器件中，阳极和阴极位置与正置电池的电极位置恰好相反[103]，即将传统电池的阴阳两极材料对换，用ITO 作为阴极，而用较高功函数的金属作为阳极。这种倒置结构的电池有着诸多优点：具有较好的空气稳定性和热稳定性[74]，提高了器件的使用寿命，并且器件制备更为便利；该结构的电池中，也与活性层的垂直相分离结构更加匹配；例如在基于聚合物/富勒烯共混体系的太阳能电池器件中，在表面能的驱动下富勒烯受体倾向于富集在活性层底部，故在电子收集方面，倒置结构电池具有天然优势[104, 105]。

倒置结构有机太阳能电池中常使用低功函数材料作为阴极界面层，使用稳定又具有高功函的材料作为阳极界面层。常见的阴极界面层有 n 型金属氧化物(如 TiO_x、ZnO)和碱金属碳酸盐(如 Cs_2CO_3)等，常用的阳极界面层有 MoO_3 等，制备的器件具有较好的稳定性，性能方面已经可以媲美甚至超出常规的有机太阳能电池 [106]。另外，在阳极界面层或阴极界面层上进一步修饰，也能起到优化器件性能的目的[107-109]。Yang 等[68]制备出了结构为 ITO/ZnO/PFN-Br/PBDT-DTNT：$PC_{71}BM/MoO_3$/Ag 的倒置结构器件，在 ZnO 上镀一层共轭聚合电解质 PFN-Br 作为界面层。未用 PFN-Br 界面层修饰时，倒置结构电池器件性能参数为 J_{sc} = 15.2 mA/cm^2、V_{oc} = 0.69 V、FF = 0.55、PCE = 6.1%。沉积 PFN-Br 层修饰后，器件性能参数为 J_{sc} = 17.4 mA/cm^2、V_{oc} = 0.75 V、FF = 0.61、PCE = 8.4%，能量转换效率提升了 34%。性能改善主要源于 PFN-Br 层优化了 ZnO 阴极界面层与活性层间的接触，使二者间具有更好的界面黏附性，可以大幅降低载流子传输过程中的双分子复合。华南理工大学 Cao 课题组[110]报道了结构为 ITO/PFN/PTB7：$PC_{71}BM/MoO_3$/Al(Ag)的倒置结构器件。经由 PFN 修饰后，ITO 的功函数从–4.7 eV 升至–4.1 eV，器件的能量转换效率高达 9.2%(由 CPTV 认证)。而采用正置结构电池 ITO/PEDOT：PSS/PTB7：$PC_{71}BM$/PFN/Ca 获得的最好性能为 8.24%[111]。此外，目前广泛使用的阴极修饰层普遍存在电子迁移率低且与活性层受体能级不匹配的问题，因而电子在修饰层内的传输仅能依赖于隧穿效应，致使修饰层表现出强的厚度依赖性。为了解决了这个问题，Zhang 等[109]发展了具有高导电性、能级合适的 n 型苝酰亚胺类阴极界面修饰层材料(PDIN 和 PDINO)，很好地解决了阴极修饰层厚度敏感性问题。另外，此类修饰层还有合成简单、价格低廉、能够批量制备等优点。同时，此类界面层在一定程度上可调控活性层形貌，促进给体或受体结晶，诱导分子采取 face-on 取向[112]。另外，倒置器件还有助于提高器件的稳定性，加拿大国家研究院的 Chu 等[113]制备的 ITO/ZnO/PDTSTPD：$PC_{71}BM/MoO_x$/Ag 的倒置结构有机电池获得 6.7%的光电转换效率，在未封装情况下存放于空气中 32 天后，器件效率仍然保持在最初的 85%。

1.3.3 叠层结构

叠层结构太阳能电池通常将一个或多个子电池直接叠加在另外一个已有的子电池上，子电池之间一般采用透明的导电电极或复合结构的电极连接，如图 1-22(c)所示。这种电池结构结合了双层异质结电池和体相异质结电池两种结构的优点，并提供了一种提高活性层对光子的吸收效率(提高吸收强度或拓宽吸收光谱)的方法。光线入射到第一个子电池时，部分光线被第一个子电池吸收，而未被吸收的光线透过中间透明的连接电极到达第二个子电池并被吸收(多叠层电池依次类推)。理想叠层电池的性能相当于各个子电池互相串联时的性能。因此，叠层电池的开路电压通常接近子电池的开路电压之和，而短路电流将受限于各个子电池的最低电流。如果子电池活性层采用的有机材料是一样的，相对于单层异质结结构，叠层结构的电池可以使得活性层的总厚度增加，且不降低激子分离和载流子收集效率。另一种情况，如果各个子电池采用不同禁带宽度有机半导体材料，叠层结构可以拓宽电池对太阳光谱的吸收范围，将有更多的不同能量的光子被吸收利用。在叠层结构中，子电池的厚度和材料必须谨慎优化，只有各个子电池对外输出的光电流相接近时，叠层电池才能获得最大的能量转换效率。

很显然，通过叠层电池的器件结构图可以看出，相对于单层电池器件，中间层(intermediate layer)[113]是以前的单层电池中不曾涉及的。而也正是中间层的作用，将两个子电池有效地连接起来，实现电压(串联)或者电流(并联)的增加，并且最终提高电池的光电转换效率。Hiramoto 等[114]最早报道了使用一层仅为 0.6 nm 厚的 Au 薄层作为中间电极的叠层结构有机太阳能电池，器件性能提高了一倍。与没有中间连接电极的叠层电池作比较，发现没有中间电极的叠层电池的开路电压不增加；而采用了中间电极的叠层电池，其开路电压几乎是子电池开路电压的两倍。之后，研究人员使用不同的中间连接电极制备了叠层结构的太阳能电池，器件性能基本均有提高[115]。从图 1-22(c)中也可以看到，中间层连接两个子电池，影响两个子电池载流子的复合及后面第二层电池的光子吸收，所以一个好的中间层应该满足以下条件[116, 117]：①能与前后两个子电池形成欧姆接触，并且有效地从前电池收集电子/空穴和从后电池收集空穴/电子；②能够有效地使从前后电池收集的电子和空穴复合，并且不能产生电势损失；③光学上，要求其透光性尽量好，不能影响到后电池对于太阳光的吸收；④要有极好的抗溶剂性能，保证在制备后电池活性层的过程中不会破坏到前电池。

南开大学 Chen 等[4]在目前有机太阳能电池研究基础上，通过合理选择顶电池和底电池活性层材料及中间层材料，制备了验证效率为 17.3%的光电转化效率的有机叠层太阳能电池。这是截至 2019 年 12 月文献报道的有机/高分子太阳能叠层电池光电转化效率的最高纪录，这一结果把有机太阳能电池的研究推上一个新的高度。他们选用了在可见和近红外区域具有良好互补吸收的聚合物 PBDB-T 和 2 个 A-D-A 结构的受体分子 F-M 和 O6T-4F 分别作为前电池和后电池的活性层材料，M-PEDOT 为中间层材料，采用溶液加工方法制备得到了有机叠层太阳能电池，如图 1-23 所示。该叠层电池不仅性能高，同时具有良好的稳定性，密封存放 5 个月以上，其效率仅仅衰减 4%左右。可以看出，叠层电池对子电池活性层材料选择及中间层的要求是十分苛刻的，所以一个合理的子电池材料搭配及中间层结构是制备高性能器件的关键。值得指出的是，在 Chen 等研究基础上，结合他们提出的半经验模型计算，有机叠层太阳能电池的预测效率可以达到 25%以上。这一研究结果缩小了有机太阳能电池与其他光伏技术效率之间的差距，提升了人们对有机太阳能电池效率的预期和信心。随着研究的进一步发展，有机太阳能电池将会获得更高的效率，结合稳定性等研究，相信有机太阳能电池将很快从实验室走向实际应用。

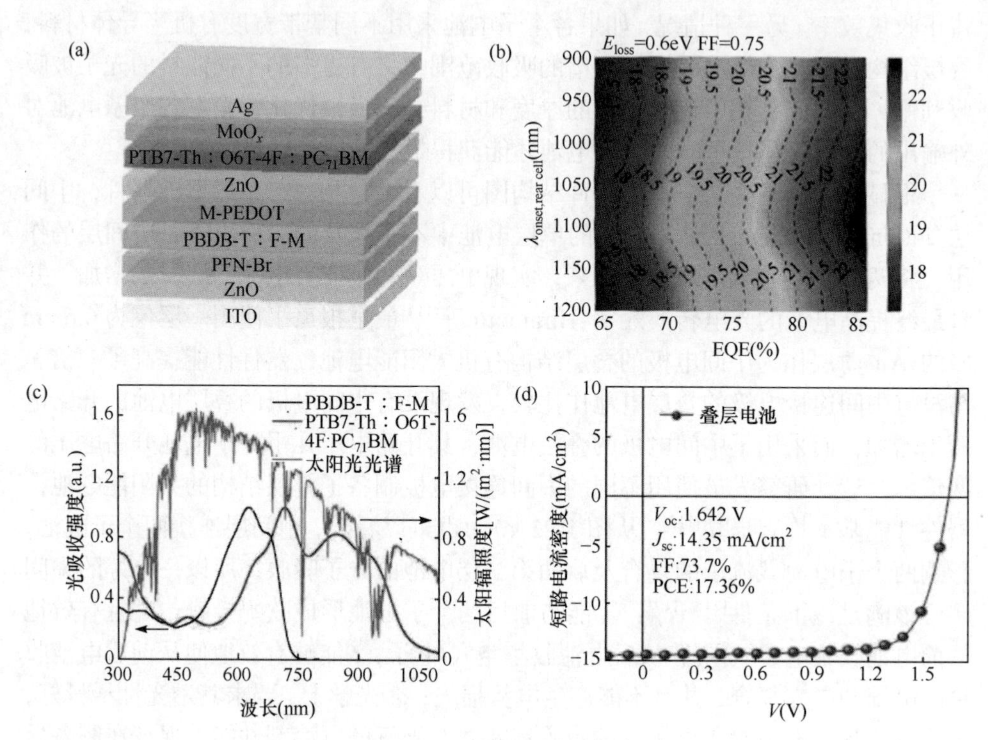

图 1-23 (a)电池结构示意图；(b)半经验模型分析；(c)子电池吸收光谱；(d)叠层电池 J-V 曲线[4]

1.4 小结

经过近 30 年的发展，有机太阳能电池的发展突飞猛进，虽然目前具有较高光电转换效率的有机太阳能电池大多是在实验室中获得的，且其效率和无机太阳能电池相比也还有巨大的差距，但是随着活性层给受体材料的推陈出新、界面层材料的日新月异及器件结构的不断完善，相信其性能一定会有所突破，最终实现与无机太阳能电池相当的能量转换效率。通过本章介绍，可以看到影响太阳能电池能量转换效率的因素众多，从材料角度讲，需要调节能带在拓宽吸收光谱的前提下降低能量损失；从器件角度讲，需要根据材料属性合理选择器件结构，同时搭配理想的阳极及阴极界面材料，提高载流子收集效率；从形貌调控角度讲，需要结合结晶及相分离原理进一步精确控制互穿网络结构，确保光物理过程的顺利进行。另外，为实现柔性太阳能电池的大规模商业化生产，在大力开展上述太阳能电池关键材料及技术研发的同时，也应开发适用于大面积连续制备的溶液加工技术。相信在科研工作者的努力下，有机太阳能电池一定能够走进千家万户。

参 考 文 献

[1] Tang C W. Two-layer organic photovoltaic cell. Applied Physics Letters, 1986, 48(2): 183-185.

[2] Fan B, Zhang D, Li M, Zhong W, Zeng Z, Ying L, Huang F, Cao Y. Achieving over 16% efficiency for single-junction organic solar cells. Science China Chemistry, 2019, 62(6): 746-752.

[3] Yuan J, Zhang Y, Zhou L, Zhang G, Yip H-L, Lau T-K, Lu X, Zhu C, Peng H, Johnson P A. Single-junction organic solar cell with over 15% efficiency using fused-ring acceptor with electron-deficient core. Joule, 2019, 3(4): 1140-1151.

[4] Meng L, Zhang Y, Wan X, Li C, Zhang X, Wang Y, Ke X, Xiao Z, Ding L, Xia R, Yip H L, Cao Y, Chen Y. Organic and solution-processed tandem solar cells with 17.3% efficiency. Science, 2018, 361(6407): 1094-1098.

[5] Liu Q, Jiang Y, Jin K, Qin J, Xu J, Li W, Xiong J, Liu J, Xiao Z, Sun K, Yang S, Zhang X, Ding L. 18% Efficiency organic solar cells. Science Bulletin, 2020, 65(4): 272-275.

[6] Zhan L, Li S, Lau T K, Cui Y, Lu X, Shi M, Li C Z, Li H, Hou J, Chen H. Over 17% efficiency ternary organic solar cells enabled by two non-fullerene acceptors working in an alloy-like model. Energy & Environmental Science, 2020, 13(2): 635-645.

[7] Liu L, Kan Y, Gao K, Wang J, Zhao M, Chen H, Zhao C, Jiu T, Jen A K Y, Li Y. Graphdiyne derivative as multifunctional solid additive in binary organic solar cells with 17.3% efficiency and high reproductivity. Advanced Materials, 2020, 32(11): 1907604.

[8] Qin J, An C, Zhang J, Ma K, Yang Y, Zhang T, Li S, Xian K, Cui Y, Tang Y, Ma W, Yao H, Zhang S, Xu B, He C, Hou J. 15.3% Efficiency all-small-molecule organic solar cells enabled by symmetric phenyl substitution. Science China Materials, 2020, 43(14): 292-295.

[9] Kearns D, Calvin M. Photovoltaic effect and photoconductivity in laminated organic systems. Journal of Chemical Physics, 1958, 29(4): 950-951.

[10] Sariciftci N S, Smilowitz L, Heeger A J, Wudl F. Photoinduced electron transfer from a conducting polymer to buckminsterfullerene. Science, 1992, 258(5087): 1474-1476.

[11] Sariciftci N, Braun D, Zhang C, Srdanov V, Heeger A, Stucky G, Wudl F. Semiconducting polymer-buckminsterfullerene heterojunctions: Diodes, photodiodes, and photovoltaic cells. Applied Physics Letters, 1993, 62(6): 585-587.

[12] Yu G, Gao J, Hummelen J C, Wudl F, Heeger A J. Polymer photovoltaic cells: Enhanced efficiencies via a network of internal donor-acceptor heterojunctions. Science, 1995, 270(5243): 1789-1791.

[13] Yang J, Yan D. Weak epitaxy growth of organic semiconductor thin films. Chemical Society Reviews, 2009, 38(9): 2634-2645.

[14] Lin Y, Wang J, Zhang Z G, Bai H, Li Y, Zhu D, Zhan X W. An electron acceptor challenging fullerenes for efficient polymer solar cells. Advanced Materials, 2015, 27(7): 1170-1174.

[15] Yan H, Chen Z, Zheng Y, Newman C, Quinn J R, Dötz F, Kastler M, Facchetti A. A high-mobility electron-transporting polymer for printed transistors. Nature, 2009, 457(7230): 679.

[16] Peumans P, Yakimov A, Forrest S R. Small molecular weight organic thin-film photodetectors and solar cells. Journal of Applied Physics, 2003, 93(7): 3693-3723.

[17] Blom P W, Mihailetchi V D, Koster L J A, Markov D E. Device physics of polymer: fullerene bulk heterojunction solar cells. Advanced Materials, 2007, 19(12): 1551-1566.

[18] Li G, Zhu R, Yang Y. Polymer solar cells. Nature Photonics, 2012, 22(12): 153-161.

[19] Gunes S, Neugebauer H, Sariciftci N S. Conjugated polymer-based organic solar cells. Chemical Reviews, 2007, 107(4): 1324-1338.

[20] Clarke T M, Durrant J R. Charge photogeneration in organic solar cells. Chemical Reviews, 2010, 110(11): 6736-6767.

[21] Gülen D. Determination of the exciton diffusion length by surface quenching experiments. Journal of Luminescence, 1988, 42(4): 191-195.

[22] Luhman W A, Holmes R J. Investigation of energy transfer in organic photovoltaic cells and impact on exciton diffusion length measurements. Advanced Functional Materials, 2011, 21(4): 764-771.

[23] Hong N H, Sakai J, Huong N T, Poirot N, Ruyter A. Role of defects in tuning ferromagnetism in diluted magnetic oxide thin films. Physical Review B, 2005, 72(4): 045336.

[24] Huang J, Miller P F, de Mello J C, de Mello A J, Bradley D D. Influence of thermal treatment on the conductivity and morphology of PEDOT/PSS films. Synthetic Metals, 2003, 139(3): 569-572.

[25] Xie L, Lee J S, Jang Y, Ahn H, Kim Y H, Kim K. Organic photovoltaics utilizing a polymer nanofiber/fullerene interdigitated bilayer prepared by sequential solution deposition. Journal of Physical Chemistry C, 2016, 120(24): 12933-12940.

[26] Jang Y, Cho Y J, Kim M, Seok J, Ahn H, Kim K. Formation of thermally stable bulk heterojunction by reducing the polymer and fullerene intermixing. Scientific Reports, 2017, 7(1): 9690.

[27] Kim M, Park S, Du Y R, Kim K. Improving thermal stability of organic photovoltaics via constructing interdiffused bilayer of polymer/fullerene. Polymer, 2016, 103: 132-139.

[28] Shimata Y, Ide M, Tashiro M, Katouda M, Imamura Y, Saeki A. Charge dynamics at heterojunction between face-on/edge-on PCPDTBT and PCBM bilayer: Interplay of donor/acceptor distance and local charge carrier mobility. Journal of Physical Chemistry C, 2016, 120(32): 17887-17897.

[29] Inganäs O. Organic photovoltaics over three decades. Advanced Materials, 2018,30(35): 1800388.

[30] Dou L, You J, Hong Z, Xu Z, Li G, Street R A, Yang Y. 25th Anniversary article: A decade of organic/polymeric photovoltaic research. Advanced Materials, 2013, 25(46): 6642-6671.

[31] Liu Y, Zhao J, Li Z, Mu C, Ma W, Hu H, Jiang K, Lin H, Ade H, Yan H. Aggregation and morphology control enables multiple cases of high-efficiency polymer solar cells. Nature Communications, 2014, 5: 5293.

[32] Kan B, Zhang Q, Li M, Wan X, Ni W, Long G, Wang Y, Yang X, Feng H, Chen Y. Solution-processed organic solar cells based on dialkylthiol-substituted benzodithiophene unit with efficiency near 10%. Journal of the American Chemical Society, 2014, 136(44): 15529-15532.

[33] Dimitrakopoulos C D, Malenfant P R. Organic thin film transistors for large area electronics. Advanced Materials, 2002, 14(2): 99-117.

[34] Bi Z, Naveed H B, Mao Y, Yan H, Ma W. Importance of nucleation during morphology evolution of the blade-cast PffBT4T-2OD-based organic solar cells. Macromolecules, 2018, 51(17): 6682-6691.

[35] Liu J, Gao X, Sun Y, Han Y. A quasi-ordered bulk heterojunction of P3HT/PCBM solar cells fabricated by zone-casting. Solar Energy Materials and Solar Cells, 2013, 117: 421-428.

[36] Dennler G, Scharber M C, Brabec C J. Polymer-fullerene bulk-heterojunction solar cells. Advanced Materials, 2009, 21(13): 1323-1338.

[37] Piersimoni F, Degutis G, Bertho S, Vandewal K, Spoltore D, Vangerven T, Drijkoningen J, Van Bael M K, Hardy A, D' Haen J, Maes W, Vanderzande D, Nesladek M, Manca J. Influence of fullerene photodimerization on the PCBM crystallization in polymer : fullerene bulk heterojunctions under thermal stress. Journal of Polymer Science Part B: Polymer Physics, 2013, 51(16): 1209-1214.

[38] Krebs F C, Gevorgyan S A, Alstrup J. A roll-to-roll process to flexible polymer solar cells: Model studies, manufacture and operational stability studies. Journal of Materials Chemistry, 2009, 19(30): 5442-5451.

[39] Larsen-Olsen T T, Andreasen B, Andersen T R, Böttiger A P L, Bundgaard E, Norrman K, Andreasen J W, Jørgensen M, Krebs F C. Simultaneous multilayer formation of the polymer solar cell stack using roll-to-roll double slot-die coating from water. Solar Energy Materials and Solar Cells, 2012, 97: 22-27.

[40] Shaheen S E, Radspinner R, Peyghambarian N, Jabbour G E. Fabrication of bulk heterojunction plastic solar cells by screen printing. Applied Physics Letters, 2001, 79(18): 2996-2998.

[41] Khlyabich P P, Burkhart B, Thompson B C. Efficient ternary blend bulk heterojunction solar cells with tunable open-circuit voltage. Journal of the American Chemical Society, 2011, 133(37): 14534-14537.

[42] Ma X, Mi Y, Zhang F, An Q, Zhang M, Hu Z, Liu X, Zhang J, Tang W. Efficient ternary polymer solar cells with two well-compatible donors and one ultranarrow bandgap nonfullerene acceptor. Advanced Energy Materials, 2018, 8(11): 1702854.

[43] Zhou K, Zhou X, Xu X, Musumeci C, Wang C, Xu W, Meng X, Ma W, Inganas O. π-π Stacking distance and phase separation controlled efficiency in stable all-polymer solar cells. Polymers, 2019, 11(10): 4533-4537.

[44] Wang Z, Zhang Y, Zhang J, Wei Z, Ma W. Optimized "alloy-parallel" morphology of ternary

organic solar cells. Advanced Energy Materials, 2016, 6(9): 1502456.

[45] Yang L, Yan L, You W. Organic solar cells beyond one pair of donor-acceptor: Ternary blends and more. Journal of Physical Chemistry Letters, 2013, 4(11): 1802-1810.

[46] Zhou Z, Xu S, Song J, Jin Y, Yue Q, Qian Y, Liu F, Zhang F, Zhu X. High-efficiency small-molecule ternary solar cells with a hierarchical morphology enabled by synergizing fullerene and non-fullerene acceptors. Nature Energy, 2018, 3(11): 952-959.

[47] Qiu B, Chen S, Sun C, Yuan J, Zhang X, Zhu C, Qin S, Meng L, Zhang Y, Yang C, Zou Y, Li Y. Understanding the effect of the third component $PC_{71}BM$ on nanoscale morphology and photovoltaic properties of ternary organic solar cells. Solar RRL, 2020, 4(4): 1900540.

[48] Yu R, Yao H, Cui Y, Hong L, He C, Hou J. Improved charge transport and reduced nonradiative energy loss enable over 16% efficiency in ternary polymer solar cells. Advanced Materials, 2019, 31(36): 1902302.

[49] Zhang H, Wang X, Yang L, Zhang S, Zhang Y, He C, Ma W, Hou J. Improved domain size and purity enables efficient all-small-molecule ternary solar cells. Advanced Materials, 2017, 29(42): 1703777.

[50] Wang B, Fu Y, Yang Q, Wu J, Liu H, Tang H, Xie Z. High-efficiency ternary nonfullerene organic solar cells fabricated with a near infrared acceptor enhancing exciton utilization and extending absorption. Journal of Materials Chemistry C, 2019, 7(34): 10498-10506.

[51] Zhang G, Zhang K, Yin Q, Jiang X-F, Wang Z, Xin J, Ma W, Yan H, Huang F, Cao Y. High-performance ternary organic solar cell enabled by a thick active layer containing a liquid crystalline small molecule donor. Journal of the American Chemical Society, 2017, 139(6): 2387-2395.

[52] Xu W L, Wu B, Zheng F, Yang X Y, Jin H D, Zhu F, Hao X T. förster resonance energy transfer and energy cascade in broadband photodetectors with ternary polymer bulk heterojunction. Journal of Physical Chemistry C, 2015, 119(38): 21913-21920.

[53] Gupta V, Bharti V, Kumar M, Chand S, Heeger A J. Polymer-polymer Förster Resonance energy transfer significantly boosts the power conversion efficiency of bulk-heterojunction solar cells. Advanced Materials, 2015, 27(30): 4398-4404.

[54] Savoie B M, Dunaisky S, Marks T J, Ratner M A. The scope and limitations of ternary blend organic photovoltaics. Advanced Energy Materials, 2015,5(3): 1400891.

[55] Naveed H B, Ma W. Miscibility-driven optimization of nanostructures in ternary organic solar cells using non-fullerene acceptors. Joule, 2018, 2(4): 621-641.

[56] Benten H, Mori D, Ohkita H, Ito S. Recent research progress of polymer donor/polymer acceptor blend solar cells. Journal of Materials Chemistry A, 2016, 4(15): 5340-5365.

[57] Xu W, Gao F. The progress and prospects of non-fullerene acceptors in ternary blend organic solar cells. Materials Horizons, 2018, 5(2): 206-221.

[58] Ye L, Xu H H, Yu H, Xu W Y, Li H, Wang H, Zhao N, Xu J B. Ternary bulk heterojunction photovoltaic cells composed of small molecule donor additive as cascade material. Journal of Physical Chemistry C, 2014, 118(35): 20094-20099.

[59] Bi P, Hao X. Versatile ternary approach for novel organic solar cells: A review. Solar RRL,

2019, 3 (1): 1800263.

[60] An Q, Zhang F, Li L, Wang J, Zhang J, Zhou L, Tang W. Improved efficiency of bulk heterojunction polymer solar cells by doping low-bandgap small molecules. ACS Applied Materials & Interfaces, 2014, 6 (9): 6537-6544.

[61] Xu W L, Wu B, Zheng F, Yang X Y, Jin H D, Zhu F, Hao X T. Förster resonance energy transfer and energy cascade in broadband photodetectors with ternary polymer bulk heterojunction. Journal of Physical Chemistry C, 2015, 119 (38): 21913-21920.

[62] Zhu Y, Yang L, Zhao S, Huang Y, Xu Z, Yang Q, Wang P, Li Y, Xu X. Improved performances of PCDTBT : $PC_{71}BM$ BHJ solar cells through incorporating small molecule donor. Physical Chemistry Chemical Physics, 2015, 17 (40): 26777-26782.

[63] Gupta V, Bharti V, Kumar M, Chand S, Heeger A J. Polymer-polymer Förster resonance energy transfer significantly boosts the power conversion efficiency of bulk-heterojunction solar cells. Advanced Materials, 2015, 27 (30): 4398-4404.

[64] Liu J, Tang B, Liang Q, Han Y, Xie Z, Liu J. Dual Förster resonance energy transfer and morphology control to boost the power conversion efficiency of all-polymer OPVs. RSC Advances, 2017, 7 (22): 13289-13298.

[65] Xu X, Bi Z, Ma W, Wang Z, Choy W C H, Wu W, Zhang G, Li Y, Peng Q. Highly efficient ternary-blend polymer solar cells enabled by a nonfullerene acceptor and two polymer donors with a broad composition tolerance. Advanced Materials, 2017, 29 (46): 1704271.

[66] Hwang Y J, Courtright B A E, Jenekhe S A. Ternary blend all-polymer solar cells: Enhanced performance and evidence of parallel-like bulk heterojunction mechanism. MRS Communications, 2015, 5 (2): 229-234.

[67] Zhan L, Li S, Zhang S, Lau T K, Andersen T R, Lu X, Shi M, Li C-Z, Li G, Chen H. Combining fused-ring and unfused-core electron acceptors enables efficient ternary organic solar cells with enhanced fill factor and broad compositional tolerance. Solar RRL, 2019, 3 (12): 1900317.

[68] Yang L, Zhou H, Price S C, You W. Parallel-like bulk heterojunction polymer solar cells. Journal of the American Chemical Society, 2012, 134 (12): 5432-5435.

[69] Liu T, Xue X, Huo L, Sun X, An Q, Zhang F, Russell T P, Liu F, Sun Y. Highly efficient parallel-like ternary organic solar cells. Chemistry of Materials, 2017, 29 (7): 2914-2920.

[70] Lu L, Kelly M A, You W, Yu L. Status and prospects for ternary organic photovoltaics. Nature Photonics, 2015, 9 (8): 491-500.

[71] Zhang J, Zhang Y, Fang J, Lu K, Wang Z, Ma W, Wei Z. Conjugated polymer-small molecule alloy leads to high efficient ternary organic solar cells. Journal of the American Chemical Society, 2015, 137 (25): 8176-8183.

[72] Tang B, Liu J, Cao X, Zhao Q, Yu X, Zheng S, Han Y. Restricting the liquid-liquid phase separation of PTB7-Th : PF12TBT : $PC_{71}BM$ by enhanced PTB7-Th solution aggregation to optimize the interpenetrating network. RSC Advances, 2017, 7 (29): 17913-17922.

[73] Zhou Z, Xu S, Song J, Jin Y, Yue Q, Qian Y, Liu F, Zhang F, Zhu X. High-efficiency small-molecule ternary solar cells with a hierarchical morphology enabled by synergizing fullerene and non-fullerene acceptors. Nature Energy, 2018, 3 (11): 952.

[74] Bi Z, Zhu Q, Xu X, Naveed H B, Sui X, Xin J, Zhang L, Li T, Zhou K, Liu X. Efficient

quaternary organic solar cells with parallel-alloy morphology. Advanced Functional Materials, 2019, 29(9): 1806804.

[75] Kaake L G. Designs for donor-acceptor copolymer-based double heterojunction solar cells. ACS Energy Letters, 2017, 2(7): 1677-1682.

[76] Mitchell V D, Jones D J. Advances toward the effective use of block copolymers as organic photovoltaic active layers. Polymer Chemistry, 2018, 9(7): 795-814.

[77] Xu Z, Lin J, Zhang L, Tian X, Wang L. Modulation of molecular orientation enabling high photovoltaic performance of block copolymer nanostructures. Materials Chemistry Frontiers, 2019, 3(12): 2627-2636.

[78] Lindner S M, Huttner S, Chiche A, Thelakkat M, Krausch G. Charge separation at self-assembled nanostructured bulk interface in block copolymers. Angewandte Chemie, International Edition in English, 2006, 45(20): 3364-3368.

[79] Sommer M, Lindner S M, Thelakkat M. Microphase-separated donor-acceptor diblock copolymers: Influence of homo energy levels and morphology on polymer solar cells. Advanced Functional Materials, 2007, 17(9): 1493-1500.

[80] van der Veen M H, de Boer B, Stalmach U, van de Wetering K I, Hadziioannou G. Donor-acceptor diblock copolymers based on PPV and C_{60}: Synthesis, thermal properties, and morphology. Macromolecules, 2004, 37(10): 3673-3684.

[81] Schmidt-Mende L, Fechtenkötter A, Müllen K, Moons E, Friend R H, MacKenzie J D. Self-organized discotic liquid crystals for high-efficiency organic photovoltaics. Science, 2001, 293(5532): 1119-1122.

[82] Zhang Q, Cirpan A, Russell T P, Emrick T. Donor-acceptor poly(thiophene-block-perylene diimide) copolymers: Synthesis and solar cell fabrication. Macromolecules, 2009, 42(4): 1079-1082.

[83] Cui H N, Qiu F, Peng J. Synthesis and properties of an all-conjugated polythio-phene-polyselenophene diblock copolymer. Acta Chimica Sinica, 2018, 76(9): 691-700.

[84] Tomita E, Kanehashi S, Ogino K. Fabrication of completely polymer-based solar cells with p- and n-type semiconducting block copolymers with electrically inert polystyrene. Materials, 2018, 11(3): 1083-1090.

[85] Yin Y, Zhai D L, Chen S W, Shang X, Li L X, Peng J. Controlling the condensed structure of polythiophene and polyselenophene-based all-conjugated block copolymers. Acta Polymerica Sinica, 2020, 51(5): 434-447.

[86] Tu G, Li H, Forster M, Heiderhoff R, Balk L J, Scherf U. Conjugated triblock copolymers containing both electron-donor and electron-acceptor blocks. Macromolecules, 2006, 39(13): 4327-4331.

[87] Zhang C, Choi S, Haliburton J, Cleveland T, Li R, Sun S S, Ledbetter A, Bonner C E. Design, synthesis, and characterization of a-donor-bridge-acceptor-bridge-type block copolymer via alkoxy-and sulfone-derivatized poly(phenylenevinylenes). Macromolecules, 2006, 39(13): 4317-4326.

[88] Bu L, Guo X, Yu B, Qu Y, Xie Z, Yan D, Geng Y, Wang F. Monodisperse co-oligomer

approach toward nanostructured films with alternating donor-acceptor lamellae. Journal of the American Chemical Society, 2009, 131(37): 13242-13243.

[89] Bu L, Qu Y, Yan D, Geng Y, Wang F. Synthesis and characterization of coil-rod-coil triblock copolymers comprising fluorene-based mesogenic monodisperse conjugated rod and poly(ethylene oxide) coil. Macromolecules, 2009, 42(5): 1580-1588.

[90] Guo C, Lin Y-H, Witman M D, Smith K A, Wang C, Hexemer A, Strzalka J, Gomez E D, Verduzco R. Conjugated block copolymer photovoltaics with near 3% efficiency through microphase separation. Nano Letters, 2013, 13(6): 2957-2963.

[91] Park C G, Park S H, Kim Y, Nguyen T L, Woo H Y, Kang H, Yoon H J, Park S, Cho M J, Choi D H. Facile one-pot polymerization of a fully conjugated donor-acceptor block copolymer and its application in efficient single component polymer solar cells. Journal of Materials Chemistry A, 2019, 7(37): 21280-21289.

[92] Park S H, Kim Y, Kwon N Y, Lee Y W, Woo H Y, Chae W-S, Park S, Cho M J, Choi D H. Significantly improved morphology and efficiency of nonhalogenated solvent-processed solar cells derived from a conjugated donor-acceptor block copolymer. Advanced Science, 2020, 7(4): 1902470.

[93] Lindner S M, Hüttner S, Chiche A, Thelakkat M, Krausch G. Charge separation at self-assembled nanostructured bulk interface in block copolymers. Angewandte Chemie International Edition, 2006, 45(20): 3364-3368.

[94] Li C, Wu X, Sui X, Wu H, Wang C, Feng G, Wu Y, Liu F, Liu X, Tang Z. Crystalline cooperativity of donor and acceptor segments in double-cable conjugated polymers toward efficient single-component organic solar cells. Angewandte Chemie, 2019, 131(43): 15678-15686.

[95] 李韦伟. 给体/受体双缆型共轭聚合物材料及其单组分有机太阳能电池器件. 高分子学报, 2019, 50(3): 209-218.

[96] Feng G, Li J, Colberts F J, Li M, Zhang J, Yang F, Jin Y, Zhang F, Janssen R A, Li C. "Double-cable" conjugated polymers with linear backbone toward high quantum efficiencies in single-component polymer solar cells. Journal of the American Chemical Society, 2017, 139(51): 18647-18656.

[97] Feng G T, Li J Y, He Y K, Zheng W Y, Wang J, Li C, Tang Z, Osvet A, Li N, Brabec C J, Yi Y P, Yan H, Li W W. Thermal-driven phase separation of double-cable polymers enables efficient single-component organic solar cells. Joule, 2019, 3(7): 1765-1781.

[98] Lim Y F, Lee S, Herman D J, Lloyd M T, Anthony J E, Malliaras G G. Spray-deposited poly(3,4-ethylenedioxythiophene): poly(styrenesulfonate) top electrode for organic solar cells. Applied Physics Letters, 2008, 93(19): 406.

[99] Huang J, Li G, Yang Y. A semi-transparent plastic solar cell fabricated by a lamination process. Advanced Materials, 2008, 20(3): 415-419.

[100] Long Y. Improving optical performance of inverted organic solar cells by microcavity effect. Applied Physics Letters, 2009, 95(19): 295.

[101] Kotlarski J, Blom P. Impact of unbalanced charge transport on the efficiency of normal and

inverted solar cells. Applied Physics Letters, 2012, 100(1): 6.

[102] Chu T Y, Tsang S W, Zhou J, Verly P G, Lu J, Beaupré S, Leclerc M, Tao Y. High-efficiency inverted solar cells based on a low bandgap polymer with excellent air stability. Solar Energy Materials and Solar Cells, 2012, 96: 155-159.

[103] Hau S K, Yip H L, Baek N S, Zou J, O'Malley K, Jen A K-Y. Air-stable inverted flexible polymer solar cells using zinc oxide nanoparticles as an electron selective layer. Applied Physics Letters, 2008, 92(25): 225.

[104] Steim R, Choulis S A, Schilinsky P, Brabec C J. Interface modification for highly efficient organic photovoltaics. Applied Physics Letters, 2008, 92(9): 093303.

[105] Zhang Y, Hau S K, Yip H L, Sun Y, Acton O, Jen A K Y. Efficient polymer solar cells based on the copolymers of benzodithiophene and thienopyrroledione. Chemistry of Materials, 2010, 22(9): 2696-2698.

[106] He Y, Chen H Y, Hou J, Li Y. Indene-C_{60} bisadduct: A new acceptor for high-performance polymer solar cells. Journal of the American Chemical Society, 2010, 132(4): 1377-1382.

[107] Azimi H, Ameri T, Zhang H, Hou Y, Quiroz C O R, Min J, Hu M, Zhang Z G, Przybilla T, Matt G J, Spiecker E, Li Y, Brabec C J. A Universal interface layer based on an amine-functionalized fullerene derivative with dual functionality for efficient solution processed organic and perovskite solar cells. Advanced Energy Materials, 2015, 5(8): 1401692.

[108] Zhang Z G, Li H, Qi B, Chi D, Jin Z, Qi Z, Hou J, Li Y, Wang J. Amine group functionalized fullerene derivatives as cathode buffer layers for high performance polymer solar cells. Journal of Materials Chemistry A, 2013, 1(34): 9624-9629.

[109] Lin Y, Zhang Z G, Bai H, Wang J, Yao Y, Li Y, Zhu D, Zhan X. High-performance fullerene-free polymer solar cells with 6.31% efficiency. Energy & Environmental Science, 2015, 8(2): 610-616.

[110] Wang J, Lin K, Zhang K, Jiang X F, Mahmood K, Ying L, Huang F, Cao Y. Crosslinkable amino-functionalized conjugated polymer as cathode interlayer for efficient inverted polymer solar cells. Advanced Energy Materials, 2016, 6(11): 1502563.

[111] He Z, Zhong C, Huang X, Wong W Y, Wu H, Chen L, Su S, Cao Y. Simultaneous enhancement of open-circuit voltage, short-circuit current density, and fill factor in polymer solar cells. Advanced Materials, 2011, 23(40): 4636-4643.

[112] Yu J, Xi Y, Chueh C C, Zhao D, Lin F, Pozzo L D, Tang W, Jen A K Y. A room-temperature processable PDI-based electron-transporting layer for enhanced performance in PDI-based non-fullerene solar cells. Advanced Materials Interfaces, 2016, 3(18): 1600476.

[113] Hadipour A, de Boer B, Wildeman J, Kooistra F B, Hummelen J C, Turbiez M G, Wienk M M, Janssen R A, Blom P W. Solution-processed organic tandem solar cells. Advanced Functional Materials, 2006, 16(14): 1897-1903.

[114] Hiramoto M, Suezaki M, Yokoyama M. Effect of thin gold interstitial-layer on the photovoltaic properties of tandem organic solar cell. Chemistry Letters, 1990, 19(3): 327-330.

[115] Cheyns D, Rand B P, Heremans P. Organic tandem solar cells with complementary absorbing

layers and a high open-circuit voltage. Applied Physics Letters, 2010, 97(3): 150.
[116] Chu C-W, Shao Y, Shrotriya V, Yang Y. Efficient photovoltaic energy conversion in tetracene-C_{60} based heterojunctions. Applied Physics Letters, 2005, 86(24): 243506.
[117] Schulze K, Uhrich C, Schüppel R, Leo K, Pfeiffer M, Brier E, Reinold E, Bäuerle P. Efficient vacuum-deposited organic solar cells based on a new low-bandgap oligothiophene and fullerene C_{60}. Advanced Materials, 2006, 18(21): 2872-2875.

第2章

溶液状态、薄膜形貌及成膜过程的表征

体相异质结太阳能电池中活性层的形貌是影响有机太阳能电池器件能量转换效率的重要因素。由第1章可知，通过溶液加工的有机太阳能电池的性能高度依赖于活性层的相分离结构。目前大量研究已经证实体相异质结是由给体富集相、受体富集相以及共混相三相组成[1]，其中给受体的聚集形态、给受体纯相与共混相的比例以及相分离结构、相区尺寸均直接影响能量转换过程中光生载流子分离、传输和收集过程。与此同时，不同光物理过程对形貌要求是截然相反的，需要达到一个平衡的相态结构。例如，相分离尺寸小利于激子分离效率的提高，但是载流子传输过程中的电荷复合概率增加；相反，相分离尺寸大虽然会提高载流子收集效率，但是会导致激子无法扩散至界面而发生猝灭[2, 3]。因此，如何实现活性层形貌的精准表征，在此基础上建立形貌与薄膜加工条件及器件性能间相关联，是进一步提高器件能量转换效率的关键！

然而，有机太阳能电池给受体材料之间的性质相似，薄膜的相分离存在多级结构，使有机太阳能电池活性层的表征充满挑战性。在本章中，我们按照用途将活性层的相关表征分为三类做简单介绍，分别为溶液状态表征技术：其中包括紫外-可见吸收光谱、荧光光谱、动态光散射、中子散射及中子反射等；薄膜形貌表征技术：其中包括表征薄膜相分离结构的原子力探针显微术、透射电子显微术、扫描电子显微术等，表征薄膜相区尺寸及纯度的共振软X射线散射及反射、小角X射线散射等，表征分子有序聚集程度及取向的X射线衍射、拉曼光谱等；成膜动力学的原位表征技术：其中包括表征薄膜厚度的激光干涉谱、椭圆偏振光谱等，表征成膜过程中分子结晶的原位紫外-可见吸收光谱、原位荧光光谱、原位X射线衍射等，表征成膜过程中相分离结构变化的原位小角X射线散射等。

2.1　溶液状态的表征

可溶液加工是有机太阳能电池相对于无机太阳能电池的突出优势，以及可实现大面积生产的重要前提！然而，共轭分子具有溶液记忆效应，即在溶液中的分散/聚集形态直接影响成膜后薄膜的结晶性、相分离结构及尺寸等。例如，分子在溶液中缠结形成无定形聚集体，不利于其在成膜过程中的分子间有序堆叠，薄膜结晶度低；而分子在溶液中聚集形成微晶，则能够降低成膜过程中的成核势垒，利于其结晶。因此，如何精确控制溶液状态，是进一步实现活性层微纳结构可控调节的重要前提。在本节中，我们将重点介绍紫外-可见吸收光谱、荧光光谱、动态光散射、中子散射及中子反射技术的原理及其在溶液状态表征中的应用。

2.1.1　紫外-可见吸收光谱

紫外-可见吸收光谱是由分子（或离子）吸收紫外或者可见光（通常 200～800 nm）后发生价电子的跃迁引起的。由于电子间能级跃迁的同时总是伴随着振动和转动能级间的跃迁，因此紫外-可见吸收光谱呈现宽谱带。紫外-可见吸收光谱的横坐标为波长（nm），纵坐标为吸光度。在有机共轭材料中有形成单键的 σ 电子、形成不饱和键的 π 电子以及未成键的孤对 n 电子。当分子吸收紫外光或者可见光后，这些外层电子就会从基态（成键轨道）向激发态（反键轨道）跃迁，主要的跃迁方式有四种，即 $\sigma\rightarrow\sigma^*$、$n\rightarrow\sigma^*$、$\pi\rightarrow\pi^*$、$n\rightarrow\pi^*$。通常我们研究较多的为 $\pi\rightarrow\pi^*$跃迁，它与共轭体系的数目、位置和取代基的类型有关。在有机光电子领域中，我们主要研究紫外-可见吸收光谱的两个重要的特征：最大吸收峰位置（λ_{max}）及吸收峰峰形。

共轭分子吸收光谱峰形的变化往往反映其聚集形式的变化，包括单链分子、分子内聚集及分子间聚集等[4-6]。例如，聚噻吩分子在溶液中会呈现两种不同的结构：无序相，完全溶解在溶液中以 coil 构象存在；有序相，在微晶中以 rod 构象存在[7]。在高温时，聚噻吩在溶液中溶解度高，分子类似于柔性链（coils），连接噻吩环的 σ 单键发生扭曲，共轭程度最低，光吸收蓝移，在溶液中仅能观测到 430 nm 附近的对应 coil 构象的吸收峰，如图 2-1（A）所示。而当温度逐渐降低过程中，溶解度驱使噻吩从溶剂中析出，聚噻吩同时发生侧链和主链的无序-有序转变：主链由柔性链拉伸延展形成棒状，相邻的噻吩环采取反式平面构象，共轭长度逐渐增加；因此相应的吸收峰也逐渐发生红移至 450 nm 左右。与此同时，rod 构象分子在范德瓦耳斯力和高极化的 π 电子体系堆积的驱动下，形成能量更低的微晶体系，即发生有序聚集；此时，可以看到在 575 nm 处及 607 nm 处逐渐出现肩峰——575 nm 为 P3HT 分子达到有效共轭长度的吸收峰，607 nm 为 P3HT 分子间发生 π-π 堆叠（π-π stacking，又称 π-π 堆积）后形成微晶的吸收峰[8]。同时，峰强也在一定程度上反映了所对应物质在溶液中的含量。如图 2-1(B)所示，随着温度的降低，溶液在 607 nm 处所对应的光吸收强度逐渐增加，说明溶液中发生 π-π 堆叠的分子数量增多，形成了更多的微晶。

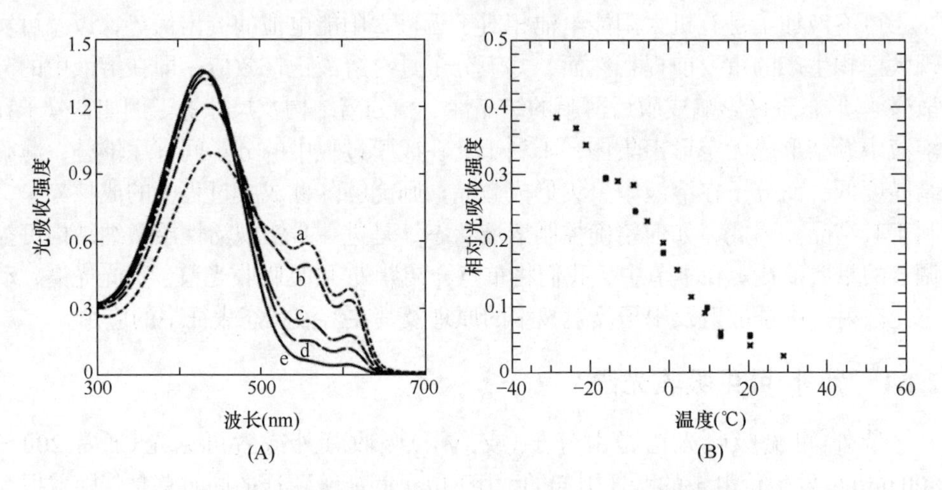

图 2-1 (A) 不同温度下 P3HT 溶液吸收光谱，e 至 a 过程为逐渐降温过程；(B) P3HT 溶液吸收光谱在 607 nm 处吸收峰强度随温度变化趋势[8]

由共轭效应可知，当体系形成大 π 键时，会使各能级间的能量差减小，从而电子跃迁的能量也减小，因此吸收光谱发生红移。对于共轭高分子而言，电子跃迁所需能量与参与共轭单元的数目呈线性相关性，随着共轭程度的增加，π-π*电子吸收光带也会发生红移。Yu 等[9]利用紫外-可见吸收光谱研究了 PTB7 分子链链长与其聚集状态间的关系。如图 2-2(a)所示，当单体单元数量(1.5 个)较少时，溶液吸收峰主要集中于 500 nm 附近，随着单体单元数量(3.5 个)增加，吸收峰逐渐红移至 570 nm 附近。此现象完全符合共轭效应，也就是说随着单体单元数量增加，分子链内共轭程度增强，从而导致能级间的能量差减小，光谱红移。当单体单元数量进一步增加至 30 个左右时，峰形开始发生变化，除了在 630 nm 附近存在对应于分子链内共轭的光吸收外，在 690 nm 附近还出现了一个强度更高的吸收峰。这是由于随着 PTB7 分子链长度的增加，分子链在达到有效共轭长度后发生折叠，形成了分子内聚集，以及分子内链段与链段间发生 π-π 堆叠[如图 2-2(c)所示]，从而导致吸收光谱的进一步红移。另外，对于同一种聚合物而言，其在溶液中不同的聚集状态也会导致紫外-可见吸收光谱的吸收峰发生移动。例如，对于强 D-A 分子 N2200 而言，其紫外-可见吸收存在两个峰，如图 2-2(b)所示，其中位于 390 nm 处的吸收峰为 π→π*跃迁的吸收，位于 620 nm 处的吸收峰为分子链内电子给体单元和电子受体单元间电荷转移的吸收[10, 11]。可以看到，当溶剂为氯萘时，由于受到溶

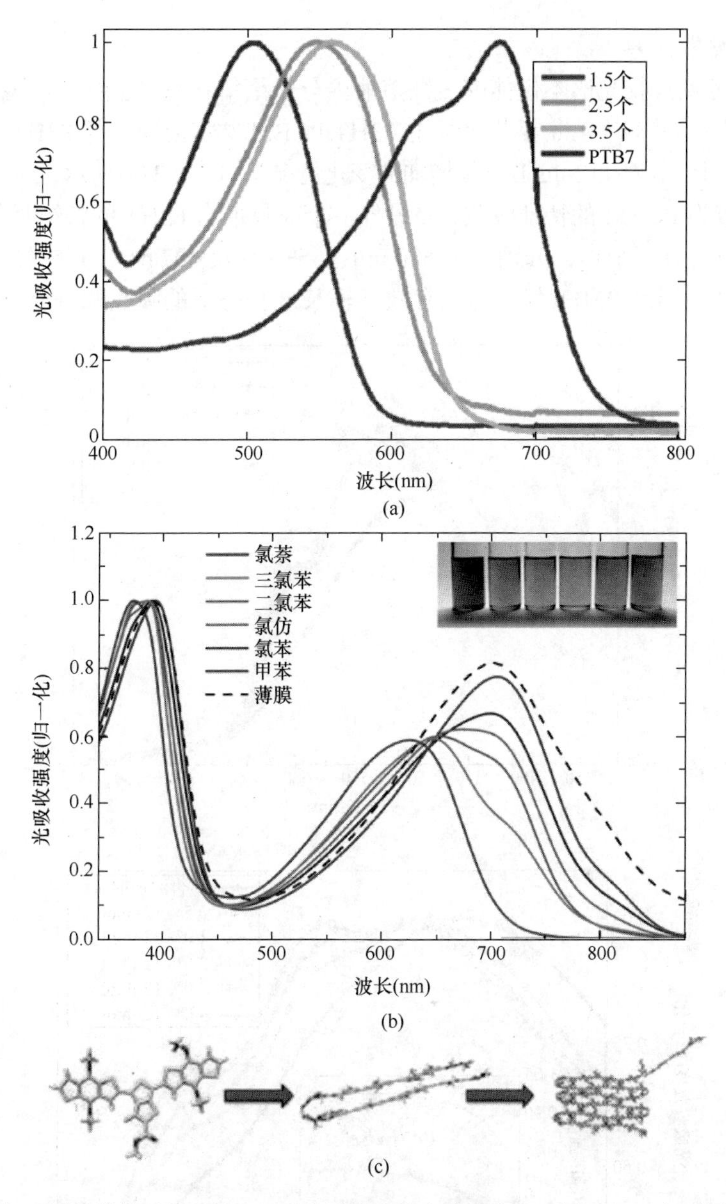

图 2-2　(a) 不同单体单元数量的 PTB7 分子溶液的光谱吸收[9]；(b) N2200 在不同溶剂体系中的光谱吸收①[6]；(c) PTB7 共轭长度增加形成分子内聚集示意图[9]

剂化作用的影响，分子呈单链线团构象，因此共轭程度差，π→π*跃迁吸收及电荷转移吸收均处于较短波长位置；当改变溶剂种类降低溶解性，此时 N2200 分子发生构象转变并逐渐发生分子内堆叠及分子间堆叠，从而可以看到两个

① 本书彩图信息请扫描封底二维码扩展阅读，全书同。

吸收峰均发生红移[12]。

紫外-可见吸收光谱不仅能够表征溶液内分子聚集状态，还能够间接表征薄膜内分子聚集状态[13-15]。Liu 等[16]表征了 P3HT/PCBM 共混薄膜内部 P3HT 的自组织能力随着正十二硫醇(12-thiol)含量增加的变化情况。如图 2-3(a)所示，位于 334 nm 处的吸收带为 PCBM 的特征吸收，而另外一个吸收带为 P3HT 的特征吸收。P3HT 的特征吸收含有三个峰，分别位于 520 nm、558 nm 及 607 nm，其中位于 558 nm 处的振动峰为固态 P3HT 分子达到有效共轭长度状态下的吸收峰，而位于 607 nm

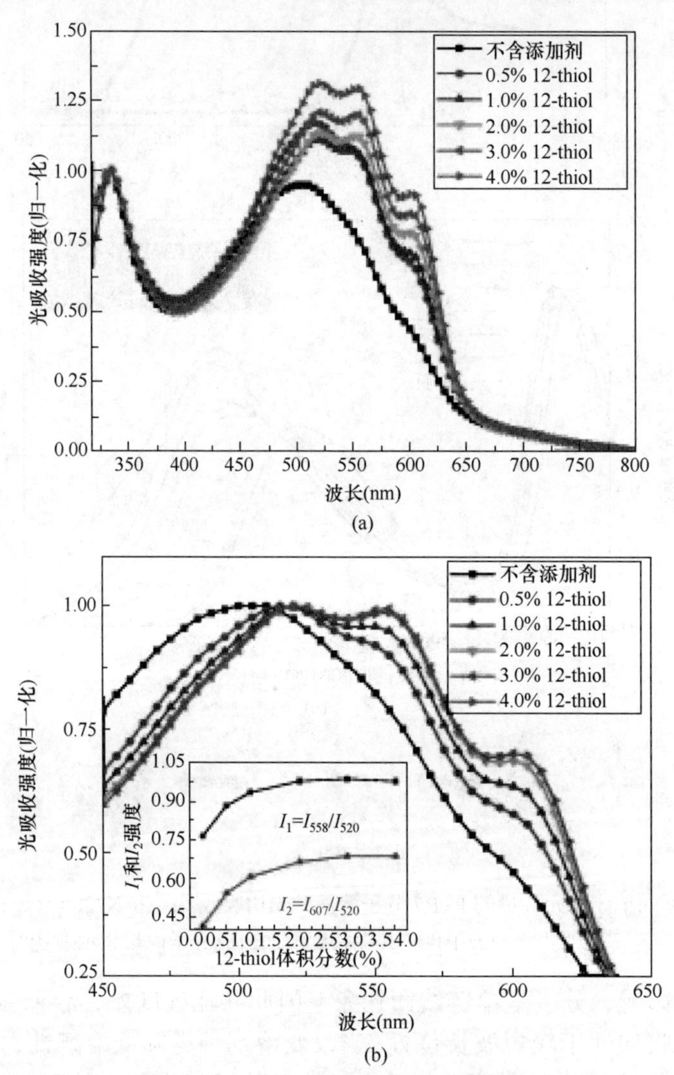

图 2-3 (a) 添加不同含量(体积分数)正十二硫醇的 P3HT/PCBM 薄膜吸收光谱；(b) 归一化后薄膜吸收光谱的局部放大图及峰强比值变化趋势[16]

处的振动峰源于 P3HT 分子链间堆叠所产生的吸收信号。由此可见，未加入正十二硫醇时，薄膜的三重峰并不明显；加入正十二硫醇后，三重峰逐渐出现，并随着硫醇含量的增多而更加明显。由图 2-3(b)所示，随着正十二硫醇浓度由 0%增加到 4.0%，I_1与I_2的强度逐渐增加(为定量比较 P3HT 聚集程度，作者对 P3HT/PCBM 薄膜的吸收光谱进行了归一化，$I_1 = I_{558}/I_{520}$；$I_2 = I_{607}/I_{520}$；I_{520}、I_{558}、I_{607}分别为 P3HT 位于 520 nm、558 nm、607 nm 处的吸收强度)。I_1与I_2的强度变化趋势表明加入正十二硫醇后，P3HT 分子链的共平面程度及分子链间 π-π 叠加作用得到增强。与此同时 P3HT 相应的吸收峰的强度也逐渐增强，这表明由于 P3HT 的自组织能力增强，薄膜中 P3HT 晶体数量增加，因此薄膜的光吸收系数得到了提高。

2.1.2　荧光光谱

荧光是辐射跃迁的一种，是物质从激发态失活到低能状态时所释放的辐射。通常荧光是一个物质的电子激发态回落到基态的过程中光发射的现象。在量子力学中，总自旋为 0 与总自旋为 1 的电子态被称为单线态和三线态。两种类型的荧光可以通过自旋选择原则进行简单的解释[17]：①荧光是激发的单线态回落的发射光，单线态电子与基态电子的自旋方向相反。因此，激发态回到基态是自旋允许的，通常在几纳秒的时间内发生。②磷光是激发的三线态回落的发射光，三线态电子的自旋方向与基态的自旋方向相同。由于激发三线态的衰减涉及自旋翻转，而自旋翻转是自旋禁阻的，因此发射寿命能够达到几秒。

在有机分子(小分子或者聚合物)中，这些电子态的转换发生在 HOMO 和 LUMO。将电子从 HOMO 激发到 LUMO 的方式有很多种，其中光激发是最常用的方法之一。通常而言，基于光激发的荧光通常简称荧光光谱。由前面所述的选择原则可知磷光在有机化合物中通常是非常弱的，因此，太阳能电池活性层的有机分子产生的磷光可以忽略。在紫外-可见吸收光谱中已经提到，当分子聚集状态发生变化时，其能级结构也会有着相应的变化，从而导致荧光光谱波峰或者波形发生变化。另外，荧光猝灭会导致分子荧光强度降低。有机共轭分子的荧光猝灭的机制有以下几种：链内缺陷、相区纯度低或掺杂、浓度猝灭以及有效光诱导电荷转移引起的猝灭等。而人们正是根据荧光光谱的上述特征，实现了对样品聚集特性的表征。

荧光光谱可以用于表征共轭聚合物在溶液中的聚集形态。例如，Huang 等[18]研究了溶液中不同浓度下 P3HT 荧光光谱，建立了聚合物浓度与其聚集形态间的关系。如图 2-4 所示，当溶液浓度较低时(曲线 a 和 b)，P3HT 的荧光峰位置位于 570 nm 附近，且随着溶液浓度的升高，峰强逐渐增强。这说明此时溶液中 P3HT 分子为单链状态(P3HT 分子彼此间不接触)，因此不存在自猝灭现象，其荧光强度为各分子荧光强度之和。然而，当浓度进一步升高至 0.02%（质量分数）以上时，随着浓度的增加，光谱强度非但没有升高，反而发生急剧下降(曲线 c 和 d)。这是由于此时溶液中 P3HT 分子间发生接触，从而导致荧光猝灭，荧光强度降低；另外，荧光峰也发生了一定程度的红移，这主要是 P3HT 共轭程度增加导致体系能量降低所引起的。随着浓度进一步增加至 1%时，荧光峰形状发生了明显变化，在 640 nm 和 670 nm 处观察到两个新的荧光发射峰。这是由于高浓度下，P3HT 分子在溶液中发生分子间 π-π 堆叠，形成了有序聚集体，从而使得体系能量进一步降低，在长波长处出现新的荧光峰。

众所周知，有机光伏电池活性层中电子给体与受体间能够发生电荷转移，从而导致激子在给受体界面处发生分离，无法进一步跃迁至基态发光。因此，利用荧光光谱还能够表征有机活性层的相分离程度[19-21]。Liu 等[16]用荧光光谱荧光激发，表征了随着正十二硫醇含量（体积分数）变化 P3HT/PCBM 共混薄膜荧光猝灭的程度。通过图 2-4(B)可以看到，随着正十二硫醇含量的增加，共混薄膜的荧光猝灭程度逐渐降低，暗示着越来越少的激子能够在复合之前扩散至给体/受体界面处发生分离，即相区尺寸逐渐增大。

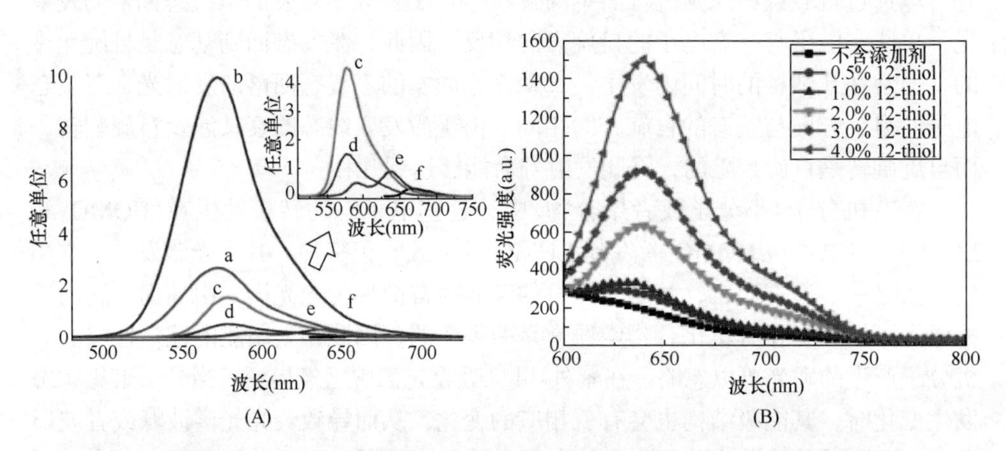

图 2-4 (A) 不同浓度 P3HT 溶液的荧光光谱图，其中 P3HT 的浓度从 a 到 f 依次增大；(B) 添加不同含量正十二硫醇的 P3HT/PCBM 薄膜的荧光光谱[16, 18]

对荧光光谱进行深入解析，Liang 等[22]通过表征不同退火温度后的荧光光谱，实现了共混薄膜相分离动力学过程的表征。如图 2-5(a)所示，单组分 EP-PDI 及 *p*-DTS(FBTTh$_2$)$_2$ 单组分荧光峰分别出现在 620 nm 和 725 nm 处，未退火时 *p*-DTS(FBTTh$_2$)$_2$ /EP-PDI 共混薄膜荧光猝灭非常严重，表明两种分子几乎无相分离结构。随着热退火温度的升高，EP-PDI 及 *p*-DTS(FBTTh$_2$)$_2$ 荧光信号强度同时增加，表明薄膜相分离的程度增加。由于退火时间相同，最终薄膜相区尺寸大小可代表分子扩散速率的快慢。EP-PDI 及 *p*-DTS(FBTTh$_2$)$_2$ 荧光强度相对于热退火温度如图 2-5 (b)所示，两者变化曲线按照斜率大小均可以分为两段：对于 EP-PDI，退火温度低于 90℃，相区尺寸增加缓慢，一旦温度超过 90℃，进入快速相区尺寸增加阶段。分子扩散速率转变温度高于 EP-PDI 的熔融温度(T_m)，这主要受到给受体分子间相互作用的影响，抑制 EP-PDI 分子运动。对于 *p*-DTS(FBTTh$_2$)$_2$，热退火温度低于 130℃，相区尺寸缓慢增加，一旦温度超过 130℃，相区尺寸增加进入快速阶段。因此结合两者曲线，可以将分子扩散速率分为以下三个阶段：温度低于 90℃，二者分子扩散速率均较慢，此时薄膜无明显相分离结构；当温度介于 90～130℃之间，EP-PDI 进入快分子扩散速率阶段，而 *p*-DTS(FBTTh$_2$)$_2$ 仍然处于慢速分子扩散阶段，此时 *p*-DTS(FBTTh$_2$)$_2$ 结晶形成网络骨架结构，空间上限制了 EP-PDI 分子运动范围，在冷却过程中 EP-PDI 自组织形成微晶填充于 *p*-DTS(FBTTh$_2$)$_2$ 结晶骨架中，形成双连续结构；当温度超过 130℃，二者均进入快速分子扩散阶段，EP-PDI 突破 *p*-DTS(FBTTh$_2$)$_2$ 结晶骨架限制，薄膜相分离尺寸进一步增大。

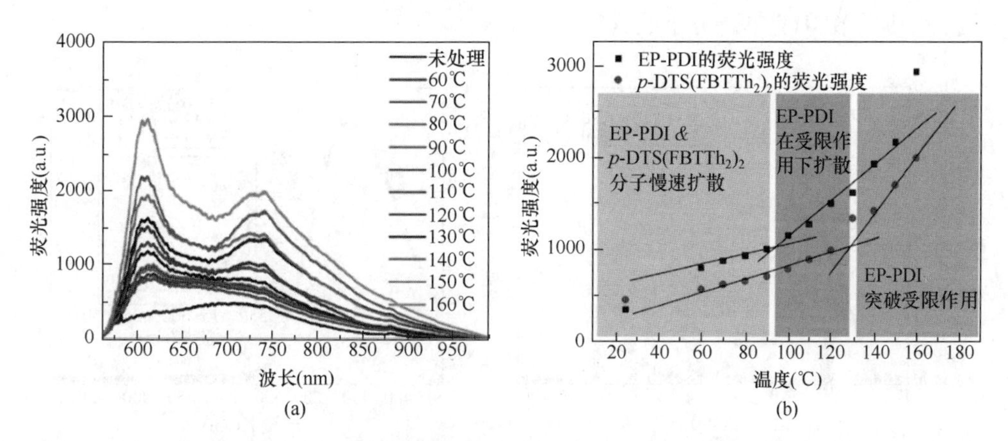

图 2-5　(a) 不同退火温度下的 *p*-DTS(FBTTh$_2$)$_2$/EP-PDI 共混薄膜的荧光谱图；(b) 不同退火温度下的 *p*-DTS(FBTTh$_2$)$_2$/EP-PDI (6 : 4，*w*/*w*) 共混薄膜在 620 nm (EP-PDI) 及 725 nm [*p*-DTS(FBTTh$_2$)$_2$] 处荧光强度随退火温度变化曲线[22]

2.1.3　动态光散射

光散射是光束碰撞物体后，由于反射、折射和衍射的综合作用，光束的方向和强度发生变化的现象[23]。散射光的强度是波长、粒子尺寸、散射角、粒子的相对折射率以及粒子所在介质的函数。只有当粒子和介质的折射率存在差异时，才会出现光散射。如果满足这个条件，光散射现象在很大程度上取决于波长与粒子尺寸[24]。粒子的尺寸大于波长或者与波长相近时，适用于米氏(Mie)理论。当粒子

的尺寸小于 $\lambda/20$ 时，适用于瑞利(Rayleigh)理论[25]。

众所周知，由于聚合物分子链间相互缠结(源于分子主链间的缠结及侧链间的相互作用)，导致其在结晶过程中难于进行自组织。因此，清晰而准确地掌握溶液中聚合物分子链的分散状态显得尤为重要。Liu 等[16]为了确定溶液中 P3HT 的聚集状态，利用动态光散射表征了 P3HT 氯苯溶液中添加正十二硫醇前后的聚集状态，如图 2-6 (a)所示。结果表明，氯苯溶液中 P3HT 存在两种相态：一种为 P3HT 单链分子，另一种为 P3HT 聚集体，其力学半径分别对应于 6.5 nm 和 170 nm。结合紫外-可见吸收光谱，如图 2-6 (b)所示，未在 607 nm 处发现 P3HT 分子间 π-π 堆叠信号，因此可以确定溶液中的聚集体为 P3HT 无定形聚集体。当溶液中添加正十二硫醇后，随着烷基硫醇含量的增加，P3HT 聚集体的力学半径分别降低至 134 nm 和 75 nm；然而硫醇的加入对溶液中 P3HT 单链分子的尺寸却几乎无影响，只是其强度随烷基硫醇的含量的增加而升高。这表明加入烷基硫醇后溶液中形成了更多的 P3HT 单链分子。可见，烷基硫醇的加入降低了 P3HT 在溶液中的缠结程度，增加了 P3HT 单链分子的含量。

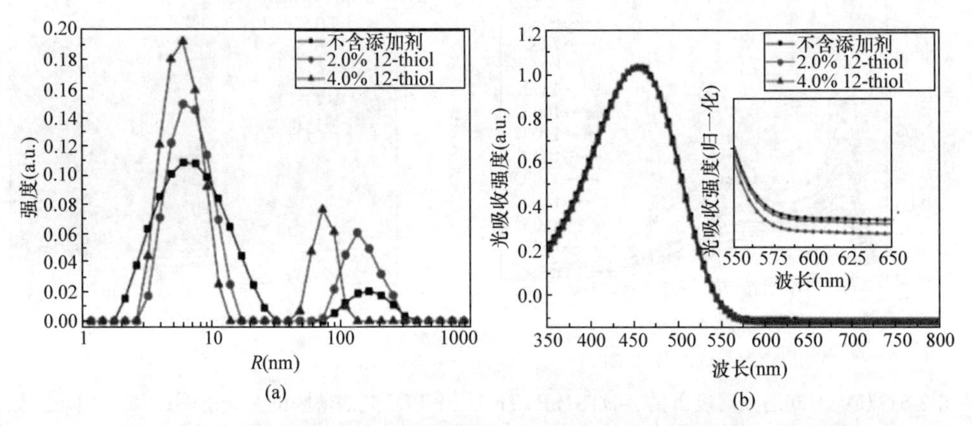

图 2-6　添加不同含量(体积分数)正十二硫醇的 P3HT 溶液的动态光散射(a)及相应的紫外-可见吸收光谱(b) [16]

光散射还可以被广泛应用于表征溶液干燥过程中分子聚集形态的变化[26]。由于测试在单一的散射角度下进行，计算第二位力系数和回转半径是不太可能的。然而，由于光散射来源于折射率的差异，给受体之间的相分离会产生与波长在相同数量级的结构，而这种结构会产生光散射。因此，干燥过程时的光散射信号能够追踪湿膜中的相分离的变化。Franeker 等[27]通过光散射原位表征了 PDPP5T/PCBM 共混体系成膜过程中相分离的变化情况，如图 2-7 所示。当使用氯仿作为主溶剂时，薄膜成膜的时间很短，0.8 s 以内就能完全干燥，溶剂挥发初始阶段(0.6 s)就会有很强散射的信号出现，表明一开始溶液中就出现了液-液相分离。然而，当溶液中添加 5 %邻二氯苯(*o*-DCB)，成膜时间延长，成膜过程中始终没有强的散射信号出现(在 3 s 左右有个突出，主要是聚合物聚集导致局部的不均一性造成的)；表明溶剂挥发过程中使用 5%邻二氯苯作为添加剂的氯仿溶液没有出现大尺寸的相分离结构。因此，我们可以看出原位光散射能够很好地反映成膜过程中相分离行为的变化，有助于我们更好地理解相分离结构的影响因素、相分离的类型，以便能够更好地调控薄膜形貌。

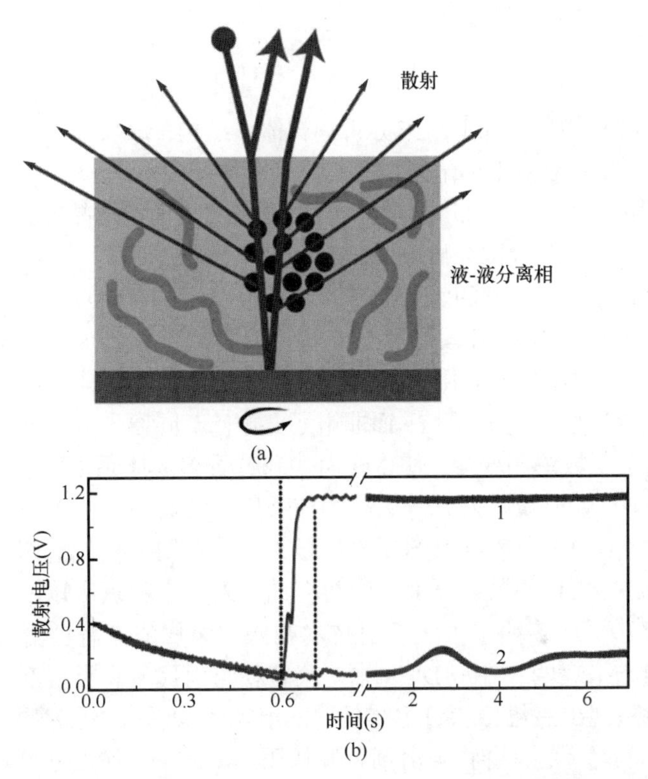

图 2-7　(a)光散射监测液-液相分离的示意图；(b)发生液-液相分离时光散射信号增强：氯仿溶液(1)和 95 %氯仿/5 %邻二氯苯溶液(2)成膜过程中光散射信号的变化[27]

2.1.4　中子散射技术

中子为电中性，具有强穿透力和非破坏性，从而可以探测物质的内部力场信息，也利于在复杂和集成的特殊样品环境下进行实验研究；中子与原子核的作用并不随原子序数的增加而有规律地增大，从而可以通过中子散射或成像技术更好地分辨轻元素，或者相邻的元素；中子具有内禀自旋使之可以准确地揭示其他手段难以给出的微观磁结构信息。现已建立的有关低能热中子的理论，为开展多学科理论预测、实验验证并完善理论提供了有效的途径。因此，中子散射已在物理、化学、材料、工程等研究领域发挥着重要作用，成为物质科学研究和新材料研发的重要手段。

中子散射技术可以实现样品微结构尺寸的测量，由于取样范围也是宏观的，因此小角散射的测量结果反映的是样品的平均信息。其散射矢量与散射角度之间的关系可以通过以下公式来表示：

$$Q=\frac{4\pi}{\lambda}\sin\theta$$

一般可根据颗粒平均尺寸和形状来分析颗粒体系结构，其实验测试的颗粒结构尺寸范围为 1～1000 nm。由于小角散射的实质是由体系内电子云密度起伏所引起的，因此小角散射花样、强度分布与散射体的原子组成、是否结晶无关，仅与散射体的形状、大小分布及与周围介质电子云密度差有关。

Pei 等[28]通过不同比例的邻二氯苯（良溶剂）与甲苯（不良溶剂）体系调控基于苯并二呋喃二酮（BDOPV）片段与联二噻吩（2T）片段共聚形成的共轭聚合物在溶液中的超分子组装结构，并利用中子散射实验表征了不同溶剂体系下的组装结构。中子散射中基本散射体为原子核，而非电子，并且不同原子具有独特的中子散射截面，不随原子序数单调变化，使得在卤代和芳香溶剂体系中，中子散射方法能够获得比传统的 X 射线散射方法更高的信噪比。实验中，为了进一步提高信噪比，降低 ^{1}H 的不相干散射导致的噪声信号，作者选用了氘代溶剂，计算结果表明聚合物 BDOPV-2T 的散射长度密度与溶剂相差一个数量级以上，保证了实验结果的可信度，再次表明了中子散射技术在探测卤代或芳香类溶剂体系中的优势。中子散射结果表明：在 *o*-DCB 中，聚合物与卤代芳香类溶剂具有较强的相互作用，因此呈现出一维棒状、主链延伸的组装体[如图 2-8（e）所示]。随着不良溶剂所占比例的增大，聚合物与溶剂相互作用逐渐减弱，其主链更倾向于折叠构象，形成由分子间较强的 π-π 相互作用主导的二维片状组装体[如图 2-8（k）、（h）所示]。同时，研究人员利用冻干技术和显微方法，有效地将溶液中动力学不稳定的分子结构捕获至固相状态，首次直接观察到了共轭聚合物在溶液中的超分子组装结构，其结构特点与中子散射实验结果一致，更进一步证实了中子散射所获得信息的可靠性。

中子散射技术还可以进一步拓展，利用中子反射技术确定固体共混薄膜中不同组分垂直方向的分布。在有机太阳能电池中，活性层的垂直相分离结构与横向相分离结构对器件性能有着同样重要的作用。例如，某一组分富集层可以作为阻隔层而提高器件性能；垂直于表面的组分梯度可能会提高电荷向电极传输的效率[20, 29-31]。采用中子反射（NR）技术可以表征具有亚纳米分辨率的垂直组分分布图。对于 X 射

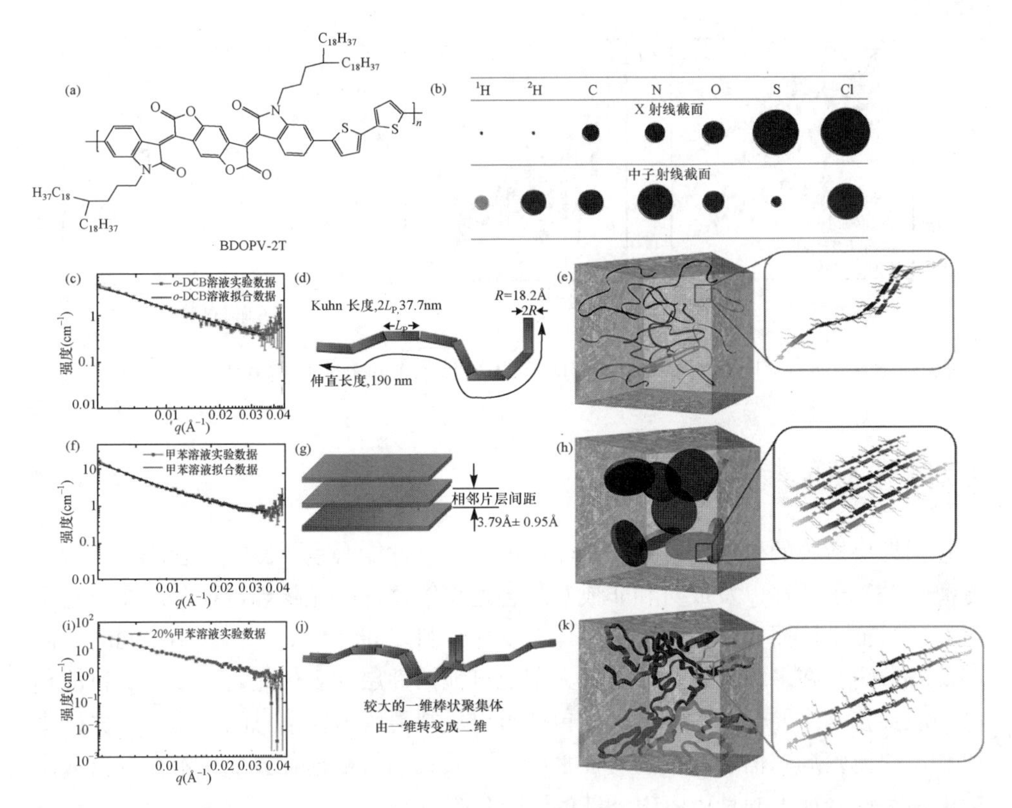

图 2-8　利用中子散射表征不同溶液体系中的超分子组装结构：(a)分子结构；(b)不同原子的X射线和中子散射截面；邻二氯苯溶液[(c)、(d)、(e)]，甲苯溶液[(f)、(g)、(h)]与20%甲苯/邻二氯苯溶液[(i)、(j)、(k)]的中子散射与溶液超分子组装结构[28]

线反射来说，其衬度主要来源于所表征材料的电子密度。通常情况下，有机电池材料之间的电子密度差异是比较小的，导致采用X射线反射表征时的衬度比较小；然而，当一种组分被氘代后，采用中子反射表征则能得到比X射线反射更为准确的结果。对于聚合物/富勒烯体系而言，聚合物分子和富勒烯分子之间具有较高的中子散射衬度，因此通常采用中子反射的手段来表征此类体系的垂直相分离形貌。Parnell 等[32]采用中子反射的手段表征了 P3HT/PCBM 薄膜在不同条件处理后 PCBM 的分布。如图 2-9 所示，刚制备的薄膜表面层的 PCBM 含量较低，而在薄膜与基底界面处的 PCBM 含量则较高；采用溶剂退火后，薄膜中 PCBM 的分布没有改变。然而，采用热退火后，薄膜表面的 PCBM 含量提高，并且与薄膜本体中的 PCBM 含量相当。

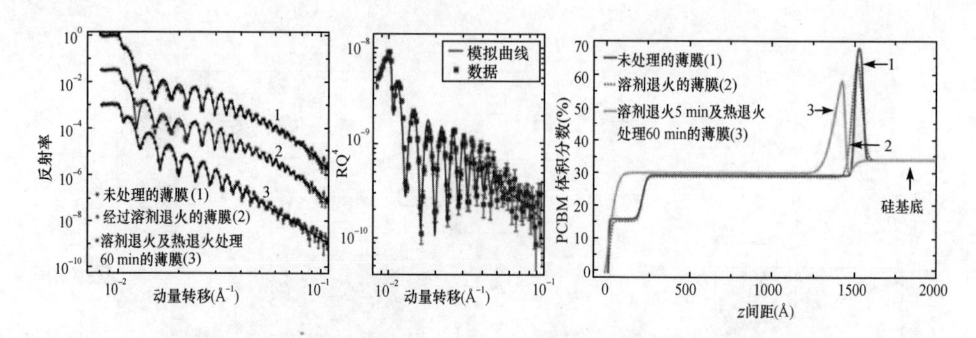

图 2-9 采用中子反射表征 P3HT/PCBM 薄膜不同条件下 PCBM 分布[32]

2.2 薄膜形貌的表征

活性层薄膜的形貌对有机太阳能电池的器件性能有重要影响，它决定了激子分离、载流子迁移以及成对和非成对复合速率等器件的光物理过程。然而，对于现有的表征手段而言，活性层中给体与受体材料之间性质的差别太小；同时，薄膜的相分离存在多级结构，使有机太阳能电池活性层的表征充满挑战性。目前相关的表征技术主要分两大类，其中包括可以反映薄膜整体信息的倒易空间表征手段和反映薄膜局部信息的实场表征手段。下面我们将根据各表征技术在有机太阳能电池活性表征中的具体应用，进行逐一介绍。

2.2.1 相分离结构

有机太阳能电池中，活性层的相分离结构直接决定载流子传输及收集效率：当形成海岛状相分离结构时，给体或者受体无法形成连续的载流子通路，导致载流子收集效率低；只有当活性层形成纳米级互穿网络结构时，才能确保载流子成功传输及收集[33-35]。原子力显微镜、透射电子显微镜及扫描电子显微镜等使空间表征技术可以提供活性层空间分辨的形象化表征，已经成为相分离结构表征的重要手段。

1. 原子力显微镜(AFM)

AFM 是采用微小的探针(半径约为 10 nm)“摸索”样品表面来获得信息，其中包括表面形貌、杨氏模量、电阻、表面能和玻璃化转变温度等信息。仪器主要是由检测系统、扫描系统和反馈系统构成，如图 2-10 所示。原子力显微镜的原理较为简单，主要是将一个对微弱力极敏感的微悬臂一端固定，另一端有一微小的针尖，针尖与样品表面轻轻接触，由于针尖尖端原子与样品表面原子间存在极微弱的排斥力，通过在扫描时控制这种力的恒定，带有针尖的微悬臂将对应于针尖与样品表面原子间作用力的等位面而在垂直于样品的表面方向起伏运动。利用光学检测法或隧道电流检测法，可测得微悬臂对应于扫描各点的位置变化，从而可以获得样品表面形貌的信息。

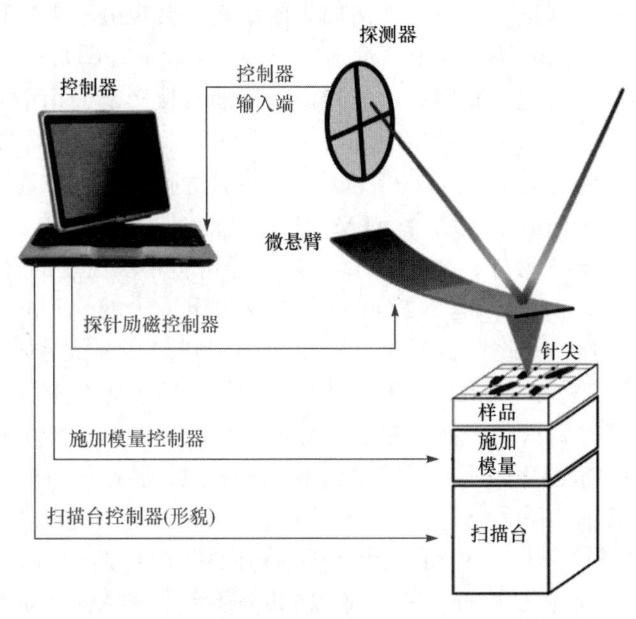

图 2-10　原子力显微镜（AFM）的探针测试原理及结构图

原子力显微镜的工作模式是以针尖与样品之间的作用力的形式来分类的，主要有以下三种操作模式：接触模式、非接触模式和敲击模式。接触模式是 AFM 最直接的成像模式。AFM 在整个扫描成像过程之中，探针针尖始终与样品表面保持紧密的接触，相互作用力是排斥力。扫描时，悬臂施加在针尖上的力有可能破坏试样的表面结构，因此力的大小范围在 10^{-10}～10^{-6} N。然而，如果样品表面易于吸湿（表面形成液膜）或质地柔软，则会降低图像的空间分辨率，并损坏样品，因此并不宜选用接触模式对样品表面进行成像。非接触模式探测试样表面时，悬臂在距离试样表面上方 5～10 nm 的距离处振荡。此时，样品与针尖之间的相互作用由范德瓦耳斯力控制，通常为 10^{-12} N，样品不会被破坏，而且针尖也不会被污染，特别适合于研究质地柔软物体的表面。然而，由于针尖与样品分离，会导致图像横向分辨率变差。敲击模式介于接触模式和非接触模式之间，测试过程中悬臂在试样表面上方以其共振频率振荡，针尖仅仅是周期性地短暂地接触/敲击样品表面。这就意味着针尖接触样品时所产生的侧向力显著降低。因此当检测质地较软的样品时，AFM 的敲击模式是最好的选择之一。一旦 AFM 开始对样品进行成像扫描，装置随即将有关数据输入系统，如表面粗糙度、平均高度、峰谷峰顶之间的最大距离等，用于物体表面分析。同时，AFM 还可以完成力的测量工作，以测量悬臂的弯曲程度来确定针尖与样品之间的作用力大小。

在有机光电子领域中，由于样品粗糙度较低(通常要求低于 100 nm)，通常选用敲击模式进行测量，从而获得诸如表面结构、共轭分子聚集形态及相分离程度等信息[36-39]。Liu 等[40]利用蒸汽辅助压印的方法在 PCDTBT/$PC_{71}BM$ 共混薄膜表面引入了表面起伏光栅。由于光栅的周期直接影响光衍射强度，因此需要准确控制其尺寸。如图 2-11(a)所示，通过 AFM 高度图能够很清晰地看到通过蒸汽辅助压印处理后的 PCDTBT/$PC_{71}BM$ 共混薄膜表面存在周期性高低起伏的沟壑(光栅结构)，进一步结合 AFM 图像处理软件进行分析，可以得到光栅的周期约为 700 nm。另外，AFM 可以进一步分析更小尺度上的分子聚集形态。例如，图 2-11(b)～(d)[17]是 N2200 在不同温度下退火的 AFM 高度图：由于 N2200 结晶性较强，因此常温下 N2200 呈现出规则的纤维状晶体织构；当退火温度为 180℃时，由于 N2200 分子运动能力增强，部分无定形分子会进一步结晶，从而可以观察到薄膜表面纤维晶更加清晰，且数量略有增加；而当温度升至 N2200 晶体熔融温度以上时，N2200 晶体融化、数量减少，从 AFM 图中也能观察到纤维状晶体几乎完全消失。另外，结合 AFM 图像处理软件，还可以对样品表面粗糙度进行分析，从而获得包括平均面粗糙度(R_a)、均方根面粗糙度(RMS)及 10 点平均粗糙度(R_z)等参数。在共混体系中，RMS 值通常与薄膜内部相分离程度相关。例如，在 P3HT/PCBM 体系中，直接旋涂的薄膜由于 P3HT 及

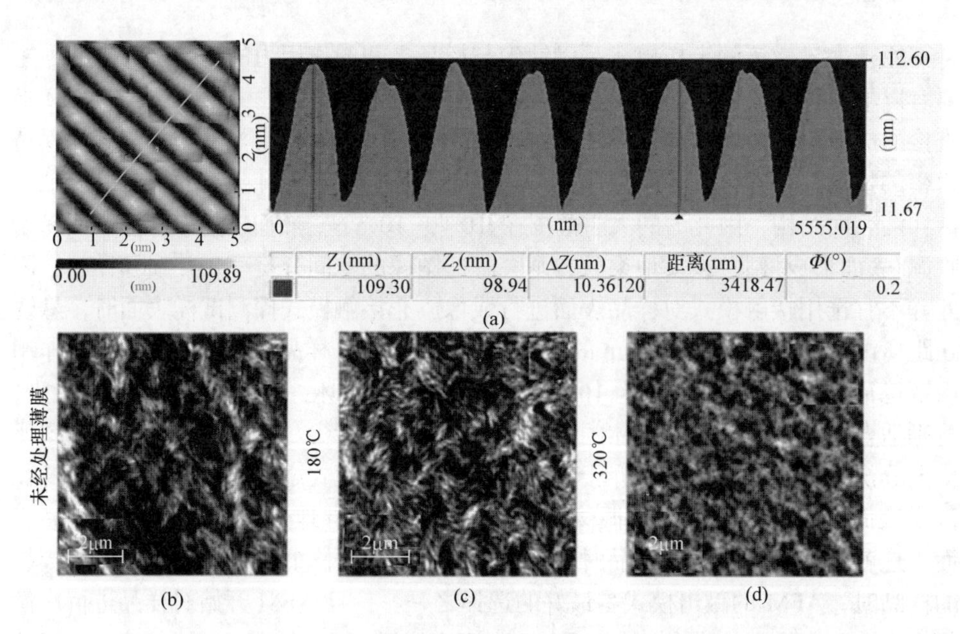

图 2-11 (a) PCDTBT/$PC_{71}BM$ 薄膜表面起伏光栅高度图及结合 SPI 软件对局部高度的分析数据[40]；(b)～(d) N2200 在不同温度下退火的 AFM 高度图[17]

PCBM 结晶性较差，导致薄膜相分离程度低，RMS 值仅为 2.85 nm；当向共混体系添加 4.0%的正十二硫醇后，由于 P3HT 结晶性大幅提高，诱导形成大尺度相分离，RMS 值也随即提高至 26.67 nm。这一变化与相应的透射电子显微镜图像及荧光光谱变化规律相一致，由此可见，原子力图像的 RMS 值可以从侧面反映共混体系相分离程度[16]。

许多高分子材料由不均一相组成，因此研究相的分布可以给出高分子材料许多重要的信息。原子力显微镜测试过程中由于不同物质与针尖间的作用力不同，导致了驱使悬臂振动的输入信号与悬臂振动的输出信号存在相位差，可以得到样品表面的相分布。相图反映了不同阶段的压电驱动振荡相位和 AFM 探针的实际振动的相位之间的匹配关系，直接反映了样品的弹性和黏性的属性。因此，相图可以作为高度图的补充，揭示表面的组成。图 2-12 显示了 P3HT 在 150℃退火前后典型的形貌图和相图[41]。由于 AFM 的探针半径(约 10 nm)限制了形貌图的空间分辨率，因此在热退火前后样品的表面形貌没有观测到明显的变化[图 2-12(a)、(b)]，但相图显示了薄膜在退火前 P3HT 呈颗粒转聚集，而热退火后 P3HT 转变形成了纤维状的网络结构[图 2-12(c)、(d)]。

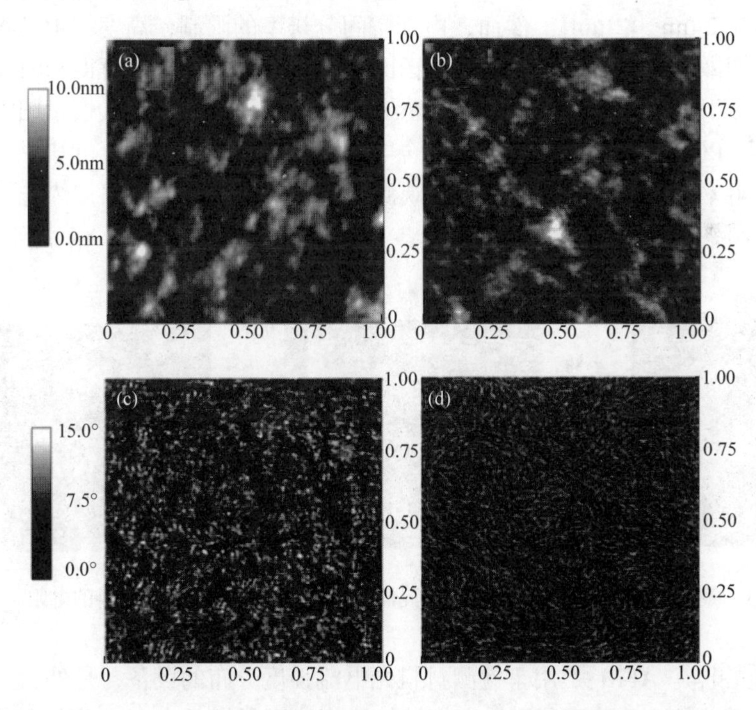

图 2-12 P3HT 在 150℃退火前后典型的形貌图[(a)、(b)]和相图[(c)、(d)][42]

AFM 能被广泛应用的一个重要原因是它具有高的开放性。在基本 AFM 操作系统基础上，通过改变探针、成像模式或针尖与样品间的作用力就可以测量样品的力学、电学等多种性质。下面我们将介绍一些与 AFM 联用的显微技术。

在有机光电子领域中，半导体材料占到了很大的比例。导电 AFM 可以表征这些导电材料及器件的电学信息，并且空间分辨率可以达到 10 nm 左右。采用导电 AFM 表征时，金属 AFM 探针作为一个电极，置于样品底部的导体作为另一个电极，从而实现对样品体相电学性质的测试。通常情况下，导电 AFM 测试时采用接触模式，保持 AFM 探针与待表征样品间的恒定接触。然而，由于在每一个扫描点处 AFM 探针与样品的接触半径是不确定的，导致材料的电学性质不能被定量地表征，仅能得到样品的定性信息。为了解决这个问题，需要在表征过程中确定 AFM 探针与样品的接触半径。PeakForce 敲击模式则可以同时测量样品的机械性能和电学性能，也就是说在每一个扫描点处都可以测量样品的力-距离曲线和电流-距离曲线。从力-距离曲线中，我们可以估算出 AFM 探针与样品的接触面积。因此，采用 PeakForce 敲击模式可以实现薄膜的电学性能的定量测定[43]。Nikiforov 等[44]利用这种方法确定了 P3HT/PCBM 共混体系的互穿网络结构。如图 2-13 所示，分别为采用 PeakForce 敲击模式测定的样品的高度图、机械性能和材料的电阻性质（图片的标尺为 2 μm × 2 μm）。然而，由于空间分辨率的限制，高度图很模糊，无法观测到更细微的相分离结构。但是从杨氏模量图和电阻率图中可得到明确的相组成信息：由于 P3HT 相的杨氏模量比 PCBM 相低，因此通过杨氏模量图可以判定 P3HT 相与 PCBM 相的空间分布；结合电阻率图进一步定量分析可知 P3HT 区域的空穴电阻率较低，由此可以直观地观测到薄膜中空穴传输通路，佐证了共混体系中互穿网络结构的形成。

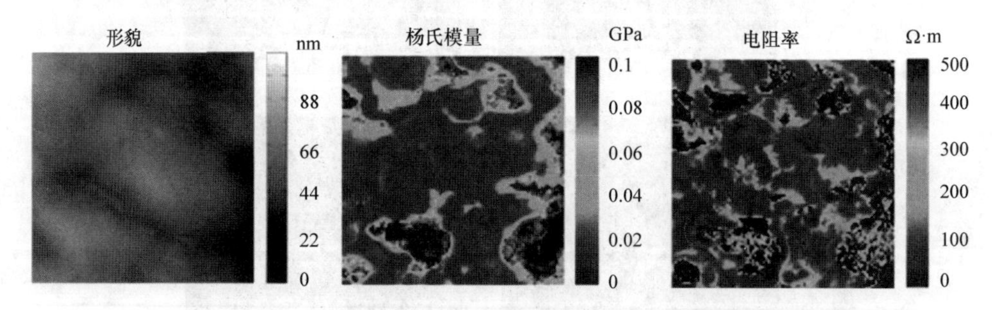

图 2-13 敲击模式测定 P3HT/PCBM 共混体系形貌图、机械性能及材料的电阻率图[44]

扫描光电流 AFM 是用于检测材料光电流强度分布的设备，是外加一组电流放大器于纤维晶上，然后利用导电探针接触模式扫描样品表面，在取得高度信号的同时，若是样品表面有电流产生，探针也会取得此电流信号，因此可以得到样品表面的电流分布图，从而进一步分析样品特定区域的电学性能。采用光电流显微镜表征的薄膜电池不需要顶部电极，而是直接将 AFM 探针作为顶部电极。在测量过程中，AFM 探针和样品表面形成的结合点被激光照射，然后测定流过 AFM 探针和样品表面的空间分辨的短路电流。例如，Ginger 等[36]在提高针尖-样品之间结合点的辐照强度同时，将导电 AFM 和光电流显微术结合起来，测定了 P3HT/PCBM 电池在空间分辨下的暗态空穴电流、暗态电子电流和在 532 nm 光照下的短路电流，如图 2-14 所示。暗电流的大小由电荷的注入和迁移率决定，暗电流值大的区域是图中的明亮部分。可以看出，暗电流中电子电流大的区域是 PCBM 富集区，对应的空穴电流小；相反，暗电流中空穴电流值大的区域是 P3HT 富集区，对应的电子电流小；因此，通过电子电流和空穴电流值的分布既可分析薄膜表面的相分布，同时也能确认给体与受体均能形成连续的载流子传输通路。但光电流在图像上看，其大小与电子暗电流和空穴暗电流的分布都无关。例如，对比空穴暗电流与光电流图像，当 P3HT 富集区域大时，空穴暗电流大，但光电流较小，这是由于虽然 P3HT 能够形成连续空穴传输通路，但由于相区尺寸过大，不利于激子分离，从而导致光电流小。因此，可以利用扫描光电流 AFM 局部区域的电学特性去实现共混薄膜相分离结构的剖析。

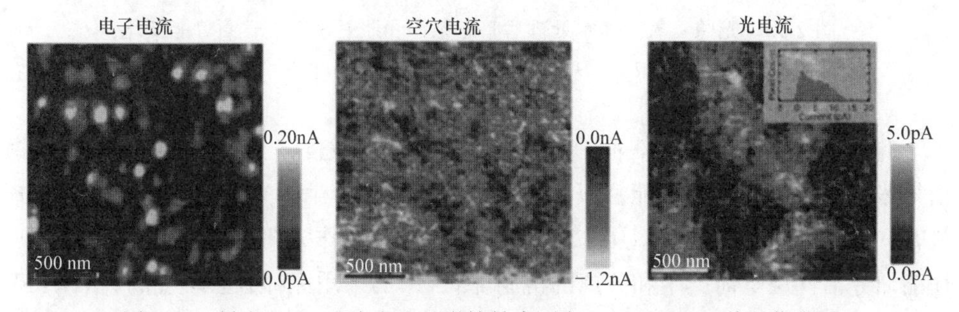

图 2-14 导电 AFM 和光电流显微镜结合测定 P3HT/PCBM 共混薄膜[36]

表面势能扫描显微镜(SSPM)可以用来表征样品的表面势能。表面势能扫描显微镜采用非接触技术(通常情况下有 50 nm 到 200 nm 的距离)，通过电驱动控制悬臂振动，探针采用交流电调节使其与样品的表面势能相匹配，从而获得样品表面势能信息。在目前的表征过程中，尚无法准确表征出样品的绝对表面势能，但可以分辨出样品表面 2～4 meV 表面势能的差异。近来，表面势能扫描显微镜已经被广泛地应用到有机太阳能电池材料及器件的表征中。Berger 等[45]研究了样品在光照、氧气和水处理后的暗态条件和照射条件下的表面势能变化，其结果如图 2-15 所示。图中十字交叉的部位是经过光照、氧气和水处理后的区域。图 2-15(a)是暗态下的表面势能图像，我们可以看到处理之后表面势能由−0.79 V 增加到−0.70 V，说明老化处理改变了样品的表面组成。图 2-15(b)是照射条件下的表面势能变化，由于光照下产生光电流，对表面势能造成影响；降解区域的表面势能变为−0.51 V，而未经过处理区域的表面势能变为–0.45V。这说明经由降解处理之后，薄膜对光的吸收减少，因此表面势能对光照射的敏感程度降低。同样，用光电流 AFM 表征处理前后的样品发现，降解区域的电导率大大降低，尤其是在光照射时电流值增加的幅度也远小于非降解区域，这也进一步说明了经由降解处理之后活性层载流子传输能力受到一定程度的破坏。

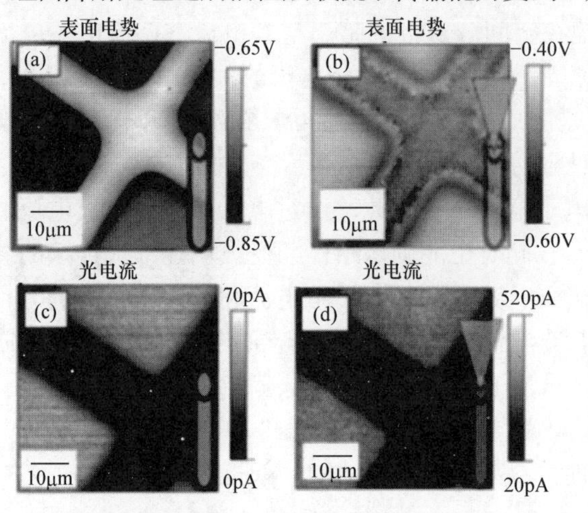

图 2-15 光照、氧气和水处理后暗态条件和照射条件下表面势能变化[(a)、(b)]及光电流变化[(c)、(d)][45]

此外，Coffey 等[46]将表面势能扫描显微镜进行改良，采用共振频率作为反馈信号来探测样品的表面势能，以此来表征电池内部产生的光电流，这种表征方式是时间分辨的电子力显微镜(tr-EFM)。tr-EFM 不仅能作为相分离形貌的表征手段，还能研究活性层电荷产生和分离的机制。图 2-16 为采用此种方法表征的 F8BT/PFB 共混体系的形貌和电荷比例图：首先作者通过比较不同组成比例 F8BT/PFB 的 tr-EFM 图像与外量子效率，建立了 tr-EFM 图像亮度与电荷积累速率间的关系，即图像中亮度越高区域积累电荷速率越快。通过进一步表征 F8BT/PFB 共混体系的 tr-EFM 图，作者发现在聚合物给体相和受体相之间的界面处，电荷产生是最慢的，反而在 F8BT 相中(图中黑色环状区域中心)，电荷累积的速率要比周围区域快 30%～50%。通过对此现象进行分析，作者认为这是相区不纯导致的：在 F8BT 的相区内部含有相当比例的 PFB 分子，而在界面处的 F8BT 富集相中所含的 PFB 比例反而较小，从而带来了界面处光生载流子速率低的结果。这一结果也进一步使人们更加直观地认识到相区纯度对光电转换过程的影响。

2. 透射电子显微镜（TEM）

TEM 是通过收集电子束透过样品后的信息来表征样品形貌的，其仪器的结构与光学显微镜相似，由电子枪、聚光镜、样品室、物镜、投影镜和照相室构成。由电子

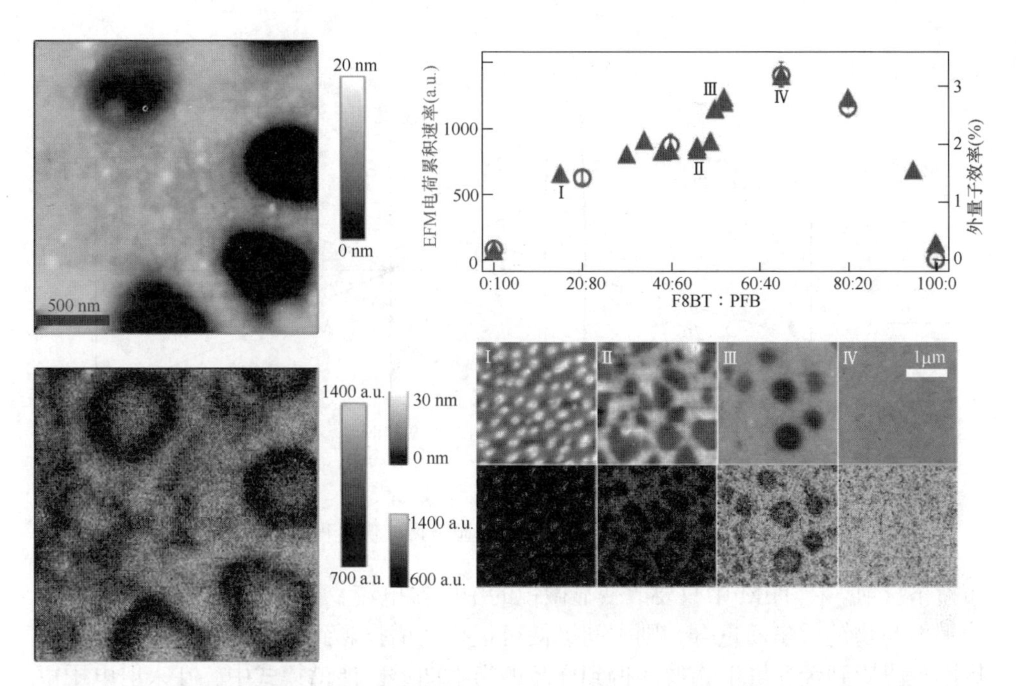

图 2-16　F8BT/PFB 共混体系形貌(黑白图片为原子力显微镜高度图，彩色图片为时间分辨电子力显微镜图，其中右上角图为 F8BT 与 PFB 不同比例下的电荷积累速率和外量子效率；右下角图中Ⅰ、Ⅱ、Ⅲ、Ⅳ分别代表 F8BT 与 PFB 的不同比例(20：80、40：60、60：40、80：20)，与电荷比例图对应)[46]

枪发射出来的电子束，在真空通道中沿着电磁透镜光轴穿越聚光镜，通过聚光镜将之汇聚成一束尖细、均匀的光斑，照射在样品室内的样品上。透过样品后的电子束携带有样品内部的结构信息。经过物镜的汇聚、调焦和初级放大后，电子束进入下级的中间透镜和投影镜进行综合放大成像，最终被放大了的电子影像投射在观察室内的荧光屏板上，荧光屏将电子影像转化为可见光影像，电子显微镜成像过程的光路图如图 2-17 所示。

由于电子显微镜中电子的波长很短，当加速电压为 100 kV 时，λ 为 0.0037 nm，仅为光学显微镜波长的十万分之一，因此电镜的分辨率比光学显微镜高近千倍，目前可达 0.5 Å。在有机光电子领域，TEM 通常用于表征活性层内部的相分离结构、晶体排列及晶体内部分子排列方式等[33, 47-49]。TEM 的操作模式主要包含成像模式、衍射模式及能谱模式。在成像模式下，样品被电子束照射后，可以产生吸收电子、透射电子、二次电子、背散射电子和 X 射线等信号。TEM 是利用透射电子成像的，电子在样品中与原子相碰撞的次数越多，散射量就越大。当散射电子被物镜光阑挡住，不能参与成像，则样品中散射强的部分在像中显得较暗；而样品中散射较弱的部分在像中显得较亮。在衍射模式中，当电子束经过结晶样品后会发生

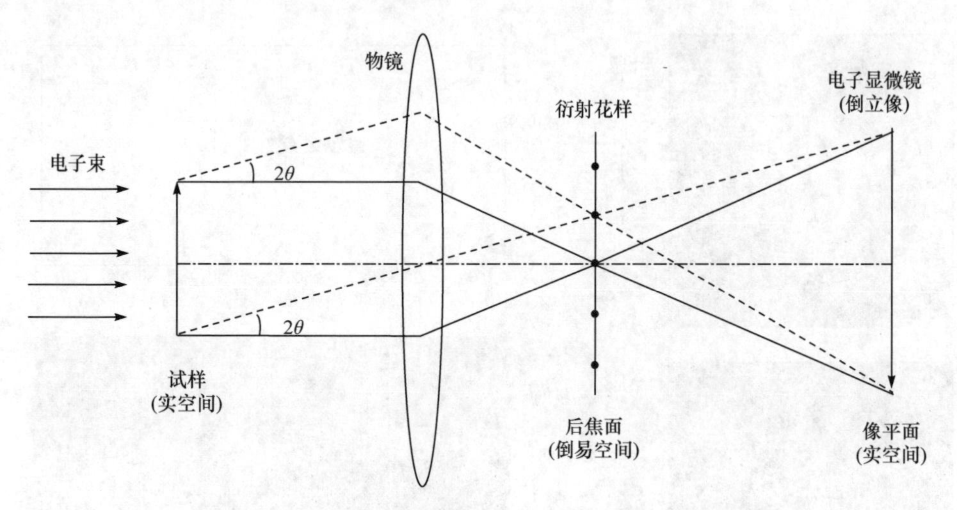

图 2-17　利用光学透镜表示电子显微镜成像过程的光路图

布拉格反射。在 TEM 中只要改变显微镜的中间镜电流，将中间镜励磁减弱，使其物平面与物镜后焦面重合，则中间镜便可把衍射谱投影到投影镜的物平面，再由投影镜投影到荧光屏上，便能得到样品的衍射图谱。能谱模式中，在入射电子束与样品的相互作用过程中，一部分入射电子只发生弹性散射并没有能量损失，另一部分电子透过样品时则会与样品中的原子发生非弹性碰撞而发生能量损失，所以通过收集非弹性散射电子得到的图谱通常被称为电子能量损失谱(EELS)，被用于分析样品的化学成分及结构信息。

TEM 能反映样品不同区域的致密度，是表征结晶样品的有力手段。图 2-18(a)是 pBTTT-C14 在 240℃下热退火后得到的明场 TEM 图像[50]。热退火之后 pBTTT-

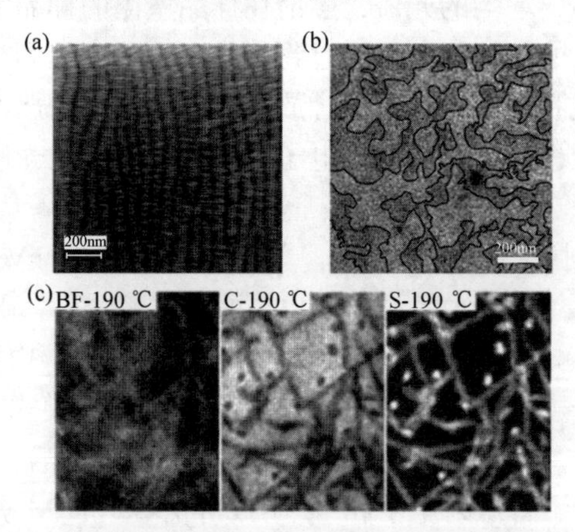

图 2-18　(a) TEM 表征 pBTTT-C14 薄膜晶体形貌[50]；(b) 能量过滤 TEM(EF-TEM) 表征 PTB7/PCBM 共混体系相分离形貌[51]；(c) P3HT/PCBM 共混体系在 190℃退火后明场及能量过滤 TEM 图[52]

C14 形成了纳米棒的结晶形貌。对于有机太阳能电池活性层的形貌而言，给受体相之间的衬度通常并不明显，很难得到清晰的图像。而能量过滤 TEM(EF-TEM)则是在普通的 TEM 样品之后加一个磁棱镜来分散透射过的电子束，形成一个能量损失谱，具有统一的电子透过狭缝之后被狭缝后的棱镜重聚焦到 CCD 相机上。这种方法可以让等离子体响应相差很微小的不同材料形成具有高分辨率的图像，因此可以使给受体之间的衬度变得很明显。Chen 等[51]用能量过滤 TEM(EF-TEM)揭示了高有机太阳能电池活性层的多尺度相分离形貌，PTB7 富集区和 PCBM 富集区的灰度有明显差异，因此可以很容易地区分给体相区及受体相区[如图 2-18(b)所示，作者用黑色线勾勒出相分离的轮廓]：PTB7 富集相和 PCBM 富集相形成了相分离尺度为几百纳米的互穿网络结构，且相界面并不平整，有几十纳米大的波动。

采用元素分辨的滤镜，可以得到元素分辨 TEM 图像，从而能直接解析相形貌。如图 2-18(c)所示为 P3HT/PCBM 体系在 190℃退火后的明场 TEM 图[52]。退火后薄膜形成了纤维形貌，但由于薄膜厚度和局部性质变化引起的衬度变化幅度往往要大于聚合物富集相和富勒烯富集相之间的固有衬度，因此仅仅依据明场 TEM 数据很难归属共混薄膜中各组分分布。而采用能量过滤的手段则能够有效提高不同相区之间的衬度。由于 P3HT 分子中含有硫元素，而 PCBM 中没有硫元素，因此以硫元素的吸收边为窗口的能量过滤图可以很明显地观测到含有硫元素的纤维状的相分离结构，进一步可以确定图中的纤维状结构为结晶的 P3HT。

平面 TEM 图可以反映样品的平面内部形貌信息，而样品的截面 TEM 则可以提供截面的信息，二者形成互补。如图 2-19 所示，DeLongchamp 等[53]用 EF-TEM 观察 P3HT/PCBM 体系在退火过程中相区融合和再聚集行为。图中可以清楚观测到 P3HT/PCBM 的相界面，初始薄膜具有均匀的三层结构：中间层是 P3HT；A 系列上下层都是无定形 PCBM；B 系列上层是无定形 PCBM，下层是结晶 PCBM。在 A 系列中，随着退火(140℃)时间的延长，PCBM 扩散进入 P3HT 层，在层中形成 10～15 nm 的小聚集区；随着扩散进入 P3HT 层的 PCBM 含量的增加，P3HT 层厚度逐渐增加，相界面也渐渐变得粗糙；这表明无定形 PCBM 扩散能力较强，在热退火驱动下能够在 P3HT 相中均匀地分散。在 B 系列中，随着退火(140℃)时间的延长，上层 PCBM 首先扩散进入 P3HT 层形成微小聚集，而其厚度则逐渐变薄，P3HT 层略有变厚，相界面也变模糊；但下层 PCBM 厚度未发生明显变化；继续退火发现随着退火时间的延长 P3HT 层变薄，而下层 PCBM 层逐渐变厚，最终形成 P3HT/PCBM 双层结构。这是由于短时间退火过程中上层 PCBM 逐渐扩散、溶解于 P3HT 层中；但随退火时间延长，热退火将进一步驱动 PCBM 由 P3HT 层中向下继续扩散到下层结晶 PCBM 相中，最终形成双层结构。

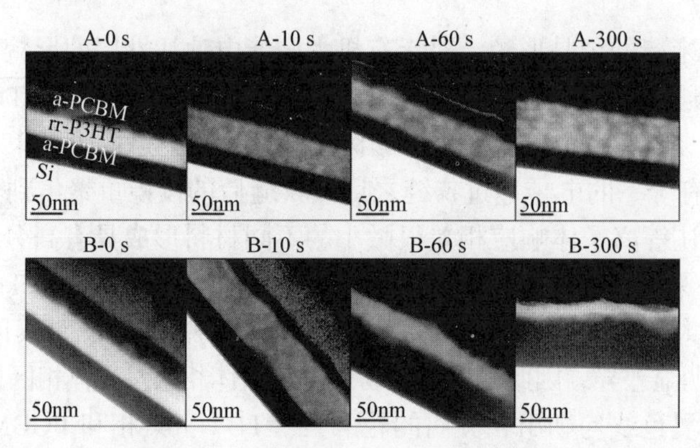

图 2-19 P3HT/PCBM 体系在 140℃热退火过程中形貌变化[53]

电镜三维重构技术是将电子显微术、电子衍射与计算机图像处理相结合而形成的具有重要应用前景的一门新技术。其基本步骤是于电镜中对样品在不同倾角下进行拍照，得到一系列电镜图片后再经傅里叶变换等处理，从而展现出活性层三维结构的图像。近年来，电镜技术迅速发展，目前已不仅停留在单纯的获取平面内及截面内的信息上，而逐渐发展到了由平面到空间的立体型研究。这对深入了解共混体系中给体及受体的空间相对位置和活性层多层次结构及其与器件性能间关系，都有十分重大的意义。三维重构理论是借助一系列沿不同方向投影的电子显微像来重构被测物体的三维构型。电镜三维重构思想的数学基础是傅里叶变换的投影与中央截面定理。中央截面定理的含义是一个函数沿某方向投影函数的傅里叶变换等于此函数的傅里叶变换通过原点且垂直于此投影方向的截面函数。因此，电镜三维重构的理论基础是一个物体的三维投影像的傅里叶变换等于该物体三维傅里叶变换中与该投影方向垂直的、通过原点的截面(中央截面)。每一幅电子显微像是物体的二维投影像，倾斜试样，沿不同投影方向拍摄一系列电子显微像，经傅里叶变换会得到一系列不同取向的截面，当截面足够多时，会得到傅里叶空间的三维信息，再经傅里叶反变换便能得到物体的三维结构。Loos 等[54]利用 Titan Krios TEM (Fei Co., The Netherlands) 对 MDMO-PPV/PCBM 体系的影像进行了重构，获得了其相应的三维结构，如图 2-20 所示。通过图像，能够很清晰地分辨出 PCBM 形成了 80～150 nm 的球形微区；同时，PCBM 微区表面被 MDMO-PPV 薄层所覆盖。由此可见，三维重构技术丰富了科研人员的表征手段，使人们能够更加清晰地观察衬度差别较小及结构尺度较为细微的共混体系形貌。

选区电子衍射(SAED)[52]是一种可以提供晶胞参数及薄膜结构基本信息的方法。由电子显微镜成像的光路图可以看到，只要改变显微镜的中间镜电流，将中间镜励磁减弱，使其物平面与物镜后焦面重合，则中间镜便可把衍射谱投影到投影镜的物平面，再由投影镜投影到荧光屏上，便能得到样品的衍射图谱。这种

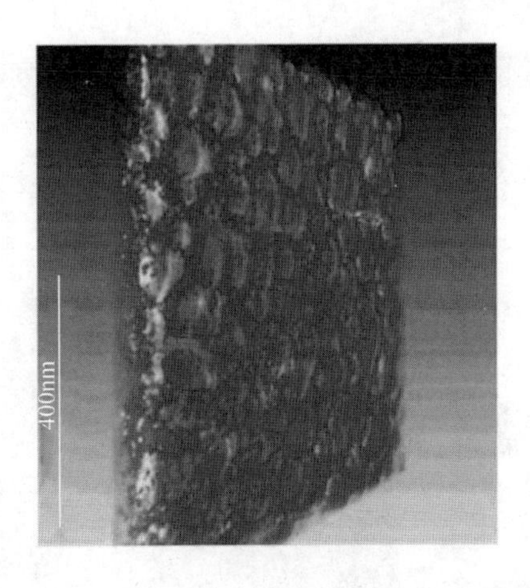

图 2-20　MDMO-PPV/PCBM 共混体系三维重构图像：颜色较暗的橙色区域为 PCBM 的聚集区[54]

电子衍射对于研究微小晶体的结构具有特别重要的作用。利用布拉格衍射方程，通过仪器相机长度、衍射光斑半径等数据便能得到薄膜内晶体在面内方向的晶体结构信息。例如，Liu 等[55]将 TEM 与 SAED 相结合，研究了 P3HT 晶体取向与晶型间关系，如图 2-21(a)所示。在选区电子衍射图案中，衍射图案比较复杂，衍射环和衍射弧同时存在。经分析，衍射环对应于 P3HT 采取晶型Ⅰ时的(010)晶面衍射；而两个衍射弧则分别对应于 P3HT 采取晶型Ⅱ时的(010)晶面衍射及(200)晶面衍射。这说明采取晶型Ⅰ的晶体是各向同性排列的，而采取晶型Ⅱ的晶体为取向排列。由此可以推测：薄膜中取向行为是由采取晶型Ⅱ的须晶造成的，而采取晶型Ⅰ的 P3HT 则对取向无任何贡献。除此之外，也可以根据衍射信息分析薄膜相区与相区之间晶体取向行为。例如，DPPT-TT 和 DPPT-2T 在暗场 TEM 图像[图 2-21(b)～(f)]中相区结构较为模糊，无法清晰分辨[17]。然而将 SAED 的入射光在同一区域倾斜一系列角度得到的衍射图案与暗场图像结合起来，则可以揭示平面内的晶体的取向信息。图中(e)和(f)分别是 DPPT-TT 和 DPPT-2T 的分子取向图。可以看出图中不同相区之间，分子的取向相差很大，但取向方向却是逐步变化的，例如取向图中橙色的区域，在它周边的区域 80%以上是由取向方向相近的黄色和红色区域组成。由此可见，在薄膜中无论相分离区域多大，由于晶体的取向是渐变的，因此都能形成连续的网络结构，利于载流子的传输。

值得注意的是，高能电子束(30～300 keV)顺利穿透样品是能够形成图像的前提，因此样品厚度需要在几纳米到 100 纳米范围内。另外，大多数的有机共轭分子材料为半结晶的材料，在表征过程中很容易受到电子束的破坏，因此需要采用

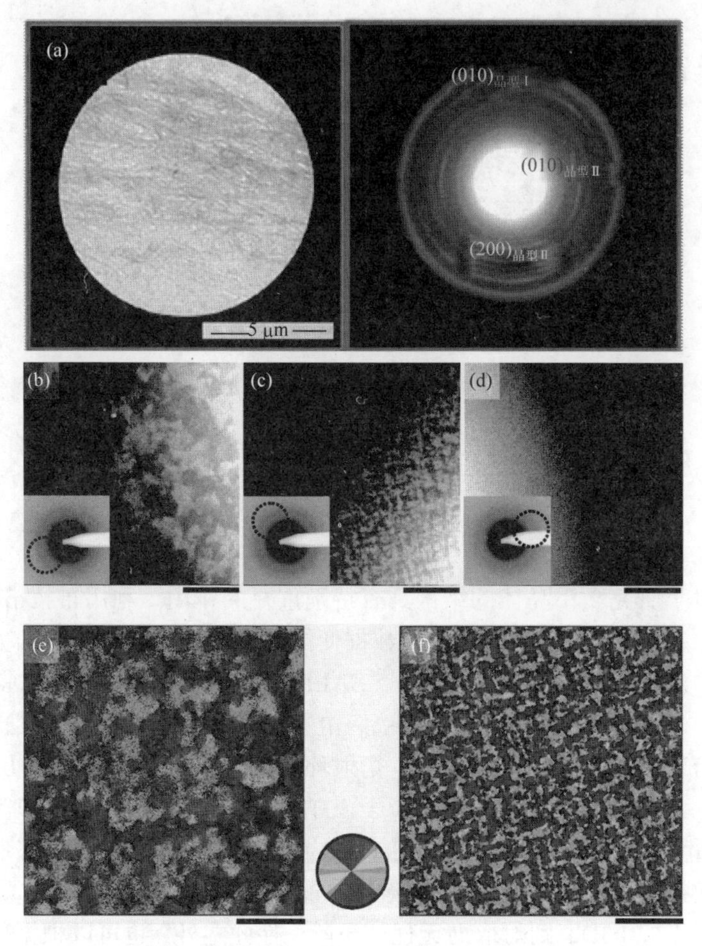

图 2-21 (a) P3HT 各向异性区域的 TEM 照片及相应的 SAED 图案[55]; (b)～(f) SAED 表征 DPPT-TT/DPPT-2T 相区结构[17]

低温测量或者调节电子束能量等保护措施减缓电子束照射对样品的破坏。总体而言，尽管制备样品比较复杂，但 TEM 可以快速提供具有高分辨率的包含化学和相分离形貌信息的数据，因此是一种表征有机太阳能电池相分离形貌的理想手段。

3. 电子显微镜技术

1）扫描电子显微镜(SEM)

SEM 的成像原理与透射电子显微镜不同，是利用扫描电子束从固体表面得到的反射电子图像，在阴极摄像管的荧光屏上扫描成像的。从阴极发出的电子受 5～30 kV 高压加速，经过三个磁透镜三级缩小，形成一个很细的电子束聚焦于样品表面。入射电子与样品中的原子相互作用而产生二次电子(图 2-22)。这些电子经过聚焦、加速(10 kV)后打到由闪烁体、光电倍增管所组成的探测器上，形成二次电子信号。此信号随着样品表面的形貌、材质等变化而变化，产生信号反差。经视频放大后等在屏幕上即可成像。其成像衬度主要由表面形貌反差、原子序数反差及电压反差造成，因此可以根据样品不同特性分析其微纳结构。

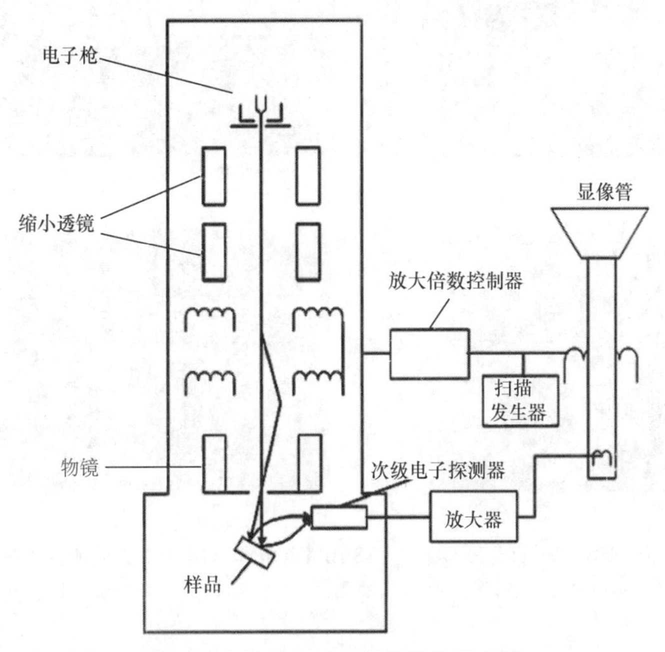

图 2-22　扫描电子显微镜结构示意图

在有机太阳能电池和杂化太阳能电池中，SEM 通常用于表征太阳能电池截面结构，这种技术的最大优势是具有景深，可以直观观测到不同层。因为有机太阳能电池是制作在 ITO 玻璃基底上的，活性层薄膜的截面通常涂有一层碳或者金，以确保样品表面可以导电。SEM 所得到的图像通常包含了样品的表面形貌及化学成分等基本信息。图 2-23(a)显示了活性层由给体材料 BP 及受体材料 SIMEF 所构成 p-i-n 结构的太阳能电池器件(玻璃基底/ITO/PEDOT：PSS/BP/BP/SIMEF/SIMEF)的截面结构，可以很清晰地观测到玻璃基底、ITO 层、PEDOT：PSS 层、BP 层、BP 与 SIMEF 共混层及 SIMEF 层[56]。为了进一步确定活性层微纳结构，作者利用甲苯为溶剂(选择性溶解 SIMEF)对活性层进行刻蚀，而并不破坏活性层中 BP 的结构。如图 2-23(b)、(c)所示，可以清晰地观测到将 SIMEF 选择性溶解之后留下的由结晶性 BP 构成的柱状形貌(柱间距尺寸约为 26 nm，柱高约为 65 nm)；由此可以说明，在中间层中 SIMEF 和 BP 构成了均匀的互穿网络结构。图 2-23(d)为更大尺寸区域的表面形貌，其中颜色较深的是 BP 形成柱状形貌区域，颜色较浅的是纯 BP 的结晶。

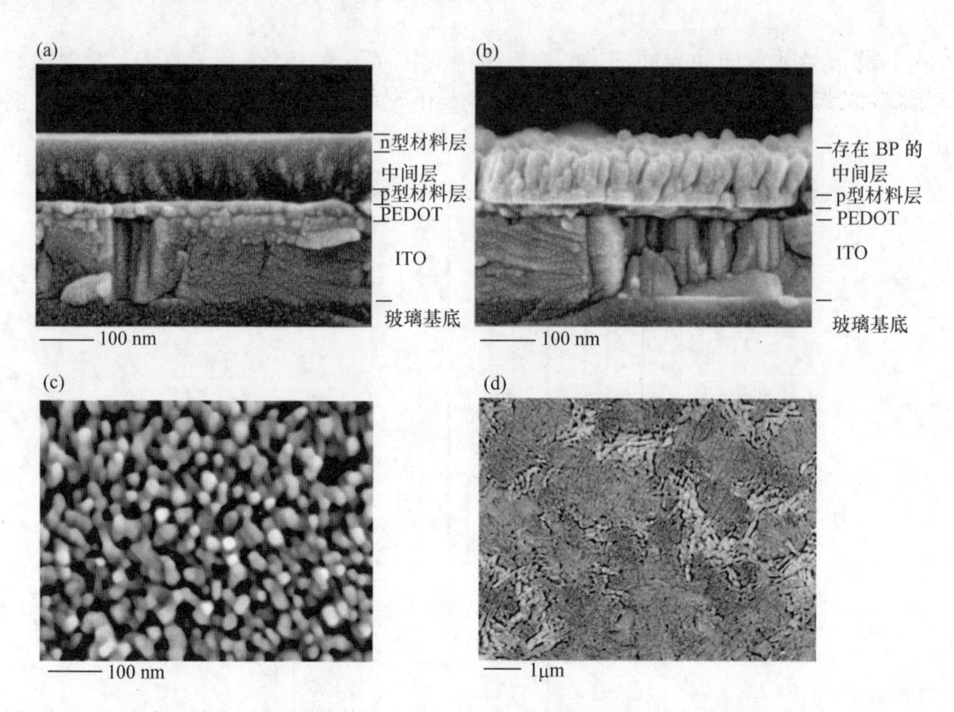

图 2-23 SEM 表征玻璃基底/ITO/PEDOT：PSS/BP/BP/SIMEF/SIMEF 太阳能电池的截面结构(a)，选择性溶解掉 SIMEF 后活性层的截面结构(b)、精细表面结构(c)及大区域表面结构(d)[56]

2）扫描透射电子显微镜(STEM)

STEM 与 SEM 的表征过程相似，都是汇聚电子束逐点扫描样品，在扫描时，同步在下方用检测器检测散射的电子。其工作原理如图 2-24 所示，根据散射角度

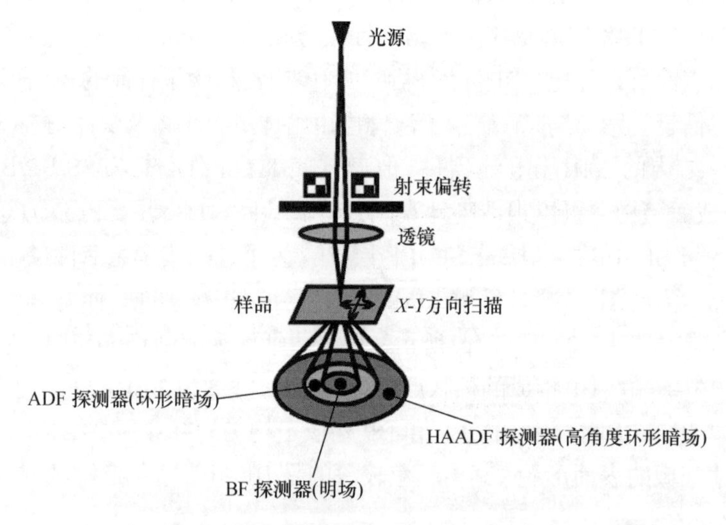

图 2-24 扫描透射电子显微镜工作原理[57]

的不同，既可以得到明场、暗场电子显微图像和高角度环形暗场（HAADF）的图像。HAADF 对于样品的平均原子数非常敏感，因此扫描透射电子显微镜不仅具有高的空间分辨率，而且可以区分不同的化学成分。此外，HAADF 的电子是高角散射电子，而非相干相，是原子列的直接投影，因此 HAADF 不仅分辨率更高，而且不会随着样品厚度和聚焦情况不同出现衬度反转的现象。

Klein 等[57]利用扫描透射显微镜研究了 P3HS/PCBM 薄膜的结构。STEM 对于 P3HS 这种含有高原子数 Se 原子的材料可以得到尤其高的分辨率，因此可以获取薄膜更加精细、准确的结构。如图 2-25 所示，作者研究了不同旋涂温度及退火温度对共混薄膜中 P3HS 聚集状态的影响。结果表明，直接旋涂所获得的薄膜中，均未观测到明显的微结构形貌；说明此时薄膜中 P3HS 自组织能力较差，未形成明显的聚集结构。而退火后，两个薄膜中出现了宽度约为 30 nm 的针状聚集体，且随着退火温度的升高，针状固体密度增加；这意味着退火过程增加了 P3HS 的自组织能力，P3HS 聚集形成针状晶体。另外，如果在某些衬度较低的共混体系中，可以通过加装光谱带通滤波器来抑制滤波伪影，获得对比度更加明显的图像[如图 2-25(e)～(h)，分别对应于(a)～(d)所示的图像]，处理之后对比度增强了，针状微晶也变得更加明显。

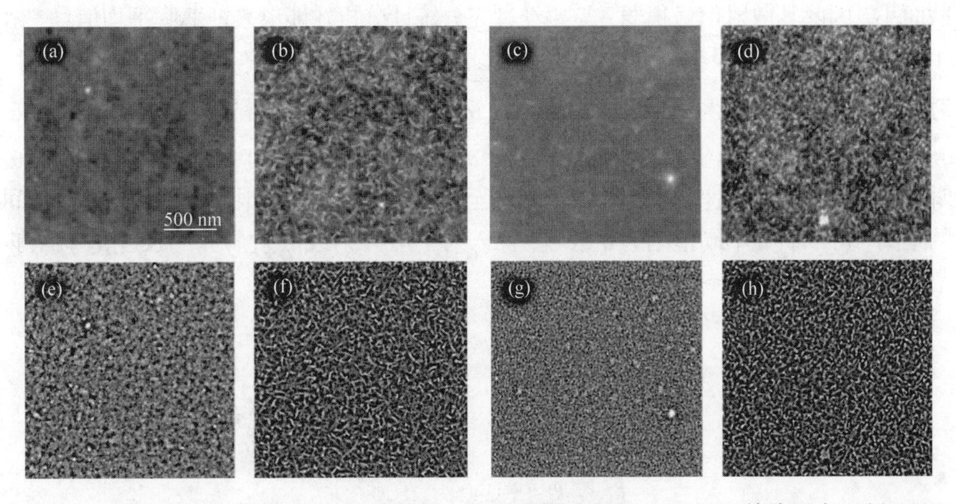

图 2-25 P3HS/PCBM 薄膜 HAADF 图像：(a) 90℃旋涂未退火；(b) 90℃旋涂退火；(c) 100℃旋涂未退火；(d) 100℃旋涂退火。(e)～(h) 分别对应于加装光谱带通滤波器来抑制滤波伪影的(a)～(d)的图像[57]

2.2.2 相区尺寸及纯度

相区尺寸决定激子分离效率及载流子收集效率。相区尺寸减小，给受体微区界面面积增加，可有效提高激子分离效率；然而，相区尺寸过小，将导致载流子在传输过程中双分子复合概率增大，降低载流子收集效率。因此，相区尺寸应当处于既能满足激子分离又能满足载流子收集的折中范围内。目前研究表明，相区尺寸分布在 10～20 nm 范围可有效提高光伏电池能量转换效率[47, 58]。另外，相区不纯、出现多级相分离是共混聚合物经过溶液加工后所普遍存在的问题。在相分离过程中，部分分子滞留在异相中，形成热力学不稳定态，从而导致多级相分离结构。其次，共混体系中异相分子降低了分子自身的自组织能力，导致结晶驱动相分离能力降低，也进一步加剧了形成多级相分离结构的概率，从而降低了激子分离效率及增加了载流子传输过程中的复合概率。由此可见，相区尺寸及纯度对器件光物理过程的影响至关重要，本节将主要介绍表征相区尺寸及纯度的掠入射小角 X 射线散射和共振软 X 射线技术。

1. 小角 X 射线散射技术

掠入射小角 X 射线散射(GISAXS)是一种区别于掠入射广角 X 射线衍射(GIWAXS)的一种结构分析方法。在 GIWAXS 测试中，利用 X 射线照射样品，相应的衍射角 2θ 主要分布于 5° ～ 165°，而在 GISAXS 测试中，相应的 X 射线的散射角较小，主要分布于 5° ～ 7°，如图 2-26 所示。然而，由于有机材料的散射横截面小，因此其散射信号很弱，需要经过充分统计分析才能够表征薄膜平均信息。由于 X 射线的入射角很小，散射深度很大程度上受反射的影响，当 α_i 接近临界角时，对于表面全部外部反射 $\alpha_c=\sqrt{2\times\mathrm{Re}(1-n)}\propto\sqrt{\rho}$，其中 n 是材料的 X 射线反射系数，ρ 是电子密度，Re 为复数的实部。当 $\alpha\ll\alpha_c$ 时，散射深度只有几纳米；当 α_i 大于 α_c 时，反射深度能够快速增加到几百纳米甚至几微米[17]。另外，根据样品和探测器之间的距离，可以研究不同范围的 q 区域，掠入射小角 X 射线散射研究的尺寸范围能够

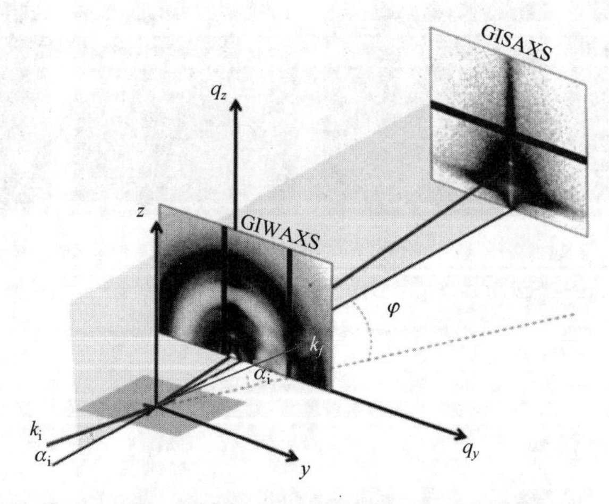

图 2-26 掠入射小/广角 X 射线散射测量的几何图示

达到几百纳米[59]。因此，可以表征物质更大尺度上的长周期结构、准周期结构及界面层结构等。在有机光电子领域中，人们通常利用 GISAXS 表征溶液及薄膜状态下共轭分子聚集体尺寸及共混体系中相区尺寸等。

Han 等[60]利用 GISAXS 研究了添加 PCDTBT 对 PTB7-Th/N2200 共混体系相分离程度的影响，如图 2-27(a)所示。结果表明随着 PCDTBT 含量的增加，散射峰位置由 0.53 nm^{-1} 移动到 0.73 nm^{-1}，根据布拉格公式可以计算出，二元共混体系的相分离尺寸为 12 nm 左右，当加入 15% PCDTBT 组分后，其相分离尺寸减小到 8.5 nm 左右。该结果定量说明第三组分 PCDTBT 分子的加入确实起到了减小整个共混体系相分离尺寸的作用。Wu 等[61]同时采用 GISAXS/GIWAXS 表征了 P3HT/PCBM 共混薄膜在热退火处理后薄膜中相区尺寸变化情况，如图 2-27(b)所示。GISAXS 图中低 q 值(0.004～0.04 Å^{-1})范围内的散射信号对应于 PCBM 的聚集信号，其强度在退火后急剧增加，但在 150℃退火 60 s、600 s 和 1800 s 时，共混薄膜的 GISAXS 曲线大体重合。这意味着在退火初期，PCBM 便快速形成聚集体，而在随后的退火过程中 PCBM 聚集体尺寸基本恒定。

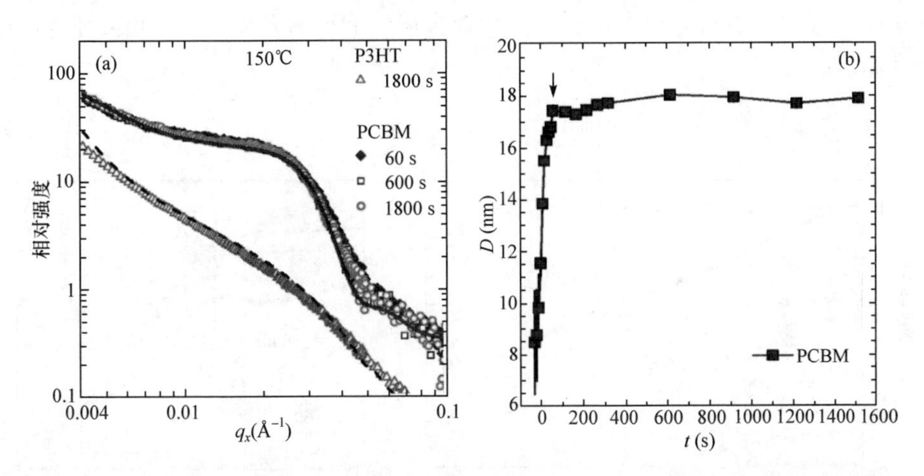

图 2-27　(a)不同 PCDTBT 含量下 PTB7-Th/PCDTBT/N2200 共混体系 GISAXS 数据[60]；(b) P3HT/PCBM 共混体系不同热退火温度下的 GISAXS 数据[61]

2. 共振软 X 射线技术

对于有机物和软物质而言，传统的高能硬 X 射线散射的对比度主要来源于电子密度的差异，只有当能量接近吸收边时，信号强度才能有所提高。而共振软 X 射线技术(包括共振软 X 射线散射及共振软 X 射线反射)的对比度来源于功能基元之间的差异，因此其散射强度可以提高几个数量级，可以清晰地表征出薄膜从纳米尺度到微米尺度的形貌特征，其中包括相区尺寸、相对相区纯度及界面宽度等信息[62]。

由于软X射线的低光子能量可以匹配不同原子的特征光谱跃迁能。同时，由于不同材料的光学常数存在巨大差异，通过选择合适的光子能量，共振软X射线散射(RSoXS)可以提供高度增强的散射对比度。如图2-28(a)所示，组分光学常数的能量依赖性导致RSoXS图谱的散射强度也具有较强的能量依赖性：对于P3HT/PCBM共混体系而言，在284.3 eV时P3HT组分和PCBM组分之间的散射对比度是最优的；而在270 eV时，P3HT组分和PCBM组分之间的散射对比度急剧降低。因此，测试过程中需要根据样品光学常数选择合适的射线能量[63]。图2-28(b)展示了扣除基底后在不同温度下热退火的PFB/F8BT薄膜散射矢量 $q = (4\pi/\lambda)\sin\theta$ 的函数图[64]。其中 2θ 是探测器和发射光束之间的角度，λ 是光子波长。对厚度进行归一化，将曲线绘制为 $\ln I$ 对 q^2，以便更好地观察低 q 值处的信号相对强度。通过对曲线分析，我们可以得到相区间距及相对纯度两个参数：其中，特征长度(相区间距，ξ)可以通过 $\xi_{mode}=2\pi/q_{mode}$ 计算，相区间距为 ξ_{mode} 值的一半；通过积分计算总散射强度(ISI)，RSoXS还可以揭示相对相区纯度——更高的ISI意味着相区纯度更高。从图2-28(b)可以看到在PFB/F8BT共混体系中，存在两种特征长度，分别为7 nm及80 nm；且随着退火温度的逐渐升高，薄膜相区纯度也逐渐升高。

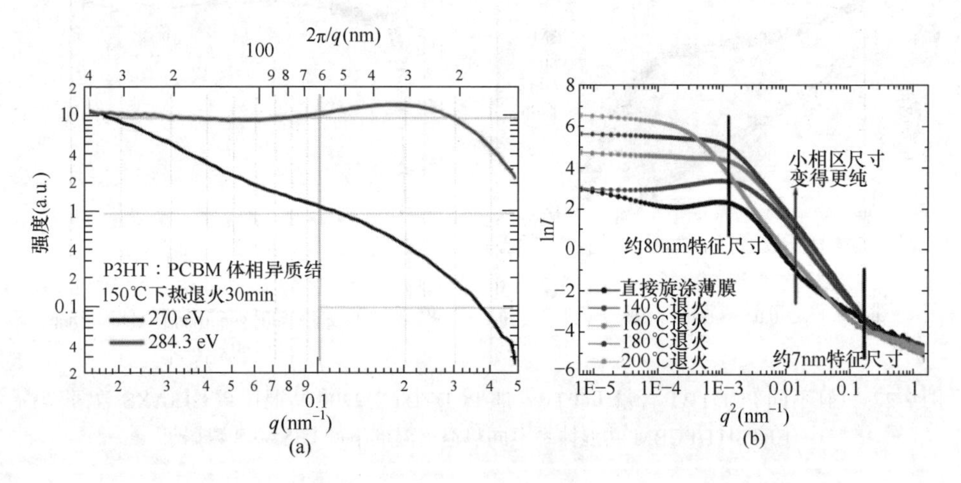

图2-28 (a) P3HT/PCBM共混体系RSoXS的能量依赖性[63]；(b) PFB/F8BT共混体系不同退火温度下的RSoXS图谱[64]

此外，还可以根据RSoXS峰形判断复杂共混体系中的相分离情况。Ma等[65]利用RSoXS表征了三元体系PBDTTPD-HT/BDT-3TCNCOO/$PC_{71}BM$(即聚合物/小分子/富勒烯三元共混体系)的相分离行为，如图2-29(a)所示。通过数据可以看到，当小分子含量为0时，即为聚合物/富勒烯共混体系，此时在 $q = 0.019\ nm^{-1}$ 和 $q = 0.15\ nm^{-1}$ 观测到两个峰，其中 $q = 0.15\ nm^{-1}$ 的信号为仪器的形波函数；因此说明聚合物/富勒烯共混体系中发生了相分离。当小分子含量为100%时，即为小分子/富勒烯体系，此时仅能在 q = 0.06 nm^{-1} 观测到一个共混薄膜的信号峰，因此可以确定在小分子/富勒烯体系中，两者也能够发生相分离。降低小分子含量，当小分子含量为70%时，q 值向高波数方向移动，然而曲线形状未发生变化(未发现新的峰出现)，因此认为聚合物分子与小分子共混程度高，形成了合金相，此时薄膜中应包含聚合物-小分子合金相与富勒烯相。当进一步降低小分子含量至40%时，此时曲线在高波数区域形状未发生明显变化，但是在 q = 0.06 nm^{-1} 附近出现新的峰，此信号与聚合物/富勒烯共混体系信号相近(q = 0.03 nm^{-1})；由此推断此时聚合物含量较高，除部分与小分子形成合金外，其余已经开始与富勒烯发生相分离行为，即此时体系中包含三相：聚合物-小分子合金相、聚合物相与富勒烯相。当小分子含量进一步降低至20%时，共混薄膜信号形状与含量为40%时相似，主要差别在于低波数区峰移动到 q = 0.04 nm^{-1}；说明此时薄膜中仍包含三相，只不过相应的两种相区其尺寸均进一步减小。薄膜中相分离行为的变化如图2-29(b)所示。

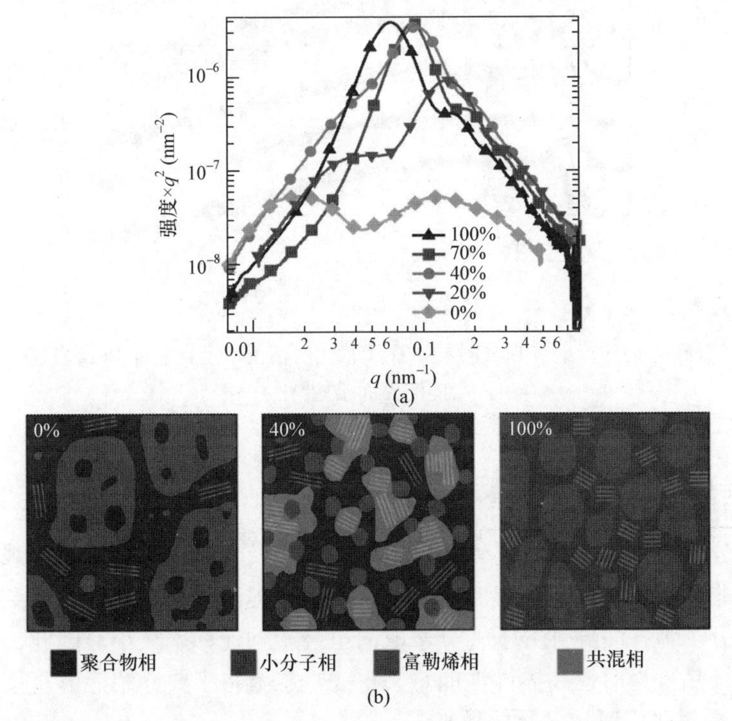

图2-29 PBDTTPD-HT/BDT-3TCNCOO/$PC_{71}BM$ 共混体系中不同含量下小分子的RSoXS图谱(a)及相应相分离示意图(b)[65]

给体和受体的界面决定着激子分离和复合过程,因而对有机太阳能电池的器件性能具有重要影响。通常情况下,采用传统方法是很难表征给体和受体界面的。

软 X 射线则对给受体界面和表面均具有良好的灵敏性，并且大多数聚合物在软 X 射线下都具有较强的衬度，因此共振软 X 射线反射(RSoXR)可以在无氘代的情况下定量表征给受体的界面结构。如图 2-30 所示[66]，在平面异质结体系 PFB/F8BT 薄膜中，当未采用热退火处理时，给受体具有明显的相界面，界面宽度为 0.68 nm，与通过旋膜制备的薄膜表面粗糙度是一致的。当薄膜在 100℃和 120℃退火后，界面宽度分别增长为 0.70 nm 和 1.0 nm。随着退火温度接近或者高于聚合物的玻璃化转变温度(140℃)后，作者观测到在退火温度为 140℃和 200℃时，给受体界面宽度继续增加到 2.6 nm 和 6.7 nm。这说明活性层的界面宽度可以通过热退火、底层膜预退火和共溶剂等方式来调节。

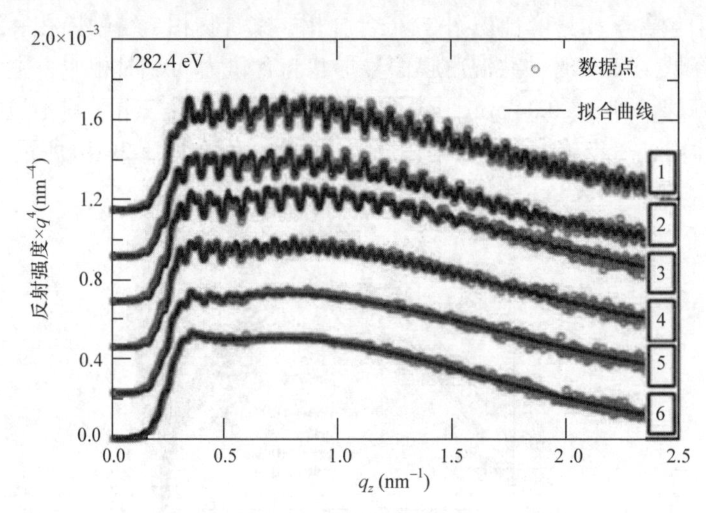

图 2-30 共振软 X 射线反射(RSoXR)技术在无氘代的情况下定量表征 PFB/F8BT 薄膜中给受体的界面结构[66]

2.2.3 结晶性

共轭分子为半晶性材料，因此薄膜中含晶区及非晶区。由于晶区载流子迁移率远大于非晶区，因此从迁移率角度考虑，应当提高活性层内分子的结晶能力。由于共轭分子为各向异性分子，分子取向也会影响迁移率大小。因此，精准调控共轭分子结晶行为对提高器件性能意义重大。本节将主要介绍能够直接表征分子结晶性的 X 射线衍射技术及拉曼光谱。

1. X 射线衍射

1912 年，劳厄等根据理论预见，证实了晶体材料中相距几十到几百皮米(pm)的原子是周期性排列的；这个周期排列的原子结构可以成为 X 射线衍射的“衍射光栅”；X 射线具有波动特性，是波长为几十到几百皮米的电磁波，并具有衍射的能力。当一束单色 X 射线入射到晶体时，由于晶体是由原子规则排列成的晶胞组成，这些规则排列的原子间距离与入射 X 射线波长为相同数量级，故由不同原子散射的 X 射线相互干涉，在某些特殊方向上产生强 X 射线衍射，衍射线在空间分布的方位和强度，与晶体结构密切相关，分析其衍射图谱，便可获得材料的成分、材料内部原子或分子的结构或形态等信息。在有机光电子领域当中，由于材料通常是由碳元素、氢元素和氧元素等轻元素组成，导致样品的衍射信号非常弱，因此人们倾向于采用掠入射模式(如 GIWAXS)增强收集信号的强度，以此来研究薄膜原子尺度的凝聚态结构，包括结晶取向、结晶尺寸和结晶度等信息[67-70]。

布拉格衍射方程是利用 X 射线进行晶体结构解析的基础。当 X 射线的波长与进入晶体中的原子间距长度相似时，就会产生布拉格衍射。入射光会被系统中的原子以镜面形式散射出去，并会按照布拉格定律所示，进行相长干涉。对于晶质固体，波被晶格平面所散射，各相邻平面间的距离为 d(晶面间距)。当被各平面散射出去的波进行相长干涉时，它们的相位依然相同，因此每一波的路径长度皆为波长的整数倍。进行相长干涉两波的路径差为 $2d\sin\theta$，其中 θ 为散射角，如图 2-31 所示。由此可得布拉格定律，它所描述的是晶格中相邻晶体平面产生相长干涉的条件：

$$2d\sin\theta = n\lambda$$

式中，n 为衍射级数，λ 则为 X 射线波长。在我们的实验中，通常利用已知波长的 X 射线来测量 θ 角，从而计算出晶面间距 d，获得晶体相关的结构信息。

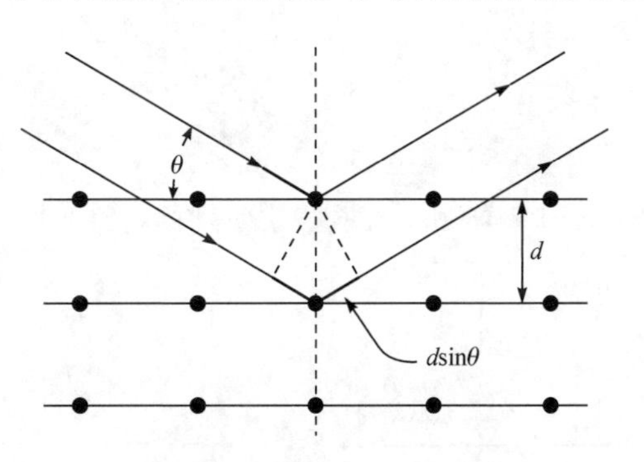

图 2-31　布拉格衍射示意图

利用 X 射线衍射图谱可以判断晶体内分子取向。共轭聚合物为各向异性分子，其取向方式分为三种，如图 2-32(A)所示：当共轭聚合物烷基侧链排列方向与基底法线方向相一致时，为 edge-on 取向；当共轭聚合物分子刚性主链与基底法线方向相平行时，为 flat-on 取向；当共轭聚合物分子 π 平面方向与基底方向相平行时，为 face-on 取向[71]。如图 2-32(B)中(a)所示：当代表分子间烷基侧链堆叠的(h00)

晶面衍射信号集中于 q_z 方向，代表分子间 π-π 堆叠的(010)晶面衍射信号集中于 q_{xy} 方向时，此时晶体内分子为 edge-on 取向。如图 2-32(B)中(b)所示：(h00)晶面衍射信号集中于 q_{xy} 方向，(010)晶面衍射信号集中于 q_z 方向时，此时晶体内分子为 face-on 取向。同理，当沿主链方向的(00l)晶面衍射信号集中于 q_z 方向，而(h00)或/和(010)晶面衍射信号集中于 q_{xy} 方向时，此时晶体内分子为 flat-on 取向。然而，有时晶体中不止采取一种取向，如：在 q_z 方向即存在(h00)晶面衍射信号又存在(010)晶面衍射信号，而在 q_{xy} 方向也存在这两种信号，则代表晶体内分子部分采取 face-on 取向、部分采取 edge-on 取向。更为复杂的是，当(h00)或/和(010)晶面衍射信号无优势分布，而是形成均一的衍射环时，如图 2-32(B)中(d)所示，代表晶体内分子取向为各向同性，即无优势取向。Friend 课题组[72]研究了不同分子量的 P3HT 晶体中分子取向情况，如图 2-32(C)所示。结果表明当 P3HT 分子量较低、规整度较高(>91%)时，薄膜中分子的优势取向为(100)轴垂直于薄膜，并且(010)轴平行于薄膜，即 edge-on 取向。相反，当 P3HT 分子量较高、规整度较低(81%)时，薄膜中分子的优势取向为(100)轴平行于薄膜，并且(010)轴垂直于薄膜，即 face-on 取向。

将衍射信息与谢乐(Scherrer)公式相结合，还能够计算晶体在相应衍射晶面方向的晶体尺寸。谢乐公式又称德拜-谢乐(Debye-Scherrer)公式，是由德国著名化学家德拜和他的研究生谢乐首先提出的，具体表达如下列公式所示：

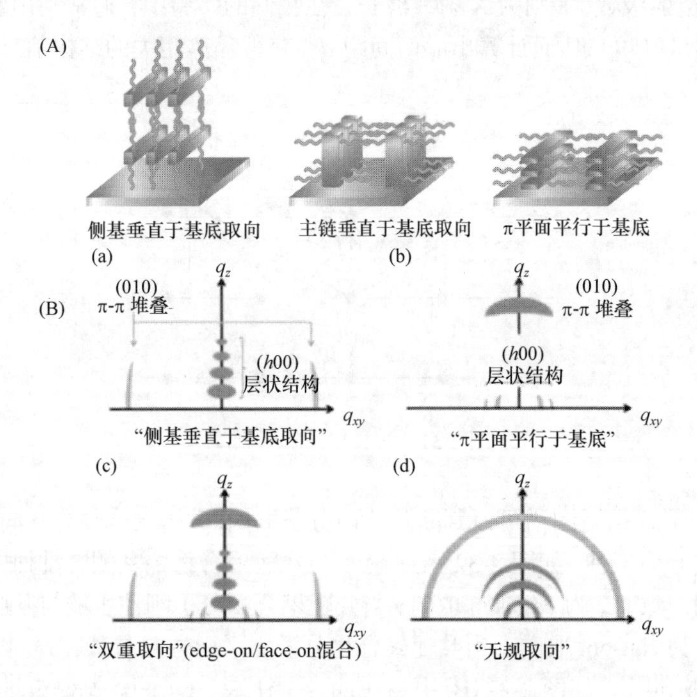

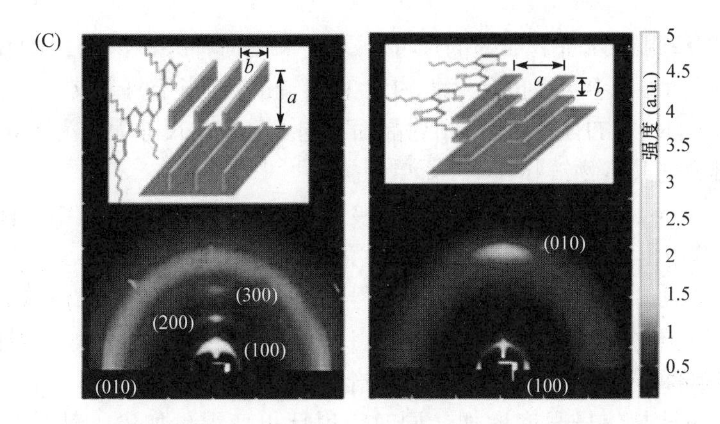

图 2-32　(A)共轭聚合物分子取向示意图；(B)GIWAXS 衍射信号分布于分子取向间关系；(C)P3HT 分子采取 edge-on 及 face-on 示意图及相应 GIWAXS 衍射信号[72]

$$D=\frac{2\pi K}{\Delta q}$$

式中，D 为晶体在相应衍射晶面方向的相干长度(与晶体尺寸相关)，Δq 为散射峰的半峰宽，K 为常数，通常取值为 0.9。图 2-33 列出了 PTB7/PCBM 共混体系在利用不同溶剂体系成膜后的二维 GIWAXS 图谱[51]。将峰位置和半峰宽数据代入谢乐公式，作者得到了不同处理条件下材料的结晶尺寸[注意：计算所得的晶体尺寸为相应衍射晶面方向的晶体尺寸，例如将(100)衍射峰半峰宽代入谢乐公式，得到的

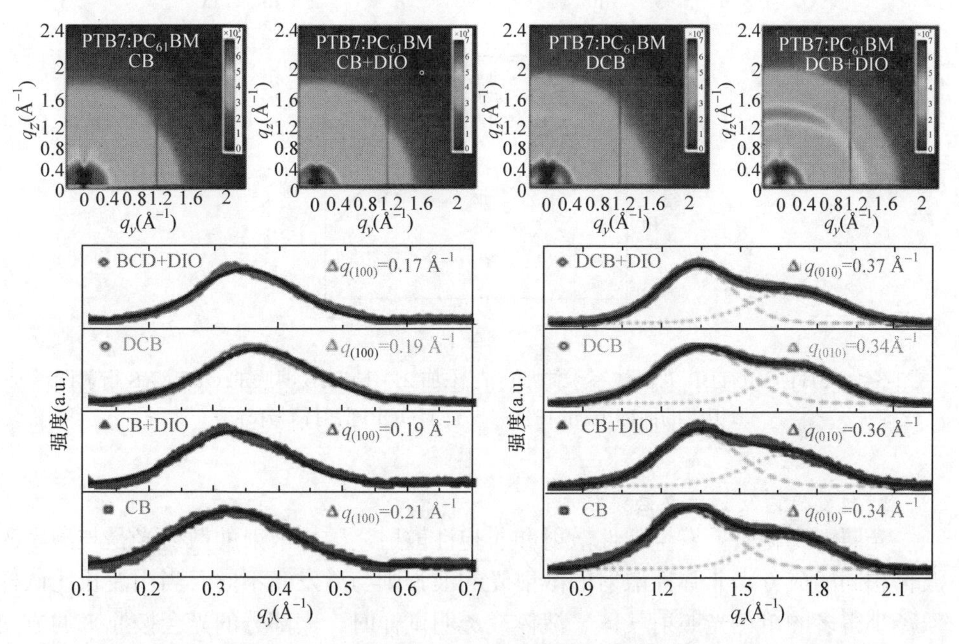

图 2-33　PTB7/PCBM 共混体系在不同溶剂体系处理后二维 GIWAXS 图谱[51]

为晶体在烷基侧链方向上堆叠的尺寸。无论采用何种共混溶剂，PTB7 晶体在(100)衍射晶面方向上堆叠的尺寸大约为 3～4 nm，相当于两个或者三个 PTB7 片层的堆叠。同时，PTB7 在(010)衍射晶面方向上堆叠的尺寸大约为 2 nm，相当于六个 π-π 堆叠的共聚物链和三个 C_{60} 单元。

另外，通过 GIWAXS 衍射信号强度变化还能够对比不同薄膜结晶性的变化趋势。Liang 等指出对于 P3HT/O-IDTBR 共混薄膜而言，添加 1,3,5-三氯苯(TCB)后 P3HT 在面外方向(OOP)的(100)衍射信号明显增强，如图 2-34(a)和(b)所示。此外，P3HT 的 π-π 堆叠方向的晶体尺寸由 116.3 Å 增加到 128.2 Å[73]。同样，未加入与加入 TCB 的共混薄膜中，O-IDTBR 结晶行为变化也非常明显。加入 TCB 后，O-IDTBR 的结晶信号强度增加，同时衍射环也变得更加尖，其晶体尺寸也由 187.7 Å 大幅增加到 330.5 Å。这均表明加入 TCB 后，共混薄膜中 P3HT 及 O-IDTBR 的结晶性得到明显增强。

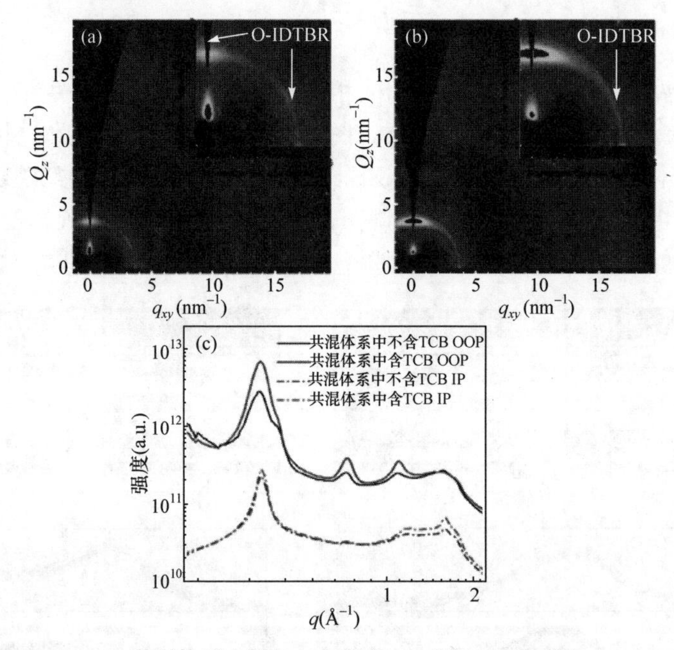

图 2-34 P3HT/O-IDTBR 共混体系未添加(a)与添加 2%(b)TCB 薄膜的 GIWAXS 衍射图谱及相应的面内方向(IP)面外方向(OOP)衍射信号(c)[73]

2. 拉曼光谱及拉曼显微镜技术

光照射到物质上发生弹性散射和非弹性散射。弹性散射的散射光是与激发光波长相同的成分，非弹性散射的散射光的波长则与激发光不同。当用波长比试样粒径小得多的单色光照射气体、液体或透明试样时，大部分的光会按原来的方向透射，而一小部分光则按不同的角度散射开来，产生散射光。在垂直方向观察时，除了与原入射光有相同频率的瑞利散射外，还有一系列对称分布着若干条很弱的与入射光频率发生位移的拉曼谱线，这种现象称为拉曼效应。拉曼光谱与分子的转动能级及分子振动-转动能级有关，当入射光子与分子发生非弹性散射，分子吸收频率为ν_0的光子，发射$\nu_0-\nu_1$的光子，同时分子从低能态跃迁到高能态(斯托克斯线)；或分子吸收频率为ν_0的光子，发射$\nu_0+\nu_1$的光子，同时分子从高能态跃迁到低能态(反斯托克斯线)，如图2-35所示。由于物质的振动峰对其聚集状态非常敏感，因此在有机光电子领域，可以通过拉曼光谱分析共轭分子的凝聚态结构。

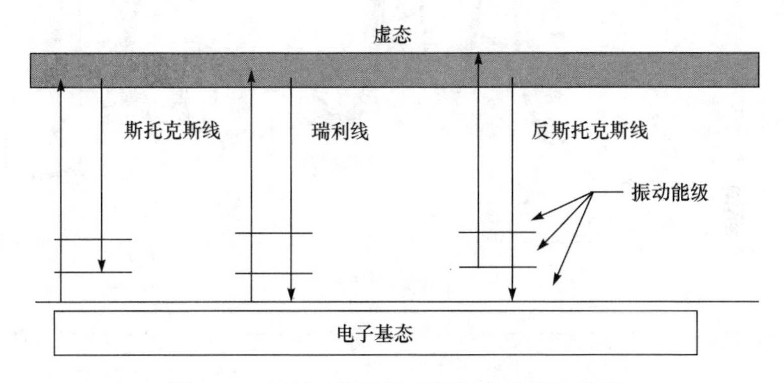

图2-35 斯托克斯线及反斯托克斯线示意图

Keivanidis课题组[74]利用拉曼光谱研究了PDI类分子的聚集行为。他们发现，在1604 cm^{-1}位置的吸收峰对应苝的芳香内核的C═C/C—C伸缩振动以及C═O键非对称拉伸。该吸收峰对分子间的π-π相互作用(即EP-PDI分子的聚集)非常敏感。而在1300 cm^{-1}位置的吸收峰对应苝的C—C拉伸以及CH面内的弯曲振动。由于1300 cm^{-1}吸收峰的振动频率不会随着分子聚集行为而发生改变。因此，以1300 cm^{-1}吸收峰作为内标，Li等利用1604 cm^{-1}/1300 cm^{-1}拉曼强度比值来表征薄膜中EP-PDI分子间的聚集行为。从图2-36可以看到，加入添加剂后使薄膜粗糙度由30 nm以上降低到5 nm左右，但是拉曼峰强度比值却有增无减，即EP-PDI分子间仍然存在较强的π-π相互作用。可见，添加剂的引入在降低薄膜中相区尺寸的同时，EP-PDI分子间的有序堆积并未受到影响。

拉曼显微镜则是利用一束激光照射样品，与样品相互作用后生散射，最后信号被探测器所收集成像，通常利用能量范围在10^{-3} eV到10^{-1} eV的分光仪作为探测器。在拉曼显微镜的图像中，数据被收集在一个网格模式中，得到一个三维模式的数据(x，y代表位置，z代表能量转化)。因此，拉曼显微镜可以用于相区的成像测试以及检测材料荧光的空间分辨的变化等。用于拉曼测试的样品要比较光滑，粗糙度小于500 nm；另外，拉曼显微镜光能量密度相对较高，通常会由于热辐射

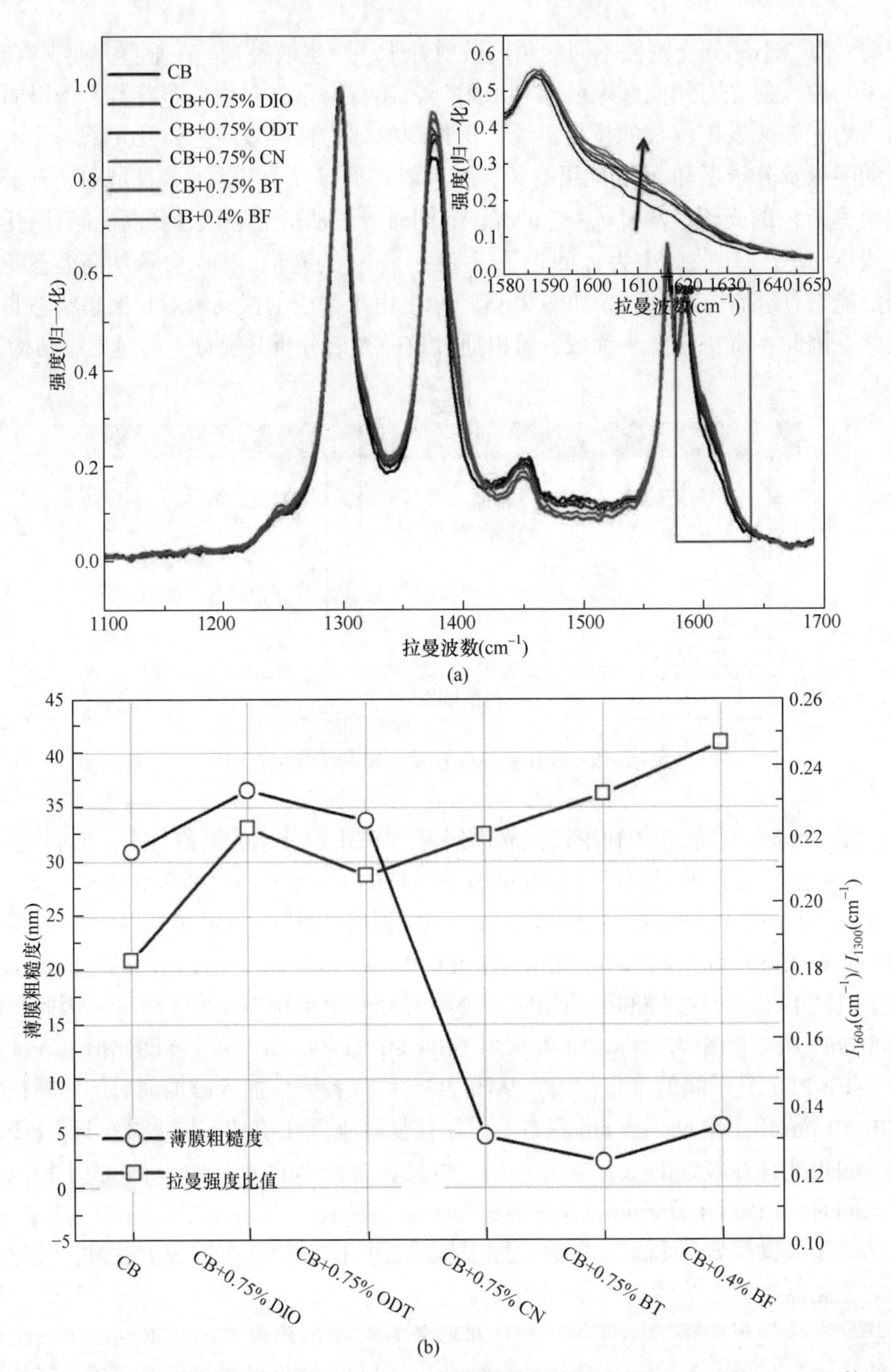

图 2-36 (a)不同添加剂条件下 PTB7/EP-PDI 共混薄膜的拉曼光谱；(b) PTB7/EP-PDI 体系中薄膜粗糙度以及 1604 cm^{-1}/1300 cm^{-1} 拉曼光谱峰强度比值与所使用添加剂之间的依赖关系图

CB：氯苯；DIO：1,8-二碘辛烷；ODT：八烷基硫醇；CN：氯萘；BT：苯并噻吩；BF：苯并呋喃损伤使样品退化。Gery 等[75]通过采用具有光电流成像和数据分析技术的共振拉曼显微镜进一步深入研究了 P3HT/PCBM 薄膜的微纳结构，将拉曼显微镜的应用提高了一个层次，使得 P3HT/PCBM 共混体系的聚集状态的表征更形象化，并建立起了共混体系的聚集状态与光电流生成能力的联系。如图 2-37 所示，(a)、(d)为退火前后 P3HT 的拉曼 C═C 伸缩振动峰峰强的分布图，(b)、(e)为退火前后 P3HT 的拉曼 C═C 伸缩振动峰聚集部分和非聚集部分峰面积的比值 R 值分布图，(c)、(f)为退火前后薄膜光生电流强度的分布图。比较三类图的关联可以发现，在 P3HT/PCBM 所形成的相分离形貌中，P3HT 相或聚集的 P3HT 区域光生电流较弱，而 PCBM 富集相的光生电流较强；这是由于在 P3HT 强聚集相中 PCBM 含量低，虽然能够形成载流子传输通路，但界面数量限制了光生载流子的形成。进一步，作者发现在 P3HT/PCBM 的界面处光生载流子的效率较低，这揭示了 P3HT/PCBM 的相结构中 PCBM 分布是空心的，即相界面处的相区纯度比每一相中心区域更高，退火之后的薄膜相分离更完全，这一现象也更严重。

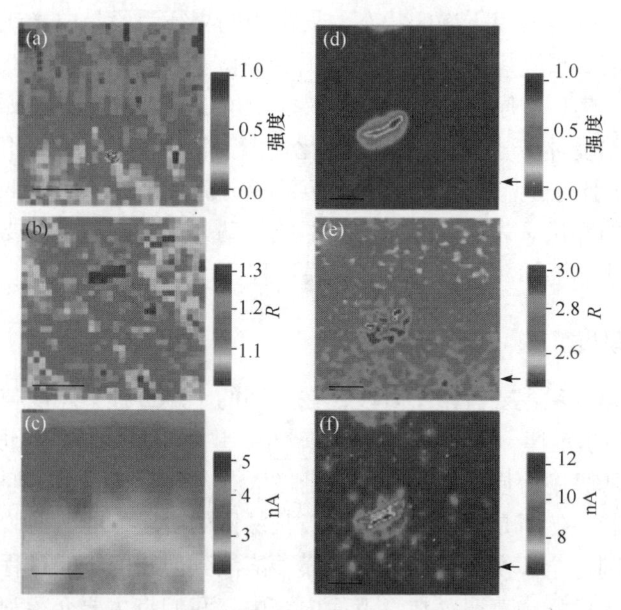

图 2-37　采用共聚焦拉曼显微镜研究 P3HT/PCBM 有机太阳能电池相分离行为[75]

2.3　成膜过程的表征

成膜动力学是指从溶液固化形成薄膜的过程中结构的演变。薄膜干燥的速率可以通过溶剂挥发速率和温度进行调节。通过改变溶剂的挥发以及基底的温度进而可以调控分子自组织时间和溶解度(凝胶和结晶的驱动力)。由于在湿润的薄膜中处于溶解状态的分子具有较高的扩散运动能力，干燥过程中分子可以扩散进行成核结晶，而结晶过程往往会引起相分离行为的变化。因此，可以通过精细控制成膜干燥过程控制相分离形貌。成膜过程的监测是结合椭圆偏振光谱、紫外-可见吸收光谱、掠入射广角和小角 X 射线以及光散射等几种原位表征方法跟踪溶液到薄膜的过程中溶剂的含量、薄膜厚度、聚集程度、分子局部有序性以及富集相的变化，能够更加清楚地认识溶液的热力学性质对成膜动力学及薄膜形貌的影响，有助于全面理解给受体分子在干燥过程中的聚集、结晶行为以及相分离的机理。

原位表征薄膜形成过程需要在不断挥发的溶剂氛围中进行。因此，需要真空环境的表征手段(例如，透射电镜)和需要固-固界面接触的表征技术(例如，原子力显微镜)而无法用于原位成膜表征。此外，原位表征技术应具有较短的响应时间，能够在 100 ms 左右或在更短时间内收集数据。目前，成膜过程原位表征手段主要是基于 X 射线和光学的表征技术。成膜时间对薄膜的厚度以及薄膜中组分的聚集生长及相分离结构均有很大的影响。原位成膜动力学的表征需要监测成膜过程中厚度的变化，以确定薄膜干燥的状态，最常用的表征手段是白光或激光反射法以及椭圆偏振光谱。原位紫外-可见吸收光谱和原位荧光光谱则能够获取成膜过程中给受体分子的聚集、有序性的变化，掠入射广角 X 射线衍射(GIWAXS)适用于表征成膜过程中给受体分子成核结晶的变化。激光散射和掠入射小角 X 射线散射(GISAXS)可分别用于监测成膜过程中液-液相分离(liquid-liquid phase separation)与相分离大小的变化。表征溶液到薄膜形成的动力学过程通常需要几种原位表征技术联合使用才能更加深入理解整个成膜过程。

2.3.1 薄膜厚度

薄膜的干燥过程主要有四个阶段，在早期的干燥过程中厚度与时间存在线性关系，符合拉乌尔定律，固体的体积分数较小，并且质量转移系数恒定。随后的溶剂挥发阶段，薄膜中溶质的体积分数逐渐增大，干燥速率减慢，厚度与时间的关系呈“膝盖”状。然后是溶剂挥发速率极其缓慢的阶段，此时薄膜的厚度几乎不变。最后是溶剂完全挥发后形成干燥薄膜。溶液到薄膜的干燥过程的三个阶段在体相异质结成膜过程中普遍存在。下面内容中，我们将主要介绍利用激光反射法和椭圆偏振光谱检测从溶液到薄膜动态变化过程的各个阶段。

1. *激光干涉法*

薄膜激光反射法是测量薄膜形成过程中厚度变化最常用的技术之一。在干燥薄膜的情况下，激光在空气-薄膜和薄膜-基底界面处产生反射光发生光学干涉。通过光电二极管可以监测薄膜干燥过程中反射光的相长和相消干涉，利用折射率和薄膜厚度的知识，可以计算薄膜干燥过程中厚度随着时间的变化。图 2-38 是薄膜干燥过程中测试反射光的几何路径示意图。假定大气的折射系数 n_0=1，依据斯涅耳定律和基础几何定律、光程差[式(2-1)]以及反射光的相长干涉和相消干涉的差值[式(2-2)]可以计算薄膜的厚度[76, 77]。

$$\Delta = 2d\sqrt{n_1^2 - \sin^2\alpha} \tag{2-1}$$

$$\Delta = \frac{m}{2}\cdot\lambda \tag{2-2}$$

其中 m=1,2,3,⋯，是相长和相消干涉的数值；n_1 是反射系数；λ 是光的波长。由于溶剂的挥发，反射系数 n_1 并不是常数，而是组分体积分数 φ_i 的函数(s 代表固体，l 代表液体)：

$$n_1 = \sum_{i=1}^{K}\varphi_i \cdot n_i, \tag{2-3}$$

$$\varphi_s = 1 - \varphi_l = d_{dry} / d \tag{2-4}$$

将式(2-3)和式(2-4)代入式(2-1)产生一个表达式来计算薄膜的厚度：

$$d = \frac{-B + \sqrt{B^2 - 4AC}}{2A} \tag{2-5}$$

$$A = n_1^2 - \sin^2\alpha; B = 2d_{dry}n_1(n_s - n_1); C = d_{dry}^2(n_s - n_1)^2 - n^2\lambda^2/4$$

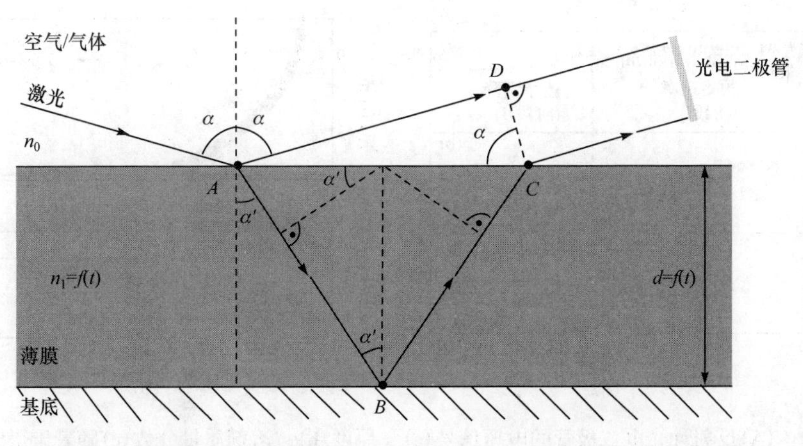

图 2-38 激光通过薄膜的光路示意图。激光以角度 α 进入薄膜，部分光以角度 α 从薄膜表面反射出来。光通过湿润薄膜由溶液的较高的折射率 n_1 引起方向的变化，这两个光束的光路差值Δ导致干涉的发生[78]

$$X_s = \left(1 + \frac{d_{dry}}{d - d_{dry}} \cdot \frac{\rho_s}{\rho_l}\right)^{-1} \tag{2-6}$$

因此，薄膜的厚度可以通过式(2-6)转化成质量分数，其中 X_s 是溶剂质量分数，ρ_i 是液体和固体成分的密度。

图 2-39(A)表示的是 P3HT/PCBM 的邻二氯苯溶液在干燥过程中激光反射计的信号、相关厚度(干燥曲线)以及溶液组分随着时间的变化规律[79]。由数据可以看到干燥过程分为恒定速率区(阶段Ⅰ)及低速率区(阶段Ⅱ)。在阶段Ⅰ(0～510 s)，干燥速率由气相中溶剂的质量传递所决定，该阶段的特点为薄膜厚度随溶剂挥发的线性减小。随着溶剂持续挥发，干燥阶段进入阶段Ⅱ(510～830 s)，在溶剂含量较低的情况下，薄膜中的溶剂扩散在干燥过程起着主导作用，并且溶剂的挥发速率呈数量级幅度的降低；在检测范围内厚度的变化很难观测[因为在特定的条件下(λ=650 nm, α=35°)，两个干涉条纹之间的厚度变化为 100 nm]，因此仅能通过最后干涉条纹与达到恒定光电压的点之间的时间间隔来估计该周期的持续时间。Janssen 等[27]利用激光干涉法监测了添加剂对 PDPP5T/$PC_{71}BM$ 氯仿溶液体系成膜动力学的影响。尽管主溶剂氯仿的沸点很低且成膜的时间很短，但是激光干涉的测量方法的时间分辨率很高，能够快速地收集信号，监测整个成膜过程中薄膜厚度的变化。图 2-39(B)对比了没有添加剂和有添加剂 *o*-DCB 溶液（体积分数）2000 r/min 旋涂过程中薄膜厚度和光散射的变化。从溶液到挥发约 0.3 s 的薄膜转变过程中干燥速率明显转变。CF 薄膜干燥在约 0.7 s 时快速停止，而 *o*-DCB 溶胀的薄膜的干燥时间延长，大约至 5 s 薄膜厚度才达到恒定。

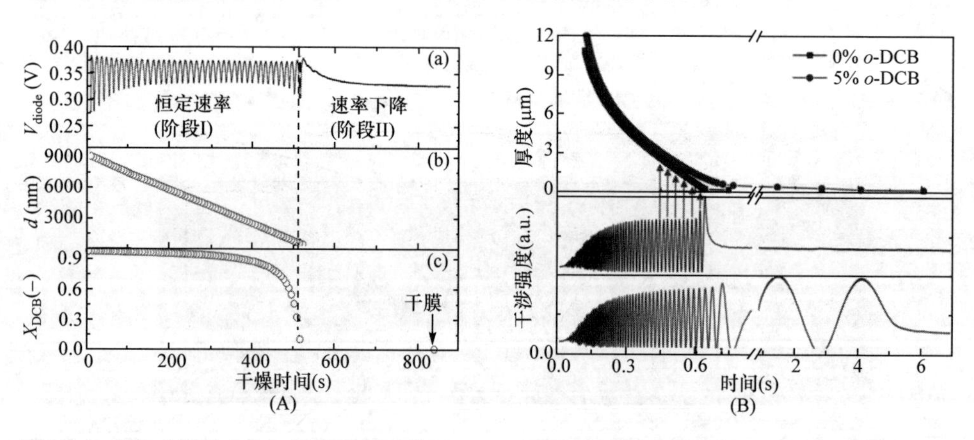

图 2-39 (A)反射计光电二极管的电压信号(a)、厚度(b)、溶剂质量分数(c)随着干燥时间的变化趋势[79]；(B)添加剂对 PDPP5T/$PC_{71}BM$ 成膜过程中激光干涉和厚度的影响[27]

2. 椭圆偏振光谱法

与激光反射计相比，椭圆偏振光谱式通过分析反射偏振光的相和振幅的信息实现材料的一些常见性质的表征的，比如光学常数、薄膜厚度、表面粗糙度、光学各向异性和薄膜或者材料的成分变化。由于信息中包含“相位”的信息，所以椭圆偏振光谱表征技术比光谱反射法更灵敏。

Wang 等[80]利用原位椭圆偏振光谱表征了 P3HT/PCBM 氯苯溶液制备薄膜厚度随着时间的变化规律，如图 2-40 所示。图 2-40(a)是薄膜干燥过程中特定波长下的椭圆偏振光谱测试的原始数据。在合适的波长范围内，利用椭圆偏振光谱的

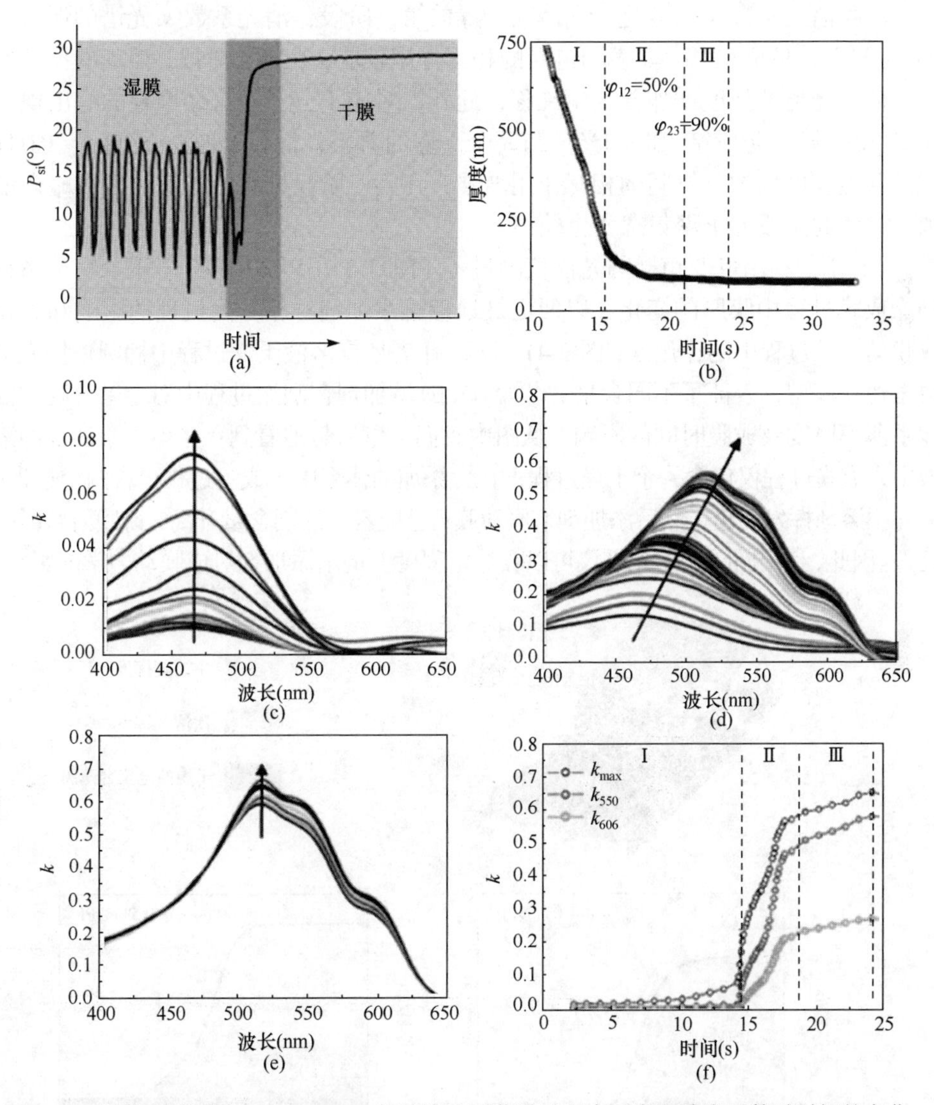

图 2-40　椭偏光谱测试 P3HT/PCBM 氯苯溶液到薄膜过程中厚度和消光系数随时间的变化：(a)椭圆偏振原始数据；(b)薄膜厚度变化；(c)～(e)三个不同干燥阶段消光系数的变化；(f)不同波长的消光系数随着干燥时间的变化[80]

相关参数(ψ, Δ)，通过模型可以得出膜厚度与时间的关系[参见图 2-40(b)]。如图所示，第一阶段内(占据着薄膜干燥过程大部分时间)，溶剂快速挥发；在第二阶段，溶剂的挥发速率突然降低，薄膜厚度随时间变化的曲线出现“拐点”，此时薄膜中还残余大约 50%的溶剂；第三阶段中，溶剂进一步挥发但挥发速率降低，此时固体浓度超过 90%。可变角椭圆偏振光谱不仅能够原位表征成膜过程中膜厚的变化，还能够表征出聚合物在成膜过程中有序性的变化。在图 2-40(c)～(f)可以看出薄膜消光系数 k 的变化：在薄膜干燥的第一阶段，消光系数 k 光谱的形状与 P3HT 稀溶液的光谱相似，表明链间的相互作用较弱；在第二阶段，溶剂的挥发速率降低，光谱的强度增加并发生红移，此外，对应于分子间有序堆叠的峰出现并变得突出(第二阶段结束时的光谱与完全干燥的薄膜光谱相类似)，意味着 P3HT 的链共轭长度增加且链间的相互作用增强；在第三阶段期间，光谱强度仅略微增加，表明此阶段分子聚集态变化较小。

Ye 等[81]利用可变角椭圆光谱仪测量了 PBDT-TS1/PPDIODT 全聚合物体系在刮涂成膜过程中膜厚的变化，以便更好地理解添加剂对相分离机理的影响和其在成膜动力学过程中的作用。如图 2-41 所示，作者依据溶液干燥过程中椭圆偏振光谱数据建立模型，表征了不同含量二苯醚(DPE)添加剂在刮涂过程中对全聚合物共混体系薄膜厚度及成膜时间的影响。从图中我们可以清楚地看到：在不含添加剂的溶液中，成膜过程仅包含一个干燥过程；在含添加的体系中，成膜过程包含两个过程：首先主溶剂挥发完全，然后添加剂溶胀薄膜；且随着添加剂含量升高，薄膜溶胀时间延长。因此，利用椭圆偏振光谱仪可以在一定程度上揭示添加剂对成膜动力学的影响。

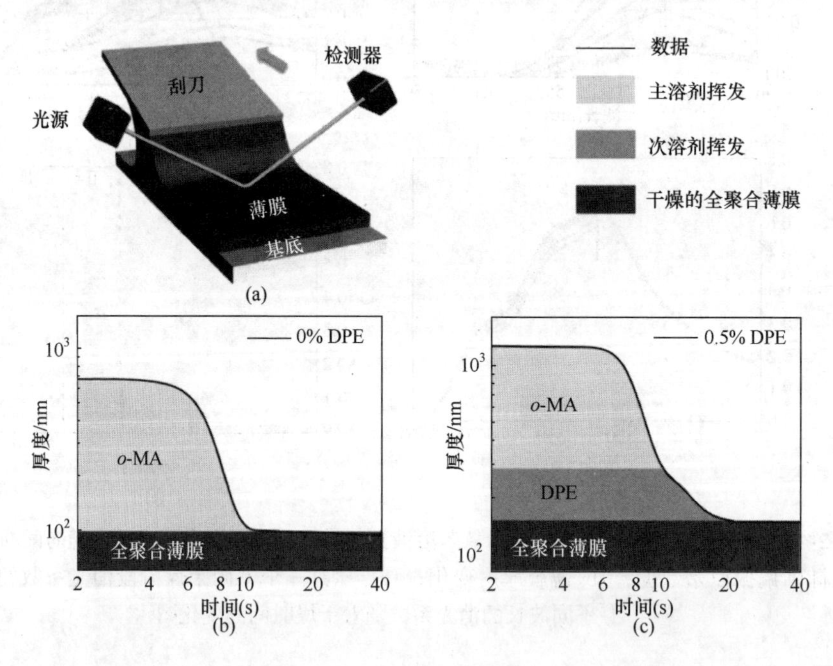

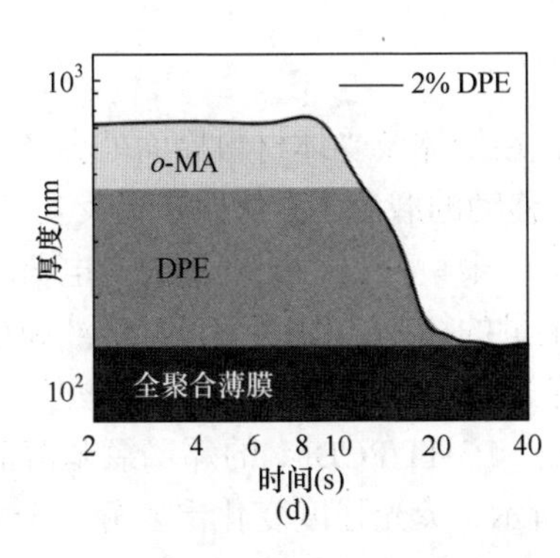

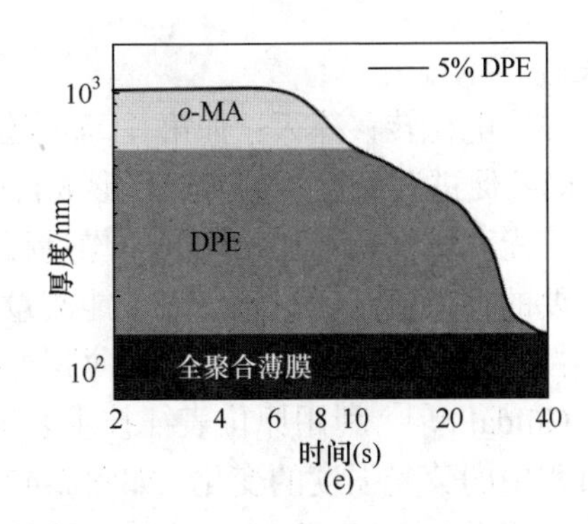

图 2-41　(a) 椭圆偏振光谱平台和刮涂设备的示意图；(b)～(e) 不同含量 DPE 的 PBDT-TS1/PPDIODT 成膜过程厚度随时间的变化[81]

2.3.2　分子有序堆叠程度

在溶液到薄膜过程中，成膜过程中分子的有序性的变化会对薄膜的相分离形貌产生重要的影响。溶液中的分子有序聚集结构往往会降低成核势垒，增加成膜后期成核的数量。而成核数量对相分离的相区的大小起着重要的作用，成核越多越有利于液-固相分离或结晶诱导相分离，有利于降低相分离的尺寸。因此，表征原位成膜过程中分子有序堆叠行为利于深入理解薄膜形貌的变化。

1. 原位荧光光谱

原位荧光测试过程比较简单，但是原位的荧光数据需要谨慎处理。利用原位荧光光谱测试体相异质结薄膜的干燥过程，需要深入理解有机分子的发光理论和相关猝灭机制。上述，我们已经概述了荧光光谱的机制，这里就不加赘述。但是为了更深入理解并掌握成膜过程中荧光强度变化机制，我们将详细介绍有机共轭分子的荧光猝灭机制(链内缺陷、相区纯度低或掺杂、光化学氧化、浓度猝灭、聚集猝灭以及有效光诱导电荷转移引起的猝灭)。一个材料体系中的荧光猝灭通常是几种猝灭机制同时发生导致的结果。

(1) 浓度猝灭：在理论和实践中，荧光衰减动力学与浓度相关[82]。在充分稀释的溶液中分子(或者聚合物链)彼此之间不接触，在干燥过程中荧光信号保持恒定[43]。此外，其他的猝灭机制(相区纯度低/掺杂，第二组分作为猝灭剂以及光化学氧化)同样也与浓度相关。浓度依赖性可以通过斯顿-伏尔莫(Stern-Volmer)理论解释：这个理论认为两种最常见的猝灭形式是动态猝灭和静态猝灭。这两种猝灭形式均要求荧光团和猝灭剂两分子相互接触。动态猝灭[82]要求淬灭剂在激发态寿命时间内扩散到荧光团中，静态猝灭[16]是荧光团与猝灭剂形成复合物的基态非辐射释放。

(2) 聚集猝灭：聚合物链聚集会产生大量的链间结构，而这种结构倾向于非辐射弛豫，导致荧光猝灭[75]。这是著名的荧光团的自猝灭机制，与荧光团的浓度相关。

(3) 电荷转移猝灭：如第 1 章所述，在给体及受体材料界面处会产生内建电场，能够促进激子发生电荷转移形成自由移动的载流子，从而导致荧光发生猝灭。

荧光测试体相异质结薄膜干燥过程中，聚集猝灭、浓度猝灭及电荷转移猝灭是主要的猝灭机制。尽管荧光不能测量定量的结果，但由于其对溶液和组分的热力学性质十分敏感，因此是表征薄膜干燥过程中十分重要的表征方法[43, 83]。

Güldal 等[78]利用原位表征技术表征了 P3HT/PCBM 的邻二氯苯溶液刮涂成膜过程中的荧光强度的变化。如图 2-42 所示，荧光强度变化主要分三个阶段：在 200 ms 至 60 s 过程及 60 s 至 80 s 过程中荧光强度快速下降；在 80 s 后荧光强度恒定。结合成膜过程中溶质浓度变化，可以判断在 200 ms 至 60 s 过程，由于溶剂的挥发导致溶质浓度急剧升高，因此在这个阶段荧光强度下降主要源于浓度猝灭。在 60 s 至 80 s 过程中，此时溶质浓度基本恒定，荧光强度的快速下降则主要源于溶质分子间的聚集猝灭。为了进一步证实此观点，作者表征了 60 s 至 80 s 的荧光光谱。如图 2-42(b) 所示，可以看到在这个阶段荧光光谱形状发生明显变化：在 630 nm 处的发射峰的强度逐渐地降低，同时光谱出现红移并在 750 nm 处出现肩峰。这些特征均表明聚合物之间通过 π-π 相互作用形成小的局部有序聚集体。

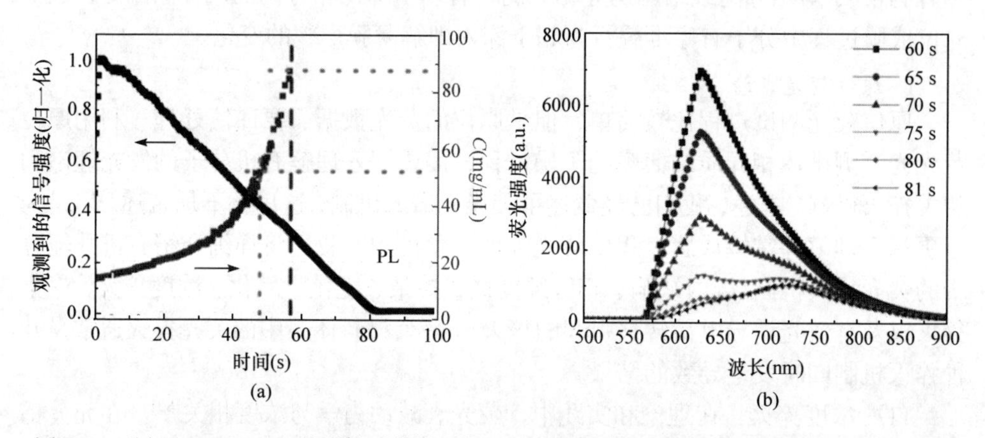

图 2-42 (a) P3HT/PCBM 共混体系薄膜干燥过程中荧光强度和溶液浓度随时间的变化规律；(b) 60 s 至 81 s 干燥过程中 P3HT/PCBM 共混薄膜荧光光谱演变[78]

在结晶性较强的共混体系中，还能够利用原位荧光光谱表征给受体在成膜过程中的结晶顺序。Liu 等[84]利用荧光光谱表征了添加剂对 S-TR/ITIC 共混体系给受体结晶顺序的影响，如图 2-43 所示。未添加 CN 成膜的薄膜中，S-TR 的结晶信号位于 700 nm，ITIC 的结晶信号位于 773 nm[如图 2-43(a) 所示]；而在添加 CN 成膜的薄膜中，S-TR 的结晶信号位于 695 nm，ITIC 的结晶信号位于 784 nm[如图 2-43(b) 所示]；因此，可以通过分析(a)及(b)图中各峰位信号强度的时间依赖性，监测成膜过程中不同组分的聚集行为。如图 2-43(c)所示，当溶液中无 CN 时，成膜过程中在 25 s 附近时，S-TR 和 ITIC 荧光峰几乎同时增加，这表明两者几乎同时从溶液中析出发生结晶。当向溶液中加入 CN 后，如图 2-43(d)所示，随着溶剂挥发，在 25 s 附近 S-TR 达到饱和溶解度开始析出；此时，由于溶剂挥发导致 ITIC 浓度增加，ITIC 也在一定程度上发生聚集，形成晶核(此时由于 CN 残余，且 ITIC 在 CN 中溶解度较高，因此抑制了 ITIC 结晶)；随着 CN 的挥发，ITIC 浓度进一步增加，在 115 s 附近时 ITIC 分子开始发生聚集，形成晶体。除给受体结晶顺序外，通过分析原位荧光光谱，还能够看到由于添加 CN，结晶过程由未添加 CN 时的 35 s 延长至添加 CN 后的 270 s。由此可见，原位荧光光谱不仅能够反映成膜过程中局部有序结构的形成，还能够准确描述自组织时间的长短。

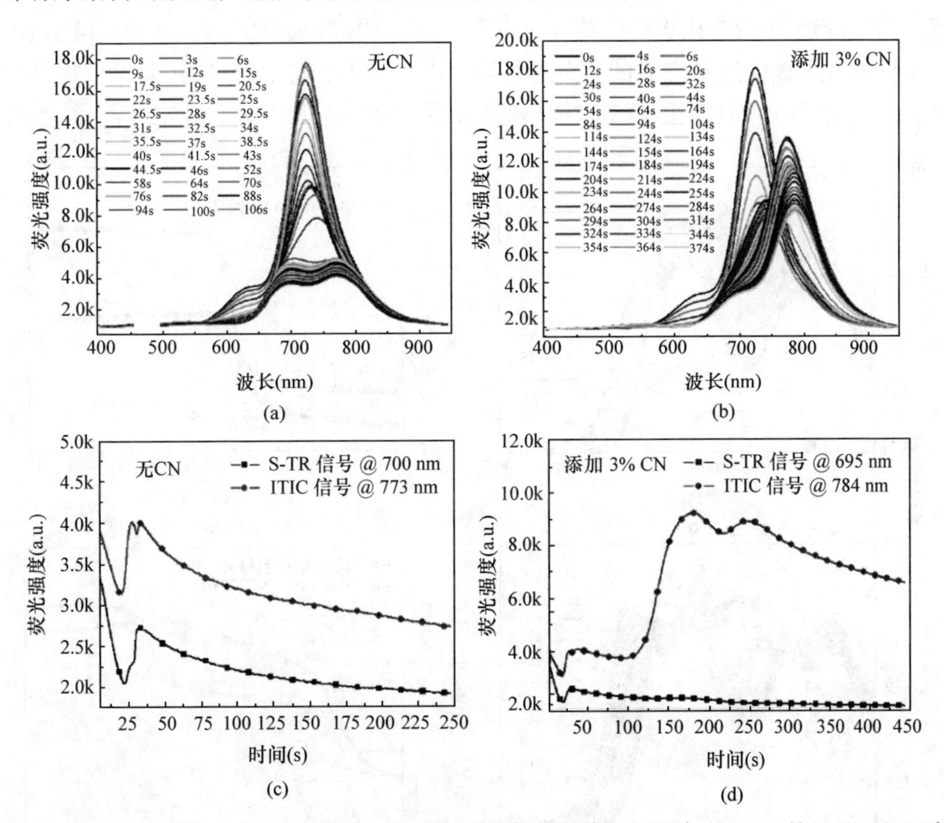

图 2-43　(a)未添加 CN 的 S-TR/ITIC 各时间节点荧光光谱；(b)添加 3% CN 的 S-TR/ITIC 时间节点荧光光谱；(c)未添加 CN 的 S-TR/ITIC 溶液成膜动力学时序图；(d)添加 3% CN 的 S-TR/ITIC 溶液成膜动力学时序图[84]

2. 原位紫外-可见吸收光谱

在溶液状态表征部分我们已经提到紫外-可见吸收光谱吸收特征与其聚集形

态密切相关。而很多体系在成膜过程中分子的聚集形态会发生明显变化，因此根据特征峰强度或峰位的变化，也可以实现成膜过程中分子聚集行为的实时监测。

Liang 等[73]监测了 P3HT/O-IDTBR 共混体系中的 P3HT 与 O-IDTBR 吸收光谱随时间的变化，如图 2-44 所示。由紫外-可见吸收光谱我们发现，随着溶剂挥发，P3HT 与 O-IDTBR 的有序聚集吸收均增加。而加入 TCB 的溶液成膜所需时间更长，同时 P3HT 与 O-IDTBR 的有序聚集吸收在成膜完成后更强。为了清晰起见，Liang 绘制了 P3HT/O-IDTB 共混 CB 溶液与添加有 TCB 的溶液成膜过程中 550 nm 及 700 nm 处光吸收随时间变化。对于没有 TCB 的溶液成膜过程，可以观察到三个不同的阶段，如图 2-44(a)和(b)所示：在第Ⅰ阶段(0～40 s，溶解状态)，P3HT 和 O-IDTBR 均溶解在 CB 当中，吸收峰的峰强度没有明显变化(P3HT 和 O-IDTBR 的峰值强度分别为 0.62 和 0.42)。在第Ⅱ阶段，随着 CB 继续蒸发，P3HT 和 O-IDTBR 几乎同时在 CB 中达到它们的溶解度极限。由于 P3HT 与 O-IDTBR 有序聚集峰均增强，以此判定 P3HT 和 O-IDTBR 进入结晶过程(第Ⅱ阶段，40～50 s，结晶过

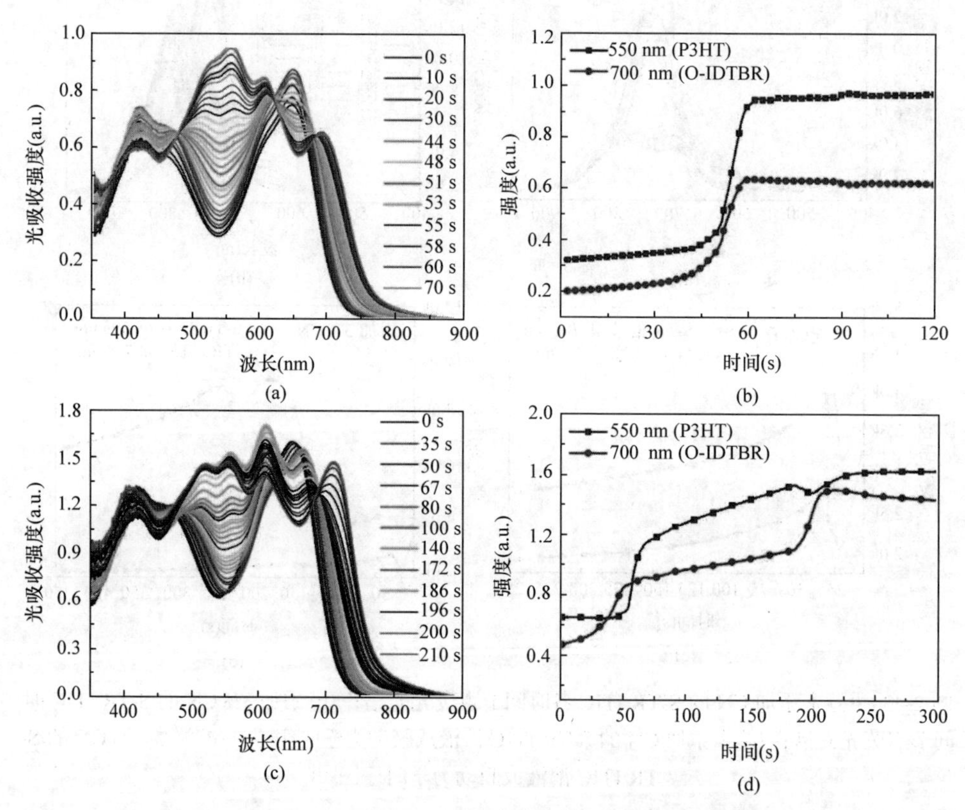

图 2-44 P3HT/O-IDTBR 共混 CB 溶液成膜过程中不同时间吸收光谱及 550 nm 与 700 nm 处吸收强度随时间变化(a)和(b)；P3HT/O-IDTBR 共混含有 2%TCB 溶液成膜过程中不同时间吸收光谱及 550 nm 与 700 nm 处吸收强度随时间变化(c)和(d)[73]

程)。在此阶段，由于溶剂在共混体系中起到增塑剂的作用，可以增加分子的扩散速率，P3HT 和 O-IDTBR 分子在溶液中的扩散运动速率随着溶剂的蒸发而减小。由于物质的结晶需要分子的扩散和重排，因此给受体的结晶行为受到分子扩散的制约。由于 CB 的沸点较低(132℃)，结晶过程相对较短(约 10 s)。一旦溶剂完全蒸发，给受体分子的扩散运动就显著减小，从而结晶过程结束。之后，P3HT 或 O-IDTBR 不再继续进行结晶或晶体生长。此时，成膜过程达到Ⅲ阶段，给受体有序聚集峰不再变化，薄膜此时处于玻璃态，P3HT 和 O-IDTBR 的最终峰值强度分别为 1.5 和 1.3。

加入 TCB 的共混溶液成膜过程也分为三个阶段，如图 2-44(c)和(d)所示。含有 TCB 的溶液成膜过程在 550 nm 与 700 nm 光吸收变化趋势与不含 TCB 共混溶液成膜过程中第Ⅰ阶段与第Ⅲ阶段变化趋势相似，但第Ⅱ阶段变化较大。P3HT 在第Ⅱ阶段(约 40～60 s)的吸收强度迅速增加，表明 P3HT 开始成核与晶体生长。吸收强度值达到 1.3，几乎达到了最终吸收强度，表明 P3HT 链重排结晶已基本完成。这是由于 CB 的蒸发速率比 TCB 快，CB 挥发过程引起 P3HT 结晶。在第Ⅱ阶段后期(约 60～210 s)，剩余的 TCB 作为 P3HT 分子扩散的增塑剂，使得 P3HT 分子链局部重排，延长 P3HT 的自组织时间，导致吸收强度略有增加(达到 1.6)。然而，在第Ⅱ阶段，O-IDTBR 的聚集行为不同于 P3HT 的聚集行为，在 35～50 s 中，O-IDTBR 中只有一部分聚集并形成晶核，由于 O-IDTBR 在 TCB 中溶解度较高(124 mg/mL)，仍溶解于 TCB 当中。随着成膜时间延长，溶剂挥发，一旦 O-IDTBR 达到 TCB 的溶解度极限，O-IDTBR 晶体生长开始，导致吸收强度迅速增加(180～210 s)。

3. 原位掠入射广角 X 射线衍射

掠入射广角 X 射线衍射(GIWAXS)通常用来研究原子尺度上的晶体结构，例如晶体的取向、晶体尺寸的大小和结晶度等。然而，由于有机半导体薄膜结晶度较低，因此测量的仅是平面之间的周期性，而不是单位晶胞内的原子位置。例如，图 2-45(a)是半结晶 P3HT/PCBM 共混薄膜的典型 GIWAXS 图像，可以清晰地看到 P3HT 的(010)及(100)衍射信号；图 2-45(b)示意图中给出了相应衍射信号对应的重复单元结构，分别为分子链段间 π-π 堆叠及烷基侧链间堆叠。另外，有机光电子领域中常使用氯代试剂(如氯苯和邻二氯苯)，容易吸收 X 射线。例如，高能量(10 keV)的 X 射线束以 0.1°～0.2°角度的掠入射仅能够透过 1 μm 或者更薄的溶液到达基底，因此不太可能采集到液膜中的体相信息。鉴于此，在原位表征测试过程中，溶液和液膜的厚度不能太厚，以确保仪器能够采集成膜过程中液膜体相中分子聚集行为，从而实现利用时间分辨掠入射广角 X 射线散射表征干燥过程中薄膜中分子的结晶行为。

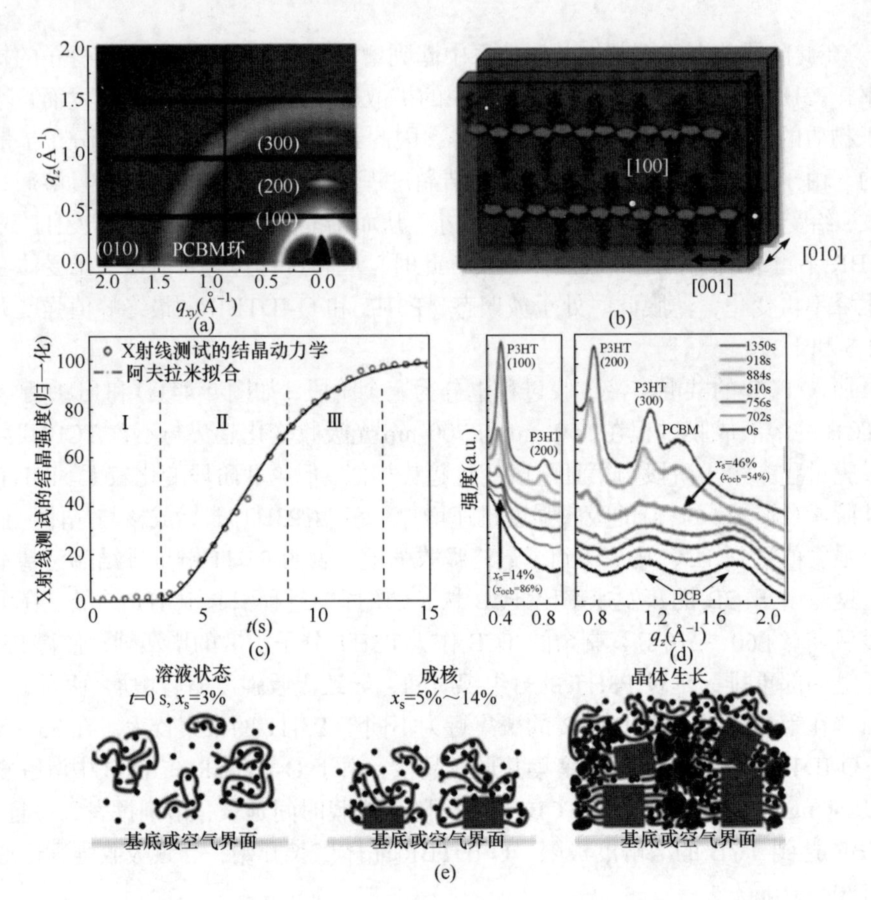

图 2-45 P3HT/PCBM 共混薄膜干燥过程中结晶性的变化规律：(a) P3HT/PCBM 共混薄膜离位 GIWAXS 图像，(b)共轭聚合物晶体结构示意图，(c) P3HT 归一化结晶度[(100)布拉格衍射峰强度]在成膜过程中的变化，(d) P3HT/PCBM 成膜过程中 X 射线散射的演变，(e) P3HT/PCBM 共混薄膜形貌演变三阶段的卡通示意图[85]

原位 GIWAXS 也能够表征溶质分子在成膜过程中的结晶时间段。例如，图 2-45(c)为 P3HT 成膜过程中的结晶动力学时序图，结果表明在溶剂快速挥发阶段(Ⅱ)，P3HT 结晶度增加最为明显，这主要是由于在此过程中溶剂挥发导致 P3HT 浓度急剧升高，从而从溶剂中析出结晶。在共混体系中，原位 GIWAXS 则能够表征给体分子及受体分子在成膜过程中的结晶顺序。例如，图 2-45(d)为 P3HT/PCBM 共混体系成膜过程中不同时间节点的 X 射线衍射图样，在固体的质量分数为 14%时，P3HT 的(100)衍射峰开始出现，随着溶剂的不断挥发，固体质量分数为 46%时，PCBM 的结晶衍射峰出现，这表明 PCBM 的聚集可能是成膜过程中P3HT的自组织结晶导致的——聚合物相邻链的平面化和链堆叠将 PCBM 分子推入聚合物基质的无定形区域，驱动富勒烯分子的局部浓度增加然后聚集。

根据上述数据，作者描绘了成膜过程中的三个阶段，如图 2-45(e)所示：在早期，固体浓度低于聚合物及富勒烯的开始自组织所需的浓度，给受体均一共混；当溶剂挥发高于 P3HT 固体含量阈值，聚合物链开始快速地自组织，在溶液中形成微晶；随着溶剂进一步挥发，P3HT 晶体快速生长，同时驱动 PCBM 扩散至非晶区聚集形成微晶[85]。

Perez[86]利用时间分辨 GIWAXS 原位研究了含有成膜过程结晶中间相行为对薄膜结晶性的影响。以 *p*-DTS(FBTTh$_2$)$_2$/PCBM 共混体系为例，如果不添加 DIO，成膜过程中 *p*-DTS(FBTTh$_2$)$_2$ 直接形成晶相，但是结晶度较低；当使用 DIO 作为添加剂时，在试剂挥发的过程中 *p*-DTS(FBTTh$_2$)$_2$ 在薄膜中先形成中间相(液晶相)，然后在成膜中后期液晶相逐渐转变为晶相，薄膜结晶性提高，如图 2-46 所示。而添加剂的主要作用是在成膜过程中促进液晶相到晶相的转变。为了证实此观点，作者利用猝灭的方法在不添加 DIO 的情况下使 *p*-DTS(FBTTh$_2$)$_2$ 在薄膜中形成中间相，而后利用原位 GIWAXS 研究薄膜结晶行为随时间的变化。结果表明，

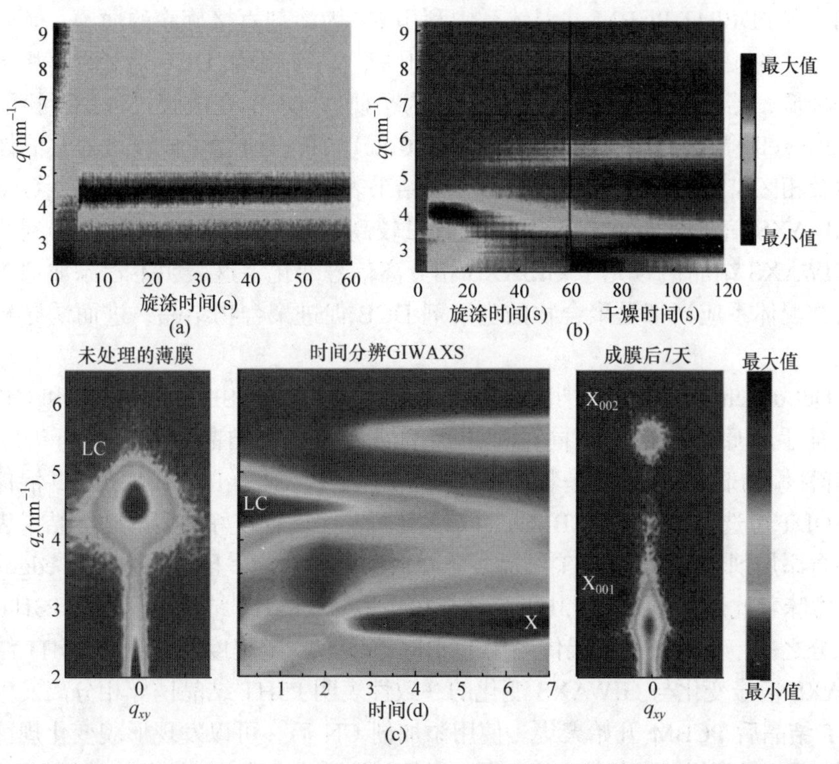

图 2-46　原位 GIWAXS 表征 *p*-DTS(FBTTh$_2$)$_2$/PCBM 共混体系旋涂过程中结晶行为的变化：(a)无添加剂；(b) 添加 0.4% DIO [86]；(c) 左侧是 *p*-DTS(FBTTh$_2$)$_2$ 薄膜利用猝灭方法形成液晶的 GIWAXS 图，右侧是此 *p*-DTS(FBTTh$_2$)$_2$ 薄膜由液晶相转变为晶相的原位 GIWAXS 图[88]

随着时间的延长液晶相也能逐渐转变为晶相，只不过这一过程要持续近 7 天，最终形成高结晶性薄膜，如图 2-46(c)所示[88]。McDowell 等在共混体相异质结中加入了少量的聚苯乙烯(PS)，也能够促进液晶相转变为晶相[88]。将原位 GIWAXS 与成膜过程中薄膜厚度数据相结合，结果表明 PS 能够降低溶剂挥发的速率，使溶剂在薄膜中停留更长的时间，而残余溶剂能够起到溶剂退火的作用，加速液晶相转变为晶相，并能将薄膜厚度从 95 nm 提高到 130 nm。

2.3.3 相分离行为

掠入射小角 X 射线散射(GISAXS)已经成为表征薄膜和纳米结构的主要技术手段。与成像技术不同，掠入射小角 X 射线散射能够在任何样品环境中使用，并且具有高的灵敏度和统计平均值。因此，能够从动力学角度研究分析体相异质结薄膜的相分离发展过程。

将原位 GISAXS 与原位 GIWAXS 联用可以判断成膜过程中的相分离类型。例如，在 PDPP4T/PCBM 共混体系中利用 CF 为溶剂直接旋涂的薄膜，倾向于获得大尺寸的相分离形貌，器件性能仅为 1%左右；而添加 DCB 后，薄膜相区尺寸显著降低，器件性能大幅提高至 5%。为了研究 DCB 在成膜过程中所扮演的角色，Russell 等[89]利用夹缝式挤压型(slot-die)涂布机研究了成膜过程共混体系结晶性及相区尺寸的变化，如图 2-47 所示。结果表明，当 DCB 含量为 5%时，GIWAXS 和 GISAXS 信号同步变化；当 DCB 含量较高时(20%及 50%)，可以看到共混体系 GIWAXS 结晶信号先于 GISAXS 相分离信号变化，这表明不管添加剂含量高低，共混体系应当都是聚合物的劣溶剂 DCB 促进聚合物结晶，进而诱导相分离发生。

DeLongchamp 课题组[90]和 Amassian 课题组[91]结合 SE、GIWAXS 和 GISAXS 等表征手段原位表征了不同种类添加剂对成膜过程结晶及相分离行为的影响(选择性添加剂 ODT 或者是非选择性添加剂 CN)。对于 P3HT/PCBM 共混体系而言，ODT 可选择性溶解 PCBM，而 CN 对两者均具有较好的溶解度。结果表明，在不含添加剂情况下，P3HT 结晶发生在成膜阶段末期，且晶体主要呈 edge-on 取向，意味着此过程主要是 P3HT 界面成核；另外，P3HT 结晶度仅为纯 P3HT 薄膜的二分之一，由此可见共混体系中 PCBM 确实在一定程度上抑制了 P3HT 结晶。GISAXS 信号变化与 GIWAXS 变化的一致性表明 P3HT 结晶诱导相分离发生，在 P3HT 结晶后 PCBM 开始聚集。使用添加剂 CN 后，可以发现形貌变化规律明显不同。最初的干燥速率很快，这与没有添加剂的溶液一致。但是当 CB 溶剂挥发完全后，剩余低蒸气压的 CN 干燥的速率变得十分缓慢，但是此过程中 P3HT 结晶信号一

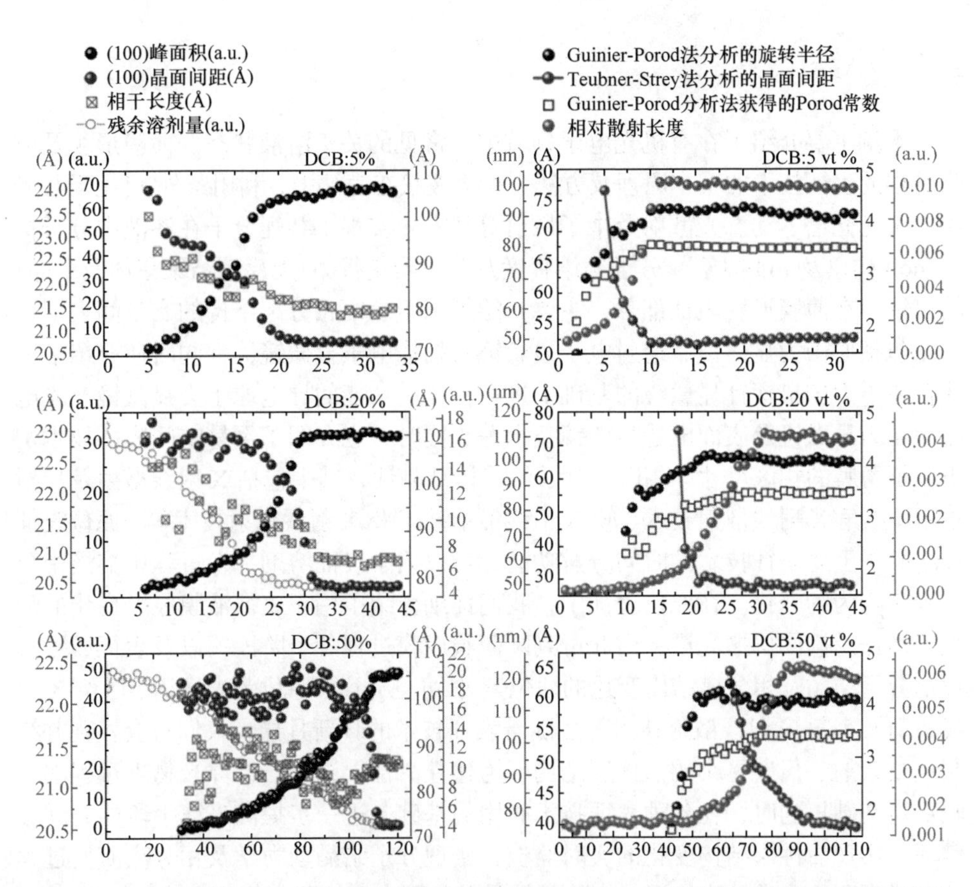

图2-47 CF：*o*-DCB混合试剂溶液制备的PDPP4T/PCBM-71 BHJ薄膜在不同溶剂残余量下形貌信息变化趋势[89]

直持续增强，表明添加剂不仅促进早期P3HT有序堆叠，也延长了成膜的时间，利于P3HT进一步结晶。GISAXS信号强度在CN挥发过程中持续增强，然而相分离尺寸变化并不明显，表明聚合物的网络形成限制了相分离尺寸的变化，信号强度的变化是由于结晶成核形成新的有序的相区引起的。使用添加ODT薄膜厚度的变化规律与CN相似，CB试剂先快速挥发然后ODT极其缓慢地挥发。但是添加ODT(P3HT的劣溶剂)在更早的阶段中，P3HT有序结构便开始形成。在ODT挥发阶段，GIWAXS衍射峰表征的结晶度及GISAXS表征的相结构持续地变化：P3HT的结晶度持续增加，但相分离尺寸随着时间的增加而降低，这表明在ODT挥发过程中P3HT形成的结晶网络结构在持续塌缩。

2.4 小结

本章主要介绍了在有机光电子领域中，常见的关于溶液状态、薄膜形貌及成膜过程的表征技术的基本原理及方法。在溶液状态表征中，利用紫外-可见吸收光谱、荧光光谱、动态光散射及中子散射等技术，实现了共轭分子在溶液中分子构象（coil 构象及 rod 构象）、分子缠结程度及分子聚集行为（无序缠结聚集体及微晶）的表征。在薄膜形貌表征部分，主要介绍了用于表征相分离结构的实空间表征技术，包括原子力显微镜、透射电子显微镜及扫描电子显微镜等，同时还介绍了一些在原子力扫描探针显微镜的基础上进一步拓展功能的导电原子力显微镜、光电流原子力显微镜及表面电势显微镜技术等。同时，也介绍了倒易空间表征技术用于表征薄膜的相区尺寸、相区纯度及给受体结晶性，其中包括 X 射线散射及反射技术、小角 X 射线散射技术、软 X 射线散射技术及 X 射线衍射技术等。原位表征技术赋予上述表征技术的时间分辨功能，可以用于表征溶剂挥发过程中溶液中分子聚集行为的变化。在原位表征中，我们详细介绍了用于表征液膜厚度变化的激光干涉谱及椭圆偏振光谱，由此可判断薄膜成膜过程各个阶段；以及表征成膜过程中分子结晶及相分离结构变化的原位紫外-可见光谱、原位荧光光谱、原位 X 射线衍射及小角 X 射线散射技术等。随着表征技术的日新月异，人们将会发现并绘制更复杂的、尺度更小的活性层结构，为建立活性层结构与器件光物理过程间关联奠定基础！同时，在各种表征技术联用的基础上进一步提高表征手段的时间分辨率，实现活性层结构变化的实时监控，实现分子结晶动力学及相分离演变过程的在线观测，为进一步拓展共轭分子结晶及相分离原理研究提供了坚实的基础！

参考文献

[1] Westacott P, Tumbleston J R, Shoaee S, Fearn S, Bannock J H, Gilchrist J B, Heutz S, Demello J, Heeney M, Ade H. On the role of intermixed phases in organic photovoltaic blends. Energy & Environmental Science, 2013,6(9):2756-2764.

[2] He M, Wang M, Lin C, Lin Z. Optimization of molecular organization and nanoscale morphology for high performance low bandgap polymer solar cells. Nanoscale, 2014,6(8):3984-3994.

[3] Pivrikas A, Neugebauer H, Sariciftci N S. Influence of processing additives to nano-morphology and efficiency of bulk-heterojunction solar cells: A comparative review. Solar Energy, 2011, 85(6): 1226-1237.

[4] Shao B, Vanden Bout D A. Probing the molecular weight dependent intramolecular interactions in single molecules of PCDTBT. Journal of Materials Chemistry C, 2017,5(37):9786-9791.

[5] Noriega R. Efficient charge transport in disordered conjugated polymer microstructures. Macromolecular Rapid Communications, 2018,39(14):1800096.

[6] Steyrleuthner R, Schubert M, Howard I, Klaumünzer B, Schilling K, Chen Z, Saalfrank P, Laquai F, Facchetti A, Neher D. Aggregation in a high-mobility n-type low-bandgap copolymer with

implications on semicrystalline morphology. Journal of the American Chemical Society, 2012,134(44):18303-18317.

[7] Newbloom G M, Hoffmann S M, West A F, Gile M C, Sista P, Cheung H K C, Luscombe C K, Pfaendtner J, Pozzo L D. Solvatochromism and conformational changes in fully dissolved poly(3-alkylthiophene)s. Langmuir, 2015,31(1):458-468.

[8] Rughooputh S D D V, Hotta S, Heeger A J, Wudl F. Chromism of soluble polythienylenes. Journal of Polymer Science Part B Polymer Physics, 1987,25(5):1071-1078.

[9] Fauvell T J, Zheng T, Jackson N E, Ratner M A, Yu L, Chen L X. Photophysical and morphological implications of single-strand conjugated polymer folding in solution. Chemistry of Materials, 2016,28(8):2814-2822.

[10] Gross Y M, Trefz D, Tkachov R, Untilova V, Brinkmann M, Schulz G L, Ludwigs S. Tuning aggregation by regioregularity for high-performance n-type P(NDI2OD-T2) donor-acceptor copolymers. Macromolecules, 2017,50(14):5353-5366.

[11] Jespersen K G, Beenken W J D, Zaushitsyn Y, Yartsev A, Andersson M, Pullerits T, Sundström V. The electronic states of polyfluorene copolymers with alternating donor-acceptor units. The Journal of Chemical Physics, 2004,121(24):12613-12617.

[12] Giussani E, Brambilla L, Fazzi D, Sommer M, Kayunkid N, Brinkmann M, Castiglioni C. Structural characterization of highly oriented naphthalene-diimide-bithiophene copolymer films via vibrational spectroscopy. Journal of Physical Chemistry B, 2015,119(5):2062-2073.

[13] Liu J, Sun Y, Zheng L, Geng Y, Han Y. Vapor-assisted imprinting to pattern poly(3-hexylthiophene) (P3HT) film with oriented arrangement of nanofibrils and flat-on conformation of P3HT chains. Polymer, 2013,54(1):423-430.

[14] Liang Q, Jiao X, Yan Y, Xie Z, Lu G, Liu J, Han Y. Separating crystallization process of P3HT and O-IDTBR to construct highly crystalline interpenetrating network with optimized vertical phase separation. Advanced Functional Materials, 2019,29(47):1807591.

[15] Liu Y D, Zhang Q, Yu X H, Liu J G, Han Y C. Increasing the content of β phase of poly(9,9-dioctylfluorene) by synergistically controlling solution aggregation and extending film-forming time. Chinese Journal of Polymer Science, 2019,37(7):664-673.

[16] Liu J, Shao S, Wang H, Zhao K, Xue L, Xiang G, Xie Z, Han Y. The mechanisms for introduction of *n*-dodecylthiol to modify the P3HT/PCBM morphology. Organic Electronics, 2010,11(5):775-783.

[17] Zhang X, Richter L J, Delongchamp D M, Kline R J, Hammond M R, Mcculloch I, Heeney M, Ashraf R S, Smith J N, Anthopoulos T D. Molecular packing of high-mobility diketo pyrrolo-pyrrole polymer semiconductors with branched alkyl side chains. Journal of the American Chemical Society, 2011,133(38):15073-15084.

[18] Huang W Y, Huang P T, Han Y K, Lee C C, Hsieh T L, Chang M Y. Aggregation and gelation effects on the performance of poly(3-hexylthiophene)/fullerene solar cells. Macromolecules, 2008,41(20):7485-7489.

[19] Liu J, Chen L, Gao B, Cao X, Han Y, Xie Z, Wang L. Constructing the nanointerpenetrating structure of PCDTBT : $PC_{70}BM$ bulk heterojunction solar cells induced by aggregation of $PC_{70}BM$

via mixed-solvent vapor annealing. Journal of Materials Chemistry A, 2013,1(20):6216-6225.

[20] Liu J, Liang Q, Wang H, Li M, Han Y, Xie Z, Wang L. Improving the morphology of PCDTBT：$PC_{70}BM$ bulk heterojunction by mixed-solvent vapor-assisted imprinting: Inhibiting intercalation, optimizing vertical phase separation, and enhancing photon absorption. Journal of Physical Chemistry C, 2014,118(9):4585-4595.

[21] Zhang R, Yang H, Zhou K, Zhang J, Liu J, Yu X, Xing R, Han Y. Optimized domain size and enlarged D/A interface by tuning intermolecular interaction in all-polymer ternary solar cells. Journal of Polymer Science Part B: Polymer Physics, 2016,54(18):1811-1819.

[22] Liang Q J, Han J, Song C P, Wang Z Y, Xin J M, Yu X H, Xie Z Y, Ma W, Liu J G, Han Y C. Tuning molecule diffusion to control the phase separation of the p-DTS(FBTTh2)2/EP-PDI blend system via thermal annealing. Journal of Materials Chemistry C, 2017, 5:6842-6851.

[23] Van Franeker J J, Turbiez M, Li W, Wienk M M, Janssen R A. A real-time study of the benefits of co-solvents in polymer solar cell processing. Nature Communications, 2015,6:6229.

[24] Cui Y, Wen Z, Liang X, Lu Y, Jin J, Wu M, Wu X. A tubular polypyrrole based air electrode with improved O_2 diffusivity for Li-O_2 batteries. Energy & Environmental Science, 2012,5(7):7893-7897.

[25] Renaud G, Lazzari R, Leroy F. Probing surface and interface morphology with grazing incidence small angle X-ray scattering. Surface Science Reports, 2009,64(8):255-380.

[26] Li Y C, Zheng L F, Gu S W. Impurity states in a polar-crystal slab. Physical Review B Condensed Matter, 1988,38(6):4096.

[27] van Franeker Jacobus J, Turbiez M, Li W W, Wienk M M, Janssen1 R A J. A real-time study of the benefits of co-solvents in polymer solar cell processing. Nature Communications, 2015, DOI: 10.1038/ncomms7229.

[28] Zheng Y Q, Yao Z F, Lei T, Dou J H, Yang C Y, Zou L, Meng X, Ma W, Wang J Y, Pei J. Unraveling the solution-state supramolecular structures of donor-acceptor polymers and their influence on solid-state morphology and charge-transport properties. Advanced Materials, 2017, 29(42):1701072.

[29] Zhao Q, Yu X, Xie Z, Liu J, Han Y. Face-on orientation and vertical phase separation of *p*-DTS$(FBTTh_2)_2/PC_{70}BM$ induced by epitaxial crystallization of polymer interface layer. Organic Electronics, 2020,77:105512.

[30] Shao Y, Chang Y, Zhang S, Bi M, Liu S, Zhang D, Lu S, Kan Z. Impact of polymer backbone fluorination on the charge generation/recombination patterns and vertical phase segregation in bulk heterojunction organic solar cells. Frontiers in Chemistry, 2020,8(144):1900144.

[31] Cheng J, Wang S, Tang Y, Hu R, Yan X, Zhang Z, Li L, Pei Q. Intensification of vertical phase separation for efficient polymer solar cell via piecewise spray assisted by a solvent driving force. Solar RRL, 2020,4(3):1900458.

[32] Parnell A J, Dunbar A D F, Pearson A J, Staniec P A, Dennison A J C, Hamamatsu H, Skoda M W A, Lidzey D G, Jones R A L. Depletion of PCBM at the cathode interface in P3HT/PCBM thin films as quantified via neutron reflectivity measurements. Advanced Materials, 2010, 22(22): 2444-2447.

[33] Lee H, Park C, Sin D H, Park J H, Cho K. Recent advances in morphology optimization for organic photovoltaics. Advanced Materials, 2018,30(34):1800453.

[34] Chen Y, Zhan C, Yao J. Understanding solvent manipulation of morphology in bulk-heterojunction organic solar cells. Chemistry: An Asian Journal, 2016,11(19):2620-2632.

[35] Li L, Niu W, Zhao X, Yang X, Chen S. Recent progress in nanoscale morphology control for high performance polymer solar cells. Science of Advanced Materials, 2015,7(10):2021-2036.

[36] Groves C, Reid O G, Ginger D S. Heterogeneity in polymer solar cells: Local morphology and performance in organic photovoltaics studied with scanning probe microscopy. Accounts of Chemical Research, 2010,43(5):612-620.

[37] Li M, Liang Q, Zhao Q, Zhou K, Yu X, Xie Z, Liu J, Han Y. A bi-continuous network structure of *p*-DTS($FBTTh_2$)$_2$/EP-PDI via selective solvent vapor annealing. Journal of Materials Chemistry C, 2016,4(42):10095-10104.

[38] Liu J, Tang B, Liang Q, Han Y, Xie Z, Liu J. Dual Förster resonance energy transfer and morphology control to boost the power conversion efficiency of all-polymer OPVs. RSC Advances, 2017,7(22):13289-13298.

[39] Zhou K, Zhao Q, Zhang R, Cao X, Yu X, Liu J, Han Y. Decreased domain size of *p*-DTS($FBTTh_2$)$_2$/P(NDI2OD-T2) blend films due to their different solution aggregation behavior at different temperatures. Physical Chemistry Chemical Physics, 2017,19(48):32373-32380.

[40] Liu J G, Liang Q J, Wang H Y, Li M G, Han Y C, Xie Z Y, Wang Li X.Improving the morphology of PCDTBT : $PC_{70}BM$ bulk heterojunction by mixed-solvent vapor-assisted imprinting: inhibiting intercalation, optimizing vertical phase separation, and enhancing photon absorption. Journal of Physical Chemistry C, 2014, 118: 4585-4595.

[41] Nicolet C, Deribew D, Renaud C, Fleury G, Brochon C, Cloutet E, Vignau L, Wantz G, Cramail H, Geoghegan M. Optimization of the bulk heterojunction composition for enhanced photovoltaic properties: Correlation between the molecular weight of the semiconducting polymer and device performance. Journal of Physical Chemistry B, 2011,115(44):12717.

[42] Dante M, Peet J, Nguyen T-Q. Nanoscale charge transport and internal structure of bulk heterojunction conjugated polymer/fullerene solar cells by scanning probe microscopy. Journal of Physical Chemistry C, 2008, 112: 7241-7249.

[43] Rivnay J, Jimison L H, Northrup J E, Toney M F, Noriega R, Lu S, Marks T J, Facchetti A, Salleo A. Large modulation of carrier transport by grain-boundary molecular packing and microstructure in organic thin films. Nature Materials, 2009,8(12):952-958.

[44] Nikiforov M P, Darling S B. Improved conductive atomic force microscopy measurements on organic photovoltaic materials via mitigation of contact area uncertainty. Progress in Photovoltaics Research & Applications, 2013,21(7):1433-1443.

[45] Sengupta E, Domanski A L, Weber S A L, Untch M B, Butt H, Sauermann T, Egelhaaf H J, Berger R. Photoinduced degradation studies of organic solar cell materials using Kelvin probe force and conductive scanning force microscopy. Journal of Physical Chemistry C, 2011,115(40):19994-20001.

[46] Coffey D C, Ginger D S. Time-resolved electrostatic force microscopy of polymer solar cells.

Nature Materials, 2006,5(9):735-740.

[47] Zhao F, Wang C, Zhan X. Morphology control in organic solar cells. Advanced Energy Materials, 2018,8(28):1703147.

[48] Gaspar H, Figueira F, Pereira L, Mendes A, Viana J C, Bernardo G. Recent developments in the optimization of the bulk heterojunction morphology of polymer: Fullerene solar cells. Materials, 2018,11(12):2560.

[49] Gurney R S, Lidzey D G, Wang T. A review of non-fullerene polymer solar cells: From device physics to morphology control. Reports on Progress in Physics, 2019,82(3):036601.

[50] Lee M J, Gupta D, Zhao N, Heeney M, Mcculloch I, Sirringhaus H. Anisotropy of charge transport in a uniaxially aligned and chain-extended, high-mobility, conjugated polymer semiconductor. Advanced Functional Materials, 2015,21(5):932-940.

[51] Chen W, Xu T, He F, Wang W, Wang C, Strzalka J, Liu Y, Wen J, Miller D J, Chen J. Hierarchical nanomorphologies promote exciton dissociation in polymer/fullerene bulk heterojunction solar cells. Nano Letters, 2011,11(9):3707-3713.

[52] Kozub D R, Vakhshouri K, Orme L M, Wang C, Hexemer A, Gomez E D. Polymer crystallization of partially miscible polythiophene/fullerene mixtures controls morphology. Macromolecules, 2011,44(14):5722-5726.

[53] Herzing A A, Hyun Wook R, Soles C L, DeLongchamp D M. Visualization of phase evolution in model organic photovoltaic structures via energy-filtered transmission electron microscopy. ACS Nano, 2013,7(9):7937-7944.

[54] Yang X N, Loos J C. Toward high-performance polymer solar cells: The importance of morphology control. Macromolecules, 2007, 40(5): 1353-1362.

[55] Liu J G, Sun Y, Gao X, Xing R B, Zheng L D, Wu S P, Geng Y H, Han Y C. Oriented poly(3-hexylthiophene) nanofibril with the π-π stacking growth direction by solvent directional evaporation. Langmuir, 2011, 27: 4212-4219.

[56] Matsuo Y, Sato Y, Niinomi T, Soga I, Tanaka H, Nakamura E. Columnar structure in bulk heterojunction in solution-processable three-layered p-i-n organic photovoltaic devices using tetrabenzoporphyrin precursor and silylmethyl[60]fullerene. Journal of the American Chemical Society, 2009,131(44):16048-16050.

[57] Klein M F G, Pfaff M, Müller E, Czolk J, Reinhard M, Valouch S, Lemmer U, Colsmann A, Gerthsen D. Poly(3-hexylselenophene) solar cells: Correlating the optoelectronic device performance and nanomorphology imaged by low-energy scanning transmission electron microscopy. Journal of Polymer Science Part B Polymer Physics, 2011,50(3):198-206.

[58] Rivnay J, Mannsfeld S C B, Miller C E, Salleo A, Toney M F. Quantitative determination of organic semiconductor microstructure from the molecular to device scale. Chemical Reviews, 2012,112(10):5488-5519.

[59] Rauscher M, Salditt T, Spohn H. Small-angle X-ray scattering under grazing incidence: The cross section in the distorted-wave Born approximation. Physical Review B Condensed Matter, 1995,52(23):16855.

[60] Zhang R, Yang H, Zhou K, Zhang J, Liu J, Yu X, Xing R, Han Y. Optimized domain size and

enlarged D/A interface by tuning intermolecular interaction in all-polymer ternary solar cells. Journal of Polymer Science Part B: Polymer Physics, 2016,54(18):1811-1819.

[61] Wu W R, Jeng U S, Su C J, Wei K H, Su M S, Chiu M Y, Chen C Y, Su W B, Su C H, Su A C. Competition between fullerene aggregation and poly(3-hexylthiophene) crystallization upon annealing of bulk heterojunction solar cells. ACS Nano, 2011,5(8):6233-6243.

[62] Liao H C, Tsao C S, Lin T H, Chuang C M, Chen C Y, Jeng U S, Su C H, Chen Y F, Su W F. Quantitative nanoorganized structural evolution for a high efficiency bulk heterojunction polymer solar cell. Journal of the American Chemical Society, 2011,133(33):13064-13073.

[63] Gann E, Young A T, Collins B A, Yan H, Nasiatka J, Padmore H A, Ade H, Hexemer A, Wang C. Soft X-ray scattering facility at the advanced light source with real-time data processing and analysis. Review of Scientific Instruments, 2012,83(4):972-975.

[64] Swaraj S, Wang C, Yan H, Watts B, Lüning J, McNeill C R, Ade H. Nanomorphology of bulk heterojunction photovoltaic thin films probed with resonant soft X-ray scattering. Nano Letters, 2010,10(8):2863-2869.

[65] Zhang X, Tang Y, Zhang F, Lee C S. A novel aluminum-graphite dual-ion battery. Advanced Energy Materials, 2016,6(11):1502588.

[66] Kang H, Uddin M A, Lee C, Kim K H, Nguyen T L, Lee W, Li Y, Wang C, Han Y W, Kim B J. Determining the role of polymer molecular weight for high-performance all-polymer solar cells: Its effect on polymer aggregation and phase separation. Journal of the American Chemical Society, 2015,137(6):2359-2365.

[67] Jimison L H, Salleo A, Chabinyc M L, Bernstein D, Toney M F. Correlating the microstructure of thin films of poly[5,5-bis(3-dodecyl-2-thienyl)-2,2-bithiophene] with charge transport: Effect of dielectric surface energy and thermal annealing. Physical Review B, 2008,78(12):125319.

[68] Wu T M, Blackwell J, Chvalun S N. Determination of the axial correlation lengths and paracrystalline distortion for aromatic copolyimides of random monomer sequence. Macromolecules, 1995, 28(22): 7349-7354.

[69] Lilliu S, Agostinelli T, Pires E, Hampton M, Nelson J, Macdonald J E. Dynamics of crystallization and disorder during annealing of P3HT/PCBM bulk heterojunctions. Macromolecules, 2011,44(8):2725-2734.

[70] Lilliu S, Agostinelli T, Verploegen E, Pires E, Hampton M, Al-Hashimi M, Heeney M J, Toney M F, Nelson J, Macdonald J E. Effects of thermal annealing upon the nanomorphology of poly(3-hexylselenophene)-PCBM blends. Macromolecular Rapid Communications, 2011,32(18):1454-1460.

[71] Osaka I, Takimiya K. Backbone orientation in semiconducting polymers. Polymer, 2015,59:1-15.

[72] Sirringhaus H, Brown P J, Friend R H, Nielsen M M, Bechgaard K, Langeveld-Voss B M W, Spiering A J H, Janssen R A J, Meijer E W, Herwig, Amp P. Two-dimensional charge transport in self-organized, high-mobility conjugated polymers. Nature, 1999,401(6754): 685-688.

[73] Liang Q J, Jiao X C, Yan Y, Xie Z Y, Lu G H, Liu J G, Han Y C. Separating crystallization process of P3HT and O-IDTBR to construct highly crystalline interpenetrating network with optimized vertical phase separation. Advanced Functional Materials, 2019: 180759.

[74] Singh R, Giussani E, Mr ó z M M, Fabio Di Fonzo a, Fazzi D, Cabanillas-González J, Oldridge L, Vaenas N, Kontos A G, Falaras P, Grimsdale A C , Jacob J, Müllen K, Keivanidis P E. On the role of aggregation effects in the performance of perylene-diimide based solar cells. Organic Electronics, 2014, 15:1347-1361.

[75] Gao Y, Martin T P, Thomas A K, Grey J K. Resonance Raman spectroscopic- and photocurrent imaging of polythiophene/fullerene solar cells. Journal of Physical Chemistry Letters, 2015,1(1):178-182.

[76] Kiel J W, Mackay M E, Kirby B J, Maranville B B, Majkrzak C F. Phase-sensitive neutron reflectometry measurements applied in the study of photovoltaic films. Journal of Chemical Physics, 2010,133(7):4533.

[77] Yan H, Wang C, Garcia A, Swaraj S, Gu Z, Mcneill C R, Schuettfort T, Sohn K E, Kramer E J, Bazan G C. Interfaces in organic devices studied with resonant soft X-ray reflectivity. Journal of Applied Physics, 2011,110(10):1332.

[78] Güldal N S, Kassar T, Berlinghof M, Ameri T, Osvet A, Pacios R, Destri G L, Unruh T, Brabeca C J. Real-time evaluation of thin film drying kinetics using an advanced, multi-probe optical setup. Journal of Materials Chemistry C, 2016, 4: 2178-2186.

[79] Jones D P, Smith R E. A new solid state dynamic pupillometer using a self-scanning photodiode array. Journal of Physics E: Scientific Instruments, 1983,16(12):1169-1172.

[80] Wang T, Dunbar A D F, Staniec P A, Pearson A J, Hopkinson P E, Macdonald J E, Lilliu S, Pizzey C, Terrill N J, Donald A M. The development of nanoscale morphology in polymer:fullerene photovoltaic blends during solvent casting. Soft Matter, 2010,6(17):4128-4134.

[81] Ye L, Xiong Y, Li S S, Ghasemi M, Balar N, Turner J, Gadisa A, Hou J H, O'Connor B T, Ade H. Precise manipulation of multilength scale morphology and its influence on eco-friendly printed all-polymer solar cells. Advanced Functional Materials, 2017, 27: 1702016.

[82] Niinomi T, Matsuo Y, Hashiguchi M, Sato Y, Nakamura E. Penta(organo)[60]fullerenes as acceptors for organic photovoltaic cells. Journal of Materials Chemistry, 2009,19(32):5804-5811.

[83] Rivnay J, Steyrleuthner R, Jimison L H, Casadei A, Chen Z, Toney M F, Facchetti A, Neher D, Salleo A. Drastic control of texture in a high performance n-type polymeric semiconductor and implications for charge transport. Macromolecules, 2011,44(13):5246-5255.

[84] Liu J G, Han J, Liang Q J, Xin J M, Tang, Y B, Ma W, Yu X H, Han Y C. Balancing crystal size in small-molecule nonfullerene solar cells through fine-tuning the film-forming kinetics to fabricate interpenetrating network. ACS Omega, 2018, 3: 7603-7612.

[85] Schmidt-Hansberg B, Sanyal M, Klein M F, Pfaff M, Schnabel N, Jaiser S, Vorobiev A, Müller E, Colsmann A, Scharfer P. Moving through the phase diagram: morphology formation in solution cast polymer-fullerene blend films for organic solar cells. ACS Nano, 2011,5(11):8579-8590.

[86] Perez L A, Chou K W, Love J A, van der Poll T S, Smilgies D-M, Nguyen T-Q, Kramer E J, Amassian A, Bazan G C. Solvent additive effects on small molecule crystallization in bulk heterojunction solar cells probed during spin casting. Advanced Materials, 2013, 25:6380-6384.

[87] Xiao M, Zhu J, Feng L, Liu C, Xing W. Meso/macroporous nitrogen-doped carbon architectures with iron carbide encapsulated in graphitic layers as an efficient and robust catalyst for the oxygen

reduction reaction in both acidic and alkaline solutions. Advanced Materials, 2015,27(15):2521-2527.

[88] McDowell C, Abdelsamie M, Zhao K, Smilgies D M, Bazan G C, Amassian A. Synergistic impact of solvent and polymer additives on the film formation of small molecule blend films for bulk heterojunction solar cells. Advanced Energy Materials, 2015,5(18):1501121.

[89] Liu F, Ferdous S, Wang C, Hexamer A, Russell T. Fast printing and *in-situ* morphology observation of organic photovoltaics using slot-die coating. Advanced Materials, 2015,27(5):886-891.

[90] Shin N, Richter L J, Herzing A A, Kline R J, DeLongchamp D M. Effect of processing additives on the solidification of blade-coated polymer/fullerene blend films *via in-situ* structure measurements. Advanced Energy Materials, 2013,3(7):938-948.

[91] Richter L J, DeLongchamp D M, Bokel F A, Engmann S, Chou K W, Amassian A, Schaible E, Hexemer A. *In situ* morphology studies of the mechanism for solution additive effects on the formation of bulk heterojunction films. Advanced Energy Materials, 2015,5(3):1400975.

第3章

共轭聚合物凝聚态结构与载流子迁移率

由于共轭聚合物特有的电子和光物理性质及优异的溶液加工性和环境稳定性等突出优点，使其在场效应晶体管(FET)、有机太阳能电池(OSC)、发光二极管(LED)等应用领域得到广泛关注。共轭聚合物的载流子迁移率是决定有机光电子器件性能的重要参数，它不仅取决于组成共轭聚合物基元的分子结构，还取决于薄膜中共轭聚合物的凝聚态结构。

所谓凝聚态结构是指聚合物分子之间的几何排列。对于柔性聚合物而言，对其凝聚态结构研究较为深入，通过调节聚合物分子链构象、晶体成核方式及生长速率等能够实现其聚集状态的可控调节。然而，对于共轭聚合物而言，由于其兼具柔性分子和刚性分子的两种自组织特性，其凝聚态结构更加复杂！例如，溶液状态下，共轭聚合物不仅存在分子内聚集，还存在分子间缠结，在一定程度上会限制分子构象转变；同时，由于分子间作用力强，导致堆叠过程可控性差；再者，分子链在晶体内部不能随意弯曲，部分链段只能排入非晶区，限制了分子结晶性的提高。因此，在建立分子结构与凝聚态结构关系的基础上，如何调节共轭聚合物分子在溶液中的链构象、控制其结晶成核及生长过程是聚合物凝聚态结构调控的核心内容之一。本章以共轭聚合物凝聚态结构调控为出发点，主要介绍分子本征结构对凝聚态结构的影响；在此基础上从结晶成核、溶液状态及后处理等角度总结结晶热力学及动力学因素对凝聚态结构的影响；最终建立分子结构、薄膜凝聚态结构与载流子迁移率间的关联。

3.1 共轭聚合物载流子传输原理

为提高载流子迁移率，需要了解共轭聚合物薄膜中电荷传输原理。载流子迁移率是指载流子(电子和空穴)在单位电场作用下的平均漂移速度，一般用场效应晶体管来测量。载流子迁移率的大小由材料的转移积分和重组能共同决定，转移积分越大、重组能越小，载流子迁移率越大。同时，载流子迁移率受晶区与非晶区的迁移率共同影响。由于非晶区迁移率远低于晶区迁移率，需要降低载流子有效传输路径中非晶区含量以提高材料的载流子迁移率。制备长程有序薄膜可使薄膜中晶区沿载流子传输方向取向排列，减少载流子传输路径中的非晶区比例，从而实现载流子迁移率的提高。

Marcus[1-3]基于共轭有机分子二聚体提出载流子传输量子力学模型[式(3-1)]，其中，μ 为迁移率，e 为电荷电量，a 为载流子迁移距离，k_B为玻尔兹曼常数，T 为热力学温度，h 为普朗克常量，τ为转移积分，λ 为重组能。欲得到更大的载流子迁移率，需要实现载流子传输通道中更小的重组能 λ 和更大的转移积分 τ。

$$\mu = \frac{ea^2\pi}{k_B T h^2}\tau^2\sqrt{\frac{1}{4\lambda\pi k_B T}}\exp\left[-\frac{\lambda}{4k_B T}\right] \tag{3-1}$$

$$\lambda = (E_{ion}^* - E_{neu}) + (E_{neu}^* - E_{ion}) \tag{3-2}$$

$$\tau_{hole} = \frac{E_{HOMO} - E_{HOMO-1}}{2}, \quad \tau_{electron} = \frac{E_{LUMO} - E_{LUMO+1}}{2} \tag{3-3}$$

首先，共轭分子内/分子间重组能 λ 是指当一个电子从一个共轭单元传输到相邻共轭单元后引起的能量变化，即载流子迁移前上一单元的中性失电子态能量（E_{neu}^*）与离子态能量（E_{ion}）的差值和载流子迁移后下一单元的离子得电子态（E_{ion}^*）与中性态能量（E_{neu}）的差值之和，等效于中性态势垒和离子态势垒的和[图 3-1(a)，式(3-2)][4,5]。影响重组能的根本因素是共轭聚合物的分子结构，即重复单元结构和共轭延伸程度。Brèdas 等计算并苯体系中的重组能时，发现随着并苯数量的增加，共轭单元的面积增加，重组能逐渐减小。重组能的大小与在电子转移过程中能量最大的化学键振动相关，等效于键长的变化值[4,5]。随着共轭面积的增加，电子的离域作用及化学键之间的牵制作用增强，使键长的稳定性提高(即变化值减小)，从而使体系更加稳定，重组能减小。转移积分定义为共轭轨道耦合后产生的HOMO 与 HOMO−1（或 LUMO 与 LUMO+1）轨道间能量差值的一半[图 3-1(b)，式(3-3)]。链内共轭增强和扩展有利于传输通道中转移积分的增加。根据 Lan 等和 Brèdas 等[4,5]的计算结果，合适的链内环扭转角(180°±30°)[图 3-1(c)]和链间环扭转角(0～20°)[图 3-1(d)]有利于转移积分维持在较大数值，而共轭长度的增加使得链间共轭平面夹角的平均值得以减小，统计上也有利于转移积分的提高。

另外，分子间 π-π 堆积间距也直接决定能级劈裂程度。在 π-π 堆积间距逐渐降低过程中，相邻分子的轨道耦合作用程度增加，能级劈裂程度增大，转移积分增大，迁移率提高。π-π 堆积间距与能级裂分的关系如图 3-2 模拟结果。通过对两个六聚

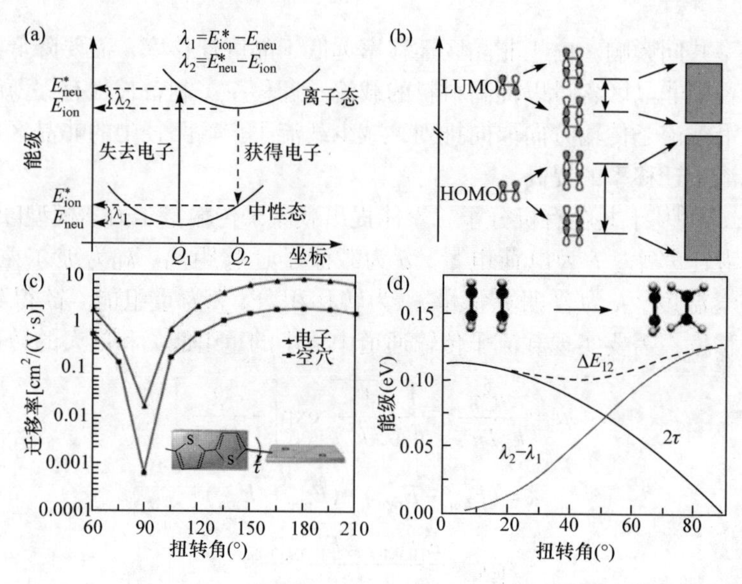

图 3-1 (a) 重组能定义；(b) 分子堆积引起的能级劈裂；(c) 迁移率随链内共轭单元间扭转角变化规律；(d) 转移积分(黑线)和重组能(灰线)随链间共轭单元间扭转角变化[4, 5]

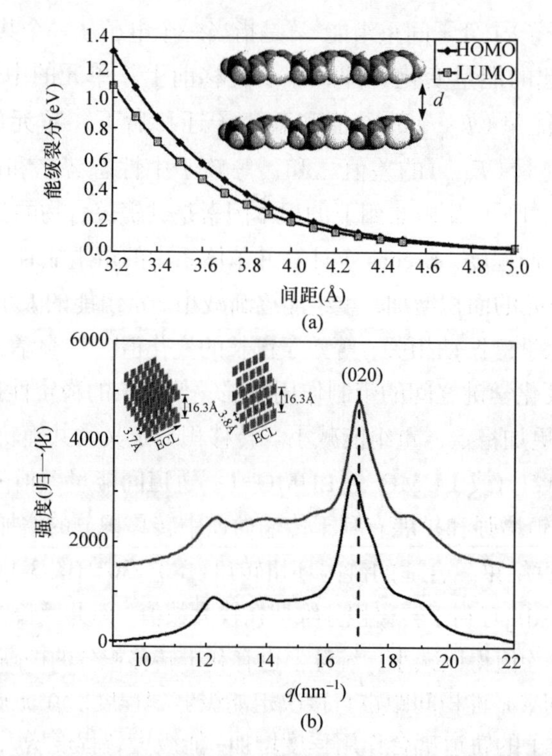

图 3-2 (a) π-π 堆积间距与能级裂分关系[5]；(b) P3HT 不同 π-π 堆积间距[6]

噻吩分子形成的面对面堆积结构的 HOMO 和 LUMO 与分子平面间堆积距离关系的计算，可以看出 HOMO 能级的裂分大于 LUMO 能级的裂分，同时，由于轨道耦合程度随分子间距离增加而降低，导致两种裂分程度都随分子间距离增加而指数降低。当 π-π 堆积间距在共轭分子间常见的 3.4～4.0 Å 范围内时，能级裂分程度相差 3～4 倍，π-π 堆积间距越小，能级裂分的增加程度越大。对于共轭分子，在其常见的 π-π 堆积间距范围内通过进一步降低 π-π 堆积间距，可以使能级裂分程度增加，增大转移积分，有效提高迁移率[4, 5]。由此可见，扩大聚合物链内共轭面积及降低共轭聚合物链间 π-π 堆积间距是增加载流子迁移率的主要手段。

共轭聚合物为半晶性聚合物，其主要特点是共轭主链通过片层间的 π-π 堆积作用形成分子有序排列的晶区，分子链末端及分子链折叠部分构成了非晶区。载流子在晶区可以通过链内或者链间很容易实现传输，通常晶区载流子迁移率高达 1 $cm^2/(V \cdot s)$数量级。而在非晶区载流子则只能通过跳跃或者隧穿过程进行传输，其载流子迁移率通常低于 10^{-4} $cm^2/(V \cdot s)$数量级。共轭聚合物薄膜的载流子迁移率由晶区载流子迁移率及非晶区载流子迁移率协同主导[7-9]，如式(3-4)所示：

$$\frac{1}{\mu}=\frac{\alpha}{\mu_c}+\frac{\beta}{\mu_{gb}} \quad (\alpha+\beta=1) \tag{3-4}$$

式中，μ 为薄膜迁移率，μ_c 为晶区载流子迁移率，μ_{gb} 为非晶区载流子迁移率，α 为晶区所占分数，β 为非晶区所占分数。因此如何提高薄膜中共轭聚合物晶体含量，即提高共轭聚合物结晶度[10-12]，同时提高非晶区载流子迁移率[13-17]，是提高载流子迁移率的有效手段。

综上所述，通过促进分子呈共平面构象，减小分子间堆积间距，增加晶区间链接分子数量，在此基础上减少载流子传输路径中的晶界数量可以有效提高共轭聚合物薄膜载流子迁移率。为了实现上述目的，需要深入理解和掌握分子结构、结晶热力学及动力学等因素与共轭凝聚态间关联，针对不同种类的共轭聚合物，实现其凝聚态结构的可控调节。

3.2　分子本征特性对凝聚态结构影响

分子本征特性直接影响共轭聚合物薄膜的凝聚态结构。通过分子主链或者侧链设计可以有效调控分子构象、分子间 π-π 堆积间距及分子取向等；而通过调整聚合物规整度、分子量等则能够改善共轭聚合物薄膜的结晶性并软化晶界。因此，建立分子结构与薄膜凝聚态结构关系是有效调控薄膜凝聚态结构的前提！

3.2.1 分子结构

“刚性”即分子链段采取共平面构象，它是共轭聚合物的重要特点，其主要源于分子链内单体单元间的电子耦合程度；耦合程度越高，分子刚性越强。而分子的化学结构是影响耦合程度的本质原因，通常来讲刚性越强的分子在结晶过程中分子缠结程度高，分子间作用力也较大。下述将主要介绍如何判断分子刚性，不同刚性聚合物凝聚态结构的特点及怎样通过分子结构调节实现分子刚性的控制。

与线形柔性聚合物，如聚乙烯(PE)、聚苯乙烯(PS)等不同，共轭聚合物中存在的π共轭作用限制共轭基团之间的单键扭转（$\varphi \to 180°$），使分子构象更加伸展、链刚性显著增加。对此提出蠕虫链模型并定义持续长度(L_p)这一概念定量描述分子刚性，即无限长自由旋转链在第一个链段方向上投影的平均值。如式(3-5)和图 3-3 所示，L_0为重复单元长度，θ为单键键角，φ为单键扭转角，反映链段间方向相关性的延伸周期。主链的刚性和线性、结晶、化学缺陷、侧链或取代基、分子间非化学键作用都会影响持续长度[18]，持续长度可以由凝胶渗透色谱(GPC)及小角中子散射(SANS)等测定[19, 20]，表 3-1 中为常见共轭聚合物的持续长度，图 3-4 为常见共轭聚合物的结构式。

$$L_p = \frac{L_0}{2}\left(\frac{1-\langle\cos\varphi\rangle}{1+\langle\cos\varphi\rangle}\right)\frac{1-\cos\theta}{1+\cos\theta} \tag{3-5}$$

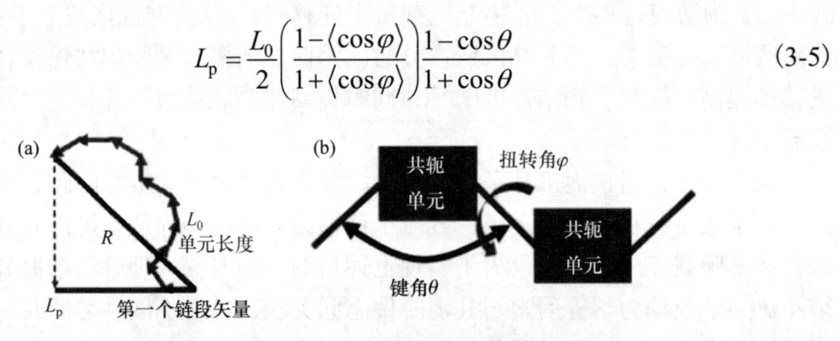

图 3-3　持续长度(a)及相关参数(b)

表 3-1　常见共轭聚合物的持续长度[21]

聚合物	溶剂	测试方法	持续长度 L_p(nm)
P3BT	硝基苯	小角中子散射	2.75
RRa-P3HT	间苯二甲腈	小角中子散射	0.9±0.1
	甲苯	小角中子散射	1.1±0.4
RR-P3HT	间苯二甲腈	小角中子散射	2.9±0.1
	甲苯	小角中子散射	2.75

续表

聚合物	溶剂	测试方法	持续长度 L_p(nm)
	甲苯	黏度	2.5±0.2
	四氢呋喃	黏度	2.2±0.2
	四氢呋喃	光散射	2.6±0.2
P3OT	四氢呋喃	黏度	2.2±0.2
	四氢呋喃	光散射	2.6±0.5
P3BT	硝基苯	小角中子散射	2.75
P3EHT	甲苯	小角中子散射	2.75
	甲苯	黏度	2.5±0.2
P3DDT	间苯二甲腈	小角中子散射	1.6±0.1
	甲苯	小角中子散射	1.5±0.1
pBTTT	氯苯	黏度	9.0
PFO	甲苯	光散射	7.0
	四氢呋喃	光散射	8.6
cis-PBO	甲基磺酸	光散射	20～30
	甲基磺酸	黏度	20～25
PPP	三氯甲烷	光散射	28
	甲苯	黏度	15.6
MEH-PPV	四氢呋喃	黏度	2.2±0.2
	四氢呋喃	光散射	2.6±0.2
BEH-PPV	对二甲苯	光散射	11.0
DP10-PPV	三氯甲烷	光散射	6.5
BCHA-PPV	对二甲苯	光散射	40
PPE	四氢呋喃	光散射	15.0

共轭聚合物分子结构对其凝聚态结构及载流子迁移率具有本质上的影响。最初对聚合物电子学领域的研究集中在p型均聚物上，这些聚合物的低空穴迁移率与其无定形薄膜结构相关，如图3-5所示。如聚对苯撑乙烯(PPV)衍生物MEH-PPV等，由于合成引入的顺式缺陷和聚合物主链的柔性，导致其分子自组织能力差，薄膜中分子主要以无定形结构存在。因此，载流子在传输过程中链内传输及链间传输的能量势垒均非常高，导致载流子迁移率仅为10^{-6}～10^{-4} $cm^2/(V\cdot s)$量级。随

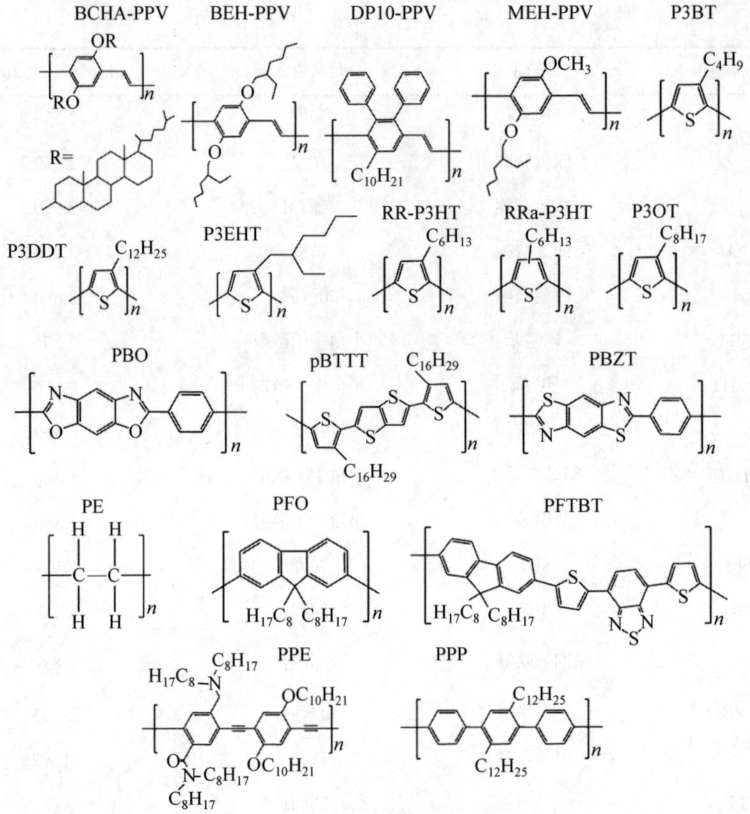

图 3-4 常见共轭聚合物的结构式[21]

着材料的进一步发展，人们逐渐研发出了刚性更强的聚噻吩衍生物如 P3HT 等。由于此类共轭分子单元间仍存在一定扭转角，分子主链方向离域程度较低，因此持续长度较低，分子链兼具柔性(构象调整能力强)与刚性特征(分子间易发生 π-π 堆积)。在薄膜中，则是晶区与非晶区共存，且无定形区有大量分子链段将相邻晶区连接。因此，薄膜的载流子迁移率主要由晶区及非晶区共同主导。然而，由于分子刚性弱，非晶区的链接分子主要以 coil 构象形式存在，导致非晶区载流子迁移势垒非常高，薄膜载流子迁移率主要集中在 10^{-4}～10^{-2} $cm^2/(V \cdot s)$ 量级(与非晶硅的载流子迁移率接近)。为进一步提高分子刚性，科研工作者合成了 D-A 类聚合物如 PNDI 等，由于给体单元与受体单元存在电荷转移作用，降低了分子扭转程度，能够大幅改善非晶区内载流子迁移率。然而，由于分子刚性太强，在结晶过程中分子链构象调整能力较差，无法形成大尺寸晶区；而仅能通过局部链段构象调整，形成微晶。值得注意的是，由于 D-A 类分子刚性强，分子链不易发生大角度折叠，因此离域程度高，使得载流子在链内传输具有较高的迁移率；另外，局部形成的微晶能够将相邻的分子链连接，从而保证了载流子链间传输的高效性。总体而言，由于D-A类共轭聚合物易形成载流子传输的逾渗网络结构，因此迁移率较高，一般在10^{-2}～10 $cm^2/(V \cdot s)$量级(已经接近多晶硅的载流子迁移率)。由此可见，薄膜凝聚态结构直接影响载流子迁移率。

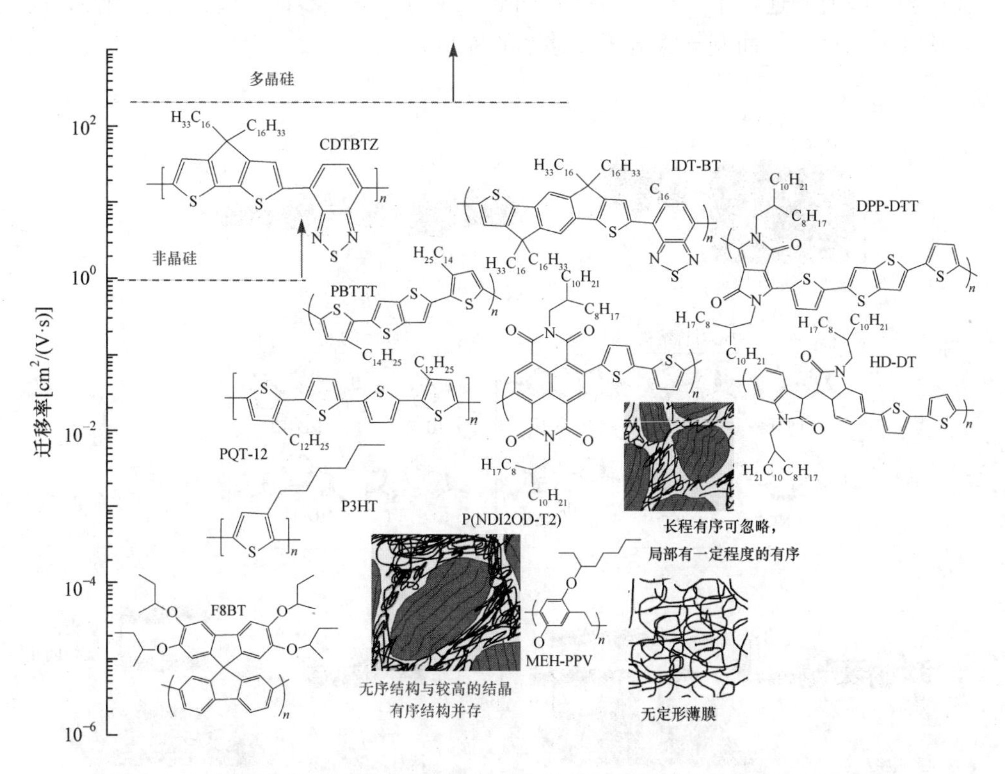

图3-5 不同刚性的共轭聚合物薄膜凝聚态结构示意图及与载流子迁移率关系

分子刚性在一定程度上决定了薄膜的凝聚态结构，那么如何可以实现分子刚性的调节呢？下述将主要介绍通过调节主链单体单元间电子离域能力及侧链空间位阻等实现分子共平面性的增强。

通过提高共轭聚合物分子主链电子离域能力，可以增强其共平面性。聚噻吩分子是一类研究较为广泛的共轭聚合物，然而由于分子基元间为单键，可自由旋转，其载流子迁移率最高仅为10^{-1} $cm^2/(V \cdot s)$数量级；通过向噻吩基元间插入受体基元，如并酮基吡咯及异靛蓝，可有效增强分子内给受体基元间电子离域能力，载流子迁移率也有较大幅度提高，达到12.25 $cm^2/(V \cdot s)$[22]。另外，受体基元的中心对称结构也会影响共轭聚合物分子的共平面性，具有中心对称结构的给体单元可以避免分子主链弯曲，增强分子刚性。例如，Pei等[23]以异靛蓝(IID)为受体基元，采用两种不同中心对称性的苯环并二噻吩(中心对称的 BDT 和轴对称的 TBT)作为给体基元共聚形成共轭聚合物，如图 3-6 所示。结果表明，当采用中心对称性给体 BDT 共聚时形成的聚合物 IID-BDT 刚性强，载流子迁移率为 0.48 $cm^2/(V \cdot s)$；而当以轴对称的 TBT 作为给体共聚时形成的聚合物 IID-TBT 刚性较弱，载流子迁移率只有 1.35×10^{-4} $cm^2/(V \cdot s)$。进一步证实增强分子刚性，提高其共平面性，从而利于载流子迁移率的提高。

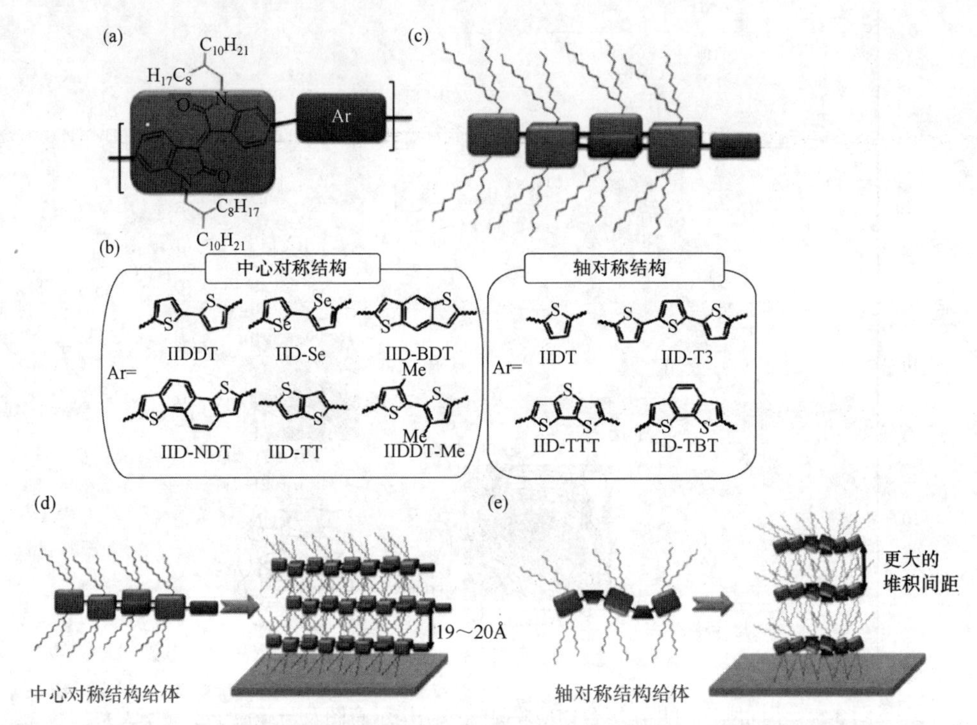

图 3-6 (a) 基于异靛蓝的共聚物结构示意图；(b) 中心对称及轴对称给体共聚物结构式；(c) 共聚物分子间堆积模式；中心对称(d)及轴对称(e)分子在薄膜中堆积结构示意图[23]

降低共轭聚合物分子侧链的空间位阻，可以提高分子共平面性。由密度泛函理论模拟可知，在分子链空间位阻较大情况下分子采取共平面构象时能量较高；而降低其空间位阻，体系能量降低，分子共平面构象为其优势构象。因此，通过降低分子空间位阻可有效增加分子共平面性。研究表明，通过增加侧链柔性、降低侧链密度或改变侧链位置使其远离主链中体积较大的基团均能够增强分子共平面性，提高其载流子迁移率。Noh 等[24]指出，PQT-12 分子侧链为十二烷基，而 POQT 分子中主链与 PQT-12 一致，侧链则为在十二烷基二号位插入氧原子，柔性强于十二烷基侧链。由于 POQT 分子侧链柔性强，其构象易于调整，不会阻碍主链采取能量更低的共平面构象；另外，氧原子体积小于亚甲基体积，也降低了与主链相连基元的体积，这均有利于主链形成共平面构象，也利于分子间形成更紧密堆叠，如图 3-7 所示。经密度泛函理论计算表明，采用柔性高的侧链后，分子主链基元间扭转角从 38°降到 33°，载流子迁移率从 8.81×10^{-3} cm^2/(V · s) 增加到 6.51×10^{-2} cm^2/(V · s)，提高了近一个数量级。

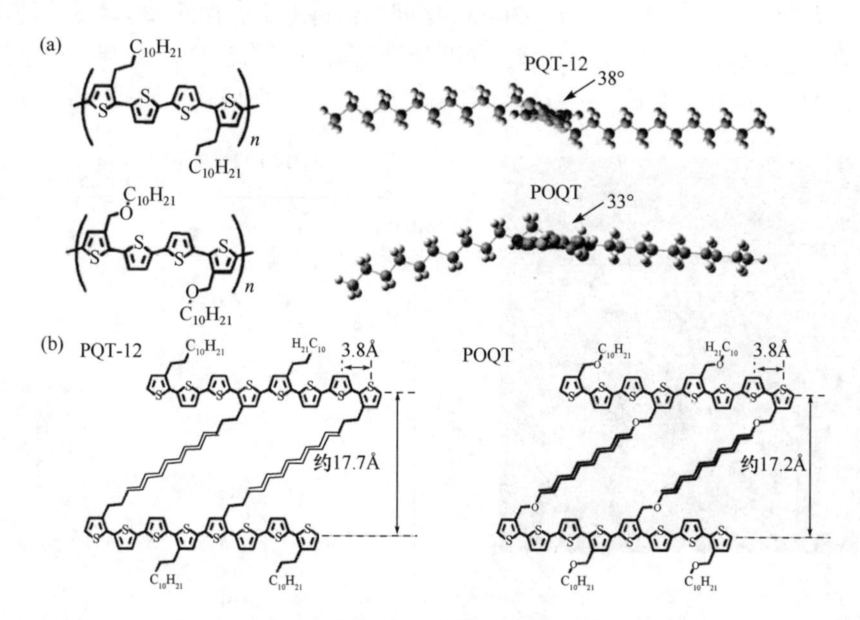

图 3-7　(a) PQT-12 及 POQT 分子结构式及分子构象示意图；(b) 晶体中 PQT-12 及 POQT 分子侧链堆叠示意图[24]

3.2.2　分子量及其分布

除了聚合物链的化学结构外，聚合物的分子量及其分布也是影响其凝聚态结构的重要因素之一。分子量及其分布对共轭聚合物凝聚态结构的影响也与聚合物本身的化学结构以及聚合物链在结晶过程中的排列方式息息相关，其主要影响聚合物的结晶性、纤维宽度及纤维内部分子取向等。

聚合物的分子量影响纤维宽度。对于常见的 edge-on 排列的半刚性聚合物，晶体的宽度方向通常为分子主链方向，聚合物链的长短直接影响晶体宽度方向上的尺寸。聚合物的分子量存在一个临界值，当分子量大于这个临界值时，聚合物晶体的宽度通常为定值；而当聚合物的分子量小于这个临界值时，聚合物晶体的宽度会随分子量的增大而增大。Kowalewski 等分别对 P3HT 不同重均分子量 M_w 为 2400、4800、5100、7000、7500、11800、15700、17300 和 18400 样品成膜得到不同宽度以及不同数量晶界的纤维晶薄膜，如图 3-8 (a)所示[25]。AFM 傅里叶变换测出纤维宽度 W_{AFM} 随着 M_w 线性增加，然后趋于水平。Kowalewski 认为这是由于低 M_w 的 P3HT 分子平均链周长短，没有通过链折叠方式紧密堆积，因此纤维宽度近似为分子链周长。在 M_w 为 7500～11800 区间，曲线出现拐点：M_w>11800 时，纤维晶宽度趋于不变，表明长链分子以折叠链方式堆积，纤维晶宽度近似为折叠片层宽度，在 20～30 nm 区间内保持一定。在低 M_w 区域，随着分子平均链长变长，重组能变小，载流子跃迁势垒减少，因此 P3HT 纤维晶薄膜迁移率随着 M_w 呈指数性增长：$\mu = \mu_0 \exp(W_{AFM}/W_0)$，迁移率提高，如图 3-8(b)所示。

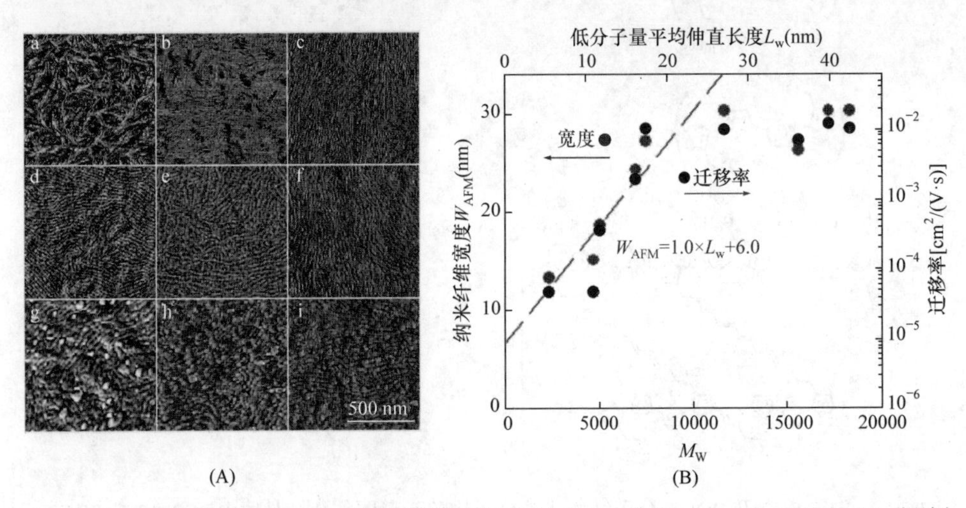

图 3-8 (A) 不同分子量的 P3HT 滴涂成膜后的原子力显微镜照片，(a～i) 对应的 M_w 分别为 2400、4800、5100、7000、7500、11800、15700、17300、18400；(B) 纤维宽度与载流子迁移率间关系[25]

对于聚噻吩及其衍生物，其纤维晶中的分子主链沿垂直于长轴的方向排列。然而，当共轭聚合物的链内共轭性大大增加后，其纤维中分子沿平行于长轴的方向排列，此时分子量依然会影响纤维宽度。例如，Choi 等[26]制备了不同分子量的 DPPBTSPE 纳米线，如图 3-9 所示。他们发现低分子量的 DPPBTSPE 会形成细长形的纳米线结构，而高分子量的 DPPBTSPE 会形成更粗更短的纳米线结构。通过研究晶体结构，他们发现纳米线的宽度方向为分子间 π-π 堆积方向，纤维长度为分子主链方向，因此，晶体结构的不同不能通过简单的分子链的长短来解释。Cao 等[27]认为，其原因可能是分子链长度的不同，带来了分子扩散速率的差异，从而通过晶体生长动力学对晶体结构产生影响。

聚合物的分子量影响晶体间连接程度。聚合物晶体与晶体物理连接处形成的晶界(grain boundary)具有巨大的能垒，电荷跃迁传输被限制，只能被捕陷于晶体内。

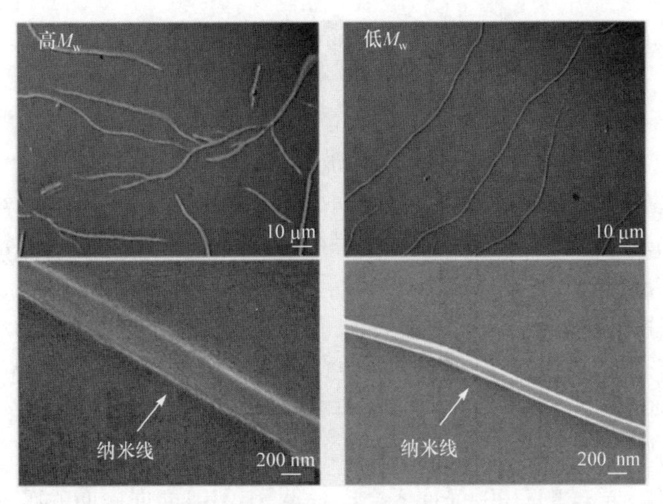

图 3-9　不同分子量的 DPPBTSPE 纳米线 TEM 图[26]

因此降低结晶薄膜内晶界的数量是调控聚噻吩凝聚态结构的一个重要环节，也是优化性能的重要因素。通常情况下，当延长聚噻吩 P3HT 自组织时间，比如采取滴涂方式或者采取沸点更高的溶剂(如三氯苯)，低分子量聚噻吩倾向于形成可清晰分辨的纳米纤维状晶体，如图 3-10(a)所示[28, 29]；而高分子量聚噻吩在旋涂成膜后倾向于形成结节状形貌，当采取滴涂成膜后形成棒状晶体，如图 3-10(b)所示。Kline 等[30]认为这是由于低分子量的短 P3HT 分子链近似为刚性短棒，不能以链

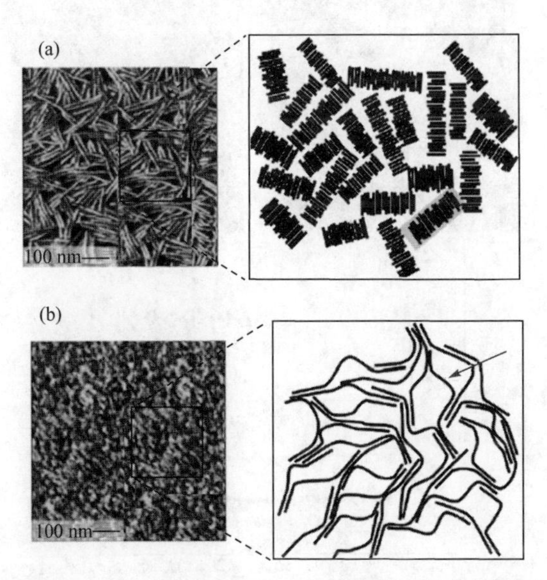

图 3-10　低分子量(a) 及高分子量 (b) P3HT 所形成的薄膜的原子力显微镜照片及其微结构示意图[28]

折叠堆积结晶，而是形成类似短棒结构晶体，晶体之间没有分子长链桥连，因此产生大量晶界。而高分子量 的长 P3HT 分子迁移和扩散相对较困难，很容易缠结形成结节状形貌，分子链不但可以链折叠形成恒定晶体宽度，而且可以穿插进入不同的结晶区域和无序区域，因此晶界被软化。

聚合物的分子量影响结晶性及分子取向。高分子量的聚合物链容易缠结，而低分子量及窄分布的聚合物通常会有更好的结晶性。Kline 等[31]研究了分子量对 P3HT 薄膜结晶性的影响，如图 3-11 所示。从原子力高度图可以看出，低分子量 P3HT 容易形成纤维状晶体结构，而高分子量 P3HT 则形成较为无序的结构。XRD 数据结果与形貌结果相符合，低分子量 P3HT 薄膜的结晶性远高于高分子量 P3HT 薄膜。这主要是由于高分子量聚合物容易缠结或穿插在不同晶区中，形成局部无序的结构。另外，共轭聚合物分子间有序堆叠是共轭聚合物倾向于采取 edge-on 取向的根源。由于晶体的(100)晶面表面能最低，(010)晶面表面能次之，因此当聚合物分子链发生有序堆叠时，在能量驱动下分子将形成(100)晶面暴露在外侧的稳态堆叠，即分子采取 edge-on 取向；然而，如果分子无法有序堆叠，分子则在 π 体系的色散力驱动下易形成(010)晶面暴露在外侧的亚稳态堆叠，即分子采取 face-on 取向。聚合物分子量增加，分子间缠结程度会增加，也会抑制分子有序堆叠，促进其采取 face-on 取向。Kim 课题组[32]分别合成了具有不同分子量的受体聚合物 PNDI，发现随着聚合物分子量由 13600 增加到 49900，薄膜中 face-on 取向分

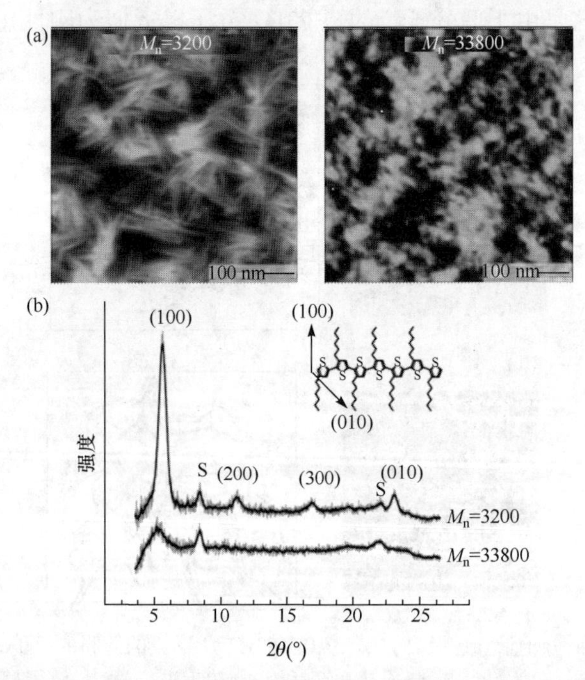

图 3-11 高分子量与低分子量 P3HT 的原子力显微镜高度图(a)和 XRD 图(b) [31]

子的含量由 21.5%增加到 78.6%。将 PNDI 与采取 face-on 取向的 PTB7-th 共混，随着 PNDI 分子量增加，共混体系中形成了更多的 face-on/face-on 给体/受体界面，这在一定程度上提高了电荷转移态分离效率，使得器件性能由低分子量的 4.29%提高到高分子量的 6.14%。

聚合物的分子量分布对其结晶过程也有影响。长期以来，人们对高分子的结晶过程做了大量的研究。在某些柔性链高分子结晶中，我们能观察到偏析结晶的现象。在溶液中，分子链长度各异的高分子是处于无规线团状态并缠绕在一起的。当达到结晶条件时，分子链长的组分会先结晶，分子链短的组分后结晶。那么，对于共轭高分子是否也存在偏析结晶的现象呢？Yan 等[33]将不同聚合度的聚芴（用 F16、F64 分别代表聚合度为 16 及 64 的聚芴分子）按照不同比例共混，研究了分子量分布对共轭分子聚集形态的影响。控制 F16 和 F64 的共混质量比为 1∶2 和 2∶1 时，都可以得到由片晶堆积而成的棒状晶体。结合形貌图[图 3-12(a)、(b)]可

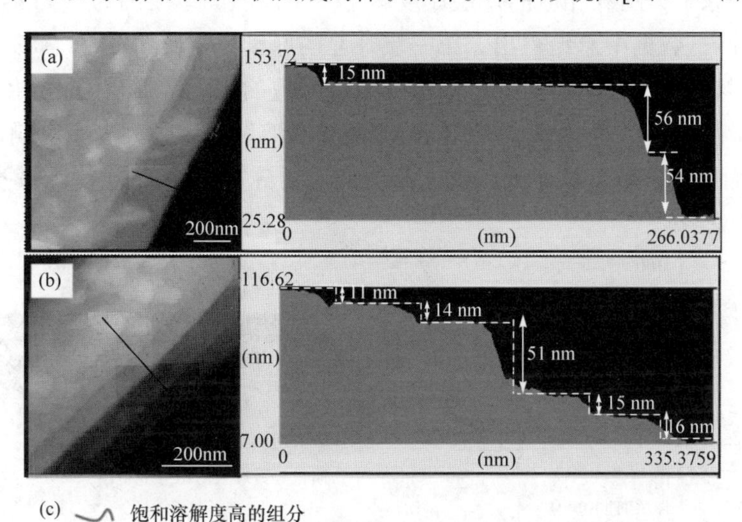

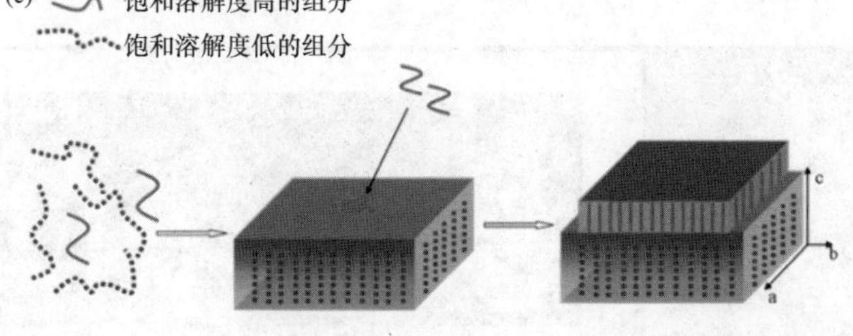

图 3-12　(a) F16/F64 =1/2 (w/w) 共混制备的晶体的原子力形貌图，观察到明显的层状分布，推测 F64 组分先结晶，F16 组分再结晶；(b) F16/F64 =2/1 (w/w) 共混制备的晶体的原子力形貌图，观察到明显的层状分布，从高度值可以推测 F16 组分先析出，F64 组分再析出；(c) 两组分共混体系中偏析结晶示意图：饱和溶解度低的组分会先结晶，形成片晶；然后，饱和溶解度高的组分再在后期缓慢结晶，形成新的片晶[33]

以判断，在F16和F64共混制备的晶体中，均发生了偏析结晶的现象：当F16/F64=1/2 (*w*/*w*)时，F64组分先结晶；当F16/F64=2/1 (*w*/*w*)时，F16组分先结晶。这是因为组分的饱和溶解度在偏析结晶过程中起着至关重要的作用，而组分的饱和溶解度和该组分的链长和质量分数密切相关。首先，饱和溶解度低的组分会先结晶，形成前几层片晶；然后，饱和溶解度高的组分在结晶后期缓慢析出，使片晶厚度不断增加。

那么对于多分散的共轭聚合物在结晶过程是否仍遵循上述偏析结晶的现象？Yan等[34]进一步利用多分散聚芴(Fn)进行了深入研究，如图3-13(a)所示为Fn的GPC数据。由图中可知，M_n = 100957，PDI =1.71，具有较宽的分子量分布，通过排除分子链刚性的影响带来停留时间的差异后，作者计算得到了质量分数最大的组分对应的分子链长为80 nm。利用Fn进行结晶，图3-13(b)展示了Fn片晶的原子力图和相应的片层厚度，第一层片晶的厚度约为79 nm（从大量的原子力测试数据中总结得出，第一层片晶的厚度集中分布在78～83 nm）。这个厚度值与多分散聚芴中质量分数最大组分对应的分子链长(80 nm)相近。在两组分(F16和F64)共混体系中，不同组分的饱和溶解度很大程度上影响着偏析结晶过程，而饱和溶解度又主要依赖于组分的质量分数和分子链长。在多分散聚芴

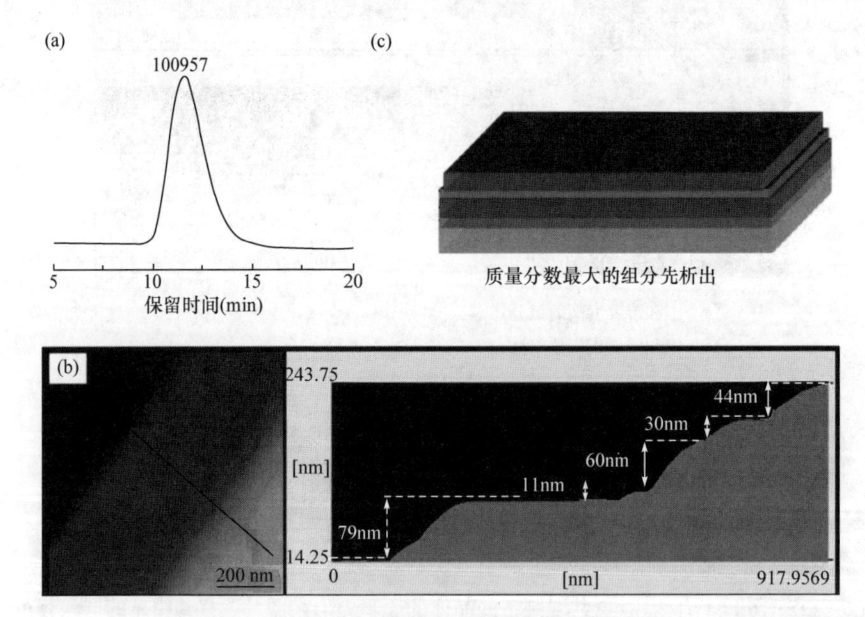

图3-13 (a) 多分散聚芴Fn的GPC谱图；多分散聚芴Fn晶体的原子力形貌图(b)和模型图(c)：从片层厚度值的总结，可以推测质量分数最大的组分先析出；当各组分充足时，可以形成片层厚度的完整片晶[34]

中，对应分子链长为 80 nm 的组分具有最大的质量分数。在这种情况下，该组分最先从溶液中析出结晶，并且形成最初的片晶，而第二层和第三层晶体则来源于依次达到饱和溶解度的其余组分。由此可见，对于多分散的共轭聚合物，其结晶行为依然满足偏析结晶过程。

3.2.3　分子规整度

共轭聚合物中，所有重复结构的构型皆相同的聚合物称为等规立构聚合物，立构规整度是立构规整单元数占聚合物总单元数的分数，是评价聚合物性能、引发剂定向聚合能力的一个重要指标。任何相邻重复结构单元的构型皆相反的聚合物称为间规立构聚合物。如果不同构型的重复结构单元无规分布于聚合物分子链中，则称这种聚合物为无规立构聚合物。以 P3HT 为例，按照头尾(head-tail)键接方式排列不同，可以形成立构规整的 HT-HT 以及非立构规整的 TT-HT、HT-HH 和 TT-HH (图 3-14)。McCullough 等[35]分别控制烷基取代聚噻吩(PATs)立构规整度，HT-HT 耦合接近 100%。非立构规整烷基取代聚噻吩将使噻吩环扭曲造成共轭消失，导致带隙增加，体系导电性降低。而高规整 HT 烷基取代聚噻吩能够很轻易地形成低能量共平面构象的高共轭聚合物体系。因此只有立构规整度在 90% RR 以上的高立构规整性聚噻吩才具有凝聚态结构研究价值，有较高性能以及应用前景[36]。共轭聚合物的立构规整度作为材料的本身属性，影响分子取向、结晶性等凝聚态结构。

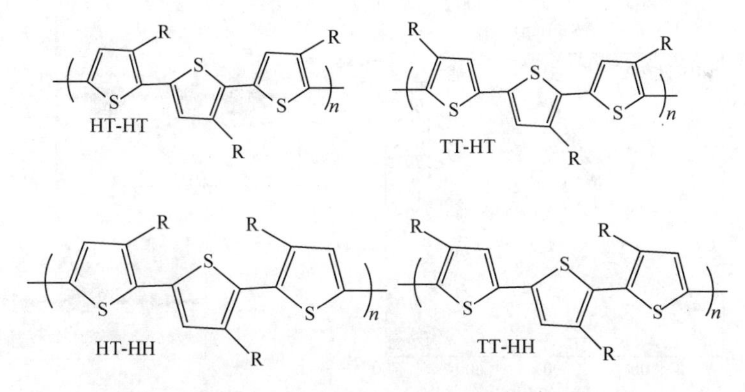

图 3-14　聚噻吩分子单体单元间不同的头尾键接方式[36]

聚合物的规整度影响聚合物结晶过程的无序-有序转变。对于聚噻吩而言，分子结晶要经过无序-有序转变，即线状构象分子转变为棒状构象后发生分子间堆积过程。聚噻吩的无序-有序转变对于不同规整度 P3AT 而言，表现出不同的特点。Leclerc 等[37]报道 RR-P3AT(立构规整的 P3AT)体系通过降温能得到明显的热致变色效应，但非立构规整聚噻吩体系在改变温度时却无类似的变色效应：在升温时吸收光谱只发生单调的最大峰蓝移效果。与此同时，Holdcroft 等[38]也证实非立构规整型 P3HT 和 RR-P3HT 具有不同的热致变色现象。图 3-15 是非立构规整型 P3HT（P3HT80，80 表示立构规整度为 80%，为非立构规整型）和立构规整型 P3HT（P3HT100，100 表示立构规整度为 100%，是完全立构规整型）在不同温度下的紫外-可见吸收光谱图。P3HT80 在升温时光谱蓝移并出现等色点，说明体系发生有序-无序转变。而 P3HT100 只有最大吸收峰蓝移，并没有等色点，说明主链的共轭长度连续减小或者存在着两相以上结构。对于高立构规整聚噻吩，有序-无序转变不能一步完成，必须通过中间态即准有序态，如图 3-15(c)所示。因此有序的晶态、准有序态、无序态三相平衡破坏了等色点的产生。

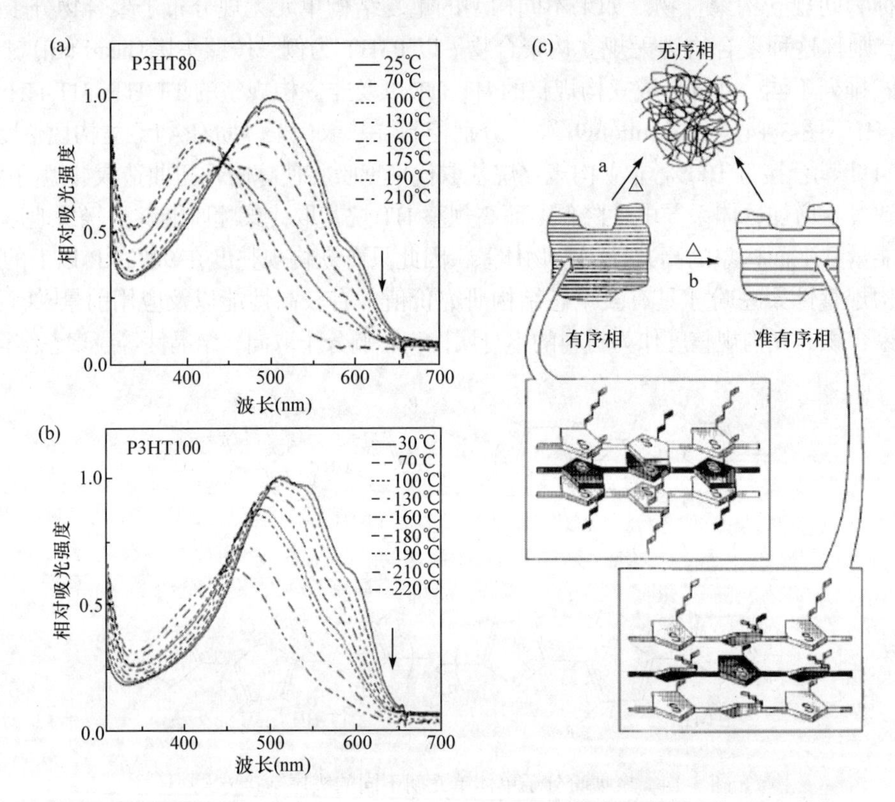

图 3-15 不同温度下的 P3HT80 (a)及 P3HT100 (b)薄膜的紫外-可见吸收光谱；(c) P3HT 直接由有序相转变为无序相及经由准有序相转变为无序相示意图[38]

聚合物规整度还会影响聚合物分子在薄膜中的分子取向。前面已经提到，分子形成片层结构是其采取 edge-on 取向的主要原因。因此，通过降低共轭聚合物分子规整度破坏片层结构是促进分子采取 face-on 取向的有效途径。Friend 课题组[39]通过改变 P3HT 分子中单体单元的头尾键接方式以降低分子规整度实现了分子取向的变化。结果表明：高规整度(96%)的 P3HT 倾向于采取 edge-on 取向；当将规整度降低至 81%后，P3HT 分子有序堆积能力降低，片层结构被破坏，薄膜中分子采取 face-on 取向结构，如图 3-16 所示。

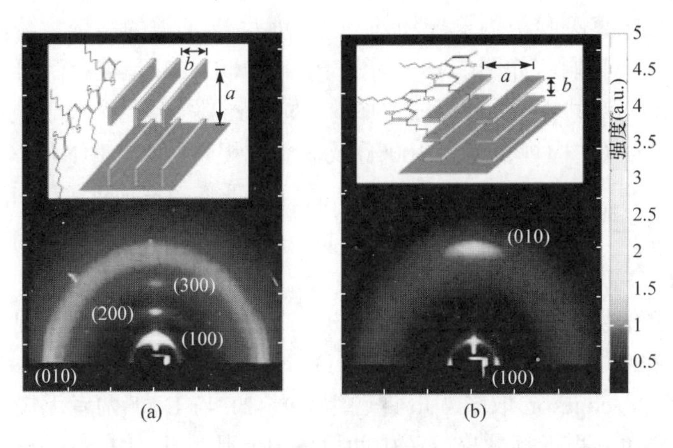

图 3-16 掠入射 X 射线衍射图：(a) 高规整度 P3HT，呈 edge-on 取向；(b) 低规整度 P3HT，呈 face-on 取向[39]

共轭聚合物的立构规整度也会影响结晶形貌。如图 3-17 所示，通过研究不同立构规整性 P3HT 形成纳米纤维的结构发现：高立构规整性 P3HT 形成纤维较短，但纤维宽度大；而低立构规整性 P3HT 形成的纤维较长，但纤维宽度小。引起这种差别主要原因为立构规整度对分子间及分子内作用的影响。对于分子间作用而言，由于高立构规整性 P3HT 分子缺陷少，分子间作用力强，容易发生分子间 π-π 堆叠；而发生堆叠的分子可以作为晶核，因此立构规整度高，晶核数量多；由于晶核密度高，一个晶核周围提供晶体生长的分子少，导致纤维短。相反，立

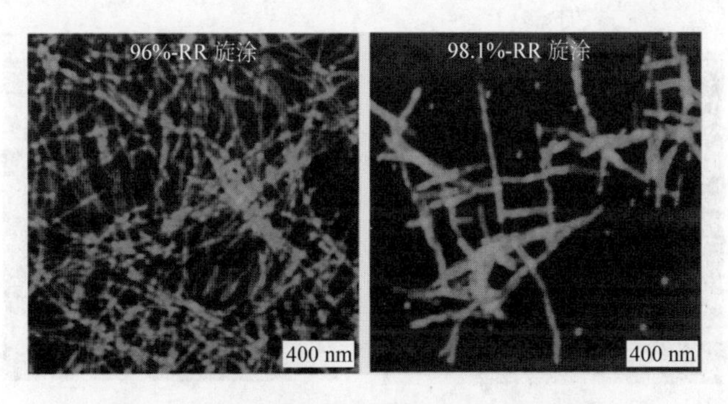

图 3-17 不同规整度 P3HT 原子力显微图[41]

构规整度低的分子，形成的晶核密度低，从而导致大量分子附着在同一晶核上进行结晶，形成长纤维。另外，立构规整度还影响链内分子离域程度，立构规整度越高，分子离域程度越大，刚性越强，分子在结晶过程中不容易弯曲，因此纤维较宽；反之，则刚性弱，分子易弯曲，纤维则较窄[40]。

除了类似于聚噻吩类的均聚物外，规整度对D-A类的共聚物结晶性及分子取向行为也会产生影响。如图3-18所示，P(NDI2OD-T2)是被广泛研究的应用于有机光电器件的n型共轭半导体聚合物材料。Neher课题组[42]合成了立构规整的RR-P(NDI2OD-T2)（立构规整度为100%）及非立构规整的RA-P(NDI2OD-T2)（立构规整度为97.1%）。通过对相应薄膜的结晶行为研究，发现RR-P(NDI2OD-T2)具有较高的结晶性，且薄膜内分子主要呈face-on取向及edge-on取向；然而，对于RA-P(NDI2OD-T2)而言，薄膜内晶体主要呈各向同性排列且观察不到明显的分子间π-π堆叠信号。D-A类共轭聚合物亦可以通过降低规整度实现分子取向的调节[39]。2T（2,2′-并噻吩）均聚物P2T及DTT（二噻吩并[3,2-*b*;2′,3′-*d*]噻吩）均聚物PDTT分子均呈edge-on取向。Jo课题组[43]将2T与DTT两者无规共聚，从而降低了分子规整度；当无规共聚分子中两单体单元数量比为1：1(分子命名为PR2)时，分子采取face-on取向。

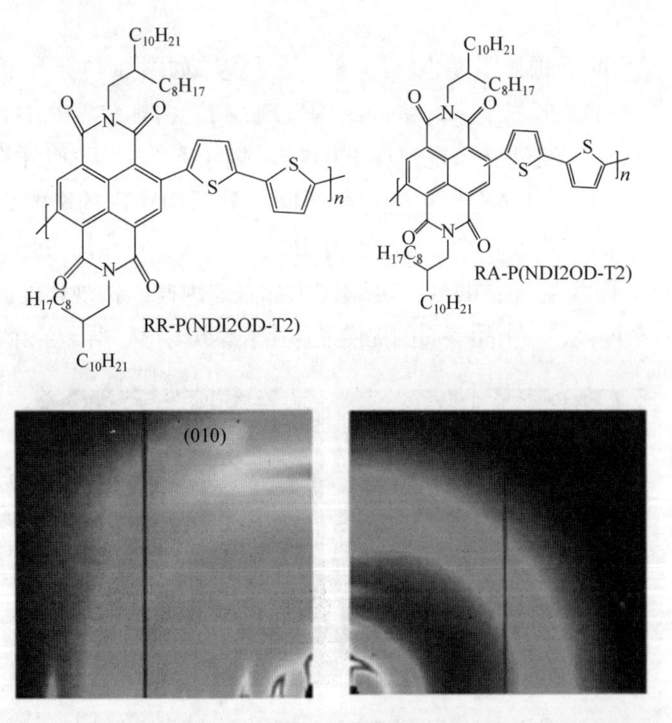

图3-18　不同规整度P(NDI2OD-T2)分子结构及对应X射线衍射图案[44]

3.3 共轭聚合物凝聚态结构调控

从小分子到寡聚物再到高分子量聚合物，随着分子链的延长，链缠结带来了自组织行为的变化，影响凝聚态结构。链缠结的影响主要指长的无序分子链倾向于互相包裹，从而带来了结晶或无序自组织小分子所不具有的黏性和弹性。链缠结抑制分子链的调整，影响聚合物结晶。通过对结晶热力学及动力学的理解，调控溶液状态，使共轭聚合物解缠结形成单链，进而发生构象转变，是促进其进行有序堆叠、结晶的有效策略。

3.3.1 结晶成核及晶体生长机制

与小分子结晶类似，聚合物结晶过程也经过成核与生长两个过程。单个分子通过链折叠或多个分子通过分子间相互作用形成小晶核；更多的分子链则进一步在晶核的基础上有序堆叠，进行晶体生长过程。对于柔性高分子，其结晶过程一般伴随着分子链的折叠。而对于刚性较强的共轭高分子，其刚性会影响分子链的可折叠程度。因此，共轭聚合物分子堆叠过程也会与柔性高分子有所不同。下面将结合共轭聚合物分子特征，介绍其成核过程(均相成核及异相成核)与晶体生长过程；在此基础上，结合聚合物在溶液中的缠结及聚集状态，介绍薄膜凝聚态结构对溶液的记忆效应，以及如何通过成膜动力学及后退火处理等实现薄膜凝聚态结构的精细调控。

1. 均相成核与异相成核

聚合物晶体的形成主要包括成核与生长两个过程。从成核方式上来说，一般有均相成核与异相成核两种。合理地利用这两种成核方式，并控制晶体生长程度，可以实现晶体数量和尺寸的可控调节。下面从两种成核方式出发，介绍共轭聚合物结晶过程调控。

1）均相成核

均相成核指自身分子的成核。如图 3-19 所示，当均匀溶液或熔体中产生了晶核，新增的界面自由能变化(ΔG_s)与晶核半径(r)的平方成正比，而减少的体自由能变化(ΔG_V)与 r^3 成正比。而体系总的自由能变化(ΔG)由这两部分加和得到。这样，ΔG 这会随着 r 的增大而出现先增加后减小的趋势[45, 46]。峰值处的自由能变化被称为临界自由能变化(ΔG^*)，其对应的成核半径也被称为临界成核半径(r^*)。从图中可以看出，只有当晶核尺寸超过 r^* 时，晶核才能稳定地继续生长。根据经典的成核理论，稳定状态下单位体积单位时间内的成核密度(J)可以表示为[45-48]

$$J = A\mathrm{e}^{\left(-\frac{\Delta G^*}{kT}\right)} \tag{3-6}$$

式中，A 是前指数因子，k 是玻尔兹曼常数，T 是热力学温度。

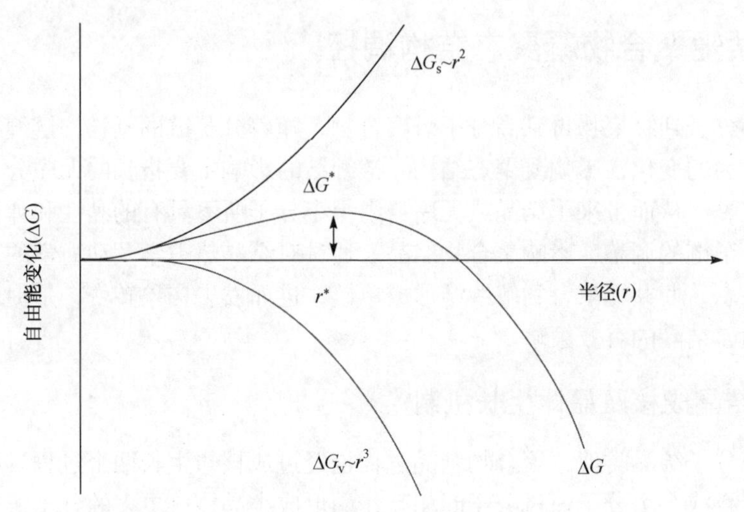

图 3-19　成核过程中自由能变化随晶核半径变化示意图

均相成核在高分子体系中有两条实施途径：一条是通过分子链内的折叠成核，称为折叠链成核；另一条是通过不同高分子的局部链平行排列成核，称为缨状微束成核。我们在前面提到，折叠链成核具有更低的表面自由能，成核更快。但采用何种方式成核还与聚合物链的刚性以及分子量等相关，这里我们仅举例介绍均相成核在共轭聚合物晶体生长中的应用。如图 3-20(a)所示，Reiter 课题组[49]发现己基噻吩齐聚物的四氢呋喃溶液在 2℃条件下陈化 8 h，可以通过均相成核，得到大尺寸的单晶。此外，Ludwigs 课题组[50]通过二硫化碳蒸气来处理 P3HT 薄膜，发现在 91%饱和蒸气压的成核条件下，P3HT 主要通过均相成核形成大尺寸的球晶，如图 3-20(b)所示。

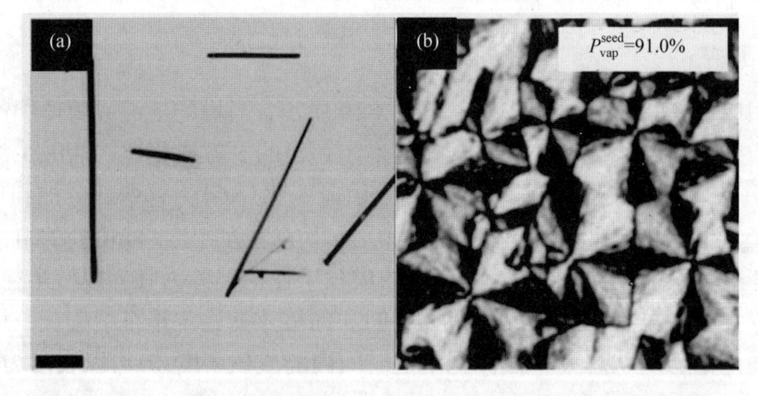

图 3-20　(a) 2℃条件下，THF 溶液中陈化 8 h 得到的 TH_8 单晶 POM 图，标尺为 30 μm[49]；(b) CS_2 蒸气处理 P3HT 薄膜，91%饱和蒸气压条件下成核得到的球晶 POM 图，标尺为 100 μm×100 μm[50]

除了刚性较低的聚噻吩类共轭聚合物，刚性较强的给体-受体型共轭聚合物也可以通过均相成核来得到较大尺寸的晶体。例如，Han 课题组[51]通过主溶剂缓慢挥发的方法制备出了吡咯并吡咯二酮噻吩并噻吩交替聚合物(PDBT-TT)纳米线。他们选用沸点低且对聚合物溶解性好的氯仿作为主溶剂，另一种沸点高的边缘性溶剂邻二氯苯作为助溶剂。通过氯仿的缓慢挥发，溶液浓度逐渐变高，且溶剂逐渐变劣，从而使得聚合物在溶液中逐渐长成纳米线状结构。如图 3-21 所示，当氯仿与邻二氯苯比例挥发至大于 4∶1 时，薄膜形貌为细小的纤维状结构。这些细小的纤维分布均匀，被认为是成膜过程中产生的。当氯仿与邻二氯苯比例进一步挥发至 3∶1 时，薄膜会出现粗短的纳米线状结构，这些粗短的纳米线被认为是溶液中产生的。同时其他位置(圆圈中所示)也会出现细小的纳米线结构，这些细小纤维同样被认为是在成膜过程中形成的。随着氯仿进一步挥发，这些粗短的纳米线逐渐变长。由于初始溶液中无聚集，只有当氯仿挥发到一定程度，溶液中才出现纳米线。因此，可以推断 PDBT-TT 纳米线形成过程是经历一个均相成核再增长的过程。成核过程发生在氯仿与邻二氯苯比例介于 4∶1 和 3∶1 之间。为了进一步证实这一过程，作者还研究了不同初始溶液对纳米线生长的影响。保证最终挥发后的溶液浓度和溶剂不变，但初始溶液状态分别对应成核前和成核后。结果显示，只有初始溶液状态位于成核前的溶液，缓慢挥发后才能形成较好的纳米线结构。而初始溶液状态对应成核后的溶液，由于已经过饱和，无法经历成核过程，则得不到纳米线结构。这说明 PDBT-TT 纳米线制备过程主要经历一个均相成核的过程。另外，作者还研究了不同初始溶液浓度对纳米线制备的影响。结果显示，浓度越高，纳米线的密集程度越大，这与均相成核相吻合。

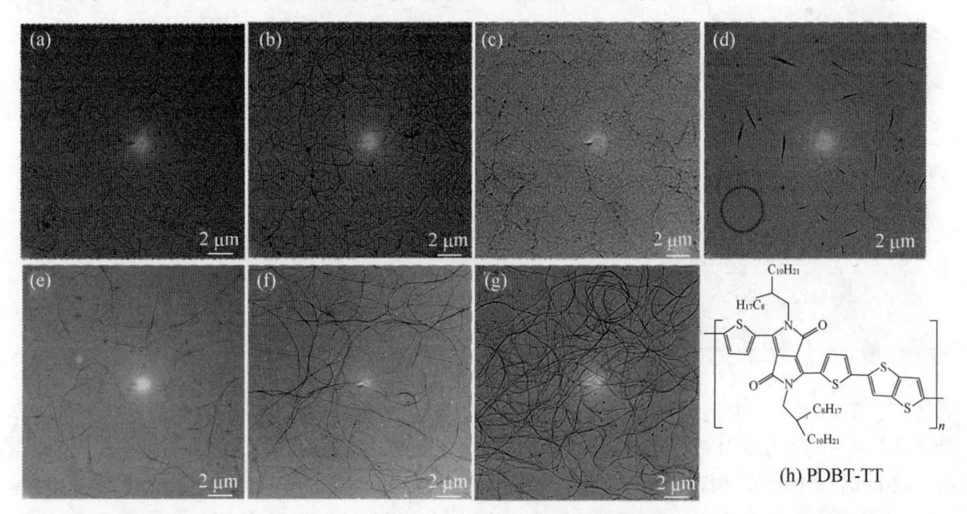

图 3-21 PDBT-TT 在氯仿与邻二氯苯混合溶剂中随氯仿挥发过程 TEM 图，初始浓度为 0.15 mg/mL，氯仿与邻二氯苯比例为 9∶1。(a)～(g)分别为未挥发，挥发至氯仿与邻二氯苯比例为 6∶1、4∶1、3∶1、3∶2、2∶3、1∶4。(h)为 PDBT-TT 结构式[51]

2）异相成核

异相成核指在已有的介质表面成核。这一表面可以来自杂质、其他晶体或者自身的小晶粒。异相成核的临界成核密度与溶液或熔体与杂质的接触角有关[35]。特别地，在自身分子组成的表面上发生的异相成核称为自成核，自成核是制备单晶的重要方法之一。

共轭聚合物结晶中异相成核现象很多。Malik 等和 Yu 等[52, 53]发现 P3AT 类聚合物的等温结晶过程主要为异相成核。此外，很多课题组利用小分子、碳纳米管和纳米线等作为成核剂来提高共轭聚合物的结晶性[54-57]。例如，Hayward 课题组[58]在 PDI-L8 晶体表面长出 P3HT 晶体。如图 3-22(a)所示，当溶液中只含有 P3HT 时，薄膜无明显结晶结构；当溶液中只含有 PDI-L8 时，PDI-L8 会形成棒状晶体，如图 3-22(b)所示。当溶液中既含有 PDI-L8 又含有 P3HT 时，P3HT 会在 PDI-L8 形成的棒状晶体周围结晶，形成串晶，如图 3-22(c)和(d)所示。通过 SAED 和 XRD 也可以看出 P3HT 的结晶信号，如图 3-22(f)、(g)所示。由于这两种材料之间可以形成电荷转移作用，当它们靠近形成串晶时，荧光猝灭现象非常明显，如图 3-22(h)所示。P3HT 分子自身成核过程较困难，当无其他物质时，难以形成晶体。而当 PDI-L8 晶体存在时，P3HT 就可以在其表面上形成晶体。这是一个非常明显的共轭聚合物异相成核的例子。

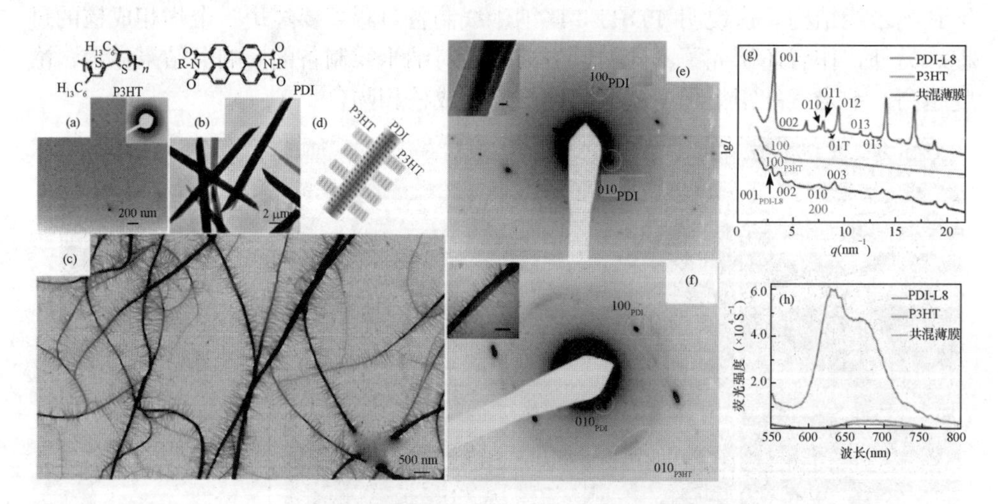

图 3-22　TEM [(a)～(c)]、SAED [(e)～(f)]、XRD (g) 和荧光(h)表征 P3HT、PDI-L8 以及共混薄膜。薄膜制备方式为邻二氯苯溶液中滴涂，(a) 纯的 P3HT 溶液制备的薄膜，1 mg/mL，插图为 SAED 图；(b)纯的 PDI-L8 溶液制备的薄膜，0.5 mg/mL；(c) P3HT 与 PDI-L8 混合溶液制备的薄膜，浓度分别为 1 mg/mL 和 0.5 mg/mL；(d) 串晶结构示意图；(e) 纯的 PDI-L8 溶液制备的薄膜，0.5 mg/mL；(f) P3HT 与 PDI-L8 混合溶液制备的薄膜，浓度分别为 1 mg/mL 和 0.5 mg/mL[58]

一般的异相成核往往得到的晶体不纯，而自成核就不存在这一问题，可以得到单晶。Reiter 课题组[49]通过自成核的手段制备了 P3HT 单晶。他们先让 P3HT 的 3-己基噻吩溶液在一定的温度下成核，保证溶液中存在部分未溶解的小晶体。然后，将温度降低至更低进行静置，促使 P3HT 在已有的晶核上进一步结晶，最终得到较大尺寸的 P3HT 单晶，如图 3-23 所示。温度越高，溶液中存在的 P3HT 晶核越少，因此得到的晶体数量也越少，但同时得到的晶体尺寸会越大。他们通过电子衍射证实了得到的晶体为较好的单晶结构。

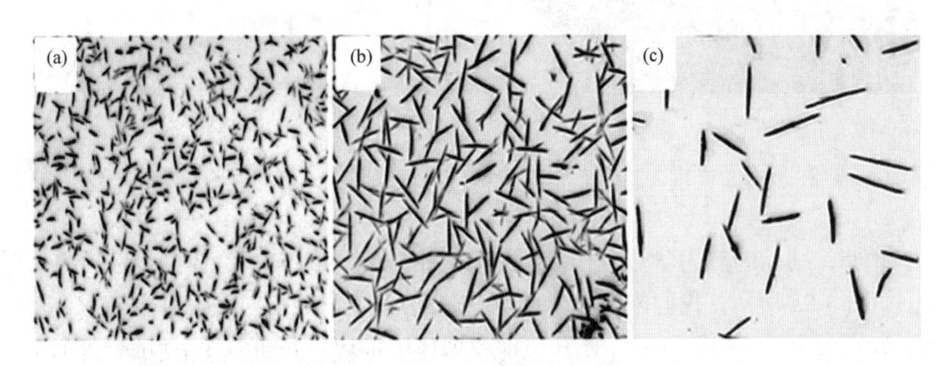

图 3-23 P3HT 单晶光学显微镜照片，溶液经过 32℃结晶 24 h，成核温度分别在 (a)40℃、(b) 43℃、(c) 47℃[49]

2. 晶体生长机制

在成核完成以后，晶核需要进一步生长才能得到大尺寸的晶体。如图 3-24(a)所示，人们在研究小分子结晶的基础上，总结出晶体生长的过程主要包括三个步骤：①结晶单元通过扩散移动到晶体的表面上；②沿表面扩散到台阶处；③沿着台阶扩散到最稳定的位置[59]。由此，晶体生长的机理可以分为扩散控制生长和界面控制生长两类。在扩散控制生长的情况下，结晶速率与时间和扩散系数有关[60-62]。而在界面控制生长的情况下，结晶速率与时间无关，而与黏度和过饱和度等参数相关[60, 63-65]。因此，通过研究晶体的生长速度可以判断晶体生长过程为何种机理。

而对于聚合物体系，Lauritzen 和 Hoffman 在此基础上提出了 LH 晶体生长理论，如图 3-24(b)所示[66, 67]。他们认为聚合物晶体的生长为聚合物链通过折叠的方式沿生长前沿进行二次成核，而成核生长的折叠链长度保持不变。类似地，聚合物晶体生长机理也可分为扩散控制和成核控制两类。当扩散速度远大于成核速度时，聚合物链将会沿图中 x 方向生长。反之，则沿图中 y 方向生长。值得注意的是，对于刚性不是非常强的 P3AT 类聚合物来说，由于其分子链在结晶过程中可以像柔性链那样折叠生长，利用 LH 模型可以很好地解释其结晶过程[52, 57]。然而，对于强刚性的共轭聚合物，由于分子链不能折叠，无法像折叠链那样通过局部链段的运动来带动整个链的结晶，导致分子链在生长过程中更难扩散，因此结晶过程更难控制。

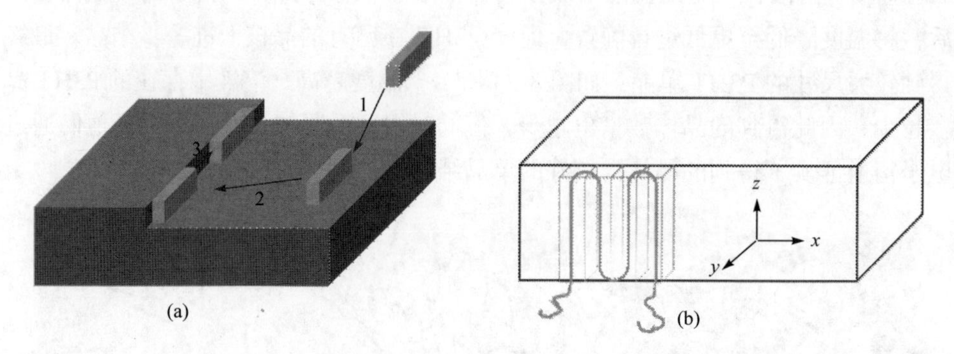

图 3-24 (a) 结晶单元进入晶体生长前沿的过程示意图；(b) 柔性链折叠生长示意图[66,67]

此外，结晶的热力学过程决定了晶体生长前沿的方向和晶体内部分子堆叠情况。如图 3-25 所示，我们假设一个沿π-π堆叠方向、主链方向和烷基侧链方向堆叠长度分别为 L_1、L_2 和 L_3 的晶体在溶液或熔体中形成。在垂直于π-π堆叠方向、主链方向和烷基侧链方向上，这个晶体单位面积上的界面能分别为 σ_1、σ_2 和 σ_3；在晶体内部，相邻分子间沿π-π堆叠方向、主链方向和烷基侧链方向上单位面积的相互作用能分别为 ε_1、ε_2 和 ε_3；聚合物分子在π-π堆叠方向、主链方向和烷基侧链方向上的尺寸分别为 d_1、d_2 和 d_3。那么，这个晶体在上述三个方向上的聚合物分子数目可以表示为：$n_i = L_i/d_i, i = 1 \sim 3$。

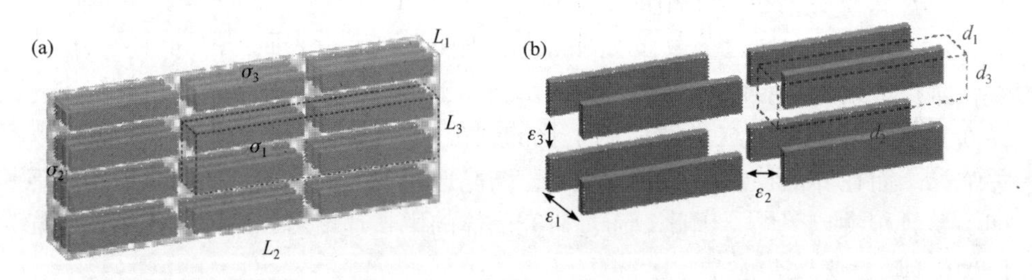

图 3-25 (a) 形成的聚合物晶体示意图；(b) 聚合物晶体中分子间相互作用示意图

形成晶体过程中，吉布斯自由能变化可以表示为[45, 68]

$$\Delta G = 2\sigma_1 L_2 L_3 + 2\sigma_2 L_1 L_3 + 2\sigma_3 L_1 L_2 - \left(\frac{L_1}{d_1} - 1\right)\varepsilon_1 L_2 L_3 - \left(\frac{L_2}{d_2} - 1\right)\varepsilon_2 L_1 L_3 - \left(\frac{L_3}{d_3} - 1\right)\varepsilon_3 L_1 L_2 + \Delta G_{\mathrm{sol}} + \frac{L_1}{d_1}\cdot\frac{L_2}{d_2}\cdot\frac{L_3}{d_3}\cdot\Delta G_{\mathrm{scc}} \tag{3-7}$$

式中，ΔG_{sol}为溶液或熔体在结晶前后的吉布斯自由能变化，与溶剂、聚合物、浓度和温度等因素相关。ΔG_{scc}为单个聚合物链在结晶前后的能量变化——结晶前通常为线团状构象，而结晶后变成棒状构象，对于柔性链还会存在折叠的链段。如果聚合物链不发生折叠，或者折叠链的长度是固定的，那么在结晶过程中，ΔG_{scc}可以看成一个定值。在式(3-7)中，可以用$V / L_1 L_2$代替L_3，其中V是晶体的体积。那么，对于固定的晶体体积，让ΔG对L_1和L_2求偏导，并取极小值，得

$$\begin{cases} \dfrac{\partial \Delta G}{\partial L_1} = -\dfrac{2\sigma_1 + \varepsilon_1}{L_1^2} V + (2\sigma_3 + \varepsilon_3) L_2 = 0 \\ \dfrac{\partial \Delta G}{\partial L_2} = -\dfrac{2\sigma_2 + \varepsilon_2}{L_2^2} V + (2\sigma_3 + \varepsilon_3) L_1 = 0 \end{cases} \tag{3-8}$$

求解式(3-8)可以得到

$$\frac{L_1}{2\sigma_1 + \varepsilon_1} = \frac{L_2}{2\sigma_2 + \varepsilon_2} \tag{3-9}$$

同样地，用L_3代替L_2可以得到类似的结果。最终，热力学最稳定状态下，形成晶体在三个方向上的尺寸可以表述为

$$\frac{L_1}{2\sigma_1 + \varepsilon_1} = \frac{L_2}{2\sigma_2 + \varepsilon_2} = \frac{L_3}{2\sigma_3 + \varepsilon_3} \tag{3-10}$$

在上式的推导过程中，我们假定晶体表面不存在折叠的聚合物链，而实际聚合物在结晶过程中，常常会发生链折叠现象。这时，晶体的表面组成将发生变化，该方向上新的界面能可以用实际表面结构单元的界面能的线性组合来表示。对于共轭聚合物来说，由于分子间在π-π堆叠方向上的作用力要远大于其他两个方向上的作用力，这也解释了为何共轭聚合物比较容易形成一维的纤维状结构[69, 70]。此外，实际聚合物会形成何种晶体，还与聚合物链的刚性强弱以及结晶的动力学过程有关，要进一步结合实际情况进行判断。

3.3.2 溶液状态

在有机光电子领域中，利用溶液法加工活性层是制备大面积、柔性器件的重要前提。因此，在掌握共轭聚合物结晶原理的基础上，进一步了解共轭聚合物在溶液中的聚集行为显得尤为重要。大量研究表明，共轭聚合物在溶液中的聚集行为直接影响薄膜的凝聚态结构(溶液记忆效应)。因此，通过调节溶液状态，利用溶液记忆效应精细调控共轭聚合物结晶行为是调节薄膜凝聚态结构的有效途径之一。目前研究表明，共轭聚合物在溶液中存在几种不同的状态：单链分散状态(coil

构象及 rod 构象)、无序聚集状态(分子间发生缠结)及有序聚集状态(链段间有序堆叠形成微晶)。而由共轭聚合物结晶的分子内机理及分子间机理可知，共轭聚合物结晶的前提是解缠结形成单链分子，而后经由 coil 构象转变形成 rod 构象，进而进行分子间π-π堆叠、结晶，如图 3-26 所示。

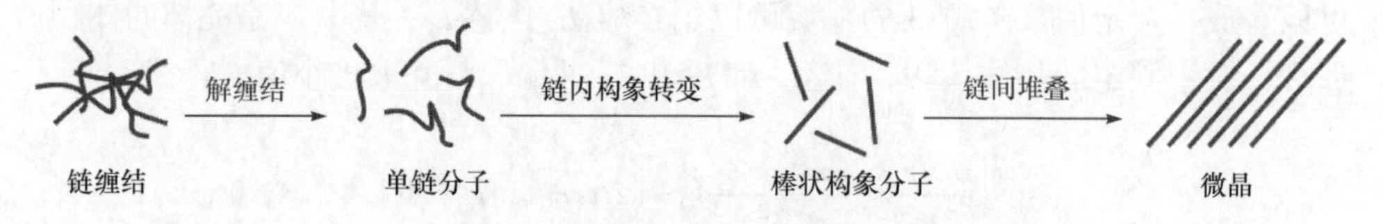

图 3-26 共轭聚合物结晶过程示意图

1. 解缠结促进构象调整提高薄膜结晶性

共轭分子链的二维链段使得分子构象更加伸展且具有更大的各向异性，分子间作用力强，分子链更易处于缠结的状态。解缠结进而促进构象转变是共轭聚合物发生有序聚集并结晶的前提。根据 Wu[71]提出的缠结模型(图 3-27)，缠结处的链段数 N_v 与链特征比 C_∞有关，$N_v \propto 3(C_\infty)^\alpha$ ($\alpha = 0,1,2$，为缠结处折叠数)，分子刚性(特征比 C_∞)越大，越不利于分子解缠结。所以，对于分子链内平面性和刚性更大的共轭聚合物，在溶液中分子链缠结更加难于实现。

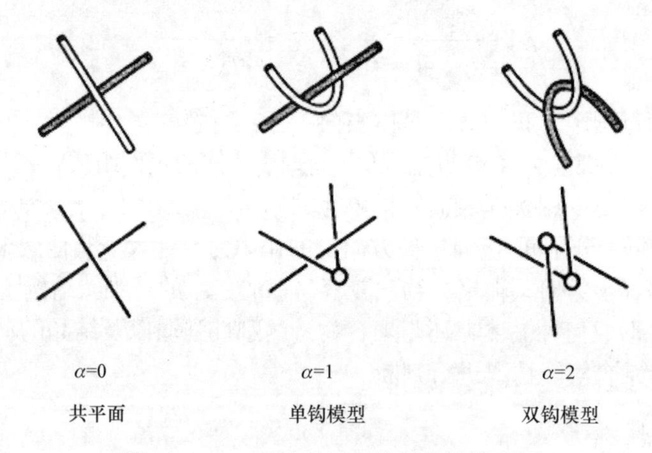

图 3-27 Wu 提出的链间接触缠结模型[71]

聚合物结晶由分子链扩散和迁移到晶体界面处的行为决定，链缠结会抑制分子链扩散和迁移，降低分子自组织能力。研究表明，解缠结的策略主要包含加热、超声、加入添加剂等[69, 72-76]。升高溶液温度可以促进解缠结。共轭聚合物如 PPV、P3HT 等的溶液中存在球状聚集体和自由单链线团[72, 77]。通过静态光散射(SLS)

和动态光散射(DLS)表征得出，球状聚集体就是分子链缠结的反映，缠结体越大，其中的分子链越多，同时缠结体内分子链段的运动相对于自由单链也更加受限。Huang 等[72]通过电子衍射证明了缠结体的无序性。分子间缠结抑制了分子链的扩散和迁移，处于缠结状态的分子链很难再次形成有序聚集体。同时，Huang 等[72]在 P3HT/THF 溶液中还发现了尺寸在 4 nm 左右的组分，归结为自由单链线团，证实溶液中存在缠结体/单链平衡。通过溶液升温滴膜，发现溶液中单链含量增加，缠结体含量减小，对应薄膜中有更多序纤维聚集体形成，说明自由单链有利于晶体的形成，如图 3-28 所示。

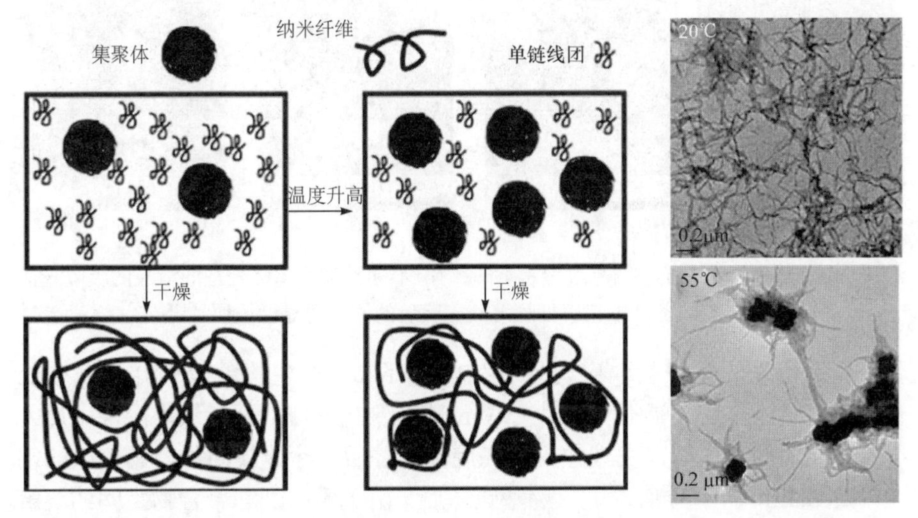

图 3-28　P3HT 单链与缠结体示意图以及不同温度溶液成膜的透射电子显微镜照片[72]

利用超声处理溶液可以增加分子链的扩散能力，驱动缠结程度的降低和单链含量的升高。Zhao 等[78, 79]提出超声波振荡溶液方法可有效降低由分子刚性引起的 P3HT 分子链缠结程度，促使缠结聚集分子和溶剂分子充分相互作用从而实现分子链解缠结。链解缠结方法可以有效提高薄膜纤维晶数量，并且促进纤维形成互穿网络结构。溶液紫外吸收光谱测试表明，经过超声波振荡后溶解状态峰峰强下降并出现红移，有序聚集微晶含量增加；溶液动态光散射图谱表明，溶液经过超声波振荡 4 min 后，尺寸为 8 nm 的峰强下降，而微晶尺寸由 147 nm 变小为 92 nm，微晶峰强大幅度提高，如图 3-29 所示。薄膜结晶性测试表明分子间π-π相互作用和结晶度在超声波振荡溶液 4 min 时达到最高；由此可见实现缠结体的解缠结使溶液中缠结体/单链平衡向单链方向移动。薄膜形貌测试表明经过超声波振荡处理晶体分散更均匀，晶体数量大幅度增加，互联程度更好。

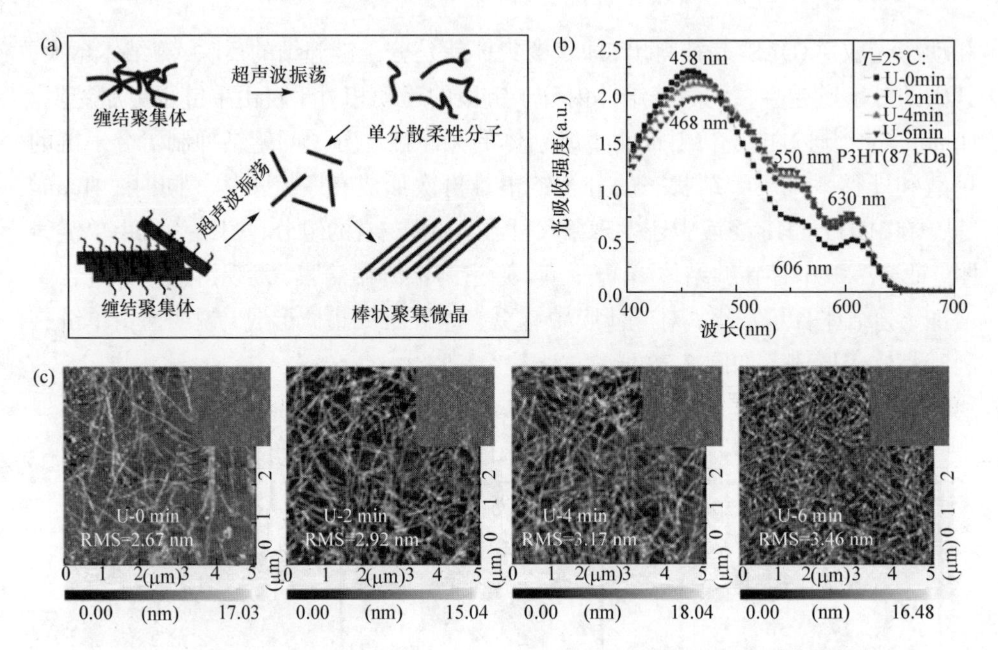

图 3-29 (a) 超声影响 P3HT 结晶过程示意图；(b) 不同条件下超声处理的溶液的吸收光谱；(c) 不同条件下超声处理溶液成膜后的原子力显微镜照片[78]

添加剂带来的劣溶剂效应诱导缠结体中部分链发生构象收缩并从缠结处脱离，促进缠结体含量大幅下降[80, 81]。Wang 等[80]在 pBTTT 邻二氯苯溶液中加入具有不同官能团的添加剂，发现加入十二烷基硫醇后旋涂薄膜即可得到分散的纳米纤维，如图 3-30 所示。加入十二烷基硫醇后，由于添加剂和聚合物之间的溶解度参数差异较大(约 4 $J^{1/2}/cm^{3/2}$)，能够促使链蜷曲，在链卷曲过程中部分聚合物链从缠结体中脱落，进而达到解缠结和减小单链尺寸的目的。解缠结作用增加了溶液中单链的含量，以作为构成纤维的原料；同时十二烷基硫醇适宜的溶解度参数诱导了最大化的单链含量和适中的单链尺寸(约 6 nm)，从而促进纤维的形成。

除了分子链间缠结外，部分强刚性分子还存在分子内聚集，这种聚集行为同样也会影响薄膜形貌。由于 P(NDI2OD-T2) 的 NDI 单元包含大的共轭平面，因此分子链聚集能力很强，在常见的大部分有机溶剂中都存在不同程度的聚集。利用紫外-可见吸收光谱可以判断 P(NDI2OD-T2) 在溶液中的聚集情况，如图 3-31(a) 所示，含有两个吸收带，其中 400 nm 左右的吸收带代表π-π*跃迁，500～900 nm 的吸收带代表链内电荷转移态(CT 态)。CT 态中 630 nm 左右的吸收峰代表不发生溶液聚集的分子链，710 nm 和 815 nm 的吸收肩峰代表聚集体。因此，710 nm 和 815 nm 处的吸收峰越强，则溶液中聚集体含量越高。Steyrleuthner 等[82]研究了 P(NDI2OD-T2) 在一系列有机溶剂中的溶液行为，其中分子链在甲苯中的聚集是最强的，在氯苯、氯仿、邻二氯苯、1,2,4-三氯苯、氯萘中的聚集程度则逐渐减弱。

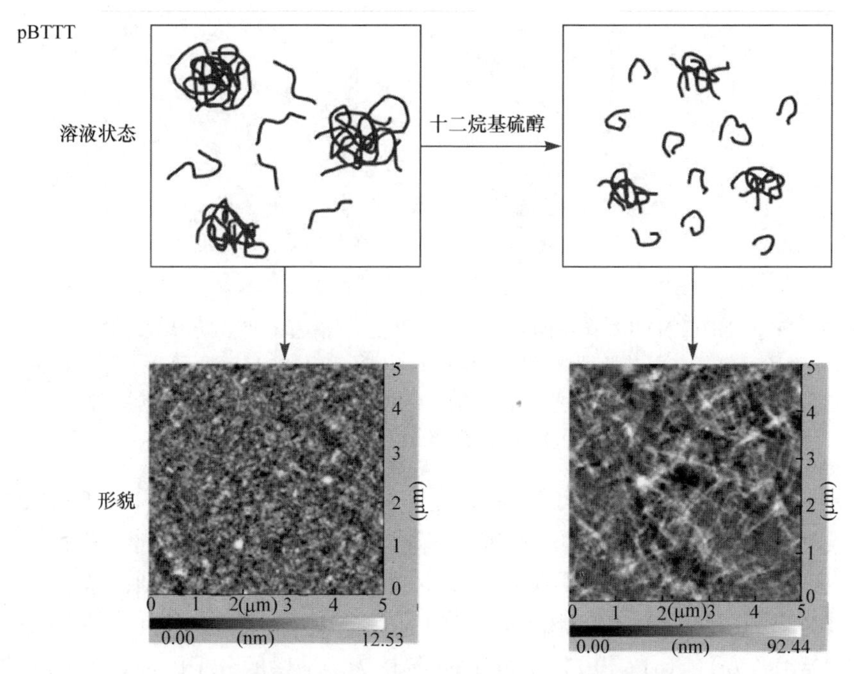

图 3-30 十二烷基硫醇对 pBTTT 溶液聚集状态及对薄膜形貌的影响[80]

值得注意的是，P(NDI2OD-T2)在氯萘溶液中 710 nm 和 815 nm 处的峰已经完全消失，分子链以完全不聚集的形式存在。通过分析型超速离心的结果结合 P(NDI2OD-T2)的溶液聚集随浓度变化很小这一现象[图 3-31(b)]， Steyrleuthner 等将 P(NDI2OD-T2)的聚集归属为单分子链内聚集。在甲苯中分子链处于收缩状态，结构单元间距离较小，形成链内聚集(同一根分子链通过构象调整后发生π-π堆叠)；在氯萘中分子链处于扩张状态，形成伸展构象，结构单元间不存在π-π堆叠[图 3-31 (c)]，因此无链内聚集。Caddeo 等[83]通过模拟得到 P(NDI2OD-T2)与甲苯和氯萘间的聚合物-溶剂相互作用参数分别为 0.41 和–1.48，也进一步说明了溶剂化效应是 P(NDI2OD-T2)分子链在不同溶剂中聚集与否的本质原因。

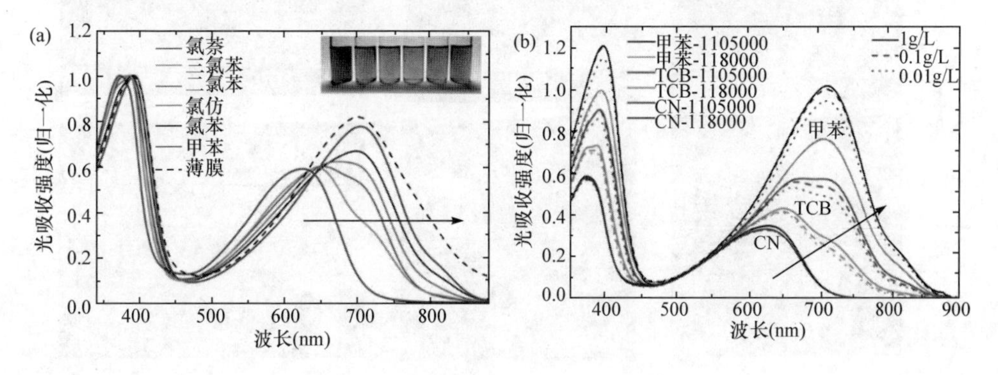

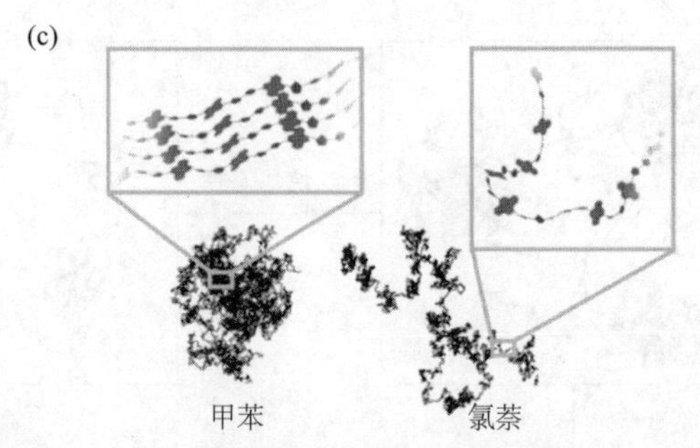

图 3-31　(a) P(NDI2OD-T2)在不同溶剂中的吸收光谱(沿着箭头方向依次为氯萘、三氯苯、二氯苯、氯仿、氯苯、甲苯及固体薄膜)；(b) 118 kDa 和 1105 kDa 两种分子量的 P(NDI2OD-T2)在不同溶剂环境下溶液吸收光谱随浓度的变化[沿着箭头方向依次为氯萘(CN)、三氯苯(TCB)及甲苯]；(c) P(NDI2OD-T2)在甲苯和氯萘中的链构象示意图[82]

分子链在溶液中的聚集状态直接决定着薄膜形貌，如随着 P(NDI2OD-T2)的溶液聚集程度的不同，得到的薄膜形貌存在显著差异。以氯萘为溶剂，溶液中不存在分子内聚集时，得到的薄膜没有明显的结构特征[图 3-32(a)～(c)]；当以二氯苯或者甲苯为溶剂，溶液中存在预聚集，得到的薄膜都包含大量长约 100 nm 的小纤维[图 3-32(d)、(e)、(g)、(h)]。Lauritzen 等认为溶液中的分子内聚集体在成膜过程中发生坍缩是纤维形成的主要原因。二氯苯和甲苯溶液所得薄膜的区别在于前者的小纤维仅在 100 nm 的尺度上具有一定的取向排列，而在微米尺度上则表现为各向同性的分布，在偏光显微镜下也没有明暗变化[图 3-32(d)、(e)、(f)]。而甲苯溶液得到的薄膜中，小纤维呈现高度一致的取向排列，即使在偏光显微镜图像所反映的毫米尺度上，也能观察到取向一致带来的明暗相间的条纹结构[图 3-32(g)、(h)、(i)][84]。

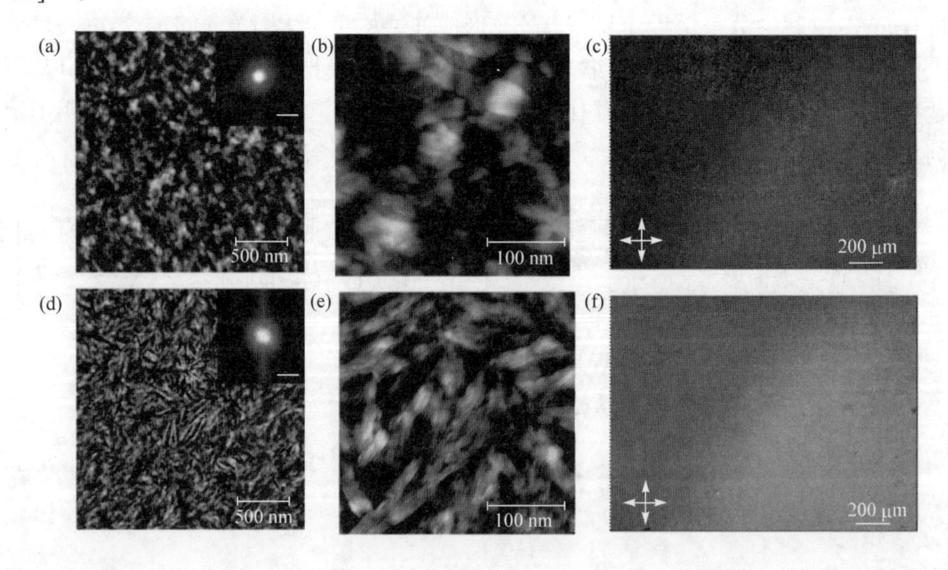

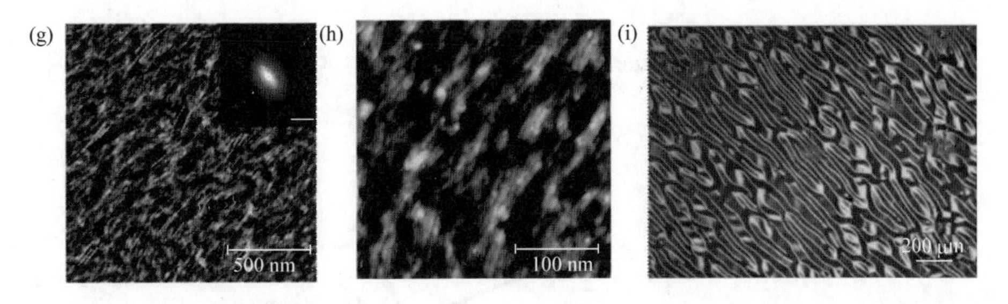

图 3-32　由氯萘：氯仿=80：20[(a)～(c)]、二氯苯[(d)～(f)]和甲苯[(g)～(i)]为溶剂制备的 P(NDI2OD-T2)薄膜的原子力图像[(a)、(b)、(d)、(e)、(g)、(h)]和偏光显微镜图像[(c)、(f)、(i)][84]

2. 溶液内分子有序聚集提高薄膜结晶性

众所周知，分子结晶必须从成核过程开始。而不同的溶剂效应以及环境下溶液初始状态不一样，进而影响溶液中晶核尺寸和数量。这些因素对成膜过程中二次成核速率、晶体生长速率等有巨大影响。因此要调控共轭聚合物结晶形貌就必须严格控制溶液状态。共轭聚合物在溶液中形成晶核需要有两个重要前提：首先是共轭分子经由线-棒转变，分子由 coil 构象转变成 rod 构象；其次是无序-有序转变，即分子经由 π-π 堆叠，形成有序聚集体。

目前，大量研究工作已经提出切实有效的促进溶液中无序-有序转变的两种前处理手段：降低溶液温度和添加劣溶剂。根据吉布斯自由能定义 $\Delta G = \Delta H - T\Delta S$，考虑到转变是熵减小过程($\Delta S < 0$)和焓减小过程($\Delta H < 0$，分子由于 rod 构象共轭长度大从而能量更低更稳定)，实现线-棒转变的途径从热力学上主要有恒定焓变条件下降低温度和在温度恒定条件下增加ΔH 绝对值($\Delta H < 0$)。前者在甲苯、苯甲醚等溶剂体系中常用于制备聚噻吩纳米纤维，后者可以通过调整聚合物结构、溶液浓度或根据 $|\Delta H| \propto (\Delta\delta)^2$ 来添加与聚合物溶解度参数差异较大的溶剂实现。Zhao 等[79]研究 pBTTT 分子在边缘性溶剂氯苯中的 coil-rod 构象平衡状态，指出随着溶液浓度与 pBTTT 分子量的增加，溶液中单链构象向 rod 方向移动。首先，随着分子量的增加使链的持续长度显著增加(三聚体的 8.6 nm 到 22 聚体的 9.8 nm)，从而增加了链段各向异性和链段间的 π-作用面积，使链段间 π-作用平衡常数增加，进一步促进链内伸展及 rod 构象形成；浓度增加促进链段靠近及后续 π-作用增强，从而增加 rod 构象形成概率(图 3-33)。

溶液状态不仅影响结晶性，同样也影响晶体数量。链堆砌生长动力学与成核-生长形式是影响最终形貌的重要因素。首先，由 rod 构象分子形成有序聚集体需要翻越能垒，经历动力学过程；同时，经历不同的动力学路径会产生不同的最终形貌。完成构象转变后的溶液陈化是促进溶液中晶体数量和长度增加的重要手段之一。Xu 等[85]报道了 P3DDT 在 CB：苯甲醚(1：4, 0.1 mg/mL)溶液中陈化不同

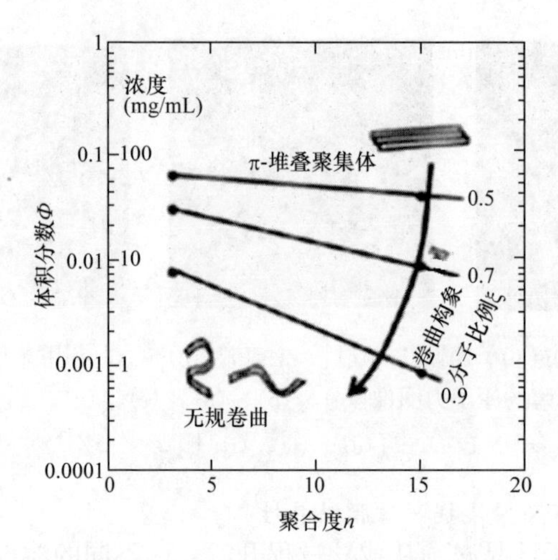

图 3-33　无序分子与有序聚集体相图[79]

时间后所得薄膜中纤维的生长情况，陈化 2 h 后的溶液中开始出现短纤维，陈化 6 h 后纤维长度显著增加且数量增多，陈化 24 h 后薄膜中形成密集的长纤维网络(图 3-34)。

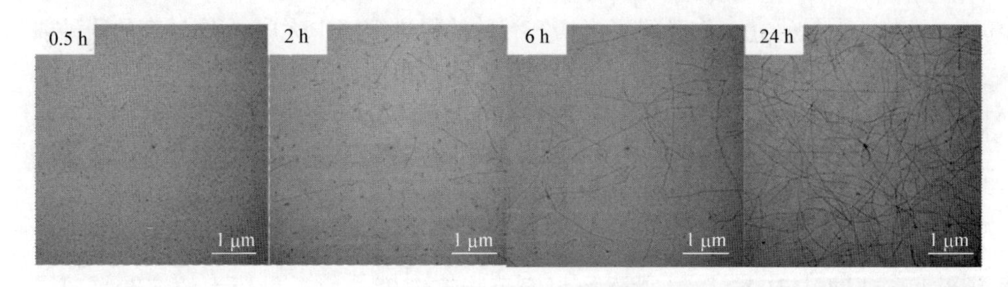

图 3-34　将 P3DDT 在 CB：苯甲醚(1：4, 0.1 mg/mL)溶液中陈化不同时间滴涂后薄膜的透射电子显微镜照片[85]

此外，通过控制溶液温度，利用自成核(self-seeding)方法也是控制晶核密度和晶体大小的重要方法。Rahimi 等[50]报道利用自成核法从 P3HT 的 3-己基噻吩溶液中制备单晶：在成核阶段，较高的成核温度使晶核生长受限，晶核密度小，但经历生长过程后晶体尺寸变大。Oh 等[86]改进自成核法，在成核生长前先低温处理提高晶核数量，再于高温下调整晶核均匀性，并考察了溶解度差异对生长阶段的影响。结果表明，溶解度参数差异越大、成核温度越高，实际生长过程中过冷度越大，导致结晶度急剧上升并接近 100%，为器件提供更多的载流子传输通道，如图 3-35(A)所示。Yu 等[87]将成核控制与超声促进生长相结合，发现提高超声温度可以在减少晶核

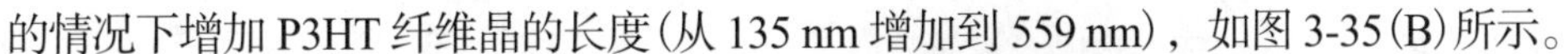
的情况下增加 P3HT 纤维晶的长度(从 135 nm 增加到 559 nm)，如图 3-35(B)所示。

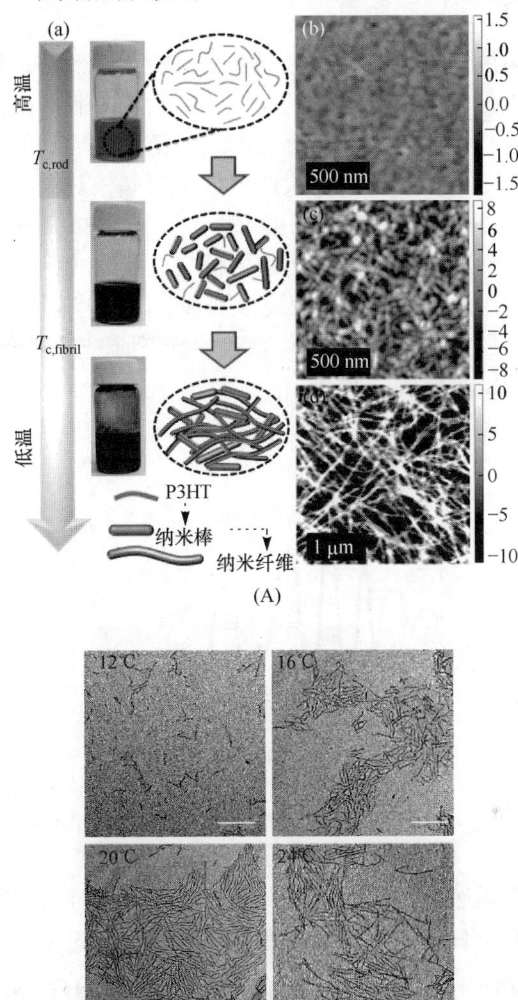

图 3-35 (A) P3HT 溶液温度对溶液状态(a)及薄膜形貌的影响[(b)～(d)][86]; (B)不同温度下超声处理的溶液成膜后薄膜的透射电子显微镜照片[87]

综上所述，共轭聚合物较柔性聚合物更长的持续长度带来了更严重的缠结，共轭聚合物结晶首先经历分子构象平面化的过程，而此过程以解缠结为前提；平面化的分子链在溶解度的驱动下聚集，进一步堆叠实现结晶。因此，通过控制溶液状态降低分子间缠结程度，通过控制溶液内无序-有序转变程度控制晶核数量及尺寸，是精细调控薄膜凝聚态结构的前提。

3.3.3 动力学过程

虽然从热力学角度而言，共轭聚合物结晶是能量降低的过程，但是最终能否得到高结晶度的共轭聚合物薄膜还受到动力学因素的限制。由于聚合物所固有的长链特性，其分子链构象复杂，并且存在严重的链间穿插和缠结。因而聚合物的成核生长伴随着高分子链的蠕动、构象调整、不同晶核对同一根分子链的争夺等复杂过程，导致结晶过程存在众多自由能垒[88, 89]。图 3-36 为聚合物结晶的势能曲线图，曲线上的低谷对应于亚稳态，相邻两低谷之间的峰则对应分子链重排等过程造成的自由能垒，在最终的结晶过程完成之前，必须跨越多重自由能垒，因此，共轭聚合物的结晶过程必须考虑动力学过程。通过延长结晶时间、降低结晶速度，可以获得更加有序的结晶形貌。

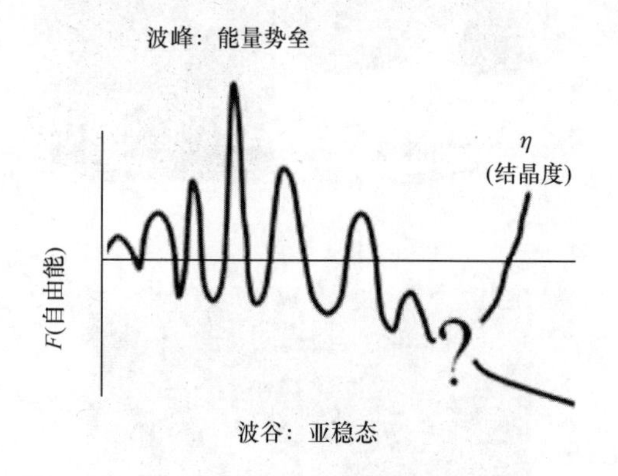

图 3-36 聚合物结晶过程的势能曲线示意图[88]

通过降低溶液成膜速度，延长成膜时间，给予分子链足够的时间进行重排，可以有效提高结晶度。具体方法有采用高沸点溶剂、加入高沸点添加剂、蒸气气氛下成膜等。Sirringhaus 课题组[90]研究了溶剂沸点对 P3HT 薄膜结晶性和迁移率的影响，他们发现采用 1,2,4-三氯苯相比氯仿溶液旋涂薄膜，在 XRD 上表现出更强的结晶峰，尤其是代表 π-π 堆叠的(010)峰；而以氯仿为溶剂的薄膜，其(010)峰几乎无法探测到。在形貌上，氯仿对应的薄膜呈无定形状态，而三氯苯的薄膜呈现宽 30～50 nm，长几微米的纤维结构，也表明采用高沸点溶剂延长成膜时间之后，分子链可以有充足时间自组织得到更大尺寸的结晶，如图 3-37 所示。最终，三氯苯作溶剂时的迁移率相比氯仿提高了一个数量级，由 0.012 $cm^2/(V \cdot s)$提高到了 0.12 $cm^2/(V \cdot s)$。虽然高沸点溶剂有利于聚合物结晶，但同时高沸点溶剂较高的表面张力使其对基底润湿性差，不容易得到均匀的薄膜。为了解决这一问题，可以采取几种不同的方法。Chang 课题组[91]采用低沸点的氯仿作为 P3HT 的主溶剂，高沸点良溶剂二氯苯作为添加剂，在成膜过程中主溶剂氯仿迅速挥发，避免液滴去润湿，然后剩余的二氯苯可以延长成膜时间，使 P3HT 充分结晶，形成密集的纤维形貌。他们发现仅仅加入 1%的二氯苯就可以显著提高薄膜结晶性、晶体尺寸以及迁移率。Cho 课题组[92]发现向封闭的旋涂腔体中加入过量的氯仿纯溶剂，增大腔体中氯仿的蒸气压，也可以降低成膜过程中氯仿的挥发速度，延长成膜时间。他们还发现在不加入氯仿蒸气时，只能得到无定形形貌，而当腔体中氯仿蒸气压为 56.5 kPa 时，P3HT 则形成有序性更高的纤维晶，相应的迁移率也提高了一个数量级。

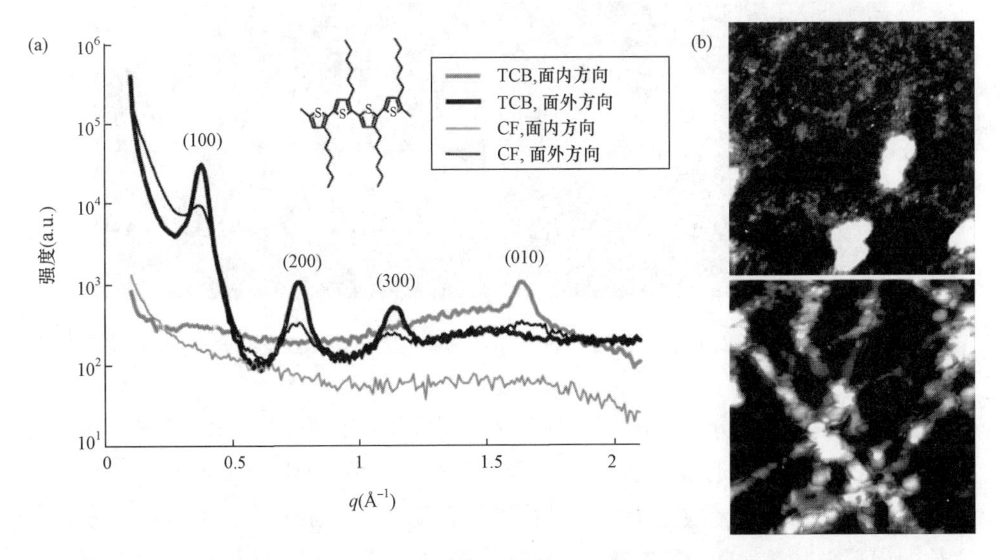

图 3-37 (a) 以氯仿(CF)和三氯苯(TCB)作溶剂时，所得 P3HT 薄膜的 X 射线衍射数据；(b) P3HT 氯仿溶液旋涂薄膜（上图）和 P3HT 三氯苯溶液旋涂薄膜（下图）的原子力高度图[90]

动力学过程也会影响分子取向。Ryu 等[93]通过调节成膜方式及溶剂种类，实现了成膜速率的控制。结果表明当成膜速率快时，P3HT 更倾向于形成热力学上不稳定的 face-on 取向。例如，当采用氯仿为溶剂时，滴涂情况下由于溶剂挥发较慢，P3HT 有足够时间自组织结晶，此时在热力学驱动下，P3HT 倾向于采取 edge-on 取向，如图 3-38(a)所示。而当利用氯仿为溶剂进行旋涂成膜时，由于溶剂挥发速率较快，大部分 P3HT 来不及形成片层结构，因此只能形成动力学控制的 face-on 取向，如图 3-38(b)所示。从原子力显微镜图像也能够证实上述观点，当采用滴涂时，如前文所述，由于溶剂挥发速率慢，分子有足够的时间进行结晶，因此自组织形成纤维晶。而当采用旋涂成膜时，由于溶剂挥发速率快，分子来不及结晶就已经被“冻结”在非晶态，从而薄膜表面形成了大量的结节状形貌。

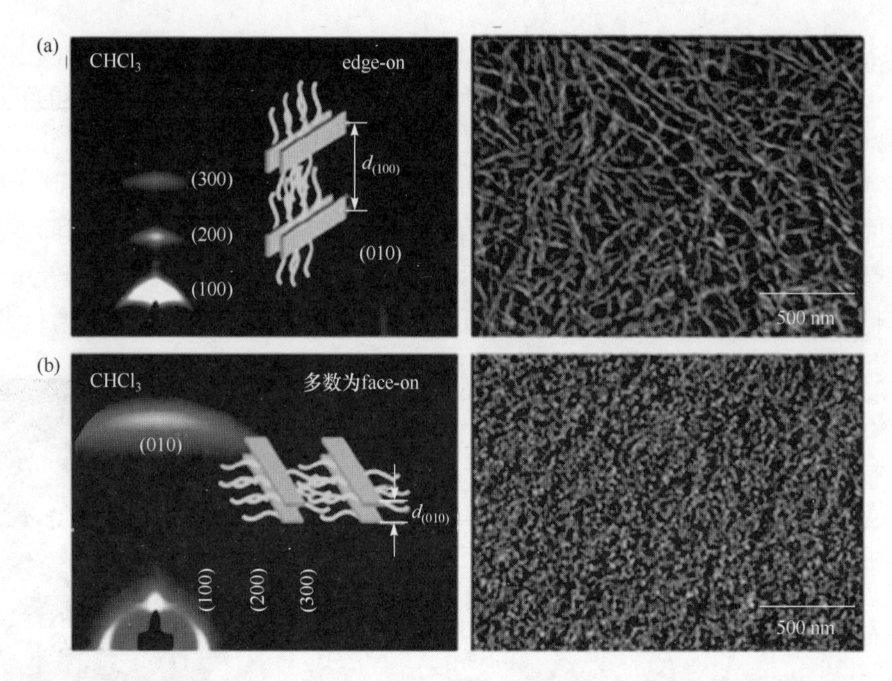

图 3-38 P3HT 氯仿溶液在滴涂(a)和旋涂(b)成膜后薄膜的 2D-GIXRD 及原子力显微镜高度图[93]

强刚性分子由于分子间作用力较强，分子间堆叠行为难以调控，很难形成大尺寸晶体。Cao 等[94]通过控制溶剂挥发动力学实现了分子间堆叠速率的控制，从而获得了高长径比纳米线结构。通过控制聚合物链的聚集速度，经过均相成核再生长的步骤来制备 OD-PDBT-TT 纳米线，如图 3-39 所示。溶剂由主溶剂氯仿(CF)和助溶剂 *o*-DCB 组成，通过主溶剂缓慢挥发的手段来控制聚合物分子链的扩散速率，

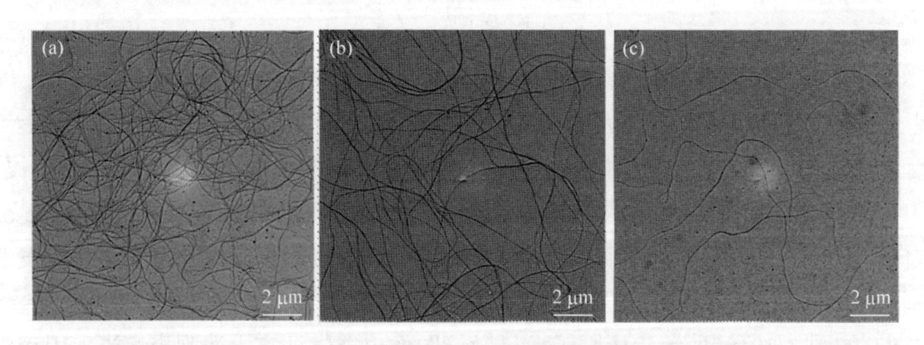

图 3-39 利用不同初始浓度[(a)～(c)对应溶液的浓度分别为 0.15 mg/mL、0.1 mg/mL、0.05 mg/mL]的溶液所制备的 OD-PDBT-TT 纳米线透射电子显微镜照片

可促使晶体生长速率与分子扩散速率相匹配。通过控制氯仿的挥发速率，实现聚合物溶液浓度的控制，当氯仿挥发速率为 30 μL/h 时，可以确保溶液一直处在饱和状态，能够驱动聚合物进行自组织。最终，得到的纳米线宽度在 75 nm 左右，长度为十几微米。

Cao 等[94]还提出了控制溶剂挥发动力学制备纳米线的机理：初始溶液为未饱和的 OD-PDBT-TT 溶液，溶剂由低沸点主溶剂 CF 和高沸点助溶剂 *o*-DCB 组成，如图 3-40(a)所示。对 OD-PDBT-TT 来说，CF 是良溶剂，*o*-DCB 是边缘性溶剂。当 CF 开始挥发后，溶液开始变为饱和状态，然后聚合物开始析出。当 CF 挥发速度较快时，OD-PDBT-TT 分子没有足够时间进行有序排列。因此，溶液中既有部分晶核，又有部分聚集体存在，如图 3-40(b)所示。随着主溶剂的进一步挥发，这些晶核可以长成纳米线，同时，聚集体也会长大或变多。然而，无序的聚集体会通过消耗聚合物或者让聚合物链的一端封闭来抑制纳米线的生长。当过饱和的 OD-PDBT-TT 分子被消耗完时，这一竞争才会结束。最终，溶液中将存在一些溶解的聚合物链以及包含短纳米线和无序分子的大聚集体，如图 3-40(c)所示。为了得到长的高密度的纳米线，CF 的挥发速度必须缓慢，使得 OD-PDBT-TT 分子链有足够的时间形成有序聚集。在这种情况下，随着 CF 的缓慢挥发，会发生均相成核，如图 3-40(d)所示。在热力学上，结晶的聚合物比无定形的更稳定。因此，随着 CF 的进一步挥发，这些晶核倾向于形成有序的长纳米线结构。

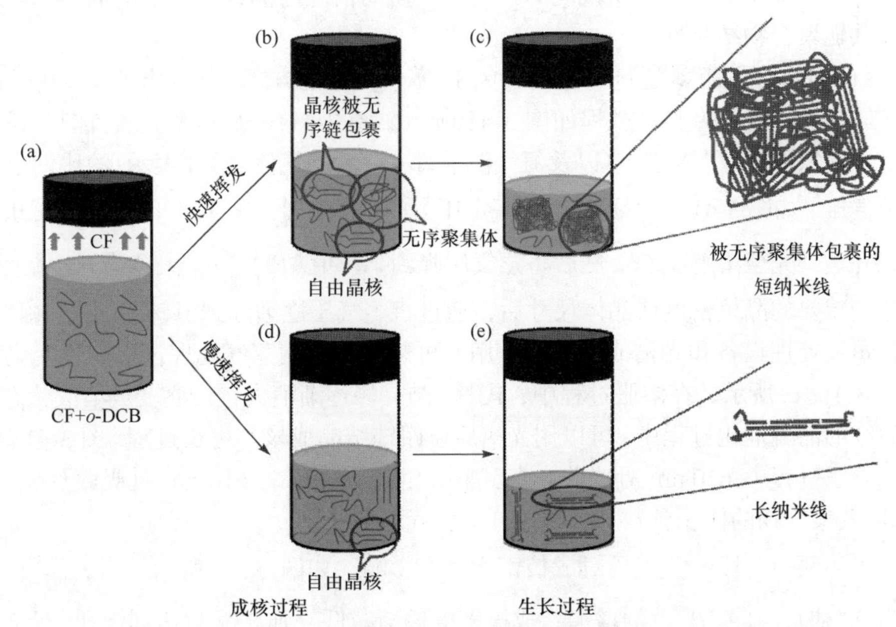

图 3-40　OD-PDBT-TT 纳米线生长机理示意图[94]

3.3.4 后退火处理

共轭聚合物分子整链/链段进行构象调整及运动是其自组织形成晶体的一个重要前提。除了溶液状态及调节成膜过程外，对处于固态的薄膜进行后退火处理，能够进一步促进分子自组织。通常后退火处理包括溶剂蒸气退火处理及热退火处理：溶剂蒸气退火过程中，溶剂分子将聚合物薄膜溶胀，从而增加聚合物分子自由体积，促进其链段调整及运动；而热退火过程中则通过升温至薄膜的玻璃化转变温度以上，促进分子运动，从而使其由热力学亚稳态逐渐转变为稳定的晶态。下面将详细介绍溶剂蒸气退火处理及热退火处理对薄膜形貌的影响。

1. 溶剂蒸气退火处理

蒸气处理是一种常用的控制薄膜形貌的手段[95-100]，其作用过程一般可以分为两步：先在一定的蒸气压下，溶剂蒸气溶胀薄膜，晶体部分或全部溶解；然后降低蒸气压，消溶胀，聚合物重结晶。可以看出，溶胀会对结晶初始状态有很大影响：如果选用蒸气压较大的良溶剂，处理足够长时间，薄膜中晶体将会全部溶解，后续结晶过程将是均相成核过程；而如果选用蒸气压较低、溶解性较差的溶剂或处理时间不够，则薄膜中会存在部分未溶解的晶体，这些小晶体在后续降低蒸气压过程中可以作为晶核。此外，如果第二个过程选用稳定的蒸气压，则结晶条件比较稳定，与等温结晶类似；而如果采用的是变化的蒸气压，这一过程就相当复杂。这里我们以简单的、两个阶段均为恒定蒸气压的情况为例，来介绍溶剂蒸气处理提高共轭聚合物结晶性。

Ludwigs 课题组[50]通过二硫化碳(CS_2)蒸气处理的方式，制备出了尺寸可控的 P3HT 球晶。他们的实验过程如图 3-41 所示。图 3-41(a)显示实验装置图，通过调节干的氮气流(用 A 表示)以及氮气渗透过 CS_2 后的气流(用 B 表示)的比例来控制蒸气压。如图 3-41(b)所示，通入一定压力的蒸气(P_{vap}^{diss})一段时间后，薄膜开始溶胀并达到完全溶解状态。然后将蒸气压降到某一值(P_{vap}^{recrys})，聚合物开始结晶。当达到想要的晶核密度或晶体尺寸后，通过将蒸气压逐渐降到 0 来完成淬火。通过将蒸气处理设备和光谱或椭偏仪联用，可以原位观测蒸气处理过程薄膜变化。如图 3-41 (c)所示，在溶胀过程中，P3HT 结晶峰逐渐消失，最终变成溶液状态。在后续的消溶剂化过程中，可以用光谱原位跟踪结晶成核与生长过程。图 3-41 (d)显示溶胀过程中 610 nm 处吸收(空心圆)、消溶胀过程中 610 nm 处吸收(空心三角)以及聚合物的体积分数($\Phi_p = d_0/d$)随蒸气压的变化。

上述两个阶段的蒸气压对成核密度也有影响，如图 3-42 所示。当 P_{vap}^{inital} 蒸气压为 91%时，随着 P_{vap}^{cryst} 的增加，成核密度逐渐减低，到 83%时达到饱和。此时，薄膜中也存在一部分晶核，这说明第一步蒸气处理后的薄膜中存在一部分未完全

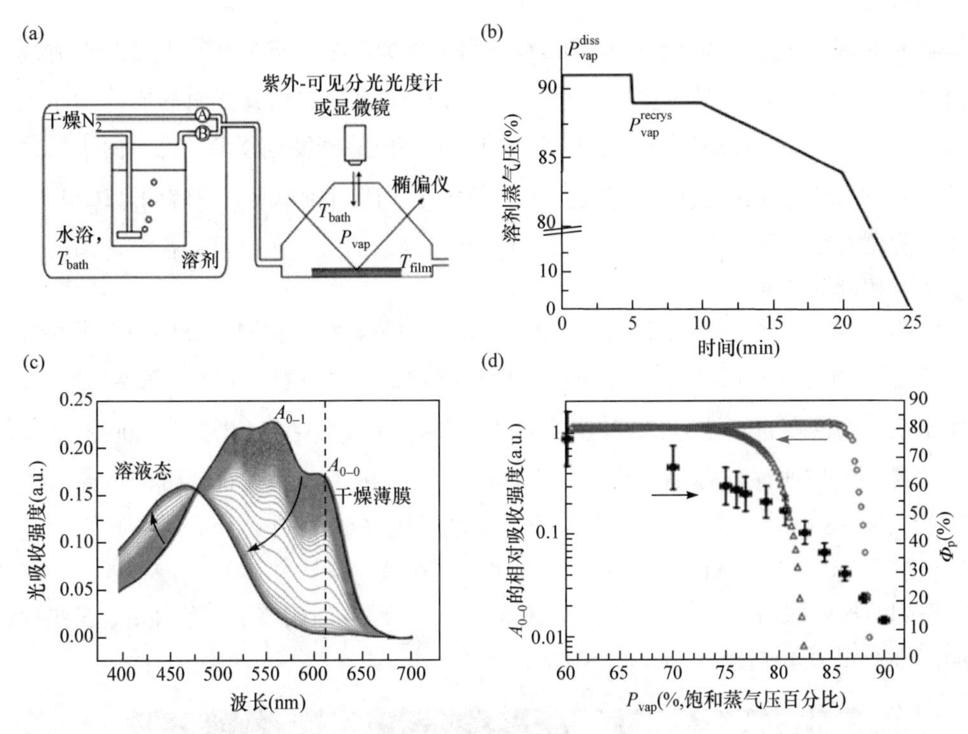

图 3-41　(a) 溶剂蒸气处理装置示意图；(b) 蒸气处理过程示例；(c) 从干的薄膜到溶胀再到溶液状态光谱变化示意图；(d) 溶胀过程中 610 nm 处吸收(空心圆)、消溶胀过程中 610 nm 处吸收(空心三角)以及聚合物的体积分数($\Phi_p = d_0/d$)随蒸气压的变化，其中，d_0 为初始薄膜厚度，d 为溶胀后薄膜厚度[50]

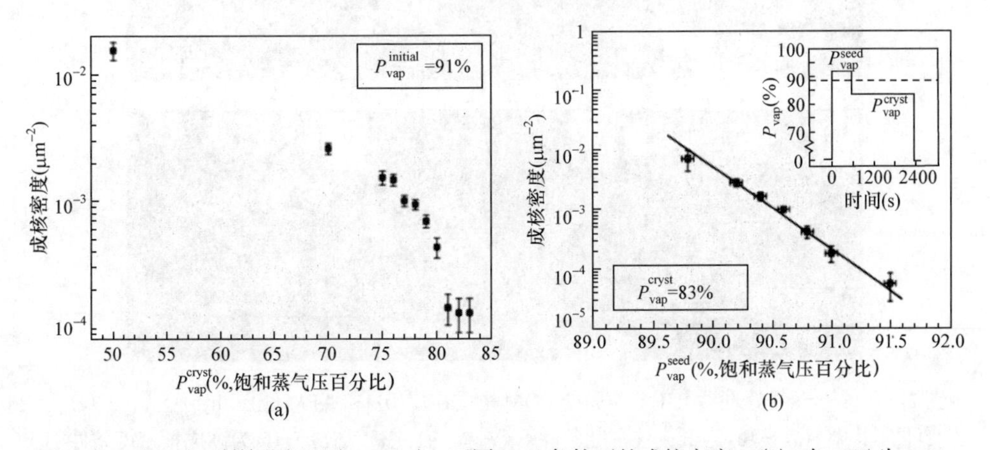

图 3-42　(a) 在 $P_{vap}^{initial}$ 蒸气压为 91%时，不同 P_{vap}^{cryst} 条件下的成核密度；(b) 在 P_{vap}^{cryst} 为 83%时，不同 P_{vap}^{seed} 蒸气压条件下的成核密度[50]

溶解的晶体，这些晶体在后续结晶过程中可以作为晶核。而在 P_{vap}^{cryst} 较低时，成核密度较大，说明这些晶核主要是在第二个过程中通过均相成核而形成的。而当 P_{vap}^{cryst} 蒸气压恒定为 83%时，随着 P_{vap}^{seed} 的增加，成核密度也逐渐减低。由于较大的 P_{vap}^{cryst} 值排除了均相成核的可能，P_{vap}^{seed} 值越小，说明薄膜中未溶解的晶体越多，导致成核密度也就越大。由此可以看出，选择合适的蒸气压，可以很好地调控成核方式和成核密度。

图 3-43 选出两种极端成核条件下，P3HT 薄膜的结晶情况：高成核密度和低成核密度。通过控制 P_{vap}^{diss} 值的大小，可以控制薄膜中未溶解的 P3HT 晶体的数量，即实现晶核密度的可控调节。如图 3-43(b)所示，低成核密度（$P_{vap}^{diss}=91.0\%$）条件下的薄膜形成明显的球晶结构，这些球晶的尺寸在 31 μm 左右。而在高成核密度（$P_{vap}^{diss}=88.6\%$）条件下，薄膜在偏振光显微镜(POM)图上看不到明显的形貌[图 3-43(d)]。从 AFM 相图上也可以明显地看出差别，在低成核密度条件下，可以看到明显的取向排列的片晶[图 3-43(b)、(c)]；而在高成核密度条件下，这些片晶的排列相当无序[图 3-43(e)、(f)]。

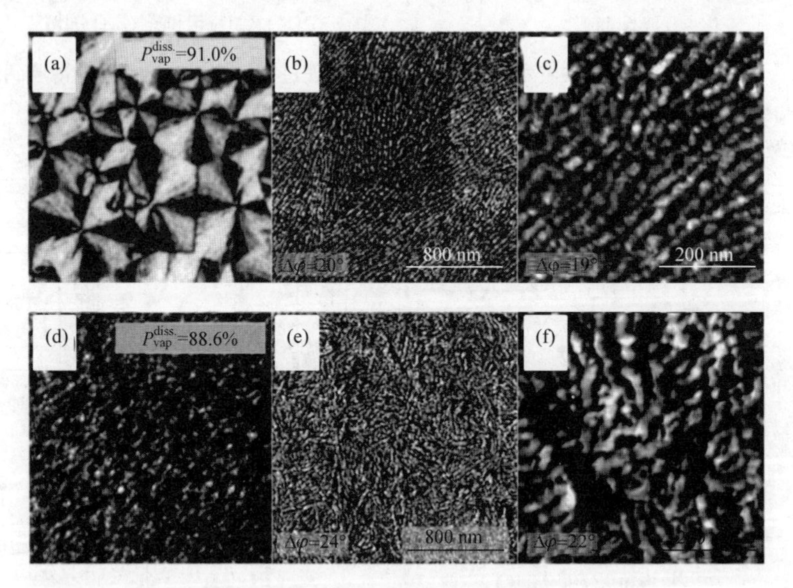

图 3-43 CS_2 蒸气处理后 P3HT 薄膜的 POM 图[(a)、(b)]和 AFM 相图［(b)、(c)、(e)、(f)]，其中 (a)～(c)为低成核密度条件下（$P_{vap}^{diss}=91.0\%$）；(d)～(f)为高成核密度条件下（$P_{vap}^{diss}=88.6\%$），P_{vap}^{recrys} 值均为 75%[50]

溶剂蒸气能够延缓溶剂挥发，利于增加共轭聚合物分子自组织时间，促使更多分子发生无序-有序转变参与结晶。当 P3HT 氯仿溶液在空气中或者低溶剂蒸气压下(6.5 kPa)快速旋涂，溶剂快速挥发导致 P3HT 分子来不及充分自组织而形成纳米棒状晶体，宽为 40～50 nm，高 4～5 nm，长宽比接近于 1 [图 3-44(a)、(b)]。逐渐增加成膜过程中的溶剂蒸气压，氯仿溶剂从溶液中逃逸时间减缓，P3HT 自组织时间增加，参与结晶的 P3HT 分子数量增加；因此可以看到(c)～(f)图中π-π堆积形成长度可达几微米的一维纤维晶。由于分子量固定，纤维宽度恒定在 21 nm 左右。增加自组织时间也能够增加晶核数量，从而纤维晶数量大幅度增加并利于形成互穿网络结构[101]。

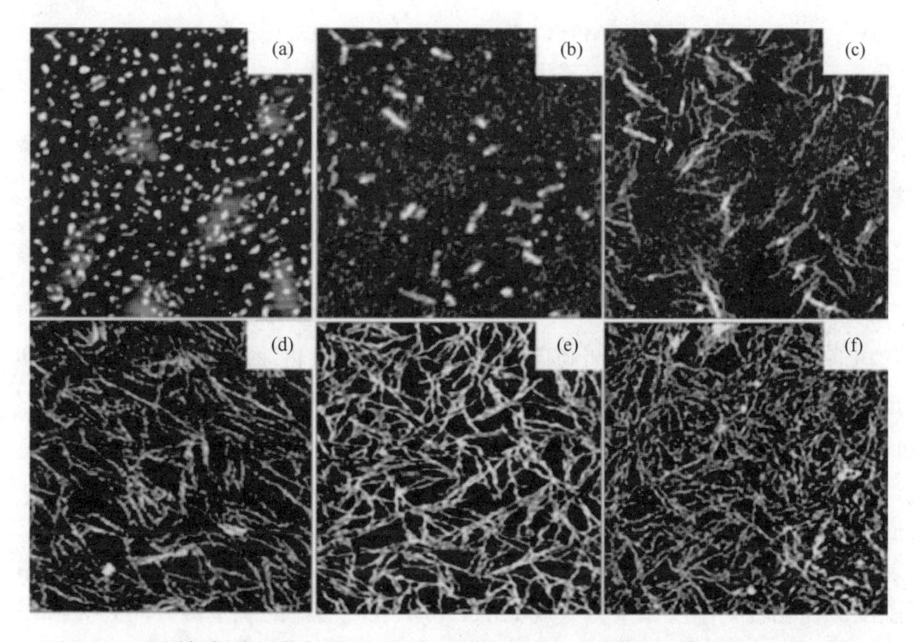

图 3-44　不同氯仿溶剂蒸气压下 0 (a)、6.5 kPa (b)、36.5 kPa (c)、48.9 kPa (d)、53.8 kPa (e)、56.5 kPa (f) 成膜的 P3HT 扫描力显微镜照片[101]

利用类似的原理，很多课题组通过蒸气处理的方式来提高共轭聚合物的结晶性或制备单晶。Müllen 课题组[102]用氯苯溶剂蒸气处理制备了环戊二噻吩与苯并噻唑交替共聚物(CDT-BTZ)的纳米线，如图 3-45(a)所示。在密闭的充满饱和蒸气的容器中，他们将 0.001 mg/mL CDT-BTZ 的氯苯溶液滴涂到 SiO_2 基底上。结果只有经过蒸气处理才能得到纳米线状结构，纳米线的直径在 10 nm 左右。通过选区电子衍射，他们发现纳米线的长轴方向为分子链方向，宽度方向为π-π 堆叠方向，而高度方向为侧链方向。He 课题组[103]通过四氢呋喃(THF)溶剂蒸气处理的方法，制备出了 P3HT 的单晶，如图 3-45(b)所示。他们先将 P3HT 溶解在氯仿中(浓度为 0.06%)，然后将放置于圆筒中的基底上滴上一滴溶液，盖上盖子，等溶剂挥发

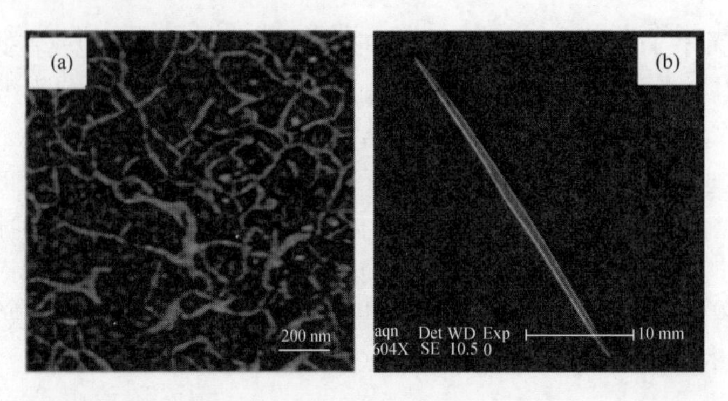

图 3-45 (a) 氯苯蒸气处理后得到的 CDT-BTZ 纳米线 AFM 图[102]；(b) THF 蒸气处理得到的 P3HT 单晶 SEM 图[103]

完后得到多晶薄膜。随后在 35℃将多晶薄膜放于装有 THF 的开口容器中进行蒸气处理。最后，通过 60℃的真空烘箱除去样品中多余的溶剂。从 SEM 图中可以看出，得到的 P3HT 单晶为针状结构。通过选区电子衍射表征，他们发现 P3HT 单晶的长度方向为主链方向，宽度方向为π-π堆积方向，而高度方向为侧链方向。

2. 热退火处理

热退火也是一种常见的薄膜后处理手段，是通过将薄膜加热到一定温度并保持适当的时间，来提高分子整链或链段的运动能力以及提高聚合物的结晶性。通过控制退火温度和降温速率还能控制结晶成核与生长过程。

Thurn-Albrecht 课题组[104]研究热退火对 P3HT 晶体熔融行为的影响。他们首先通过 DSC 测量等规 P3HT 的结晶相到液晶相的相转变温度为 210～225℃以及玻璃化转变温度为 $T_g = -3℃ \pm 1℃$。通过粉末 X 射线衍射进一步证实了这些相转变温度：在相转变温度以下，等规 P3HT 粉末表现明显的烷基链方向和π-π方向堆叠的信号峰；而当温度升到 250℃时，只表现出弱的烷基链方向堆叠峰；说明在此温度下，晶体结构多数被破坏。他们进一步研究了热退火对薄膜形貌和结晶性的影响。如图 3-46(A)所示，退火后，薄膜表面针状结晶性结构明显增多。而 X 射线衍射也进一步证实了这一点[图 3-46(B)]，250℃退火 20 min 后，P3HT 的(100)衍射峰强度明显增加。因此，热退火有利于聚合物结晶性的提高。

热退火可以调节共轭聚合物的晶型。Brinkmann 课题组[105, 106]在研究 P(NDI2OD-T2)的分子链堆叠结构时发现，在其熔融温度以下及以上退火时，晶体内分子排列方式不一致，如图 3-47 所示。将 P(NDI2OD-T2)的旋涂薄膜在其熔融温度以下退火时，分子链之间的 NDI 单元相互堆叠成一列，T2 单元相互堆叠成另一列，称之为晶型Ⅰ。晶型Ⅰ在电子衍射峰的强度上表现为 $I_{001}>I_{002}\approx I_{004}$，该强度规律符合根据晶型Ⅰ结构模型模拟的衍射结果。而将 P(NDI2OD-T2)的旋涂薄膜在熔融温度以上退火然后以 0.5℃/min 的速度降至室温后，分子链之间的 NDI 单

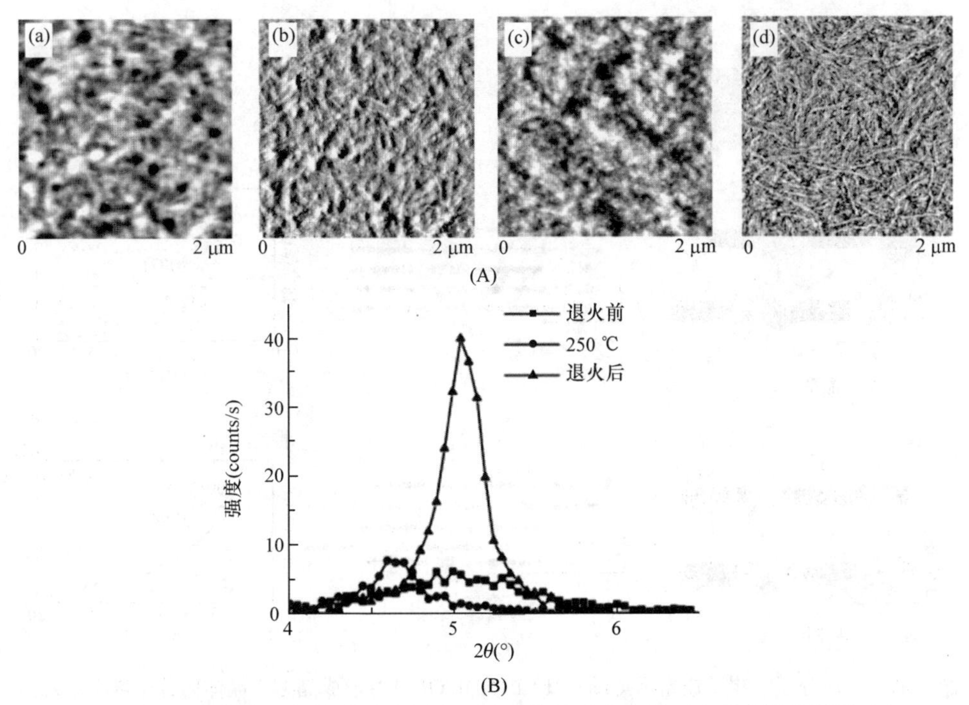

图 3-46　(A) P3HT 薄膜退火前后原子力图：(a) 直接旋涂高度图，(b) 直接旋涂相图，(c) 250℃退火 20 min 后高度图，(d) 250℃退火 20 min 后相图；(B) 直接旋涂和 250℃退火 20 min 后 P3HT 薄膜 XRD 图[104]

元与 T2 单元交替堆叠在一起，称之为晶型Ⅱ。晶型Ⅱ中由于相邻两条链之间沿 c 轴方向平移了 $c/2$ 的长度，导致 (001) 衍射峰非常弱，(002) 峰占主导，在电子衍射峰强度上表现为 $I_{001}<I_{002}\approx I_{004}$。由于 P(NDI2OD-T2) 分子链中 NDI 核共轭面积大，NDI 核之间相互作用强，因此在动力学上，倾向于 NDI 单元与 NDI 单元堆叠，T2 单元与 T2 单元堆叠，即形成晶型Ⅰ。但是由于 P(NDI2OD-T2) 的烷基侧链都接枝在 NDI 单元上，当以晶型Ⅰ堆积时，烷基侧链间的空间位阻较大；因而当在熔融温度以上退火时，晶型Ⅰ的堆积结构被打破，分子链通过沿主链方向移动 $c/2$，以实现侧链空间位阻的降低，从而形成热力学上更稳定的晶型Ⅱ。

Park 课题组[107]进一步研究了不同退火温度和降温速率对等规 P3HT 薄膜结晶性的影响。他们在玻璃化转变温度以上及结晶温度以上选取不同的退火温度对样品进行热退火处理，并采用快速降温 (淬火) 与缓慢降温 (0.6℃/min) 两种方式将样品降至室温，研究退火温度与降温速率对薄膜形貌的影响。如图 3-48(a) 所示，初始薄膜比较平整，有几十纳米的小聚集体。当退火温度较低时，由于没有足够的能量来驱动聚合物主链重排，不同条件下退火薄膜形貌类似，均为无明显形貌变化，表面粗糙度也相近。而当退火温度接近熔融温度 (223℃) 时，退火后薄膜表现

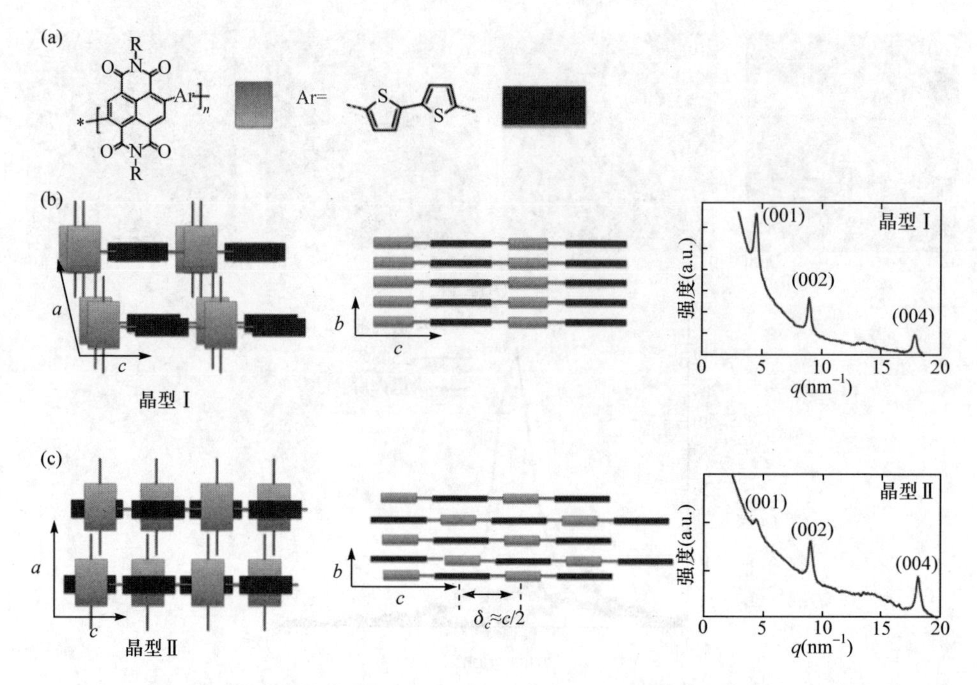

图 3-47 (a) 分子结构及模型示意图；(b) P(NDI2OD-T2)形成晶型 I 晶体内分子堆叠示意图及 X 射线衍射图谱；(c) P(NDI2OD-T2)形成晶型 II 晶体内分子堆叠示意图及 X 射线衍射图谱[105, 106]

出明显的纤维状形貌，同时表面粗糙度也升高。这是由于更多的无定形 P3HT 或小 P3HT 晶体消失，形成较大的晶体。从 X 射线衍射[图 3-48(b)]结果可以看出，当温度低于熔融温度时，退火温度越高，薄膜结晶性越强。当温度高于熔融温度时，纤维结构更加明显，同时表面粗糙度降低。在这种情况下，结晶过程发生在降温过程中，在基底表面成核再生长。从形貌上看，快速降温与缓慢降温都能形成纳米带状结构，但他们发现这些纳米带的宽度不同(快速降温为 3～10 nm，缓慢降温为 20～40 nm)。他们认为这是由于在快速降温的条件下，没有足够的时间让分子链重排，而缓慢降温让分子有足够的时间重排，更有利于薄膜有序性的提高。通过计算晶体尺寸[图 3-48(c)]，可以进一步证实这一点，较高温度退火和缓慢的降温速率有利于形成更大尺寸的晶体。

由此可见，共轭聚合物结晶过程较为复杂，不仅受溶液状态影响，还与成膜动力学过程及后退火过程息息相关。因此，需要根据分子本征特性，通过选择合理的溶剂或者添加剂等获得合理的溶液状态。部分复杂体系还要考虑成膜动力学，实现溶剂挥发速率的调节，然后进一步进行后退火处理，通过控制共轭聚合物成核及晶体生长过程，实现理想凝聚态结构的调控。

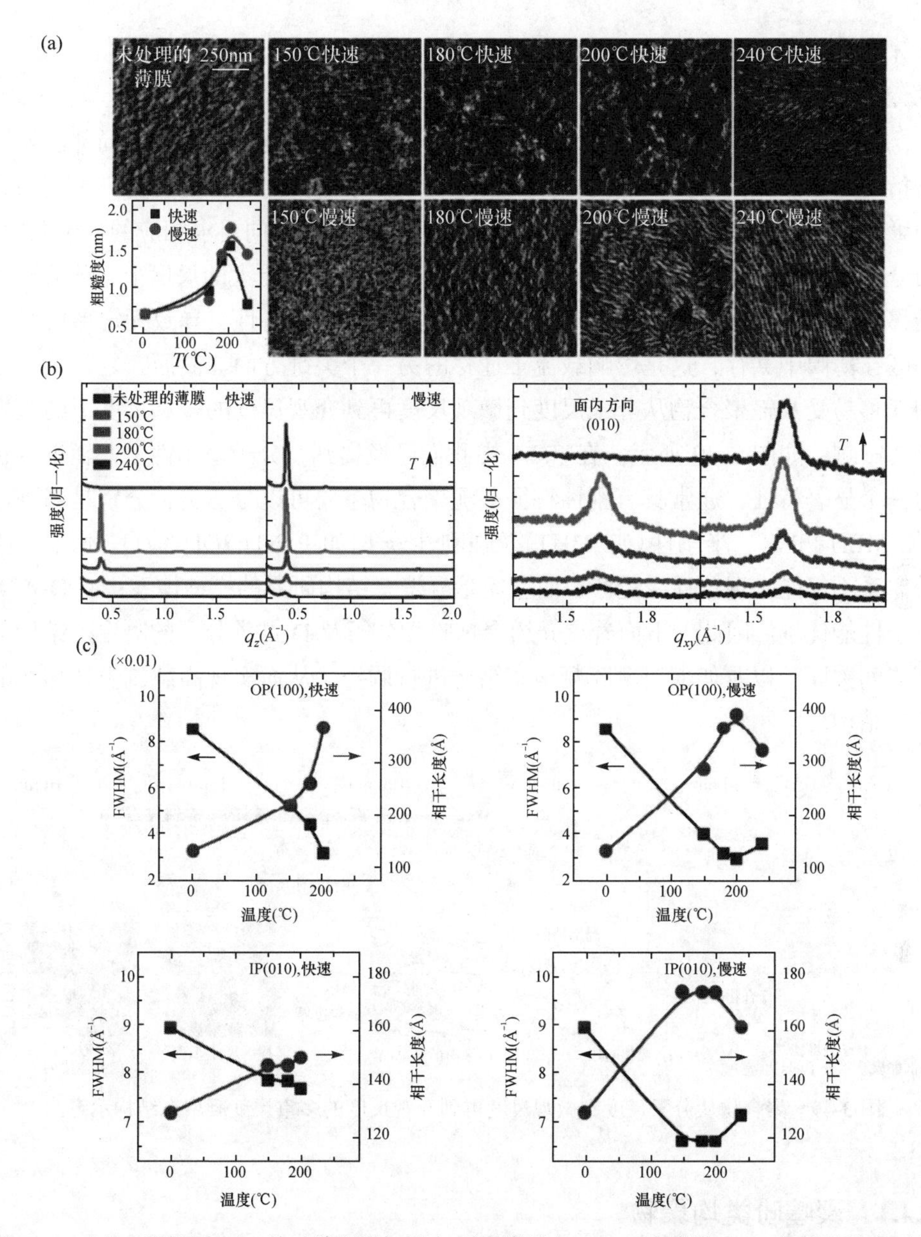

图 3-48 (a) 不同温度下，快速降温(淬火)与缓慢降温(0.6℃/min)薄膜 AFM 相图以及表面粗糙度的变化；(b) 不同温度下，快速降温与缓慢降温薄膜 X 射线衍射图，左图为面外方向上，右图为面内方向上；(c) 不同温度下，快速降温与缓慢降温薄膜 X 射线衍射的半峰宽与相关长度，上图为面外方向上(100)峰的结果，下图为面内方向上(010)峰的结果[107]

3.4 凝聚态结构与性能关系

在共轭聚合物中，载流子的迁移是一个复杂的多尺度的过程。在局部区域，它指的是在晶区内部分子链内和链间的迁移。分子链内的迁移主要受分子链构象的影响，由于分子链内传输的各向异性，对于不同传输方向要求相应的分子取向；而分子链间的迁移主要依赖于邻近链段的π-π堆砌；在更大的尺度上，载流子的迁移也受到晶区之间连接的影响；由于聚合物的半结晶特性，导致无定形区和结晶区在薄膜中共存，这是影响载流子迁移的另一个关键方面。简而言之，载流子的迁移易受共轭聚合物从分子尺度到微观尺度再到介观尺度的多重尺度下的凝聚状态影响，如图 3-49 所示。在 3.2.1 中我们已经提到，分子呈刚性是共轭聚合物的一个显著特征，通常具有刚性特征共轭聚合物主要可以分三类，分别是弱刚性(如 MEH-PPV)、半刚性(如 P3HT)及强刚性分子[如 P(NDI2OD-T2)]。由于聚噻吩体系不仅能实现公斤级量产，而且还是凝聚态结构研究的模型体系；而 D-A 类分子性能优越。因此，下面着重介绍聚噻吩类分子及 D-A 类分子的凝聚态结构与性能间关联，以及如何对薄膜凝聚态结构进行调控，从而实现高载流子迁移率的理想结构。

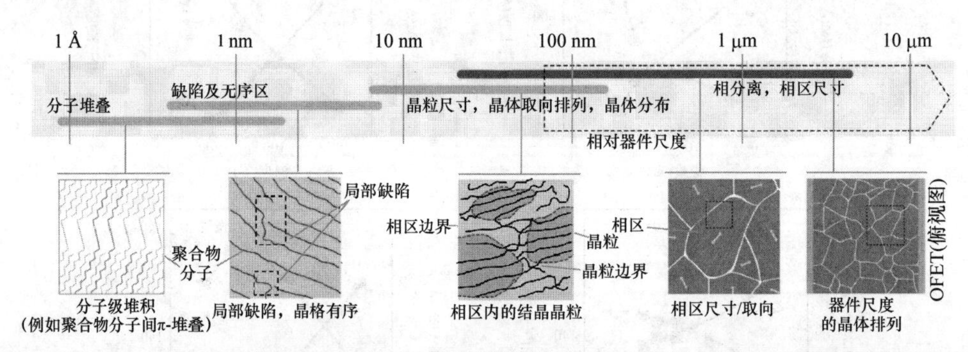

图 3-49 聚合物从分子尺度到微观尺度再到介观尺度的多重尺度凝聚态结构示意图

3.4.1 聚噻吩类均聚物

聚噻吩作为被广泛研究的应用于有机光电器件的共轭半导体聚合物材料，其凝聚态结构对载流子迁移率有显著影响。作为模型体系，P3HT 及其衍生物的凝聚态结构研究较为透彻，包括晶区内分子排列、晶区间连接以及晶区取向等。目前通过凝聚态结构优化，P3HT 载流子迁移率已经达到 10^{-2}～10^{-1} $cm^2/(V \cdot s)$。接下来，我们将主要从晶区内部分子排列、晶区间连接以及晶区取向三个尺度分别介绍相关领域研究工作。

1. 结晶度及晶区内分子取向

结晶度是影响载流子迁移率最重要的因素之一。根据式(3-4)，载流子迁移率与传输路径上晶区和非晶区的比例相关。提高聚合物的结晶性可以提高薄膜中晶区所占的比例，因而能大幅提高载流子迁移率。除此之外，由于共轭聚合物分子各向异性的性质，分子在晶区内部取向行为对载流子迁移率影响也至关重要。因此，如何在增加薄膜结晶性的基础上，根据载流子传输方向合理控制分子取向也是提高载流子迁移率的关键。

聚合物的结晶过程比较复杂，受热力学稳态和动力学过程控制。那么，调节结晶过程可以提高薄膜中聚合物的结晶性，进而提高载流子迁移率。结晶需要经过先成核再生长的过程。为了得到结晶性高的共轭聚合物薄膜，需要使溶剂在彻底挥发之前，聚合物有足够的时间来进行成核与生长。如果采用均相成核方式，根据本章所介绍的成核过程中自由能变化图可以看出，成核初期是比较困难、缓慢的过程，而后续生长过程较容易。因此，控制溶液状态，促进溶液中共轭聚合物形成微晶是行之有效的提高晶核数量的途径，也是提高结晶性的有效策略。例如，通过对溶液进行超声波振荡[69]、陈化[108]以及光辐照[109]等都能有效促进共轭聚合物分子在溶液中自组织，形成微晶，如图 3-50(a)所示。Reichmanis 课题组[110]进

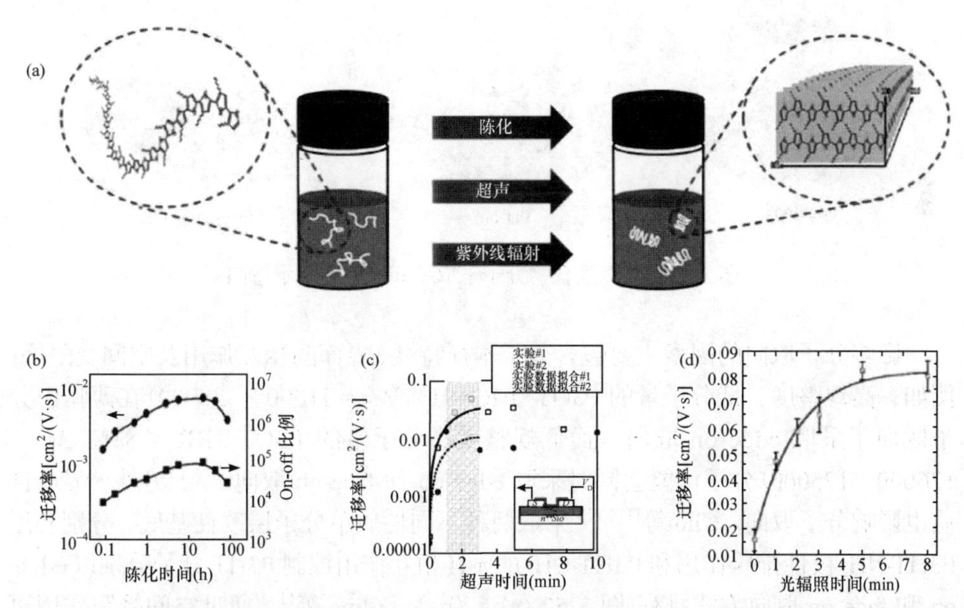

图 3-50 (a) 促进聚噻吩溶液中形成晶核的主要手段示意图；对溶液进行陈化(b)、超声处理(c)及光辐照处理(d)后，处理时间与器件载流子迁移率间关系[110]

一步研究了 P3HT 薄膜结晶性提高对载流子迁移率的影响。他们同样采用超声的方法来提高薄膜的结晶性，并研究了薄膜的载流子迁移率与超声时间的关系，如图 3-50(c)所示。可以看出，随着超声时间的延长，载流子迁移率先大幅度提高，后趋于稳定；这主要归功于超声处理可以降低溶液中分子链的缠结，以促进聚合物链有序堆叠形成晶核，最终提高薄膜的结晶性。而通过对溶液进行合理的陈化或者光辐照也能改善薄膜结晶性，进而大幅提高载流子迁移率，如图 3-50(b)、(d)所示。

共轭聚合物为各向异性分子，其取向方式分为三种，如图 3-51 所示：当共轭聚合物烷基侧链排列方向与基底法线方向相一致时，为 edge-on 取向；当共轭聚合物分子刚性主链与基底法线方向相平行时，为 flat-on 取向；当共轭聚合物分子 π 平面方向与基底方向相平行时，为 face-on 取向。共轭聚合物分子自身的各向异性直接导致薄膜也呈现出相应的各向异性，直接影响器件的电学性质。例如，P3HT 主链方向有大量离域电子，其迁移率可达 10^{-1} $cm^2/(V \cdot s)$，除此之外，载流子沿 π-π 共轭方向传输，迁移率也能达到 10^{-1} $cm^2/(V \cdot s)$，而沿侧链方迁移率只有 10^{-4} $cm^2/(V \cdot s)$。

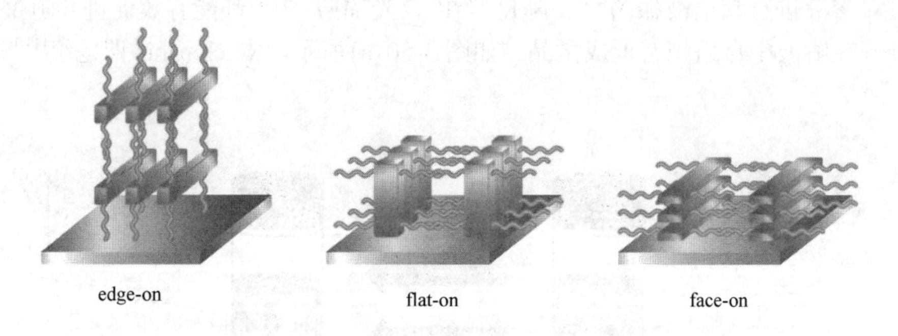

图 3-51 共轭聚合物分子采取不同取向方式示意图

影响分子取向的因素主要包含分子本征特性、界面间相互作用及空间受限等。例如，高规整度、低分子量的 P3OT (RR > 91%, M_w = 11000、 28000) 在薄膜中分子倾向于采取 edge-on 取向，而低规整度高分子量的 P3OT (RR < 81%, M_w = 126000、175000) 分子可能会同时采取 edge-on 和 face-on 取向[111]。另外，界面性质也影响分子取向。Cho 等[112,113]采取两种不同性质单分子层改性基底，分别利用 P3HT-NH_2 极性排斥作用和 P3HT-CH_3 的 π-H 相互作用控制 P3HT 分子分别以 edge-on 和 face-on 取向方式排列[图 3-52 (a)、(b)]。Kline 等[114]通过空间受限作用也能调节分子取向。McGehee 研究小组[115]利用加热的方法使 P3HT 渗透入氧化铝模板(AAO)孔中，通过空间限制诱导 P3HT 分子链以 flat-on 取向方式排列，如

图 3-52(c)、(d)所示。薄膜中分子的取向与 AAO 孔径相关：当 AAO 孔径较大(120 nm，大于分子链长度)时，P3HT 分子性质与膜态下性质相似，采取 edge-on 取向；当 AAO 孔径与分子尺寸(80 nm)相当时，P3HT 分子逐渐采取 flat-on 取向；此时在垂直于基底方向载流子迁移率也达到最高。这是由于 AAO 孔径小于 P3HT 分子采取刚性构象的长度时,分子链不能采取垂直于孔深的取向方式排列(edge-on 或 face-on)，而只能在空间限制下采取平行于孔深方向排列。当孔径进一步降低时，采取 flat-on 取向分子的比例急剧升高，然而迁移率却逐渐下降。这主要归因于在小孔径内，由于空间受限作用，P3HT 分子构象调整能力弱，因此无法有效自组织结晶。

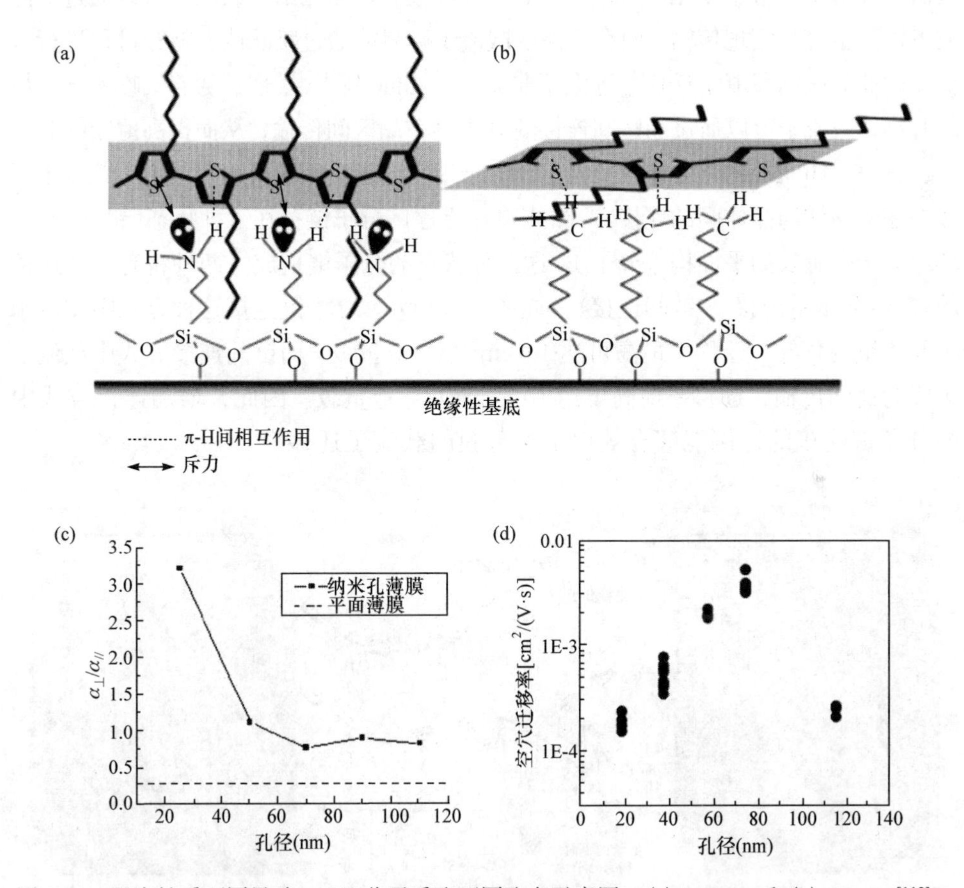

图 3-52　基底性质不同导致 P3HT 分子采取不同取向示意图：(a) edge-on 和(b) face-on[112]；P3HT 分子取向(c)及迁移率(d)与氧化铝模板孔径间关系[115]

2. 晶界

由于共轭聚合物薄膜多呈多晶性质，晶区迁移率远高于非晶区。聚合物晶体与晶体物理交接形成的晶界具有巨大的能垒，电荷跃迁传输被限制，只能被捕陷于某晶体内。因此，晶区间连接部分成为载流子能够实现连续传输的重要因素。增加晶区间链接分子、软化薄膜内晶界是调控共轭聚合物凝聚态结构的一个重要环节，也是优化性能的重要因素。

在共轭聚合物薄膜中，载流子传输有三个途径：分子链内传输、分子链间传输(π-π)及非晶区内部通过跳跃或者隧穿过程进行的传输。以聚噻吩薄膜为例，理论研究表明这三种传输路径中分子链内传输效率最高，空穴迁移率可达 1.0 $cm^2/(V\cdot s)$；分子链间的传输效率次之，迁移率可达 1.0×10^{-2} $cm^2/(V\cdot s)$；非晶区内部传输效率最低，迁移率通常小于 1.0×10^{-3} $cm^2/(V\cdot s)$量级。在晶区部分载流子可以通过链内或者链间很容易实现传输，而在非晶区载流子则只能通过跳跃或者隧穿过程进行传输，因此晶区内载流子迁移率远大于非晶区。Kline 等[116]发现，随着聚噻吩分子量的升高，载流子可以通过晶区间连接的分子链在晶区间传输，从而提高薄膜的载流子迁移率。Huang 等[4]结合量子力学及分子动力学理论阐明聚噻吩薄膜中载流子迁移率还受晶体与晶体间的连接方式的影响：无序区分子链存在三种状态（链接分子、环形分子、延长的平面构象分子），这三种状态的分子链构成了两种将有序区连接的方式(分子链连接、链间连接)，如图 3-53 所示。分子链连接这种方式中载流子主要为链内传输，迁移率最高可达 1.0 $cm^2/(V\cdot s)$量级，而链间连接方式中载流子主要为链间传输，迁移率最高可达 10^{-2} $cm^2/(V\cdot s)$量级。因此，增加连接方式中的分子链连接的比例能够有效地增加薄膜的载流子迁移率。

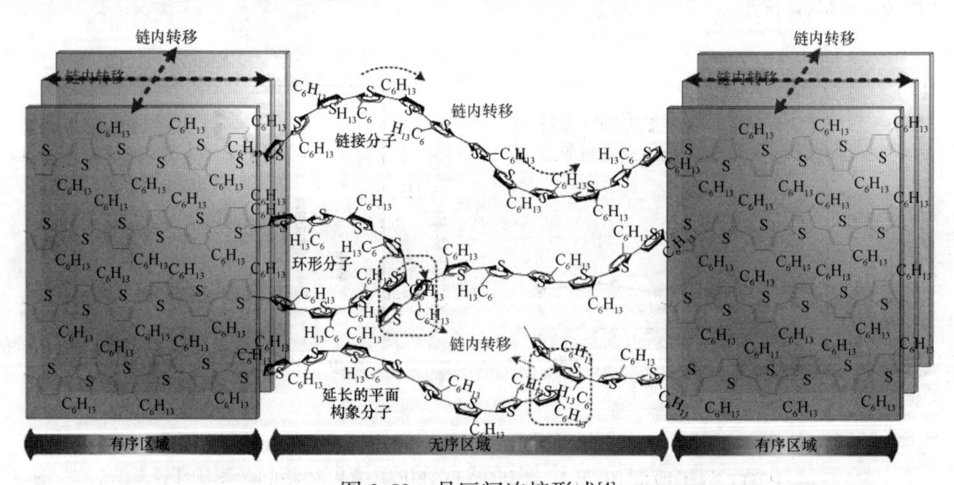

图 3-53 晶区间连接形式[4]

在前文已经论述聚合物分子量对凝聚态结构的影响：通常低分子量的聚合物分子链近似为刚性短棒，不能以链折叠堆积结晶，而形成类似短棒结构晶体；晶体之间没有长链分子连接，因而产生大量晶界。而高分子量的聚合物分子迁移和扩散相对较困难，很容易缠结被捕陷形成结节状形貌；分子链不但可以链折叠形成恒定晶体宽度，而且可以穿插进入不同的结晶区域和无序区域，载流子可以通过连接的分子链在晶区间传输，从而提高薄膜的载流子迁移率。例如，对于聚噻吩而言，随着分子量从 3200 增加到 33800，迁移率从 1.7×10^{-6} $cm^2/(V \cdot s)$增加到 9.4×10^{-3} $cm^2/(V \cdot s)$，提高近 4 个数量级[30]。此外，通过不同分子量 P3HT 共混，也能够证实链接分子对于提高载流子迁移率的重要性。如图 3-54 所示，由

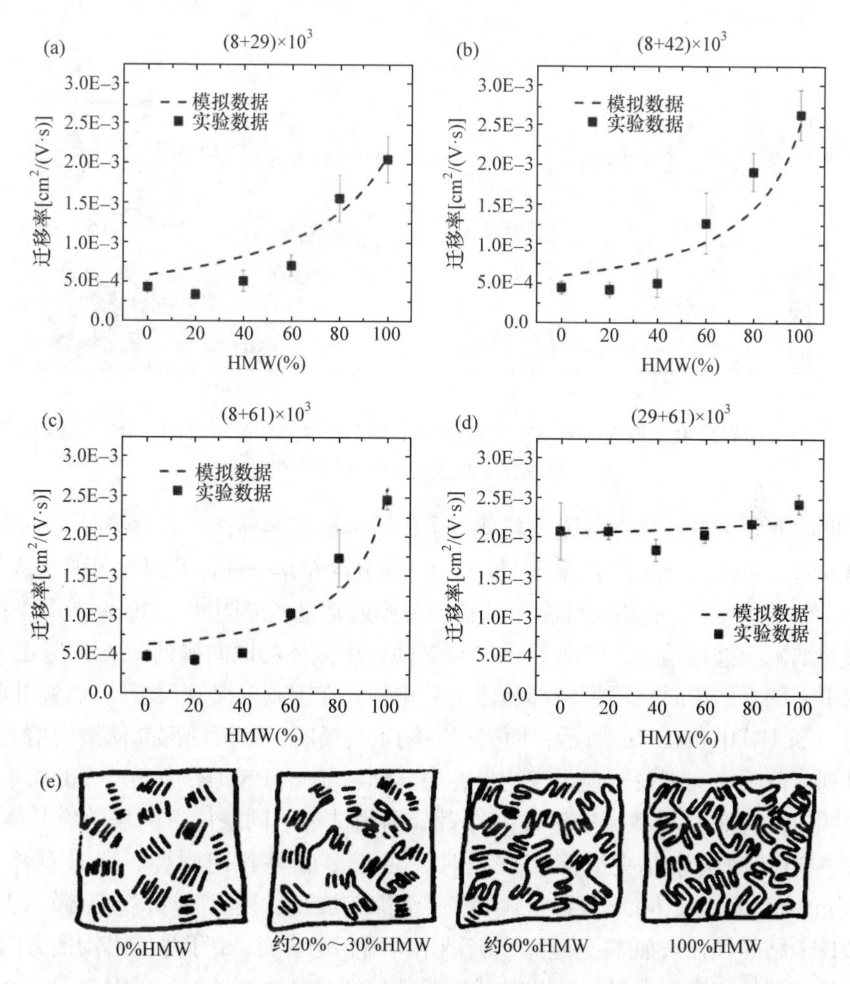

图 3-54 (a)～(d)不同分子量共混后迁移率随高分子量(HMW)组分变化趋势图；(e)高分子量 P3HT 改善晶区间连接示意图[117]

于低分子量 P3HT 缺乏链接，迁移率低[5.0×10^{-5} $cm^2/(V\cdot s)$]；随着高分子量 P3HT 含量增加，整体迁移率显著增加[均高于 2.0×10^{-3} $cm^2/(V\cdot s)$]；当 P3HT 分子量较大时，晶区间存在链接分子，因此添加高分子量组分对迁移率影响并不明显[117]。

3. 晶体取向排列

共轭聚合物薄膜中晶体取向排列是提高载流子迁移率的重要途径。当晶体杂乱排列时，晶界夹角较大，晶界内的分子链必须发生大角度的弯折才能将两个晶区连接起来，而这无疑会破坏链接分子的共平面性，抑制载流子传输，如图 3-55(a)所示。当薄膜中的晶体沿同一方向取向排列时，在取向排列晶体的传输路径中晶界数量少，且晶界内的分子链必能最大限度地保持共平面构象，利于载流子传输，如图 3-56(b)所示。

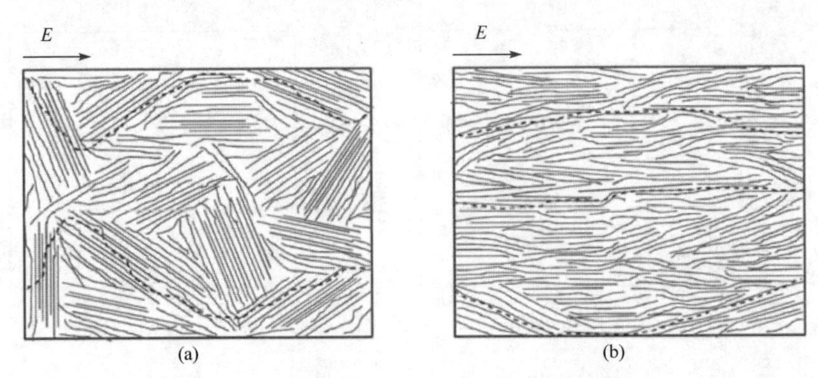

图 3-55 (a)晶界夹角分别为小角度和大角度时，晶界内部结构的示意图；(b) 晶体取向排列时载流子传输路径示意图[110]

取向薄膜为各向异性薄膜，其载流子传输也呈各向异性。通常情况下，沿晶体取向方向上的载流子迁移率高于其他方向。夹缝涂布是一种常见的大面积成膜手段，如图 3-56(A)所示，利用夹缝涂布制备的薄膜通常呈各向同性。Zhang 等[118]将夹缝涂布与纳米沟槽相结合，实现了 PCDTPT 薄膜中晶体的取向排列。结果表明，成膜过程中无纳米沟槽时，薄膜内部晶体杂乱排列，在宏观及微观尺度均为各向同性，如图 3-56(B)中(a)、(c)所示；而当存在纳米沟槽时，薄膜内部晶体沿沟槽方向取向排列，薄膜在宏观及微观尺度均呈各向异性，如图 3-56(B)中(b)、(d)所示。为了说明取向薄膜利于载流子传输，作者分别测试了不同条件下的场效应晶体管的性能。当利用旋涂及夹缝涂布成膜时，由于薄膜呈各向同性，其迁移率仅为 1.9 $cm^2/(V\cdot s)$及 2.6 $cm^2/(V\cdot s)$(由于夹缝涂布成膜过程溶剂挥发速率慢，成膜后 PCDTPT 结晶性强)；而将夹缝涂布与纳米沟槽相结合时，由于晶体沿沟槽方向取向排列且与器件沟道方向平行，此时载流子迁移率最高，达 4.96 $cm^2/(V\cdot s)$；然而，

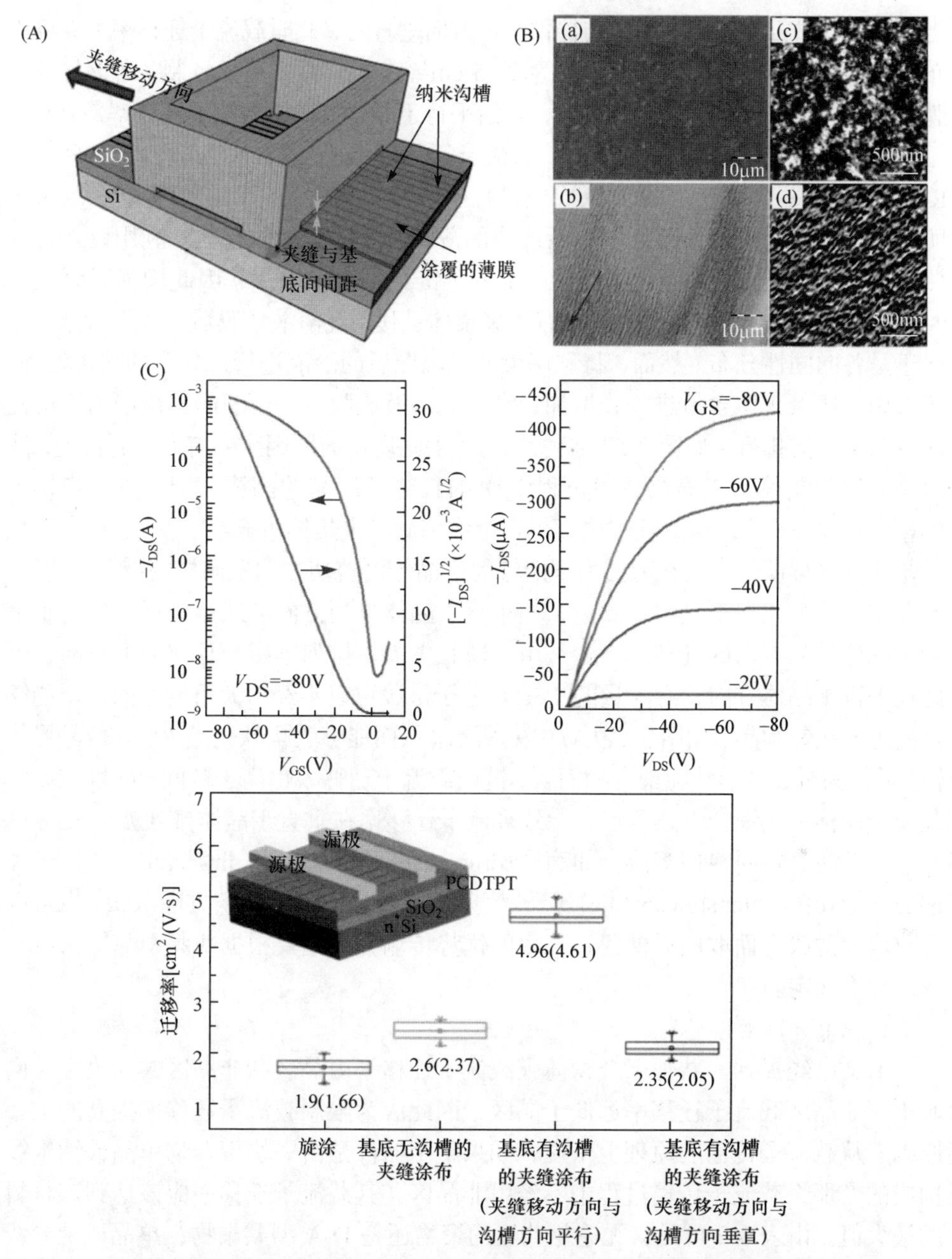

图 3-56　(A) 夹缝涂布与纳米沟槽相结合制备薄膜示意图；(B) 旋涂成膜的偏光显微镜(a)、原子力显微镜照片(c)及利用夹缝涂布与纳米沟槽相结合制备薄膜的偏光显微镜(b)、原子力显微镜照片(d)；(C) 利用夹缝涂布与纳米沟槽相结合制备有源层对应的场效应晶体管的转移和输出特性曲线及不同条件下成膜的器件的载流子迁移率[118]

当晶体沿沟槽方向取向排列且与器件沟道方向垂直时，此时载流子迁移率为夹缝涂布制备有源层器件中的最低值，仅为 2.35 $cm^2/(V \cdot s)$。由此可见，制备各向异性薄膜是提高载流子迁移率的有效手段，且沿平行于晶体方向的载流子迁移率最高！

然而，并非所有取向薄膜中，载流子迁移率沿晶体取向方向均为最高[119]。Reichmanis 等[120]研究了在刮涂成膜过程中溶液状态对晶体取向的影响。结果表明，当溶液中无有序聚集体时，所形成的薄膜内几乎无晶体存在。利用紫外光辐照溶液后，由于在光线照射下，P3HT 分子链共平面性增强，因此增强了分子间 π-π 堆叠作用，溶液中会形成部分有序聚集体；利用此溶液成膜后，薄膜内晶体趋向于呈各向同性分布。然而，将利用紫外光辐照后的溶液进行进一步的陈化处理，溶液中有序聚集体含量进一步增加；利用此溶液成膜后，薄膜内晶体趋向于沿刮涂方向呈取向排列，如图 3-57(A)所示。产生此现象的原因主要有两点：首先，溶液中有序聚集体可以充当成膜过程中 P3HT 分子结晶的晶核，能够进一步诱导 P3HT 结晶；另外，当溶液中聚集体含量增多后，聚集体可充当“交联点”，增加晶体间连接程度，因此在剪切力下能够促进晶体沿剪切方向取向排列[108]。作者发现在相同溶液状态下刮涂成膜后，在垂直于晶体排列方向的载流子迁移率高于平行于晶体排列方向的迁移率。这是由于薄膜中晶体排列紧密，且取向度较高，因此在平行于晶体方向，有大量的 P3HT 分子链段可以不经由大角度弯曲，便能够排列进入相邻须晶，如图 3-57(A)中(c)所示；从而能够大幅软化晶界，降低晶界传输势垒；另外，对于共轭聚合物而言，链内载流子迁移率也高于链间 π-π 堆积方向载流子迁移率。综合上述两点，导致载流子迁移率在垂直于晶体排列方向最高。

此外通过定向剪切溶液，如滴涂(drop-casting)[7]、浸涂(dip-coating)[121, 122]和偏心旋涂(off-center spin coating)等[123, 124]，均能使分子链沿剪切方向沉积，也可以形成取向薄膜。而取向后薄膜迁移率的优势传输方向则要根据薄膜中晶体密度、取向程度而定。

4. 单晶及纳米线

前文已经提到，共轭聚合物薄膜载流子迁移率由晶区和非晶区共同决定，同时由于非晶区载流子迁移率远低于晶区，因此成为限制载流子迁移率提高的主要原因。从载流子传输的原理上来说，如果整个器件是由一块聚合物单晶或纳米线构成的，那么载流子传输过程中不经由非晶区，其载流子迁移率应该达到该材料的最大值。由表 3-2 可见，无论是共轭均聚物还是 D-A 型共聚物，单晶或纳米线的载流子迁移率均保持在较高的水平，因此制备单晶或纳米线是获得器件高迁移率的有效途径！然而，由于共轭聚合物分子间缠结严重且作用力复杂，导致大尺寸晶体难于制备。本小节将结合载流子迁移率，主要介绍常见的共轭聚合物单晶及纳米线的制备。

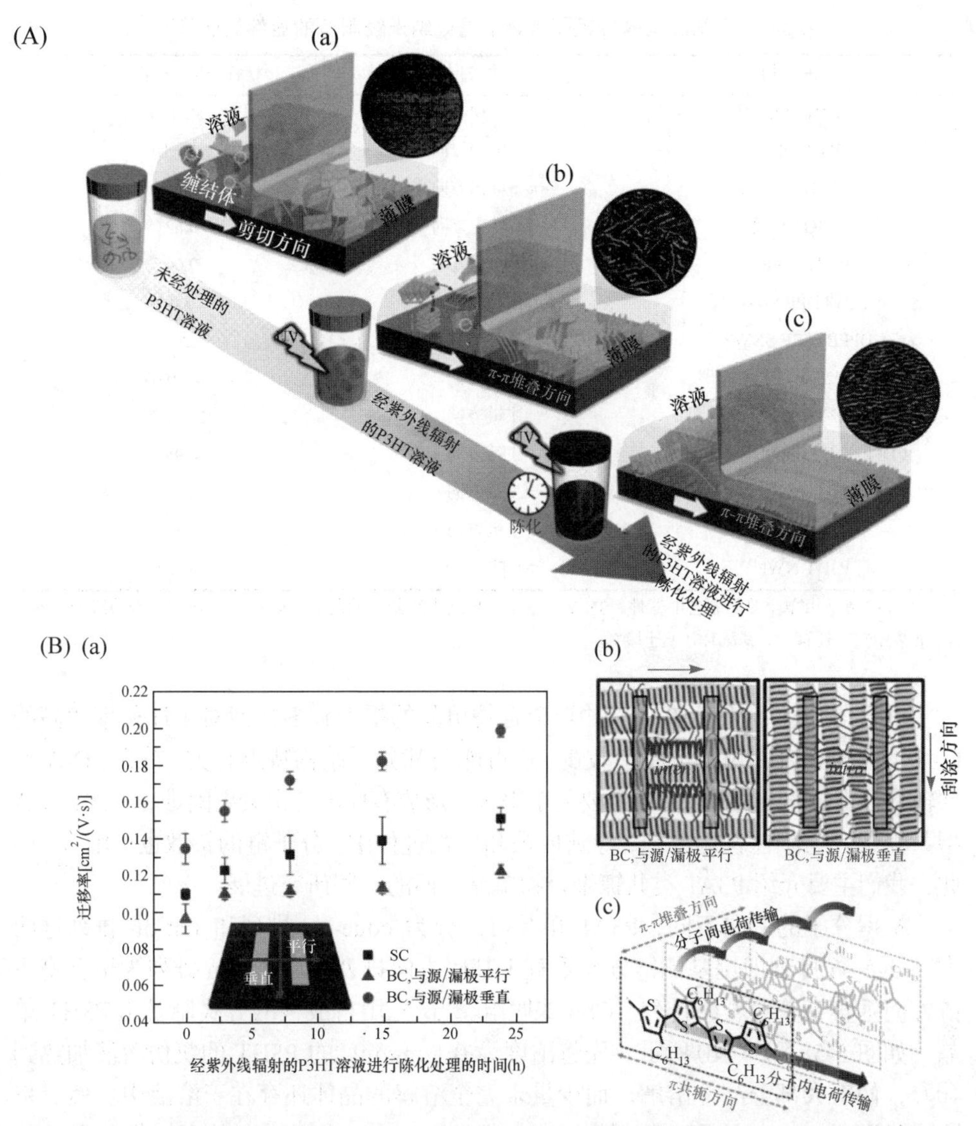

图 3-57 (A) 分别用未处理的溶液(a)、辐照的溶液(b)及辐照后陈化溶液(c)进行刮涂成膜的示意图；(B) 旋涂(SC)及刮涂(BC)(晶体垂直于沟道及平行于沟道)制备有源层器件载流子迁移率与溶液辐照时间关系(a)；(B) 源/漏极与晶体排列相对位置关系示意图(b)；(B) 晶体内载流子传输方向示意图(c)[120]

表 3-2 不同结构的共轭聚合物单晶或纳米线制备的器件的迁移率

聚合物	长度方向	迁移率[$cm^2/(V\cdot s)$]
P3HT SC[127]	π-π 堆积方向	约 10
P3OT SC[128]	π-π 堆积方向	1.54×10^{-4}
P3HT SC[80]	π-π 堆积方向	1.57×10^{-3}
P3OT SC[80]	π-π 堆积方向	0.62
P3HT SNW[147]	π-π 堆积方向	0.06
PDTTDPP SNW[145]	主链方向	7.0
DPPBTSPE SNW[148]	主链方向	24
PDPP2TBDT SNW[149]	主链方向	7.42 (h), 0.04 (e)
PDPP2TzBDT SNW[149]	主链方向	5.47 (h), 5.33 (e)
PDPP2T-BT-*co*-NDI SNW[150]	主链方向	0.98
CDT-BTZ SNW[137]	主链方向	5.5
PTz SNW[141]	主链方向	0.46
P3HT NWF[151]	π-π 堆积方向	0.15

注：SC 表示由单个单晶制备的器件，SNW 表示由单根纳米线制备的器件，NWF 表示由纳米线薄膜制备的器件，h 表示空穴迁移率，e 表示电子迁移率。

到目前为止，关于 P3AT 共轭聚合物单晶的报道较多，而对于迁移率较高的 D-A 型共轭聚合物单晶的报道较少，这可能与其分子结构特点有关。首先，D-A 型共轭聚合物化学结构较 P3AT 类要复杂得多，形成有序堆叠也会更困难。其次，D-A 型共轭聚合物刚性普遍更强，导致成核和生长过程中，分子链的扩散也更困难。因此，我们主要介绍 P3AT 类共轭聚合物单晶方面的一些研究进展。

根据分子的取向不同，P3AT 单晶可以分为 edge-on 排列和 flat-on 排列这两类。edge-on 排列即烷基侧链方向垂直于基底方向排列，而 flat-on 排列为聚合物主链方向垂直于基底方向排列。Cho 课题组[125]最先用自成核的方式制备出 P3HT 单晶，如图 3-58(a)～(d)所示。先将浓度为 0.1 mg/mL 的 P3HT 的氯仿溶液加热到 40℃，使得大部分晶体溶解，而少量未完全溶解的晶体还存在于溶液中。然后将溶液降温至 10℃，让聚合物缓慢结晶。得到的 P3HT 单晶在甲基官能化处理过的硅基底上采取 edge-on 的方式排列。P3HT 单晶的高度为 0.7～1.3 μm，宽度为 1～3 μm，长度为 30～500 μm。通过电子衍射，可以判断这些单晶的长度方向为 π-π 堆叠方向，而宽度方向为主链方向。之后，He 课题组[103]通过控制溶剂挥发的方法得到同样结构的聚 3-辛基噻吩(P3OT)单晶。此外，他们还制备出了长度方向沿主链方向、宽度方向沿 π-π 堆叠方向的 P3HT 和 P3OT 单晶，如图 3-58(e)～(h)所示[103, 126]。其具体制备过程为：先将一滴 P3HT 的氯仿溶液滴到基底上，将容器盖上盖子；然后将得到的薄膜放置在敞开的充满 THF 蒸气的容器内，温度为 35℃，压力为常压；去除残留的溶剂后，得到 P3HT 针状单晶，长度为 20～60 μm，宽度为 1～2.2 μm。

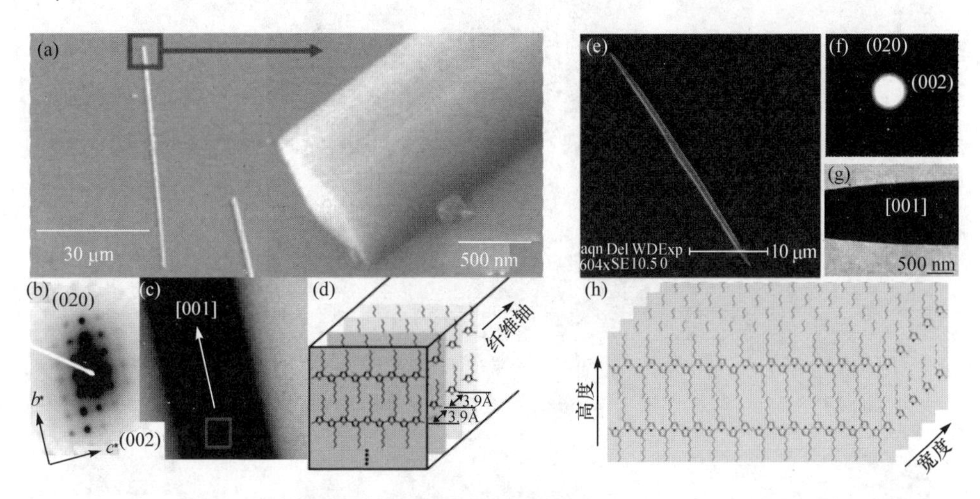

图 3-58 P3HT 单晶的 TEM 图[(a)、(e)]，SAED 图[(b)、(f)]，局部 TEM 图[(c)、(g)]和机理说明图[(d)、(h)]。(a)～(d)为长度方向沿 π-π 堆积方向[125]；(e)～(h)为长度方向沿主链方向[103]

Yan 课题组[127]首次制备出 flat-on 排列的聚 3-丁基噻吩(P3BT)单晶，如图 3-59(a)所示。他们先将 P3BT 的 THF 溶液滴到玻璃基底上，并控制溶剂缓慢挥发。然后将得到的薄膜浸没到硝基苯和 THF 的混合溶剂(体积比 3∶1)中，持续数天直至溶剂完全挥发。最终，得到层状的 P3BT 单晶，层的厚度在 15.6～104 nm 之间。作者发现不同层厚是由不同分子量的聚合物梯度结晶所导致的，而晶体的生长前沿方向为烷基侧链方向。随后，Reiter 课题组[49]通过自成核的方式制备出了 flat-on 排列的 P3HT 单晶，如图 3-59(b)～(e)所示。他们得到的 P3HT 单晶高度为 59 nm，与聚合物伸直链的长度相符合。与 Yan 课题组结果不同的是，他们得到的单晶的长度方向为 π-π 堆积方向。

可以看出，通过改变结晶条件以调节热力学参数和动力学过程，可以得到不同结构的 P3AT 类共轭聚合物单晶。但得到的单晶尺寸很难达到很大，这就限制了其实际应用。考虑实际有机场效应晶体管(OTFT)器件一般都是沿某个方向传输电荷，将共轭聚合物制成很长的纳米线结构将是一种有效的提高迁移率的方法。纳米线一般指长宽比大于 1000 的纳米结构，其直径一般为几十到几百纳米，而长度通常超过 1 μm。

Ihn 课题组[10]在 1993 年首次用晶须法制备出聚噻吩类聚合物纳米线。他们采

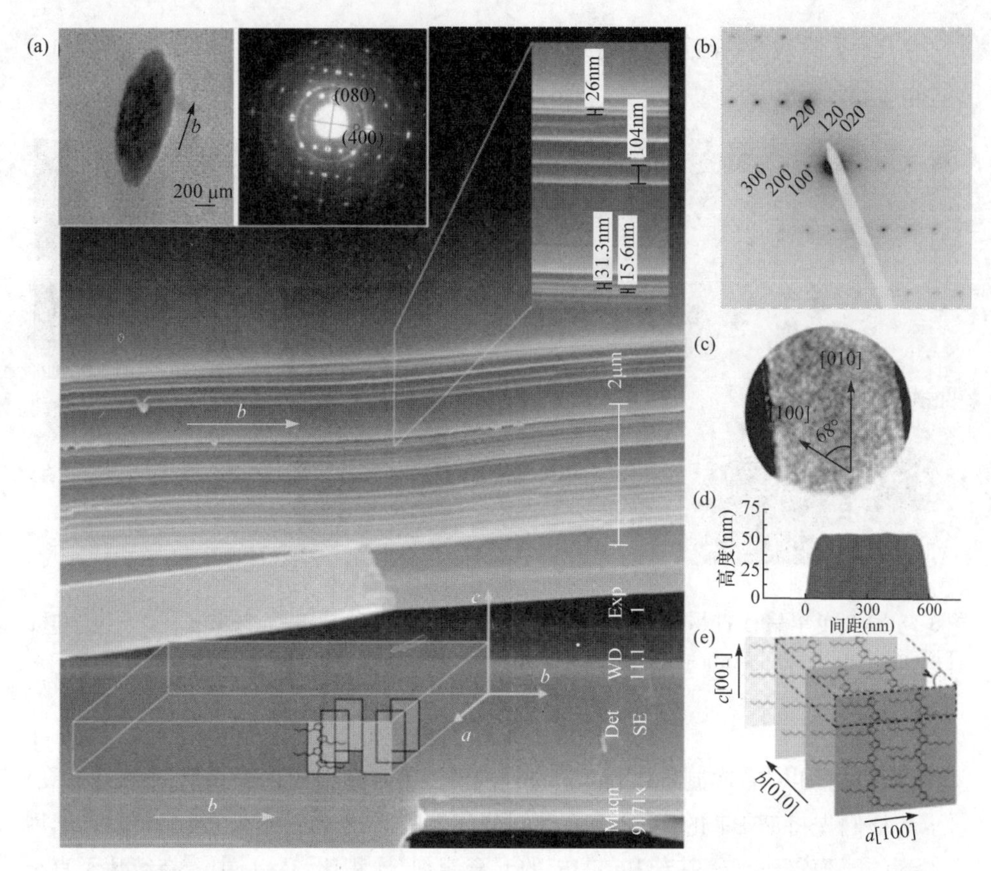

图 3-59 Flat-on 排列的 P3AT 单晶：(a) P3BT 单晶，长度方向为烷基侧链方向，左侧插图为明场显微图，右侧插图为选区电子衍射图[127]；(b)～(e) P3HT 单晶的选区电子衍射图、明场显微图、AFM 高度图和机理示意图，长度方向为π-π堆叠方向[49]

用的方法很简单，即在一定的温度下，缓慢降温至室温。得到的高度结晶的 P3HT 纳米线宽度大约在 15 nm，长度大约在 10 μm，纤维晶中分子主链垂直于晶体的长轴方向，也就是说分子主链对应于晶体的宽度方向，而π-π堆叠方向为晶体长轴方向，如图 3-60 所示。由于伸直的 P3HT 链长度大约为 65 nm。因此，Ihn 等认为，聚合物分子链通过折叠后形成纳米线。

Zhai 课题组[128]研究了数均分子量对 P3HT 纳米线结构的影响，如图 3-61 所示。作者发现当 P3HT 的分子量小于临界值(10000)时，纳米线的宽度与伸直链的长度有关；而当分子量超过这个值时，纳米线的宽度保持恒定。这说明当分子量超过临界值时，P3HT 分子采取链折叠的方式进行结晶。他们还发现温度越高，折叠链的长度越大，这与柔性链的结果相符合[45, 67]。Jeong 课题组[129]研究了分子量和等规度对 P3HT 纳米纤维的影响。他们发现存在临界等规度，为 96%～98%。在临界等规度区间以上的聚合物倾向于形成短的纳米纤维；而在临界等规度区间以下的聚合物比较容易形成长的纳米纤维；在临界等规度区间内，低分子量聚合物倾向于形成短的纳米纤维，而高分子量的聚合物倾向于形成长的纳米纤维。

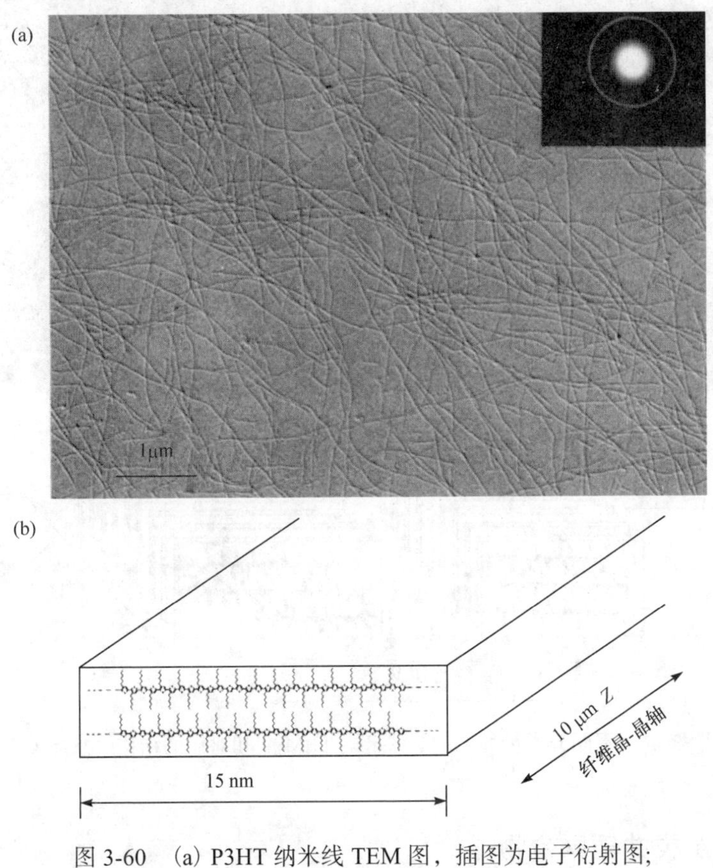

图 3-60 (a) P3HT 纳米线 TEM 图，插图为电子衍射图；(b) P3HT 纳米线分子排列示意图[10]

此外，还可以用其他的方法制备 P3AT 纳米线。例如：Reichmanis 课题组[76]通过紫外光照的方法制备了 P3HT 纳米线；Hayward 课题组[130]利用光交联的方法制备出可水溶液加工的 P3HT 嵌段共聚物纳米线；Jeong 课题组[131]通过先循环冷却和加热，再直接旋涂的方法制备出 P3HT 纳米线等。简言之，纳米线制备工艺相对简单，是更适合获得高载流子迁移率器件的有效途径。

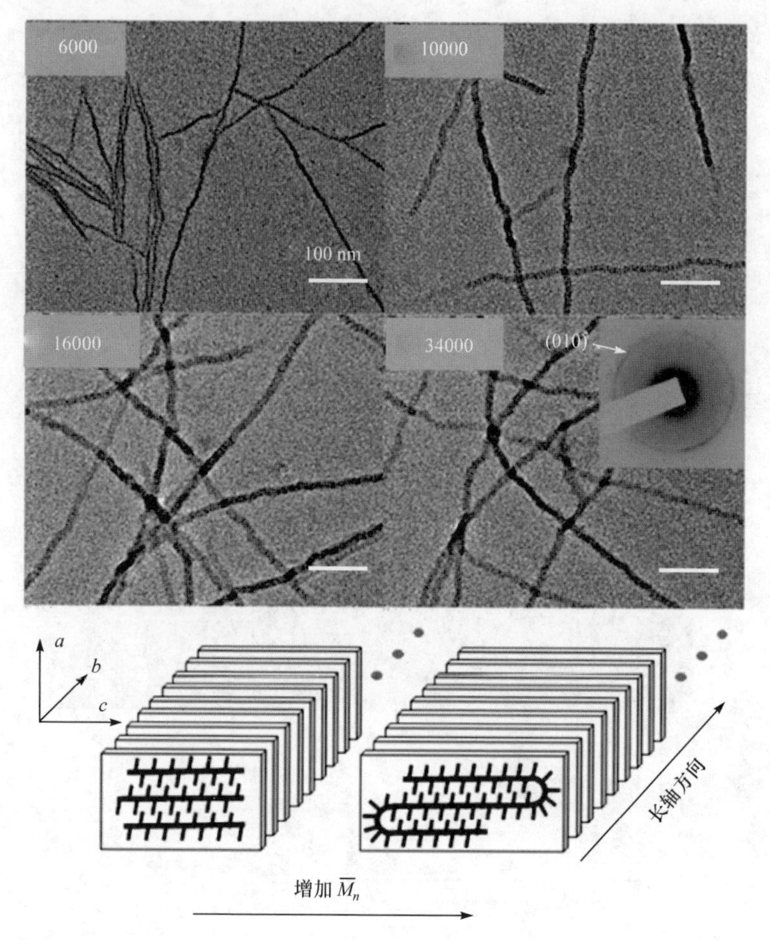

图 3-61　不同分子量的 P3HT 纳米线 TEM 图和对应的结构示意图[128]

3.4.2　D-A 类共轭聚合物

与均聚物相似，D-A 类共轭聚合物载流子迁移率也同样受到分子取向、分子间π-π堆叠间距、晶体取向、晶体间连接及晶体尺寸等因素的影响。然而，由于D-A 类分子刚性更强，导致分子难以结晶，往往形成的晶体尺寸小；但是，晶体间链接分子更倾向于形成共平面构象，晶界势垒低，这也是为什么 D-A 类分子结晶性低于聚噻吩类分子，但迁移率却较高的原因。无论是均聚物还是 D-A 类共轭聚合物，其分子结晶行为及载流子传输机理是一致的，因此在这部分内容中，我们将简略地介绍 D-A 类共轭聚合物凝聚态结构与性能间关系。

D-A 类共轭聚合物也存在分子取向行为。Lee 等[132]发现共轭分子链的主链弧度可以影响分子取向，如图 3-62 所示。他们将二烷氧基苯并噻二唑与噻吩、并噻吩分别交替共聚，发现二者的环间扭转角(20°和 164°～168°)和非共价键相互作用(S···O、S···N、O···H)类似，即分子平面性类似；但是由于并噻吩的中心对称结构，使得与并噻吩共聚的分子链(PTTBT)主链呈直线形，而与噻吩(PTBT14)共聚的分子链呈较大弧度的波浪形。直线形的 PTTBT 分子在薄膜中采取 edge-on 取向，而波浪形的 PTBT 分子则在薄膜中采取 face-on 取向。Chen 等[133]通过改变受体单元的结构，分别将异靛蓝和噻并异靛蓝与二噻吩交替共聚，发现平面性较好的分子与基底的范德瓦耳斯力作用更强，有利于分子平面与基底贴合并诱导随后的 face-on 生长；平面性较差的分子与基底作用力弱，只能依靠分子间相互作用完成聚集从而形成 edge-on 聚集体。

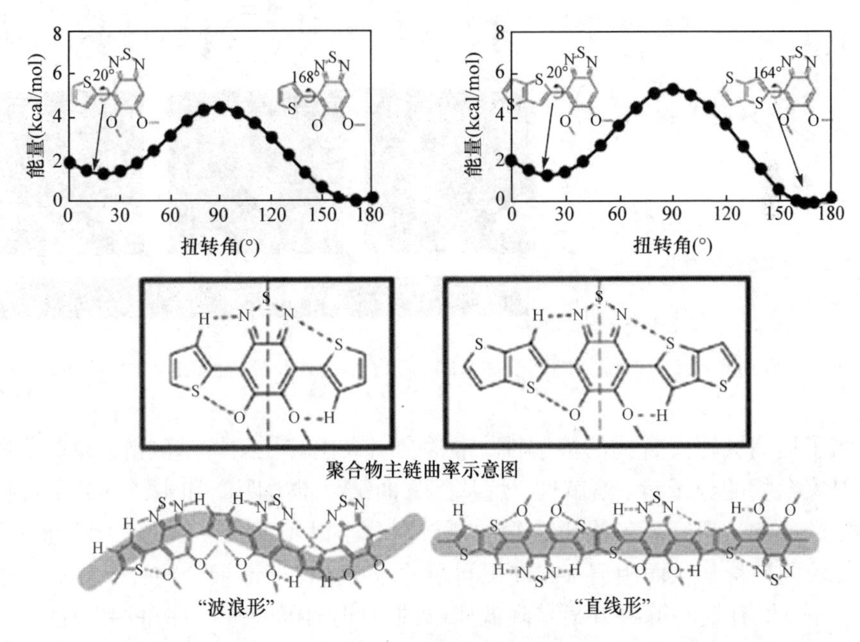

图 3-62 PTBT 及 PTTBT 分子主链扭转情况及主链构象示意图[132]

前文已经提到，共轭聚合物分子间 π-π 堆积间距对沿 π-π 叠加方向上的载流子迁移率影响至关重要：随着 π-π 堆积间距降低，π-π 堆积方向上的 p 轨道的耦合增加，转移积分增大，载流子迁移率与 π-π 堆积间距呈指数关系增大[5]。

通过向给体主链中插入平面性更好或拉电子能力更强的受体基元，或向受体主链中插入共轭面积更大的给体基元，增加电荷的离域能力，能够减小 π-π 堆积间距，提高载流子迁移率。Cho 等[135]通过在苯并二噻吩-噻吩给体骨架中插入苯、吡啶、哒嗪等受体基团，发现随着氮原子数量和杂环缺电子程度的增加，聚合物链内给体基元与受体基元作用增强，分子的环间扭转角从 23.5°减小到 1.6°，改善了共轭聚合物主链共面性，使 π-π 堆砌距离从 4.2 Å 下降到 3.6 Å，相应的载流子迁移率

也由 2.33×10^{-6} $cm^2/(V\cdot s)$提高至 3.78×10^{-5} $cm^2/(V\cdot s)$，如图 3-63 所示。Yang 等[136]在平面性极好的噻并异靛蓝受体基元边引入噻吩、硒吩、二噻吩等给体基元，随着基元给电子能力的增强，电子转移作用增强，从而增强了共轭平面引力，使 π-π 堆积间距从 3.67 Å 下降到 3.62 Å。另外，向主链中引入共平面性更好的基元，亦能够增加分子内部的电荷离域能力，减小 π-π 堆积间距。Fréchet 等[137]选择一系列基于异靛蓝的具有不同平面性的受体基元与双噻吩共聚，发现随着受体基元共平面性的增加，聚合物分子链的电荷离域能力增强，薄膜中 π-π 堆砌距离逐渐减小（从 3.63 Å 减小到 3.55 Å），迁移率由 0.43 $cm^2/(V\cdot s)$提高至 0.93 $cm^2/(V\cdot s)$。

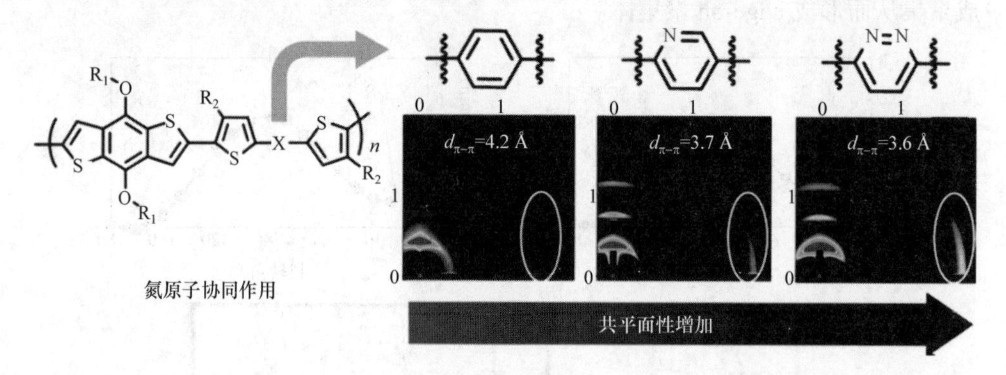

图 3-63　分别插入苯、吡啶、哒嗪受体基团的分子结构式及相应的 2D-GIWAX 图谱[135]

为了提高共轭聚合物的溶解性，常常会引入比较长的烷基侧链。而调节侧链结构对聚合物的分子量、溶解性、烷基链方向结晶堆叠距离和主链的共平面性都有一定的影响。研究者们指出较短的侧链在分子以 face-to-face 方式靠近过程中会增加位阻效应，从而阻碍 π-π 堆积间距的减小。在保证聚合物分子较高溶解度的前提下，最有效的解决方案是降低侧链的空间位阻，使得主链间引力占主导作用。通过引入支化点远离主链的长烷基侧链或增加侧链体积分数均可达到上述目的。Meager 等[138]在并噻吩-并吡咯共聚物中通过改变侧链支化点位置合成了聚合物 C1、C2 及 C3，实现了分子间 π-π 堆积间距的调节。作者发现随着支化点从 α 位外延至 γ 位，π-π 堆积间距从 3.59 Å 减小至 3.52 Å(如图 3-64 所示)，空穴迁移率也由 0.014 $cm^2/(V\cdot s)$提升到 0.066 $cm^2/(V\cdot s)$。Kim 等[139]发现在 D-A 分子中引入更长且支化点距离主链更远的侧链后，吸收光谱红移近 20 nm，π-π 堆积间距从 3.7 Å 减小至 3.58 Å，载流子迁移率由 4.4 $cm^2/(V\cdot s)$提升至 12.04 $cm^2/(V\cdot s)$，提高近 3 倍。

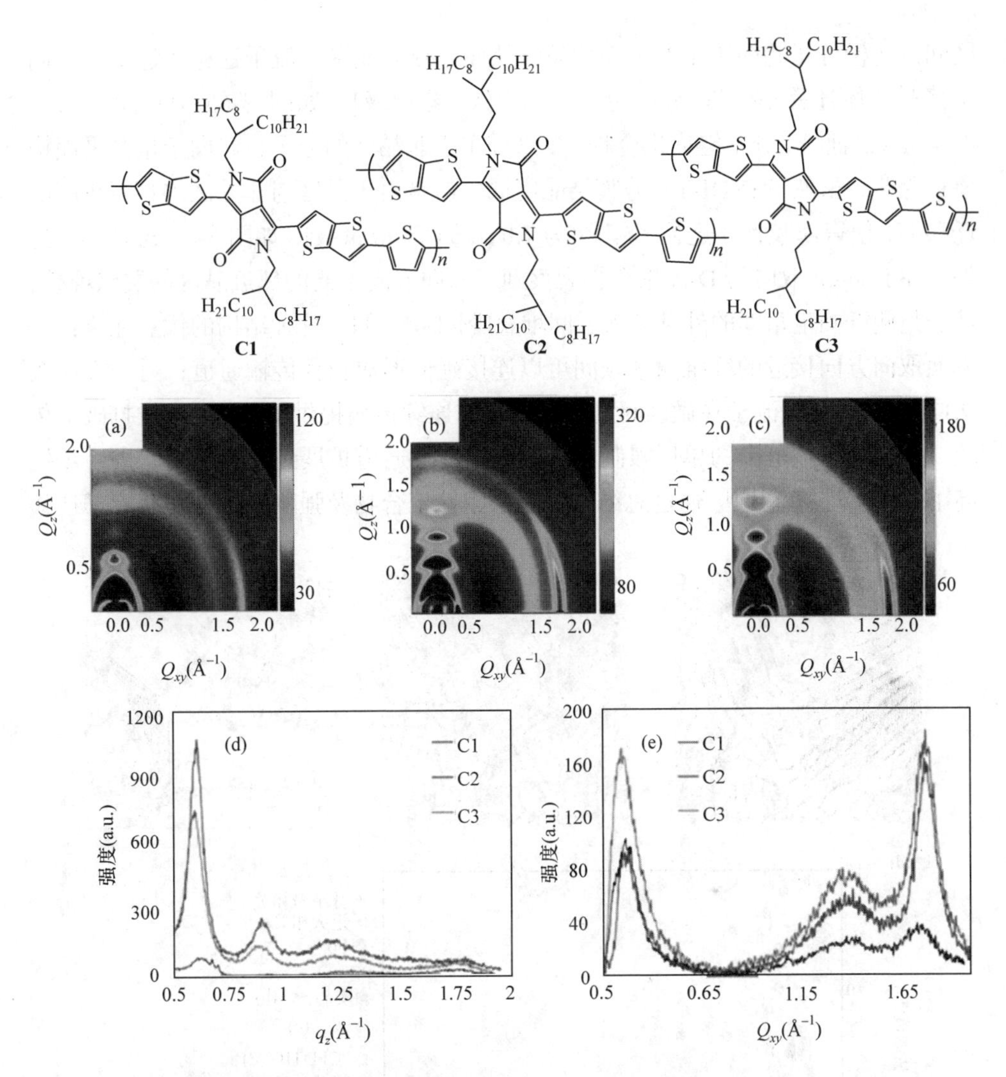

图 3-64 三种不同侧链的 PDPPTT-T 聚合物结构示意图；(a)～(c) 2D-GIWAX 图[(a) C1、(b) C2、(c) C3]；(d) 面外方向 X 射线衍射；(e) 面内方向 X 射线衍射[138]

除晶体间链接分子数量外，链接分子共平面性也是决定非晶区载流子迁移势垒大小的重要因素。众所周知，共轭聚合物分子间弱相互作用决定电荷只能在相邻分子间跳跃。由 3.1 节中所提到的 Marcus 理论可知，载流子迁移率与分子的共平面性密切相关。分子采取共平面构象时的能级劈裂大于分子采取扭转构象时的能级劈裂程度，因此分子采取共平面构象时转移积分大、迁移率高。Salleo 等[140]对比了不同刚性聚合物的载流子迁移能力[强刚性的 P(NDI-T2) 和半刚性的 P3HT]。虽然 P3HT 晶区尺寸较大，能够形成高结晶性薄膜；但是由于分子刚性弱，其晶区与晶区间的链接分子趋向于呈非平面构象，从而导致非晶区载流子迁移率过低，限制了薄膜整体迁移率的提高[仅为 0.1 $cm^2/(V \cdot s)$量级]，如图 3-65(a)所示。对于P(NDI-T2)而言，分子链内耦合程度大，分布于非晶区的分子也趋向于呈共平面构象；因此，虽然 P(NDI-T2)薄膜结晶度低，但是由于晶区与非晶区均具有较高的迁移率，使得薄膜整体迁移率较高[为 1.0 $cm^2/(V \cdot s)$量级]，如图 3-65(b)所示。另外，在 face-on 取向的 D-A 聚合物观察到了取向方向不同的邻近晶区的层状堆叠，甚至是侧链确定角度的外延交叉层间堆叠[图 3-65(c)]，这种结构的优点在于：一方面取向方向接近的纤维状区域间可以连接延伸形成长程传输通道；另一方面在法向π-π堆叠为载流子在微区间的层间跃迁与连续传输提供了可能，这样打破了传统二维晶界传输范围的单层限制，将载流子传输通道扩展到三维空间，进一步提高了载流子迁移率[141]。通过总结常见的半刚性聚合物及强刚性聚合物载流子迁移

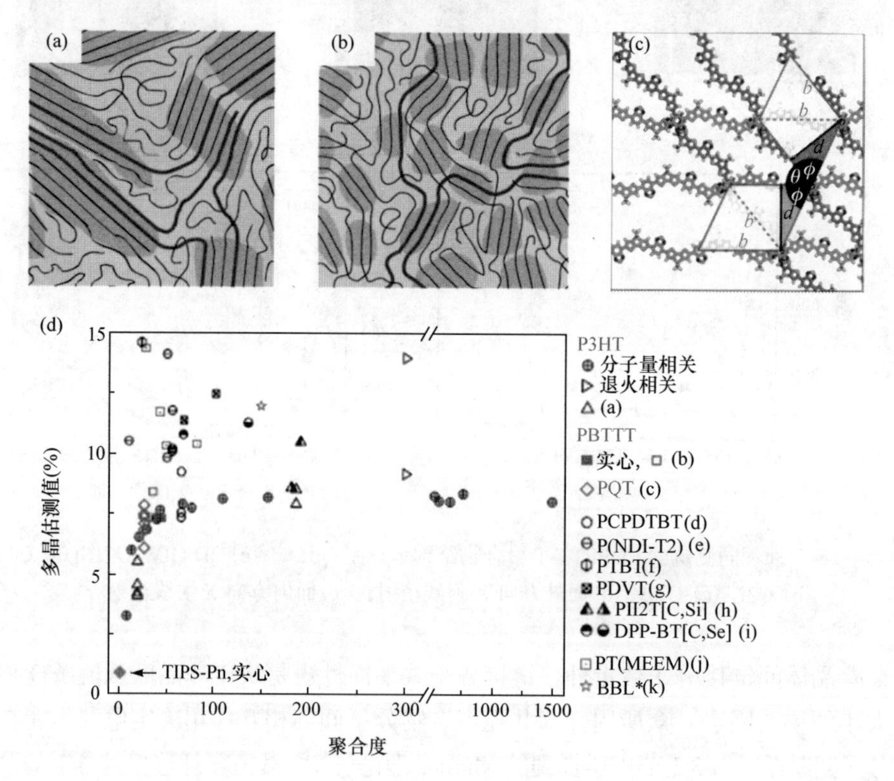

图 3-65 不同刚性聚合物在膜态下的凝聚态结构示意图：(a)半刚性聚合物，(b)强刚性聚合物；(c)face-on 取向的 D-A 聚合物邻近晶区的层状堆叠结构；(d)半刚性聚合物及强刚性聚合物载流子迁移率与分子量之间的关系[140]

率与分子量之间的关系，如图 3-65(d)所示，可以清晰地看到，在分子量相似的情况下，不同种类的半刚性聚合物的迁移率低于强刚性聚合物的迁移率，也进一步证实了上述观点。

D-A 类分子通过施加剪切力场或者引入空间受限条件等也能够获得晶体取向排列的薄膜。Amundson 等[142]报道了由取向的聚四氟乙烯基底诱导获得取向的 P3HT 薄膜的方法。首先使用摩擦转移的方法制备出聚四氟乙烯(PTFE)的取向薄膜，聚四氟乙烯分子主链会沿着摩擦的方向进行取向结晶，同时顺着摩擦的方向会出现平行的沟道结构。当在聚四氟乙烯的取向薄膜上用滴膜的方法制备薄膜时，P3HT 分子链的主轴会沿着摩擦的方向进行排列。薄膜上沿着摩擦方向的载流子迁移率会更大。一般认为薄膜表面的拓扑结构是造成这种载流子迁移率各向异性的主要原因。Son 等[17]采用类似的方法制备了 PCDTPT 的取向薄膜。作者先用粒径 100 nm 的金刚石研磨膜摩擦硅片，在硅片上留下平行沟道，然后让溶液在沟道中缓慢挥发最终得到取向高度一致的薄膜。而在未经处理的光滑硅片上得到的薄膜中晶体随机取向，存在很多晶界[图 3-66(a)]。取向薄膜比未取向薄膜的载流子迁移率高出一个数量级(不同分子量下现象均类似)，最高可达 23.7 $cm^2/(V \cdot s)$，如图 3-66(b)所示。

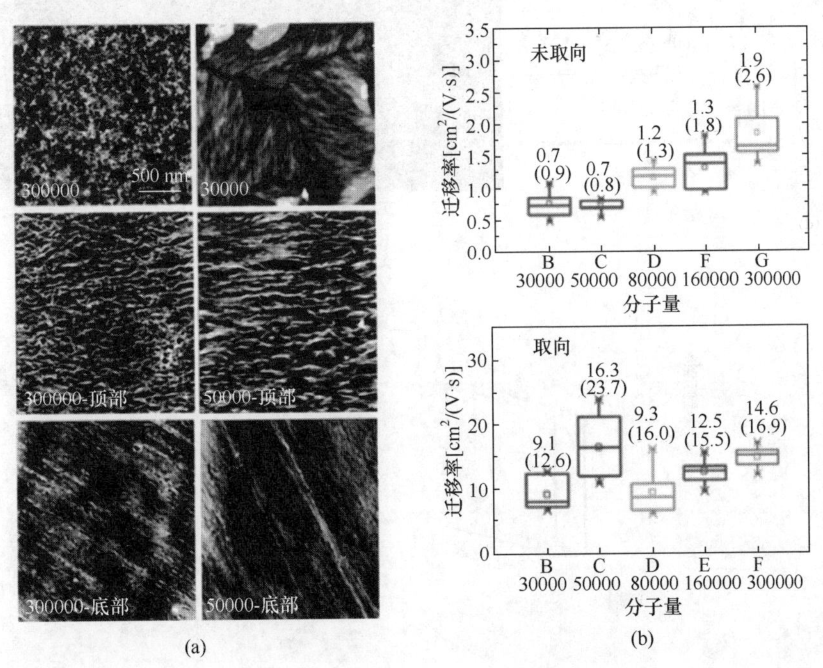

图 3-66　分子量为(a)300000 和 30000 的 PCDTPT 的未取向薄膜形貌(上)以及取向薄膜顶部(中)和底部(下)形貌图；(b)不同分子量的 PCDTPT 薄膜分别在未取向(上)和取向(下)时的迁移率[17]

如前所述，D-A 型聚合物由于分子刚性强，分子间作用力复杂，结晶过程中缺陷数量多，难于形成纤维晶。目前，通过成核及晶体生长控制，仅能得到大尺寸纤维晶[51, 102, 143-148]。例如：Müllen 课题组[102]通过溶剂蒸气结合滴涂(SVED)的方式制备出 CDT-BTZ 纳米线；Park 课题组[145]通过表面活性剂结合模板法制备了一种含苯并噻二唑单元的交替共聚物(PCPDTBT)纳米线；Zhan 等[146]通过溶液自组装的方法制备了一种基于联噻唑-噻唑单元的 D-A 共聚物(PTz)纳米线；等等。目前为止，报道的 D-A 型共轭聚合物纳米线的长度方向均为主链方向，并且分子链在结晶过程中不发生折叠。例如，Kim 等[149]首次制备出一种 DPP 类聚合物——PDTTDPP 的一维纳米线。图 3-67(a)为制备出的纳米线的电镜图片。通过选区电子衍射可以看出，

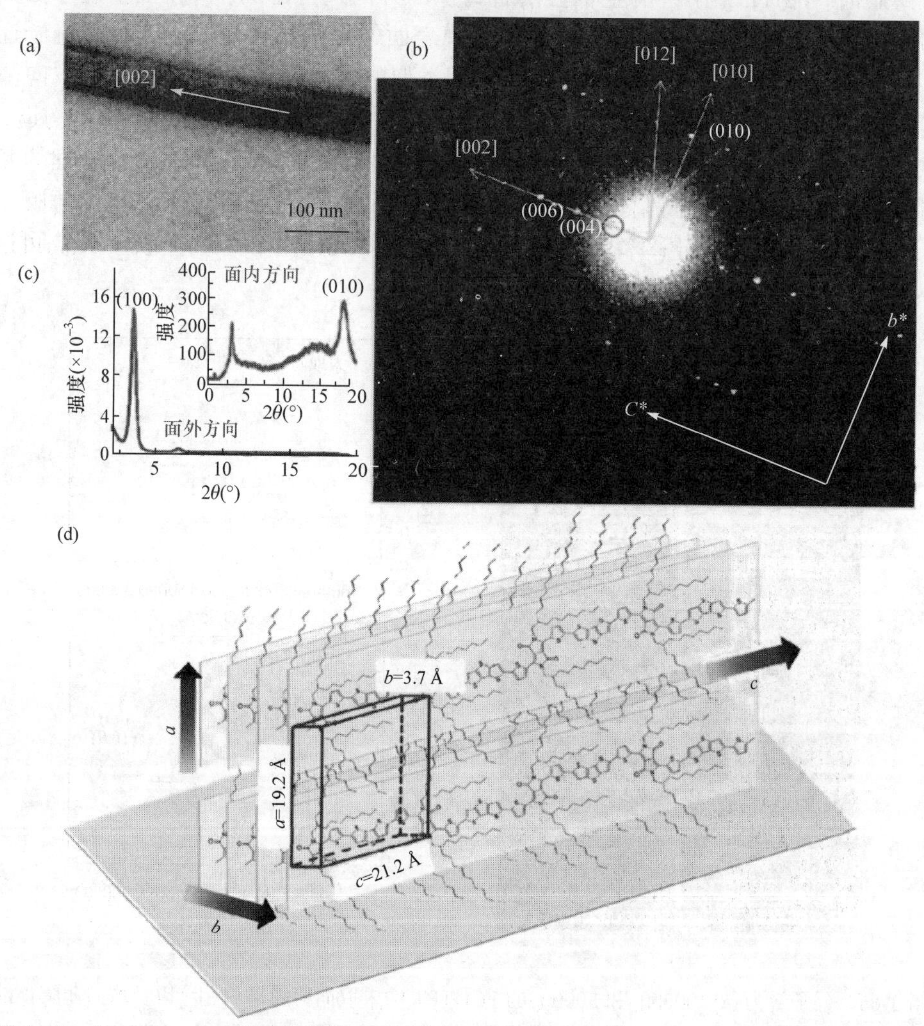

图 3-67 (a) PDTTDPP 单根纳米线 TEM 图; (b) PDTTDPP 纳米线选区电子衍射; (c) 面内和面外方向上 X 射线衍射图; (d) PDTTDPP 纳米线堆叠结构示意图[149]

PDTTDPP 纳米线有很好的一维有序性，纳米线采取 edge-on 排列。比对电子衍射和 X 射线衍射结果，可以推断出，PDTTDPP 纳米线的长度方向为分子主链方向，宽度方向为π-π堆叠方向。PDTTDPP 纳米线内分子的排列方向和 DPP 类晶体基本一样。通过沿单根纳米线长度方向搭建 OTFT 器件，其空穴迁移率高达 6.00～7.00 $cm^2/(V \cdot s)$[PDTTDPP 薄膜制备的器件迁移率仅为 0.44～0.70 $cm^2/(V \cdot s)$]。

由于分子间缠结严重，目前刚性强的聚合物纳米线的制备大多在低浓度条件下实现，而制备高浓度的 D-A 型聚合物纳米线仍然是一个挑战。Chen 等[150]利用混合溶剂(ChB 及 CS_2)控制聚合物与溶剂相互作用半径(R_a)来调节溶液中共轭聚合物分子缠结↔解缠结↔成核生长平衡，在高浓度下实现了 pBTTT-C14 的高密度、长纳米线的制备。溶剂和聚合物结构式及溶度参数如图 3-68(a)所示。根据纳

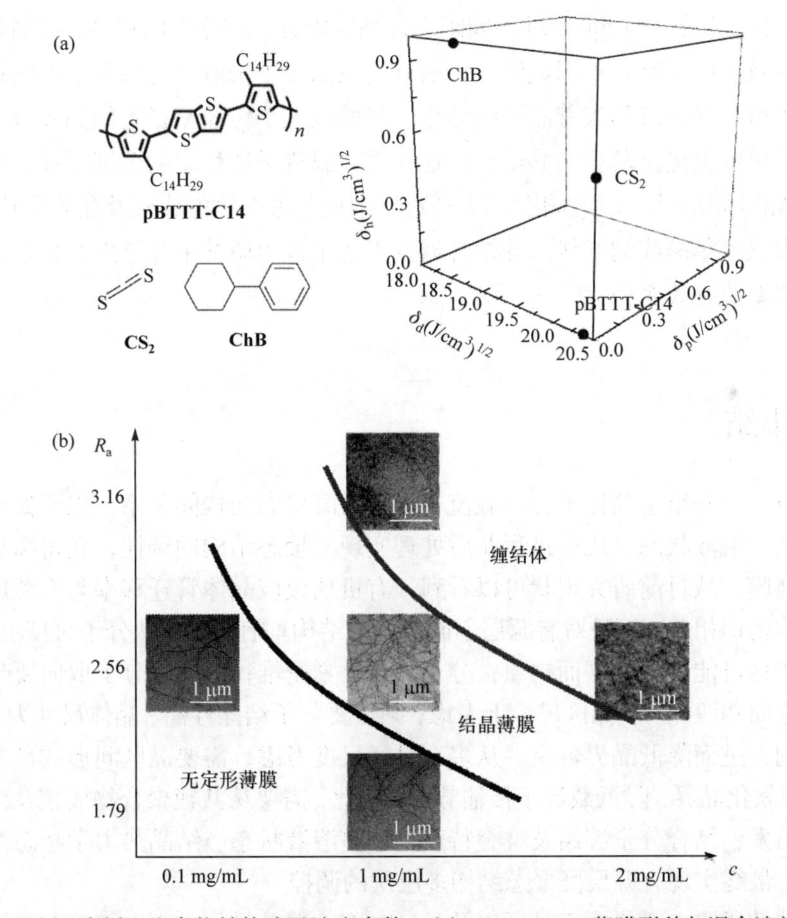

图 3-68　(a) 溶剂和聚合物结构式及溶度参数；(b) pBTTT-C14 薄膜形貌与混合溶剂的 R_a 和浓度间的关系[150]

米线的结晶机理，Chen 等总结了形貌与 R_a 和浓度的关系，如图 3-68(b)所示。在低 R_a 和低浓度溶液中，过饱和度过低，或者达不到饱和溶液，不能结晶成核和生长形成纳米线。成膜过程中形成少量短的纳米线。低 R_a 和低浓度溶液处于无定形区。当 R_a 和浓度适当增加到解缠结的临界值，溶液进入结晶区，低过饱和度缓慢驱动解缠结的共轭聚合物调整构象进行结晶。缓慢的成核和生长形成完善的晶核，减少了纳米线的缺陷，利于形成长纳米线。在高 R_a 和高浓度溶液中，处于缠结区，分子链间的缠结不能解开，不利于纳米线的生长，薄膜形貌为无定形聚集和小的晶体。结晶区是纳米线生长的最优区。由于需要制备高密度的纳米线，这就需要有足够的分子参与结晶，就必须利用高浓度的溶液；然而高浓度下分子缠结严重，通过降低 R_a 则能够促进其解缠结，从而制备高密度的长纳米线。

综上所述，共轭聚合物凝聚态结构对载流子迁移率有显著影响。通过提高分子共平面性，降低分子间π-π堆积间距实现晶区内分子有序性的提高；提高薄膜结晶性，以及在此基础上根据载流子传输方向控制分子采取合适的分子取向；通过调节分子量、晶区排列改善晶区间链接，降低载流子传输路径上的晶界数量等均是从不同尺度上优化薄膜结晶形貌，这是提高载流子迁移率的关键所在。另一方面，将结晶热力学与动力学相结合，通过精细控制聚合物的成核及晶体生长过程，制备出大尺寸单晶或纳米线，并结合器件工艺制备出微纳单晶器件，也是提高载流子迁移率的有效途径。

3.5 小结

本章主要介绍了共轭聚合物载流子传输与凝聚态结构间关系，以及如何通过分子结构、溶液状态、成膜过程及后处理实现凝聚态结构的调控，获得高载流子迁移率薄膜。从目前研究现状可以看到，有机场效应晶体管迁移率与有源层的凝聚态结构密切相关，而且对有源层不同尺度的结构均有要求。从分子尺度上考虑，需要分子尽可能形成共平面构象，分子间形成紧密堆积，同时分子取向要与载流子传输方向相匹配。从晶区尺度上考虑，则需要分子结晶性高、晶体尺寸大、晶体取向排列，进而降低晶界数量。从多个晶区尺度考虑，需要晶区间形成良好的链接，从而软化晶界，降低载流子传输势垒。因此，需要从共轭聚合物成核及结晶生长过程出发，结合分子缠结及堆叠特点，调整溶液状态、结晶热力学状态及动力学过程，最终实现有源层凝聚态结构多层次的调控。

目前的研究主要集中于晶区以及晶区内部，但是另一方面，随着材料体系日新月异的发展，也涌现出了一些结晶性较弱但仍可获得高迁移率的材料[151, 152]，并引出了一些新的观点，例如 Salleo 课题组[153, 154]指出在材料分子量足够高时，只需要短程的分子间聚集即可实现高迁移率，Venkateshvaran 等[155]则提出在无序区中也能保持高共平面性的分子是实现高迁移率的关键。这些新观点也暗示了非晶区内部分子构象及分子间相互作用对载流子迁移率的影响。因此，在晶区凝聚态结构优化的基础上，如何控制及表征非晶区内分子行为，可能是未来研究的另一个热点！

参考文献

[1] Marcus R A. On the theory of oxidation-reduction reactions involving electron transfer. I. The Journal of Chemical Physics,1956,24(5):966-978.

[2] Marcus R A. On the Theory of oxidation-reduction reactions involving electron transfer. II. The Journal of Chemical Physics,1957,26(4):867.

[3] Marcus R A. On the theory of oxidation-reduction reactions involving electron transfer. Ⅲ. The Journal of Chemical Physics,1957,26(4):869.

[4] Lan Y K, Huang C I. Charge mobility and transport behavior in the ordered and disordered states of the regioregular poly(3-hexylthiophene). Journal of Physical Chemistry B,2009,113(44):14555.

[5] Brédas J L, Calbert J P, Cornil J. Organic semiconductors: A theoretical characterization of the basic parameters governing charge transport. Proceedings of the National Academy of Sciences of the United States of America,2002,99(9):5804-5809.

[6] Yuan Y, Shu J, Liu P, Zhang Y, Duan Y, Zhang J. Study on π-π interaction in H- and J-aggregates of poly(3-hexylthiophene) nanowires by multiple techniques. Journal of Physical Chemistry B,2015,119(26):8446.

[7] Liang C, Chi S, Zhao K, Liu J, Yu X, Han Y. Aligned films of the DPP-based conjugated polymer by solvent vapor enhanced drop casting. Polymer,2016,104:123-129.

[8] Tseng H R, Phan H, Luo C, Wang M, Perez L A, Patel S N, Ying L, Kramer E J, Nguyen T Q, Bazan G C. High-mobility field-effect transistors fabricated with macroscopic aligned semiconducting polymers.Advanced Materials, 2014,26(19):2993-2998.

[9] Luo C, Kyaw A K, Perez L A, Patel S, Wang M, Grimm B, Bazan G C, Kramer E J, Heeger A. General strategy for self-assembly of highly oriented nanocrystalline semiconducting polymers with high mobility. Nano Letters,2014,14(5):2764-2771.

[10] Ihn K J, Moulton J, Smith P. Whiskers of poly(3-alkylthiophene)s. Journal of Polymer Science Part A: Polymer Chemistry,2010,31(6):735-742.

[11] Chen L, Wang H, Liu J, Xing R, Yu X, Han Y. Tuning the π-π stacking distance and J-aggregation of DPP-based conjugated polymer via introducing insulating polymer. Journal of Polymer Science Part B: Polymer Physics, 2016,54(8):838-847.

[12] Tremel K, Fischer F S U, Kayunkid N, Pietro R D, Tkachov R, Kiriy A, Neher D, Ludwigs S, Brinkmann M. Charge transport anisotropy in highly oriented thin films of the acceptor polymer P(NDI2OD - T2). Advanced Energy Materials, 2014,4(10):1301659.

[13] Mollinger S A, Krajina B A, Noriega R, Salleo A, Spakowitz A. Percolation, tie-molecules, and

the microstructural determinants of charge transport in semicrystalline conjugated polymers. ACS Macro Letters, 2015,4(7):708-712.

[14] Dan M, Nir T. A comprehensive study of the effects of chain morphology on the transport properties of amorphous polymer films. Scientific Reports, 2016,6(1):29092.

[15] Yan Z, Zhao X, Roders M, Ge Q, Ying D, Ayzner A L, Mei J. Complementary semiconducting polymer blends for efficient charge transport. Chemistry of Materials,2015,27(20):7164-7170.

[16] Zhao X, Zhao Y, Ge Q, Butrouna K, Diao Y, Graham K R, Mei J. Complementary semiconducting polymer blends: The influence of conjugation-break spacer length in matrix polymers. Macromolecules,2016,49(7):2601-2608.

[17] Son S Y, Kim Y, Lee J, Lee G Y, Park W T, Noh Y Y, Chan E P, Park T J. High field-effect mobility of low-crystallinity conjugated polymers with localized aggregates. Journal of the American Chemical Society, 2016,138(26):8096-8103.

[18] Kuei B, Gomez E D. Chain conformations and phase behavior of conjugated polymers. Soft Matter, 2016,13(1): 49-67.

[19] Treat N D, Chabinyc M L. Phase separation in bulk heterojunctions of semiconducting polymers and fullerenes for photovoltaics. Annual Review of Physical Chemistry, 2014, 65(65):59.

[20] Mcculloch B, Ho V, Hoarfrost M, Stanley C, Do C, Heller W T, Segalman R A. Polymer chain shape of poly(3-alkylthiophenes) in solution using small-angle neutron scattering. Macromolecules, 2013,46(5):1899-1907.

[21] Mukherji D, Wagner M, Watson M D, Winzen S, de Oliveira T E, Marques C M, Kremer K J. Reply to the ‘Comment on “Relating side chain organization of PNIPAm with its conformation in aqueous methanol”’ by N. van der Vegt and F. Rodriguez-Ropero. Soft Matter, 2017, 13(12): 2292-2294.

[22] Han A R, Dutta G K, Lee J, Lee H R, Lee S M, Ahn H, Shin T J, Oh J H, Yang C J. ε-Branched flexible side chain substituted diketopyrrolopyrrole-containing polymers designed for high hole and electron mobilities. Advanced Functional Materials,2015,25(2):247-254.

[23] Lei T, Cao Y, Zhou X, Peng Y, Bian J, Pei J. Systematic investigation of isoindigo-based polymeric field-effect transistors: Design strategy and impact of polymer symmetry and backbone curvature. Chemistry of Materials, 2012,24(10):1762-1770.

[24] Kang, S-J, Song S, Liu C, Kim D-Y, Noh Y-Y. Evolution in crystal structure and electrical performance of thiophene-based polymer field effect transistors: A remarkable difference between thermal and solvent vapor annealing. Organic Electronics,2014,15(9):1972-1982.

[25] Zhang R, Li B, Iovu M C, Jeffries-EL M, Sauvé G, Cooper J, Jia S, Tristram-Nagle S, Smilgies D M, Lambeth D N. Nanostructure dependence of field-effect mobility in regioregular poly(3-hexylthiophene) thin film field effect transistors. Journal of the American Chemical Society,2006,128(11):3480-3481.

[26] Um H A, Lee D H, Heo D U, Yang Da S, Shin J, Baik H, Cho M J, Choi D H. High aspect ratio conjugated polymer nanowires for high performance field-effect transistors and phototransistors. ACS Nano, 2015,9(5):5264-5274.

[27] Cao X, Zhao K, Chen L, Liu J, Han Y. Conjugated polymer single crystals and nanowires. Polymer

Crystallization, 2019,23(4):685-688.

[28] Kline R J, McGehee M D, Kadnikova E N, Liu J, Fréchet J M, Toneg M E. Dependence of regioregular poly(3-hexylthiophene) film morphology and field-effect mobility on molecular weight. Macromolecules,2005,38(8):3312-3319.

[29] Ong B S, Wu Y, Liu P, Gardner S J. Structurally ordered polythiophene nanoparticles for high-performance organic thin-film transistors. Advanced Materials,2005,17(9):1141-1144.

[30] Kline R J, McGehee M D, Kadnikova E N, Liu J, Frechet J M. Controlling the field-effect mobility of regioregular polythiophene by changing the molecular weight. Advanced Materials, 2003,15(18):1519-1522.

[31] Kline R J, McGehee M D, Kadnikova E N, Liu J, Fréchet J M. Contraling the field-effect mobility of regioregular polythiophene by changing the molecular weight. Advanced Materials, 2003, 15(18): 1520-1521

[32] Jung J, Lee W, Lee C, Ahn H, Kim B J. Controlling molecular orientation of naphthalenediimide-based polymer acceptors for high performance all-polymer solar cells. Advanced Energy Materials, 2016:1600504.

[33] Liu C, Wang Q, Tian H, Liu J, Geng Y, Yan D. Insight into lamellar crystals of monodisperse polyfluorenes-fractionated crystallization and the crystal's stability. Polymer, 2013,54(3):1251-1258.

[34] Liu C, Sui A, Wang Q, Tian H, Geng Y, Yan D. Fractionated crystallization of polydisperse polyfluorenes. Polymer,2013,54(13):3150-3155.

[35] McCullough R D, Lowe R. Enhanced electrical conductivity in regioselectively synthesized poly(3-alkylthiophenes). Chemical Communications ,1992,(1):70-72.

[36] Kobashi M, Takeuchi H. Structural inhomogeneity of non-regioregular poly(3-hexylthiophene) in a solution and solid films structures and electronic properties. Synthetic Metals,1999,101(1-3):585-586.

[37] Leclerc M, Fréchette M, Bergeron J Y, Ranger M, Lévesque I, Faïd K J. Chromic phenomena in neutral polythiophene derivatives. Macromolecular Chemistry and Physics, 1996, 197(7): 2077-2087.

[38] Yang C, Orfino F P, Holdcroft S J. A phenomenological model for predicting thermochromism of regioregular and nonregioregular poly(3-alkylthiophenes). Macromolecules, 1996, 29(20): 6510-6517.

[39] Sirringhaus H, Brown P J, Friend R H, Nielsen M M, Bechgaard K, Langeveld-Voss B M W, Spiering A J H, Janssen R A J, Meijer E W, Herwig P, de Leeuw D M. Two-dimensional charge transport in self-organized, high-mobility conjugated polymers. Nature, 1999,401(6754):685-688.

[40] Liu J, Arif M, Zou J, Khondaker S I, Zhai L J. Controlling poly(3-hexylthiophene) crystal dimension: Nanowhiskers and nanoribbons. Macromolecules,2009,42(24):9390-9393.

[41] Lee Y, Oh J Y, Son S Y, Park T, Jeong U. Effects of regioregularity and molecular weight on the growth of polythiophene nanofibrils and mixes of short and long nanofibrils to enhance the hole transport. ACS Applied Materials & Interfaces, 2015,7(50):27694-27702.

[42] Steyrleuthner R, Di Pietro R, Collins B A, Polzer F, Himmelberger S, Schubert M, Chen Z, Zhang

S, Salleo A, Ade H, Facchetti A, Neher D. The role of regioregularity, crystallinity, and chain orientation on electron transport in a high-mobility n-type copolymer. Journal of the American Chemical Society, 2014,136(11):4245-4256.

[43] Jung J W, Liu F, Russell T P, Jo W H. Semi-crystalline random conjugated copolymers with panchromatic absorption for highly efficient polymer solar cells. Energy & Environmental Science,2013,6(11):3301-3307.

[44] Steyrleuthner R, Di Pietro R, Collins B A, Polzer F, Himmelberger S, Schubert M, Chen Z, Zhang S, Salleo A, Ade H, Facchetti A, Neher D. The role of regioregularity, crystallinity, and chain orientation on electron transport in a high-mobility n-type copolymer. Journal of the American Chemical Society, 2014,136(11):4245-4256.

[45] Muthukumar M J. Nucleation in polymer crystallization. Advances in Chemical Physics, 2004, 128(1):1-63.

[46] Erdemir D, Lee A Y, Myerson A S. Nucleation of crystals from solution: Classical and two-step models. Cheminform,2010,40(33):621-629.

[47] Oxtoby D W. Homogeneous nucleation: Theory and experiment. Journal of Physics Condensed Matter, 1992,4(38):7627.

[48] Schick C, Androsch R, Schmelzer J J. Homogeneous crystal nucleation in polymers. Journal of Physics: Condensed Matter, 2017,29(45):453002.

[49] Rahimi K, Botiz I, Stingelin N, Kayunkid N, Sommer M, Koch F P V, Nguyen H, Coulembier O, Dubois P, Brinkmann M J, Reiter G. Controllable processes for generating large single crystals of poly(3-hexylthiophene). Angewandte Chemie, International Edition in English, 2015, 51(44): 11131-11135.

[50] Crossland E J W, Rahimi K, Reiter G, Steiner U, Ludwigs S J. Systematic control of nucleation density in poly(3-hexylthiophene) thin films. Advanced Functional Materials, 2011, 21(3): 518-524.

[51] Cao X, Du Z, Liang C, Zhao K, Li H, Liu J, Han Y. Long diketopyrrolopyrrole-based polymer nanowires prepared by decreasing the aggregate speed of the polymer in solution. Polymer, 2017,118:135-142.

[52] Malik S, Nandi A K. Crystallization mechanism of regioregular poly(3-alkyl thiophene)s. Journal of Polymer Science Part B: Polymer Physics,2002,40(18):2073-2085.

[53] Yu L, Davidson E, Sharma A, Andersson M R, Segalman R, Müller C J. Isothermal crystallization kinetics and time-temperature-transformation of the conjugated polymer: Poly(3-(2′-ethyl) hexylthiophene). Chemistry of Materials,2017,29(13):5654-5662.

[54] Zhang L, Zhou W, Shi J, Hu T, Hu X, Zhang Y, Chen Y J. Poly(3-butylthiophene) nanowires inducing crystallization of poly(3-hexylthiophene) for enhanced photovoltaic performance. Journal of Materials Chemistry C,2015,3(4):809-819.

[55] Lu L, Xu T, Chen W, Lee J M, Luo Z, Jung I H, Park H I, Kim S O, Yu L J. The role of N-doped multiwall carbon nanotubes in achieving highly efficient polymer bulk heterojunction solar cells. Nano Letters, 2013,13(6):2365-2369.

[56] Zhang Y, Deng D, Lu K, Zhang J, Xia B, Zhao Y, Fang J, Wei Z. Synergistic effect of polymer

and small molecules for high-performance ternary organic solar cells. Advanced Materials, 2015, 27(6):1071-1076.
[57] Luo Y, Santos F A, Wagner T W, Tsoi E, Zhang S. Dynamic interactions between poly(3-hexylthiophene) and single-walled carbon nanotubes in marginal solvent. Journal of Physical Chemistry B,2014,118(22):6038-6046.
[58] Bu L, Pentzer E, Bokel F A, Emrick T, Hayward R. Growth of polythiophene/perylene tetracarboxydiimide donor/acceptor shish-kebab nanostructures by coupled crystal modification. ACS Nano, 2012, 6(12):10924.
[59] Markov I V, Scientific E W. Crystal growth for beginners. Fundamentals of Nucleation Crystal Growth & Epitaxy World Scientific,1995,37(4):355.
[60] Carruthers J R. Crystal growth from the melt. American Mineralogist ,1975, (9-10): 798-814.
[61] Mostany J, Mozota J, Scharifker B R. Three-dimensional nucleation with diffusion controlled growth: Part Ⅱ. The nucleation of lead on vitreous carbon. Journal of Electroanalytical Chemistry, 1984,177(1):25-37.
[62] Scharifker B R, Mostany J J. Three-dimensional nucleation with diffusion controlled growth : Part Ⅰ. Number density of active sites and nucleation rates per site. Journal of Electroanalytical Chemistry,1984,177(1):13-23.
[63] Wagstaff F J J. Crystallization kinetics of internally nucleated vitreous silica. Journal of the American Ceramic Society, 1968,51(8):449-453.
[64] Hillig W B. A derivation of classical two-dimensional nucleation kinetics and the associated crystal growth laws. Acta Metallurgica ,1966,14(12):1868-1869.
[65] Calvert P D, Uhlmann D R. Theory of polymer crystallization without chain folding. Journal of Applied Physics,1972,43(3):944-949.
[66] Akira F A, Toshitaka K A. Decelopment of highly transparent polypropylene sheets. PPS Annual Meeting,2011,8(27): 299-0193
[67] Lauritzen J I Jr. , Hoffman J D. Formation of polymer crystals with folded chains from dilute solution. Journal of Chemical Physics ,1959,31(6):1680.
[68] Zhang M C, Guo B H，Xu J. A review on polymer crystallization theories. Crystals ,2017,7(1): 4.
[69] Zhao K, Xue L, Liu J, Gao X, Wu S, Han Y, Geng Y. A new method to improve poly(3-hexyl thiophene)(P3HT) crystalline behavior: Decreasing chains entanglement to promote order-disorder transformation in solution. Langmuir,2010,26(1):471-477.
[70] Briseno A L, Mannsfeld S C B, Jenekhe S A, Bao Z, Xia Y. Introducing organic nanowire transistors. Materials Today,2008,11(4):38-47.
[71] Wu S. Chain structure and entanglement. Journal of Polymer Science Part B: Polymer Physics,1989,27(4):723-741.
[72] Han C, Huang Y, Cheng H J. Temperature induced structure evolution of regioregular poly(3-hexylthiophene) in dilute solution and its influence on thin film morphology. Macromolecules, 2010,43(23):10031-10037.
[73] Zhao L H, Png R Q, Zhuo J M, Wong L Y, Tang J C, Su Y S, Chua L L. Role of borderline solvents

to induce pronounced extended-chain lamellar order in π-stackable polymers. Macromolecules, 2011,44(24):9692-9702.

[74] Liu J, Shao S, Wang H, Zhao K, Xue L, Gao X, Xie Z, Han Y J. The mechanisms for introduction of *n*-dodecylthiol to modify the P3HT/PCBM morphology. Organic Electronics,2010,11(5):775-783.

[75] Choi D, Chang M, Reichmanis E J. Controlled assembly of poly(3-hexylthiophene): Managing the disorder to order transition on the nano-through meso-scales. Advanced Functional Materials, 2015, 25(6):920-927.

[76] Chang M, Lee J, Kleinhenz N, Fu B, Reichmanis E J. Photoinduced anisotropic supramolecular assembly and enhanced charge transport of poly(3-hexylthiophene) thin films. Advanced Functional Materials, 2014,24(28):4457-4465.

[77] Ye H, He C, Han C. Unimer-aggregate equilibrium to large scale association of regioregular poly(3-hexylthiophene) in THF solution. Macromolecules,2011,44(12):5020-5026.

[78] Zhao K, Ding Z, Xue L, Han Y J. Crystallization-induced phase segregation based on double-crystalline blends of poly(3-hexylthiophene) and poly(ethylene glycol)s. Macromolecular Rapid Communications ,2010,31(6):532-538.

[79] Zhao K, Khan H U, Li R, Su Y, Amassian A J. Entanglement of conjugated polymer chains influences molecular self-assembly and carrier transport. Advanced Functional Materials, 2013,23(48):6024-6035.

[80] Wang H, Liu J. Nano-fibrils formation of pBTTT via adding alkylthiol into solutions: Control of morphology and crystalline structure. Polymer,2013,54(2):948-957.

[81] Liang C, Zhao K, Cao X, Liu J, Yu X, Han Y. Nanowires of conjugated polymer prepared by tuning the interaction between the solvent and polymer. Polymer,2018,149:23-29.

[82] Steyrleuthner R, Schubert M, Howard I, Klaumünzer B, Schilling K, Chen Z, Saalfrank P, Laquai F, Facchetti A, Neher D J. Aggregation in a high-mobility n-type low-bandgap copolymer with implications on semicrystalline morphology. Journal of the American Chemical Society, 2012, 134(44):18303-18317.

[83] Caddeo C, Fazzi D, Caironi M, Mattoni A J. Atomistic simulations of p(NDI2OD-T2) morphologies: From single chain to condensed phases. Journal of Physical Chemistry B, 2014, 118(43):12556.

[84] Luzio A, Criante L, D'Innocenzo V, Caironi M J. Control of charge transport in a semiconducting copolymer by solvent-induced long-range order. Scientific Reports, 2013,3(7478):3425.

[85] Xu W, Li L, Tang H, Li H, Zhao X, Yang X. Solvent-induced crystallization of poly(3-dodecylthiophene): Morphology and kinetics. Journal of Physical Chemistry B, 2011, 115(20): 6412-6420.

[86] Oh J Y, Shin M, Lee T I, Jang W S, Min Y, Myoung J M, Baik H K, Jeong U. Self-seeded growth of poly(3-hexylthiophene) (P3HT) nanofibrils by a cycle of cooling and heating in solutions. Macromolecules, 2012,45(18):7509.

[87] Yu Z, Fang J, Yan H, Zhang Y J, Lu K, Wei Z Y. Self-assembly of well-defined poly (3-hexylthiophene) nanostructures toward the structure-property relationship determination of

polymer solar cells. Journal of Physical Chemistry C, 2012,116(45):23858-23863.

[88] Dong H, Yan Q, Hu W. Multilevel investigation of charge transport in conjugated polymers- new opportunities in polymer electronics. Acta Polymerica Sinica, 2017,(8):1246-1260.

[89] Lim J A, Liu F, Ferdous S, Muthukumar M, Briseno A L. Polymer semiconductor crystals. Materials Today, 2010,13(5):14-24.

[90] Chang J F, Sun B Q, Breiby D W, Nielsen M M, Solling T I, Giles M, McCulloch I, Sirringhaus H. Enhanced mobility of poly(3-hexylthiophene) transistors by spin-coating from high-boiling-point solvents. Chemistry of Materials, 2004,16(23):4772-4776.

[91] Jeong J W, Jo G, Choi S, Kim Y A, Yoon H, Ryu S W, Jung J, Chang M. Solvent additive-assisted anisotropic assembly and enhanced charge transport of pi-conjugated polymer thin films. ACS Applied Materials & Interfaces , 2018,10(21):18131-18140.

[92] Kim D H, Jang Y, Park Y D, Cho K. Controlled one-dimensional nanostructures in poly(3-hexylthiophene) thin film for high-performance organic field-effect transistors. Journal of Physical Chemistry B, 2006,110(32):15763-15768.

[93] Yang H, LeFevre S W, Ryu C Y, Bao Z.Solubility-driven thin film structures of regioregular poly(3-hexylthiophene) using volatile solvents. Applied Physics Letters, 2007,90: 172116.

[94] Cao X, Du Z, Chen, Zhao K, Li H, Liu J, Han Y. Long diketopyrrolopyrrole-based polymer nanowires prepared by decreasing the aggregate speed of the polymer in solution. Polymer , 2017, 118:135e142.

[95] Gu X, Gunkel I, Hexemer A, Russell T J. *In-situ* grazing-incidence small-angle X-ray scattering study of diblock copolymer thin films during solvent annealing. American Physical Society, 2013,(14):5353-5367.

[96] Sinturel C, Vayer M, Morris M, Hillmyer M. Solvent vapor annealing of block polymer thin films. Macromolecules,2013,46(14):5399-5415.

[97] Ullah K H, Li R, Ren Y, Chen L, Payne M M, Bhansali U S, Smilgies D M, Anthony J E, Amassian A J. Solvent vapor annealing in the molecular regime drastically improves carrier transport in small-molecule thin-film transistors. Applied Materials & Interfaces, 2013, 5(7): 2325-2330.

[98] Kumatani A, Liu C, Li Y, Darmawan P, Takimiya K, Minari T, Tsukagoshi K J. Solution-processed, self-organized organic single crystal arrays with controlled crystal orientation. Scientific Reports,2012,2:393.

[99] Liu C, Minari T, Lu X, Kumatani A, Takimiya K, Tsukagoshi K. Solution-processable organic single crystals with bandlike transport in field-effect transistors. Advanced Materials, 2011, 23(4):523-526.

[100] De Luca G , Treossi E, Liscio A, Mativetsky J M, Scolaro L M, Palermo V, Samori P. Solvent vapour annealing of organic thin films: Controlling the self-assembly of functional systems across multiple length scales. Journal of Materials Chemistry,2010,20(13):2493-2498.

[101] Kim D H, Park Y D, Jang Y, Kim S, Cho K. Solvent vapor-induced nanowire formation in poly(3-hexylthiophene) thin films. Macromolecular Rapid Communications, 2010, 26(10): 834-839.

[102] Wang S, Kappl M, Liebewirth I, Müller M, Kirchhoff K, Pisula W, Müllen K J. Organic field-

effect transistors based on highly ordered single polymer fibers. Advanced Materials, 2012, 24(3):417-420.

[103] Xiao X, Wang Z, Hu Z, He T J. Formations obtained by tetrahydrofuran vapor annealing and controlling solvent evaporation. Advanced Materials,2010,114(22):7452-7460.

[104] Hugger S, Thomann R, Heinzel T, Thurn-Albrecht T. Semicrystalline morphology in thin films of poly(3-hexylthiophene). Colloid & Polymer Science,2004,282(8):932-938.

[105] Brinkmann M, Gonthier E, Bogen S, Tremel K, Ludwigs S, Hufnagel M, Sommer M. Segregated versus mixed interchain stacking in highly oriented films of naphthalene diimide bithiophene copolymers. ACS Nano, 2012,6(11):10319-10326.

[106] Tremel K, Fischer F S U, Kayunkid N, Di Pietro R, Tkachov R, Kiriy A, Neher D, Ludwigs S, Brinkmann M. Charge transport anisotropy in highly oriented thin films of the acceptor polymer p(NDI2OD-T2). Advanced Energy Materials, 2014,4(10): 1301659.

[107] Kim H S, Na J Y, Kim S, Park Y. Effect of the cooling rate on the thermal properties of a polythiophene thin film. Journal of Physical Chemistry C,2015,119(15):8388-8393.

[108] Melhem H, Simon P, Wang J, Bin C D, Ratier B, Leconte Y, Herlin-Boime N, Makowska-Janusik M, Kassiba A, Bouclé J. Direct photocurrent generation from nitrogen doped TiO_2 electrodes in solid-state dye-sensitized solar cells: Towards optically-active metal oxides for photovoltaic applications. Solar Energy Materials & Solar Cells,2013,117(14):624-631.

[109] Neto N M B, Silva M D R. Photoinduced self-assembled nanostructures and permanent polaron formation in regioregular poly(3-hexylthiophene). Advanced Materials, 2018, 30(16): 1705052.

[110] Aiyar A R, Hong J-I, Nambiar R, Collard D M, Reichmanis E. Tunable crystallinity in regioregular poly(3-hexylthiophene) thin films and its impact on field effect mobility. Advanced Functional Materials, 2011, 21:2652-2659.

[111] Sirringhaus H, Brown P, Friend R, Nielsen M M, Bechgaard K, Langeveld Voss B, Spiering A, Janssen R A, Meijer E, Herwig P. Two-dimensional charge transport in self-organized, high-mobility conjugated polymers. Nature,1999,401(6754):685.

[112] Kim D H, Park Y D, Jang Y, Yang H, Kim Y H, Han J I, Moon D G, Park S, Chang T, Chang C, Joo M, Ryu C Y, Cho K. Enhancement of field - effect mobility due to surface - mediated molecular ordering in regioregular polythiophene thin film transistors. Advanced Functional Materials, 2005, 15:77-82.

[113] Kim D H, Jang Y, And Y D P, Cho K. Surface-induced conformational changes in poly(3-hexylthiophene) monolayer films. Langmuir,2005,21(8):3203-3206.

[114] Kline R J, Mcgehee M D, Toney M F. Highly oriented crystals at the buried interface in polythiophene thin-film transistors. Nature Materials,2006,5(3):222-228.

[115] Coakley K M, Srinivasan B S, Ziebarth J M, Goh C, Liu Y, McGehee M D. Enhanced hole mobility in regioregular polythiophene infiltrated in straight nanopores. Advanced Functional Materials, 2010,15(12):1927-1932.

[116] Kline R J, McGehee M D, Kadnikova E N, Liu J, Fréchet J M J, Toney M F. Dependence of regioregular poly(3-hexylthiophene) film morphology and field-effect mobility on molecular weight. Macromolecules, 2005, 38: 3312-3319.

[117] Himmelberger S, Vandewal K, Fei Z, Heeney M, Salleo A J. Role of molecular weight

distribution on charge transport in semiconducting polymers. Macromolecules, 2014, 47(20): 7151-7157.

[118] Aung K K K, Lim S L, Goh W P, Jiang C Y, Zhang J.A nanogroove-guided slot-die coating technique for highly ordered polymer films and high-mobility transistors. Chemical Communications, 2015,52(2):358-361.

[119] Crossland E J, Tremel K, Fischer F, Rahimi K, Reiter G, Steiner U, Ludwigs S J. Anisotropic charge transport in spherulitic poly(3-hexylthiophene) films. Advanced Materials, 2012, 24(6): 839-844.

[120] Chu P H, Kleinhenz N, Persson N, McBride M, Hernandez J L, Fu B, Zhang G, Reichmanis E. Toward precision control of nanofiber orientation in conjugated polymer thin films: Impact on charge transport. Chemistry of Materials, 2016,28(24): 9099-9109.

[121] Xue L, Gao X, Zhao K, Liu J, Yu X, Han Y. The formation of different structures of poly(3-hexylthiophene) film on a patterned substrate by dip coating from aged solution. Nanotechnology, 2010,21(14):145303.

[122] Wang S, Pisula W, Müllen K J. Nanofiber growth and alignment in solution processed n-type naphthalene-diimide-based polymeric field-effect transistors. Journal of Materials Chemistry, 2012,22(47):24827-24831.

[123] Yuan Y, Giri G, Ayzner A L, Zoombelt A P, Mannsfeld S C, Chen J, Nordlund D, Toney M F, Huang J, Bao Z. Ultra-high mobility transparent organic thin film transistors grown by an off-centre spin-coating method. Nature Communications,2014,5(1):3005.

[124] Wang H, Chen L, Xing R, Liu J, Han Y J. Simultaneous control over both molecular order and long-range alignment in films of the donor-acceptor copolymer. Langmuir, 2014, 31(1): 469-479.

[125] Kim D H, Han J T, Park Y D, Jang Y, Cho J H, Hwang M, Cho K. Single - crystal polythiophene microwires grown by self-assembly. Advanced Materials,2010,18(6):719-723.

[126] Xiao X, Hu Z, Wang Z, He T. Study on the single crystals of poly(3-octylthiophene) induced by solvent-vapor annealing. Journal of Physical Chemistry B,2009,113(44):14604.

[127] Ma Z Y, Geng Y H, Yan D. Extended-chain lamellar packing of poly(3-butylthiophene) in single crystals. Polymer,2007,48(1):31-34.

[128] Liu J, Arif M, Zou J, Khondaker S I, Zhai L. Controlling poly(3-hexylthiophene) crystal dimension: Nanowhiskers and nanoribbons. Macromolecules,2009,42(42):9390-9393.

[129] Lee Y, Oh J Y, Son S Y, Park T, Jeong U J. Effects of regioregularity and molecular weight on the growth of polythiophene nanofibrils, and mixes of short and long nanofibrils to enhance the hole transport. ACS Applied Materials & Interfaces,2015,7(50):27694-27702.

[130] Kim H J, Skinner M, Yu H, Oh J H, Briseno A L, Emrick T, Kim B J, Hayward R. Water processable polythiophene nanowires by photo-cross-linking and click-functionalization. Nano Letters,2015,15(9):5689-5695.

[131] Oh J Y, Shin M, Lee T I, Jang W S, Min Y, Myoung J-M, Baik H K, Jeong U. Self-seeded growth of poly(3-hexylthiophene) (P3HT) nanofibrils by a cycle of cooling and heating in solutions. Macromolecules,2012,45(18):7504.

[132] Lee W, Kim G H, Ko S K, Yum S, Hwang S, Cho S, Shin Y H, Kim J Y, Han Young Woo H. Semicrystalline D-A copolymers with different chain curvature for applications in polymer

optoelectronic devices. Macromolecules, 2014,47 (6):3719-3727.

[133] Chen M S, Niskala J R, Unruh D A, Chu C K, Lee O P, Frechet J M. Control of polymer-packing orientation in thin films through synthetic tailoring of backbone coplanarity. Chemistry of Materials, 2013,25(20):4088-4096.

[134] Lee W, Kim G H, Ko S J, Yum S, Hwang S, Cho S, Shin Y H, Jin Y K, Han Y. Semicrystalline D-A copolymers with different chain curvature for applications in polymer optoelectronic devices. Macromolecules, 2015,47(5):1604-1612.

[135] Cho H H, Kang T E, Kim K H, Kang H, Kim H J, Kim B J. Effect of incorporated nitrogens on the planarity and photovoltaic performance of donor-acceptor copolymers. Macromolecules, 2012, 45(45):6415-6423.

[136] Dutta G K, Han A R, Lee J, Kim Y, Oh J H, Yang C J. Visible - near infrared absorbing polymers containing thienoisoindigo and electron - rich units for organic transistors with tunable polarity. Advanced Functional Materials,2013,23(42):5317-5325.

[137] Chen M S, Niskala J R, Unruh D A, Chu C K, Lee O P, Fréchet J M. Control of polymer-packing orientation in thin films through synthetic tailoring of backbone coplanarity. Chemistry of Materials,2013,25(20):4088-4096.

[138] Meager I, Ashraf R S, Mollinger S, Schroeder B C, Bronstein H, Beatrup D, Vezie M S, Kirchartz T, Salleo A, Nelson J. Photocurrent enhancement from diketopyrrolopyrrole polymer solar cells through alkyl-chain branching point manipulation. Journal of the American Chemical Society, 2013,135(31):11537-11540.

[139] Kim J, Baeg K J, Khim D, James D T, Kim J S, Lim B, Yun J M, Jeong H G, Amegadze P S K, Noh Y. Optimal ambipolar charge transport of thienylenevinylene-based polymer semiconductors by changes in conformation for high- performance organic thin film transistors and inverters. Chemistry of Materials,2013,25(9):1572-1583.

[140] Noriega R , Rivnay J, Vandewal K, Koch F P V , Stingelin N, Smith P, Toney M F, Salleo A. A general relationship between disorder, aggregation and charge transport in conjugated polymers. Nature Materials, 2013, DOI: 10.1038/NMAT3722.

[141] Takacs C J, Brady M A, Treat N D, Kramer E J, Chabinyc M L. Quadrites and crossed-chain crystal structures in polymer semiconductors. Nano Letters, 2014, 14(6):3096-3101.

[142] Amundson K R, Sapjeta B J, Lovinger A J, Bao Z J. An in-plane anisotropic organic semiconductor based upon poly(3-hexyl thiophene). Thin Solid Films, 2002,414(1):143-149.

[143] Liu Y, Wang H, Dong H, Jiang L, Hu W, Zhan X J. High performance photoswitches based on flexible and amorphous D-A polymer nanowires.Small,2013,9(2):294-299.

[144] Wang H W, Pentzer E, Emrick T, Russell T P. Preparation of low band gap fibrillar structures by solvent-induced crystallization. ACS Macro Letters,2014,3(1):30-34.

[145] Bae N, Park H, Yoo P J, Shin T J, Park J. Nanowires of amorphous conjugated polymers prepared via a surfactant-templating process using an alkylbenzoic acid. Journal of Industrial & Engineering Chemistry,2017,51:172-177.

[146] Yao L, Dong H, Jiang S, Zhao G, Shi Q, Tan J, Lang J, Hu W, Zhan X. High performance nanocrystals of a donor-acceptor conjugated polymer. Chemistry of Materials, 2013, 25(13): 2649-2655.

[147] Schulz G L, Fischer F S U, Trefz D, Melnyk A, Hamidisakr A, Brinkmann M, Andrienko D, Ludwigs S. The PCPDTBT family: Correlations between chemical structure, polymorphism, and device performance. Macromolecules, 2017,50(4):1402-1414.

[148] Fischer F S U, Tremel K, Saur A K, Link S, Kayunkid N, Brinkmann M, Herrerocarvajal D, Navarrete J T L, Delgado M C R, Ludwigs S J M. Influence of processing solvents on optical properties and morphology of a semicrystalline low bandgap polymer in the neutral and charged states. Macromolecules, 2013,46(12):4924-4931.

[149] Kim J H, Lee D H, Yang D S, Heo D U, Kim K H, Shin J, Kim H J, Baek K Y, Lee K, Baik H J. Novel polymer nanowire crystals of diketopyrrolopyrrole-based copolymer with excellent charge transport properties. Advanced Materials, 2013,25(30):4102-4106.

[150] Chen L, Zhao K, Cao X, Liu J, Yu X, Han Y. Nanowires of conjugated polymer prepared by tuning the interaction between the solvent and polymer. Polymer, 2018,149:23e29.

[151] Facchetti A J. π-Conjugated polymers for organic electronics and photovoltaic cell applications. Chemistry of Materials ,2011,23(3):733-758.

[152] Zhang W, Smith J, Watkins S E, Gysel R, McGehee M, Salleo A, Kirkpatrick J, Ashraf S, Anthopoulos T, Heeney M, McCulloch I. Indacenodithiophene semiconducting polymers for high-performance, air-stable transistors. Journal of the American Chemical Society, 2010,132(33):11437-11439.

[153] Noriega R, Rivnay J, Vandewal K, Koch F P, Stingelin N, Smith P, Toney M F, Salleo A. A general relationship between disorder, aggregation and charge transport in conjugated polymers. Nature Materials, 2013,12(11):1037-1043.

[154] Wang S, Fabiano S, Himmelberger S, Puzinas S, Crispin X, Salleo A, Berggren M. Experimental evidence that short-range intermolecular aggregation is sufficient for efficient charge transport in conjugated polymers. Proceedings of the National Academy of Sciences of the United States of America,2015,112(34):10599-10604.

[155] Venkateshvaran D, Nikolka M, Sadhanala A, Lemaur V, Zelazny M, Kepa M, Hurhangee M, Kronemeijer A J, Pecunia V, Nasrallah I J. Approaching disorder-free transport in high-mobility conjugated polymers. Nature,2014,515(7527):384-388.

第4章

聚合物/富勒烯体系体相异质结

聚合物共混是调控聚合物性能的重要手段之一，聚合物共混体系不但可以具有每一组分的优异性质，另外，其微结构还可以带来每一组分都不具有的新性质。聚合物共混体系的形态结构是决定其性能的最基本要素之一，因此研究各种聚合物共混体系的形态结构，探讨形态结构与性能之间的联系以及有意识地对共混体系进行形态结构设计，一直是高分子科学研究的核心主题。高分子材料的许多性能如力学性能、光电性能等都与聚合物的凝聚态结构和形貌密切相关。

聚合物/富勒烯有机太阳能电池活性层中给受体共混所构成的体相异质结(bulk heterojunction, BHJ)是典型的共混体系，为有机太阳能电池的发展提供了新的契机。体相异质结显著增加了给体/受体间的接触面积，极大提升了激子的分离效率。同时,聚合物给体与富勒烯受体各自形成贯穿活性层的网络状连续相(bicontinuous network)，激子分离后的电子和空穴在输运至相应的电极前复合的概率显著降低，从而提高了器件的光电流和光电转换效率。本章将主要以共轭聚合物/富勒烯共混体系为例，从材料发展角度切入，阐述聚合物分子量、给体/受体比例等对共混体异质结形貌的影响；同时，从形貌调控角度入手，介绍溶剂性质、添加剂及各种退火处理对活性层结晶及相分离行为的影响。

4.1 共轭聚合物与富勒烯材料发展

聚合物/富勒烯共混体系太阳能电池的活性层是由给体材料及受体材料共混物组成，给体材料是 p 型共轭聚合物，其中最具代表性的是 P3HT；受体材料是可溶性富勒烯衍生物，其中最具代表性的是苯基酯基加成的 C_{60} 衍生物 $PC_{61}BM$。1995 年,Yu 课题组[1]以共轭聚合物 MEH-PPV 为给体材料,可溶性富勒烯衍生物 $PC_{61}BM$ 为受体材料，通过溶液加工的方式制备了体相异质结有机太阳能电池，器件在 20 mW/cm²、波长为 430 nm 的单色光照射下，光电转换效率达到了 2.9%，为聚合物/富勒烯体相异质结有机太阳能电池发展揭开了新的篇章。在之后十几年里，基于体相异质结器件结构的有机太阳能电池得到了飞跃式的发展[2]，尤其是近五年来，通过对给体材料化学结构的优化，以富勒烯衍生物为受体材料，基于共轭聚合物为给体材料的体相异质结电池器件的性能已经突破了 10%。

4.1.1　共轭聚合物给体材料

对于聚合物给体而言，目前主要是通过分子剪裁设计调控分子的能级结构，使其能带结构窄、光吸收范围宽、HOMO 能级降低及空穴迁移率提高。类似于传统聚噻吩类衍生物及 PPV 类衍生物已经不能满足上述要求，大量研究表明通过以下三种途径可有效实现上述目标：①利用给体单元与受体单元共聚，降低能级带宽(E_g)，拓宽光谱吸收；②通过引入推电子基团，降低 HOMO 能级；③通过引入共轭侧链构筑二维分子，从而增加分子共平面性，提高载流子迁移率。下述将简要介绍聚合物/富勒烯共混体系中共轭聚合物在分子剪裁及设计方面的发展历程。

将聚噻吩类衍生物用作光伏材料最早可以追溯到 1986 年，Glenis 等[3]制备了基于聚(3-甲基噻吩)(P3MT)的肖特基型单层聚合物太阳能电池，器件结构为：玻璃基底/ Pt/P3MT/Al。在 1 mW/cm²的弱白光照射下，该器件的开路电压为 0.4 V，能量转换效率达到了 0.15%。2002 年，Alivisatos 等[4]在研究共轭聚合物/CdSe 半导体纳米棒杂化太阳能电池时，使用了 P3HT 作为共轭聚合物给体光伏材料，能量转换效率达到 1.7%。2004 年，Brabec 课题组[5]报道了基于 P3HT/PCBM 共混体系的聚合物太阳能电池，通过溶剂优化等手段，能量转换效率达到 3.85%。此效率为当时聚合物太阳能电池能量转换效率的最高值，这使得聚噻吩类衍生物引起了研究工作者的注意。现在，P3HT 已成为最具代表性的共轭聚合物给体光伏材料，其优点是高的空穴迁移率、与富勒烯衍生物受体共混后能形成纳米尺度聚集的互穿网络结构、适宜制作大面积光伏器件等。但是，P3HT 也存在 HOMO 能级太高和吸收光谱不够宽等问题，因此降低 HOMO 能级和拓宽在可见区的吸收是设计新型光伏材料需要考虑的两个主要方面[6, 7]。

为了增强聚噻吩的共轭程度，拓展聚噻吩的吸收光谱，Li 课题组[8-11]把共轭支链引入到聚噻吩的结构设计中，合成了一系列带共轭支链的二维共轭聚噻吩衍生物，如图 4-1 所示。这些聚合物显示了宽的可见区吸收和高的空穴迁移率。Hou 等首先合成了一系列苯乙烯基取代的聚噻吩衍生物，发现这类聚合物在紫外-可见区有两个吸收峰，紫外区 300～400 nm 的吸收峰属于含共轭支链的噻吩单元的支链聚合物 PT1 和 PT3；紫外区吸收很强，吸收峰在约 350 nm，而其可见区吸收峰比较弱。其原因是较大的苯乙烯共轭支链导致聚噻吩主链扭曲。通过把共轭支链从苯乙烯换成更长共轭链的二(苯乙烯)，使其紫外区吸收峰红移到可见区(吸收峰红移至 380 nm)，再通过控制含共轭支链噻吩单元在聚合物主链上的比例，使主链在可见区吸收得到增强，这样得到的聚合物 PT4 表现出覆盖 300～680 nm 的宽的吸收光谱。

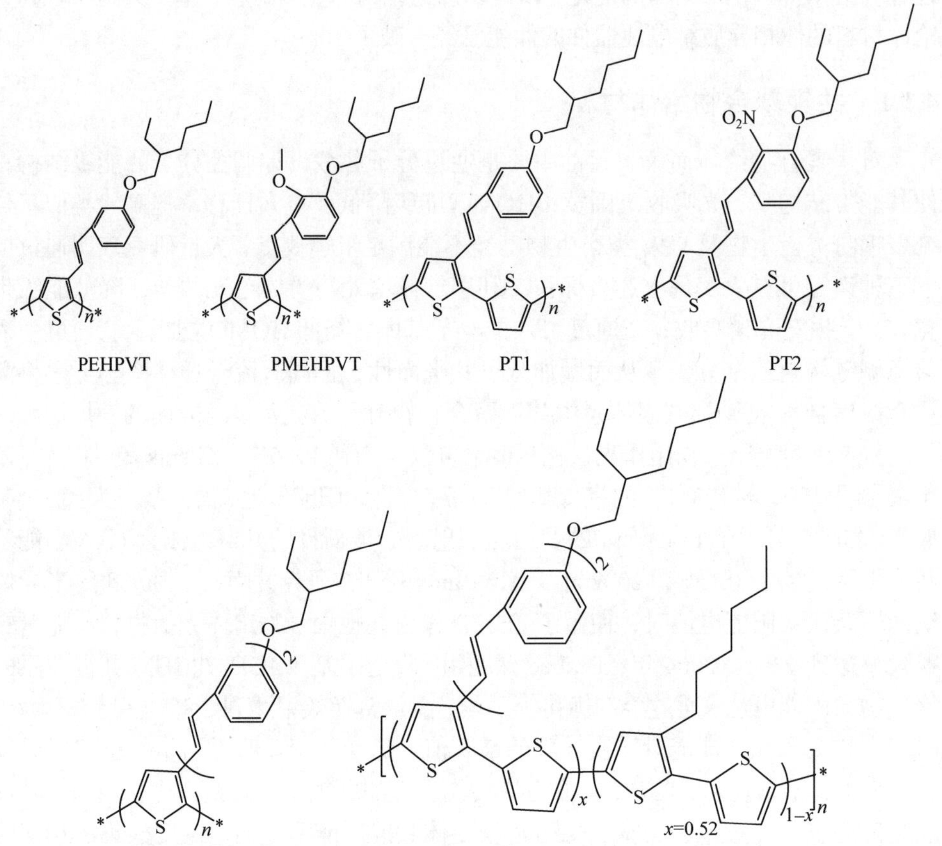

PEHPVT　PMEHPVT　PT1　PT2

PT3　PT4

图 4-1　带共轭支链的二维共轭聚噻吩衍生物[8]

稠环噻吩与噻吩相比，具有更好的分子平面性、更大的共轭性和电子离域性，从而使含有稠环噻吩单元的聚合物具有高的空穴迁移率，其场效应器件的迁移率超过了 0.1 $cm^2/(V\cdot s)$[12]。近年来，这类含稠环噻吩单元的聚合物受到研究者的重视。目前在聚合物光伏材料研究中占有较重要地位的稠环噻吩单元和末端为噻吩的稠环单元有二并噻吩[比如噻吩并[3,2-*b*]噻吩和噻吩并[3,4-*b*]噻吩(TT)]、三并噻吩(二噻吩并[2,3-*b*：3′,2′-*d*]噻吩)、苯并[1,2-*b*：4,5-*d*′]二噻吩(BDT)和引哚并二噻吩(IDT)等。其中 BDT 和 TT 的交替共聚物 PBDTTT 是一类窄带隙高效的聚合物给体光伏材料，与 $PC_{71}BM$ 共混制备的光伏器件的能量转换效率达到 7%～8%[13, 14]。高效聚合物给体光伏材料需要在可见-近红外区有较宽的吸收(较窄的带隙)以及适当较低的 HOMO 能级，这些都可以通过将给电子和受电子结构单元共聚来实现，因此 D-A 共聚物近年成为聚合物太阳能电池给体光伏材料的主要研究对象，已有多篇文章对这类光伏材料进行了介绍和报道[1, 15-19]。

聚合物材料的带隙受其主链结构、侧链结构及链间相互作用等因素的影响。降低聚合物材料带隙的方法主要有引入给电子单元(D)-吸电子单元(A)交替结构和引入醌式结构两种。对于 D-A 交替型聚合物，由于 D 单元和 A 单元间的推拉电子作用，产生了分子内的电荷转移(ICT)，从而降低了聚合物的带隙，使得其吸收窗口红移。另外 D-A 共聚物往往存在共轭的主链吸收和长波长方向的 ICT 吸收两个吸收峰，所以在可见-近红外区表现出宽的吸收带，这些都能够提高太阳光利用率。对于电子能级，D-A 共聚物的 HOMO 能级往往取决于给体单元的 HOMO 能级，LUMO 能级则主要由受体单元的 LUMO 能级所决定。所以通过选择适当的给体单元和受体单元，可以方便地调节共聚物的能级结构，这对于得到高开路电压的聚合物给体光伏材料非常重要。在 D-A 共聚物光伏材料的分子设计中，还需要使用柔性取代基(烷基或烷氧基)来改善聚合物的可溶性，同时，给电子单元和受电子单元之间还往往需要使用 π-桥(比如噻吩单元)来减小空间位阻和改善聚合物的分子平面性。在 D-A 共聚物给体光伏材料的研究中，常用的给电子(D)结构单元主要有噻吩、并噻吩、芴、硅芴、咔唑、苯并二噻吩、二噻吩并吡咯、二噻吩并噻咯和引达省二噻吩等；常用的受电子(A)结构单元主要有苯并噻二唑、噻吩并吡咯二酮、并吡咯二酮、并噻唑、二联噻唑、苯并吡嗪、噻吩并吡嗪和异靛蓝等。D-A 共聚物早期是为电子和空穴双极性平衡输出的电致发光聚合物或窄带隙的红光聚合物而设计合成的[15]。2003 年，Andersson 和 Inganäs 等[16]首次将芴与苯并噻二唑的 D-A 共聚物 PFDTBT(分子结构见图 4-2)用于聚合物太阳能电池的给体光伏材料，获得了 2.2%的光电能量转换效率。此后各种 D-A 共聚物被设计和合成出来，多个 D-A 共聚物给体材料的光伏效率超过了 7%[17-19]，窄带隙 D-A 共聚物已成为新型聚合物给体光伏材料研究的主流聚合物之一。

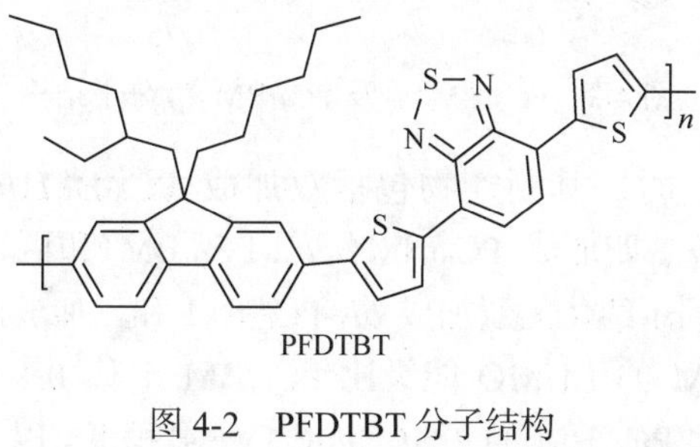

PFDTBT

图 4-2 PFDTBT 分子结构

聚合物给体材料的发展一定程度上决定了有机太阳能电池的发展进程。从光物理角度考虑，应当通过分子剪裁设计继续开发吸收窗口与富勒烯材料互补的聚合物给体材料，同时通过能级调控降低光电转换过程的能量损失，并获得高的空穴迁移率。

4.1.2 富勒烯衍生物受体材料

富勒烯衍生物受体光伏材料对聚合物太阳能电池的发展起到了关键作用。$PC_{61}BM$ 具有良好的溶解性、低的 LUMO 能级（–3.91 eV）[20, 21]及较高的电子迁移率[10^{-3} cm²/(V · s)]。因此，自以 MEH-PPV 为给体、$PC_{61}BM$ 为受体的本体异质结太阳能电池出现以来，$PC_{61}BM$ 便成为有机太阳能电池中重要的受体材料[1]。

$PC_{61}BM$ 由腙与 C_{60} 的邻二氯苯溶液在碱性条件下加热反应制得，此反应除了获得 $PC_{61}BM$ 外，还伴随有其双加成、三加成及多加成产物。通过调节腙与 C_{60} 的摩尔比及反应时间等可改变单加成物、双加成物等的相对含量。由于 C_{60} 的高度对称性，所以 $PC_{61}BM$ 对可见区太阳光的吸收相对较弱，主要集中于 200～350 nm 的紫外区。

为了克服 $PC_{61}BM$ 可见区吸收较弱的缺点，Hummelen 等[22]又合成了在 400～500 nm 范围内有较强吸收的可溶性 C_{70} 衍生物 $PC_{71}BM$（结构见图 4-3）。$PC_{71}BM$ 的合成方法与 $PC_{61}BM$ 合成方法完全相同，只是需要把投放的富勒烯原料从 C_{60} 换成 C_{70}。$PC_{61}BM$ 是一种单一结构分子，但 $PC_{71}BM$ 是三种同分异构体的混合物，其中 α 异构体的含量占 85%，β 和 γ 异构体的含量占 15%。一般用图 4-3 所示的 α 异构体结构代表 $PC_{71}BM$ 的结构。

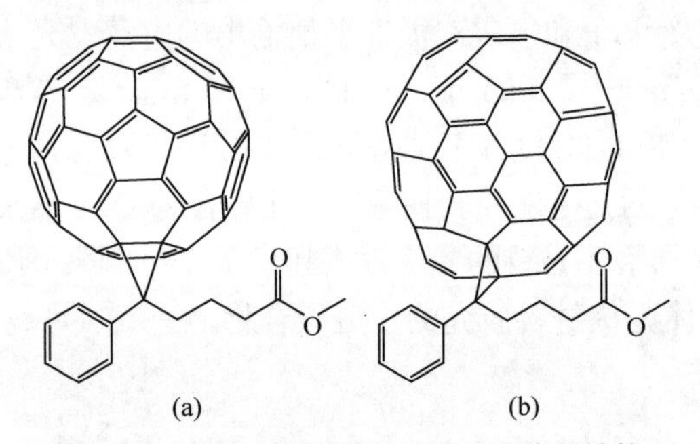

图 4-3 $PC_{61}BM$(a) 及 $PC_{71}BM$(b) 分子结构

在合成 $PC_{61}BM$ 时，其副产物包括双加成 $PC_{61}BM$（*bis*-$PC_{61}BM$）、三加成 $PC_{61}BM$（*tris*-$PC_{61}BM$）、四加成 $PC_{61}BM$（*tetra*-$PC_{61}BM$）和更高加成的 PCBM 衍生物。Lenes 等制备得到了纯化的双加成 *bis*-$PC_{61}BM$ 和三加成产物 *tris*-$PC_{61}BM$[23, 24]（图 4-4）。*bis*-$PC_{61}BM$ 的 LUMO 能级比 $PC_{61}BM$ 上移 0.1 eV，其电子迁移率为 7×10^{-4} cm²/(V · s)，比 $PC_{61}BM$ 的 2×10^{-3} cm²/(V · s) 稍低。以 P3HT 为给体、以 *bis*-$PC_{61}BM$ 为受体，并且给体/受体质量比 1：1 作为活性层制备器件，器件开路电压、短路电流密度和能量转换效率分别为 0.724 V、9.14 mA/cm²和 4.5%。而相同

的条件下，基于 P3HT/$PC_{61}BM$ 器件的能量转换效率为 3.8%。基于 *bis*-$PC_{61}BM$ 器件效率的提高主要来自于开路电压的提高(提高了 0.15 V)，这得益于 *bis*-$PC_{61}BM$ 的 LUMO 能级的上移。虽然 *tris*-$PC_{61}BM$ 和 *tetra*-$PC_{61}BM$ 的 LUMO 能级进一步上移，但是其电子迁移率将降低几个数量级，以此为电子受体时器件开路电压较基于 $PC_{61}BM$ 的器件提高了 0.2 V，但是短路电流密度和填充因子下降严重，器件能量转换效率降低。

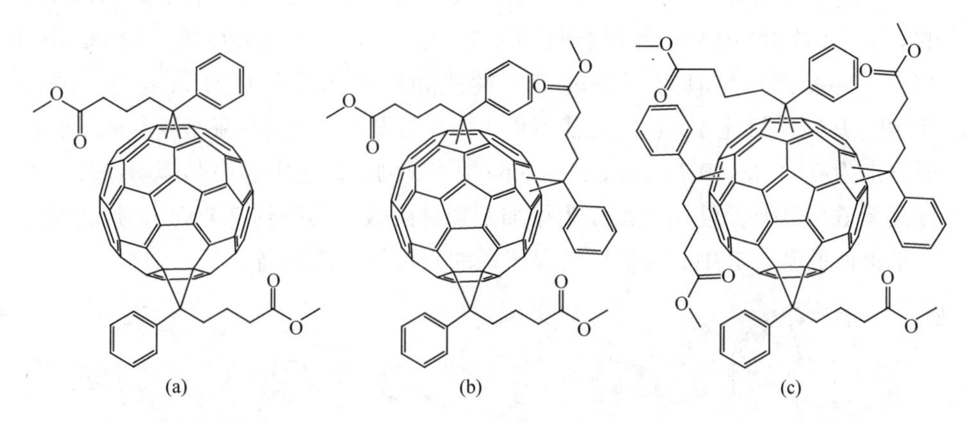

图 4-4　*bis*-$PC_{61}BM$(a)、*tris*-$PC_{61}BM$(b)及 *tetra*-$PC_{61}BM$(c)分子结构

$PC_{61}BM$ 双加成产物具有较高的 LUMO 能级，但其中的酯基为吸收电子单元，这限制了其 LUMO 能级进一步提高。为了进一步提高富勒烯受体材料的 LUMO 能级，Li 课题组[20]合成了 C_{60} 的茚单加成产物 ICMA 和双加成产物 ICBA。ICMA 和 ICBA 的 LUMO 能级分别为−3.86 eV 和−3.74 eV，比 $PC_{61}BM$ 的 LUMO 能级(−3.91 eV)分别上移了 0.05 eV 和 0.17 eV。值得注意的是，ICBA 与 *bis*-$PC_{61}BM$ 相比，其 LUMO 能级又上移了 0.07 eV，这有利于光伏器件开路电压的进一步提高。使用 P3HT 为给体，并且给体/受体质量比 1∶1 时，各 C_{60} 衍生物受体的光伏性能列于表 4-1 中，可以看出，与基于 PCBM 的光伏器件相比，基于茚单加成产物 ICMA 的器件开路电压提高了 0.05 eV，短路电流略有下降，能量转换效率基本相同；而基于茚双加成产物 ICBA 的器件的开路电压提高了 0.26 eV，效率也有显著提高[25]。

表 4-1　以 P3HT 为给体情况下富勒烯受体衍生物光伏材料的光伏性能

富勒烯衍生物	V_{oc}(V)	J_{sc}(mA/cm^2)	FF(%)	PCE(%)
bis-PCBM	0.724	9.14	68.0	4.5
bis-$PC_{71}BM$	0.75	7.03	62.0	2.3

续表

富勒烯衍生物	V_{oc}(V)	J_{sc}(mA/cm^2)	FF(%)	PCE(%)
tris-PCBM	0.81	0.99	37.0	0.21
PCBM	0.58	9.41	64.0	3.49

为了进一步增强 ICBA 在可见区的吸收能力，科研工作者又合成了 ICBA 对应的 C_{70} 衍生物 $IC_{71}BA$（分子结构见图 4-5）[26]。$IC_{71}BA$ 的 LUMO 能级较 $PC_{61}BM$ 上移 0.19 eV，并且具有更好的溶解性能和较强的可见区吸收能力。基于 P3HT/$IC_{71}BA$（质量比 1∶1）的光伏器件，其开路电压、短路电流密度和能量转换效率分别为 0.84 eV、9.73 mA/cm²和 5.64%[27]。例如，使用 3-甲基噻吩添加剂效率提高至 6.69%[28]，使用氯萘作为添加剂器件的效率提高到 7.4%[27]，这也是迄今文献报道的基于 P3HT/富勒烯共混体系的光伏器件的最高效率。

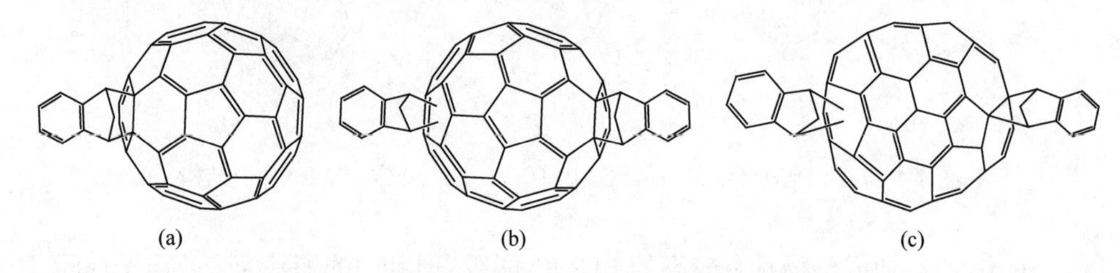

图 4-5 ICMA(a)、ICBA(b)及 $IC_{71}BA$(c)分子结构

可溶性富勒烯衍生物是聚合物太阳能电池中使用最广泛的受体光伏材料。虽然目前人们已经开发出大量共轭聚合物及共轭小分子非富勒烯受体材料，且部分材料性能已经超过相应的富勒烯体系。但是，富勒烯作为球形对称分子，在电荷转移态分离及载流子传输方面依然具有巨大优势。如何开发出具有更高 LUMO 能级、在可见区范围吸收更宽的富勒烯受体材料是目前的一项挑战！

过去的几十年聚合物太阳能电池领域取得了十分重要的进展，其光电转换效率已经逐步突破 15%[29-32]，目前正向 20%的目标进军。除了电池器件制备工艺的优化外，新颖的聚合物给体材料以及富勒烯受体材料的设计和应用对推动聚合物太阳能电池领域的发展具有突出作用。目前，聚合物/富勒烯共混体系活性层吸收窗口仍较窄，同时器件能量损失较大，这均是限制其性能进一步突破的瓶颈。下述将介绍聚合物受体材料及小分子非富勒烯受体材料，正是这些材料的异军突起，才使得有机太阳能电池的光吸收问题及能量损失被最小化，为有机太阳能电池发展提供了一个新的契机。

4.2 体相异质结三相模型

为什么活性层需要由给体材料与受体材料共同组成呢？这是由于有机半导体材料介电常数低，激子束缚能大。p 型半导体材料和 n 型半导体材料接触后，在两种不同的半导体界面区域会形成异质结结构（pn 结），异质结界面处形成内建电场，可有效促进激子分离。按照活性层中给受体排列方式不同，异质结结构主要分为双层异质结结构及体相异质结结构。第 1 章中已详细介绍了双层异质结的特点，本章中将介绍体相异质结结构的特点。

体相异质结活性层是通过在有机溶剂中混合充当电子给体和电子受体两类有机材料，经旋涂等溶液加工工艺得到有机固态共混膜。由于活性层中给体及受体相区尺寸均为纳米级别，因此增加了给体/受体间的接触面积，解决了平面异质结中激子分离效率低的问题。有机薄膜太阳能电池活性层形貌与光伏电池性能密切相关。首先，给体微区和受体微区的尺寸要与激子的扩散距离相近，以确保激子能够在复合之前顺利到达给体/受体界面分离形成能够自由移动的电子和空穴。一般激子在有机半导体中的扩散距离小于 10 nm，所以微区尺寸应当在 20 nm 左右。其次，为了防止在界面处分离的电子-空穴对重新复合，载流子在给体相和受体相中的迁移率要足够大。载流子迁移率除了与材料本身有关，还与微区内分子有序堆叠程度有关，高度无序的分子排列会降低载流子迁移率；相反，有序的分子堆叠则有益于载流子的传输。给体微区和受体微区要形成双连续通路，确保电极有效收集载流子，避免类似于孤岛状的微区存在，防止空间电荷的积累。由此可见，优化活性层结晶性、相区尺寸及互穿网络结构是制备高性能器件的重要前提。

最初，人们对有机光伏器件光物理过程的认识较为浅显，认为其主要包含光子吸收、激子分离、载流子传输及载流子收集四个基本过程。体相异质结概念引入有机太阳能领域之后，人们认为理想的活性层形貌应当具备以下特征：①给体-受体形成互穿网络结构；②给体及受体均形成有序堆叠的晶体；③相区尺寸小于 20 nm，即活性层中要形成所谓的两相模型，如图 4-6 左侧示意图所示。两相模型中给受体分子均聚集结晶，各自形成纯相区并相互连接形成载流子传输通路。此模型能够很好地解释当时人们对有机太阳能电池光物理过程的认识，因此在有机太阳能电池发展初期，被大家广泛接受[33]。

随着对光伏电池工作原理认识的逐步深入，人们发现，扩散至界面的激子并不会即刻实现电荷的分离，而是首先在两相界面处形成电荷转移态（charge transfer state，简称 CT 态），如图 4-7 所示。由于 CT 态通常被认为是存在于给体/受体

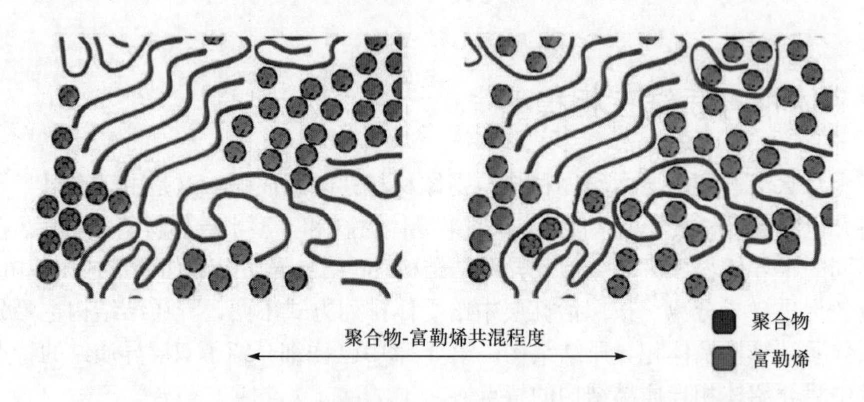

图 4-6　聚合物/富勒烯共混体系两相模型（左）及三相模型（右）

界面处的具有库仑束缚作用的成对电荷（在文献报道中也常常将这种状态称为成对电子-空穴对）。CT 态形成之初具有过量的热能，随着成对电子和空穴的空间距离逐渐拉大并大于库仑捕获半径 r_c 时，CT 态就会逐渐转变为电荷分离态（CS 态），即不受库仑束缚的自由电荷。由于电子-空穴对本身具有相对较弱的电子耦合能力，CT 态会在单线态（^{1}CT）与三线态（^{3}CT）之间采取迅速地自旋混合。当界面处成对的电子-空穴对不能摆脱库仑捕获半径 r_c 时，成对的电子-空穴对则会在给体/受体界面处发生复合（称为成对复合过程），并依据其自旋状态衰减到基态（S_0）或者形成三线态激子（T_1）。从激子实现电荷分离的能级示意图[图 4-7（b）]可以看出，自由电荷的产生实际上是多个转化过程动力学竞争的结果，具体过程可以参考第 1 章所述[34]。由此，人们开始关注给体/受体材料之间存在的共混相，该共混相与给受体结晶纯相构建起了活性层的三相模型，如图 4-6 右侧示意图所示。

研究发现，共混相的存在及其组成比例对器件性能具有非常显著的影响[35-38]。由于共混相所产生的能级相比于纯相会发生位移，因此在共混相与纯相之间会产生一个能级梯度，如图 4-8 所示。该能级梯度无疑有助于光致产生的电子和空穴的空间分离[35,38,39]。另一方面，共混相增加了给受体间界面面积，同样利于激子扩散效率的提高。而对于结晶纯相（包括给体和受体），则可作为有效的电荷传输通道，保证产生的自由载流子能够有效地传输至相应的电极[36,39,40]。对于 P3HT/PC_{61}BM 共混体系，P3HT 与 PC_{61}BM 间是部分相溶的，且相容性随聚合物分子量及温度变化而变化[41]。Yin 和 Dadmun[42]利用小角中子散射（SANS）表征发现，PC_{61}BM 在 P3HT 中的极限溶剂度约为 20%（质量分数）。因此，P3HT/PC_{61}BM 共混薄膜是由给体纯相、受体纯相以及给体/受体共混相组成。McGehee 课题组[35,43]则系统地研究了三相模型中共混相对器件性能的影响，指出三相模型所构建起的瀑布式的能级结构大大

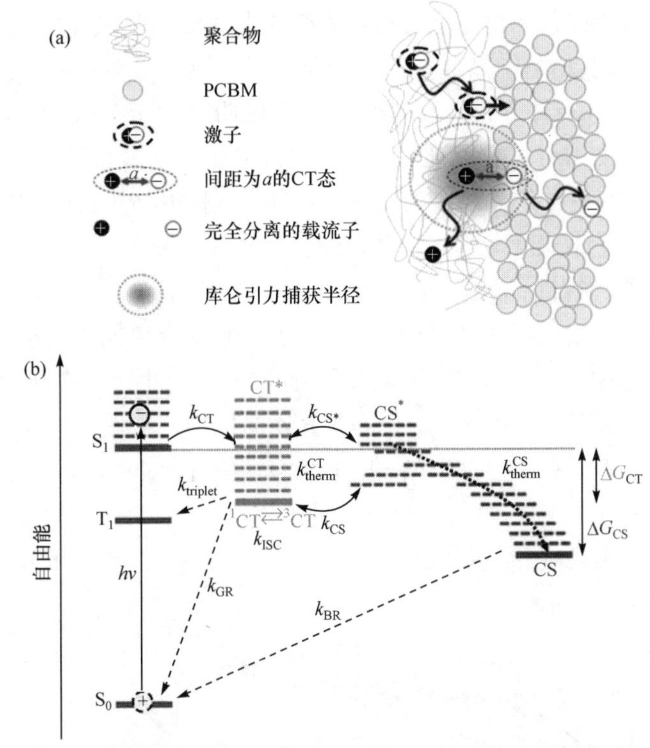

图 4-7　(a)聚合物/富勒烯共混体系界面处电荷分离示意图；(b)激子实现电荷分离的能级示意图

增加了界面处的电荷分离效率。例如，由于 P3HT/$PC_{61}BM$ 共混体系中可形成足够多的无定形共混相，增加了该体系电荷分离的驱动力，因此获得较高的内量子效率(75%～90%)。

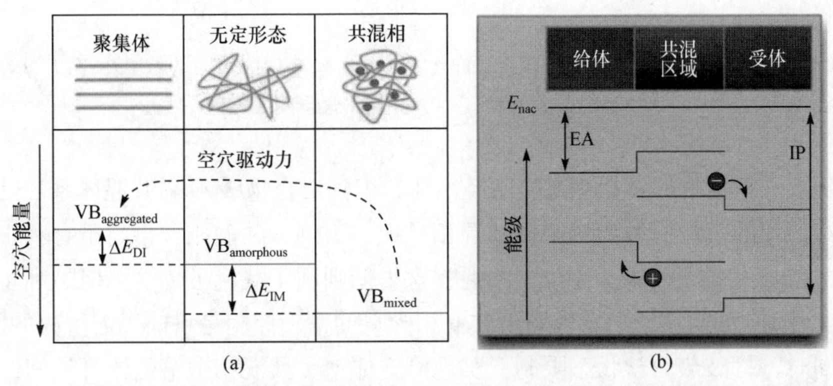

图 4-8　(a)聚合物有序相、无定形相及聚合物/富勒烯共混相价带结构示意图；(b)给体、受体纯相及共混相能级结构示意图[31, 39]

因此，如何调控共混相含量对有机太阳能电池活性层而言至关重要。研究表明，给体/受体共混相与结晶纯相的比例可以通过改变给体与受体材料的相容性来实现[44, 45]。以具有良好相容性的聚(3-己基硒吩)(P3HS)/$PC_{61}BM$ 体系为例，由于给受体之间相容性好，因此多数 $PC_{61}BM$ 分子会与聚合物形成分子级共混，从而得到相区尺寸小、结晶性差的活性层结构。这样的结构会导致载流子在传输过程中更容易发生双分子复合[46]。通过改变富勒烯的分子结构，降低聚合物与富勒烯分子之间的相容性，薄膜中的共混相含量将会降低，而聚合物相和富勒烯富相含量则会增多，相区尺寸随之增大，从而利于形成互穿网络结构，有效改善器件的电荷收集效率[47]。Han 等[48]则利用不同富勒烯衍生物与 P3HT 相容性不同这一性质，通过调节 *bis*-$PC_{71}BM$ 和 $PC_{71}BM$ 的比例，实现了共混相中富勒烯含量的调控。结果表明在一定范围内，增加相容性更好的 $PC_{71}BM$ 含量可有效提高共混相中富勒烯的比例。而共混相中富勒烯含量增多，有利于增加给体/受体间的界面面积，并提高纯相与共混相间能级差，进而提高激子扩散效率及 CT 态分离效率，如图 4-9 所示。

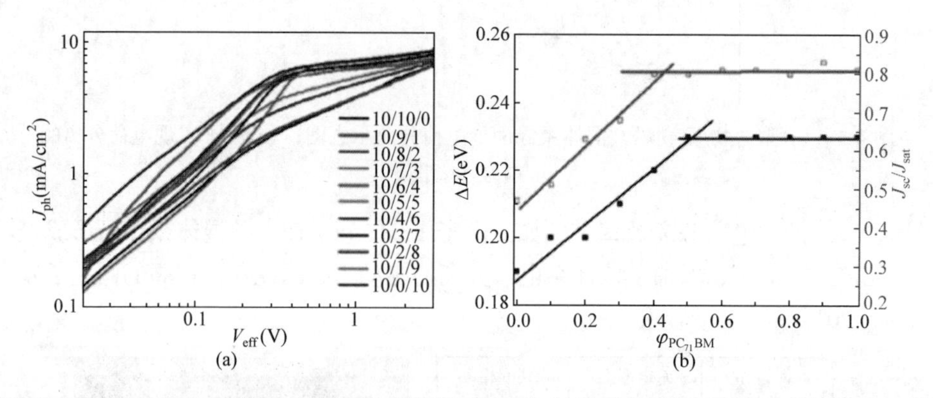

图 4-9 (a)饱和光电流密度与共混相含量间关系；(b) 给受体能级差 ΔE(黑色线)及 J_{sc}/J_{sat}(灰色线)与共混薄膜中 $PC_{71}BM$ 含量间关系[44]

随着表征技术的发展，人们已经逐渐意识到聚合物/富勒烯共混体系活性层为包含共混相的三相模型。然而，共混相是把双刃剑，共混相含量高虽有利于激子分离，但是不利于载流子传输；共混相含量低则利于载流子传输，但不利于激子分离。因此，如何实现给定体系下共混相含量的精确控制是目前仍需解决的问题。与此同时，打破热力学状态限制，实现给定体系下共混相中给受体含量间的调控可能会进一步加深人们对有机太阳能电池光物理过程的理解，并将有机太阳能电池形貌的发展推向一个新的高度！

4.3 活性层形貌调控

聚合物/富勒烯共混体系活性层结构直接决定器件性能。近些年来，众多学者们进行了大量的研究工作，发现活性层形貌除了受共混体系本身属性，包括聚合物规整度、分子量及给受体比例影响外，还与成膜过程中所用溶剂及后退火处理密切相关。迄今为止，发展并报道了多种优化活性层形貌的方法手段。通常情况下，在溶液旋涂方法制备的初始活性层中，给体、受体分子在共混薄膜中并未达到热力学平衡态。因此，在活性层的制备过程中，通过选择不同类别的溶剂或引入添加剂等，并对活性层采用退火处理(溶剂蒸气退火处理及热退火处理等)，可以驱动活性层中分子向热力学稳定态方向转变，从而引起给体、受体分子的自组织结晶、相区尺寸的增加及互穿网络结构的形成等。下面我们将以聚合物/富勒烯共混体系为例，着重介绍影响活性层形貌的各因素及优化活性层形貌的方法及原理。

4.3.1 共轭聚合物规整度

通过第 3 章的分析介绍可知，P3HT 规整度直接影响分子在薄膜中的结晶度及分子取向，高规整度的 P3HT 结晶度较高，同时也倾向于采取 edge-on 取向，因此利于载流子在平行于基底方向传输。然而，在有机太阳能电池中，活性层形貌不仅涉及 P3HT 的结晶性、相分离尺寸，同时也要考虑到对活性层形貌稳定性的影响(直接关系到器件的稳定性)。因此，我们需要重新审视 P3HT 的规整度在有机太阳能电池应用中的作用。

由于提高 P3HT 规整度可增加 P3HT 薄膜光子吸收效率并提高其载流子迁移率，起初人们片面地认为在基于 P3HT/PCBM 的有机太阳能电池中，应当选用高规整度的 P3HT 材料作为电子给体。2006 年，McCulloch 课题组[12]研究了 P3HT 规整度对器件性能的影响，实验中所用 P3HT 基本信息如下：P3HT-1(规整度 95.2%，$M_n = 1.42\times10^4$，PDI=1.57)；P3HT-2(规整度 93%，$M_n = 1.78\times10^4$，PDI=1.79)；P3HT-3(规整度 90.7%，$M_n = 2.37\times10^4$，PDI=1.94)。结果表明，规整度为 95.2%的 P3HT 器件性能最优，作者认为其主要原因为高规整度 P3HT 结晶性最好。然而，作者并未意识到三种不同规整度的 P3HT 分子量并不一致。对于共轭聚合物而言，分子量直接影响晶体间连接，进而对载流子传输亦有影响。P3HT-3 分子规整度低，其分子量也低，因此相对应的器件性能差并不能完全归因于其较低的规整度。Mauer 课题组[49]则进一步论证了 P3HT 规整度对器件性能的影响，利用低分子量高规整度的 P3HT-4(规整度＞ 98%，$M_w = 25000$)与高分子量低规整度的 P3HT-5(规整度 94%，$M_w = 60000$)做对比，制备了有机太阳能电池。两组器件性能相差无几，表明高规整度的 P3HT 即使分子量较低，由于其自组织能力强，易于有序堆叠形成晶体，因此利于光子吸收及空穴传输，促使器件性能提高。

除了对器件性能会产生影响，P3HT 规整度同样决定了活性层的热稳定性。Ebadian 课题组[50]利用高规整度的 P3HT-6（规整度＞98%，M_w = 60000）作为电子给体材料，初始器件性能高达 2.7%，但是稳定性较差，在放置 20 天左右后器件性能骤降到 1%以下；与此相反，如果利用低规整度的 P3HT-7（规整度 94%，M_w = 50000）作为电子给体材料，虽然初始器件性能略低（2.3%），但是器件稳定性较好，放置 120 天后器件性能依然保持在 2%以上。由此可见，高规整度的 P3HT 虽然便于提高器件性能，但并不利于增加器件稳定性。为了改善器件稳定性，Sivula 等[51]将三己基噻吩与 3,4-二己基噻吩共聚形成 poly(1-*co*-2)，从而有效降低了给体材料的规整度，如图 4-10 所示。对于 P3HT 及 poly(1-*co*-2)而言，与富勒烯共混后均能形成理想的互穿网络结构；然而 P3HT/PCBM 共混薄膜加热后会形成大尺寸相分离，而 poly(1-*co*-2)/$PC_{61}BM$ 共混薄膜加热后则无大尺寸聚集体出现。由图 4-10(b)可知，经过 150℃热退火处理 30 min，基于 P3HT/$PC_{61}BM$ 为活性层的器件（器件 1）

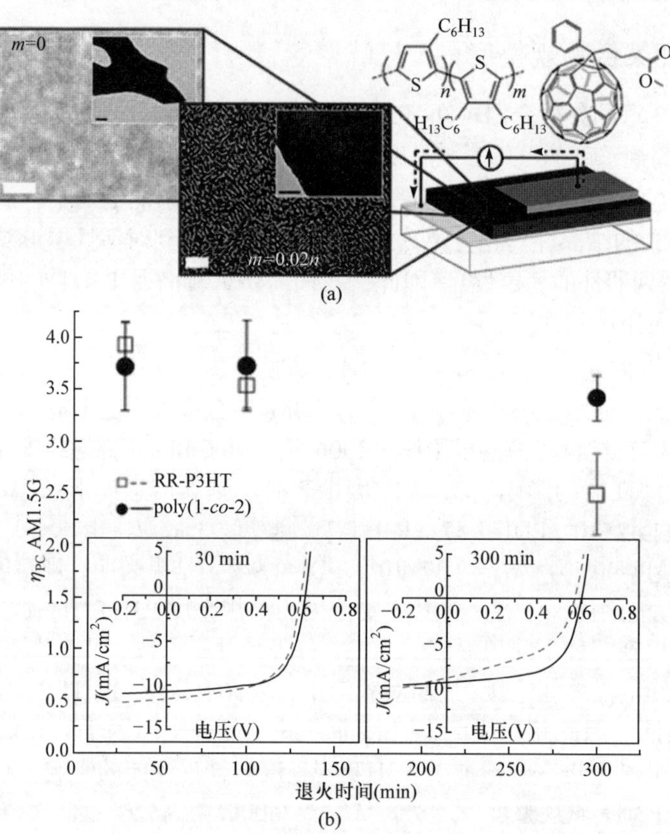

图 4-10 (a)含不同给体材料的活性层形貌图、活性层分子结构式及器件结构示意图；(b)器件性能与热退火时间关系图及相应的 *J*-*V* 曲线[51]

能量转换效率为 4.3%，而基于 poly(1-*co*-2)/ $PC_{61}BM$ 为活性层的器件(器件 2)能量转换效率为 4.4%；然而，当退火时间延长至 300 min，器件 1 的能量转换效率急转直下，降至 2.6%，而相同条件下处理的器件 2 性能仅降至 3.5%。

共轭聚合物规整度对器件稳定性的影响主要体现在活性层形貌的热稳定性上，Fréchet 等[52]研究了 P3HT 规整度对 P3HT/$PC_{61}BM$ 共混薄膜相分离结构的影响，如图 4-11 所示。对共混薄膜进行相同的热退火处理后，薄膜中的 $PC_{61}BM$ 聚集程度随着 P3HT 规整度的升高而增加——聚集体数量增多、尺寸增加。前文我们已经提到，P3HT/$PC_{61}BM$ 共混薄膜中包含聚合物纯相、富勒烯纯相及聚合物-富勒烯共混相。热退火处理过程中，P3HT 分子运动能力增强，可进一步自组织结晶；在其结晶过程中会将共混相中的 $PC_{61}BM$ 排斥出来发生聚集，诱导形成大尺寸相分离；而 P3HT 规整度越高，其热退火处理过程中的结晶能力越强，从而导致富勒烯的聚集尺寸越大。另外，高规整度的 P3HT 也不适用于大面积成膜的喷墨打印(ink-jet printing)工艺中。Hoth 等[53]指出，当 P3HT 规整度较高时(规整度 98.5%, M_w = 37000, PDI= 1.76)，由于 P3HT 自组织能力较强，其在较短时间内便形成尺寸超过 75 nm 的聚集体，从而使溶液黏度增加，阻塞喷头。综上所述，高规整度的共轭聚合物鉴于其较强的结晶能力，确实可提高器件的性能；然而结合器件的热稳定性，则需要适当降低规整度，保证器件在性能及热稳定性上有均衡的表现。

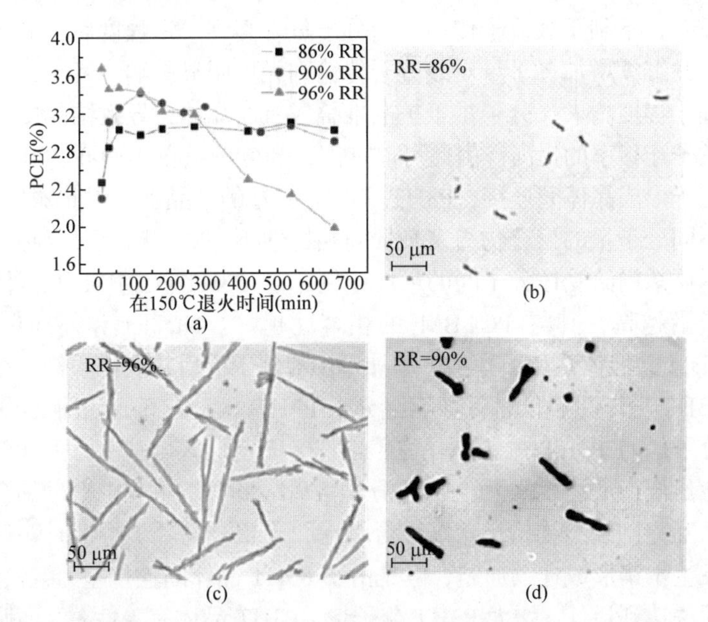

图 4-11　器件性能与热退火时间关系图(a)及含不同规整度(RR)[(b)～(d)]的 P3HT 活性层热退火后的透射电子显微镜图[52]

4.3.2 共轭聚合物分子量

聚合物分子量决定了分子所采取的构象及分子刚性主链的堆积程度，进而影响活性层结晶性；另外，从聚合物/富勒烯共混角度出发，聚合物分子量还会影响薄膜的相分离尺寸，因此研究分子量对有机太阳能电池活性层形貌及性能影响至关重要。

聚合物分子量影响活性层结晶性。Brabec 课题组[54]通过改变 P3HT 分子量(2200~11300)，研究了分子量对 P3HT/PC_{61}BM 共混体系器件性能的影响。结果表明，P3HT 分子量越高，器件性能越好。这是由于在其所研究的分子量范围内，高分子量的 P3HT 自组织能力更强，且晶体间连接紧密，因此利于光子吸收及载流子传输。然而，当分子量进一步升高时，器件性能则不再继续升高。Dagron-Lartigau 课题组[55]系统地建立了 P3HT 分子量与 P3HT/PC_{61}BM 共混体系器件性能的关系：当 P3HT 分子量在 4500~280000 区间内时，分子量为 14800 的 P3HT 所对应的器件性能最优。为了进一步解释分子量与器件性能间的关系，Nelson 课题组[56]研究了 P3HT 纯相薄膜中载流子迁移率与分子量(13000~121000)间的关系，当 P3HT 分子量为 13000~34000 时，迁移率最高，同时其对应的太阳能电池器件性能也达到最优，如图 4-12 所示。这个现象要从以下几方面思考：首先，分子量过低，晶体间连接性较差，不利于载流子传输；当分子量升高到一定程度后，晶体间连接趋于完善，因此继续增加分子量对载流子传输则无更明显影响。其次，增加分子量后分子间缠结程度增大，分子难于扩散堆叠成有序晶体，导致结晶度下降，因此不利于载流子迁移率的提高。由此可以推测，当分子量在 10000~30000 范围内，此时即有利于形成晶体间连接，P3HT 又具有较好的结晶性，因此器件性能最优。

由于不同分子量的聚合物与富勒烯间相容性不一致，因此聚合物分子量直接决定了共混体系内给受体分子间的最佳比例。以 P3HT/PC_{61}BM 共混体系为例，P3HT 分子量越高，其与 PC_{61}BM 的相容性越好。Nicolet 课题组[57]通过研究 P3HT/PC_{61}BM 共混体系相图指出，增加 P3HT 分子量后共混体系低共熔组分发生变化——P3HT 分子量越低，低共熔组分中 P3HT 含量越高，如图 4-13 所示。这是由于低分子量的 P3HT 分子结晶完善性好，无定形区域较少，因此低共熔组分中富勒烯含量低；反之，增大 P3HT 分子量后，低共熔组分中富勒烯含量也会相应增加。从互穿网络结构构筑角度综合考虑，当聚合物分子量低时，低含量的富勒烯便可发生聚集形成连续通路，但是由于 P3HT 晶体间连接差，空穴迁移率低，因此性能无法达到最佳；增大 P3HT 分子量，P3HT 晶体完善性差，薄膜内存在较多的无定形相，因此溶于 P3HT 无定形相内的富勒烯分子含量增加，为形成富勒烯连续电子通路，则需要进一步增加富勒烯含量。

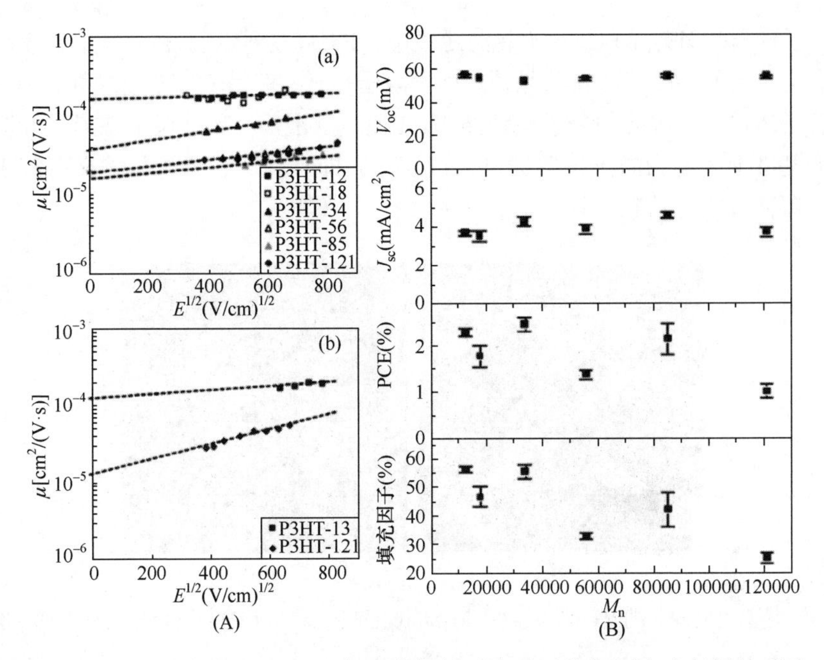

图 4-12　(A)不同分子量 P3HT 空穴迁移率(a)及电子迁移率(b)与电场间关系图；(B)器件各性能参数与 P3HT 分子量关系[56]

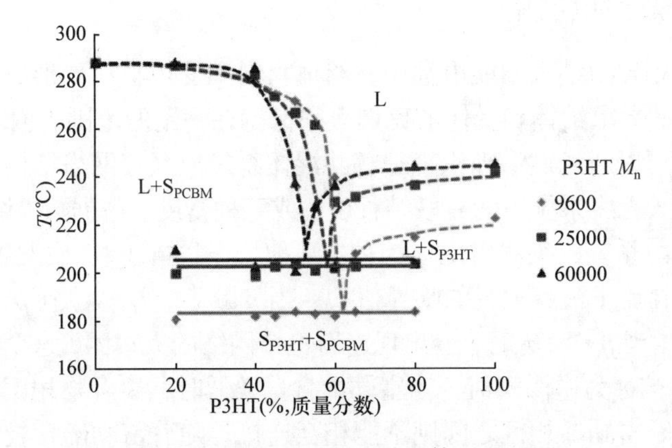

图 4-13　P3HT/$PC_{61}BM$ 共混体系相图[57]

高性能的 P3HT/$PC_{61}BM$ 体系太阳能电池活性层需要 P3HT 与 $PC_{61}BM$ 间形成大量的给体/受体界面，同时晶体间相互连接形成网络——可增加激子扩散效率并降低载流子迁移势垒。Heeger 课题组[58]通过将中等及高等分子量的 P3HT 共混($P3HT_{medium}$：M_w = 26200, $P3HT_{high}$：M_w = 153800)，实现了活性层形貌的优化。如图 4-14 所示，$P3HT_{medium}$/$PC_{61}BM$ 共混薄膜中 P3HT 形成了大量纤维状晶体，且晶体间连接程度较高，利于载流子传输；但是给体/受体间界面面积较少，不利于激子扩散。$P3HT_{high}/PC_{61}BM$ 共混薄膜中，P3HT 分子由于缠结严重，无纤维晶出现，仅形成了小尺寸的粒状晶体，利于激子扩散；但是 P3HT 结晶性较差，不利于载流子传输。而将两种分子量按照 1：4 比例共混后，活性层中在形成互穿网络结构的基础上还能为激子扩散提供大量界面，即有利于载流子传输又有利于激子扩散，器件性能也达到最佳。

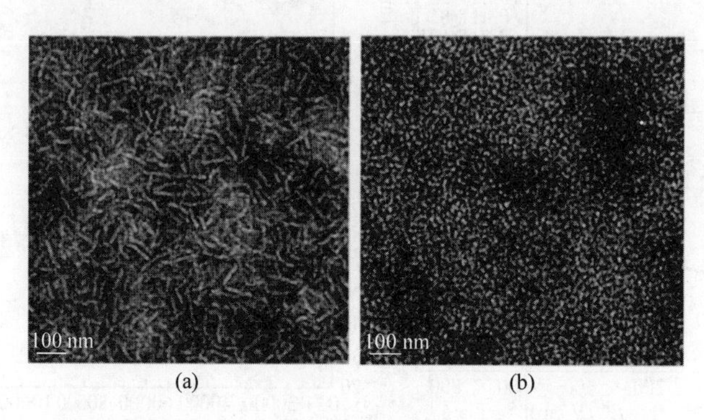

图 4-14 热退火处理后的 $P3HT_{medium}/PC_{61}BM$ 共混薄膜(a)与 $P3HT_{high}/PC_{61}BM$ 共混薄膜透射电子显微镜图(b)[58]

4.3.3 给体与受体比例

在有机体相异质结太阳能电池中，给体材料和受体材料要形成连续性的互穿网络结构，因此要求给体和受体的比例必须保持在一定的范围之内。在聚合物/富勒烯体系中，可以通过逾渗理论来理解共混体系形成互穿网络结构的过程。逾渗过程就是在庞大无序系统中随着联结程度，或某种密度、占据数、浓度增加(或减少)到一定程度，系统内突然出现(或消失)某种长程联结性，性质发生突变的现象。体系中往往存在一个极端尖锐的临界值 p_c，当 p 减小(或增大)到 p_c 值时，系统的性质发生突变。当 $p > p_c$ 时，会出现连通整个网络的大集团，这个集团就是逾渗通路，而 p_c 值被称为逾渗阈值。当富勒烯含量较低时，聚合物相区可以形成良好的连续相，但是富勒烯相区之间则不能相互连接；随着富勒烯含量增加到逾渗阈值时，富勒烯相区之间形成良好的连续相，而聚合物相区之间的连接性不受影响，共混体系形成互穿网络结构。而当富勒烯含量进一步增加时，聚合物在共混体系中的含量降低，导致其相区连接性变差，不能形成互穿网络结构。由此可见，给受体的共混比例直接决定了体系是否可以形成互穿网络结构。大量研究表明，形成互穿网络结构时，给受体的最佳比例并不固定，而是受给体结晶性、分子量及溶剂性质等因素的影响。下面我们将详细论述给受体比例对形成互穿网络结构及给受体间相互作用的影响。

1. 低相容性共混体系

根据逾渗理论，聚合物/富勒烯共混体系中富勒烯的含量要足够高，从而相互连接形成连续电子通路。然而，大量研究表明针对不同的共轭聚合物，富勒烯形成连续电子通路所需的含量差异很大[59]。例如，在弱结晶性的 PPV/富勒烯共混体系中，以及窄带隙材料 PCDTBT/富勒烯共混体系中，富勒烯的最佳含量（质量分数）通常约为 80%[13, 60-62]。然而，对于 P3HT/富勒烯共混体系，富勒烯最佳含量在 50%左右。由此可见聚合物分子性质是决定富勒烯最佳含量的一个主要原因。

Nelson 等[63]利用示差扫描量热法通过监测低相容性体系（P3HT/$PC_{61}BM$ 体系）给体材料和受体材料熔融温度的变化绘制出了二元体系相图，并且建立了给受体比例-共混相分离结构-器件性能间的关系，如图 4-15 所示。作者指出，P3HT/$PC_{61}BM$ 体系为简单的低共熔体系，低共熔点时 P3HT 的质量分数（C_e）约为 65%。当 P3HT 浓度为 C_e 时，体系温度（T）降低至低共熔温度（T_e）以下，将得到给受体共混程度很高的薄膜（给受体固化过程中同时析出，给受体间相互抑制结晶，因此薄膜内部给体晶体及受体晶体尺寸均较小）；当 P3HT 浓度偏离 C_e 时（$C < C_e$ 或 $C > C_e$），在

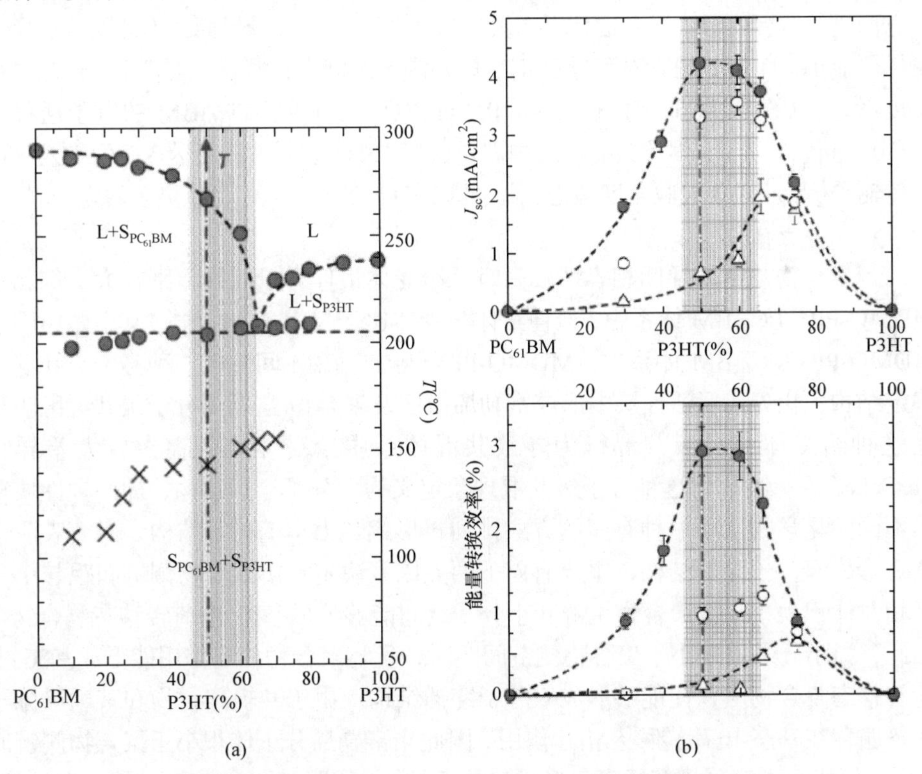

图 4-15　(a) P3HT/$PC_{61}BM$ 共混体系相图；(b) P3HT/$PC_{61}BM$ 共混体系活性层中给受体比例与器件短路电流密度（上）及能量转换效率（下）间关系[63]

共混体系温度下降过程中，当体系温度介于某相熔融温度与低共熔温度之间($T_e < T < T_m$)时，共混体系中过量组分将先析出结晶，随着温度进一步降低，当降至低共熔温度以下($T < T_e$)时，共混体系中给受体将同时发生固化。这种相分离随组分变化的行为也直接反映在升温过程共混薄膜形貌变化上：在不同P3HT质量分数下直接旋涂成膜均可得到均一的薄膜(动力学控制，获得热力学不稳定状态薄膜)；当P3HT含量过低时(如质量分数为40%)，随着温度升高，薄膜中将出现$PC_{61}BM$大尺寸晶体($PC_{61}BM$含量高，易于结晶成核)；同样，当P3HT质量分数过高时(如P3HT含量为80%)，随着温度升高，薄膜中将出现P3HT大尺寸晶体(P3HT含量高易于结晶成核)；仅当P3HT含量在C_e附近时，经退火后才能获得纳米级别的互穿网络结构。通过图4-15还可以看到，在未退火情况下，当P3HT含量在C_e附近时，此时器件的J_{sc}可达到最大值；而经过145℃热退火处理45 min后，当P3HT含量为50%～60%时(此时P3HT的质量分数略小于C_e)，器件的J_{sc}达到最大值，能量转换效率也相应达到极值。通过对文献调研，不难发现聚噻吩其他衍生物(如P3BT、P3DDT)与富勒烯组成的共混体系中，最佳聚合物含量均略小于C_e。此现象需要从两方面进行解释：首先，共混体系需要为激子分离提供大量界面，因此相分离尺寸要尽可能小，而当P3HT浓度为C_e时，恰好满足此需求；另外，从载流子传输平衡角度考虑，由于P3HT空穴迁移率[10^{-4} $cm^2/(V \cdot s)$]低于$PC_{61}BM$的电子迁移率[$>10^{-3}$ $cm^2/(V \cdot s)$]，因此共混体系中需要提高P3HT含量，从而尽量确保空穴与电子传输平衡；从光子吸收角度考虑，高含量P3HT在可见区可吸收更多的光子[59, 63]。

2. 高相容性共混体系

当聚合物与富勒烯间相容性较高时，给受体最佳含量往往差别较大，例如在MDMO-PPV/$PC_{61}BM$体系中，最佳给体与受体比例仅为1：4[64-67]。其主要原因是MDMO-PPV/$PC_{61}BM$体系中，MDMO-PPV与$PC_{61}BM$间形成一种分子级共混的稳定结构，相分离后活性层中形成富勒烯微区及聚合物/富勒烯分子级共混区。正是这种给受体分子级共混行为导致共混体系中给受体比例存在较大差异，McGehee课题组[68]将这种分子级共混现象定义为双分子穿插结构，即两种性质截然不同的化学物质以一种有序的方式排列，形成热力学上稳定结构。研究表明，能否形成双分子穿插结构，主要有以下两点因素决定：①聚合物侧链间距与小分子相对体积大小；②聚合物主链和小分子之间能够形成基态-电荷转移态复合物。因此，当小分子尺寸小于聚合物侧链间距时，且与聚合物相互作用能形成基态-电荷转移态复合物时，便能够形成双分子穿插结构。由于共轭聚合物和富勒烯分子间普遍存在基态-电荷转移态相互作用，因此当富勒烯分子体积小于聚合物侧链间尺寸，便能发生双分子穿插现象形成双分子晶体，如图4-16(a)所示，较为常见的、与富勒烯分子共混可发生双分子穿插的聚合物，如图4-16(b)所示。

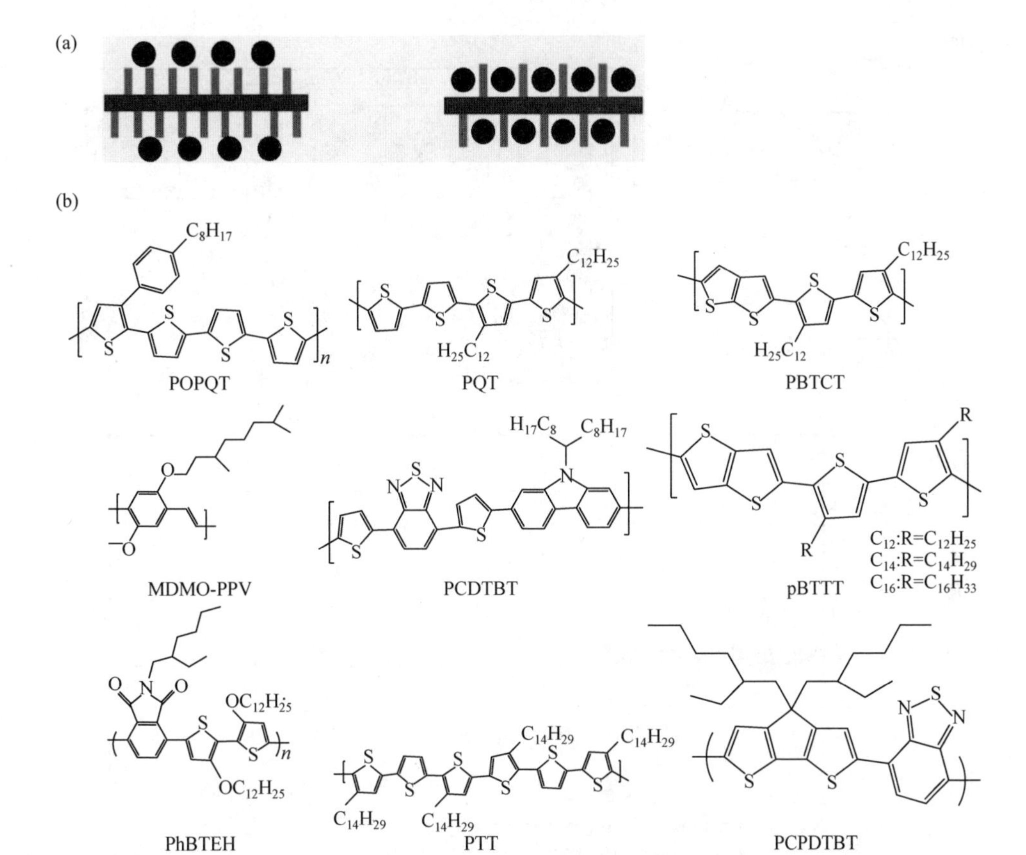

图 4-16　(a) 无双分子穿插 (左) 及含双分子穿插 (右) 行为的聚合物/富勒烯共混体系示意图；(b) 与 $PC_{61}BM$ 共混后存在双分子穿插行为的部分聚合物分子结构式[68]

双分子穿插结构抑制聚合物/富勒烯共混体系发生相分离，不利于形成双连续结构及纯相区，且双分子穿插程度直接决定了共混体系中给受体的最佳比例。McGehee 研究组[69]利用示差扫描量热法 (DSC) 确定了 pBTTT/$PC_{71}BM$ 共混体系不同给受体比例下的相转变温度，通过将相转变温度与浓度结合，并利用 2D-GIWAXS 确定不同相图区域的相组成，如图 4-17 (a) 所示，得到具有双分子穿插共混体系的共熔相图，如图 4-17 (b) 所示。当 pBTTT : $PC_{71}BM$ > 1 : 3 时，由于聚合物侧链间有足够的空间容纳富勒烯分子，共混体系中只存在 pBTTT 纯相及 pBTTT/$PC_{71}BM$ 双分子穿插结构；而只有当 pBTTT : $PC_{71}BM \leqslant$ 1 : 3 时，多余的富勒烯才能够逃逸出聚合物分子的束缚，聚集形成富勒烯纯相。由此可见，共混体系中存在大量分子级共混相，因此双分子穿插行为抑制共混体系发生相分离，不利于形成富勒烯纯相及聚合物纯相。当 pBTTT : $PC_{71}BM$=1 : 4 时，两相的相区尺寸相近，界面积最大，同时相的连续性最佳，可形成双连续的互穿网络结构。同时 McGehee 指

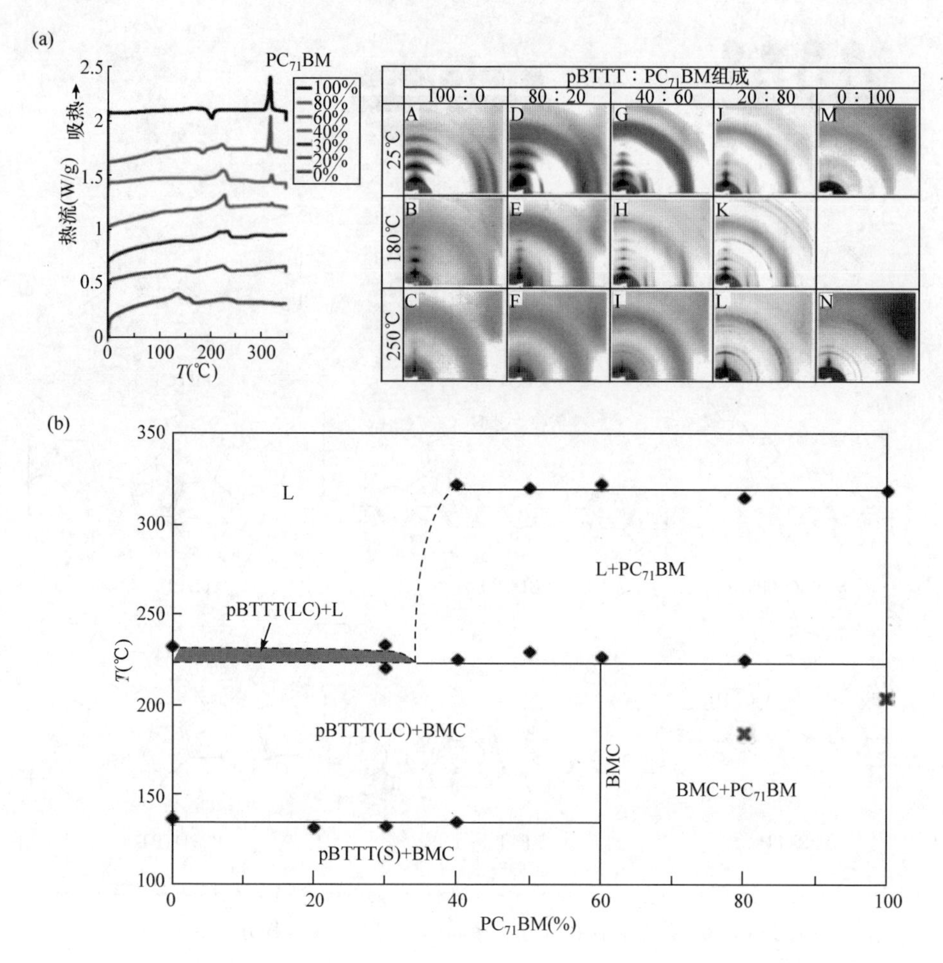

图 4-17 (a)不同比例 pBTTT/$PC_{71}BM$ 共混体系 DSC 第二次热循环的曲线(左)，不同比例 pBTTT/$PC_{71}BM$ 共混体系在不同退火温度下的 2D-GIWAXS 图(右)；(b) pBTTT/$PC_{71}BM$ 共混体系相图[69]

出，在存在双分子穿插的共混体系中，富勒烯和聚合物侧链间的相对体积大小决定了给受体共混可形成互穿网络结构的最佳比例，例如在 PCPDTBT/$PC_{71}BM$ 共混体系中，烷基侧链间距较小(每两个聚合物单体单元可容纳一个富勒烯分子)，因此受体在共混体系中最佳质量分数为 67%～75%；而在 MDMO-PPV/$PC_{61}BM$ 共混体系中，烷基侧链间距较大(每一个聚合物单体单元可容纳一个富勒烯分子)，因此富勒烯最佳质量分数相对较高，达到 80%。McGehee 研究组认为，聚合物/富勒烯共混体系中，给体与受体均形成连续通路，富勒烯含量可按照式(4-1)计算：

$$\chi=\frac{100\cdot n\cdot\zeta+50}{1+n\cdot\zeta} \tag{4-1}$$

式中，ζ为富勒烯分子与聚合物分子单体单元的摩尔质量比值；n 为双分子穿插相中每个聚合物单体单元所对应的富勒烯分子数量，其中当给受体分子间不存在双分子穿插时，n 值为 0。表 4-2 比较了几组常见的聚合物/富勒烯共混体系中根据上述公式计算的χ值与实验中所优化得到的富勒烯含量真实数值，对比发现两组数值较为接近，因此上述公式可成功预测相应共混体系中富勒烯最优含量。

表 4-2　具有双分子穿插行为的不同聚合物/$PC_{61}BM$ 共混体系给受体比例[68]

聚合物	单体单元摩尔质量 (g/mol)	单体单元/富勒烯	$PC_{61}BM$ 理论最佳含量(%)①	实验所获最佳范围
MDMO-PPV	262.2	2	80.7(82.16)	80
APFO-Green5	1091	1	72.75(74.29)	67~75
pBTTT-C14	692.726	1	78.4(79.9)	80
PCPDTBT	548.5634	≈2	72.68(74.22)	67~75
PQT-C12	664.704	1	78.9(80.4)	80
P3HT	166.18	N/A	50(50)	50

①括号中数据为 $PC_{61}BM$ 理论最佳含量（%）。N/A 表示无数据。

双分子穿插虽然抑制了给受体形成纯相，但是通过合理的给受体比例调控，完全能够实现互穿网络结构的构筑。从好的方面讲，双分子穿插结构特点也为其带来了特殊的电学性质，例如双极传输及高激子猝灭效率。如何利用双分子穿插行为特点，在调控共混体系相分离结构的基础上放大其电学性质可能会成为制备高效有机太阳能电池的新的突破口。例如，通过精细调控薄膜形貌，控制共混体系中双分子穿插结构含量，构筑分子级共混的双分子穿插区域与高结晶性的纯相相区相结合的薄膜相分离结构，将利于激子扩散与分离及载流子传输，从而满足高效太阳能电池对形貌的要求。另外，一些共混体系中给受体相容性差，薄膜中易形成大尺寸相区，不利于激子分离；引入具有双分子穿插性质的聚合物作为添加剂，形成部分分子级共混区域，在降低薄膜相区尺寸的基础上，提供大量激子分离界面及载流子传输通道，为薄膜形貌调控提供了一种新的有效途径。

4.3.4　溶剂效应

有机光伏电池的最显著优点是可溶液加工，将给体及受体材料溶于溶剂形成均一溶液，通过旋涂、刮涂及卷对卷(roll-to-roll)等成膜手段可方便迅捷地制备活性层薄膜。目前，由于氯化溶剂(如氯苯、二氯苯及 1,2,4-三氯苯、氯仿等)及芳香族溶剂(如甲苯、二甲苯等)对有机聚合物材料有较好的溶解性，因此经常被选为溶剂用于有机太阳能电池溶液加工过程。在成膜过程中，给受体分子在溶剂中的溶解度决定了分子间相互作用大小，而溶剂蒸气压及沸点则决定了分子间作用力持续的时间[70, 71]。因此，活性层形貌强烈依赖于给受体在溶剂中的溶解度、溶剂的沸点及蒸气压。深入理解溶剂性质对活性层形貌的影响是为特定给受体共混体系选择合适溶剂，进一步优化其形貌的必要前提。

1. *汉森溶解度理论*

溶液加工过程中，有机溶剂性质及给受体间相互作用均可影响薄膜形貌。然而溶剂种类繁多，如何针对特定给受体共混体系特点甄选出理想的溶剂则显得尤为重要。众所周知，在溶液中溶剂分子和溶质分子间均具有一定的吸引力。要形成均一溶液，溶剂分子必须瓦解和克服溶质分子相互间的作用力，渗入溶质分子之间。在这种情况下，溶剂分子之间，溶质分子之间及溶剂和溶质分子之间的作用力要大致相等。这就是溶解理论中最重要的一个原则——相似相溶原理。然而，利用实验手段从数以千计的溶剂中选择出针对特定体系的不同溶解度的溶剂则是一项耗时耗力的工程。汉森溶解度理论（Hansen solubility theory）则通过预测，很好地解决了溶剂选择问题。1966 年，经过了对各种溶剂无数次的测试和计算，美国科学家查理斯·汉森将希尔布莱德的溶度参数拆分成为三个部分，分别是色散力部分参数、极性力部分参数和氢键黏合力部分参数。极性力部分参数来自于对分子的偶极矩、介电系数和折射率的测量与计算；氢键黏合力部分参数来自于使用红外光谱对单个氢键黏合力的测量和氢键数量的计算；在取得上述两个部分的参数后，剩下的即为色散力的参数。式(4-2)是汉森溶度参数的表述公式：

$$\delta_t = (\delta_d^2 + \delta_p^2 + \delta_h^2)^{1/2} \tag{4-2}$$

式中，δ_t为汉森溶度参数总值，δ_d为色散力部分参数，δ_p为极性力部分参数，δ_h为氢键黏合力部分参数，这些参数的单位均为 $MPa^{1/2}$。为了便于理解，可以将汉森溶度参数想象为一个三维空间，三个参数分量则为三维空间的三个坐标，这样每个特定化合物其参数值都对应于汉森溶解度三维空间的一个特定位置，表 4-3 列举了几种制备有机太阳能电池活性层常见的溶剂及其相关参数。

表 4-3 常见溶剂各物理参数及溶度参数值

溶剂	汉森溶度参数 $\delta_d+\delta_p+\delta_h$ ($MPa^{1/2}$)	摩尔体积 (m^3/mol)	沸点(℃)	密度 (g/cm^3)	在 25℃时的蒸气点(kPa)
氯苯	19.0 + 4.3 + 2.0	102.1	131.72	1.1058	1.6
邻二氯苯	19.2 + 6.3 + 3.3	112.8	180	1.3059	0.18
氯仿	17.8 + 3.1 + 5.7	80.7	61.17	1.4788	26.2
邻二甲苯	17.8 + 1.0 + 3.1	121.2	144.5	0.8802	0.88
甲苯	18.0 + 1.4 + 2.0	106.8	110.63	0.8668	3.79
1,2,4-三氯苯	20.2 + 6.0 + 3.2	125.5	213.5	1.459	0.057

续表

溶剂	汉森溶度参数 $\delta_d+\delta_p+\delta_h$ (MPa$^{1/2}$)	摩尔体积 (m^3/mol)	沸点(℃)	密度 (g/cm^3)	在25℃时的蒸汽点(kPa)
环己酮	17.8 + 6.3 + 5.1	104	155.43	0.9478	0.53
硝基苯	20.0 + 8.6 + 4.1	102.7	210.8	1.2037	0.03
1,8-辛二硫醇	17.2 + 6.8 + 6.4	185.6	269	0.97	0.012
1,8-二溴辛烷	17.6 + 4.3 + 2.7	188.6	270	1.477	—

利用相似相溶原理，通过比较溶质和溶剂的汉森溶度参数即可判断溶剂溶解性好坏。这种相似度可以定量描述为溶质与溶剂在汉森溶解度三维空间上距离的大小，R_A。例如溶剂的汉森溶度参数分量分别为 δ_{d1}、δ_{p1}、δ_{h1}；溶质的汉森溶度参数分量分别为 δ_{d2}、δ_{p2}、δ_{h2}。R_A 的计算公式可以表述为式(4-3)：

$$R_A{}^2 = 4(\delta_{d1}-\delta_{d2})^2 + (\delta_{p2}-\delta_{p2})^2 + (\delta_{h1}-\delta_{h2})^2 \tag{4-3}$$

除 δ_{d2}、δ_{p2}、δ_{h2} 外，还需确定特定溶质的良溶剂或是劣溶剂的边界溶解度。我们将特定溶质在汉森溶解度空间的坐标作为球心，定义 R_O 为特定溶质的溶解度半径。当某溶剂与特定溶质相互作用较强时(即良溶剂)，其汉森溶解度空间所对应的位置则应处于以 R_O 为半径的球体内，即溶剂与溶质在汉森溶解度空间的空间距离 R_A 小于 R_O；反之，当溶剂的汉森溶解度空间所对应的位置处于以 R_O 为半径的球体外侧时，则为此特定溶质的劣溶剂。为了便于描述溶剂性质，人们引入相对能量差异(RED)：

$$\text{RED} = R_A/R_O$$

如果 RED 值大于 1，说明溶剂为劣溶剂；当 RED 值介于 0～1 之间时，此时溶剂为良溶剂。常规溶剂的溶度参数值可通过溶剂手册进行查找，表 4-4 为常见的共轭聚合物分子溶度参数值[72]。

表 4-4 常见聚合物及富勒烯溶度参数值

小分子	δ_d(MPa$^{1/2}$)	δ_p(MPa$^{1/2}$)	δ_h(MPa$^{1/2}$)	R_O
$PC_{61}BM$	19.89 ± 0.34	5.68 ± 1.03	3.64 ± 0.92	6.6
$PC_{71}BM$	20.16 ± 0.28	5.37 ± 0.80	4.49 ± 0.57	7.0
DPP(TBFu)$_2$	19.33 ± 0.05	4.78 ± 0.50	6.26 ± 0.48	5.1
F8-NODIPS	18.48 ± 0.28	2.62 ± 0.56	3.24 ± 0.91	8.1
DPP(PhTT)$_2$	19.64 ± 0.32	3.54 ± 0.56	6.12 ± 0.65	—
MDMO-PPV	19.06	5.62	5.28	5.5
MEH-PPV	19.06	5.38	5.44	6.0
P3HT	18.56	2.88	3.19	3.6
PFO	18.55	2.8	4.51	4.1

汉森溶度参数值可以帮助我们简化甄选溶剂的烦琐过程。以 P3HT/$PC_{61}BM$ 共混体系为例，其理想形貌要求薄膜中部分 P3HT 自组织形成纤维晶，而 $PC_{61}BM$ 则形成微晶均一地分散在薄膜内部。因此最佳溶剂性质应当既是 P3HT 的劣溶剂，也是 PCBM 的良溶剂：P3HT 劣溶剂可诱导 P3HT 在溶液中聚集形成一定量的晶核，从而促进成膜过程中 P3HT 进一步结晶生成纤维；$PC_{61}BM$ 良溶剂使 $PC_{61}BM$ 在溶液中均一分散，成膜过程中聚集成微晶均匀析出。通过计算相关溶度参数可以分别计算 P3HT 和 $PC_{61}BM$ 的溶解度半径（$R_{O\text{-}P3HT}=3.90$、$R_{O\text{-}PCBM}=8.40$），绘制相应的溶解度球，如图 4-18 所示[73]。根据溶解度要求，可以将溶剂性质量化为 $RED_{P3HT}>1.0$，$RED_{PCBM}<1.0$，在这一范围内进行溶剂性质调整，将大大缩小甄选溶剂的工作量[74]。

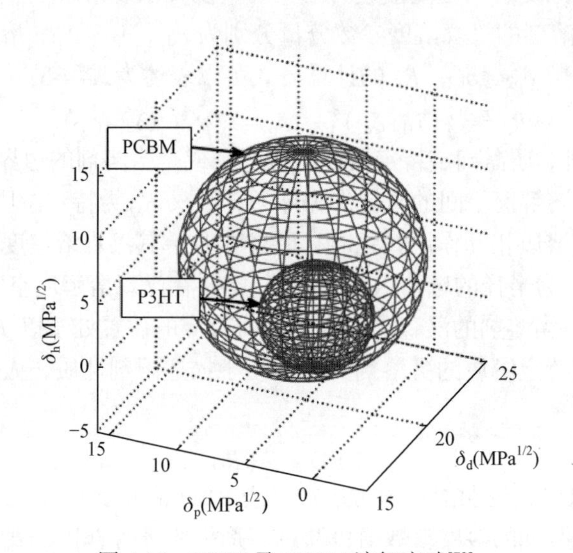

图 4-18 P3HT 及 PCBM 溶解度球[73]

2. 混合溶剂溶度参数计算原则

由于 CB 以及 *o*-DCB 等氯代苯类溶剂为大部分共轭聚合物材料的良溶剂（溶解度通常大于 10 mg/mL），因此通常被人们选用以制备高性能有机太阳能电池活性层。但由于其毒性较高，环境污染程度大，并不适用于商业化生产过程中。为解决这一问题，科研工作者也正积极寻找非芳香性及非氯化类的环境友好型溶剂，用以替代人们所常用的氯代苯类溶剂[75-79]。然而，单一的环境友好型溶剂往往无法达到氯代苯类溶剂的效果，为此需要借助混合溶剂的方法来实现上述诉求。混合溶剂是把两种或两种以上的溶剂按一定的规律混合在一起的产物。共混后溶剂各参数可以按照式(4-4)计算：

$$\delta_{\text{Mixed-t}} = (\delta_{\text{Mixed-d}}^2 + \delta_{\text{Mixed-p}}^2 + \delta_{\text{Mixed-h}}^2)^{1/2} \tag{4-4}$$

$$\delta_{\text{Mixed-d}} = \varphi_1 \cdot \delta_{\text{d1}} + \varphi_2 \cdot \delta_{\text{d2}} + \varphi_3 \cdot \delta_{\text{d3}} + \cdots$$

$$\delta_{\text{Mixed-p}} = \varphi_1 \cdot \delta_{\text{p1}} + \varphi_2 \cdot \delta_{\text{p2}} + \varphi_3 \cdot \delta_{\text{p3}} + \cdots$$

$$\delta_{\text{Mixed-h}} = \varphi_1 \cdot \delta_{\text{h1}} + \varphi_2 \cdot \delta_{\text{h2}} + \varphi_3 \cdot \delta_{\text{h3}} + \cdots$$

式中，$\delta_{\text{Mixed-t}}$为混合溶剂汉森溶度参数总值，$\delta_{\text{d}n}$为第n组分溶剂色散力部分参数，$\delta_{\text{p}n}$为第n组分溶剂极性力部分参数，$\delta_{\text{h}n}$为第n组分溶剂氢键黏合力部分参数，φ_n第n组分溶剂所占体积分数。Vogt课题组[80]利用共混溶剂(乙酰苯与1,3,5-三甲基苯共混)实现了P3HT/$PC_{61}BM$共混体系活性层制备过程中氯代苯类溶剂的替换，通过形貌及性能表征证实：通过调节共混溶剂各组分性质及含量，可达到与o-DCB相似的效果。如图4-19所示，1,3,5-三甲基苯(MS)为共混体系的良溶剂，乙酰苯(AP)为共混体系的劣溶剂，作者将MS与AP以体积分数混合(27%-73% MS-AP)后，经计算混合溶剂的溶度参数($\delta_{\text{Mixed-d}}=19.2\ \text{MPa}^{1/2}$，$\delta_{\text{Mixed-p}}=6.3\ \text{MPa}^{1/2}$，$\delta_{\text{Mixed-h}}=2.9\ \text{MPa}^{1/2}$)与

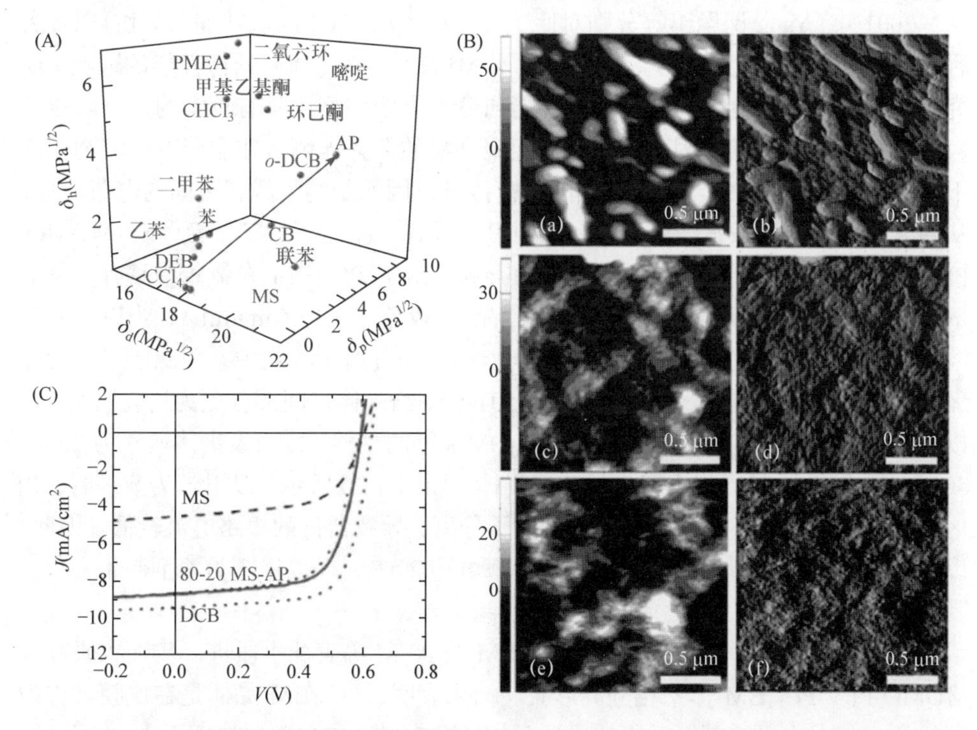

图4-19 (A)相关溶剂及共混溶剂的汉森溶度参数；(B)中以MS[(a)、(b)]、80% MS-20% AP共混[(c)、(d)]、DCB[(e)、(f)]为溶剂的共混薄膜原子力显微镜高度图及相图；(C)MS、80% MS-20% AP共混溶剂及DCB为溶剂器件的J-V曲线[80]

o-DCB（$\delta_{\text{Mixed-d}}$ =19.2 MPa$^{1/2}$，$\delta_{\text{Mixed-p}}$ = 6.3 MPa$^{1/2}$，$\delta_{\text{Mixed-h}}$ = 3.3 MPa$^{1/2}$）相近。作者选择（80%-20% MS-AP）的混合溶剂进行成膜[未选择 27%-73% MS-AP 比例的混合溶剂主要有以下原因：①汉森溶度参数并未考虑到溶剂间静电力相互作用；②混合溶剂中各溶剂沸点不同，因此成膜动力学与 *o*-DCB 并不一致]，通过原子力显微镜数据表明[图 4-19（B）]，利用混合溶剂所制备的活性层形貌与利用 *o*-DCB 所制备的活性层形貌相似，器件性能相近。因此，通过调节溶剂的种类及各个溶剂所占的比例，可实现溶剂性质的线性调控，从而进一步丰富溶剂多样性，为制备活性层形貌提供多种溶剂方案[81]。

3. 溶剂溶解度

在溶液旋涂制备活性层的过程中，溶剂性质对活性层形貌有着至关重要的影响[70, 71]。正如前文所述，溶质在不同溶剂中溶解度不同，同时溶剂的各个参数，如沸点、蒸气压、极性及黏度等都会对给受体在溶液中的聚集状态及成膜动力学产生重要影响。因此，根据溶质性质优化溶剂种类，实现活性层互穿网络结构的构筑显得尤为重要。

2001 年，Yang 课题组等分别对比了非芳香类溶剂（如四氢呋喃和氯仿）以及芳香类溶剂（如二甲苯、二氯苯及氯苯等）对 MEH-PPV/C_{60} 体系器件性能的影响。研究发现，非芳香类溶剂对应的器件性能与芳香类溶剂相比具有较大的开路电压及较小的短路电流。其原因主要为，共轭聚合物的非共轭侧链在非芳香类溶剂作用下，阻碍了 MEH-PPV 与 C_{60} 之间的紧密接触，因而制约了两者之间的电荷转移，从而导致短路电流较低。Shaheen 课题组[82]同样也报道了甲苯及氯苯对 MDMO-PPV/$PC_{61}BM$ 活性层形貌及器件性能的影响。由于 $PC_{61}BM$ 在氯苯中具有更好的溶解性（25～59.5 mg/mL），而在甲苯中溶解度较差（9～15.6 mg/mL），当以氯苯为溶剂时，由于溶解度较高，PCBM 分子能够均一分散于溶剂中，因此成膜过程中无大尺寸聚集体出现（聚集体尺寸约为 50 nm），给受体之间混合更为均匀紧密；当以甲苯为溶剂时，在溶剂化作用下 $PC_{61}BM$ 倾向于发生聚集（聚集体尺寸为 200～500 nm），因此成膜后将出现大尺寸聚集体，如图 4-20 所示。以甲苯为溶剂时，相区尺寸远大于激子扩散长度，不利于激子分离，导致器件的短路电流较低。因此，以氯苯为溶剂制备器件，其能量转换效率可达 2.5%，而以甲苯为溶剂制备器件，其性能仅为 0.8%。

Martens 等[83]和 Hoppe 等[60]通过 TEM 及 AFM 等表征手段进一步细致研究了 MDMO-PPV/$PC_{61}BM$ 体系相分离形貌。结果表明，$PC_{61}BM$ 晶体是在成膜过程中形成的，其大小受溶剂性质影响，并且均一分布在 MDMO-PPV 所形成的网络结构中。当溶剂为 $PC_{61}BM$ 劣溶剂甲苯时，$PC_{61}BM$ 晶体尺寸较大，平均尺寸约为 600 nm；而当溶剂为 $PC_{61}BM$ 良溶剂氯苯时，$PC_{61}BM$ 晶体尺寸降低至 80 nm 左右。Hoppe 等[84]应用断层 SEM 技术对活性层三维形貌进行了深入研究，如图 4-21

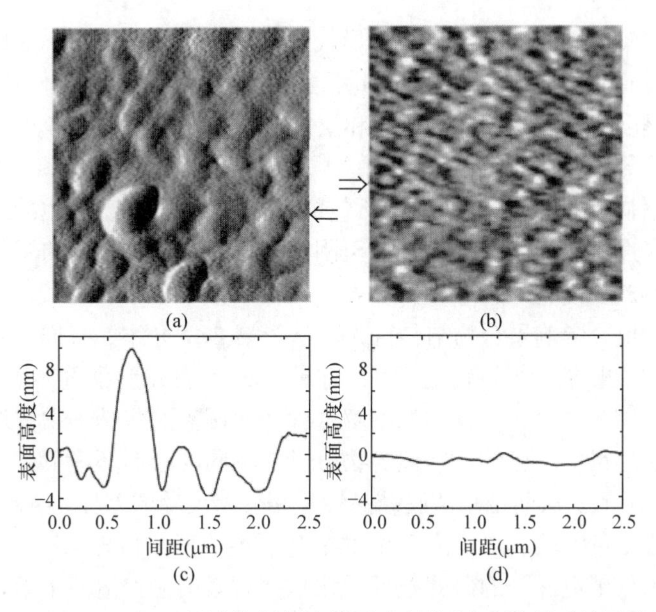

图 4-20　MDMO-PPV/$PC_{61}BM$ 以甲苯为溶剂(a)及以氯苯(b)为溶剂时的原子力显微镜高度图；(c)和(d)曲线为相应原子力显微镜高度图中箭头所处位置的高度变化[82]

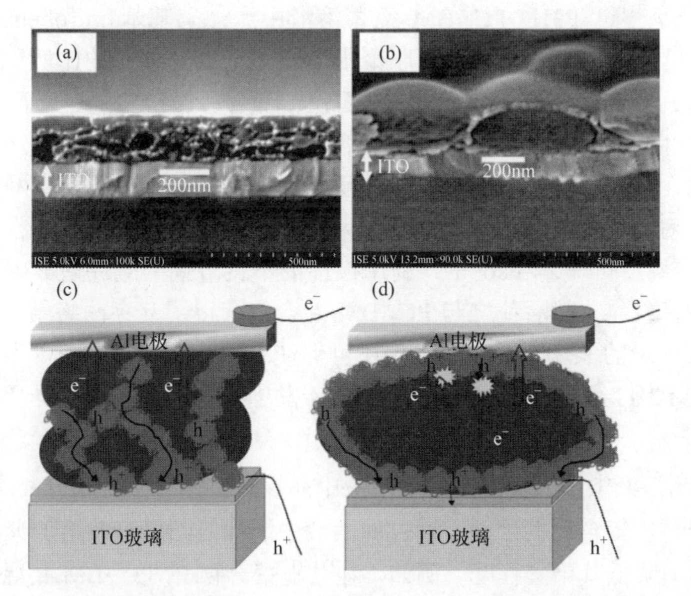

图 4-21　MDMO-PPV/$PC_{61}BM$ 以氯苯为溶剂[(a)、(c)]及以甲苯[(b)、(d)]为溶剂时的共混薄膜扫描电子显微镜截面图[(a)、(b)]和载流子传输示意图[(c)、(d)][84]

所示。结果表明，以甲苯为溶剂制备的活性层中，有大尺寸 $PC_{61}BM$ 聚集体产生，每个聚集体周围都由直径约 30 nm 的聚合物粒子所包覆。相反，以氯苯为溶剂时，由于富勒烯聚集尺寸较小且与聚合物形成的纳米粒子尺寸相当，活性层中给受体均一共混，形成了互穿网络结构。因此，当以氯苯为溶剂时，器件在光照条件下，电子和空穴得以有效分离，并且电子和空穴分别可经由 $PC_{61}BM$ 通路及 MDMO-PPV 通路分别传输至阴极及阳极，如图 4-21(c)所示；而当以甲苯为溶剂时，由于 $PC_{61}BM$ 聚集体被 MDMO-PPV 粒子所包覆，在光照情况下，产生的电子会在聚合物表面与空穴发生复合，而难以传输至阴极，从而导致了较低的短路电流及器件效率，如图 4-21(d)所示。

溶剂性质也会影响聚合物结晶行为。基于第 3 章介绍，我们已经了解了聚合物结晶过程：解缠结—线-棒转变(无序-有序转变)—分子间堆叠形成晶体。通过调节溶剂种类可调节聚合物在其中的溶解度，从而调控这些基本物理过程，达到控制聚合物结晶的目的。已知共轭聚合物分子在不同的溶剂环境下，溶液中晶核尺寸和数量均不一致，从而带来薄膜结晶性及相分离尺寸的差异。Hotta 等[85]根据溶致变色和热致变色实验提出溶液中无序-有序转变为两步机理以后，研究者对这两种显色效应进行了更深入的研究[82]并提出切实有效的调控溶液中聚合物聚集的手段——共混溶剂。这种手段是以调控溶剂效应来实现聚合物在溶液中的溶解度差异，从而提高/降低溶液中晶核的数量，以此增加/降低薄膜相分离程度[87-90]。

Moulé 等[91]向 P3HT/$PC_{61}BM$ 氯苯溶液中添加硝基苯(nitrobenzene)等劣溶剂，调节含量控制溶液中 P3HT 有序聚集体与无定形分子链的比例。随着劣溶剂含量的升高，P3HT 为减少和溶剂接触面积，部分分子链将通过链间 π-π 堆叠形成有序聚集体(晶核)。在成膜过程中，溶液中的晶核将诱导 P3HT 分子继续结晶生长。因此，成膜后薄膜中 P3HT 结晶度得到提高，利于形成互穿网络结构。此方法不需要对器件进行后退火处理，大大简化了电池的制备工艺，器件的能量转换效率达 4.3%。同理，Zhao 等[92]利用极性的不良溶剂丙酮促使 P3HT 在溶液中聚集形成纳米纤维，然后使之与 $PC_{61}BM$ 混合也获得了互穿网络结构。同时，作者指出混入少量的 P3HT 纳米纤维晶还可促使 P3HT 和 $PC_{61}BM$ 发生微相分离；但是过多的 P3HT 纤维晶则会抑制 $PC_{61}BM$ 发生聚集从而形成电子陷阱，降低电荷收集效率。

反之，向溶液中加入良溶剂降低溶液中晶核数量亦可实现相分离尺寸的调控。氯萘为部分共轭聚合物良溶剂，通过向溶液中添加氯萘可有效增加聚合物在溶液中的溶解度，降低其聚集程度。例如，在共轭聚合物 P1/$PC_{71}BM$ 共混体系中[93]，由于共轭聚合物与富勒烯分子间相容性较差，当以氯苯（CB）为溶剂时，共混薄膜中形成大尺寸相分离结构。如图 4-22 所示，薄膜中出现大量 400 nm ± 100 nm 的聚集体，同时薄膜粗糙度达到 9 nm 左右。加入氯萘（CN）后薄膜中大尺寸聚集体消失，粗糙度降至 2 nm 左右，同时大量纤维状聚集体构成了互穿网络结构。

P1 在 CB 中的溶解度为 5.0 mg/mL，在 CN 中的溶解度为 6.2 mg/mL；而 $PC_{71}BM$ 在 CB 中的溶解度为 110 mg/mL，在 CN 中的溶解度高达 400 mg/mL。形貌变化归于以下两点：首先，聚合物溶解度增加，降低了其在溶液中晶核数量；其次，$PC_{71}BM$ 溶解度增加，抑制了其成膜过程中的聚集，从而形成纳米级互穿网络状结构[76, 93, 94]。由于形貌得到改善，器件性能也从 1.8 % (J_{sc} = 4.8 mA/cm^2, FF = 0.55, V_{oc} = 0.70 V) 提升至 4.9 % (J_{sc} = 13 mA/cm^2, FF = 0.55, V_{oc} = 0.68 V)。

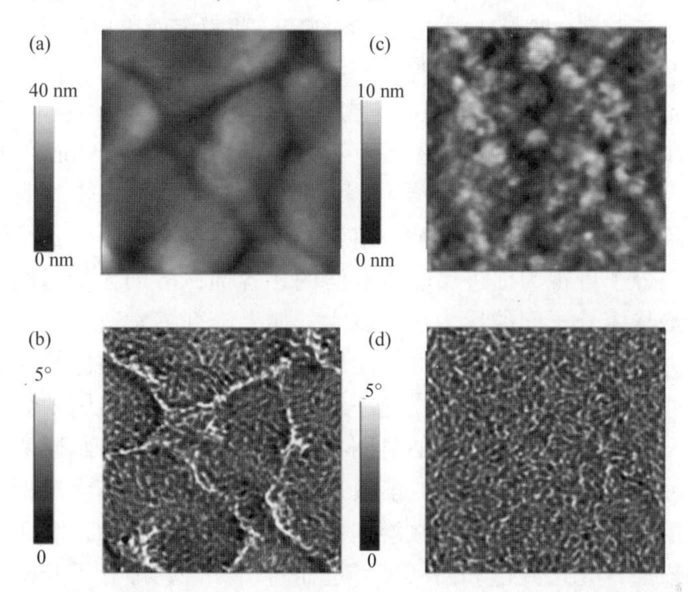

图 4-22　P1/$PC_{71}BM$ 共混体系在不添加 CN[(a)、(b)]及添加 CN[(c)、(d)]时的原子力显微镜高度图[(a)、(c)]及相图[(b)、(d)]；图片标尺为 1 μm×1 μm[93]

4. 溶剂沸点

利用溶液加工法制备有机太阳能电池活性层过程中，从均一溶液至溶剂完全挥发这一过程中，溶液中给受体分子将直接析出并沉积于基底上。而溶剂挥发速率则会关系到活性层的结晶及相分离行为[95]。

当选用低沸点溶剂时，由于溶剂挥发较快，薄膜在较短时间内即可完成干燥过程，此时薄膜干燥速率远大于薄膜内部分子自组织速率，分子将被冻结在非平衡态；相反，当选用高沸点溶剂时，由于溶剂挥发较为缓慢，薄膜内部分子有充分的时间进行自组织，从而可以向热力学稳定态方向移动。Ruderer 等[96]研究了四种不同沸点溶剂(氯仿、氯苯、甲苯及二甲苯)对 P3HT/$PC_{61}BM$ 共混薄膜形貌的影响。通过 2D-GIWAXS 数据可知，随着溶剂沸点的升高，薄膜中 P3HT 结晶性逐渐增强。另外，Verploegen 等[97]发现当选用高沸点溶剂(氯苯)时，薄膜相分离尺寸也有所增加。结晶程度及相分离尺寸的变化主要归因于薄膜干燥时间的延长——为聚合物自组织提供了足够长的时间，因此聚合物分子能够扩散、聚集从而达到一个能量较低的结晶状态。基于上述原因，在 P3HT/$PC_{61}BM$ 共混体系，成膜过程中选用不同沸点溶剂情况下，当溶剂沸点较高时，器件性能可以和选用低沸点溶剂并经热退火处理的器件性能相媲美[98]。高沸点溶剂对窄带隙聚合物也有类似效果，例如在 PCPDTBT 体系，当以二硫化碳为溶剂时，旋涂成膜后薄膜表面无明显结晶及相分离特征。然而选用高沸点溶剂后，薄膜表面出现纤维状聚集体，作者认为这主要是由于高沸点溶剂促进 PCPDTBT 发生聚集结晶。

除了溶剂挥发速率外，我们还应考虑溶剂挥发过程中给受体间的相互作用、给受体在溶剂中的溶解度等参数对活性层结构的影响。Hoppe 等[70]通过恒定温度和压力下的聚合物-富勒烯-溶剂相图(图 4-23)，进一步阐明了溶剂种类及沸点对成膜后活性层结构的影响。溶液中，相对于溶剂而言，给体及受体含量较低，溶剂分子可视为促进给受体互溶的相容剂；溶剂含量越低，意味着相容剂越少，给受体分子间的斥力也就越大。如果溶剂挥发速率大，聚合物与富勒烯间的斥力尚未完全促进给受体发生相分离，活性层便被冻结于亚稳态，从而形成小尺寸相分离；当溶剂挥发速率小，给受体间斥力作用则会促进相分离发生；同时，溶质分子也有足够的时间自组织发生结晶，因此通常形成结晶性较高的大尺寸相分离结构。另外，溶液进入两相区的时间亦会对相区尺寸产生影响。通常情况下，富勒烯分子在溶剂中溶解度低于聚合物，因此在溶剂挥发过程中富勒烯通常先达到饱和溶解度，进而析出；富勒烯分子开始析出后，共混体系则进入相图的两相区域。不同溶剂对富勒烯的溶解度不同，导致共混体系进入两相区的时间也不一致：由于富勒烯在甲苯中的溶解度小于在氯苯中的溶解度，因此在甲苯中将更早地进入两相区，从而有更长的时间进行结晶生长，形成大尺寸聚集体。

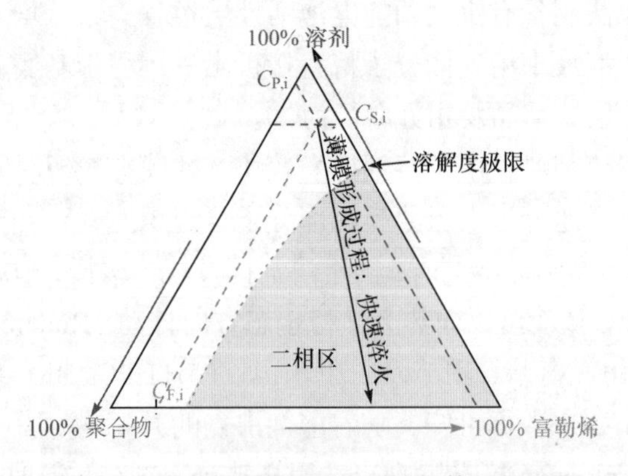

图 4-23　聚合物-富勒烯-溶剂三元体系相图[70]

除横向相分离外，溶剂沸点对垂直相分离也有影响。当聚合物/富勒烯共混薄膜作为有机太阳能电池中的活性层时，人们希望得到聚合物富集于阳极(底面)而富勒烯富集于阴极(表面)的结构，这样将有助于提高电荷的收集效率[99]，减少电荷在电极界面处的复合[100]，并且可以增加内部量子效率[101]。然而，由于聚合物表面能较低，与富勒烯共混时倾向于富集于薄膜表面，例如在 P3HT/$PC_{61}BM$ 共混体系中，由于 P3HT 的表面张力(γ_{PCBM} = 37.8 mN/m, γ_{P3HT} = 26.9 mN/m)较低，P3HT/$PC_{61}BM$ 共混薄膜的垂直分布与理想结构相反。时间飞行-二次离子质谱(TOF-SIMS)[102, 103]、X 射线光电子能谱(XPS)[50]、角度可变椭圆偏振仪(VASE)[47]和中子散射[104, 105]等方法都已经证明了未处理的薄膜表面以 P3HT 分子为主，而底面则多为 $PC_{61}BM$ 分子。

当选用不同溶剂旋涂薄膜时，成膜过程中溶剂挥发动力学及溶质析出顺序会直接影响薄膜的垂直相分离结构。Müller-Buschbaum 课题组[96]发现在 P3HT/$PC_{61}BM$ 体系中，当利用甲苯、氯苯(CB)及二甲苯为溶剂时，器件性能相似，然而使用氯仿(CF)为溶剂时，器件性能则较低。通过对活性层相分离结构表征，作者发现在不同的溶剂体系下会直接导致 P3HT/$PC_{61}BM$ 共混薄膜具有不同的纵向和横向结构，如图 4-24 所示。以低沸点的氯仿为溶剂时，P3HT 富集于阴极附近而 $PC_{61}BM$ 富集于阳极附近，导致载流子不能有效传输至相应电极，因此器件性能较差。当使用氯苯为溶剂时，P3HT 富集于活性层表面；而当使用甲苯和二甲苯为溶剂时，$PC_{61}BM$ 富集于活性层表面。然而，对于以氯苯、甲苯及二甲苯为溶剂的器件性能并没有明显差别。作者认为其原因主要是横向相分离尺寸不一致：对于以甲苯、氯苯及二甲苯为溶剂时，活性层横向相分离结构明显，由于相区尺寸过大，导致激子无法有效扩散至界面，因此性能不佳。Sun 等[106]从成膜动力学的角度入手，通过控制 P3HT/$PC_{61}BM$ 共混体系成膜过程中 $PC_{61}BM$ 的扩散过程，改变分子的运动方向，进而改变组分的垂直分布。作者以 CB 为主溶剂，向其中混入少量四氢萘作为第二溶剂，又指出第二溶剂的选择应遵循两个条件：一是沸点高于主溶剂，二是对 $PC_{61}BM$ 的溶解性要明显高于 P3HT 的溶解性。这样，当主溶剂先行挥发后，残留的第二溶剂则主要溶解 $PC_{61}BM$ 分子；随后 $PC_{61}BM$ 则随着第二溶剂的挥发而向上扩散。结果表明，该方法可以使薄膜表面 $PC_{61}BM$ 和 P3HT 的质量比由 0.1 增至 0.7。由该方法制得的电池效率是缓慢挥发的 3 倍，是单一溶剂的 1.5 倍。

以上工作表明，制备活性层时溶剂种类的选择对最终形貌影响不容忽视。通过对富勒烯溶解度的调节，可以控制富勒烯相区尺寸大小：在富勒烯的良溶剂作用下，活性层内给受体材料间的相分离尺寸较小，有利于激子在扩散距离内有效分离，从而可以得到较高效率的器件。同样，通过调节聚合物在溶液中的聚集状态，也可以实现活性层形貌调控：当共混薄膜相分离程度小时，可以添加聚合物劣溶剂，促进聚合物在溶液中聚集实现活性层相区尺寸增加；当成膜过程中发生液-液相分离导致相区尺寸过大时，也可以利用聚合物聚集抑制大的富勒烯相区形成。同时，利用溶剂沸点对成膜动力学的影响，控制活性层结晶性、横向相分离程度及垂直相分离等，使活性层形貌达到最优化。

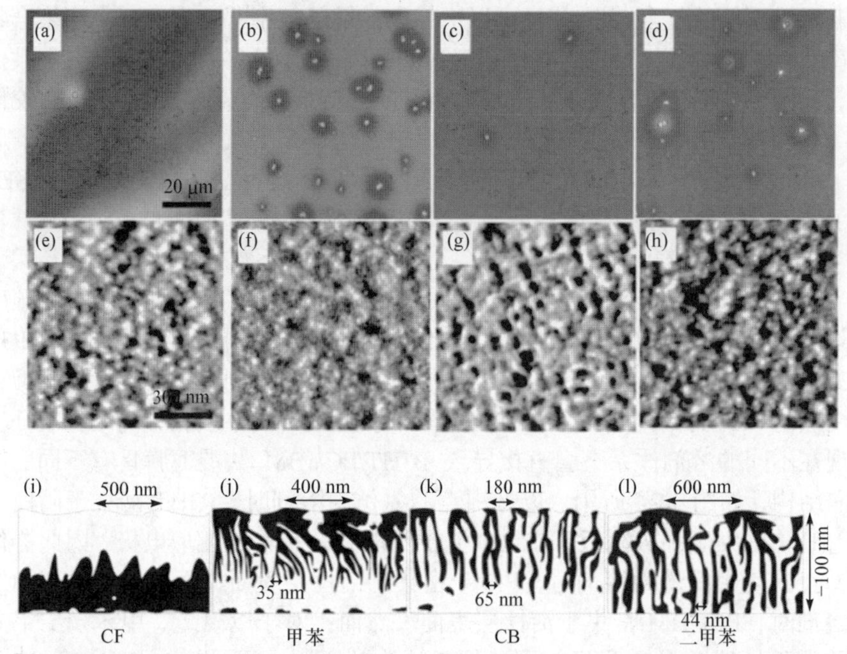

图 4-24 P3HT/$PC_{61}BM$ 共混体系分别以 CF(a, e, i)、甲苯(b, f, j)、CB(c, g, k)及二甲苯(d, h, l)为溶剂旋涂成膜的光学照片(a, b, c, d)、原子力显微镜照片(e, f, g, h)及形貌示意图(i, j, k, l)[96]

4.3.5 添加剂

在有机太阳能电池中，添加剂是优化活性层形貌的有效手段。在不同给受体共混体系中，根据添加剂的性质及作用主要可以分为以下两类：①溶剂添加剂，主要通过改变溶液状态及成膜过程动力学，调节薄膜结晶性及相分离程度等，随着薄膜干燥而最终挥发，不在活性层中残留；②固体添加剂，主要通过改变给受体相互作用，增强薄膜热稳定性，最终存留在活性层中。

1. 溶剂添加剂

溶剂添加剂处理是优化活性层形貌的有效手段，这种方法是在溶液中加入少量[通常情况下＜5.0%(体积分数)]与主溶剂性质(包括沸点及对溶质的溶解度)相差较大的溶剂，通过改变成膜动力学实现对活性层结晶性及相分离尺寸的调控，进而优化器件性能。

2006 年，Bazan 课题组[107, 108]首次将烷基硫醇作为添加剂引入 PCPDTBT/$PC_{71}BM$ 共混体系中，优化活性层相分离尺寸，并实现了器件性能的提高。基于 PCPDTBT/$PC_{71}BM$ 为活性层的太阳能电池器件性能对热退火及溶剂退火并不敏感，而将少量烷基硫醇加入溶液中后，会诱导 PCPDTBT 分子在薄膜中发生自组织，提高器件性能[108]。同时，Heeger 课题组[109]进一步深入研究了不同链长的烷基硫醇对活性层的影响，结果表明硫醇的加入能够促进活性层光谱吸收红移，聚合物链区域规整度提高，链间相互作用增加，相分离尺寸增大。其中，以长烷基链 1,8-辛二硫醇为添加剂的活性层内形成纤维状聚集体，且相区尺寸适宜(图 4-25)，器件性能由未添加 1,8-辛二硫醇前的 2.8%提高至 5.5%。作者还指出，主溶剂与溶剂添加剂要满足一定关系才能达到改善活性层形貌的目的，选择主溶剂和添加剂时主要有两个标准：①主溶剂通常具有较高的溶解性，能够同时溶解给体分子和受体分子，而添加剂对给受体分子具有选择溶解性(特别是受体)；②相比于主溶剂而言，添加剂的沸点应更高(蒸气压更低)，成膜过程中后挥发[109]。从此，不同种类的溶剂添加剂逐渐进入科研工作者的视野，并被不断地应用到不同有机太阳能电池共混体系中，对改善活性层形貌、提高器件性能做出了重要贡献(图 4-26 列举了部分聚合物/富勒烯共混体系常用的溶剂添加剂)[110]。

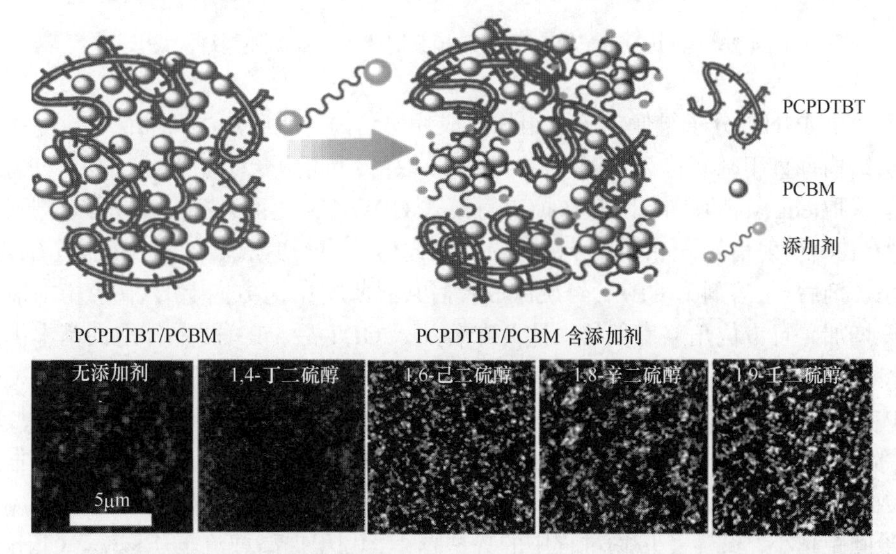

图 4-25　溶剂添加剂影响共混形貌示意图(上)及 PCPDTBT/$PC_{71}BM$ 共混体系添加不同添加剂的原子力显微镜照片(下)[109]

1) 聚合物结晶性质调控

添加剂可增强聚合物/富勒烯共混体系中聚合物结晶性——晶体尺寸增加、晶体数量增多、晶面间距减小。以研究较为广泛的 P3HT/$PC_{61}BM$ 共混体系为例，共

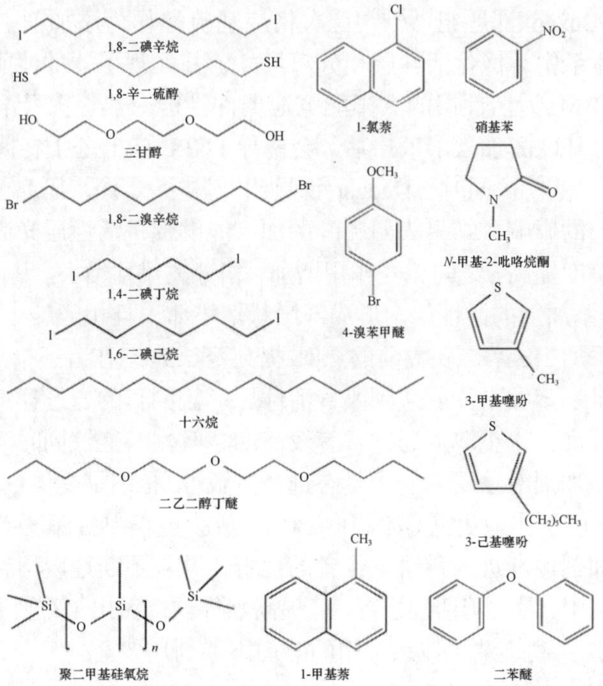

1,8-二碘辛烷
1,8-辛二硫醇
三甘醇
1,8-二溴辛烷
1,4-二碘丁烷
1,6-二碘己烷
十六烷
二乙二醇丁醚
1-氯萘
硝基苯
4-溴苯甲醚
N-甲基-2-吡咯烷酮
3-甲基噻吩
3-己基噻吩
聚二甲基硅氧烷
1-甲基萘
二苯醚

图 4-26 常见的用于聚合物/富勒烯共混体系溶剂添加剂结构式[110]

混薄膜中 P3HT 分子链倾向于自组织形成片层结构，然后片层间堆积形成晶体；片层结构垂直于基底排列，即采取 edge-on 取向，如图 4-27(a)所示。由于 P3HT 分子采取 edge-on 取向，因此在掠入射模式 GIWAXS 的面外方向(q_z)可观测到相应的(100)衍射信号，如图 4-27(c)所示。当向体系加入少量 1，8-辛二硫醇（ODT）为添加剂后(主溶剂为 CB)，经旋涂成膜后共混薄膜在 q_z 方向上的(100)衍射信号强度增加，且方位角略有偏移；这意味着加入 ODT 后，P3HT 晶体取向基本仍保持 edge-on 取向，结晶度有所增加。结晶性增强的原因有两种：晶体尺寸增大或晶体数量增多。利用谢乐(Scherrer)公式，结合 GIWAXS 半峰宽(FWHM)，可计算晶体尺寸，分析可知 P3HT 结晶性提高可归因于晶体尺寸增加，而并非晶体数量增多[111-113]。除晶体尺寸外，晶体中分子间距会影响载流子迁移率——分子间距越小，载流子传输过程中的势垒越小，利于提高载流子迁移率。Chen 等计算了添加 ODT 前后 P3HT/$PC_{61}BM$ 共混薄膜中 P3HT 晶胞间距，根据公式 $d_{(hkl)}=2\pi/q_{(hkl)}$可知，无添加剂时晶胞间距为 16.4 Å，加入添加剂后晶面间距降低至 15.7 Å。添加剂促进聚合物结晶并不受成膜方式的影响，Andreasen 课题组[112]向 P3HT/$PC_{61}BM$ 共混体系中添加少量氯萘为添加剂(主溶剂为氯苯)，利用卷对卷方式成膜，结果表明 P3HT 的结晶性及晶体尺寸均增加[图 4-27(d)]，与旋涂结果类似。同样，将受体分子更换为 ICBA 后，添加剂也会起到类似效果。由此可知，在 P3HT/富勒烯共混体系中，添加剂通常可以促进聚合物结晶尺寸增加，晶面间距降低，利于光子吸收及载流子传输，提高器件性能。

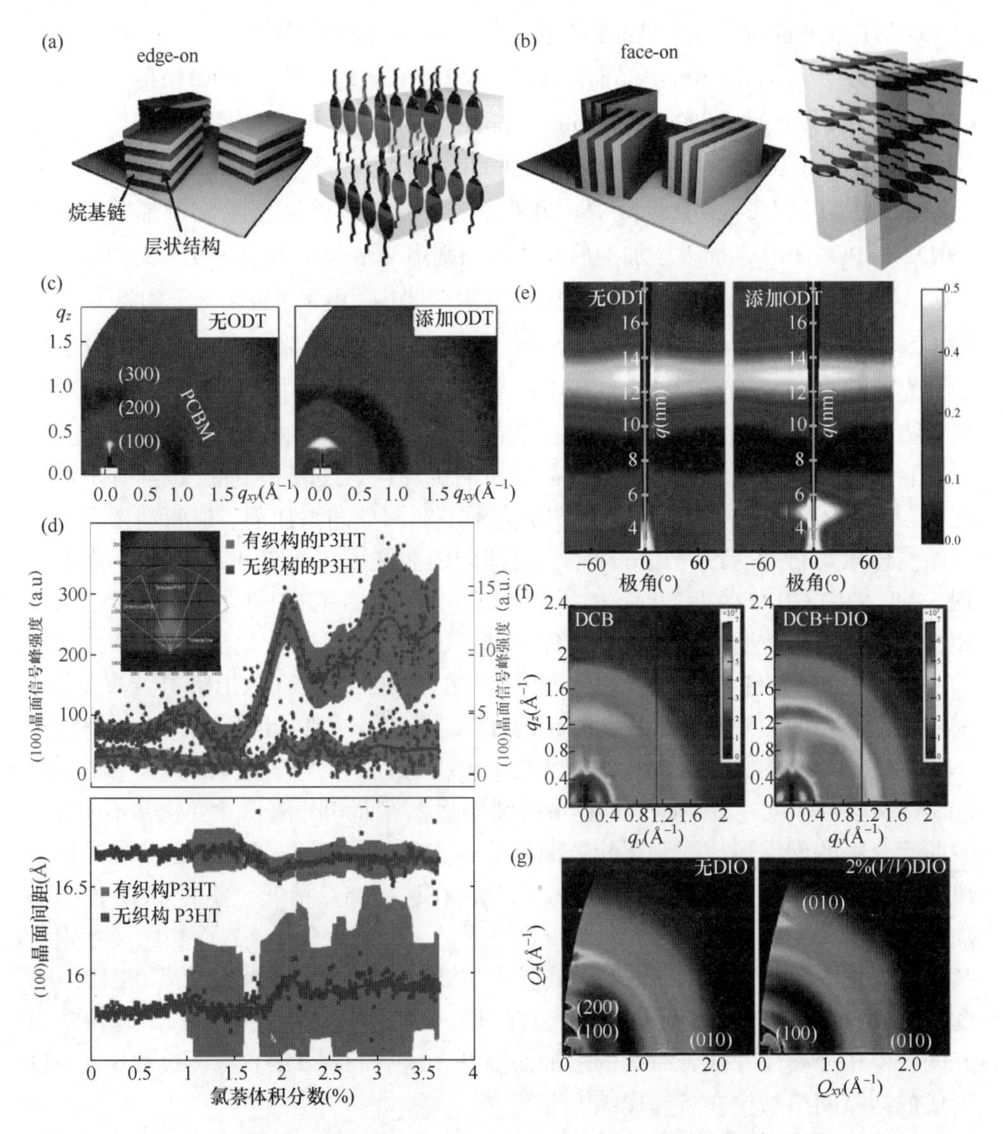

图 4-27　(a)、(b) 共轭聚合物晶体中分子采取 edge-on 取向及 face-on 取向示意图；(c)～(g) 为聚合物/富勒烯共混体系加溶剂添加剂前后薄膜中分子结晶性 2D-GIWAXS 及 2D-GIAXS 表征[40, 111, 112, 115, 118]

然而，当给体材料为 D-A 类聚合物时，添加剂对聚合物晶体结构的影响较为复杂，不能一概而论。例如，Rogers 等[114]研究了 1,8-二碘辛烷（DIO）作为添加剂时对 PCPDTBT/ $PC_{71}BM$ 共混体系形貌的影响，如图 4-27(e)所示。作者指出，PCPDTBT 在薄膜中存在两种晶体结构：第一种为(100)衍射峰对应于 GIWAXS 衍射图面外方向 q_z = 5.1 nm^{-1}(晶面间距为 1.26 nm)；第二种为(100)衍射峰对应于 GIWAXS 衍射图面外方向 q_z = 5.5 nm^{-1}(晶面间距为 1.14 nm)，且两种结构的晶体均采取 edge-on 取向。然而，向体系添加 DIO 后，第一种晶体 edge-on 数量增多，而第二种晶体 edge-on 数量减少。另外，对于异靛蓝类聚合物/富勒烯共混体系(PII2T-Si/$PC_{71}BM$)，加入添加剂后晶体取向则由 edge-on 取向转变为无规取向，如图 4-27(g)所示[115]。在 PTB7/$PC_{71}BM$ 共混薄膜中，由于 PTB7 分子构象为“之”字形，因此成膜后晶体主要呈 face-on 排列，这种晶体取向更有利于载流子传输[40, 116, 117]。然而，向 PTB7/$PC_{71}BM$ 共混体系中加入 DIO 后，晶体数量增多导致聚合物结晶性增加；除此之外晶体取向、晶面间距及晶体尺寸均未发生明显变化[40]。

目前对于添加剂影响聚合物结晶性质的机理认识还较为模糊，也鲜有工作对此有较为深入的研究。Richter 等[119]研究了不同沸点的添加剂、成膜动力学过程中给受体聚集行为与最终相分离结构之间的内在联系，如图 4-28 所示。作者发现，当只采用 CB 作为溶剂时，相区主要分为两相：结晶 P3HT 相和无定形 P3HT 相，其成核过程主要发生在给受体界面处；GISAXS 信号变化与 GIWAXS 变化的一致性表明 P3HT 结晶诱导相分离发生，在 P3HT 结晶后 PCBM 开始聚集。当采用沸点较高的 CN 作为添加剂时，P3HT 结晶信号一直持续增强，表明添加剂不仅促进早期 P3HT 有序堆叠，也延长了成膜的时间，利于 P3HT 进一步结晶。GISAXS 信号强度在 CN 挥发过程中持续增强，然而相分离尺寸变化并不明显，表明聚合物的网络形成限制了相分离尺寸的变化，信号强度的变化是结晶成核形成新的有序的相区引起的。与之相反的是，在选用沸点稍低一些的 ODT 作为添加剂时，成膜中期 P3HT 的结晶性变化不明显，后期逐渐提高；而相区尺寸则持续发生变化。这是当 CB 挥发后，液膜中主要分为三相，分别为结晶 P3HT 相、ODT 溶解的 PCBM 相以及无定形 P3HT 相；中期相区尺寸变化是 PCBM 聚集引起的，但相分离尺寸随着时间的增加而降低，这表明在 ODT 挥发过程中 P3HT 形成的结晶网络结构在持续塌缩[120]。

2) 活性层相分离结构调控

添加剂对聚合物/富勒烯体系相分离结构也具有调节作用，其中包括相区尺寸及垂直相分离。添加剂对于相区尺寸的调控作用主要可以归结为两类：一种是增加相分离程度，另一种是抑制相分离程度。另外，添加剂的存在会增加聚合物/富勒烯共混体系中聚合物在薄膜表面的分布。

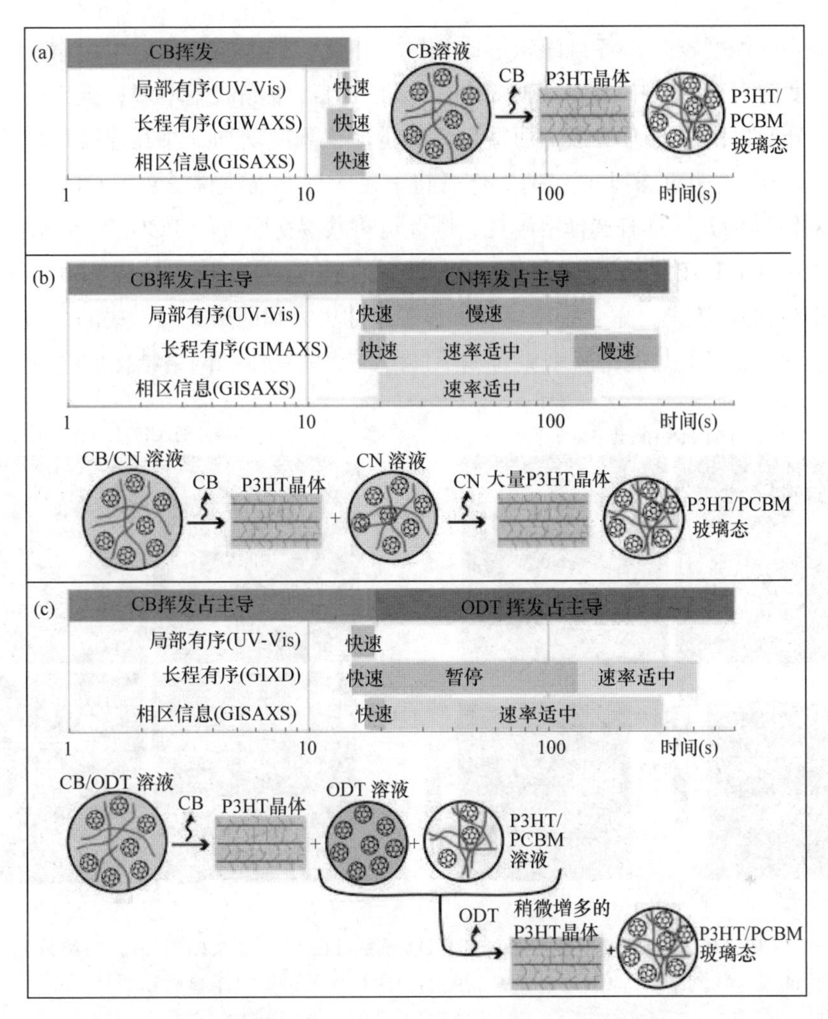

图 4-28　三种不同溶剂体系薄膜成膜动力学示意图：(a)仅 CB、(b)具有 CN 添加剂的 CB、(c)具有 ODT 添加剂的 CB。每个示意图代表挥发过程中各阶段时间尺度和发生顺序[119]

如前所述，聚合物/富勒烯共混体系相区尺寸影响了激子扩散效率以及载流子双分子复合概率，因此控制相区尺寸显得尤为重要。添加剂可增强 PCPDTBT/$PC_{71}BM$ 共混体系的相区尺寸。Heeger 课题组[109]系统地研究了添加剂对 PCPDTBT/$PC_{71}BM$ 器件性能的影响，结果表明加入 ODT 作为添加剂后器件的 J_{sc} 由 11.74 mA/cm^{2}增加至 15.73 mA/cm^2，器件性能也由 3.35%大幅提升至 5.12%。作者将性能提高归因于相区尺寸的增大。正如图 4-29 中的原子力显微镜照片和透射电子显微镜照片所示，不含添加剂的 PCPDTBT/$PC_{71}BM$ 共混薄膜较为均一，薄膜中仅有少量纳米纤维，无明显相分离结构出现；这表明薄膜中给受体分子共混程度较高，各自尚未形成相区。相反，加入添加剂后可以看到共混薄膜粗糙度增大，薄膜中出现富勒烯聚集区域，且纤维晶数量增多；这表明薄膜中聚合物分子自组织能力增强，而富勒烯分子聚集程度增加，相互连接形成互穿网络结构。为进一步证实上述结果，作者将上述两种共混薄膜浸泡于ODT中，由于ODT对富勒烯分子具有选择溶解性，因此可将共混薄膜中的PCBM分子溶解掉，而仅保留PCDTBT结构[107]。从图4-29(裸露的PCPDTBT网络结构)中可以看到，加入ODT的薄膜中，聚合物给体相形成了尺寸更大和网络更加密集的结构。TEM结果进一步证实了共混薄膜中聚合物给体纤维状聚集体和网络结构的存在。

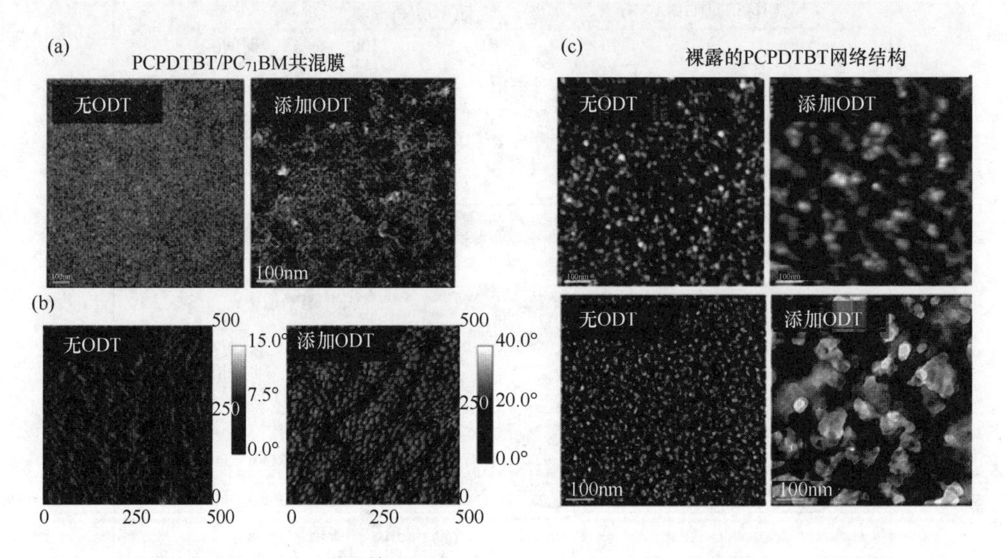

图4-29 PCPDTBT/$PC_{71}BM$共混体系添加ODT前后TEM图(a)及相图(b)；溶解掉$PC_{71}BM$后的聚合物网络(c)原子力显微镜高度图照片(上)及透射电子显微镜照片(下)[110]

添加剂还可以降低相分离尺寸。例如，利用单一溶剂制备PTB7/$PC_{71}BM$共混体系的体相异质结，由图4-30(a)可知，活性层中形成了大量尺寸上百纳米的富勒烯聚集体，薄膜相分离尺度较大；然而，加入DIO后富勒烯聚集体消失，相分离程度降低。Collins等[121]也表征了添加剂DIO对PTB7/$PC_{71}BM$共混体系相分离尺寸的影响：在PTB7/$PC_{71}BM$共混体系活性层中球形的聚集体依然是由富勒烯聚集形成，其尺寸约为177 nm；加入DIO后富勒烯聚集尺寸急剧降低至34 nm，器件的能量转换效率也相应提高至原来的2倍。相似的形貌变化规律在其他体系亦有报道[122-126]，例如在Si-PDTBT/$PC_{71}BM$共混体系中，无添加剂时薄膜内部形成了大量$PC_{71}BM$聚集；由活性层横截面TEM图可以看到，富勒烯形成大于200 nm的聚集体，贯穿于活性层中，破坏了活性层的互穿网络结构。而添加CN后活性层中富勒烯聚集体消失；由活性层横截面 TEM 图也可以看到小的富勒烯相区和聚合物相区相互连接形成互穿网络结构[123][图 4-30(b)]。研究表明，上述形貌变化源于加入添加剂后活性层内部形成了多级相分离结构：首先，聚合物和富勒烯均形成各自的富集区，富集区相互连接形成互穿网络结构；其次，富集区由大量几十纳米的聚合物及富勒烯微晶组成，为激子扩散提供了截面[图 4-30(c)][117]。Lou 等[127]认为添加 DIO 后造成的形貌变化依然可归结为 DIO 对富勒烯的选择溶解性及其高沸点特性：不添加 DIO 情况下，富勒烯在溶液中易形成大尺寸聚集体；由

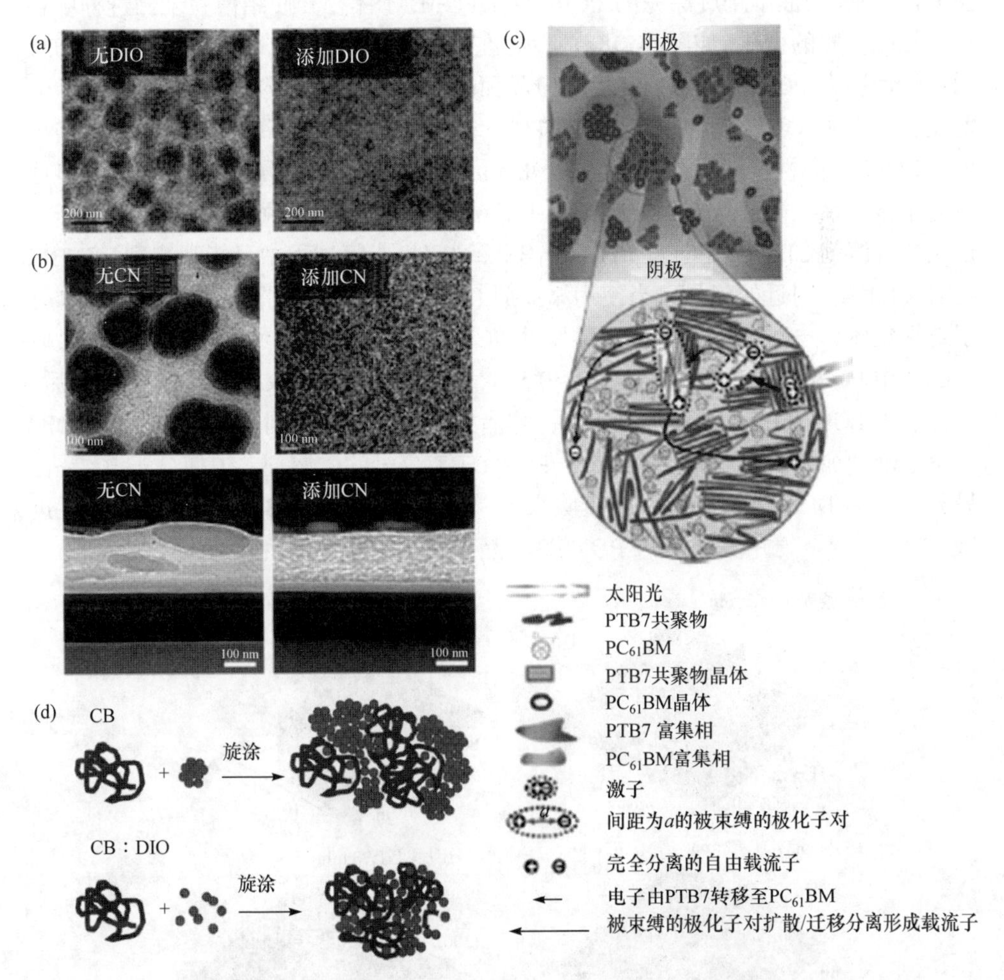

图 4-30　(a) PTB7/$PC_{71}BM$ 共混体系添加 DIO 前后透射电子显微镜照片；(b) Si-PDTBT/$PC_{71}BM$ 共混体系添加 CN 前后透射电子显微镜照片；(c) PTB7/$PC_{61}BM$ 共混体系多级结构示意图；(d) PTB7/$PC_{71}BM$ 共混体系添加 DIO 前后溶液状态及薄膜相分离结构示意图[117, 123, 127]

于聚集尺寸较大，富勒烯在成膜过程中无法进入聚合物网络状，因此无法形成互穿网络结构。添加 DIO 后，由于 DIO 对富勒烯具有较高溶解度，因此可降低富勒烯在溶液中的聚集尺寸，利于其扩散进入聚合物网络间；另外，由于 DIO 沸点较高，挥发缓慢，进一步为富勒烯扩散进入聚合物网络间提供充足时间，从而形成纳米级互穿网络结构，如图 4-30(d)所示。

添加剂可以有效地调节相区尺寸，除前文所解释添加剂的选择溶解性外，添加剂改变成膜动力学过程也是相区尺寸变化的一个重要原因。Rogers 等[114]利用原位 GIWAXS 表征了刚旋涂完的 PCPDTBT/$PC_{71}BM$ 体相异质结薄膜干燥过程中各组分结晶性质的变化。如图 4-31(a)所示，在薄膜形成的早期阶段(2 min)添加 ODT 后，活性层中 PCPDTBT 分子的(100)晶面的衍射峰强度明显强于未添加 ODT 的薄膜，这表明 ODT 能够减小 PCPDTBT 结晶的成核势垒；成核势垒减小可增加 PCPDTBT 结晶性，利于在成膜后期(78 min)晶体继续生长。Gu 等[128]更进一步地研究了该体系从溶液状态到成膜过程中的结构变化过程。如图 4-31(b)所示，当只使用单一溶剂 CB 制备 PCPDTBT/$PC_{71}BM$ 薄膜时，成膜过程中只能观测到 $PC_{71}BM$ 在 q = 1.4 Å^{-1} 附近的信号。当使用添加剂 DIO 时，能观测到溶液中 PCPDTBT 分子链聚集体(q = 0.65 Å^{-1})、溶剂溶胀的 PCPDTBT 分子链聚集体(q = 0.49 Å^{-1})以及晶体中 PCPDTBT 分子折叠链(q = 0.51 Å^{-1})信号。上述现象意味着加入 DIO 后，活性层中 PCPDTBT 分子结晶性增强，作者认为随着 CB 溶剂的挥发，溶剂中 DIO 含量逐渐增加，CB/DIO 溶剂变成了 PCPDTBT 分子的劣溶剂，迫使分子链结晶；另外，聚合物分子在结晶后可排除聚合物相区内的 $PC_{71}BM$ 分子，从而促进 $PC_{71}BM$ 分子聚集并填充于 PCPDTBT 非晶区，构成互穿网络状结构。

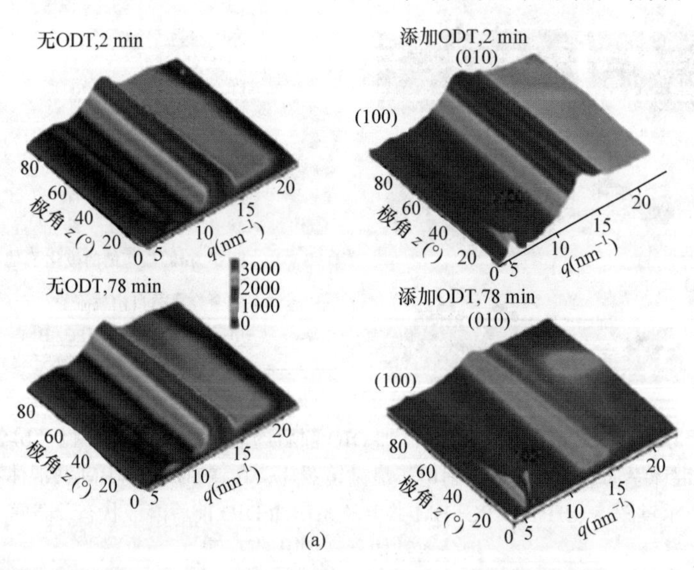

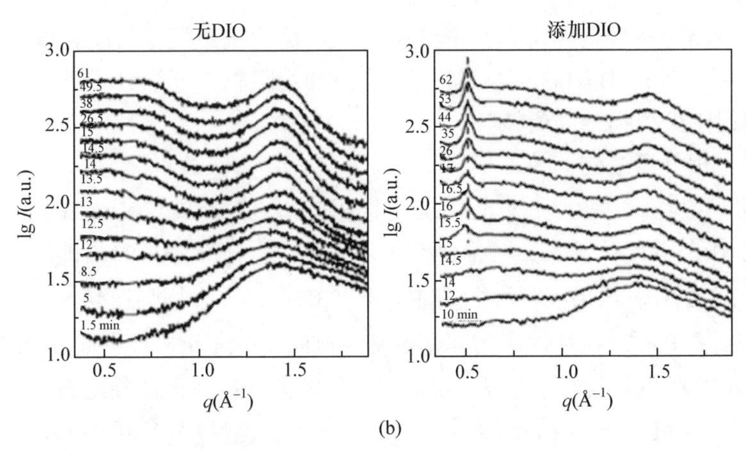

图 4-31 溶剂干燥过程中 PCDTBT/$PC_{71}BM$ 共混体系活性层原位表征：(a) 3D-GIWAXS；(b) GIWAXS[114, 128]

前文已经提到，添加剂还能够抑制大尺寸相分离的发生，例如基于四噻吩的聚合物(pDPP)/富勒烯共混体系中，向溶液中添加 DCB(主溶剂为 CF) 即可实现相区尺寸的降低。Gu 等[128]通过原位 GISAXS/GIWAXS 技术研究了这一体系成膜过程中活性层中晶面间距及相区尺寸随溶剂挥发的变化，如图 4-32 所示。由于 DCB 的沸点高且选择性溶解 $PC_{71}BM$，在成膜初期随着 CF 挥发，聚合物在 CF/DCB 中溶解度降低，导致 pDPP 聚合物在剩余 CF/DCB 劣溶剂中结晶。随着溶剂的进一步挥发，剩余的聚合物和富勒烯分子填充在聚合物晶体间。这一变化过程与我们上面所描述的 PCPDTBT/$PC_{71}BM$ 体系一致。然而，不同的是在 pDPP/富勒烯共

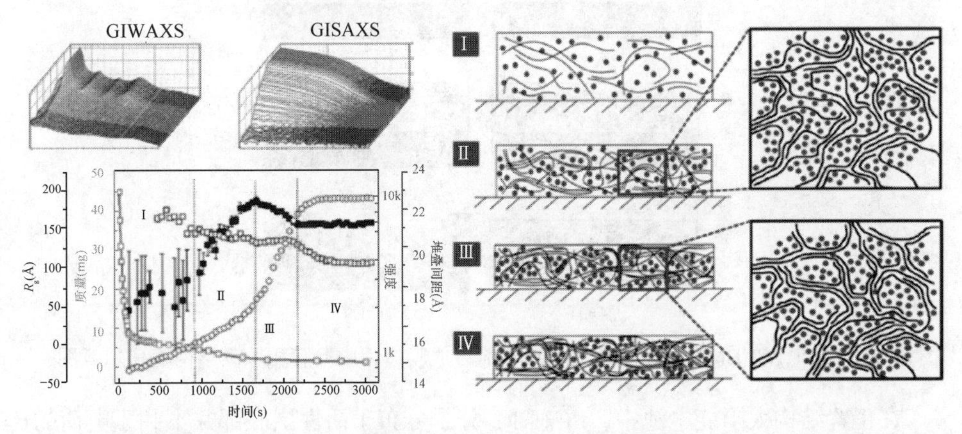

图 4-32 聚合物/$PC_{71}BM$ 共混体系原位 GIWAXS 及 GISAXS 图谱(左上)；利用 GIWAXS 及 GISAXS 区分的成膜过程的四个阶段(左下)；成膜过程四个阶段活性层相分离结构示意图(右)[128]

混体系中早期阶段聚合物可聚集形成网络状结构，从而阻止富勒烯聚集形成大尺寸相区；在 PCPDTBT/$PC_{71}BM$ 体系中，添加剂阻止富勒烯分子进入聚合物分子间，从而促使聚合物结晶成核。

3）垂直相分离结构调控

除相区尺寸外，添加剂对活性层垂直相分离也有影响。Yang 课题组[121]针对 P3HT/$PC_{61}BM$ 共混体系，系统地研究了 1,8-辛二硫醇（ODT）对活性层形貌的影响（主溶剂为 DCB）。结果表明添加剂除促进 P3HT 结晶、增强给受体间相分离程度外，还改变了 P3HT 在活性层内部垂直基底方向上的分布。作者通过 XPS 检测发现，未添加 ODT 的活性层表面 S（2p）/C（1s）比值为 0.132，而薄膜底部比值为 0.130，意味着给受体垂直方向上分布均一；添加 ODT 后，活性层表面的 S（2p）/C（1s）比值升高为 0.132，而底部的比值下降为 0.106，说明 ODT 促使薄膜内部 $PC_{61}BM$ 向薄膜底部富集。根据该数据结果，作者分析了添加剂对垂直相分离影响的详细过程，如图 4-33 所示。无添加剂情况下，给受体间混合均匀，薄膜粗糙度较小，且给受体分子在垂直于基底方向分布较为均一，如图 4-33（a）～（c）所示。由于 ODT 沸点较 DCB 高，且选择溶解 PCBM，在旋涂过程中随着 DCB 的挥发，聚合物先析出；由于 ODT 仍有残余，可溶解部分 $PC_{61}BM$，增强了 $PC_{61}BM$ 分子运动能力，且为 $PC_{61}BM$ 扩散提供了充足的时间；$PC_{61}BM$ 表面能大于 P3HT，在表面能的驱动下倾向于在薄膜底部富集，如图 4-33（d）～（f）所示。

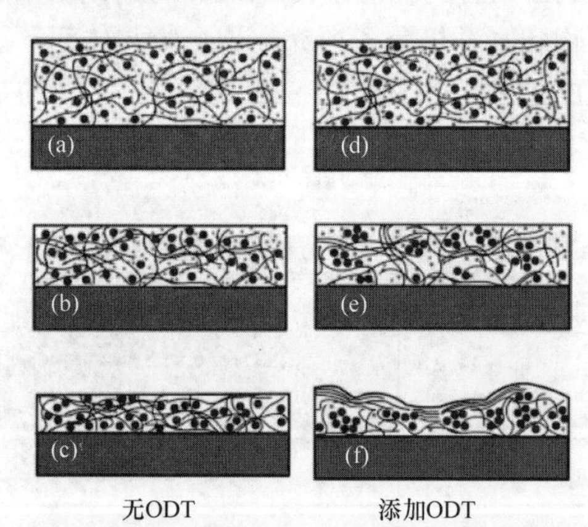

图 4-33 P3HT/$PC_{61}BM$ 共混体系添加 ODT 前后成膜过程中薄膜相分离结构变化示意图[121]

在正置结构太阳能电池中，$PC_{61}BM$ 分子分布于活性层底部并不利于电荷的传输与收集。为了降低添加剂的引入对富勒烯分子垂直分布的影响，Hou 课题组[129]通过降低成膜后添加剂在活性层中残留时间的方法抑制添加剂对垂直相分离的破坏，如图 4-34（A）所示。作者以 PBDTTT-C-T/$PC_{71}BM$ 共混体系为研究对象（主溶

剂为 *o*-DCB，添加剂为 DIO)，对比了溶剂缓慢挥发、真空下溶剂快速挥发及过甲醇旋洗(由于甲醇和 DIO 互溶，且甲醇不溶给体及受体材料，在不破坏活性层结构的基础上可快速除掉 DIO)三种方法(三种方法的甲醇移除速率依次增加)对活性层垂直相分离及器件性能的影响。结果表明，随着甲醇移除速率的增加，器件性能由 5.49%大幅提升至 7.06%。通过对活性层表面组成分析可知，溶剂缓慢挥发方法中薄膜表面 $PC_{71}BM$ 含量为 6.0%，溶剂快速挥发方法中薄膜表面 $PC_{71}BM$

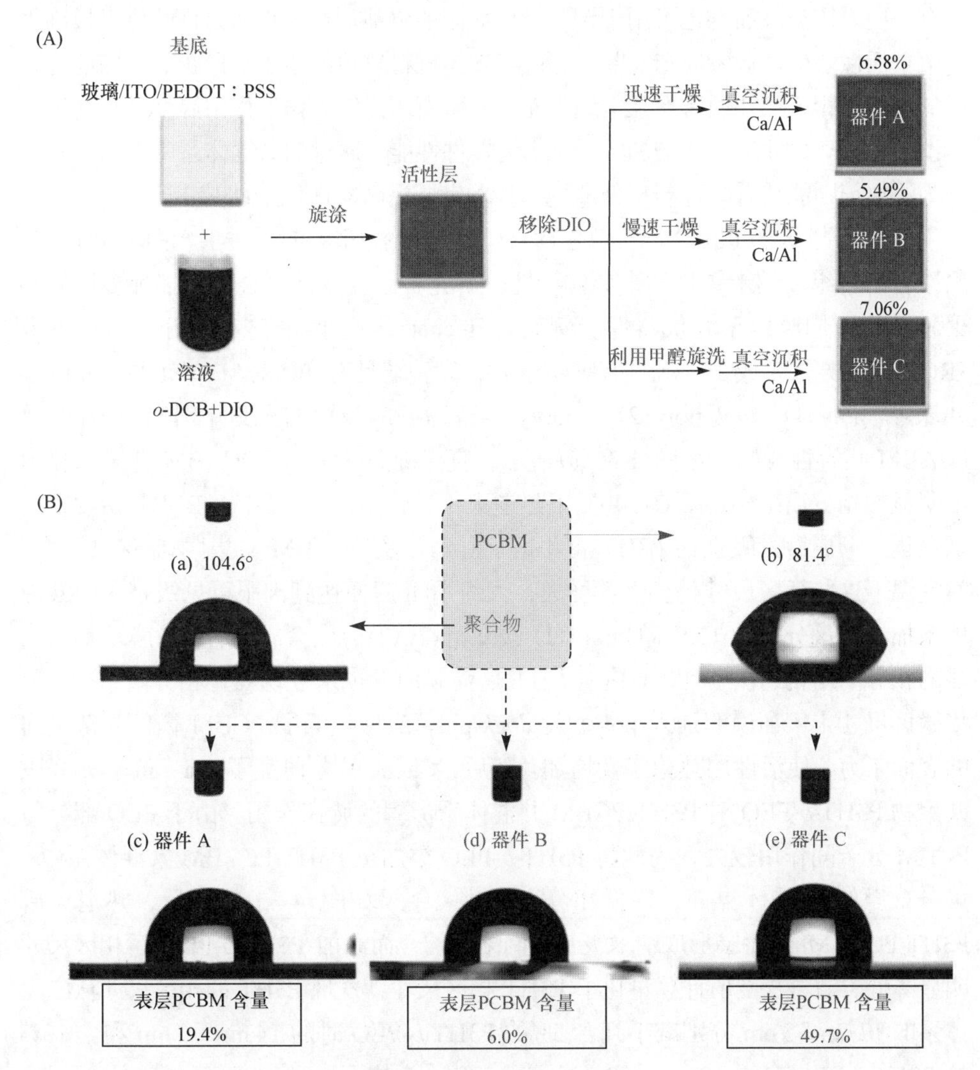

图 4-34　(A)成膜后不同方式处理薄膜示意图及相应器件性能；(B)纯相薄膜及不同处理方式的共混薄膜接触角图片[129]

含量为 19.4%，而甲醇旋洗方法中 $PC_{71}BM$ 含量急剧增高至 49.7%，如图 4-34(B)所示。由此可见，降低 DIO 在薄膜中残留时间可有效改善薄膜垂直相分离结构。此方法在其他聚合物/富勒烯体系，如 PTB7/$PC_{71}BM$ 体系、PDPP3T/$PC_{71}BM$ 体系及 PBDTTPD/$PC_{71}BM$ 体系等同样适用。

2. 固体添加剂

前文所述的溶剂添加剂可随溶剂挥发而消失，并不在活性层内残留。除此之外，还有一些固体类添加剂也可用于调节有机太阳能电池活性层形貌，且此材料最终仍存留于活性层中。众所周知，鉴于有机半导体材料较短的激子扩散距离，因此优化后的活性层相区尺寸通常在几十纳米左右。然而，器件工作过程中温度升高会诱导活性层相分离尺寸进一步增加，严重削弱器件性能。通过向共混体系中引入增溶剂作为添加剂则能够有效抑制相分离进一步发生，提高器件稳定性[130-132]。

共聚物尤其二元嵌段共聚物是具有广泛前景的相容剂[133, 134]，它们通常表现出独特的自组装纳米结构和半导体特性。研究者已经设计、合成了多种多样的共聚物并将它们应用于光伏器件。例如，Fréchet 研究小组[135]利用开环易位聚合(ROMP)的方法合成了一端具有噻吩单元，另一端具有 $PC_{61}BM$ 单元的二元嵌段共聚物 poly(1)-*block*-poly(2)。poly(1)-*block*-poly(2)两嵌段分别与 P3HT 及 $PC_{61}BM$ 相容性较好。如图 4-35(a)所示，直接旋涂的 P3HT/$PC_{61}BM$ 薄膜未显示出明显的相分离结构，而在 140℃下热退火 1 h 后，P3HT 及 $PC_{61}BM$ 开始发生扩散聚集，形成微米级别的 P3HT 富集区(亮区域)及 $PC_{61}BM$ 富集区(暗区域)。同时室温下这些微区尺寸仍会继续增大，大约 10 h 后便达到肉眼可见级别。向共混体系加入质量分数为 17.0%的 poly(1)-*block*-poly(2)，旋涂成膜后，薄膜不具有明显的相分离结构，在 140℃下热退火 1 h 后薄膜内部也未发现明显相分离结构。聚集微区尺寸未增加说明加入 poly(1)-*block*-poly(2)后降低了 PCBM 微区和薄膜间的表面张力，使活性层热稳定性增加。随后，Chen 等[136]研究了 rod-coil 二元嵌段共聚物 P3HT-*b*-PEO 对 P3HT/PCBM 共混体系形貌的调控作用。由于 PEO 部分与 PCBM 分子间作用较强，因此将 P3HT-*b*-PEO 添加至 P3HT/$PC_{61}BM$ 共混体系中，可分散至给体/受体界面，降低相分离尺寸。结果如图 4-35(b)所示，热退火后 P3HT/$PC_{61}BM$ 活性层形成纳米级互穿网络结构，而添加 P3HT-*b*-PEO 后相区尺寸明显降低。通过灰度值计算量化了 P3HT 相区尺寸，发现 P3HT 的相区尺寸从二元体系的 17 nm ± 3 nm 分别减小到含 5%的 P3HT-*b*-PEO 时的 14 nm ± 3 nm 和含 10%的 P3HT-*b*-PEO 时的 10 nm ± 2 nm。Lee 等[137]合成了一种 coil 部分带 C_{60} 单元的 P3HT-*b*-C_{60} 二元嵌段共聚物，并且研究了这种添加剂对 P3HT/$PC_{61}BM$ 共混体系活性层形貌的影响。从 TEM 图可以看到，P3HT/$PC_{61}BM$ 体系在长时间退火后可以观察到明显的大尺寸 $PC_{61}BM$ 相，而添加 P3HT-*b*-C_{60} 后富勒烯聚集相尺寸减小，同时在 TEM 图像中给受体的对比度明显降低，表明活性层具有更小的相区尺寸和更完善的互穿网络结构。作者认为形貌变化主要源于 P3HT-*b*-C_{60} 的两亲性质，促使其分散于给体/受体界面处，从而在动力学上可降低给体/受体相各自的聚集速率，在热力学上则能降低给体/受体相间的表面张力。

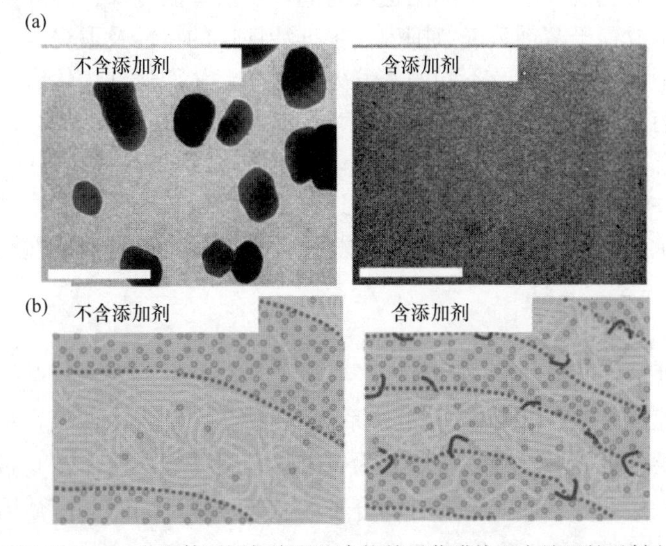

图 4-35　(a) P3HT/$PC_{61}BM$ 共混体系添加嵌段聚合物前后薄膜热退火处理的透射电子显微镜照片(图中标尺为 2 μm)[135]；(b) P3HT-*b*-PEO 对 P3HT/$PC_{61}BM$ 共混体系相分离结构影响示意图[136]

添加增容特性的添加剂可以降低活性层相区尺寸并提高活性层的热稳定性，通过对文献的总结，设计具有增容特性的添加剂应遵循以下原则：①某一组成单元与 $PC_{61}BM$ 相有相互作用以抑制热处理时 $PC_{61}BM$ 的相分离；②添加剂选择性地分布于给体/受体界面以减小表面张力；③添加剂能够自组织形成纳米结构(尤其对于包含绝缘部分的共聚物)，避免成为载流子传输的限制因素。只有遵循上述原则，添加剂才能在不损坏器件能量转换效率的基础上优化活性层热稳定性。

综上所述，可优化聚合物/富勒烯共混体系太阳能电池形貌的添加剂主要分为两大类：一类是可挥发性溶剂添加剂，另外一类是固体类添加剂。溶剂添加剂主要是通过调节溶液状态及成膜动力学实现给受体结晶性及相区尺寸的调控，从而实现有机太阳能器件性能的提高。而固体添加剂则主要是降低给体/受体间表面能，抑制在高温下活性层相分离结构的增大，实现有机太阳能器件热稳定性的提高。

4.3.6 退火处理

退火处理(annealing)是目前普遍使用的优化活性层形貌的方法。退火方法主要可以分为两大类：热退火处理(thermal annealing，TA)及溶剂蒸气退火处理(solvent vapor annealing，SVA)。热退火处理是将活性层加热到适当温度，根据活性层的特性及形貌要求采用不同的退火时间，然后降温冷却；溶剂蒸气退火处理则是将活性层放置于溶剂蒸气氛围内，根据活性层的特性及形貌要求采用不同种类的蒸气、不同的蒸气压及不同的蒸气处理时间，从而达到优化形貌的目的。热退火处理和溶剂蒸气退火处理其本质均为提高给受体分子运动能力，促使其从被冻结的亚稳态(结晶性差、相区尺寸小)向稳定态过渡(结晶性高、相区尺寸大)；从而提高器件的光子吸收效率、载流子迁移率及降低双分子复合，进而优化器件性能。下面将主要以 P3HT/$PC_{61}BM$ 体系为例，介绍退火处理对活性层形貌及器件性能的影响。

1. 热退火处理

热退火处理是调节共混体系活性层形貌的有效手段，Friend 课题组[138]首次发现热退火可促进 P3HT/EP-PTC 共混体系器件性能后，热退火便正式步入有机太阳能电池活性层调控领域。其主要原理为：加热至聚合物玻璃化转变温度以上，促进聚合物链段运动，从而实现聚合物分子的有序堆积；同时，富勒烯在退火过程中扩散结晶，最终形成互穿网络结构。

Friend 课题组[138]最早将热退火处理应用到了 P3HT/EP-PTC 共混体系中，经过 80℃退火 60 min 后，有机太阳能电池器件的 EQE 在整个光谱响应范围内均有提升，而在 605 nm 附近提升尤为显著。作者认为，这是由于热退火提高了 P3HT 的结晶性，从而提高了载流子在活性层中的迁移率。自此以后，热退火便被人们广泛关注，并将其应用到了聚合物/富勒烯共混体系中[139-142]。

热退火处理包含前热退火处理和后热退火处理两种。前热退火是指在未蒸镀金属顶电极前，对共混薄膜进行热退火处理；而后退火处理则是在蒸镀完金属顶电极后，再对活性层进行热退火处理。Heeger 课题组[65]系统地对比了前退火处理及后退火处理对 P3HT/$PC_{61}BM$ 共混体系器件性能的影响。作者指出后退火处理器件性能及热稳定性均高于前退火处理的器件，这是因为后退火处理，既利于形成纳米尺寸相区又改善了电极与活性层间接触。如图 4-36(a)、(b)所示，后退火处理后薄膜的粗糙度与前退火相比更小，意味着活性层内部相区尺寸更小，利于激子扩散。另外，在后退火处理过程中顶电极中的金属原子可以扩散进入活性层中，形成 C—Al 或者 C—O—Al 键；如图 4-36(c)、(d)所示，AFM 相图中白色区域为活性层和电极间接触部分，后退火处理后活性层与电极接触面积更大，改善了活性层与电极间的接触，利于载流子收集。另外，后退火处理的器件热稳定性更好，如图 4-36(e)所示，在高温下退火后，前退火处理的器件性能衰减的速率高于后退火处理的器件；这是由于后退火处理中，活性层的两个接触面均与电极接触，因此分子扩散受到空间限制作用更大，从而抑制了过大相区尺寸的形成。

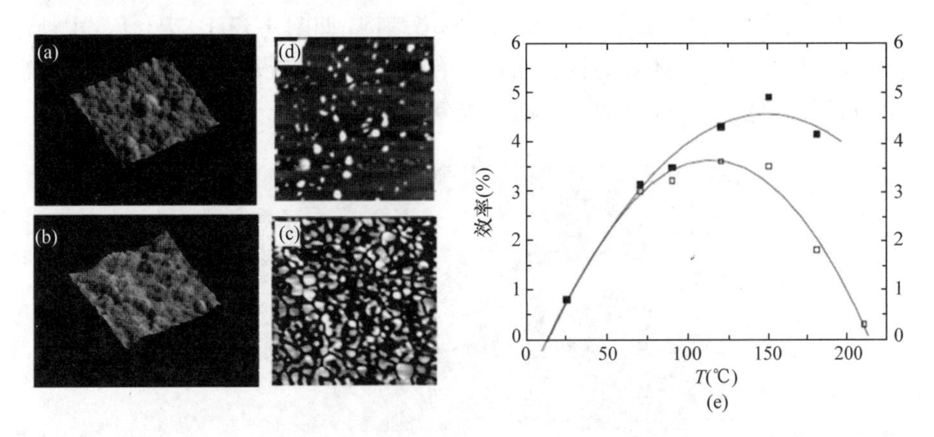

图 4-36　P3HT/PC61BM 共混体系活性层前热退火处理[(a)、(d)]及后热退火处理[(b)、(c)]原子力显微镜高度图[(a)、(b)]及相图[(d)、(c)]，图片标尺为 500 nm×500 nm；(e)前热退火处理(空心点)及后热退火处理(实心点)器件性能随退火温度关系图[65]

Camaioni 等报道将 P3HT/PC$_{61}$BM 共混薄膜在 55℃下(接近 P3HT 的 T_g)后退火 30 min 后，器件短路电流和能量转换效率均显著提高。Padinger 等[140]也进一步研究了后热退火处理及在偏压下后热退火处理对 P3HT/PC$_{61}$BM 共混体系性能的影响。器件经后热退火处理后，性能由 0.4%提高至 2.5%，而当偏压和后退火处理结合使用，器件性能进一步提升至 3.5%。器件的开路电压及填充因子的提升可能源于并联电阻的提高，而短路电流的提升则主要归因于载流子迁移率的提升。Heeger 课题组[65]通过对 P3HT/PC$_{61}$BM 器件性能对比可以清楚地看到未经处理的器件效率仅为 0.82%。当器件在 150℃后退火 30 min 后，器件在 AM1.5、80 mW/cm^2 的光照下，短路电流密度为 9.5 mA/cm^2，器件效率高达 5.0 %。

热退火处理提高器件性能的主要原因在于活性层形貌的优化，其中包括给受体结晶性的增强及互穿网络结构的形成。Heeger 课题组[65]研究了活性层在不同退火温度下退火后的 P3HT/PC$_{61}$BM 共混薄膜形貌，如图 4-37(A)所示。图 4-37(A)中，未退火处理的薄膜无明显相分离结构；而在 150℃后退火 30 min 后，活性层中相区尺寸增加，形成互穿网络结构；进一步延长退火时间至 120 min 后，活性层中相分离尺寸进一步增大。Yang 等[143]通过分析 P3HT/$PC_{61}BM$ 共混薄膜的明场 TEM 图像及电子衍射图谱指出，未退火的薄膜中 P3HT 自组织能力较差，薄膜中仅有少量 P3HT 纤维形成，同时，薄膜中富勒烯并未发生聚集，给体及受体均无法形成互穿网络结构，如图 4-37(B)中(a)、(b)所示。退火促进薄膜中分子运动，P3HT 自组织形成纤维晶，相互连接形成网络状结构；$PC_{61}BM$ 也在 P3HT 网络结构的限制下聚集形成微晶，从而形成互穿网络结构，如图 4-37(B)中(c)、(d)所示。该结构大大增加了给受体间的接触面积，有利于电荷的分离。此外，给受体高的结晶性也提高了载流子迁移率，降低了双分子复合概率。

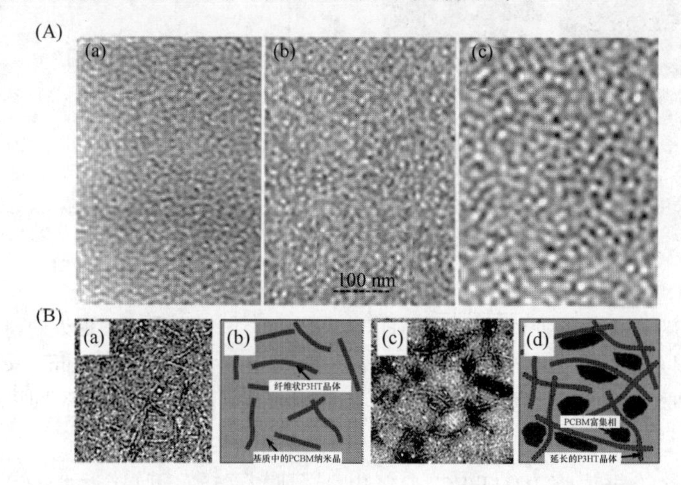

图 4-37 (A)P3HT/$PC_{61}BM$ 共混体系活性层无热退火处理(a)、150℃后退火 30 min (b)及 150℃后退火 120 min(c)透射电子显微镜照片；(B)P3HT/$PC_{61}BM$ 共混体系活性层热退火处理前[(a)、(b)]后[(c)、(d)]透射电子显微镜图片[(a)、(c)]及相应的示意图[(b)、(d)][65, 143]

除相分离结构外，热退火处理对 P3HT 结晶也有重要影响。Kim 研究小组[144]详细研究了热退火处理对 P3HT/$PC_{61}BM$ 复合薄膜中 P3HT 晶体的影响。研究指出未处理的复合薄膜中，P3HT 晶体尺寸很小，热退火处理后 P3HT 晶体尺寸在垂直于基底方向与平行于基底方向均增加，但是在平行于基底方向尺寸增加的幅度远大于垂直于基底方向增加的幅度。这是由于未处理的薄膜中 P3HT 分子链并不是采取严格意义上的 edge-on 取向，而是和基底有一定的夹角，退火后分子链转变为 edge-on 取向，所以使得垂直于基底方向晶体尺寸增加幅度很小；而平行方向上由于分子间堆叠加作用，晶体将持续生长，所以平行于基底方向增加幅度较大。同样，Erb 等[141]指出，热退火处理 P3HT/$PC_{61}BM$ 薄膜，可诱导 P3HT 以 edge-on 的方式进行结晶，如图 4-38(a)所示。经 XRD 表征发现，未经过热退火处理的薄膜中，并未发现 P3HT 衍射峰信号；而经过热退火处理后，P3HT 的(100)衍射信号强度明显增加，意味着退火后 P3HT 发生结晶，且晶体以 edge-on 方式排列。作者认为，初始薄膜中由于 P3HT 和 $PC_{61}BM$ 分子间相容性较好，因此两组分混合均匀。热退火过程中，P3HT 分子链运动能力增强，形成热力学上更稳定的晶体；在 P3HT 分子结晶过程中，将“溶解”于 P3HT 分子间的 $PC_{61}BM$ 分子排除出去，从而形成了 P3HT 纯相及 $PC_{61}BM$ 纯相；纯相的形成利于分子自聚集形成晶体，P3HT 形成纤维晶，而 $PC_{61}BM$ 形成微晶；鉴于 P3HT 纤维晶相互连接，从而抑制了 $PC_{61}BM$ 的过分聚集，形成了纳米级别的互穿网络结构，如图 4-38(b)所示。

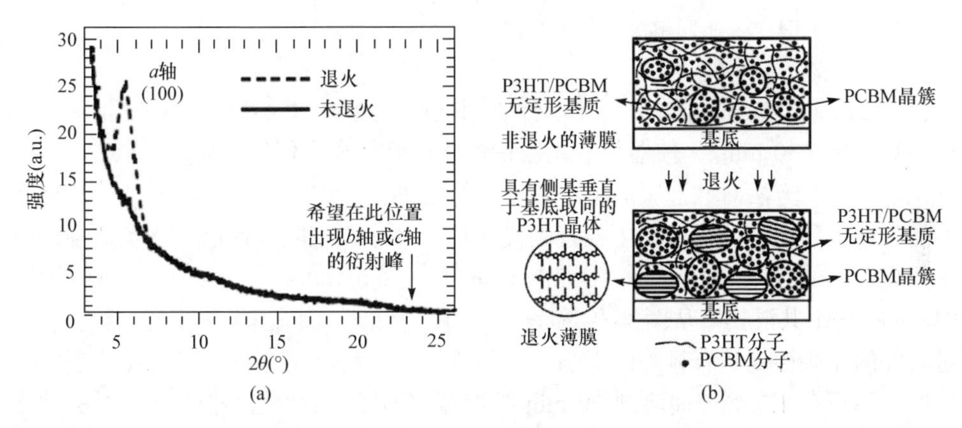

图 4-38　(a) P3HT/$PC_{61}BM$ 共混体系活性层 XRD 图谱；(b) P3HT/$PC_{61}BM$ 共混体系活性层热退火前后相分离结构示意图[141]

2. 溶剂蒸气退火处理

溶剂蒸气退火方法是除了加热退火外，另一种优化活性层自组装形貌的退火方法。它主要是通过以下两种方式实现：其一，在旋涂成膜过程中使用高沸点溶剂，通过控制溶剂挥发速率来诱导活性层的固化干燥过程，从而控制活性层的形貌[71, 142, 145-147]；其二，将共混膜放置在溶剂蒸气中[148, 149]，溶剂分子渗入活性层后，溶胀薄膜。Vogelsang 等[150, 151]通过从单分子荧光光谱中得到平均各向异性参数(M)，从实验上利用分子 coil 和 rod 构象解释了蒸气退火过程原理，如图 4-39 所示。在溶液中，分子处于溶解/溶胀的 coil 构象；直接旋涂薄膜，由于成膜速率快，聚合物分子来不及进行构象调整，便被冻结在亚稳态。蒸气处理过程中分子处在溶解或溶胀状态，分子自由体积大，局部链段/整链有足够的时间进行构象调整，从而形成热力学上更加稳定的晶态。

Yang 小组[71, 142, 146, 152]最早使用溶剂退火的方法来改进基于 P3HT/PCBM 体系的聚合物太阳能电池的性能，并对这种溶剂退火方法进行了系统性的研究。2005 年，Li 等[142]在制备 P3HT/PCBM 薄膜过程中，通过控制溶剂挥发速率(将湿的共

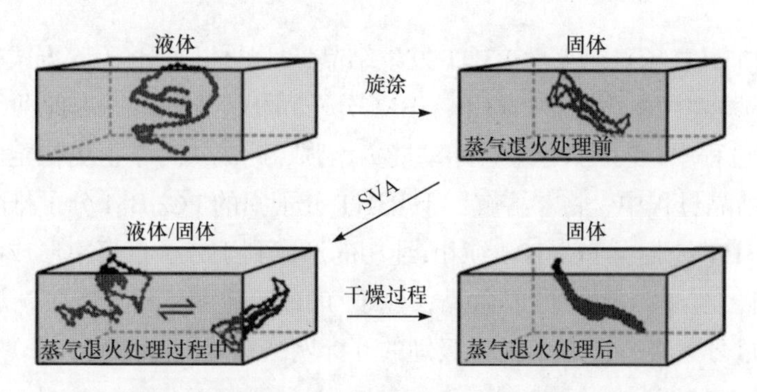

图 4-39　不同相态下共轭聚合物分子构象及聚集态变化示意图[153]

混膜放在不同环境下干燥）来控制活性层固化成膜速率，并结合不同的热退火时间（110℃，10～30 min），使器件的光伏特性能显著提高。他们还通过 AFM 以及吸收光谱等检测方法对共混膜的自组装排列特性进行了详细的对比。表 4-5 比较了不同热退火和溶剂退火条件下器件的光伏性能和串联电阻。他们在制备活性层时使用高沸点的二氯苯为溶剂，用 600 r/min 慢速旋涂 60 s 制备 210 nm 左右厚的 P3HT/PCBM 共混膜。从图 4-39 和表 4-5 可以看出，不同膜生长速度（溶剂退火）对器件的光伏性能具有显著的影响，溶剂 20 s 快速蒸发形成的活性层（器件 7），器件效率只有 1.36%，而溶剂 20 min 缓慢蒸发形成的活性层（器件 1），其光伏效率提高到 3.52%。在经过 110℃热处理 10 min（器件 2），器件效率进一步提高到 4.37%。慢速成膜和热退火对光伏性能的改善应该与器件电荷传输性能的提高和串联电阻（R_{SA}）的降低有关（表 4-5）。他们还发现，经过 110℃退火处理后，共混活性层吸收光谱红移、吸收强度增加、共混膜的空穴迁移率提高[148]。他们还系统地对比了 600 r/min 慢速旋涂过程中、不同旋涂时间（20～80 s）对溶剂挥发速率以及活性层的影响[71]。当旋涂时间小于 50 s、溶剂退火（湿膜干燥固化）时间超过 1 min 时，相应器件的短路电流和器件效率都达到了平衡稳定的最高值；而当旋涂时间超过 50 s 后，P3HT 自组装排列规整度下降，并导致了器件短路电流和器件效率急剧减小。此外，他们还发现，与热退火不同，溶剂退火方法对 P3HT 规整排列的影响并不受共混层中受体材料含量的制约。当 PCBM 质量分数高达 67%时，溶剂退火方法仍然可以诱导 P3HT 链规整排列。

表 4-5　溶剂退火和热退火对器件光伏性能和串联电阻的影响[142]

器件编号	J_{sc}(mA/cm^2)	V_{oc}(V)	PCE(%)	FF(%)	R_{SA}(Ω · cm^2)
1	9.86	0.59	3.52	60.3	2.4
2	10.6	0.61	4.37	67.4	1.7
3	10.3	0.60	4.05	65.5	1.6

续表

器件编号	J_{sc}(mA/cm^2)	V_{oc}(V)	PCE(%)	FF(%)	R_{SA}(Ω · cm^2)
4	10.3	0.60	3.98	64.7	1.6
5	8.33	0.60	2.80	56.5	4.9
6	6.56	0.60	2.10	53.2	12.5
7	4.50	0.58	1.36	52.0	19.8

Xie 等[148]将蒸气退火与热退火联合对 P3HT/PCBM 体系进行了处理。他们以二氯苯为溶剂制备了 P3HT/PCBM 共混膜，然后将共混膜转移到装有二氯苯溶剂的容器中放置 30 min，最后蒸镀金属负极。吸收光谱表明，溶剂蒸气处理后共混膜的吸收光谱在 P3HT 吸收区域红移并且吸收强度显著增加，长波长处出现新的肩峰，并且活性层空穴迁移率有所提高。这表明在二氯苯蒸气诱导下 P3HT 共轭链长度增加以及链间有序结构形成。在经过 150℃热处理后，PCBM 团聚体大量出现，形成了相分离结构，进一步提高了电荷的分离和传输效率。Park 等[145]系统地比较了不同溶剂蒸气对 P3HT/PCBM 活性层形貌以及器件性能的影响。其中所使用的溶剂包括不良溶剂丙酮和二氯甲烷，良溶剂为氯仿、氯苯以及二氯苯等。经过溶剂退火的器件开路电压均有不同程度的降低。在不良溶剂中退火后，器件的电子/空穴传输效率趋于平衡，器件电流和效率显著提高。在良溶剂中退火的器件虽然吸收强度显著增加，但由于给体/受体相分离尺寸过大，造成激子复合概率增加，制约了器件电流的进一步提高。此外，由于丙酮对活性材料较差的溶解性，而二氯苯具有较低的饱和蒸气压，因此基于这两种退火溶剂的器件需要较长的时间来诱导活性层形貌达到平衡。而其他几种溶剂退火 5 min，器件性能就发生明显变化。

然而窄带隙聚合物分子刚性强，分子间缠结严重，难于迁移，抑制其有效自组织；另外，窄带隙聚合物分子相邻侧链间距大，共混体系中富勒烯分子能够穿插进入聚合物分子侧链间，与聚合物形成双分子穿插结构，抑制聚合物与富勒烯间发生相分离。因此，促进给体及受体有序排列并发生相分离，形成双连续通路是提高窄带隙/富勒烯共混体系太阳能电池性能的关键。而单一溶剂蒸气处理此类薄膜后，活性层并未达到理想结构。Han 等[154, 155]利用混合溶剂蒸气处理手段，通过促进富勒烯聚集，诱导富勒烯与窄带隙聚合物材料 PCDTBT 侧链发生相分离；同时，通过降低聚合物分子链间缠结作用增强其迁移能力，实现其自组织能力的提高，最终形成纳米级互穿网络结构，提高器件性能，如图 4-40 所示。研究表明，蒸气退火过程中，四氢呋喃蒸气能够有效促进共混薄膜中富勒烯分子聚集结晶；而二硫化碳能够有效增加分子运动能力，促进聚合物分子聚集。因此，我们利用四氢呋喃及二硫化碳的混合溶剂蒸气，通过改善混合溶剂蒸气组分及蒸气退火条件，调节富勒烯分子间、富勒烯分子与聚合物分子间及聚合物与聚合物分子间范德瓦耳斯力相互竞争关系。在增加分子迁移及扩散能力的基础上，混合蒸气处理能够促进富勒烯分子聚集，诱导聚合物侧链与富勒烯间发生相分离；富勒烯聚集体反作用于聚合物，降低了聚合物间缠结程度，进一步提高了聚合物分子自组织能力。通过混合蒸气处理后，共混薄膜中聚合物自组织能力提高(玻璃化转变温度提高至 153℃)，同时晶体尺寸增加，共混体系形成明显互穿网络状结构。通过混合蒸气处理，富勒烯及聚合物均形成高结晶度载流子传输通道，利于激子由三线态转变为自由移动的载流子，器件能量转换效率也由未处理的 4.67%(V_{oc}=0.87 V, J_{sc}=10.88 mA/cm², FF=0.48)提高至 6.55%(V_{oc}=0.86 V, J_{sc}=12.71 mA/cm², FF=0.60)。

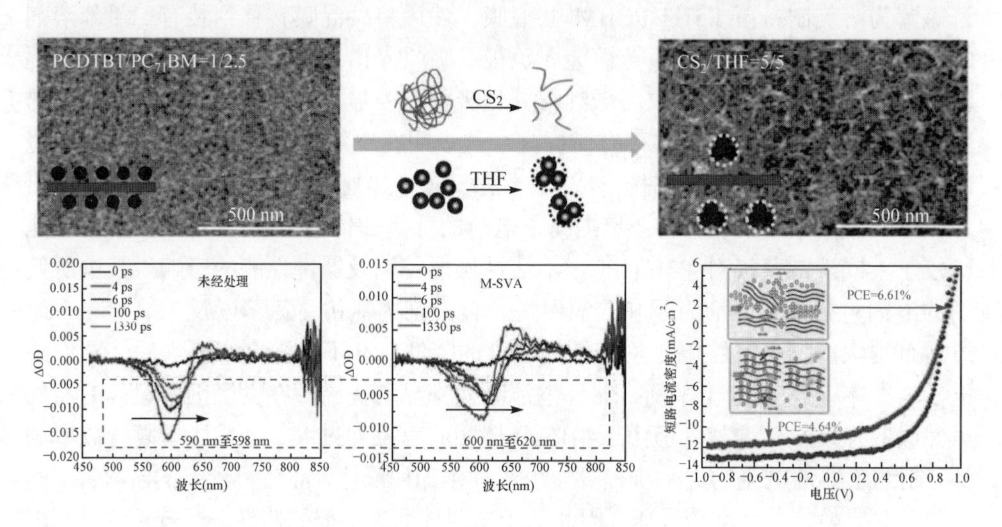

图 4-40 混合蒸气处理优化 PCDTBT/PC71BM 共混体系相分离形貌示意图及相应的瞬态吸收光谱及 *J-V* 曲线[154]

综上所述，热退火和溶剂蒸气退火均能促进共混体系向热力学稳定态方向发展，从而提高薄膜相分离尺寸及给受体结晶性。此外，溶剂退火方法对活性层形貌的优化不受 PCBM 受体含量的影响[71]。当活性层经过溶剂退火后，再进行热退火处理可以进一步提高器件的性能[142, 146, 148]。其原因为，热退火可以有效去除活性层中残留溶剂，减少界面间的陷阱，平滑活性层表面，使其与电极之间形成紧密接触。

4.4 结构与性能间关系

从前面各节中也能看出有机太阳能电池活性层形貌与器件性能关系密不可分，如相分离结构决定载流子传输、相区尺寸决定激子分离效率、结晶性决定激子分离效率与载流子传输效率及分子取向决定载流子迁移率等。然而，上述形貌对性能的影响并非是绝对的，很多情况下形貌这一变量将会影响诸多光物理过程。本节中，我们将抓住主要矛盾，通过选取合适的例子，来说明相分离结构、相区尺寸、结晶性及分子取向对性能影响最大的环节！

4.4.1 相分离结构

有机太阳能电池中激子分离后将形成电子和空穴，电子和空穴将分别通过受体及给体传输至相应电极。因此，只有给受体形成双连续通路才能确保自由载流子传输，如图 4-41(a)所示。然而，当给体或者受体无法形成连续通路时(孤岛状相分离)，如图 4-41(b)所示，则增加了载流子在传输过程中的双分子复合概率，并且增加了空间限制电荷密度。为此，构筑给体/受体互穿网络相分离结构、保证载流子有效传输至相应电极是制备高效太阳能电池的重要前提！

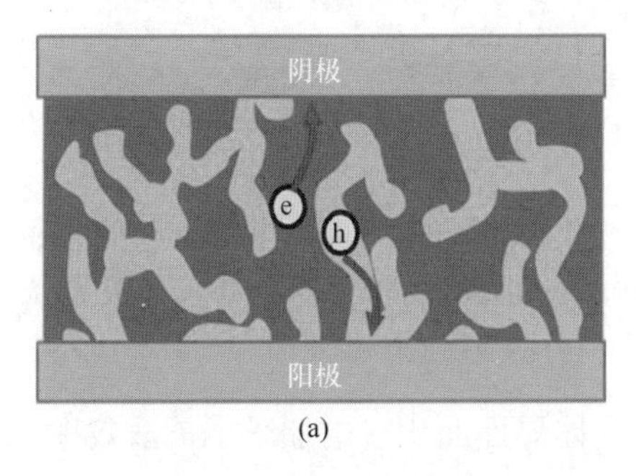

(a)

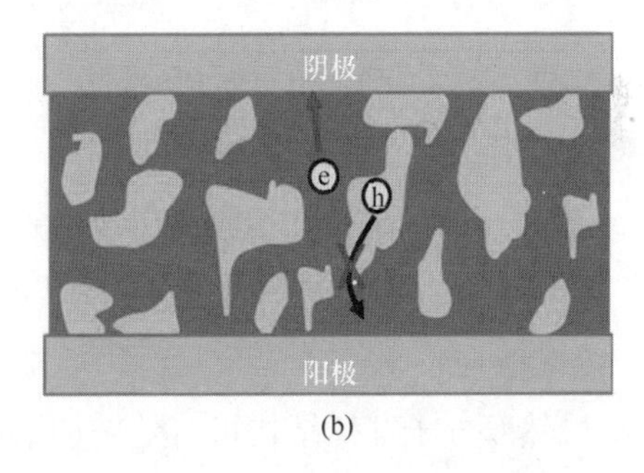

(b)

图 4-41 有机太阳能电池活性层双连续结构(a)及孤岛相分离结构(b)示意图

上述已提及，给体与受体比例直接决定共混体系相分离结构，而不同的相分离结构则直接影响载流子迁移率，仅当电子和空穴迁移率达到平衡时(即活性层形成完善的互穿网络结构)，才能降低载流子传输过程中的复合，使器件性能达到最佳[156-158]。Chiu 等[159]以 P3HT/$PC_{61}BM$ 体系为例，研究了相分离结构与器件性能间关系，如图 4-42 所示。当活性层中仅存在 P3HT 时，此时 P3HT 具有双极传输性质，但空穴迁移率远高于电子迁移率[$\mu_e \approx 10^{-7}$ $cm^2/(V \cdot s)$，$\mu_h \approx 10^{-4}$ $cm^2/(V \cdot s)$]。当共混体系中富勒烯含量(质量分数)升高至 38%时，电子迁移率急剧升高至 9.6×10^{-6} $cm^2/(V \cdot s)$；富勒烯含量继续升高(38%～44%)，电子迁移率也随之升高；当富勒烯含量超过 43%时，共混薄膜电子迁移率不在发生变化，维持在 5.0×10^{-4} $cm^2/(V \cdot s)$。这是由于，当富勒烯含量较低时，富勒烯聚集体无论从数量还是尺寸方面，均难以保证形成连续电子通路；而当含量为 44%时，富勒烯形成 20 nm 左右的微晶，且微晶数量足够多，可以形成连续通路；继续升高富勒烯含量，微晶数量虽然进一步增加，但尺寸变化不明显，对连续电子通路基本无贡献。而对于 P3HT 而言，其空穴迁移率随着富勒烯含量的增加则表现出了持续降低的趋势，如图 4-42(B)所示。这是由于，一方面过多的富勒烯抑制了 P3HT 的有序聚集，降低了其结晶尺寸；另一方面，富勒烯聚集形成的微晶分布在 P3HT 结晶片层间，阻隔了 P3HT 形成连续通路。只有当给体与受体比例适中时(即富勒烯含量为 44%)，能够形成连续的电子通路与空穴通路，电子迁移率与空穴迁移率接近，器件性能达到最优。

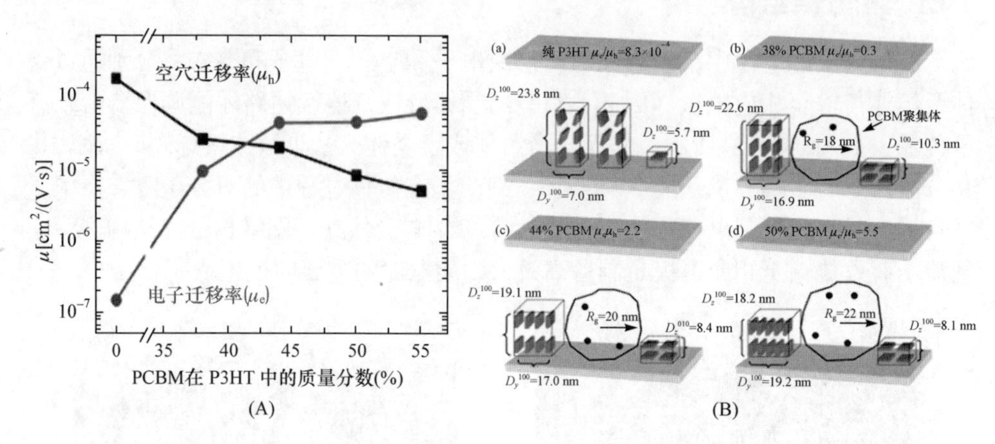

图 4-42 (A) P3HT/$PC_{61}BM$ 共混体系中电子及空穴迁移率和给体与受体比例间的关系；(B) P3HT/$PC_{61}BM$ 薄膜中给体与受体的不同比例下形貌示意图：(a) 纯 P3HT、(b) 38% $PC_{61}BM$、(c) 44% $PC_{61}BM$、(d) 50% $PC_{61}BM$[159]

虽然双分子穿插结构可有效增加给体/受体界面面积、增加激子扩散效率，但是给体与受体的分子级共混严重抑制了互穿网络结构的形成，既不利于载流子传输，也不利于电荷转移态分离。因此在相应体系中必须严格控制给体与受体比例，使富勒烯分子能够达到形成连续通路的阈值。Durrant 等[39]指出，在 PCDTBT、pBTTT 及 PCPDTBT 等与 $PC_{71}BM$ 共混体系中，当富勒烯含量小于双分子穿插阈值时，不能够形成富勒烯纯相，此时共混薄膜中电荷转移态分离效率低；当富勒烯含量超过双分子穿插阈值时，额外的富勒烯将形成纯相结构，电荷转移态分离效率及器件短路电流随着富勒烯含量增加而迅速升高。这是由于聚合物或富勒烯形成纯相有序聚集后，聚合物的电离电势及富勒烯的电子亲和势会发生偏移，能够为电荷转移态分离提供较大的驱动力[160]。然而，在双分子穿插结构中富勒烯未能有序聚集，同时聚合物也无法形成纯相区，因此在给体/受体界面处能级差小，电荷转移态分离效率低。如果提高富勒烯含量，在形成双分子穿插结构基础上，额外的富勒烯分子可有序聚集，形成富勒烯纯相。此时，富勒烯电子亲和势将发生偏移，升高约 100～200 meV，为电荷转移态分离提供了更大的驱动力。因此，促进富勒烯纯相形成，提高富勒烯的电子亲和势及促进形成聚合物纯相形成，降低聚合物的电离电势是增加电子-空穴对有效分离的重要途径，如图 4-43 所示。

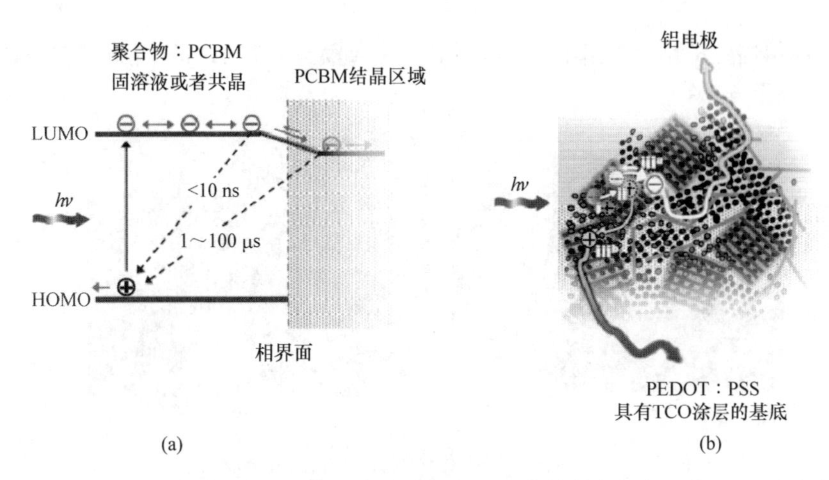

图 4-43　(a)聚合物/富勒烯体系双分子穿插结构促进电荷转移态分离示意图；(b)含有双分子穿插行为的聚合物/富勒烯共混体系光电转换过程示意图[39]

4.4.2　相区尺寸

有机太阳能电池中活性层的相区尺寸决定激子分离效率及载流子传输效率(图 4-44)。相区尺寸减小，给受体微区界面面积增加，可以确保激子能够扩散到异质结界面，有效提高激子分离效率；然而，相区尺寸过小，将导致电子和空穴在传输过程中易受到库仑引力作用，相互吸引，从而发生双分子复合，降低载流子收集效率。因此，相区尺寸应当处于既能满足激子分离又能满足载流子收集的折中范围内。目前研究表明，相区尺寸分布在 10～20 nm 范围可有效提高光伏电池能量转换效率。

活性层相区尺寸大不利于激子分离，导致器件短路电流较低。Janssen 课题组[161]指出，当采用氯仿做溶剂旋涂 PDPP5T/$PC_{71}BM$ 共混体系时，富勒烯形成大于 100 nm 的富集区，当加入 DCB 形成混合溶剂后，随着 DCB 含量的增加，富勒烯聚集尺寸逐渐降低，直至形成纳米级互穿网络结构。上述原因主要源于 DCB 对成膜动力学的影响，如图 4-45 所示。当未添加 DCB 时，共混体系按照灰色箭头的位置发生液-液相分离：①当溶液旋涂开始后，氯仿在共混体系中的浓度随着挥发而降低；②当溶剂含量约为 80%时，共混体系开始发生液-液相分离；③当溶剂含量约为 50%时，聚合物开始聚集。由此可见，薄膜的相区尺寸由第二步的液-液相分离决定。当向共混体系添加 DCB 时，共混体系按照黑色箭头的位置发生相分离：①溶剂总含量随着氯仿挥发逐渐降低；②当溶剂含量约为 80%～95%时，聚合物开始聚集；③在发生液-液相分离之前聚合物聚集，共混体系发生液-固相分离，进而限制了大尺寸相区的形成。液-液相分离一般会导致薄膜形成大尺寸的相区，而共混体系发生液-固相分离时，由于聚合物的聚集限制了另外一相的聚集，最终形成小尺寸的相分离形貌。由于激子分离效率增加，使得器件短路电流由不到 5 mA/cm²增加到大于 15 mA/cm²，能量转换效率也由 1.2%提高至 6.3%。

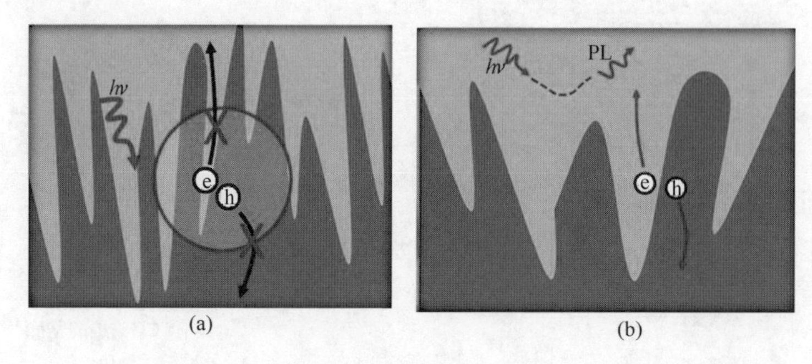

图 4-44 有机太阳能电池活性层小相区尺寸(a)及大相区尺寸(b)激子分子及载流子传输示意图

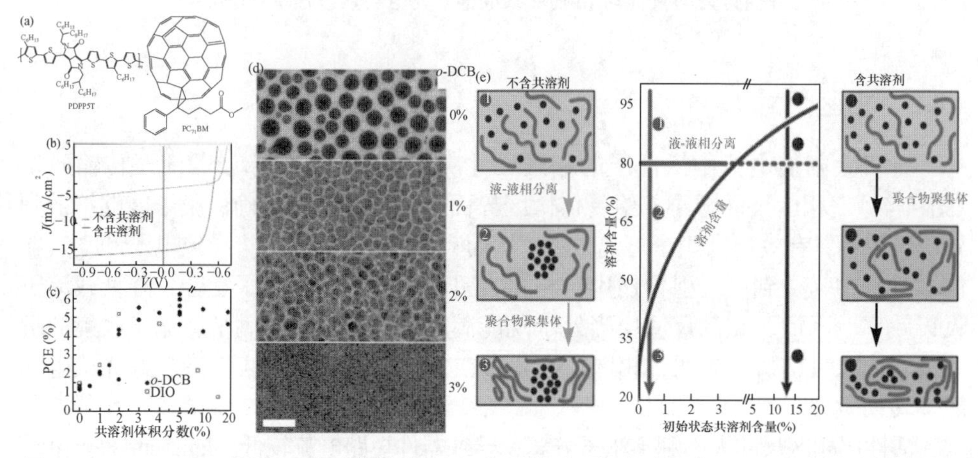

图 4-45 PDPP5T、$PC_{71}BM$ 分子结构式(a)；共混体系以氯仿或氯仿-DCB 为溶剂时器件的 J-V 曲线(b)及器件性能与添加剂种类及含量(体积分数)间关系(c)；氯仿为溶剂时及氯仿-DCB 为共溶剂时旋涂所得薄膜的透射电子显微镜图(d)及成膜过程相图和活性层形貌演变示意图(e)

众所周知，P3HT/$PC_{61}BM$ 体系旋涂成膜后通常为均一薄膜，在热退火处理情况下富勒烯才发生聚集结晶[162, 163]。Ruderer 等[96]利用甲苯、二甲苯及氯苯等为溶剂旋涂 P3HT/$PC_{61}BM$ 溶液，成膜后对薄膜进行热退火处理。规律与 MDMO-PPV/$PC_{61}BM$ 共混体系类似，当溶剂对富勒烯溶解度较差时(甲苯、二甲苯)，富勒烯形成大尺寸聚集体；而当选用氯苯为溶剂时，富勒烯聚集尺寸较小。Troshin 等[164]则利用合成手段制备了一系列在氯苯中具有不同溶解度的富勒烯衍生物(4～130 mg/mL)，用以研究富勒烯在溶液中的溶解度对 P3HT/富勒烯共混体系薄膜形貌的影响。结果表明，当选用溶解度较低的富勒烯衍生物做受体时(＜10 mg/mL)，薄膜中将出现大尺寸聚集体；而当选用溶解度较高的富勒烯衍生物做受体时(＞20 mg/mL)，薄膜中富勒烯大尺寸聚集体消失。更为有趣的是，利用 P3HT/富勒烯衍生物共混体系制备的器件性能随着富勒烯溶解度的升高而呈现出先增加后保持恒定的趋势。如图 4-46 所示：当富勒烯溶解度从 4 mg/mL 增加至 20 mg/mL 时，器件的 J_{sc} 及 FF 逐渐增加；当进一步增加富勒烯溶解度时，器件的 J_{sc} 及 FF 则开始下降。作者认为，当富勒烯溶解度为 20 mg/mL 时，此时富勒烯可形成纳米尺寸的聚集体，适合激子分离及载流子传输；而当富勒烯溶解度较低时，由于富勒烯聚集尺寸大而不利于激子分离；相反，当富勒烯溶解度较高时，富勒烯分子不容易聚集结晶，因此相分离尺寸过小，不利于载流子传输。这些研究均表明，富勒烯在溶剂中的溶解性决定了其在薄膜中的聚集形态，进而影响器件性能。

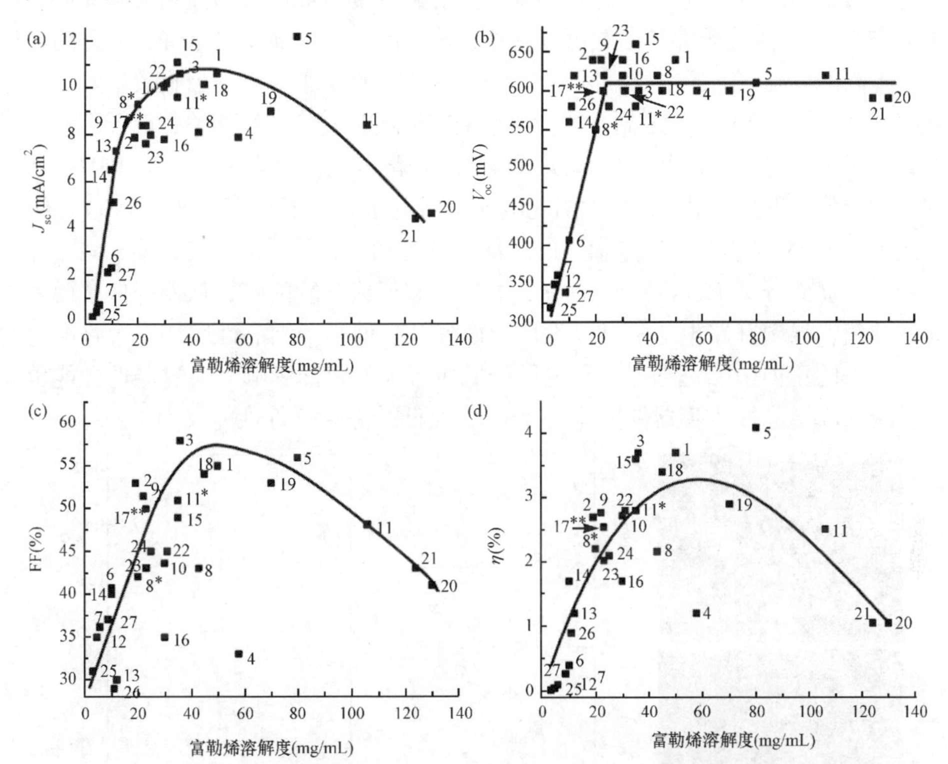

图 4-46　P3HT/富勒烯共混体系以不同富勒烯为受体时器件各参数[(a) J_{sc}、(b) V_{oc}、(c) FF、(d) PCE]与富勒烯溶解度关系图[164]

4.4.3　结晶性及相区纯度

有机太阳能电池活性层中给受体结晶性直接影响光子吸收效率及载流子迁移率等。第 3 章中已经介绍，结晶性增加意味着分子间耦合程度增大，从而使得分子带隙变窄，吸收光谱红移；另外，分子耦合程度增加，也降低了载流子传输过程的能垒，从而提高载流子迁移率。然而，在共混体系中，结晶和相分离行为往往密不可分。结晶在一定程度上会促进给受体发生相分离，从而形成相对较纯的给体及受体区域，提高相区纯度；而相区纯度的提高则意味着共混相含量的降低，对激子分离效率会产生负面影响。

通过调节旋涂过程时间，能够控制成膜过程中薄膜干燥时间：旋涂时间越短，溶剂干燥所需时间越长，薄膜中给受体分子有足够时间自组织，导致结晶性越高。Yang 等[145]通过调节旋涂时间，调节 P3HT 结晶性，建立了 P3HT/PCBM 共混体系结晶性与器件性能间关联。结果表明，随着旋涂时间由 20 s 延长至 80 s，薄膜干燥时间由 1200 s 缩短至旋涂结束薄膜已经完全干燥（0 s），结晶性则大幅降低，如图 4-47 所示。通过器件各参数可以看到，器件的短路电流急剧下降，而开路电压显著提高。电流下降的主要原因在于，P3HT 结晶性降低，光子吸收效率及空穴迁移率降低；另外，P3HT 结晶性差，导致难于形成空穴的连续通路，也会进一步增加载流子传输过程中的复合概率。而器件的开路电压增加则主要源于 P3HT 能级结构的变化。我们知道，有机太阳能电池开路电压取决于给体材料 HOMO 能级与受体材料 LUMO 能级间的差值。由能带理论可知，当分子结晶后，分子间相互作用增强会促使分子 HOMO 及 LUMO 能级劈裂形成连续能带，从而降低了两者之间的差值，导致开路电压随结晶性增加而降低。但是，结晶性增加后短路电流增加所带来的正面影响远超过开路电压降低所带来的负面影响，通过器件性能也能够看到，高结晶性薄膜器件性能为 3.6%，而低结晶性器件性能仅为 1.2%。

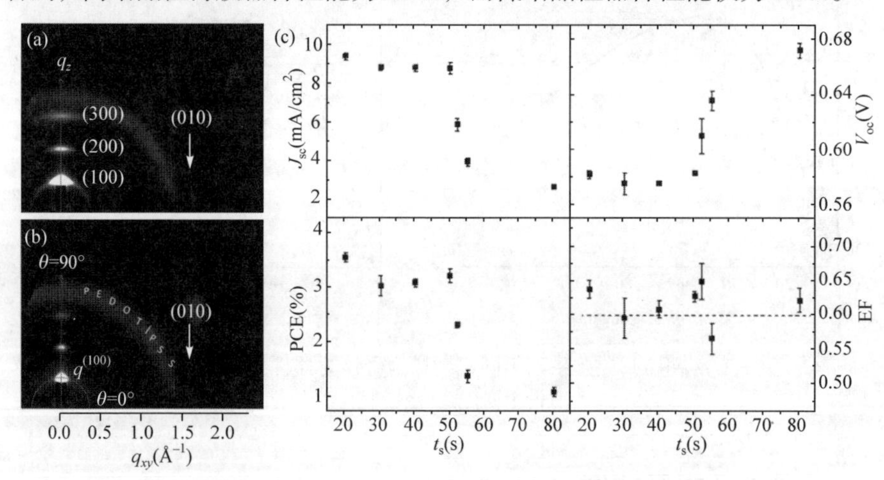

图 4-47 P3HT/富勒烯共混体系短时间（a）及长时间旋涂（b）薄膜的 2D-GIWAXS 数据；（c）器件各参数与活性层不同旋涂时间关系图[145]

相区纯度也直接影响器件性能，然而由于相区纯度往往与相区尺寸及结晶性等密切关联，因此，无法将其分离而直接研究纯度对性能的影响。Ade 课题组[165]

利用两个分别与富勒烯分子有着不同相容性的聚合物 QxO 及 QxT 作为给体(富勒烯分子在 QxO 及 QxT 中的溶解度分别为 5%及 11%)，研究了不同聚合物/富勒烯共混体系相区尺寸及纯度与器件性能间关系。结果表明，给受体间相容性主导相区纯度，在低相容性的 QxO/$PC_{71}BM$ 体系中，相区纯度远高于高相容性的 QxT/$PC_{71}BM$ 体系。而过高的相区纯度下，激子无法有效分离，从而导致短路电流较低。另外，作者还指出聚合物/富勒烯共混体系相分离结构为多级结构，主要由聚合物富集相、富勒烯富集相及共混相组成(介观尺度相分离)，而聚合物富集相中则包含聚合物晶相及富勒烯晶相(微观尺度相分离)，如图 4-48(a)所示。活性层多级相分离结构中介观相区纯度与微观相区纯度往往呈非线性关系，介观纯度高时，微观纯度往往较低，如图 4-48(b)所示。例如，在 PDPP3T/$PC_{71}BM$ 共混体系中，在保证激子能够有效扩散至界面分离的前提下，介观相区纯度越高，聚合物及富勒烯相应的短路电流越大，这是由于相区纯度提高，降低了载流子传输过程中双分子复合概率，如图 4-48(c)所示。然而，填充因子随着微观相区纯度及介观相区纯度的增加均表现出先升高后降低的趋势，如图 4-48(d)、(e)所示。这是由于当介观相区纯度提高时，电子与空穴传输过程中双分子复合概率降低，导致 FF 升高；而相区纯度过高时，由于微观相区纯度低，破坏了聚合物及富勒烯的有序结构，从而导致载流子迁移率下降，因此 FF 开始下降。

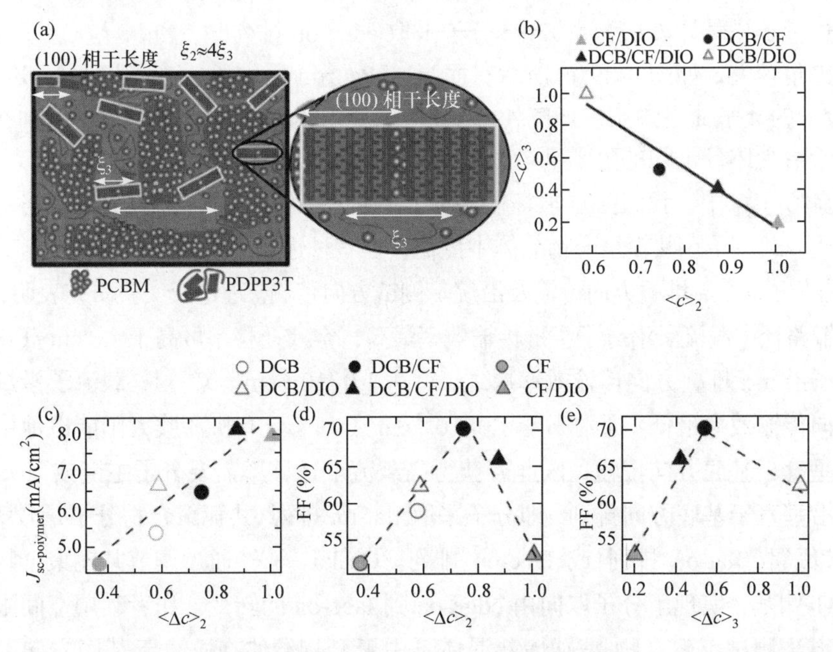

图 4-48　聚合物/富勒烯共混体系相分离结构示意图(a)及介观相区纯度与微观相区纯度间关系(b)；器件各参数与微观相区纯度及介观相区纯度关系图(c)～(e)[165]

4.4.4 分子取向

共轭聚合物为各向异性分子，其取向方式分为三种：edge-on 取向、flat-on 取向及 face-on 取向。通过理论及实验证实分子取向所产生的影响主要包括光子吸收、激子扩散长度、载流子迁移率及界面处电荷转移态分离效率。

分子取向影响光子吸收效率及激子扩散长度。共轭平面型分子采取 face-on 取向时，薄膜光子吸收效率最高。这是由于平面型分子瞬时偶极方向平行于分子主链方向，而入射光产生的电场方向与入射光方向相垂直。因此当入射光垂直照射薄膜表面时，分子采取 face-on 取向时瞬时偶极方向与光生电场方向平行，分子跃迁的共振吸收的强度最强。Rand 等[166]研究了 ZnPc/C_{60} 体系中 ZnPc 分子取向与光子吸收效率间的关系，结果表明当 ZnPc 分子采取 face-on 取向时薄膜的折射率和消光系数增加，与分子采取 edge-on 取向相比光子吸收效率增加 12%。另外，作者还指出共轭分子呈 edge-on 取向时其激子垂直于基底方向一维跳跃传输速率为分子呈 face-on 取向时的 5.3 倍，而激子寿命不随分子取向变化而发生变化，因此由公式 $L_D = d \cdot \sqrt{h\tau / 2}$ 可知，分子采取 edge-on 取向时激子扩散长度为分子采取 face-on 取向时的 2 倍左右[5]。因此，ZnPc 采取 edge-on 排列时激子扩散长度为 26 nm ± 2 nm，而当分子采取 face-on 排列时激子扩散长度减少至 15 nm ± 2 nm。同时，作者通过量子化学计算认为当 ZnPc 分子采取 edge-on 排列时，ZnPc 与 C_{60} 分子的 π 平面夹角较大，如图 4-49(c)所示；而当 ZnPc 分子采取 face-on 排列时，ZnPc 与 C_{60} 分子的 π 平面夹角小，如图 4-49(d)所示。当 ZnPc 分子采取 edge-on 排列时，更利于给受体分子间的电子耦合，利于电荷转移态分离。

在第 3 章中，我们已经详细介绍过分子各向异性带来的载流子迁移率各向异性的性质，载流子在共轭聚合物晶体中传输存在三种途径：沿共轭聚合物主链方向传输、沿分子间 π-π 堆叠方向传输及沿烷基侧链方向传输。理论及实验研究表明，这三种传输路径中载流子沿分子主链传输效率最高，空穴迁移率可高于 1.0 $cm^2/(V \cdot s)$；载流子沿 π-π 堆叠方向传输效率次之，可达 1.0×10^{-2} $cm^2/(V \cdot s)$；载流子沿烷基侧链方向传输效率最低，通常小于 1.0×10^{-3} $cm^2/(V \cdot s)$。有机薄膜太阳能电池中载流子沿垂直于基底方向传输，因此若获得高载流子迁移率需要分子主链或 π-π 堆叠方向沿垂直于基底方向排列，即分子采取 flat-on 排列(共轭聚合物分子量较大，通常难以采取 flat-on 排列)或 face-on 排列。Osaka 等[167]通过调节共轭聚合物分子 PTzBT 侧基，实现了分子取向由 edge-on 到 face-on 的转变。作者利用空间限制电荷的方法测试了聚合物/富勒烯共混体系中聚合物给体在垂直于基底方向上的空穴迁移率：当聚合物采取 edge-on 排列时，迁移率仅为 1.89×10^{-4} $cm^2/(V \cdot s)$，而当聚合物采取 face-on 排列时，迁移率提高至 6.04×10^{-4} $cm^2/(V \cdot s)$；载流子迁移率提高降低了双分子复合概率，器件的能量转换效率也由5.1%提高至7.5%(图4-50)。

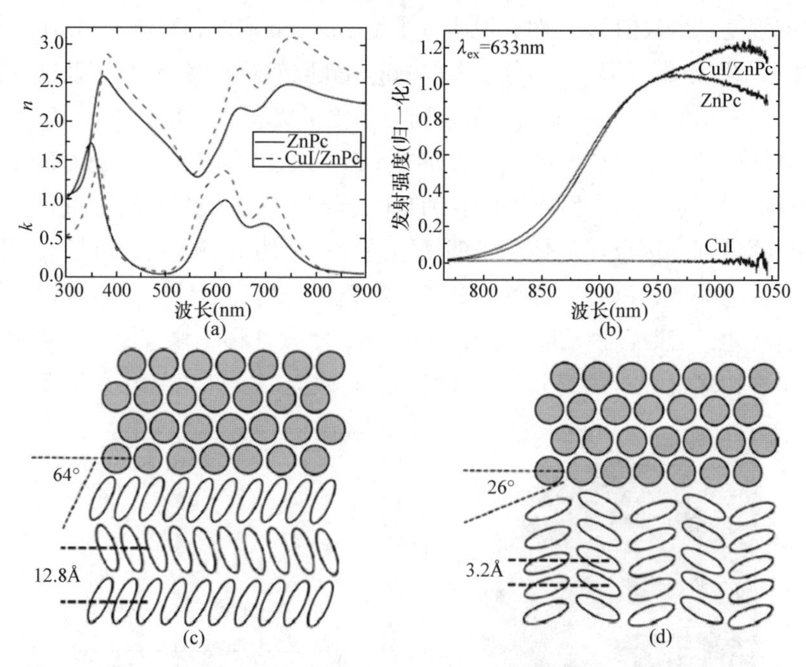

图4-49　采取不同取向的ZnPc薄膜的折射率(a)及发射光谱(b)；ZnPc分别分子采取edge-on (c)与face-on(d)排列时，给受体分子π平面间夹角示意图[166]

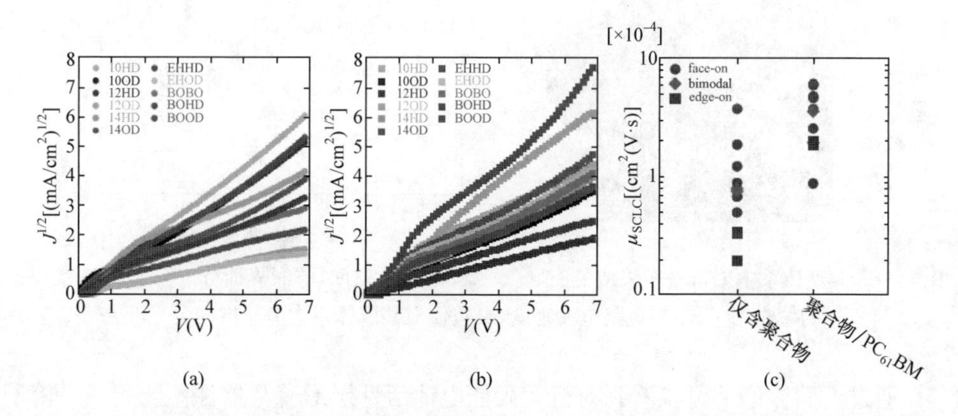

图4-50　空穴传输器件中活性层为聚合物薄膜(a)及聚合物/富勒烯共混薄膜(b)的情况下的J-V曲线；(c)聚合物采取edge-on、face-on及bimodal(edge-on/face-on共混)的空穴迁移率[167]

Ade课题组[168]通过调节溶剂性质(氯苯及二氯苯)及分子属性(氟或者氢取代)，实现了PNDT-DTBT分子取向的调控，并且建立了分子取向与器件性能间关联。作者利用偏振软 X 射线散射表征了分子取向，通过计算散射各向异性比衡量分子取向程度：当数值为–1 时，说明分子呈 edge-on 取向；数值为+1 时，为 face-on 取向。结果表明，当聚合物分子采取 edge-on 取向时，器件的 FF 及 J_{sc} 均较低；随着活性层中采取 face-on 取向的聚合物分子含量提高，器件的 FF 及 J_{sc} 均呈线性增加，器件性能也获得了大幅提升，如图 4-51 所示。这主要是由于当聚合物分子采取 face-on 取向时，界面处 PNDT-DTBT 分子与 PCBM 分子轨道重叠程度大，电子耦合程度强，因此给受体分子四极矩诱导产生的电势较大，可最大程度上促进电荷转移态分离，降低界面处单分子复合概率，提高器件短路电流；另外一方面，如前所述，当聚合物采取 face-on 取向时，空穴迁移率显著提高，从而能够降低载流子在传输过程中的双分子复合概率，有效提高器件短路电流及填充因子。

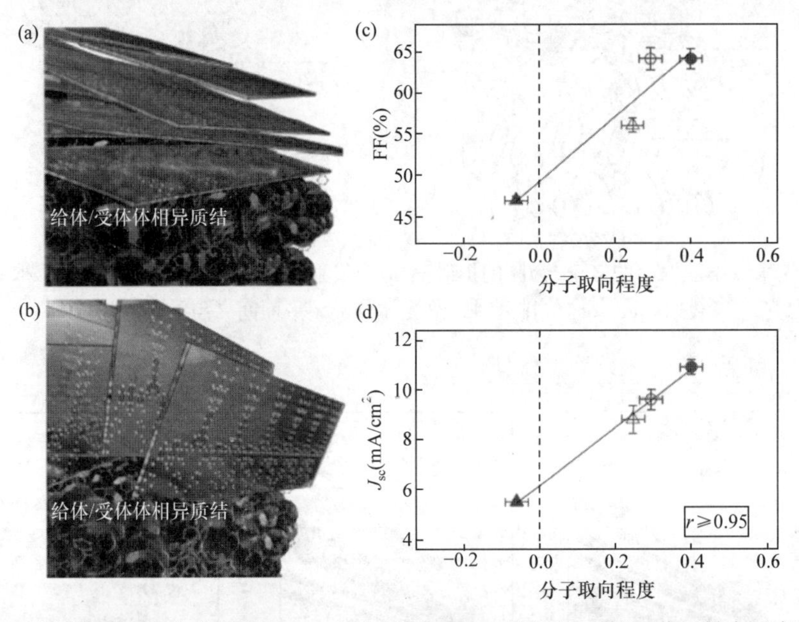

图 4-51 共混体系中聚合分子采取 face-on (a) 及 edge-on 取向 (b) 时界面分子排布示意图；器件的填充因子 (c) 与短路电流密度 (d) 数值与共混体系中分子取向关系[168]

通过上面讨论，可以看到有机太阳能电池活性层形貌与器件性能间联系密不可分。通过优化并控制活性层结构能够加深我们对活性层结构影响光物理过程的认识，并进一步提高器件性能。然而，由于表征手段的限制，我们尚无法揭示一些分子层面小尺度的形貌信息以及形貌形成的动态过程。但是我们相信，随着表征手段的完善与进步，科研工作者会建立起更加完善的结构与性能间关联，从而为提高器件性能奠定基础！

4.5 小结

有机太阳能电池是一种极具潜力的能源转换器件。在聚合物/富勒烯共混体系太阳能电池中，光电转换过程主要是在活性层本体异质结薄膜中发生。为了获得“理想”的微观形貌，通过控制热力学因素，其中包括给体聚合物分子规整度、分子量、给体与受体的比例及其在溶剂中的溶解度等参数；动力学因素，其中包括溶剂挥发速率、给受体析出次序及结晶速率等参数，可以实现纳米尺度(尤其是10～20 nm)的相分离和良好的互穿网络结构。本章重点介绍了影响活性层微观形貌的调控手段，包括溶剂种类、混合溶剂、添加剂、热退火处理及溶剂蒸气退火处理等。通过形貌优化，可以简单有效地提高给受体结晶性、改善相分离，从而利于实现高效的激子扩散、激子分离与电荷传输。通过以上调控方法的综合运用，聚合物/富勒烯共混体系太阳能电池的能量转换效率已经超过12%。

然而，鉴于富勒烯分子在可见区光吸收较差，同时其能级结构可调空间较小，聚合物/富勒烯共混体系太阳能电池在短路电流及开路电压上的突破空间已经不大。但其作为模型体系，用于研究并建立分子结构-活性层形貌-器件性能间关系，指导全聚合物共混体系及聚合物/非富勒烯小分子共混体系形貌调控仍具有重要的意义。目前，聚合物/富勒烯太阳能电池还有几个重要问题有待研究。例如，从活性层微观结构角度考虑，我们尚无有效手段对活性层中共混相含量及共混相中给受体含量进行定量调控，因此无法从本质上真正理解共混相对光物理过程的影响。从光物理过程角度考虑，给受体间能量损失与激子分离具体存在何种关系，能量损失的极限在哪里。因此，若进一步提高器件性能，围绕有机太阳能电池的分子结构、微观形貌与器件性能之间的构效关系开展研究，将是实现上述目标的必经之路。

参考文献

[1] Yu G, Gao J, Hummelen J C, Wudl F, Heeger A J. Polymer photovoltaic cells: Enhanced efficiencies via a network of internal donor-acceptor heterojunctions. Science, 1995, 270(5243):1789-1791.

[2] Dou L, You J, Hong Z, Xu Z, Li G, Street R A, Yang Y. 25th Anniversary article: A decade of organic/polymeric photovoltaic research. Advanced Materials, 2013,25(46):6642-6671.

[3] Glenis S, Tourillon G, Garnier F. Influence of the doping on the photovoltaic properties of thin films of poly-3-methylthiophene. Thin Solid Films, 1986,139(3):221-231.

[4] Huynh W U, Dittmer J J, Alivisatos A P. Hybrid nanorod-polymer solar cells. Science, 2002,295(5564):2425-2427.

[5] Brabec C J. Organic photovoltaics: Technology and market. Solar Energy Materials and Solar Cells,

2004,83(2-3):273-292.

[6] Li Y, Zou Y. Conjugated polymer photovoltaic materials with broad absorption band and high charge carrier mobility. Advanced Materials, 2008,20(15):2952-2958.

[7] Li Y. Molecular design of photovoltaic materials for polymer solar cells: Toward suitable electronic energy levels and broad absorption. Accounts of Chemical Research, 2012,45(5):723-733.

[8] Hou J H, Huo L J, He C, Yang C H, Li Y F. Synthesis and absorption spectra of poly(3-(phenylenevinyl) thiophene) s with conjugated side chains. Macromolecules, 2006,39(2):594-603.

[9] Hou J, Tan Z a, Yan Y, He Y, Yang C, Li Y. Synthesis and photovoltaic properties of two-dimensional conjugated polythiophenes with bi (thienylenevinylene) side chains. Journal of the American Chemical Society, 2006,128(14):4911-4916.

[10] Zou Y, Wu W, Sang G, Yang Y, Liu Y, Li Y. Polythiophene derivative with phenothiazine-vinylene conjugated side chain: Synthesis and its application in field-effect transistors. Macromolecules, 2007,40(20):7231-7237.

[11] Zhang Z G, Zhang S, Min J, Chui C, Zhang J, Zhang M, Li Y. Conjugated side-chain isolated polythiophene: Synthesis and photovoltaic application. Macromolecules, 2011,45(1):113-118.

[12] McCulloch I, Heeney M, Bailey C, Genevicius K, MacDonald I, Shkunov M, Sparrowe D, Tierney S, Wagner R, Zhang W. Liquid-crystalline semiconducting polymers with high charge-carrier mobility. Nature Materials, 2006,5(4):328.

[13] Chen H Y, Hou J, Zhang S, Liang Y, Yang G, Yang Y, Yu L, Wu Y, Li G. Polymer solar cells with enhanced open-circuit voltage and efficiency. Nature Photonics, 2009,3(11):649.

[14] Liang Y, Xu Z, Xia J, Tsai S T, Wu Y, Li G, Ray C, Yu L. For the bright future-bulk heterojunction polymer solar cells with power conversion efficiency of 7.4%. Advanced Materials, 2010,22(20):135-138.

[15] Brabec C J, Shaheen S E, Winder C, Sariciftci N S, Denk P. Effect of LiF/metal electrodes on the performance of plastic solar cells. Applied Physics Letters, 2002,80(7):1288-1290.

[16] Svensson M, Zhang F, Veenstra S C, Verhees W J H, Hummelen J C, Kroon J M, Inganäs O, Andersson M R. High-performance polymer solar cells of an alternating polyfluorene copolymer and a fullerene derivative. Advanced Materials, 2003,15(12):988-991.

[17] Mozer A J, Denk P, Scharber M C, Neugebauer H, Sariciftci N S, Wagner P, Lutsen L, Vanderzande D. Novel regiospecific MDMO-PPV copolymer with improved charge transport for bulk heterojunction solar cells. Journal of Physical Chemistry B, 2004,108(17):5235-5242.

[18] Tajima K, Suzuki Y, Hashimoto K. Polymer photovoltaic devices using fully regioregular poly[(2-methoxy-5-(3′, 7′-dimethyloctyloxy)-1, 4-phenylenevinylene]. Journal of Physical Chemistry C, 2008,112(23):8507-8510.

[19] Hou J, Yang C, Qiao J, Li Y. Synthesis and photovoltaic properties of the copolymers of 2-methoxy-5-(2′-ethylhexyloxy)-1,4-phenylene vinylene and 2,5-thienylene-vinylene. Synthetic Metals, 2005,150(3):297-304.

[20] He Y, Chen H-Y, Hou J, Li Y. Indene-C_{60} bisadduct: A new acceptor for high-performance polymer solar cells. Journal of the American Chemical Society, 2010,132(4):1377-1382.

[21] He Y, Li Y. Fullerene derivative acceptors for high performance polymer solar cells. Physical

Chemistry Chemical Physics, 2011,13(6):1970-1983.

[22] Wienk M M, Kroon J M, Verhees W J, Knol J, Hummelen J C, van Hal P A, Janssen R A. Efficient methano[70]fullerene/MDMO-PPV bulk heterojunction photovoltaic cells. Angewandte Chemie International Edition, 2003,42(29):3371-3375.

[23] Lenes M, Wetzelaer G J A, Kooistra F B, Veenstra S C, Hummelen J C, Blom P W. Fullerene bisadducts for enhanced open-circuit voltages and efficiencies in polymer solar cells. Advanced Materials, 2008,20(11):2116-2119.

[24] Lenes M, Shelton S W, Sieval A B, Kronholm D F, Hummelen J C, Blom P W. Electron trapping in higher adduct fullerene-based solar cells. Advanced Functional Materials, 2009,19(18):3002-3007.

[25] Zhao G, He Y, Li Y. 6.5% Efficiency of polymer solar cells based on poly(3-hexylthiophene) and indene-C_{60} bisadduct by device optimization. Advanced Materials, 2010,22(39):4355-4358.

[26] He Y, Zhao G, Peng B, Li Y. High-yield synthesis and electrochemical and photovoltaic properties of indene-C_{70} bisadduct. Advanced Functional Materials, 2010,20(19):3383-3389.

[27] Guo X, Cui C, Zhang M, Huo L, Huang Y, Hou J, Li Y. High efficiency polymer solar cells based on poly(3-hexylthiophene)/indene-C_{70} bisadduct with solvent additive. Energy & Environmental Science, 2012,5(7):7943-7949.

[28] Sun Y, Cui C, Wang H, Li Y. Efficiency enhancement of polymer solar cells based on poly(3-hexylthiophene)/indene-C_{70} bisadduct via methylthiophene additive. Advanced Energy Materials, 2011,1(6):1058-1061.

[29] Liu Q, Jiang Y, Jin K, Qin J, Xu J, Li W, Xiong J, Liu J, Xiao Z, Sun K, Yang S, Zhang X, Ding L. 18% Efficiency organic solar cells. Science Bulletin, 2020,65(4):272-275.

[30] Liu L, Kan Y, Gao K, Wang J, Zhao M, Chen H, Zhao C, Jiu T, Jen A-K Y, Li Y. Graphdiyne derivative as multifunctional solid additive in binary organic solar cells with 17.3% efficiency and high reproductivity. Advanced Materials, 2020,32(11):1907604.

[31] Fan B, Zhang D, Li M, Zhong W, Zeng Z, Ying L, Huang F, Cao Y. Achieving over 16% efficiency for single-junction organic solar cells. Science China Chemistry, 2019,62(6):746-752.

[32] Meng L, Zhang Y, Wan X, Li C, Zhang X, Wang Y, Ke X, Xiao Z, Ding L, Xia R. Organic and solution-processed tandem solar cells with 17.3% efficiency. Science, 2018,361(6407):1094-1098.

[33] Huang Y, Kramer E J, Heeger A J, Bazan G C. Bulk heterojunction solar cells: morphology and performance relationships. Chemical Reviews, 2014,114(14):7006-7043.

[34] Clarke T M, Durrant J R. Charge photogeneration in organic solar cells. Chemical Reviews, 2010,110(11):6736-6767.

[35] Burke T M, McGehee M D. How high local charge carrier mobility and an energy cascade in a three-phase bulk heterojunction enable > 90% quantum efficiency. Advanced Materials, 2014,26(12):1923-1928.

[36] Westacott P, Tumbleston J R, Shoaee S, Fearn S, Bannock J H, Gilchrist J B, Heutz S, deMello J, Heeney M, Ade H, Durrant J, McPhail D S, Stingelin N. On the role of intermixed phases in organic photovoltaic blends. Energy & Environmental Science, 2013,6(9):2756-2764.

[37] Collins B A, Tumbleston J R, Ade H. Miscibility, crystallinity, and phase development in

P3HT/PCBM solar cells: Toward an enlightened understanding of device morphology and stability. Journal of Physical Chemistry Letters, 2011,2(24):3135-3145.

[38] Groves C. Suppression of geminate charge recombination in organic photovoltaic devices with a cascaded energy heterojunction. Energy & Environmental Science, 2013,6(5):1546-1551.

[39] Jamieson F C, Domingo E B, McCarthy-Ward T, Heeney M, Stingelin N, Durrant J R. Fullerene crystallisation as a key driver of charge separation in polymer/fullerene bulk heterojunction solar cells. Chemical Science, 2012,3(2):485-492.

[40] Chen W, Xu T, He F, Wang W, Wang C, Strzalka J, Liu Y, Wen J, Miller D J, Chen J. Hierarchical nanomorphologies promote exciton dissociation in polymer/fullerene bulk heterojunction solar cells. Nano Letters, 2011,11(9):3707-3713.

[41] Collins B A, Gann E, Guignard L, He X, McNeill C R, Ade H. Molecular miscibility of polymer-fullerene blends. Journal of Physical Chemistry Letters, 2010,1(21):3160-3166.

[42] Yin W, Dadmun M. A new model for the morphology of P3HT/PCBM organic photovoltaics from small-angle neutron scattering: Rivers and streams. ACS Nano, 2011,5(6):4756-4768.

[43] Sweetnam S, Graham K R, Ngongang Ndjawa G O, Heumüller T, Bartelt J A, Burke T M, Li W, You W, Amassian A, McGehee M D. Characterization of the polymer energy landscape in polymer: Fullerene bulk heterojunctions with pure and mixed phases. Journal of the American Chemical Society, 2014,136(40):14078-14088.

[44] Zhou E, Cong J, Hashimoto K, Tajima K. Control of miscibility and aggregation via the material design and coating process for high-performance polymer blend solar cells. Advanced Materials, 2013,25(48):6991-6996.

[45] Ma W, Ye L, Zhang S, Hou J, Ade H. Competition between morphological attributes in the thermal annealing and additive processing of polymer solar cells. Journal of Materials Chemistry C, 2013,1(33):5023-5030.

[46] Ballantyne A M, Ferenczi T A, Campoy-Quiles M, Clarke T M, Maurano A, Wong K H, Zhang W, Stingelin-Stutzmann N, Kim J S, Bradley D D. Understanding the influence of morphology on poly(3-hexylselenothiophene): PCBM solar cells. Macromolecules, 2010,43(3):1169-1174.

[47] Treat N D, Varotto A, Takacs C J, Batara N, Al-Hashimi M, Heeney M J, Heeger A J, Wudl F, Hawker C J, Chabinyc M L. Polymer-fullerene miscibility: A metric for screening new materials for high-performance organic solar cells. Journal of the American Chemical Society, 2012,134(38):15869-15879.

[48] Cao X, Zhang Q, Zhou K, Yu X, Liu J, Han Y, Xie Z. Improve exciton generation and dissociation by increasing fullerene content in the mixed phase of P3HT/fullerene. Colloids and Surfaces A: Physicochemical and Engineering Aspects, 2016,506:723-731.

[49] Mauer R, Kastler M, Laquai F. The impact of polymer regioregularity on charge transport and efficiency of P3HT : PCBM photovoltaic devices. Advanced Functional Materials, 2010, 20(13):2085-2092.

[50] Ebadian S, Gholamkhass B, Shambayati S, Holdcroft S, Servati P. Effects of annealing and degradation on regioregular polythiophene-based bulk heterojunction organic photovoltaic devices. Solar Energy Materials and Solar Cells, 2010,94(12):2258-2264.

[51] Sivula K, Luscombe C K, Thompson B C, Fréchet J M J. Enhancing the thermal stability of polythiophene： fullerene solar cells by decreasing effective polymer regioregularity. Journal of the American Chemical Society, 2006, 128: 13988-13989.

[52] Woo C H, Thompson B C, Kim B J, Toney M F, Fréchet J M. The influence of poly(3-hexylthiophene) regioregularity on fullerene-composite solar cell performance. Journal of the American Chemical Society, 2008,130(48):16324-16329.

[53] Hoth C N, Choulis S A, Schilinsky P, Brabec C J. On the effect of poly(3-hexylthiophene) regioregularity on inkjet printed organic solar cells. Journal of Materials Chemistry, 2009,19(30):5398-5404.

[54] Schilinsky P, Asawapirom U, Scherf U, Biele M, Brabec C J. Influence of the molecular weight of poly(3-hexylthiophene) on the performance of bulk heterojunction solar cells. Chemistry of Materials, 2005,17(8):2175-2180.

[55] Hiorns R C, De Bettignies R, Leroy J, Bailly S, Firon M, Sentein C, Khoukh A, Preud'homme H, Dagron-Lartigau C. High molecular weights, polydispersities, and annealing temperatures in the optimization of bulk-heterojunction photovoltaic cells based on poly(3-hexylthiophene) or poly(3-butylthiophene). Advanced Functional Materials, 2006,16(17):2263-2273.

[56] Ballantyne A M, Chen L, Dane J, Hammant T, Braun F M, Heeney M, Duffy W, McCulloch I, Bradley D D C, Nelson J. The effect of poly(3-hexylthiophene) molecular weight on charge transport and the performance of polymer：fullerene solar cells. Advanced Functional Materials, 2008,18(16):2373-2380.

[57] Nicolet C, Deribew D, Renaud C, Fleury G, Brochon C, Cloutet E, Vignau L, Wantz G, Cramail H, Geoghegan M. Optimization of the bulk heterojunction composition for enhanced photovoltaic properties: Correlation between the molecular weight of the semiconducting polymer and device performance. Journal of Physical Chemistry B, 2011,115(44):12717-12727.

[58] Ma W, Kim J Y, Lee K, Heeger A J. Effect of the molecular weight of poly(3-hexylthiophene) on the morphology and performance of polymer bulk heterojunction solar cells. Macromolecular Rapid Communications, 2007,28(17):1776-1780.

[59] Dang M T, Hirsch L, Wantz G, Wuest J D. Controlling the morphology and performance of bulk heterojunctions in solar cells. Chemical Reviews, 2013,113(5):3734-3765.

[60] Hoppe H, Niggemann M, Winder C, Kraut J, Hiesgen R, Hinsch A, Meissner D, Sariciftci N S. Nanoscale morphology of conjugated polymer/fullerene-based bulk-heterojunction solar cells. Advanced Functional Materials, 2004,14(10):1005-1011.

[61] van Duren J K, Yang X, Loos J, Bulle-Lieuwma C W, Sieval A B, Hummelen J C, Janssen R A. Relating the morphology of poly(*p*-phenylene vinylene)/methanofullerene blends to solar-cell performance. Advanced Functional Materials, 2004,14(5):425-434.

[62] Vandewal K, Gadisa A, Oosterbaan W D, Bertho S, Banishoeib F, Van Severen I, Lutsen L, Cleij T J, Vanderzande D, Manca J V. The relation between open-circuit voltage and the onset of photocurrent generation by charge-transfer absorption in polymer:fullerene bulk heterojunction solar cells. Advanced Functional Materials, 2008,18(14):2064-2070.

[63] Müller C, Ferenczi T A, Campoy-Quiles M, Frost J M, Bradley D D, Smith P, Stingelin-Stutzmann

N, Nelson J. Binary organic photovoltaic blends: A simple rationale for optimum compositions. Advanced Materials, 2008,20(18):3510-3515.

[64] Shrotriya V, Ouyang J, Tseng R J, Li G, Yang Y. Absorption spectra modification in poly(3-hexylthiophene) ： methanofullerene blend thin films. Chemical Physics Letters, 2005,411(1-3):138-143.

[65] Ma W, Yang C, Gong X, Lee K, Heeger A J. Thermally stable, efficient polymer solar cells with nanoscale control of the interpenetrating network morphology. Advanced Functional Materials, 2005,15(10):1617-1622.

[66] Blom P W, Mihailetchi V D, Koster L J A, Markov D E. Device physics of polymer ： fullerene bulk heterojunction solar cells. Advanced Materials, 2007,19(12):1551-1566.

[67] Wise A J, Precit M R, Papp A M, Grey J K. Effect of fullerene intercalation on the conformation and packing of poly(2-methoxy-5-(3′-7′-dimethyloctyloxy)-1,4-phenylenevinylene). ACS Applied Materials & Interfaces, 2011,3(8):3011-3019.

[68] Mayer A, Toney M F, Scully S R, Rivnay J, Brabec C J, Scharber M, Koppe M, Heeney M, McCulloch I, McGehee M D. Bimolecular crystals of fullerenes in conjugated polymers and the implications of molecular mixing for solar cells. Advanced Functional Materials, 2009,19(8):1173-1179.

[69] Miller N C, Gysel R, Miller C E, Verploegen E, Beiley Z, Heeney M, McCulloch I, Bao Z, Toney M F, McGehee M D. The phase behavior of a polymer-fullerene bulk heterojunction system that contains bimolecular crystals. Journal of Polymer Science Part B: Polymer Physics, 2011,49(7):499-503.

[70] Hoppe H, Sariciftci N S. Morphology of polymer/fullerene bulk heterojunction solar cells. Journal of Materials Chemistry, 2006,16(1):45-61.

[71] Li G, Shrotriya V, Yao Y, Huang J, Yang Y. Manipulating regioregular poly(3-hexylthiophene) ： [6, 6]-phenyl-C_{61}-butyric acid methyl ester blends: route towards high efficiency polymer solar cells. Journal of Materials Chemistry, 2007,17(30):3126-3140.

[72] Duong D T, Walker B, Lin J, Kim C, Love J, Purushothaman B, Anthony J E, Nguyen T-Q. Molecular solubility and hansen solubility parameters for the analysis of phase separation in bulk heterojunctions. Journal of Polymer Science Part B: Polymer Physics, 2012,50(20):1405-1413.

[73] Vongsaysy U, Pavageau B, Wantz G, Bassani D M, Servant L, Aziz H. Guiding the selection of processing additives for increasing the efficiency of bulk heterojunction polymeric solar cells. Advanced Energy Materials, 2014,4(3):1300752.

[74] Ma Y, Chen Y, Mei A, Qiao M, Hou C, Zhang H, Zhang Q. Fabricating and tailoring polyaniline(PANI) nanofibers with high aspect ratio in a low-acid environment in a magnetic field. Chemistry—An Asian Journal, 2016,11(1):93-101.

[75] Chen Y, Zhang S, Wu Y, Hou J. Molecular design and morphology control towards efficient polymer solar cells processed using non-aromatic and non-chlorinated solvents. Advanced Materials, 2014,26(17):2744-2749, 2618.

[76] Aïch B R, Beaupré S, Leclerc M, Tao Y. Highly efficient thieno[3,4-*c*]pyrrole-4,6-dione-based solar cells processed from non-chlorinated solvent. Organic Electronics, 2014,15(2):543-548.

[77] Chueh C C, Yao K, Yip H L, Chang C Y, Xu Y X, Chen K S, Li C Z, Liu P, Huang F, Chen Y, Chen W C, Jen A K. Non-halogenated solvents for environmentally friendly processing of high-performance bulk-heterojunction polymer solar cells. Energy & Environmental Science, 2013,6(11):3241.

[78] Eggenhuisen T M, Galagan Y, Coenen E W C, Voorthuijzen W P, Slaats M W L, Kommeren S A, Shanmuganam S, Coenen M J J, Andriessen R, Groen W A. Digital fabrication of organic solar cells by inkjet printing using non-halogenated solvents. Solar Energy Materials and Solar Cells, 2015,134:364-372.

[79] Xiao L, Liu C, Gao K, Yan Y, Peng J, Cao Y, Peng X. Highly efficient small molecule solar cells fabricated with non-halogenated solvents. RSC Advances, 2015,5(112):92312-92317.

[80] Park C-D, Fleetham T A, Li J, Vogt B D. High performance bulk-heterojunction organic solar cells fabricated with non-halogenated solvent processing. Organic Electronics, 2011,12(9):1465-1470.

[81] Ferdous S, Liu F, Wang D, Russell T P. Solvent-polarity-induced active layer morphology control in crystalline diketopyrrolopyrrole-based low band gap polymer photovoltaics. Advanced Energy Materials, 2014,4(2):1300834.

[82] Shaheen S E, Brabec C J, Sariciftci N S, Padinger F, Fromherz T, Hummelen J C. 2.5% Efficient organic plastic solar cells. Applied Physics Letters, 2001,78(6):841-843.

[83] Martens T, D'Haen J, Munters T, Beelen Z, Goris L, Manca J, D'Olieslaeger M, Vanderzande D, De Schepper L, Andriessen R. Disclosure of the nanostructure of MDMO-PPV：PCBM bulk hetero-junction organic solar cells by a combination of SPM and TEM. Synthetic Metals, 2003,138(1-2):243-247.

[84] Hoppe H, Glatzel T, Niggemann M, Schwinger W, Schaeffler F, Hinsch A, Lux-Steiner M C, Sariciftci N. Efficiency limiting morphological factors of MDMO-PPV：PCBM plastic solar cells. Thin Solid Films, 2006,511:587-592.

[85] Rughooputh S, Hotta S, Heeger A, Wudl F. Chromism of soluble polythienylenes. Journal of Polymer Science Part B: Polymer Physics, 1987,25(5):1071-1078.

[86] Yamamoto T, Komarudin D, Arai M, Lee B L, Suganuma H, Asakawa N, Inoue Y,Kubota K, Sasaki S, Fukuda T. Extensive studies on π-stacking of poly(3-alkylthiophene-2,5-diyl)s and poly(4-alkylthiazole-2, 5-diyl)s by optical spectroscopy, NMR analysis, light scattering analysis, and X-ray crystallography. Journal of the American Chemical Society, 1998,120(9):2047-2058.

[87] Samitsu S, Shimomura T, Heike S, Hashizume T, Ito K. Effective production of poly(3-alkylthiophene) nanofibers by means of whisker method using anisole solvent: Structural, optical, and electrical properties. Macromolecules, 2008,41(21):8000-8010.

[88] Kiriy N, Jähne E, Adler H-J, Schneider M, Kiriy A, Gorodyska G, Minko S, Jehnichen D, Simon P, Fokin A A. One-dimensional aggregation of regioregular polyalkylthiophenes. Nano Letters, 2003,3(6):707-712.

[89] Sandberg H G, Frey G L, ShkunovM N, Sirringhaus H, Friend R H, Nielsen M M, Kumpf C. Ultrathin regioregular poly(3-hexylthiophene) field-effect transistors. Langmuir, 2002, 18(26): 10176-10182.

[90] Park Y D, Lee H S, Choi Y J, Kwak D, Cho J H, Lee S, Cho K. Solubility-induced ordered polythiophene precursors for high-performance organic thin-film transistors. Advanced Functional Materials, 2009,19(8):1200-1206.

[91] Moulé A J, Meerholz K. Controlling morphology in polymer-fullerene mixtures. Advanced Materials, 2008,20(2):240-245.

[92] Zhao Y, Guo X, Xie Z, Qu Y, Geng Y, Wang L. Solvent vapor-induced self assembly and its influence on optoelectronic conversion of poly(3-hexylthiophene) : methanofullerene bulk heterojunction photovoltaic cells. Journal of Applied Polymer Science, 2009,111(4):1799-1804.

[93] Hoven C V, Dang X D, Coffin R C, Peet J, Nguyen T Q, Bazan G C. Improved performance of polymer bulk heterojunction solar cells through the reduction of phase separation via solvent additives. Advanced Materials, 2010,22(8):63-66.

[94] Aïch B R, Lu J, Beaupré S, Leclerc M, Tao Y. Control of the active layer nanomorphology by using co-additives towards high-performance bulk heterojunction solar cells. Organic Electronics, 2012,13(9):1736-1741.

[95] Nilsson S, Bernasik A, Budkowski A, Moons E. Morphology and phase segregation of spin-casted films of polyfluorene/PCBM blends. Macromolecules, 2007,40(23):8291-8301.

[96] Ruderer M A, Guo S, Meier R, Chiang H Y, Körstgens V, Wiedersich J, Perlich J, Roth S V, Müller-Buschbaum P. Solvent-induced morphology in polymer-based systems for organic photovoltaics. Advanced Functional Materials, 2011,21(17):3382-3391.

[97] Verploegen E, Miller C E, Schmidt K, Bao Z, Toney M F. Manipulating the morphology of P3HT-PCBM bulk heterojunction blends with solvent vapor annealing. Chemistry of Materials, 2012,24(20):3923-3931.

[98] Dang M T, Wantz G, Bejbouji H, Urien M, Dautel O J, Vignau L, Hirsch L. Polymeric solar cells based on P3HT : PCBM: Role of the casting solvent. Solar Energy Materials and Solar Cells, 2011,95(12):3408-3418.

[99] Ayzner A L, Tassone C J, Tolbert S H, Schwartz B J. Reappraising the need for bulk heterojunctions in polymer-fullerene photovoltaics: The role of carrier transport in all-solution-processed P3HT/PCBM bilayer solar cells. Journal of Physical Chemistry C, 2009, 113(46): 20050-20060.

[100] Tremolet de Villers B, Tassone C J, Tolbert S H, Schwartz B J. Improving the reproducibility of P3HT : PCBM solar cells by controlling the PCBM/cathode interface. Journal of Physical Chemistry C, 2009, 113(44): 18978-18982.

[101] Jo J, Na S I, Kim S S, Lee T W, Chung Y, Kang S J, Vak D, Kim D Y. Three-dimensional bulk heterojunction morphology for achieving high internal quantum efficiency in polymer solar cells. Advanced Functional Materials, 2009,19(15):2398-2406.

[102] Yamamoto S, Kitazawa D, Tsukamoto J, Shibamori T, Seki H, Nakagawa Y. Composition depth profile analysis of bulk heterojunction layer by time-of-flight secondary ion mass spectrometry with gradient shaving preparation. Thin Solid Films, 2010,518(8):2115-2118.

[103] Yu B Y, Lin W C, Wang W B, Iida S i, Chen S Z, Liu C Y, Kuo C H, Lee S H, Kao W L, Yen G J. Effect of fabrication parameters on three-dimensional nanostructures of bulk heterojunctions imaged by high-resolution scanning ToF-SIMS. ACS Nano, 2010,4(2):833-840.

[104] Parnell A J, Dunbar A D, Pearson A J, Staniec P A, Dennison A J, Hamamatsu H, Skoda M W, Lidzey D G, Jones R A. Depletion of PCBM at the cathode interface in P3HT/PCBM thin films as quantified via neutron reflectivity measurements. Advanced Materials, 2010,22(22):2444-2447.

[105] Kiel J W, Kirby B J, Majkrzak C F, Maranville B B, Mackay M E. Nanoparticle concentration profile in polymer-based solar cells. Soft Matter, 2010,6(3):641-646.

[106] Sun Y, Liu J G, Ding Y, Han Y C. Controlling the surface composition of PCBM in P3HT/PCBM blend films by using mixed solvents with different evaporation rates. Chinese Journal of Polymer Science, 2013,31(7):1029-1037.

[107] Peet J, Kim J Y, Coates N E, Ma W L, Moses D, Heeger A J, Bazan G C. Efficiency enhancement in low-bandgap polymer solar cells by processing with alkane dithiols. Nature materials, 2007,6(7):497.

[108] Peet J, Soci C, Coffin R, Nguyen T, Mikhailovsky A, Moses D, Bazan G C. Method for increasing the photoconductive response in conjugated polymer/fullerene composites. Applied Physics Letters, 2006,89(25):252105.

[109] Lee J K, Ma W L, Brabec C J, Yuen J, Moon J S, Kim J Y, Lee K, Bazan G C, Heeger A J. Processing additives for improved efficiency from bulk heterojunction solar cells. Journal of the American Chemical Society, 2008,130(11):3619-3623.

[110] Liao H-C, Ho C-C, Chang C-Y, Jao M-H, Darling S B, Su W-F. Additives for morphology control in high-efficiency organic solar cells. Materials Today, 2013, 16: 326-336.

[111] Chen H-Y, Yang H, Yang G, Sista S, Zadoyan R, Li G, Yang Y. Fast-grown interpenetrating network in poly(3-hexylthiophene)：methanofullerenes solar cells processed with additive. The Journal of Physical Chemistry C, 2009,113(18):7946-7953.

[112] Böttiger A P, Jørgensen M, Menzel A, Krebs F C, Andreasen J W. High-throughput roll-to-roll X-ray characterization of polymer solar cell active layers. Journal of Materials Chemistry, 2012,22(42):22501-22509.

[113] Salim T, Wong L H, Bräuer B, Kukreja R, Foo Y L, Bao Z, Lam Y M. Solvent additives and their effects on blend morphologies of bulk heterojunctions. Journal of Materials Chemistry, 2011,21(1):242-250.

[114] Rogers J T, Schmidt K, Toney M F, Bazan G C, Kramer E J. Time-resolved structural evolution of additive-processed bulk heterojunction solar cells. Journal of the American Chemical Society, 2012,134(6):2884-2887.

[115] Kim D H, Ayzner A L, Appleton A L, Schmidt K, Mei J, Toney M F, Bao Z. Comparison of the photovoltaic characteristics and nanostructure of fullerenes blended with conjugated polymers with siloxane-terminated and branched aliphatic side chains. Chemistry of Materials, 2013,25(3):431-440.

[116] Hammond M R, Kline R J, Herzing A A, Richter L J, Germack D S, Ro H W, Soles C L, Fischer D A, Xu T, Yu L. Molecular order in high-efficiency polymer/fullerene bulk heterojunction solar cells. ACS Nano, 2011,5(10):8248-8257.

[117] Collins B A, Li Z, Tumbleston J R, Gann E, McNeill C R, Ade H. Absolute measurement of

domain composition and nanoscale size distribution explains performance in PTB7 : $PC_{71}BM$ solar cells. Advanced Energy Materials, 2013,3(1):65-74.

[118] Rogers J T, Schmidt K, Toney M F, Kramer E J, Bazan G C. Structural order in bulk heterojunction films prepared with solvent additives. Advanced Materials, 2011,23(20):2284-2288.

[119] Richter L J, Delongchamp D M, Bokel F A, Engmann S, Chou K W, Amassian A, Schaible E, Hexemer A. *In situ* morphology studies of the mechanism for solution additive effects on the formation of bulk heterojunction films. Advanced Energy Materials, 2015,5(3):160-183.

[120] Shin N, Richter L J, Herzing A A, Kline R J, DeLongchamp D M. Effect of processing additives on the solidification of blade-coated polymer/fullerene blend films via *in-situ* structure measurements. Advanced Energy Materials, 2013,3(7):938-948.

[121] Collins B A, Li Z, Tumbleston J R, Gann E, McNeill C R, Ade H. Absolute measurement of domain composition and nanoscale size distribution explains performance in PTB7:$PC_{71}BM$ solar cells. Advanced Energy Materials, 2013, 3: 65-74.

[122] Liu F, Gu Y, Wang C, Zhao W, Chen D, Briseno A L, Russell T P. Efficient polymer solar cells based on a low bandgap semi-crystalline DPP polymer-PCBM blends. Advanced Materials, 2012,24(29):3947-3951.

[123] Moon J S, Takacs C J, Cho S, Coffin R C, Kim H, Bazan G C, Heeger A J. Effect of processing additive on the nanomorphology of a bulk heterojunction material. Nano Letters, 2010, 10(10): 4005-4008.

[124] Kwon S, Park J K, Kim G, Kong J, Bazan G C, Lee K. Synergistic effect of processing additives and optical spacers in bulk-heterojunction solar cells. Advanced Energy Materials, 2012, 2(12): 1420-1424.

[125] Zhou E, Cong J, Hashimoto K, Tajima K. Introduction of a conjugated side chain as an effective approach to improving donor-acceptor photovoltaic polymers. Energy & Environmental Science, 2012,5(12):9756-9759.

[126] Min J, Zhang Z G, Zhang S, Li Y. Conjugated side-chain-isolated D-A copolymers based on benzo[1,2-*b*:4,5-*b'*]dithiophene-alt-dithienylbenzotriazole: Synthesis and photovoltaic properties. Chemistry of Materials, 2012,24(16):3247-3254.

[127] Lou S J, Szarko J M, Xu T, Yu L, Marks T J, Chen L X. Effects of additives on the morphology of solution phase aggregates formed by active layer components of high-efficiency organic solar cells. Journal of the American Chemical Society, 2011,133(51):20661-20663.

[128] Gu Y, Wang C, Russell T P. Multi-length-scale morphologies in PCPDTBT/PCBM bulk-heterojunction solar cells. Advanced Energy Materials, 2012,2(6):683-690.

[129] Ye L, Jing Y, Guo X, Sun H, Zhang S, Zhang M, Huo L, Hou J. Remove the residual additives toward enhanced efficiency with higher reproducibility in polymer solar cells. Journal of Physical Chemistry C, 2013,117(29):14920-14928.

[130] Brabec C, Padinger F, Sariciftci N, Hummelen J. Photovoltaic properties of conjugated polymer/methanofullerene composites embedded in a polystyrene matrix. Journal of Applied Physics, 1999,85(9):6866-6872.

[131] Brabec C, Johannson H, Padinger F, Neugebauer H, Hummelen J, Sariciftci N. Photoinduced FT-IR spectroscopy and CW-photocurrent measurements of conjugated polymers and fullerenes blended into a conventional polymer matrix. Solar Energy Materials and Solar Cells, 2000,61(1):19-33.

[132] Camaioni N, Catellani M, Luzzati S, Migliori A. Morphological characterization of poly(3-octylthiophene) : plasticizer : C_{60} blends. Thin Solid Films, 2002,403:489-494.

[133] Lee M, Cho B K, Zin W C. Supramolecular structures from rod-coil block copolymers. Chemical Reviews, 2001,101(12):3869-3892.

[134] Klok H A, Lecommandoux S. Supramolecular materials via block copolymer self-assembly. Advanced Materials, 2001,13(16):1217-1229.

[135] Sivula K, Ball Z T, Watanabe N, Fréchet J M. Amphiphilic diblock copolymer compatibilizers and their effect on the morphology and performance of polythiophene : fullerene solar cells. Advanced Materials, 2006,18(2):206-210.

[136] Chen J, Yu X, Hong K, Messman J M, Pickel D L, Xiao K, Dadmun M D, Mays J W, Rondinone A J, Sumpter B G. Ternary behavior and systematic nanoscale manipulation of domain structures in P3HT/PCBM/P3HT-*b*-PEO films. Journal of Materials Chemistry, 2012,22(26):13013-13022.

[137] Lee J U, Jung J W, Emrick T, Russell T P, Jo W H. Morphology control of a polythiophene-fullerene bulk heterojunction for enhancement of the high-temperature stability of solar cell performance by a new donor-acceptor diblock copolymer. Nanotechnology, 2010, 21(10): 105201.

[138] Dittmer J J, Marseglia E A, Friend R H. Electron trapping in dye/polymer blend photovoltaic cells. Advanced Materials, 2000,12(17):1270-1274.

[139] Camaioni N, Garlaschelli L, Geri A, Maggini M, Possamai G, Ridolfi G. Solar cells based on poly(3-alkyl) thiophenes and [60]fullerene: A comparative study. Journal of Materials Chemistry, 2002,12(7):2065-2070.

[140] Padinger F, Rittberger R S, Sariciftci N S. Effects of postproduction treatment on plastic solar cells. Advanced Functional Materials, 2003,13(1):85-88.

[141] Erb T, Zhokhavets U, Gobsch G, Raleva S, Stühn B, Schilinsky P, Waldauf C, Brabec C J. Correlation between structural and optical properties of composite polymer/fullerene films for organic solar cells. Advanced Functional Materials, 2005,15(7):1193-1196.

[142] Li G, Shrotriya V, Huang J, Yao Y, Moriarty T, Emery K, Yang Y, High-efficiency solution processable polymer photovoltaic cells by self-organization of polymer blends. World Scientific, 2011, 16(5):80-84.

[143] Yang X, Loos J, Veenstra S C, Verhees W J, Wienk M M, Kroon J M, Michels M A, Janssen R A. Nanoscale morphology of high-performance polymer solar cells. Nano Letters, 2005,5(4):579-583.

[144] Shin M, Kim H, Park J, Nam S, Heo K, Ree M, Ha C S, Kim Y. Abrupt morphology change upon thermal annealing in poly(3-hexylthiophene)/soluble fullerene blend films for polymer solar cells. Advanced Functional Materials, 2010,20(5):748-754.

[145] Li G, Yao Y, Yang H, Shrotriya V, Yang G, Yang Y. "Solvent annealing" effect in polymer solar

cells based on poly(3-hexylthiophene) and methanofullerenes. Advanced Functional Materials, 2007,17(10):1636-1644.

[146] Chu C W, Yang H, Hou W-J, Huang J, Li G, Yang Y. Control of the nanoscale crystallinity and phase separation in polymer solar cells. Applied Physics Letters, 2008,92(10):86.

[147] Guo T F, Wen T C, Pakhomov G L v, Chin X G, Liou S H, Yeh P H, Yang C H. Effects of film treatment on the performance of poly(3-hexylthiophene)/soluble fullerene-based organic solar cells. Thin Solid Films, 2008,516(10):3138-3142.

[148] Zhao Y, Xie Z, Qu Y, Geng Y, Wang L. Solvent-vapor treatment induced performance enhancement of poly(3-hexylthiophene)：methanofullerene bulk-heterojunction photovoltaic cells. Applied Physics Letters, 2007,90(4):043504.

[149] Park J H, Kim J S, Lee J H, Lee W H, Cho K. Effect of annealing solvent solubility on the performance of poly(3-hexylthiophene)/methanofullerene solar cells. Journal of Physical Chemistry C, 2009,113(40):17579-17584.

[150] Vogelsang J, Brazard J, Adachi T, Bolinger J C, Barbara P F. Watching the annealing process one polymer chain at a time. Angewandte Chemie International Edition, 2011,50(10):2257-2261.

[151] Vogelsang J, Lupton J M. Solvent vapor annealing of single conjugated polymer chains: Building organic optoelectronic materials from the bottom up. Journal of Physical Chemistry Letters, 2012,3(11):1503-1513.

[152] Shrotriya V, Yao Y, Li G, Yang Y. Effect of self-organization in polymer/fullerene bulk heterojunctions on solar cell performance. Applied Physics Letters, 2006,89(6):063505.

[153] Vogelsang J, Brazard J, Adachi T, Bolinger J C, Barbara P F. Watching the annealing process one polymer chain at a time. Angewandte Chemie International Edition, 2011,50(10):2257-2261.

[154] Liu J, Chen L, Gao B, Cao X, Han Y, Xie Z, Wang L. Constructing the nanointerpenetrating structure of PCDTBT： $PC_{70}BM$ bulk heterojunction solar cells induced by aggregation of $PC_{70}BM$ via mixed-solvent vapor annealing. Journal of Materials Chemistry A, 2013,1(20):6216-6225.

[155] Liu J, Liang Q, Wang H, Li M, Han Y, Xie Z, Wang L. Improving the morphology of PCDTBT： $PC_{70}BM$ bulk heterojunction by mixed-solvent vapor-assisted imprinting: Inhibiting intercalation, optimizing vertical phase separation, and enhancing photon absorption. Journal of Physical Chemistry C, 2014,118(9):4585-4595.

[156] Nakamura J I, Murata K, Takahashi K. Relation between carrier mobility and cell performance in bulk heterojunction solar cells consisting of soluble polythiophene and fullerene derivatives. Applied Physics Letters, 2005,87(13):132105.

[157] Kim J Y, Frisbie C D. Correlation of phase behavior and charge transport in conjugated polymer/fullerene blends. Journal of Physical Chemistry C, 2008,112(45):17726-17736.

[158] Baumann A, Lorrmann J, Deibel C, Dyakonov V. Bipolar charge transport in poly(3-hexyl thiophene)/methanofullerene blends: A ratio dependent study. Applied Physics Letters, 2008,93(25):252104.

[159] Chiu M Y, Jeng U S, Su M S, Wei K H. Morphologies of self-organizing regioregular conjugated polymer/fullerene aggregates in thin film solar cells. Macromolecules, 2009,43(1):428-432.

[160] Clarke T M, Ballantyne A M, Nelson J, Bradley D D, Durrant J R. Free energy control of charge photogeneration in polythiophene/fullerene solar cells: The influence of thermal annealing on P3HT/PCBM blends. Advanced Functional Materials, 2008,18(24):4029-4035.

[161] Van Franeker J J, Turbiez M, Li W, Wienk M M, Janssen R A. A real-time study of the benefits of co-solvents in polymer solar cell processing. Nature Communications, 2015,6:6229.

[162] Motaung D E, Malgas G F, Nkosi S S, Mhlongo G H, Mwakikunga B W, Malwela T, Arendse C J, Muller T F, Cummings F R. Comparative study: The effect of annealing conditions on the properties of P3HT： PCBM blends. Journal of Materials Science, 2013,48(4):1763-1778.

[163] Chang L, Lademann H W A, Bonekamp J B, Meerholz K, Moulé A J. Effect of trace solvent on the morphology OF P3HT：PCBM bulk heterojunction solar cells. Advanced Functional Materials, 2011,21(10):1779-1787.

[164] Troshin P A, Hoppe H, Renz J, Egginger M, Mayorova J Y, Goryachev A E, Peregudov A S, Lyubovskaya R N, Gobsch G, Sariciftci N S. Material solubility-photovoltaic performance relationship in the design of novel fullerene derivatives for bulk heterojunction solar cells. Advanced Functional Materials, 2009,19(5):779-788.

[165] Ma W, Tumbleston J R, Ye L, Wang C, Hou J, Ade H. Quantification of nano-and mesoscale phase separation and relation to donor and acceptor quantum efficiency, J_{sc}, and FF in polymer：fullerene solar cells. Advanced Materials, 2014,26(25):4234-4241.

[166] Rand B P, Cheyns D, Vasseur K, Giebink N C, Mothy S, Yi Y, Coropceanu V, Beljonne D, Cornil J, Brédas J L. The impact of molecular orientation on the photovoltaic properties of a phthalocyanine/fullerene heterojunction. Advanced Functional Materials, 2012,22(14):2987-2995.

[167] Osaka I, Saito M, Koganezawa T, Takimiya K. Thiophene-thiazolothiazole copolymers: Significant impact of side chain composition on backbone orientation and solar cell performances. Advanced Materials, 2014,26(2):331-338.

[168] Tumbleston J R, Collins B A, Yang L, Stuart A C, Gann E, Ma W, You W, Ade H. The influence of molecular orientation on organic bulk heterojunction solar cells. Nature Photonics, 2014, 8(5):385.

第5章

全聚合物共混体系体相异质结

采用共轭聚合物作为给体和受体的全聚合物太阳能电池(All-PSCs)由于具有比传统聚合物/富勒烯体系更多的优点，吸引了研究者的广泛关注。首先，通过对给体和受体聚合物的分子结构进行灵活的设计，增加共混薄膜在可见光和近红外光光谱范围内的光吸收强度，可显著提高器件的短路电流。此外，通过调节给体和受体材料的HOMO和LUMO能级，器件的开路电压可提高到1.2 V，远远大于富勒烯体系的开路电压[1]。同时，全聚合物共混溶液的黏度大于聚合物/小分子体系，使其在溶液加工和大面积制备方面具有更明显的优势[2]。正是由于全聚合物太阳能电池具有众多优点，因此，很多研究者认为聚合物受体可以成为富勒烯衍生物受体的替代者。然而，绝大多数聚合物受体的电子迁移率低于富勒烯受体；同时，全聚合物体系的相分离结构往往大于聚合物/富勒烯体系，不利于激子分离，导致全聚合物体系电池的能量转化效率长期处于 2%以下，远低于相应的聚合物/富勒烯体系电池的器件性能。最近，科研工作者通过发展具有高电子迁移率和高电子亲和势的聚合物受体材料以及优化共混薄膜的相分离形貌等手段，全聚合物电池体系的器件性能已经有了显著提高，能量转换效率已经突破11%[3]。另外，与聚合物/富勒烯共混体系相比，全聚合物共混体系活性层形貌稳定性高，因此具有广阔的应用前景。

5.1 全聚合物太阳能电池的发展

在全聚合物太阳能电池发展的早期，聚对苯撑乙烯衍生物(PPV)通常被当作受体来制备器件[4,5]。1995年，Halls等[4]采用MEH-PPV和CN-PPV两种聚合物作为活性层首次制备了全聚合物太阳能电池。同年，Yu等[6]也报道了类似的电池体系，他们采用MEH-PPV和CN-PPV制备了全聚合物太阳能电池，并且得到了0.9%的能量转化效率。后来，Kietzke等[7]通过调节聚合物在加工溶剂中的溶解度，使得M3EH-PPV/CN-ether-PPV共混薄膜形成垂直分布的相分离结构，器件性能可以达到 1.7%。

随后，芴(fluorene)和苯并噻二唑(BT)共聚物类材料也被用作电池的受体材料[8]。2007 年，McNeil 等[9]报道了 P3HT/F8TBT 全聚合物共混体系，并且得到了 1.8%的能量转化效率。此外，Ito 等[10]采用侧链更长的 PF12TBT 作为受体，与 P3HT 共混后得到的器件性能可以达到 2.0%。通过增大受体聚合物的分子量，结合热退火的处理方式，作者将此体系的能量转换效率进一步提高到 2.7%[11]。总体而言，由于这些材料的 LUMO 能级较浅，共混体系器件的开路电压通常能达到 1 V 以上。然而，此类材料较低的电子迁移率和有限的光吸收降低了器件的短路电流和填充因子，使得此类器件的能量转换效率只有 2%左右。

近来，具有较高电子迁移率和较宽光谱吸收范围的苝二酰亚胺(PDI)和萘二酰亚胺(NDI)类的受体材料被合成出来[12]。但当其与 P3HT 共混时，体系的器件性能最高只能达到 2%左右。然而，当与窄带隙聚合物给体(PTB7、PTB7-th 等)制备器件时，体系的器件效率往往可以达到 4%以上[13, 14]。最近，Li 等[15]将 J51 与 P(NDI2OD-T2)共混，制备的器件的性能已经达到目前全聚合物电池的性能最高值 8.3%。作者认为体系获得高性能的主要原因是给受体在可见光与近红外光范围内具有互补的光吸收，同时较高的填充因子(0.77)也是体系性能超过 8%的关键因素。2018 年，Huang 等[16]利用旋涂工艺结合串联电池结构制备的全聚合物太阳能电池性能已经突破 11%，2020 年，Huang 又进一步组合成了具有新型高吸光系数且有近红外吸收的聚合物受体材料 PJ1，与给材料 PBDB-T 共混后，器件性能攀升到 14.4%[17]，为其进一步产业化应用奠定了基础！自 2008 年来，与全聚合物太阳电池相关的科技论文数量逐年攀升，其器件的能量转换效率也逐渐接近基于聚合物/富勒烯共混体系的太阳能电池(图 5-1)[18]。由此可见，无论是在商业领域还是在基础研究领域，全聚合物太阳能电池均有巨大的发展潜力，是有机太阳能电池发展的一个重要方向[19]！

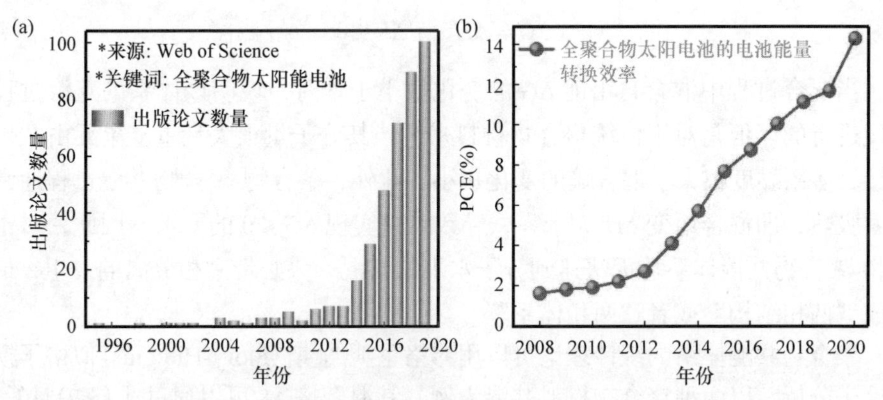

图 5-1　全聚合物有机太阳能电池论文数量统计以及全聚合物太阳能电池性能趋势

5.2 聚合物共混体系相分离原理

聚合物共混是调控聚合物性能的重要手段之一，聚合物共混体系不但可以具有每一组分的优异性质，另外，其微结构还可以带来每一组分都不具有的新性质[19]。聚合物共混体系的形态结构是决定其性能的最基本要素之一，因此，研究各种聚合物共混体系的形态结构、探讨形态结构与性能之间的联系以及有意识地对共混体系进行形态结构设计，一直是高分子科学研究的核心主题[21]。与聚合物/富勒烯共混体系类似，全聚合物薄膜太阳能电池的活性层纳米微结构对其能量转换效率具有重要影响[22]。因而，建立全共轭聚合物共混体系相分离结构与光伏性质的关系，掌握薄膜形态调控的热力学和动力学因素，理解相分离、结晶之间的竞争与耦合关系，揭示相分离结构、相区纯度及界面扩散程度在能量传递和电荷转移中的作用，对提高全聚合物太阳能电池的性能具有重要意义[23]。

5.2.1 相容性决定相分离行为

两种或两种以上聚合物的物理共混即组成共混聚合物。关于传统聚合物体系相容性的判别相当复杂，常见的衡量聚合物相容性的原则主要有极性相匹配原则、表面张力相近原则、扩张能力相近原则、等黏性原则、溶度参数相近原则等[24]。一般来说，上述原则很难在一个体系中同时满足，由于高分子材料本身高黏度、强弹性等特性，发生相分离过程是普遍存在的[25]。

高分子相容性的概念与小分子互溶性概念既存在相似之处，同时又存在明显的差异。对于不同的共混体系，均可以从热力学过程混合自由能的变化规律进行探讨。其混合过程热力学可以用式(5-1)判断：

$$\Delta G = \Delta H - T\Delta S \leqslant 0 \tag{5-1}$$

当混合过程中混合自由能 ΔG 的变化值小于零时，说明该体系的互溶过程是自发进行的。但是对于传统聚合物材料来讲，其分子量很大且重复单元由共价键连接，体系黏度很大，混合熵的变化很小；此外，聚合物-聚合物共混过程通常伴随着吸热，即混合焓变 ΔH 大于零，导致难以实现 $\Delta G \leqslant 0$ 的要求。因此，对于聚合物-聚合物共混体系均无法达到分子水平的共混，势必带来相分离的发生，最终形成“两相结构”或者“两相体系”。

聚合物共混体系的统计理论可以用弗洛里-哈金斯(Flory-Huggins)似格子模型理论来分析。以两种聚合物材料共混为例，其混合熵 ΔS 可以通过式(5-2)计算：

$$\Delta S = -R\left[n_1 \ln \frac{n_1}{n_1 + \gamma n_2} + n_{21} \ln \frac{\gamma n_2}{n_1 + \gamma n_2}\right] \tag{5-2}$$

式中，R 为理想气体常数，n_1 和 n_2 为两种聚合物的摩尔数，γ 为两种聚合物的体积比。从上式中，当两聚合物链节大小相等时，其混合熵比两种小分子混合的混合熵要小。在吸热过程中，混合焓 ΔH 可以通过式(5-3)计算：

$$\Delta H = n_1 V_1 v_2 (\delta_2 - \delta_1)^2 \tag{5-3}$$

式中，V_1 为参考体积，v_2 为两聚合物间接触概率，δ_1 和 δ_2 为两种聚合物的溶度参数。将上述两公式代入混合自由能 ΔG 公式可得

$$\Delta G = RT\left[n_1 \ln \frac{n_1}{n_1 + \gamma n_2} + n_{21} \ln \frac{\gamma n_2}{n_1 + \gamma n_2} + \frac{V_1}{RT}(\delta_2 - \delta_1)^2 \frac{\gamma n_1 n_2}{n_1 + \gamma n_2}\right] \tag{5-4}$$

从上述公式中我们可以发现，$\Delta H \propto (\delta_2 - \delta_1)^2$，因此，两聚合物间溶度参数的差值决定了最终混合焓 ΔH 的大小，即二者溶度参数差异越小，ΔH 就越小，ΔG 更接近等于零或者小于零，二者相容性也就越高。因此从溶度参数的概念也可以探讨聚合物-聚合物共混体系相容性。但是，溶度参数相近的原则并不是总是有效的，因而只能作为一种辅助的工具。

实际上判断两种高分子能不能相容，更有效的方法是通过实验观察得到，可以通过相图的构筑得到相容性信息。通常的相图可以分为两种类型：上临界共溶温度(UCST)型和下临界共溶温度(LCST)型，其基本相图形式如图 5-2(a)所示。对于 $\Delta H > 0$ 的非极性共混聚合物体系，常常出现 UCST 型相图，其曲线呈上凸形状；而对于 $\Delta H < 0$ 的强相互作用的共混聚合物体系，常常出现 LCST 型相图，曲线呈下凹形状。在该体系中，当温度低于临界温度时，两组分完全相容；当温度高于临界温度时，即发生相分离。上述两种相分离类型较理想化，由于本身互溶行为的复杂性，实际相图的形状也会十分复杂，与标准相分离类型存在一定的区别和独特性，具体体系的相图如何，需要通过实验并借助理论模拟分析验证。

根据聚合物共混体系相容性差异性，可以将相分离形式分为非稳态均匀混合物的相分离和亚稳态均匀混合物的相分离[26]。如图 5-2(b)、(c)所示，在相分离过程中，亚稳态均匀混合物的相分离体系两组分浓度发生突跃改变，使体系自由能升高，需要克服较大的能量势垒，体系两组分绝对浓度不变，相对含量发生变化，其中一组分单相连续，另一组分形成孤岛状填充，最终形成具有清晰界面的相分离，因此该相分离形式也被称为成核生长机理。与之相反，对于非稳态均匀混合物的相分离过程，体系局部组分浓度发生波动，形成反向扩散，该过程使得体系自由能下降；因此体系两相结构基本保持固定不变，组分随时间延长而增加，分

散相相互交叠形成互穿网络结构，最终形成具有模糊界面的相分离，该相分离形式也被称为旋节线机理。这是一种自发进行的连续的相分离过程。

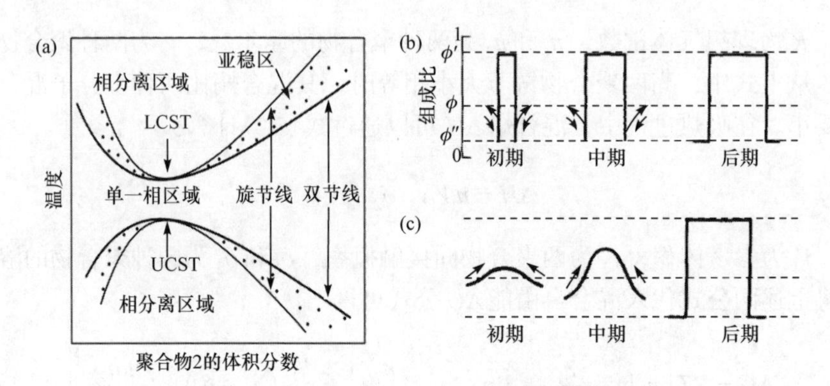

图 5-2　(a)具有下临界共溶温度体系和上临界共溶温度体系的相图形式；浓度变化主导相分离发生过程：(b)成核生长机理和(c)旋节线机理[25]

如果聚合物共混体系最终达到热力学平衡状态，那么两种相分离机理所带来的结果本质上是没有差异性的。然而，由于聚合物本身分子量高，分子松弛时间长，共混体系黏度高，很难实现真正的相平衡。最终由两种相分离机理演变出不同的相分离结构和形貌[25]。如图 5-3 所示，当体系无法自发地分解为相邻组成的两相，聚合物会在振动、杂质或过冷条件下，克服势垒成核，其中一组分在所成晶核基础上快速生长，最终形成具有明显相界面的孤岛状相分离结构。而在旋节线相分离下，局部浓度的变化导致相分离的发生是自发和连续的，不存在热力学位垒。相分离初期，两相组成差别小，相界面模糊，随着时间的推移，高分子会沿相反的方向进行相间迁移，最终形成两相平衡系统。由于该过程的自发性，体系内到处存在分相现象，因此形成双连续的互穿网络相分离结构。

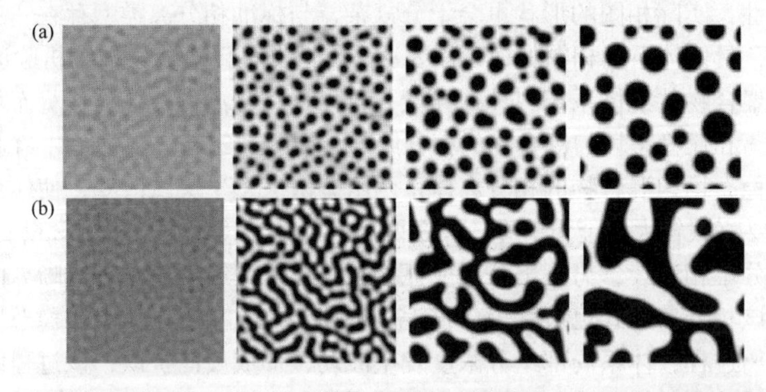

图 5-3　不同成核机理下典型的相分离结构与形貌：(a)成核生长机理；(b)旋节线机理[26]

5.2.2　结晶与相分离间关系

聚合物共混体系按照两组分结晶能力的差异，可以分为非晶/非晶共混体系、结晶/非晶共混体系、结晶/结晶共混体系。对于非晶/非晶共混体系，其相分离演变机理相对比较容易，可以采用传统相分离理论作为指导。而当共混体系中某一组分或者两组分存在结晶行为时，由于共混的两相高分子材料本身也有结晶和玻璃化转变等相态的变化，使得相分离过程变得更加复杂。在含有结晶组分的共混体系中，体系的结晶速率会明显受到非晶组分的影响，是温度和组成的函数，且共混体系中结晶成核和生长方式也会发生变化。

在结晶/结晶共混体系中，不仅要考虑单一组分结晶过程对相分离结构的影响，同时还要探讨组分中的非晶部分对另一组分结晶过程的影响。复杂的结晶行为主要由含量较少组分的分步结晶行为控制[27-29]。以聚(乙烯基辛酸酯)(PESub)/聚(环氧乙烷)(PEO)结晶/结晶共混体系为例，PEO的结晶性强于PESub的结晶性。在初始结晶过程中，含量高的组分首先结晶，含量少的组分随后结晶。在含量高的组分结晶过程中，主要存在两种可能性：含量少的无定形部分被完全包覆于含量高的结晶层间区域内；大部分无定形聚合物被含量高的结晶层状结构排挤出来，极少数保留在层状结构中，如图5-4所示。在这两种不同的情况下，由于含量高组分结晶层状结构的限制作用，当含量少的组分达到过冷度时即能发生分步结晶行为。从示意图中我们可以明显看出，两组分相对含量的多少以及过冷度的差异均会导致不同的结晶顺序及结晶形态，最终导致不同的相分离形貌的发生。

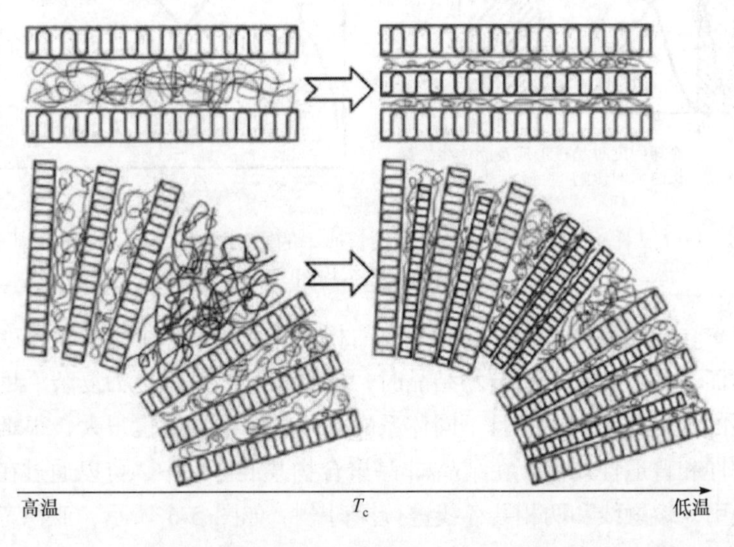

图5-4　聚合物共混体系分步结晶行为与相分离发生过程[26]

聚合物结晶过程中组分间晶体成核和生长相互竞争关系是导致不同相分离形貌的主要因素。含有结晶组分体系吉布斯自由能可以由式(5-5)表述：

$$\Delta G=\phi_2\Delta G_0\exp\left(-\frac{\Delta E}{R\left(T_c-T_\infty\right)}\right)\exp\left(-\frac{K_g}{fT_c\Delta T_c}+\frac{2\sigma T_m^0\ln\phi_2}{b\Delta H\Delta T_c}\right) \tag{5-5}$$

式中，ϕ_2是共混体系中结晶聚合物的含量，G_0是指前因子，ΔE是熔融活化能，T_∞是分子运动终止的温度，K_g是成核常数，ΔT_c是过冷度，f是校正因子，σ晶区间的横向表面自由能，b是晶区生长方向上晶胞的厚度，ΔH是单位体积理想晶体的融合热。如图 5-5 所示，不同的冷却程度会影响晶核生长和晶体生长的相对速度[29]。当晶体生长速率大于晶体成核速率时，相分离更倾向于发生在高温亚稳区，当晶体成核速率大于晶体生长速率时，相分离更倾向于发生在低温亚稳区。

在具有 UCST 特征但其中一组分可以结晶的双组分混合体系中[图 5-5(b)]，我们可以更直观地探讨结晶与相分离的关系。在该相图中存在有稀相、浓相、结晶相共存的偏晶三相点，以该偏晶三相点为分界线，在其左侧，溶质含量较低，相形态决定最终形态，结晶只能在相分离发生后的溶剂富集区内发生，即为相分离受限结晶行为。而在其右侧，溶质含量较高，结晶过程比相分离早发生，结晶形态占主要地位，即为结晶诱导相分离行为。

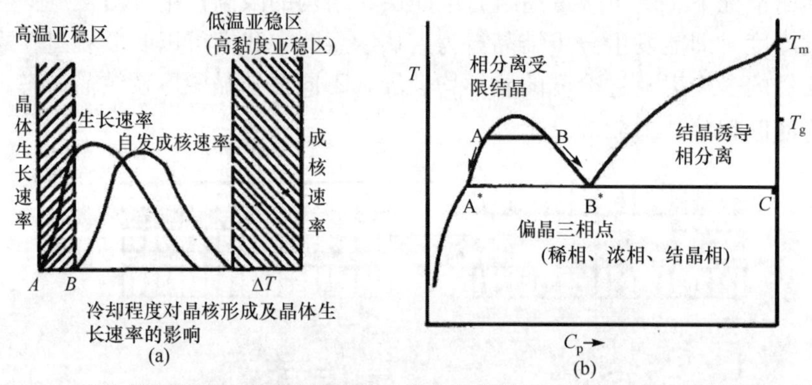

图 5-5 (a)冷却程度对晶核形成及晶体生长速率的影响；(b)具有 UCST 特征结晶与相分离关系相图[30]

研究聚合物共混体系结晶与相分离的相互关系的另一个重要手段就是相图的构筑，然而当共混体系两组分均结晶时，导致相分离过程更为复杂。目前关于该体系相图的构筑还比较少，且不同体系的具体相图差异性也很大，很难从理论上得到统一性和普适性规律。在结晶/非晶聚合物共混体系中，可以通过在传统相图的基础上引入熔融线和两相共存线进行探讨[31]。如图 5-6 所示，亚稳态区域介于旋节线及两相共存线之间，该区域主要发生成核生长相分离；不稳定区域以旋节线为界限，该区域主要发生旋节线相分离。非晶组分不同的熔融温度、扩散过程以及淬火条件等均可改变相分离的演变过程。当选用A和B淬火条件时，结晶与相分离过程同时发生。当沿着A路径淬火时，非晶聚合物部分在低于熔融温度即越过相图中的旋节线，相分离过程不需要提供充足的时间，结晶与相分离同时发生。当沿着B路径淬火时，两组分在形成亚稳态的同时达到非晶组分的熔融温度上限值，此时虽然结晶与相分离过程也同时发生，但亚稳态结构为结晶部分提供了充足的空间进行成核生长，因此在该条件下会发生成核生长机理，最终形成孤岛状大尺寸相分离结构。当沿着C路径淬火时，温度低于非晶组分熔融温度时，共混体系仍处于共混状态， 结晶聚合物的结晶行为会将非晶聚合物部分排出，形成纯相晶区，同时导致非晶聚合物局部浓度急剧增加，最终完成相分离。此过程发生了结晶诱导相分离的现象。当沿着D路径淬火时，共混体系在非晶聚合物熔融温度以上即达到不稳定态，不同组分各自自组织发生相分离，结晶聚合物局部浓度的增大将诱发结晶成核和生长过程的发生，此过程即为相分离诱导结晶行为。

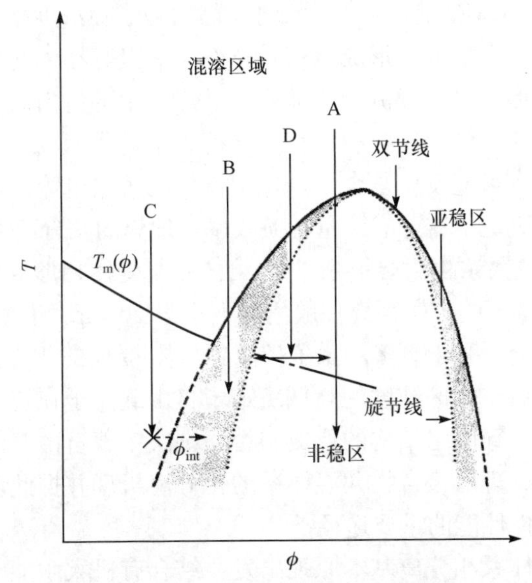

图5-6　结晶/非晶聚合物共混体系相图[31]

ϕ 为非晶聚合物组分含量，T 为温度，$T_m(\phi)$ 为非晶聚合物的熔融温度，A、B、C、D箭头方向为不同的淬火条件

在有机太阳能电池有源层中，我们通常使用的聚合物为刚性较强的共轭聚合物，与传统柔性聚合物相比，其结晶过程又有明显不同的特性[32]。对于柔性聚合物，分子主链的旋转即可实现分子链构象的转变，结晶过程主要驱动力为范德瓦耳斯力。对于共轭刚性聚合物链，分子主链不可旋转，结晶过程主要驱动力为电

子 π-π 离域效应，其共轭平面决定分子结晶生长方向。目前普遍认为大部分刚性共轭聚合物不存在链折叠现象，分子链间及分子链内存在较强的离域效应形成的物理交联点，使其在结晶过程中需要克服一定的成核势垒，因此在讨论结晶与相分离之间关系时，存在其特殊性。首先，由于刚性共轭聚合物持续长度长，分子间及分子内共轭效应大，因此聚合物共混体系相容性更差；其次，共轭聚合物自由体积不可忽略，存在较大的热力学核位阻；刚性共轭聚合物分子松弛时间较长，相分离时间远远大于柔性聚合物分子体系。因共轭刚性聚合物独特的特性，需要进一步结晶行为与相分离机理的探讨，目前还没有完善和统一的机理和理论。

5.3 全聚合物体相异质结形貌调控

全聚合物太阳能电池的器件结构主要由基底、阳极、活性层和阴极组成[33]。其工作原理与聚合物/富勒烯太阳能电池类似：活性层中的给体在光照后 HOMO 能级上的电子跃迁到 LUMO 能级上产生激子，然后激子在浓度梯度的作用下扩散到给受体的相界面处，发生分离形成电荷转移态，紧接着在内建电场的作用下电荷转移态进一步分离形成自由载流子。随后，已经产生的自由载流子分别沿着给受体形成的连续通路传输到相应电极，完成电荷收集过程。其中，激子和自由载流子在传递过程中都有可能发生复合，降低了器件的短路电流。而活性层的相分离形貌在很大程度上决定了器件的能量转换效率。理想的相分离形貌应该具有 10～20 nm 的相区尺寸，较高的相区纯度，并且给体相与受体相形成相互连接的互穿网络结构。由于光生激子的扩散距离一般情况下小于 20 nm，所以，与激子扩散距离相当的相区尺寸才会有利于更多的激子扩散到给体/受体的相界面[34]。当激子分离产生自由载流子之后，相区纯度的高低决定了自由载流子在传递过程中发生双分子复合的概率。而互穿网络结构的形成与否，则决定着自由载流子能否被相应的电极所收集。因此，理解聚合物共混体系的相分离机理并据此调控活性层的相分离形貌成为提高器件性能的重要途径[35]。

从聚合物共混体系相分离基本原理出发，结合有机太阳能电池光物理过程，可以从热力学和动力学两个角度对全聚合物太阳能电池中有源层共混体系形貌进行有效控制和调控。从热力学角度，分子本征特性如链构象、分子量、分子量分布、等规度、链刚性、分子主侧链结构及相对空间位置等均会直接决定分子结晶度和结晶速率，最终影响活性层相分离形态。从动力学角度，溶液成膜过程中溶剂干燥速率、给受体析出顺序及退火过程中给受体分子结晶速率、结晶顺序等，也在一定程度上影响薄膜最终凝聚态结构。接下来，我们将结合具体实例阐述全共轭聚合物共混体系有源层形貌调控方法及原理。

5.3.1　分子本征结构

1. 聚合物分子量

与聚合物/富勒烯共混体系不同，全聚合共混体系中给受体分子量均具有较大的波动范围。因此，要协同考虑给体及受体分子量，才能够实现活性层形貌的优化。由于前面章节中已经探讨过聚合物分子量对聚合物结晶、晶界及取向等影响。因此，本节则主要从高分子物理的角度，探讨给受体分子量相互匹配关系与相分离结构间关联。

给体及受体聚合物分子量的匹配关系影响互穿网络结构。在全聚合物共混体系中，由于二者都为聚合物，因此给受体的分子量及分子量分布都对最终相分离形貌的形成产生影响。当二者分子量差异大时，分子量大的组分先结晶，然后结晶诱导相分离，但由于另一组分分子量较低，结晶性较弱，很难有效地进行自组织排列填充入该相中。最终形成具有较大缺陷的互穿网络相分离结构或无法形成该结构。只有当二者分子量差异不大时，结晶能力差异不大，成核和晶体生长过程动力学差异小，在结晶诱导相分离过程中更易形成较完善的互穿网络相分离结构。Marks 等[36]通过合成具有不同分子量的 PTPD3T/P(NDI2OD-T2)共混体系，探讨了给受体分子量匹配关系对最终相分离的影响。他们发现，分子量的大小不仅影响链内分子间相互作用，同时还会改变链间分子间相互作用。增加给受体分子量也可以增加给体/受体界面，促进激子分离和载流子传输，提高器件短路电流。但随着分子量的继续增大，器件的短路电流降低，这主要是由于共混体系中无定形区面积会随着分子量增加而增大。通过透射电子显微镜可以看出，只有当给受体分子量差异比较小时，共混体系才表现出较小的相分离尺寸，而给受体分子量差异性越大，则相分离尺寸越大，如图 5-7 所示。给受体分子量匹配能保证二者同时具有较高的结晶度，结晶抑制相分离促使形成更小尺寸的相分离尺寸。另外，Ma 等[37]通过改变一系列苝二酰亚胺类受体材料主链上硒吩单元和噻吩单元的相对数量，调控受体聚合物的分子量，发现只有给受体聚合物结晶速率最匹配的 PTT8/ P(NDI2HD-Se)共混体系拥有最优的相分离形貌，分子链内相互作用也最强，因此得到光电转换效率为 6.0%的器件。

聚合物分子量影响相区尺寸及共混相含量。Kim 等[23]通过将三种不同分子量的 N2200 分子分别与 PTB7-Th 分子进行共混，结果表明高分子量 N2200 会减小给受体结晶空间，从而大大抑制共混体系中纯相的形成，最终形成具有更小尺寸、共混相含量更高的相分离结构，器件也表现出最优的光电转换效率。Marks 等[36]协同调节了 PTPD3T/P(NDI2OD-T2)共混体系中给受体的分子量，并研究了给受体分子量对薄膜形貌及器件性能的影响。作者发现随着分子量的增大，共混薄膜的相区尺寸逐渐降低，形成更多的给受体相界面(图 5-8)，有利于短路电流的增加。

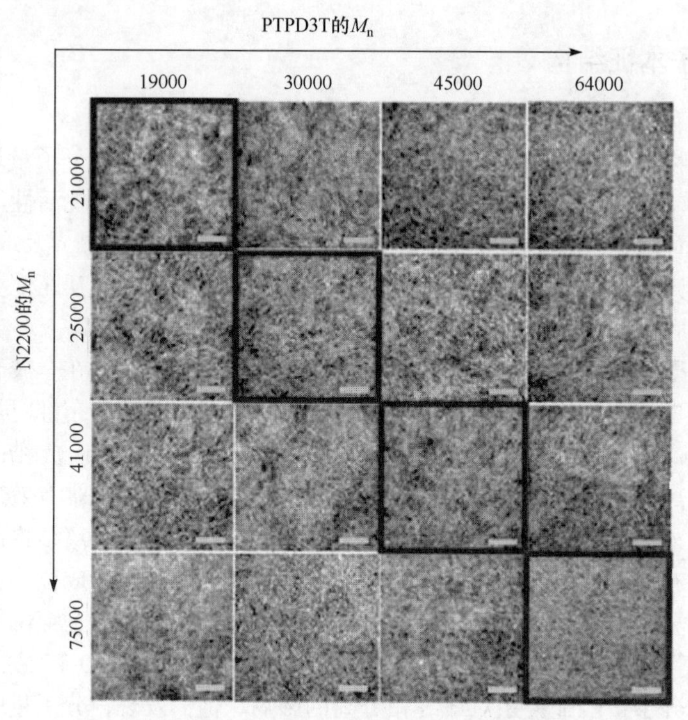

图 5-7 不同分子量 PTPD3T/N2200 共混体系 TEM 图，比例尺为 100 nm[36]

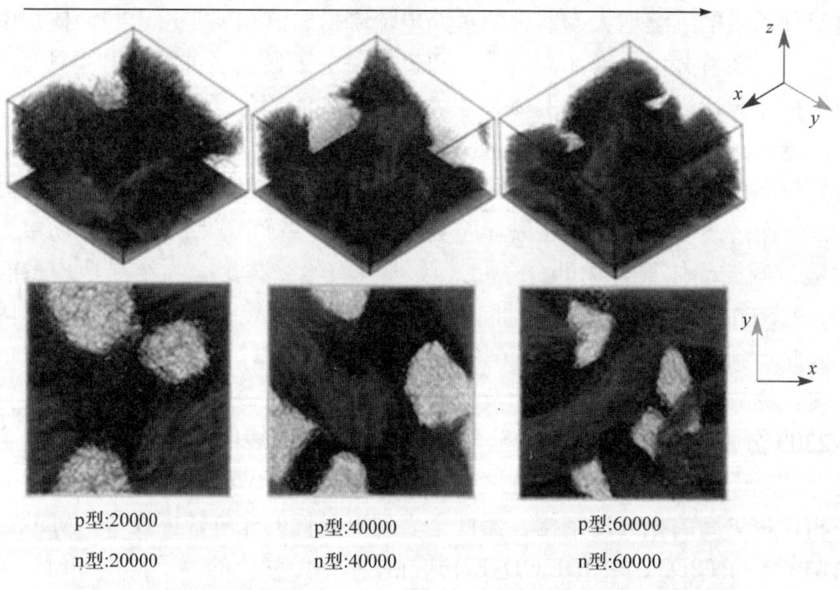

图 5-8 利用模拟手段建立的给受体分子量与相分离结构间关系[36]

然而，高分子量的共混薄膜中无序相的含量会更高；无序相的存在则导致电荷复合增加，降低了器件的填充因子。所以，作者认为并不是聚合物的分子量越高越有利于器件性能的提高，而是在给受体分子量比较匹配时才能使器件性能达到最大，并且优化后的器件性能最高可以达到未优化器件性能的两倍。

2. 聚合物分子刚性

在全共轭聚合物共混体系中，聚合物分子链的刚性不仅影响其在溶剂中的溶解度，同时影响聚合物链内和链间相互作用，最终形成不同相分离结构。与富勒烯体系相比，聚合物分子尺寸较大，链段之间存在缠结、结晶性存在差异等特性导致全聚合物共混体系形貌受分子量影响更为复杂。通常情况下，聚合物分子的结晶性直接关系到共混体系相区尺寸；而聚合物给体和聚合物受体之间的结晶性差异则决定共混体系能否形成互穿网络结构。

分子刚性影响相分离尺寸。当给受体相容性较差时，结晶性组分可以通过结晶限制相分离行为的发生。Steiner 等[38]研究了 P3HT/F8TBT 共混体系相分离结构的演化过程，发现当采用无规 P3HT(RA-P3HT)与 F8TBT 共混后，共混薄膜形成了大尺寸的相分离形貌，如图 5-9 所示。采用规整度较高的 P3HT(RR-P3HT)与 F8TBT 共混后，共混薄膜没有出现大尺寸的相分离形貌，由于 RR-P3HT 分子具有更强的结晶能力，当与 F8TBT 分子共混时，主要发生结晶诱导相分离的过程，最终形成较小尺寸的相分离结构。而对于 RA-P3HT，其分子结晶能力差，同时与

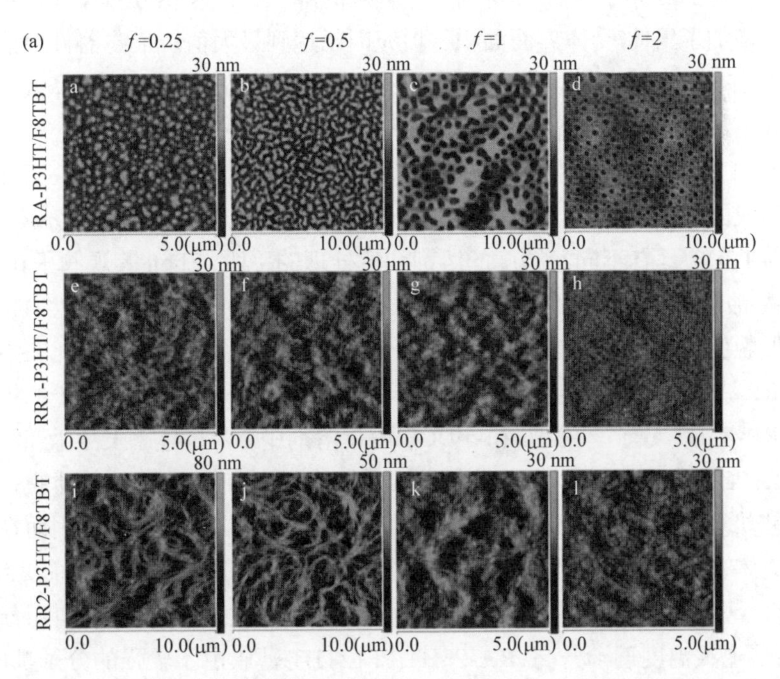

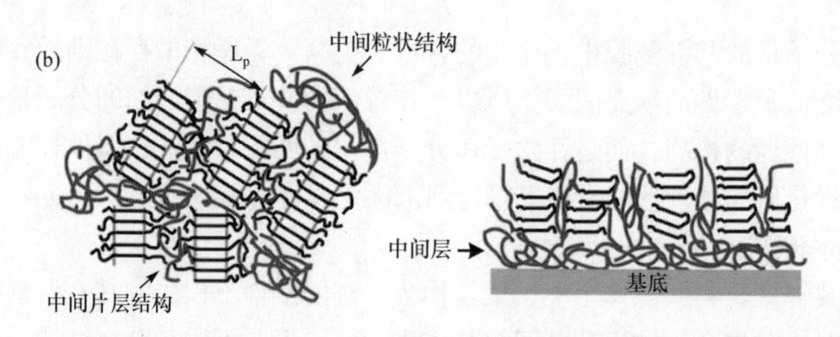

图 5-9 P3HT/F8TBT 共混体系相分离结构的演化过程(a)及互穿网络结构示意图(b)[38]

F8TBT 分子本身相容性差，主要发生相分离诱导结晶过程，因此最终形成较大尺寸的相分离结构。此外，作者发现当与 F8TBT 共混后，RR-P3HT 的结晶性没有受到影响，形成具有 10 nm 尺寸的连续结晶相结构，F8TBT 以无定形态的方式填充到 RR-P3HT 的相区之间和活性层与基底的界面处，如图 5-9(b)所示。

当聚合物结晶性较强时，结晶还能够促进相分离的发生。Wang 等[39]通过选取主链含有不同数量噻吩单元的 N2200-T_x 分子分别与 PTB7-Th 给体进行共混。主链噻吩单元的数量可以有效调控分子链刚性。作者发现，当 x=0 时，由于 N2200 分子具有较强的刚性，在成膜过程中发生结晶诱导相分离行为，导致发生较大尺寸的相分离，光电转化效率仅为 3.7%。当 x=10 时，减小了分子沿主链方向的共轭效应，使得 N2200 分子刚性得到一定程度的降低，最终相分离尺寸得到了明显的减小，增加了给体/受体界面面积，填充因子达到最大值，最终器件性能提高到 7.6%。而当 x 进一步增大时，虽然薄膜的相分离尺寸仍能进一步的降低，但由于 N2200 分子结晶性太弱，最终器件性能也不高。

在 P3HT/PF12TBT 共混体系中，聚合物分子的规整度同样是导致互穿网络结构能否形成的关键因素[40]。P3HT 分子的规整度决定了最终薄膜的相分离形貌。通过选择对 P3HT 具有不同溶解度的溶剂和后处理的手段，Zhou 等观测了在固-液相分离、液-液相分离和固-固相分离过程中，不同规整度的 P3HT/PF12TBT 薄膜的相分离形貌变化，如图 5-10 所示。由于 RA-P3HT 共轭程度小，因此在溶液中呈现出比 RR-P3HT 较小的流体力学半径，在成膜过程中 RA-P3HT 分子的扩散能力要强于 RR-P3HT 分子。在 CF 和 *o*-DCB 等良溶剂中，两种体系发生液-液相分离，RR-P3HT/PF12TBT 体系薄膜的相分离尺寸小于 RA-P3HT/PF12TBT 薄膜的相分离尺寸。在边缘性溶剂二甲苯(XY)中，RR-P3HT 由于存在 π-π 相互作用而在溶液中形成聚集体，固-液相分离后形成的共混薄膜为纤维状的相分离形貌；而 RA-P3HT/PF12TBT 薄膜则形成孤岛状的相分离形貌。在热退火所导致的固-固相分离过程中，随着热退火温度逐渐升高，RA-P3HT/PF12TBT 薄膜由于较强的分子扩散能力，薄膜经历了由不明显的相分离形貌到小尺寸相分离，最终形成大尺寸的相分离形貌；而在 RR-P3HT/PF12TBT 薄膜中，随着退火温度的升高，P3HT 的结晶性逐渐增强，形成的网络结构限制了相分离的进一步增加。因此，聚合物的规整度对共混体系的相分离形貌有着重要影响，调节材料规整度是实现聚合物共混体形貌调控的有效方法。

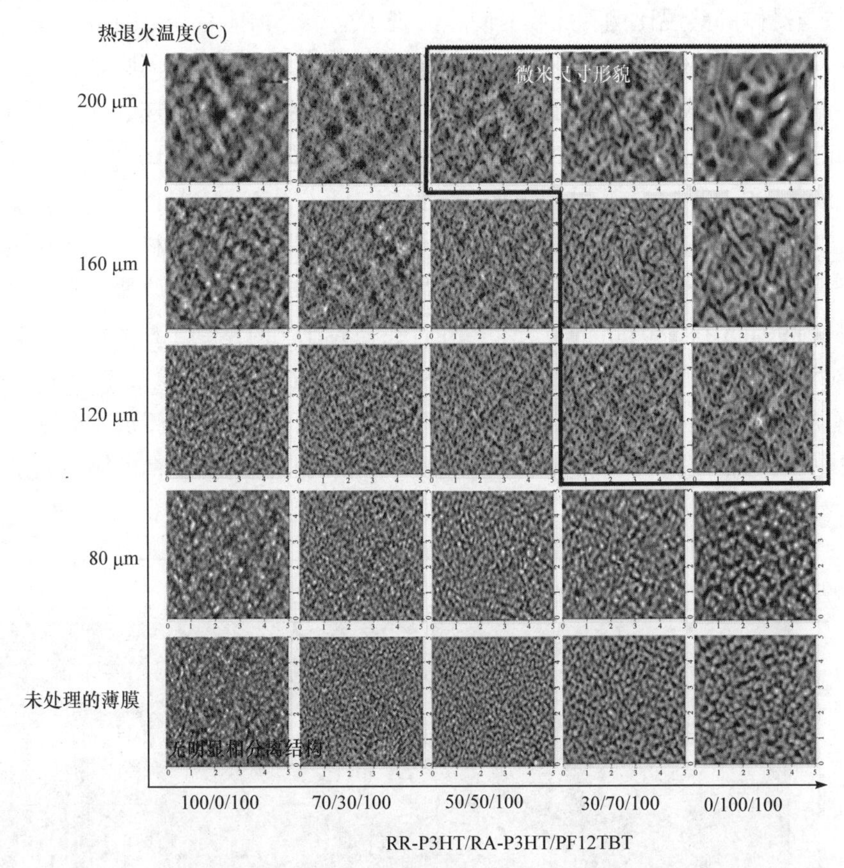

图 5-10　不同规整度 P3HT/PF12TBT 共混体系原子力形貌图(单位：μm)[40]

3. 给体与受体比例

在全聚合物共混体系相图中，由于给受体都为聚合物，在形成互穿网络过程中，聚集能力强的一相首先析出形成框架，框架的完善程度由聚合物分子间相互作用大小、链缠结程度以及结晶能力强弱决定。在形成框架的基础之上分子运动能力强的另一相则作为基质填充其中，完善整个框架结构。因此，为了保证能够形成良好的给受体连续通路，既要要求一相能够形成良好的框架，又要保证另一相有充足的空间和能量填充到形成的框架中。由于共轭聚合物分子相较于传统高分子结晶能力较弱，且不同分子间结晶能力差异性小，因此，为了保证给受体都能形成良好的连续通路从而形成互穿网络结构，一般要求二者具有相似的共混比例。

由逾渗理论分析可见，给体与受体的共混比例直接决定了体系是否可以形成互穿网络结构。在全聚合物共混体系中，给体与受体的共混比例对形成互穿网络结构同样起着决定性的作用。例如，Han 等[41]通过改变 P3HT/PF12TBT 共混体系中给体与受体的共混比例和成膜时间，实现了全聚合物体系互穿网络相分离结构和相区尺寸的调控，如图 5-11 所示，大部分的不同共混比例的薄膜在成膜时间为 20 s 和 30 s 时形成孤岛状的形貌，然而 50/50 的薄膜呈现出双连续的互穿网络结构，此比例对应着 P3HT/PF12TBT 共混体系相图中的临界共混比例。当共混比例为 10/90 和 90/10 时，薄膜呈现出均一的形貌。随着 P3HT 含量的增加，原子力显微镜图中的暗区逐渐增加，亮区逐渐减小，因此可以推测暗区和亮区分别代表着 P3HT 富集区和 PF12TBT 富集区。随着共混比例和成膜时间的改变，相区尺寸呈现出从约 90 nm 到 280 nm 的宽分布，并且在临界比例时达到了最大值。当共混比例不对称时，对成膜时间为 20 s 和 30 s 的薄膜来说，相区尺寸会逐渐减小。然而，在所有的共混比例中，成膜时间为 30 s 的薄膜的相区尺寸均大于成膜时间为 20 s 的。进一步延长成膜时间，所有共混比例的薄膜的相区界面变得模糊，但是其中包含着大尺寸的给受体富集区。

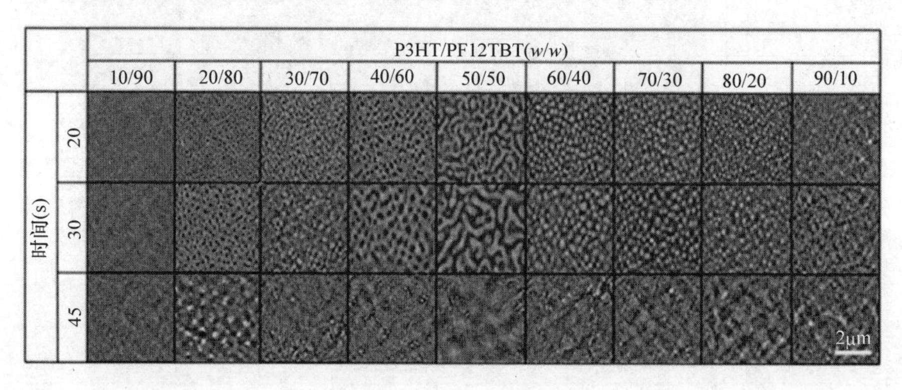

图 5-11 P3HT/PF12TBT 共混体系不同给体与受体比例和成膜时间与相分离关系[41]

5.3.2 溶液状态

在成膜过程中，溶剂分子逐渐挥发，共混溶液浓度逐渐增大，由于给受体组分之间的相互作用，共混体系由只有均相溶液的单相区进入到两相区而发生相分离，其过程如图 5-12 所示。当溶剂分子完全挥发后，共混体系的组分由于自由体积减小而不能自由扩散，最终形成热力学亚稳态的薄膜相分离结构。与聚合物本体共混体系相比，聚合物溶液共混体系包含了溶剂的作用，其混合自由能ΔG_{mix}可用式(5-6)表示：

$$\Delta G_{mix}/\kappa T=N_{tol}[\phi_1\ln\phi_1/M_1+\phi_2\ln\phi_2/M_2+\phi_3\ln\phi_3/M_3+\chi_{12}\phi_1\phi_2+\chi_{13}\phi_1\phi_3+\chi_{23}\phi_2\phi_3] \quad (5\text{-}6)$$

其中包含了溶剂与组分之间的相互作用 χ_{12} 和 χ_{13}。因此，除了聚合物组分之间的相互作用外，溶剂性质也会对共混体系的相分离过程产生影响[42]。

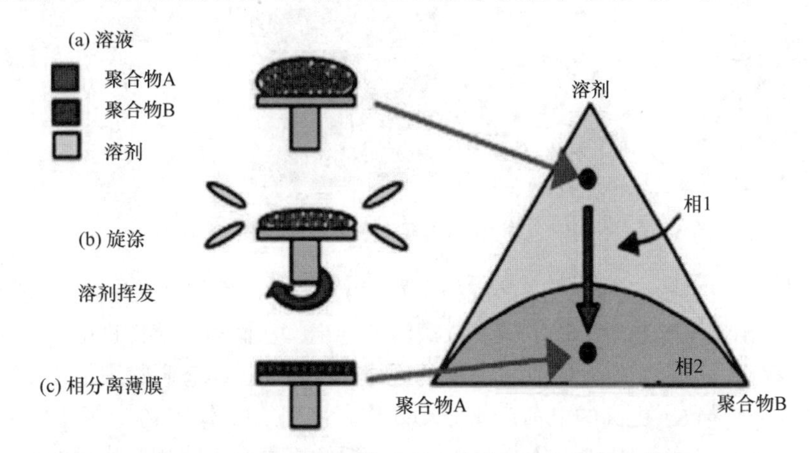

图 5-12　聚合物共混体系溶液成膜过程相分离示意图

通过溶剂选择、添加剂等手段改变成膜动力学过程或者溶液状态是一种实现活性层相分离形貌调节的简便有效方法。基于不同溶剂的物理性质，对特定的聚合物共混体系选择适当的加工溶剂可以有效调节相分离结构及尺寸。Han 等[43]研究了 P3HT/PF12TBT 共混体系中溶剂-聚合物相互作用对薄膜形貌和器件性能的影响，如图 5-13 所示。通过向共混体系的氯苯溶液中添加与给受体具有相似结构的添加剂 3-HT 来实现溶剂-聚合物相互作用的调节，进而调节薄膜中给受体的相区尺寸及结晶性。通过计算溶度参数(δ)和相互作用参数(χ_{12})发现，随着 3-HT 含量从 5%增加到 30%，溶剂-聚合物相互作用参数逐渐减小，因此薄膜形成更小尺寸的相分离形貌。同时，3-HT 的加入导致成膜时间增长，P3HT 分子可以进行更加有序的堆叠，因此薄膜的结晶性有了明显的提高。通过制备器件，发现添加 10%的 3-HT 后，器件性能由原来的 0.59%提高到 1.08%。Loo 等[44]研究了不同添加剂类型及相对含量对最终薄膜相分离结构的作用。作者发现，当加入 4%的 DIO 时，溶液聚集程度增加，薄膜纤维聚集明显，相界面清晰，相分离网络仍然存在。当采用 DIO：CN=3：1 共混添加剂时，一定程度上减小了溶液中聚合物聚集，薄膜表面粗糙度降低，相分离尺寸明显减少，PBDTTT-CT 和 P(NDI2OD-T2)相容性增加。而随着 CN 含量的进一步增加，相分离尺寸有了明显增大，这主要是因为 CN 的加入增加了 P(NDI2OD-T2)结晶程度，使其产生更多的纯相。适当增加共混溶液中 P(NDI2OD-T2)有序聚集程度，使得器件光电转换性能由 2.81%提高到 4.39%。

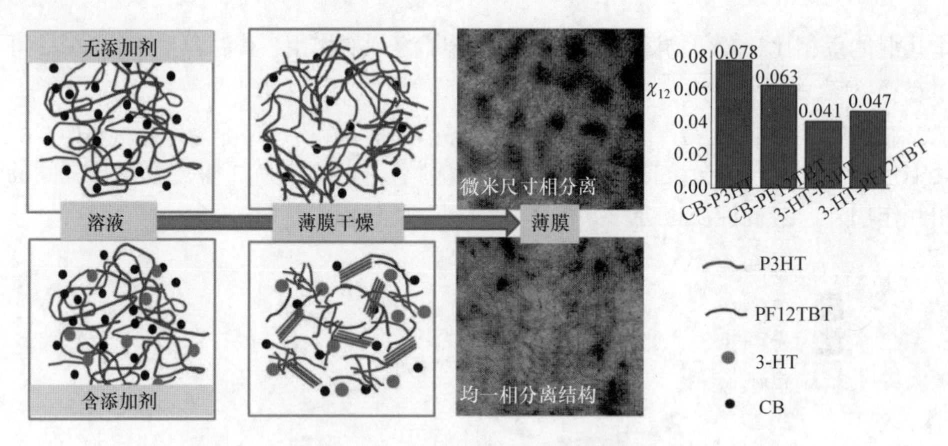

图 5-13 不同聚合物-溶剂相互作用参数薄膜相分离形貌[43]

溶剂性质也会影响活性层中共混相含量。第 4 章中已经提到在聚合物/富勒烯体系中，共混相能够提高激子扩散效率及载流子导出，从而提高器件性能。Loo 等[44]在全聚合物共混体系中也观测到了类似的规律，作者通过瞬态吸收表征发现给受体共混相的存在导致了更高的电荷产生效率。作者采用二甲苯(XY)、氯苯(CB)和二氯苯(DCB)等三种对 P3HT/ P(NDI2OD-T2)共混体系具有不同相互作用的溶剂制备薄膜，如图 5-14 所示。与 CB 和 DCB 的共混薄膜相比，在 XY 的结晶强度分布图中，代表薄膜共混相含量的无定形区曲线的面积最大。由于在 XY 溶液中，溶剂-聚合物之间的相互作用强于聚合物-聚合物之间的相互作用，在成膜过程中，薄膜形成了更多的 P3HT 和 P(NDI2OD-T2)的共混相。激子分离效率的提高使得 XY 器件的效率为 0.38%，比 CB 和 DCB 的器件效率高出十几倍。

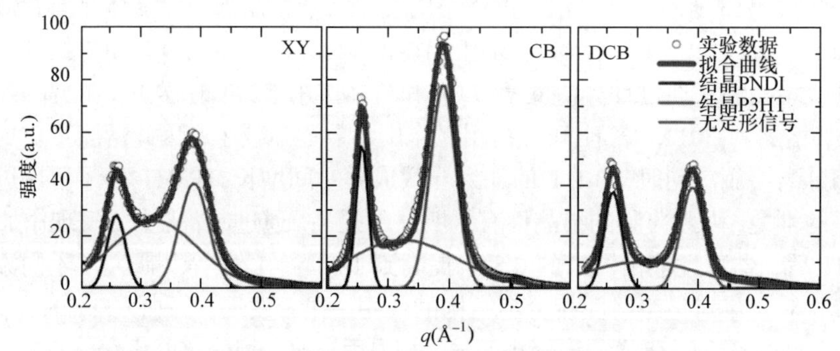

图 5-14 二甲苯(XY)、氯苯(CB)和二氯苯(DCB)溶剂体系下 P3HT/ P(NDI2OD-T2)薄膜结晶行为[44]

溶液状态对全聚合共混体系中分子取向也有一定影响。P3HT/PNDI 共混体系中 P3HT 采取 edge-on 取向[45]，而 PNDI 采取 face-on 取向。Neher 课题组[46]通过向 P3HT/PNDI 共混体系溶液中添加氯萘，发现 P3HT 的分子取向不随着氯萘含量的改变而发生变化，基本保持 edge-on 取向；而 PNDI 分子则随着 CN 含量的增加，分子取向由 face-on 逐渐变为 edge-on。虽然 edge-on 取向不利于光子吸收及载流子传输，但是由于给受体分子取向一致，提高了 CT 态分离效率，使得器件性能由最初的 0.08%提高到了 1.07%。Han 等[47]通过调节溶液状态和成膜动力学，实现了 PTB7-th/PNDI 共混体系分子取向的优化，并且建立了相对给受体分子取向与器件性能的关系。当采用空间体积逐渐降低的溶剂(CN、*o*-DCB 和 CB)制备溶液时，PNDI 分子的聚集程度逐渐增大，所得到的薄膜分子取向由 edge-on 转变成 face-on。此外，对于同种溶剂制备的 P(NDI2OD-T2)薄膜，成膜时间延长，薄膜分子取向由 face-on 转变成 edge-on，如图 5-15 所示。对于 PTB7-th 薄膜而言，其分子取向为 face-on，并且不随溶剂的性质而改变。以对不同取向的 PTB7-th/ P(NDI2OD-T2)薄膜制备器件后，发现随着给受体的分子取向由 face-on/edge-on 转变成 face-on/face-on，由于相同给体/受体界面处激子更容易分离，器件的短路电流密度由 1.24 mA/cm^2 提高到了 8.86 mA/cm^2，因此，器件的能量转换效率由 0.53% 提高到了 3.52%。

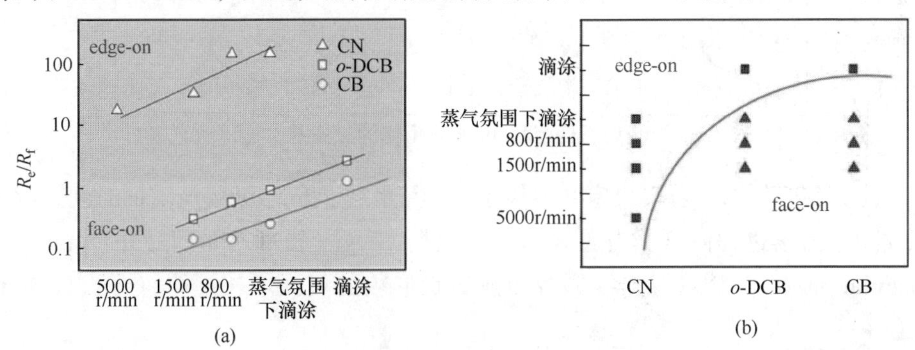

图 5-15　(a) P(NDI2OD-T2)在不同条件下成膜，薄膜中 edge-on 与 face-on 含量比值；(b) P(NDI2OD-T2)在不同溶剂体系及成膜速率下成膜及对分子取向的影响[47]

5.3.3　成膜及结晶动力学

1. 成膜动力学

从溶液状态到形成固态薄膜的过程是一个具有时间依赖性的动力学过程，成膜时间的长短决定了聚合物分子在冻结之前的扩散程度，进而决定共混薄膜的相分离形貌。在成膜过程初期，共混体系形成小尺寸相区，随着相分离时间的延长，相邻的相区之间开始融合，导致相区尺寸增大，在成膜过程后期，随着聚合物分子扩散能力下降，薄膜形成亚稳定的形貌，其过程如图 5-16 所示[48]。相区碰撞时间 τ_c 和聚合物的特征流变时间 τ_t 决定了聚合物相区之间是否能够融合。在图 5-16(a)中，两个聚合物相区的 τ_c 远远小于 τ_t，导致碰撞过程中两个相区之间的聚合物分子不能相互扩散，相区不能融合，此过程为弹性碰撞过程。在图 5-16(b)中，由于两个聚合物相区的 τ_c 远远大于 τ_t，因此聚合物之间可以相互扩散，导致相邻相区融合，形成更大尺寸的相区，此过程为非弹性碰撞过程。由此可见，聚合物分子的扩散能力在相区融合过程中起着决定性的作用，并且和成膜时间共同决定着薄膜的相分离形貌。

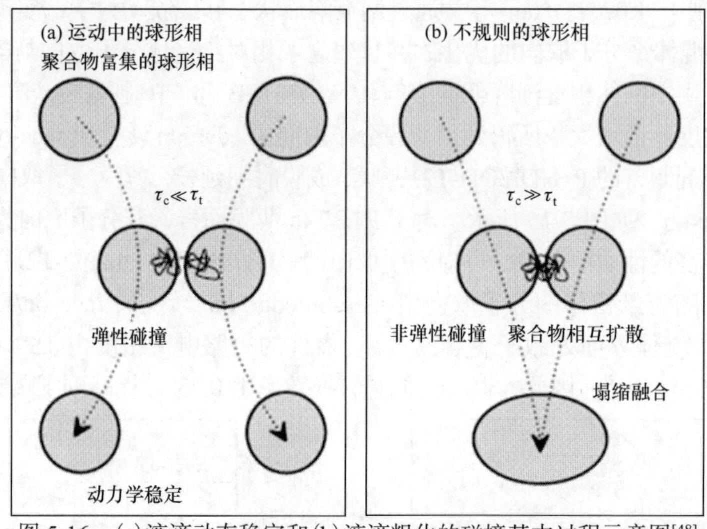

图 5-16 (a)液滴动态稳定和(b)液滴粗化的碰撞基本过程示意图[48]

此外，溶剂沸点可以决定共混体系从溶液状态到固态薄膜所需的时间，因此对成膜动力学过程同样具有重要影响。根据 Siggia 机理和布朗凝并(Brownian-coagulation)机理[48]，双连续形貌和孤岛状形貌的相区增长规律符合式(5-7)和式(5-8)：

$$\frac{R}{\xi}=b_{\mathrm{h}}\left(\frac{t}{\tau}\right) \tag{5-7}$$

$$\frac{R}{\xi}=b_{\mathrm{d}}\left(\frac{t}{\tau}\right)^{1/3} \tag{5-8}$$

式中，R 为特征相分离尺寸，ξ 为相关长度，b_{h} 和 b_{d} 为常数，t 为相分离时间，τ 为特征时间。从两个公式可以看出，无论共混薄膜形成双连续形貌还是孤岛状形貌，相区尺寸都是与相分离时间成正比的。Ito 等[10]通过采用不同沸点溶剂制备 P3HT/PF12TBT 共混体系的薄膜，发现氯仿(CF)薄膜没有出现明显的相分离形貌，而在氯苯(CB)和邻二氯苯(*o*-DCB)薄膜中则出现了明显的大尺寸相分离结构，并且随着溶剂沸点升高，相分离尺寸增大，与以上两个公式的结果相符。Sirringhaus 等[49]表征了 P3HT/P(NDI2OD-T2)体系采用不同溶剂制备的薄膜的形貌，如图 5-17 所示。当采用低沸点溶剂氯仿(CF)时，由于 CF 沸点较低，成膜时间较短，聚合物共混得到快速的冻结，致使最终薄膜的共混性较好，形成纳米级别的相分离形貌；而当采用高沸点溶剂二甲苯(XY)和二氯苯(DCB)时，成膜时间大大延长，聚合物有更多的时间和空间进行自组织排列，同时，在该过程中，由于聚合物侧链具有更高的溶解性，因此，当聚合物主链达到过饱和浓度时，聚合物侧链仍处于部分溶解状态，导致析出时间进一步延长，最终薄膜出现明显的大尺寸相分离形貌。

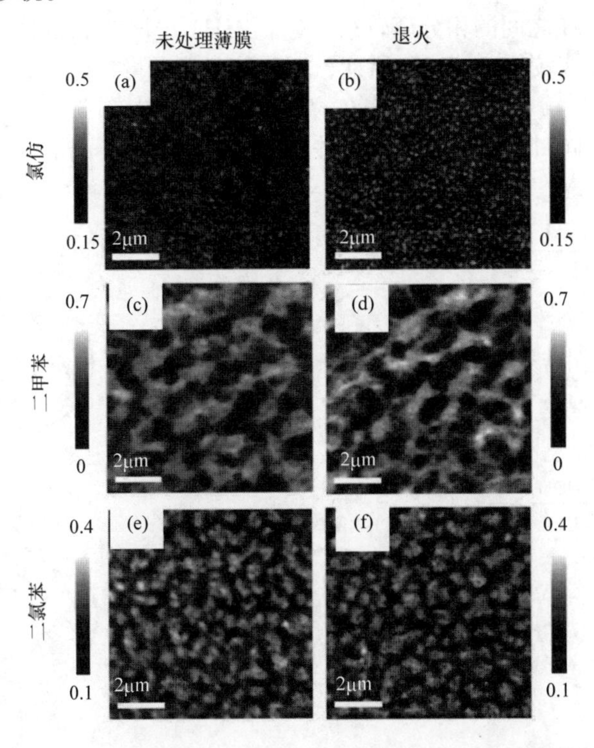

图 5-17　单一溶剂下 P3HT/P(NDI2OD-T2)体系薄膜形貌[49]

然而，对于使用低沸点纯溶剂，虽然在一定程度上可以降低聚合物共混体系的相分离尺寸，但是由于成膜时间较快，减少了分子自组织时间，使得给受体分子结晶度较低，相区纯度不高，不利于光伏器件的载流子传输和收集过程，因此器件性能一般较低。通过使用共混溶剂的方法可以一定程度上降低共混体系的相分离尺寸。对 PFB/F8BT 共混体系[50]而言，采用低沸点溶剂 CF 制备的薄膜形成了共混性较好的薄膜，但是作者发现界面的增多会限制激子分离，导致成对复合概率增加。采用高沸点溶剂制备的薄膜相区尺寸较大，激子未扩散到相界面处便会衰减。只有采用共混溶剂的方法，向 CF 中添加适量的高沸点溶剂二甲苯，制备的薄膜才能具有理想的相区尺寸，有利于激子扩散和电荷分离的平衡。

除了溶剂本身沸点等基本物理参数决定成膜动力学过程的发生，聚合物自身物理参量及分子间相互作用参数也是重要参数之一。为了能够理解全聚合物 BHJ 中相分离的机理，Bao 等[51]对比了 P3HT/PCBM 及 P3HT/PNDIT 两种体系的成膜过程。如图 5-18 所示，两种薄膜的干燥都是从溶液中开始的。溶剂挥发导致过饱和溶液，首先达到溶解度极限的组分成核和结晶。对于 P3HT/PCBM 共混体系，由于 PCBM 玻璃化转变温度较高，共混体系的玻璃化转变温度高于室温，当溶剂残余量较低时(成膜后期)，P3HT 链段无法调整，阻碍了 P3HT 进一步的结晶，导致 P3HT 和 PCBM 之间的相分离较小。对于 P3HT/PNDIT 共混体系，由于 PNDIT 的玻璃化转变温度较低，在成膜后期，即使溶剂残余量较低，分子依然能够进行链段调整；P3HT 和 PNDIT 分子均在溶剂挥发过程中持续进行晶体的生长，直至溶剂完全挥发。同时由于两组分相容性差，且给受体分子结晶性均强，因此易于诱导大尺寸相分离发生。

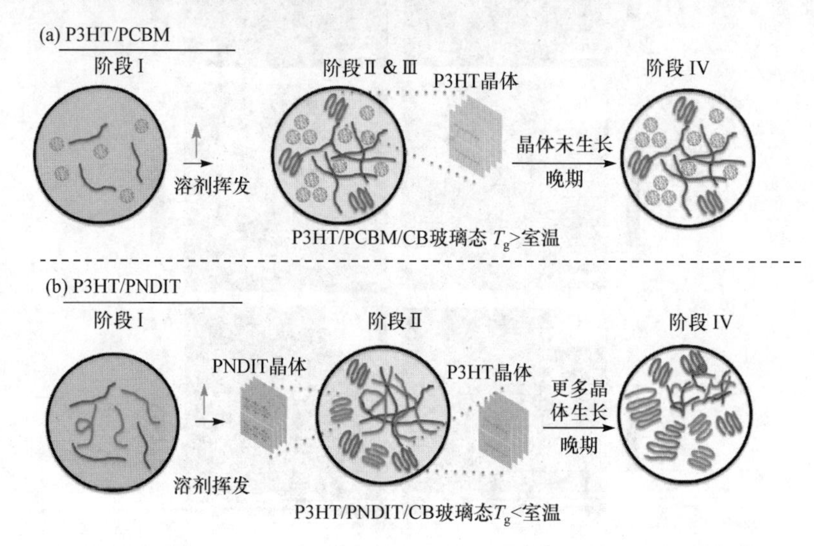

图 5-18 不同体系聚合物太阳能电池有源层干燥成膜过程：(a)聚合物/富勒烯体系；(b)全聚合物体系。与 P3HT/PNDIT 共混体系相比，P3HT/PCBM 体系形成更小的相分离尺寸，这是因为 P3HT/PCBM 体系具有更高的玻璃化转变温度 T_g。红色代表 P3HT，蓝色代表 PNDIT，黑色点代表 PCBM，绿色代表溶剂[51]

2. 结晶动力学

当聚合物共混体系均为结晶性聚合物时，各组分的结晶速率则成为决定相分离过程及形貌的关键因素[52]。通常情况下，共混聚合物的结晶速率包含由 T_g 决定的分子扩散部分和由组分含量决定的成核部分，可由 Turnbull-Fisher 方程延伸到共混体系中，其方程式如式(5-5)所示。

当两种聚合物在相分离过程中同时结晶时，共混薄膜往往会形成同中心生长或者相互贯穿的球晶结构。Ikehara 等[53]研究了 PBAS/PEO 共混体系的相分离过程及形貌，发现 PEO 在 PBSA 的球晶中与其具有相同的球晶生长速率，最终形成相互贯穿的球晶结构，如图 5-19 所示。当两种聚合物的结晶速率不同时，已经结晶的聚合物晶体结构会对共混体系的结晶动力学过程及最终的晶区结构产生影响[52]。图 5-20 列出了 PVDF/*i*-PMMA 共混体系晶区结构变化过程，上边曲线为共混体系中 PVDF 结晶过程先于 *i*-PMMA 的结晶，下边曲线为纯 *i*-PMMA 的结晶，而中间曲线为已经存在 PVDF 晶体结构下的 *i*-PMMA 结晶，其小角散射图谱中的出峰位置为 0.25 nm^{-1} 和 0.5 nm^{-1}，分别对应着 PVDF 和 *i*-PMMA 的晶体结构。但是与其他两个曲线的出峰位置相比，中间曲线的两个峰位分别移动到较小和较大的 q 值区，说明两者的结晶结构在另一组分结晶过程的存在下均发生了改变，证明组分结晶速率的不同导致共混体系的晶体结构发生变化。结晶聚合物共混体系是一类复杂多相体系，其相分离结构是由两相转变及结晶过程决定的。因此，为了调控共混薄膜的结晶结构，聚合物的结晶与分子扩散过程的相互竞争及耦合作用等热力学和动力学因素都需要考虑。

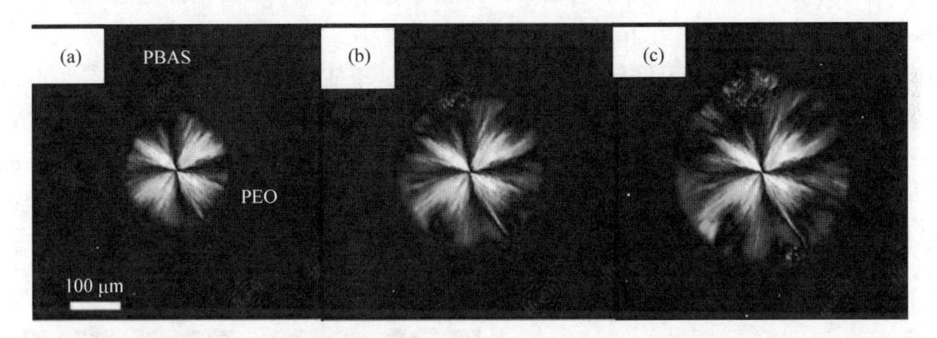

图 5-19　PBAS/PEO=3/7 共混体系在 48℃结晶时 PEO 球晶贯穿到 PBAS 球晶中的过程。结晶过程的时间分别是 (a) 27 s、(b) 35 s、(c) 44 s[53]

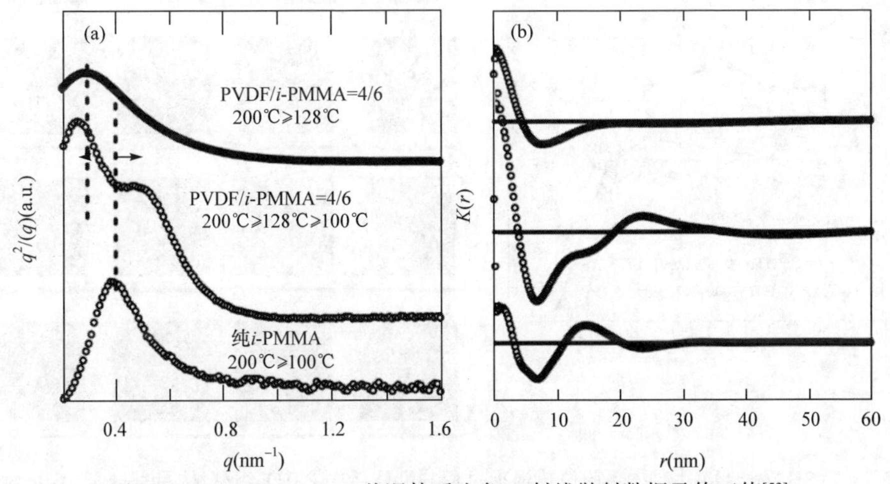

图 5-20　PVDF/*i*-PMMA 共混体系小角 X 射线散射数据及修正值[53]

对于结晶/结晶共轭聚合物共混体系，两组分的结晶行为直接影响最终相分离形貌的产生，而活性层中互穿网络结构的形成与否直接决定着载流子在各自电极的收集效率。当二者结晶速率差异太大时，一相完成结晶行为形成互穿网络框架，另一相没有足够的空间和能量完成基质填充，最终不能形成良好的互穿网络结构。而只有当二者结晶速率差异小时才能形成更稳定的互穿网络结构，因此，在选择结晶/结晶聚合物共混体系配对原则时应保证给受体结晶速率具有一定的匹配度。Han 等[54]通过调控 P3HT/N2200 结晶/结晶聚合物共混体系中两组分结晶速率差异构筑全聚合物互穿网络结构，如图 5-21 所示。通过选取具有不同分子量 P3HT 分别与 N2200 共混发现：对于 P3HT(M_w=6000)/N2200 共混体系，P3HT 分子量低，具有更强的分子运动能力，在热退火过程中，突破 N2200 的限制作用，最终形成大尺寸相分离结构。通过对退火过程中二者结晶过程进行原位 2D-GIXRD 表征，二者结晶速率差异大(Δk=142.0)，结晶诱导生成纳米棒状大尺寸相分离结构。对于 P3HT(M_w=55000)/N2200 共混体系，P3HT 分子量高，退火过程中，在 N2200 结晶限制作用下，P3HT 分子局部有序排列，通过对退火过程中二者结晶过程进行原位 2D-GIXRD 表征，二者结晶速率差异小(Δk=2.3)，结晶限制形成稳定的互穿网络相分离结构。通过对两体系退火过程中热力学过程分析发现，P3HT(M_w=6000)/ N2200 共混体系相分离驱动力主要为熵变，P3HT(M_w=55000)/N2200 共混体系相分离驱动力主要为焓变。

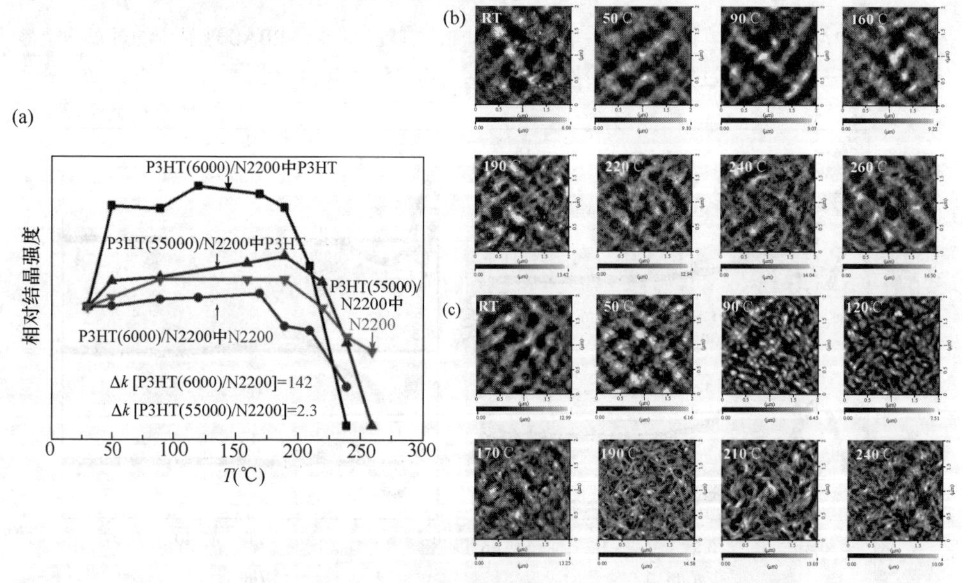

图 5-21 P3HT/N2200 共混体系原位热退火过程共混体系中 P3HT 组分结晶度随时间变化过程(a)及相应形貌图(b)、(c)[54]

全聚合物共混体系分子取向类型决定激子分离效率和电荷转移态分离速率。有研究表明，具有相同结晶取向的分子更利于促进激子的分离，提高电荷转移态速率。Han 等[55]通过控制 P3HT/N2200 体系分子运动能力，调控聚合物分子取向及相分离，建立取向及相分离之间的内在联系。对于纯 P3HT 薄膜，其加热到结晶温度时，分子倾向于热力学稳定的 edge-on 取向，纯 N2200 薄膜则以非热力学稳定的 face-on 取向。对于共混薄膜加热到结晶温度时，N2200 分子仍以 face-on 取向，而 P3HT 分子则改变了分子取向行为，以 face-on 取向。利用原位二维 X 射线衍射技术发现：当退火温度 $T_{c,P3HT}<T<T_{m,P3HT}$，P3HT 分子链段运动，两组分均以 face-on 取向，如图 5-22(a)所示；当退火温度 $T_{m,P3HT}<T<T_{m,N2200}$，P3HT 整个分子链运动，P3HT 以 edge-on 取向，N2200 以 face-on 取向，如图 5-22(b)所示。原位紫外-可见光谱说明退火过程中，P3HT 分子运动能力远远大于 N2200 分子运动能力，在 P3HT 分子运动重排的过程中受到 PNDI 分子 face-on 取向的限制和影响，使得分子运动范围受到限制，因此只能以热力学非稳定的 face-on 取向。将加热温度提高到 P3HT 熔融温度以上退火，为其分子运动提供更高的外界能量，P3HT 分子便突破 N2200 分子结晶取向的限制，以热力学稳定的 edge-on 取向。最后，通过对不同退火方式下薄膜相分离结构的表征，建立了分子取向与薄膜相分离行为的关系：当二者具有相同 face-on 取向时，薄膜形成互穿网络相分离结构；当二者具有不同取向时，薄膜形成多级相分离结构。

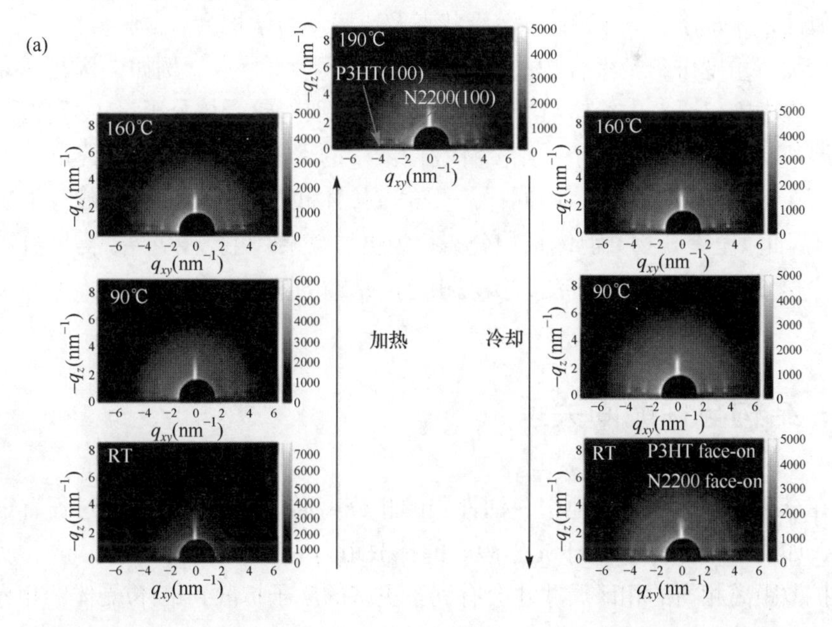

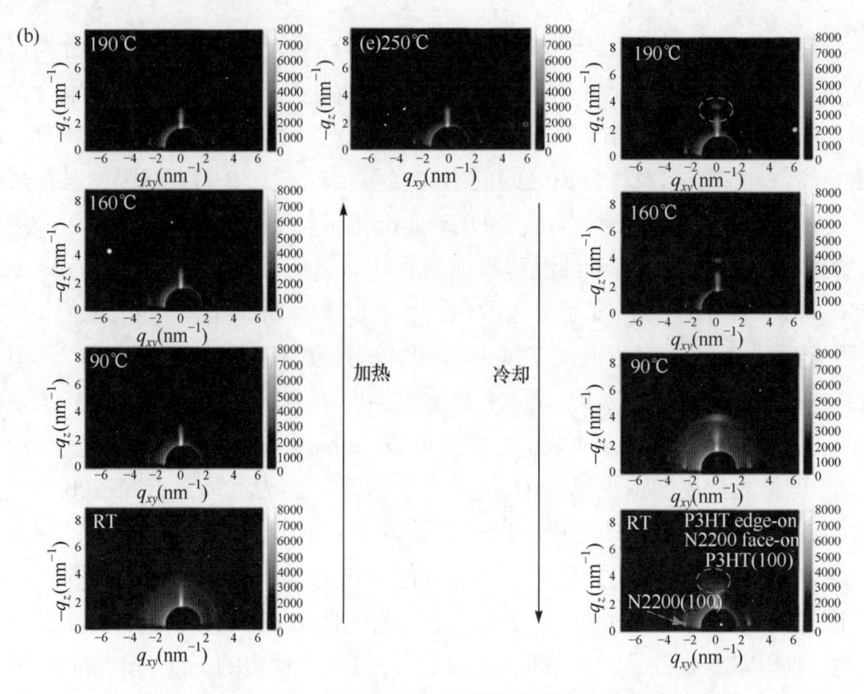

图 5-22　P3HT/N2200 共混体系分子取向随退火温度的变化[55]

全聚合物共混体系相分离结构调控与聚合物/富勒烯共混体系相比有着一定的相似性，例如分子本征特性、溶液状态及成膜动力学均会对薄膜形貌产生影响。但是从细节角度讲，全聚合物共混体系仍有着其自身特点。例如，构建互穿网络结构过程中不仅要考虑给体与受体比例，同时还要对给受体分子量进行合理匹配；考虑溶液状态时就更为复杂，给受体在溶液中的聚集状态均会对最终形貌产生影响；而在结晶动力学方面，则同样需要兼顾给体和受体的结晶速率或分子运动能力等。因此，全聚合物共混体系相分离行为更加复杂、可控性更差，需要进一步发展相关相分离原理及调控方法，实现相分离结构的精细调节！

5.4　结构与性能间关系

在全聚合物太阳能电池中，活性层的相分离形貌对器件的物理过程有很大的影响，如图 5-23 所示。由于光生激子的扩散距离一般情况下小于 20 nm，所以与激子扩散距离相当的相区尺寸才会有利于更多的激子扩散到给体/受体的相界面；另外，过小的相区尺寸也会增加载流子传输过程中的复合概率。激子扩散到给受体界面将形成电荷转移态，给受体界面分子取向一致利于电荷转移态分离，能够避免单分子复合。当激子分离产生自由载流子之后，相区纯度的高低及晶体内分子取向决定了自由载流子在传输过程中发生双分子复合的概率，高相区纯度及face-on取向更利于载流子的传输与收集。

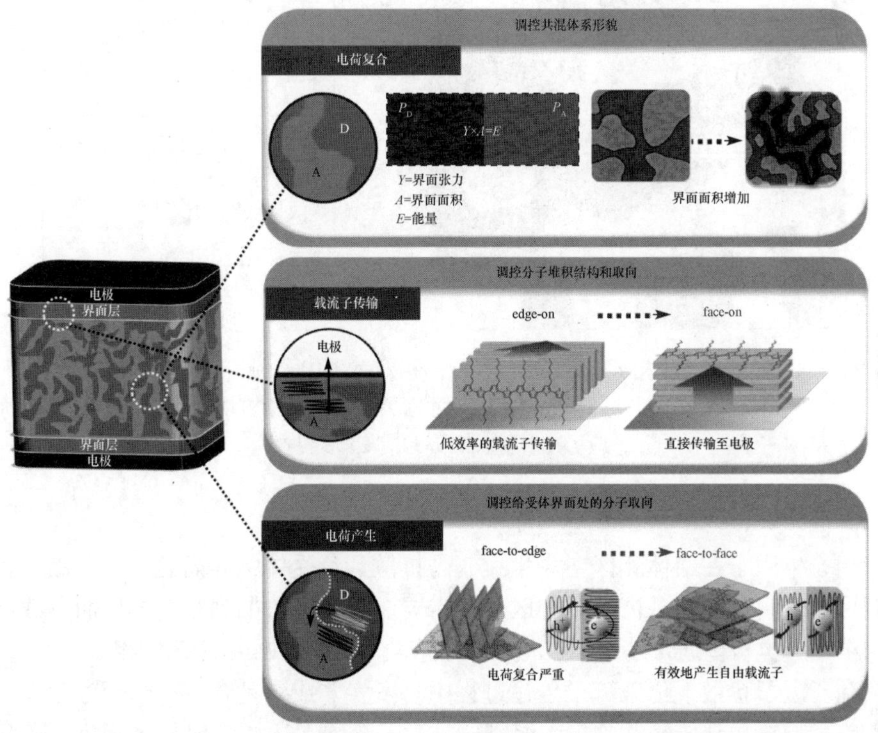

图5-23 全聚合物共混体系活性层相区尺寸、界面分子取向、结晶性等因素与性能间关系[18]

Epifani等[56]采用模拟的方法分别研究了有机太阳能电池活性层的相区尺寸、相区纯度和界面结构等因素对器件参数的影响，包括短路电流密度(J_{sc})、激子分离效率(η_{ex})和电荷收集效率(η_{cc})。作者模拟了三种不同的形貌：扩散的相界面和相区不纯(CI)、扩散的相界面(DII)以及明显的相界面和纯相区(SII)。然后对比了在不同相区尺寸下，三种形貌的电学参数J_{sc}、η_{ex}和η_{cc}的变化趋势，如图5-24所示。相区纯度高的形貌J_{sc}的数值较高，但是随着相区尺寸的增大，η_{ex}的数值降低；扩散的相界面和相区不纯的形貌中给受体的界面增多，因而有利于激子分离效率的提高，但是其η_{ex}和η_{cc}数值均小于相区纯度高的形貌。由此可见，活性层的相区尺寸、相区纯度、界面结构以及互穿网络结构等对器件性能具有重要影响，优化活性层形貌成为提高器件性能的重要途径。

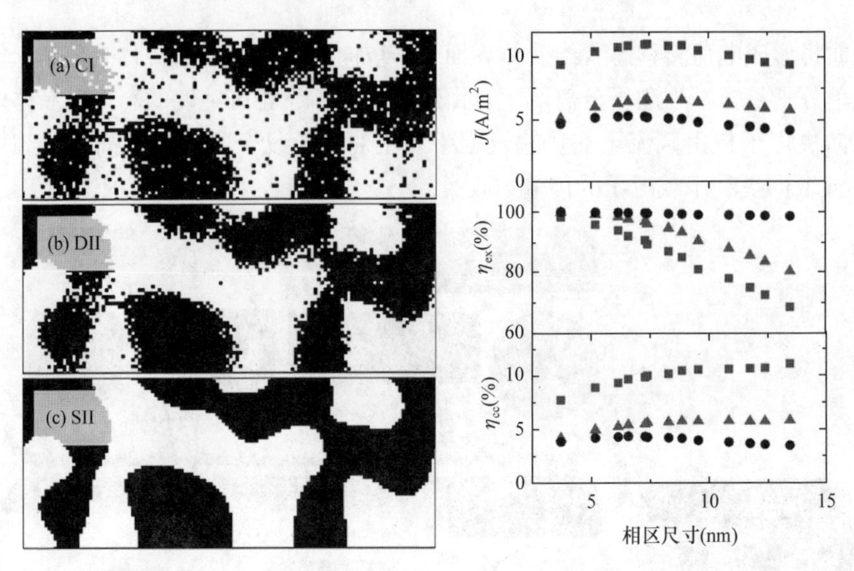

图 5-24　通过模拟绘制的相区不纯(CI)、扩散的相界面(DII)及纯相区(SII)的活性层结构示意图，以及三种形貌情况下器件各参数与相区尺寸间关系图，其中方块对应 SII 形貌、三角形对应 DII 形貌、圆形对应 CI 形貌[57]

1. 相区尺寸

当光生激子在给体相区中产生后，需扩散到给受体的界面处进行分离，然后才能形成自由移动的载流子，相区尺寸需要保证激子扩散到给受体界面及载流子传输至相应电极。通常情况下，相区尺寸应当在 10～20 nm 之间。相区尺寸过小，虽然利于激子扩散，但载流子传输过程中易发生非成对复合；相区尺寸过大，虽然载流子能够顺利传输并收集，但是部分激子会因无法扩散到界面而发生猝灭。

在 PDFQx3T/P(NDI2OD-T2)共同混体系中，Kim 课题组[58]通过调节溶剂种类实现了共混体系相区尺寸的调控，建立了相区尺寸与短路电流间关联。作者分别选用氯仿、氯苯、邻二氯苯及对二甲苯作为溶剂，如图 5-25 所示。前边我们已经提及，溶剂挥发时间决定了薄膜干燥过程的长短。由于氯仿沸点低，成膜过程非常短暂，分子来不及聚集形成大尺寸相区便被冻结在亚稳态，因此相区尺寸较小，仅为 30 nm 左右。随着沸点的逐渐增加，成膜过程时间延长，分子有充足的时间自组织，进而发生结晶及聚集，相区尺寸逐渐增加，以邻二氯苯为溶剂时相区尺寸可增大到 165 nm。然而，值得注意的是，虽然对二甲苯溶剂沸点低于邻二氯苯，但是薄膜相区尺寸为四种溶剂中最大，高达 300 nm 以上。由此可见，相区尺寸不仅由动力学因素决定，热力学因素也不可忽略；由于对二甲苯对 PDFQx3T 及 P(NDI2OD-T2)溶解度较低，在溶液中给受体聚集较为严重，会诱导成膜过程中进一步发生相分离，因此在较长的成膜时间共同作用下，相区尺寸最大。相区尺寸直接影响激子猝灭效率，随着相区尺寸增加，激子猝灭效率由 87.5%降低至 77.6%，说明大尺寸相区中部分激子无法扩散至界面进行分离，导致短路电流密度由 10.58 mA/cm^2 降低至 7.91 mA/cm^2，器件能量转换效率也由 5.11%降至 3.83%。

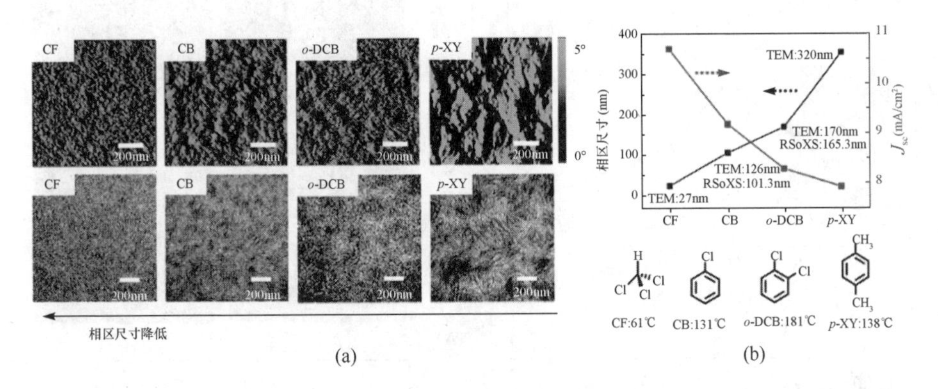

图 5-25　PDFQx3T/P(NDI2OD-T2)共混体系不同溶剂时薄膜原子力显微镜(上图)及透射电子显微镜照片(下图)(a)；相区尺寸与短路电流间关系及溶剂结构式与沸点(b)[58]

除了动力学因素外，给受体的结晶性等热力学因素也在一定程度上影响相区尺寸。通常在无液-液相分离的体系中，给受体结晶性越强，越倾向于诱导大尺寸相分离形成。因此，通过分子剪裁，利用结晶性调控相区尺寸也是一种行之有效的方法。Jenekhe 课题组[59]通过调节受体材料中 PDI 的含量[图 5-26(A)]，实现了受体材料结晶性的调控。当受体分子由 NDI 组成时，结晶性最高，晶体尺寸达 10.22 nm，给受体共混体系中相区尺寸也最大；由于激子无法扩散至界面分离，限制了短路电流的提高，此时器件性能仅为 1.23%。随着 PDI 含量逐渐增加，受体分子结晶性下降，当 PDI 含量为 50%时，晶体尺寸减小至 5.11 nm，相区尺寸也降至最小；此时虽然利于激子扩散，但由于受体结晶性过低，不利于载流子传输，器件性能仅为 2.66%。当 PDI 含量为 30%时，此时相区尺寸适中且受体依然具有一定的结晶性，利于激子扩散及载流子传输，器件性能高达 6.29%。Wang 等[39]通过改变 N2200 分子主链中噻吩单元的相对含量，合成了具有不同噻吩数量的 PNDI-Tx 分子；通过与 PTB7-Th 分子共混、降低 N2200 结晶性便能够降低相区尺寸，如图 5-26(B)所示。当 x=0 时，由于 N2200 分子具有较强的结晶性，在成膜过程中发生结晶诱导相分离行为，导致发生较大尺寸的相分离，器件能量转换效率仅为 3.7%；当 x=10 时，减小了分子沿主链方向的共轭效应，使得 N2200 分子结晶性得到一定程度的降低，给受体结晶性更加匹配，最终相分离尺寸得到了明显的减小，增加了给体/受体界面面积，填充因子达到最大值，最终器件性能提高到 7.6%。而当 x 进一步增大时，虽然薄膜的相分离尺寸仍能进一步的降低，但由于 N2200 分子结晶性太弱，进一步影响了器件性能的提升。

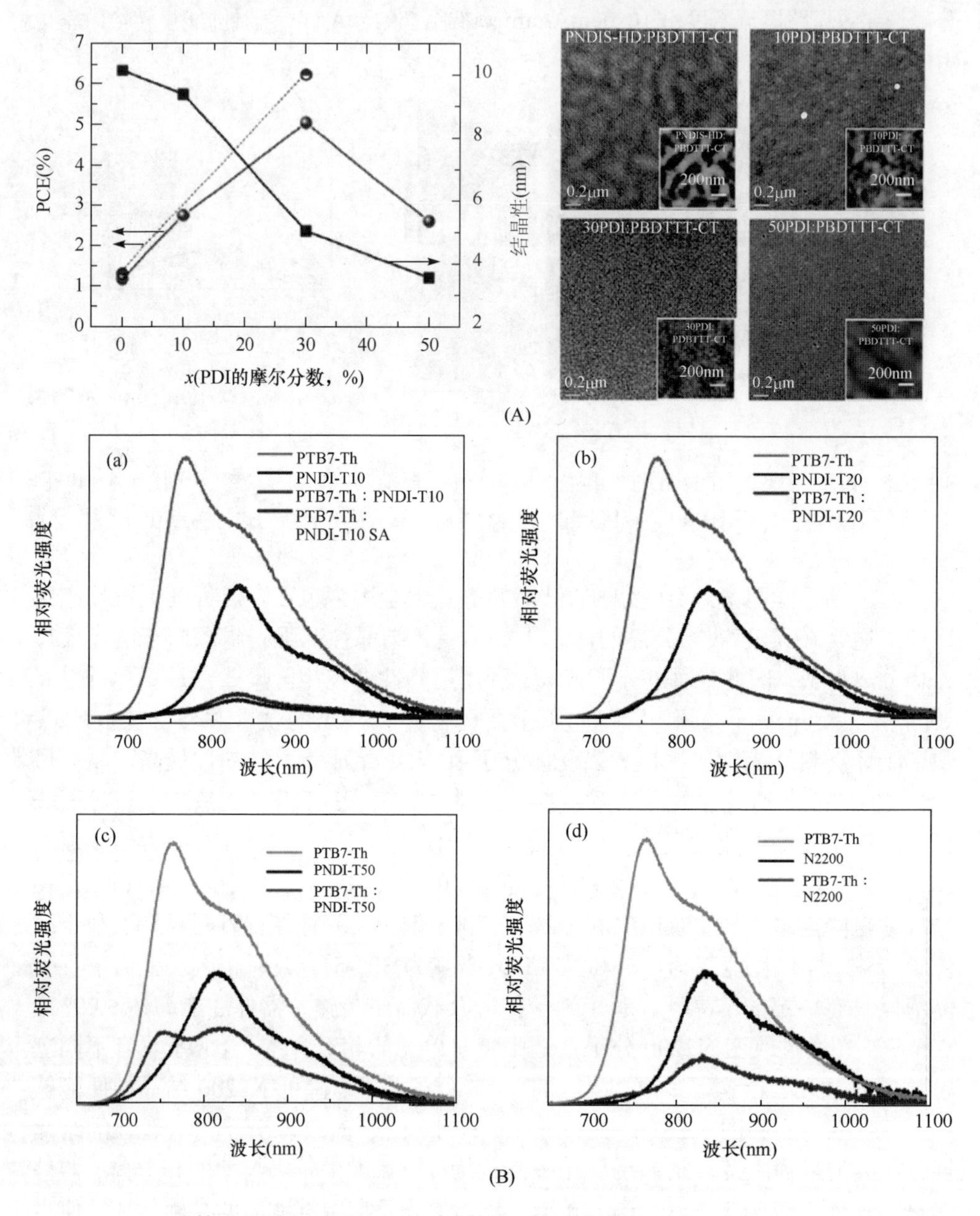

图 5-26 (A)受体中不同 PDI 含量时分子晶体尺寸与器件性能间关系图(左)及活性层形貌图(右)[59]；(B)受体中不同噻吩含量时共混薄膜的 PL 光谱[39]

添加与给受体材料具有相互作用的第三组分的方法同样可以调节共混体系的

相区尺寸。Zhan 等[60]向 PBDTTT-C-T/PPDIDTT 体系中添加与受体具有类似结构的第三组分 PDI-2DTT（材料分子结构见图 5-27），由于两者具有良好的相容性，因此 PDI-2DTT 分子可以有效抑制 PPDIDTT 相的聚集，降低受体相的相区尺寸，同时增加给受体之间的共混性，并且这种抑制作用不受 DIO 添加剂的影响，添加 PDI-2DTT 前后的形貌如图所示，相分离形貌的改善使得器件性能由原来的 1.18%提高到了 3.45%。Han 等[61]通过向 PTB7-Th/N2200 体系中加入具有光吸收互补效应和构筑梯度能级效应的 PCDTBT 分子，利用第三组分 PCDTBT 分子与给体 PTB7-Th 分子的分子间相互作用，提高了 PCDTBT 分子在给体/受体界面处的分布含量，减小了相分离尺寸，如图 5-28 所示。通过紫外-可见吸收光谱发现第三组分 PCDTBT 分子只可使给体分子 PTB7-Th 吸收峰红移，而不能使受体分子 N2200 吸收峰红移，说明第三组分只与给体分子存在分子间相互作用，从而促进给体分子在溶液和薄膜中的聚集。而与受体分子间并不存在这种分子间相互作用。为了探讨这种分子间相互作用力，作者进一步选取了一系列具有不同分子结构的给体分子和第三组分进行讨论，如图 5-28 所示，结果表明需满足以下两点才存在分子间

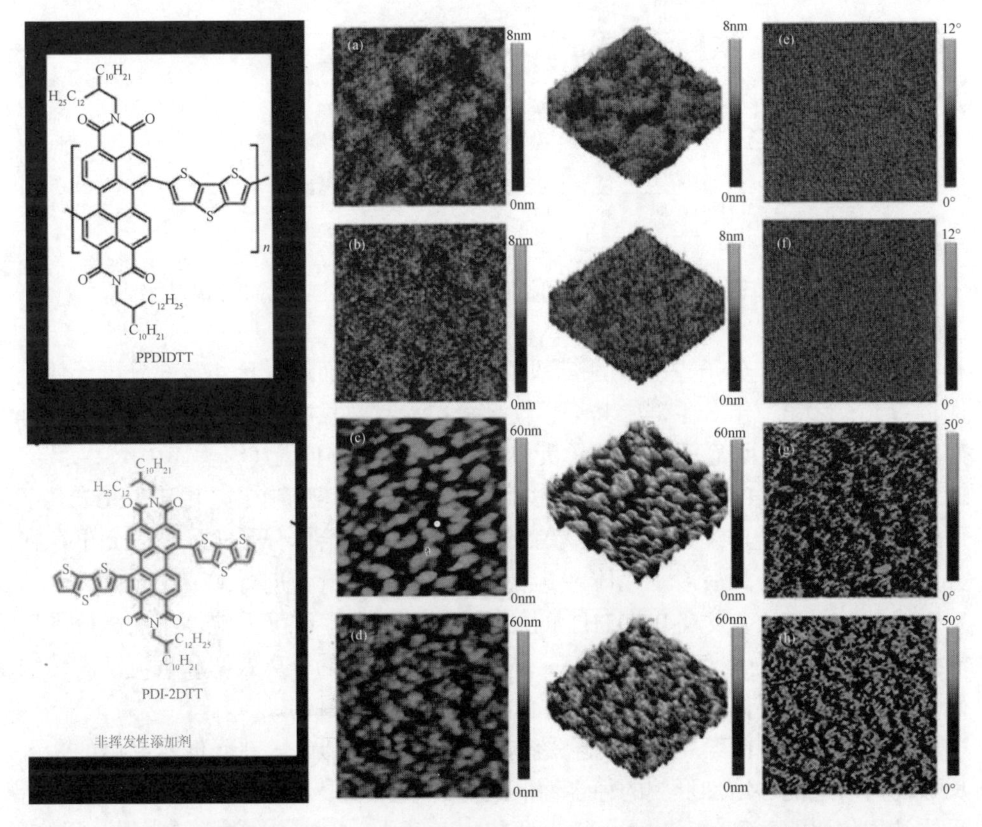

图 5-27　PBDTTT-C-T/PPDIDTT 体系中添加添加剂前后薄膜形貌变化[60]

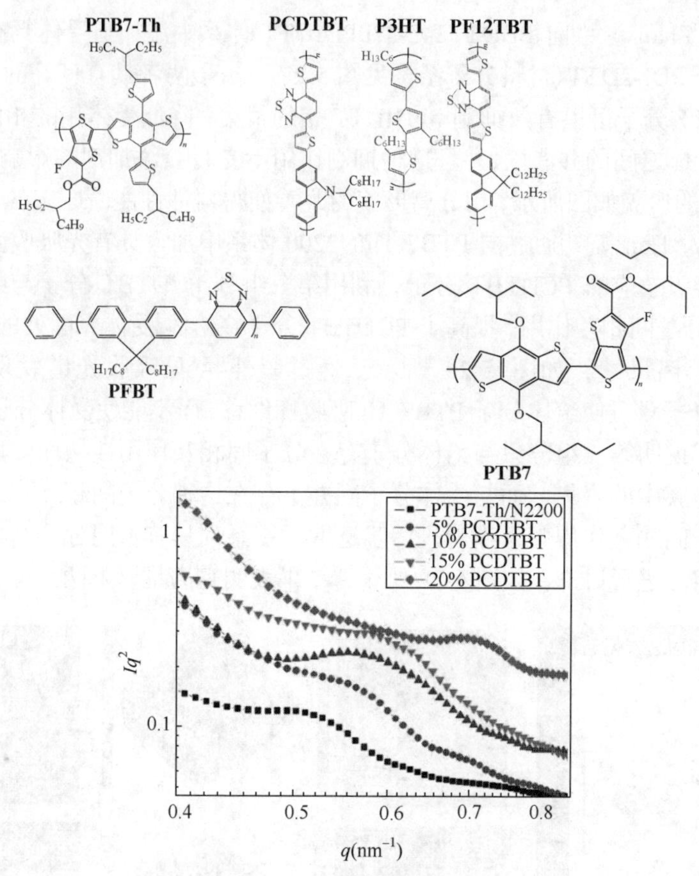

图 5-28 给体与第三组分分子间相互作用降低二元共混体系相分离尺寸[61]

相互作用：①给体分子主链与侧链间存在良好的共平面性，且共轭部分可延伸至侧链单元；②第三组分主链中共平面性部分单元有效长度与给体分子主链和侧链部分共同形成的共轭延伸部分单元的有效长度能够匹配(约为 10 Å)。最终PCDTBT、P3HT、PF12TBT 均与 PTB7-Th 存在分子间相互作用，由于 PFBT 共平面性较差，且主链连续共轭部分单元有效长度不能与给体分子匹配，因此不存在分子间相互作用。最后对三元体系共混薄膜的相分离行为进行了荧光光谱和小角X 射线散射的表征，发现 PCDTBT 的加入有效地减小了二元共混体系的相分离尺寸，增加了给体/受体有效界面面积，从而提高了激子的分离效率和载流子的传输效率。最终使得器件的光电转换效率由 4.2%提高到 5.1%。

此外，当添加的第三组分与给受体分子结构都相似时，在降低给受体的相区尺寸的同时还能够增加形貌的稳定性。通过合成嵌段聚合物，可以使其含有与给受体结构相似的重复单元，从而用来调节相区尺寸。2003 年，Han 等[62]将柔性嵌段聚合物 dPS-*b*-PB 添加到 dPS/PB 共混体系中，薄膜的相区尺寸明显降低。随后研究者合成出可以添加到有机太阳能电池共混体系中的共轭嵌段聚合物。Mulherin 等[63]合成了嵌段聚合物 P3HT-*b*-PFTBTT，并将其添加到 P3HT/PFTBTT 共混体系中调节相区尺寸。作者发现当添加相容剂之后，共混薄膜的相区尺寸被限制在 25 nm 左右，并且在 P3HT 熔融温度以上退火后薄膜的相区尺寸基本保持不变。添加 P3HT-*b*-PFTBTT 后的三元体系电池的短路电流和 PCE 随着退火温度升高而逐渐增大，并且当退火温度升高到 220℃时仍然能保持稳定；然而未添加 P3HT-*b*-PFTBTT 的共混体系电池的短路电流在退火温度达到 130℃后开始下降，这是由薄膜中相区尺寸的增大使得电荷分离效率下降导致的。

2. 相区纯度

载流子在给体相或者受体相中传递时，遇到异相分子会发生非成对复合而导致载流子猝灭，降低了电荷传递效率，不利于器件短路电流和能量转换效率的提高。由于共混体系薄膜是采用溶液加工的方法制备的，体系的相分离形貌往往不能达到热力学稳定状态。图 5-29 所示为共混体系相分离过程中的能量变化图，薄膜处于完全共混的状态时体系的熵最大，体系是最稳定的；薄膜处于完全相分离的状态时体系的熵最小，能量最高，因而体系是不稳定的，在成膜过程中往往很难达到这两种状态。处于这两种能量状态之间的为没有完全相分离的中间相，由于其能量较小，成膜过程中很容易达到这种状态，因此绝大多数的共混体系在相分离过程中均形成未完全相分离的形貌，相区中存在异相分子而导致相区纯度不高。因此，通过优化溶液状态或者利用后处理手段为共混体系提供能量，诱导其发生相分离是提高相区纯度的有效手段。

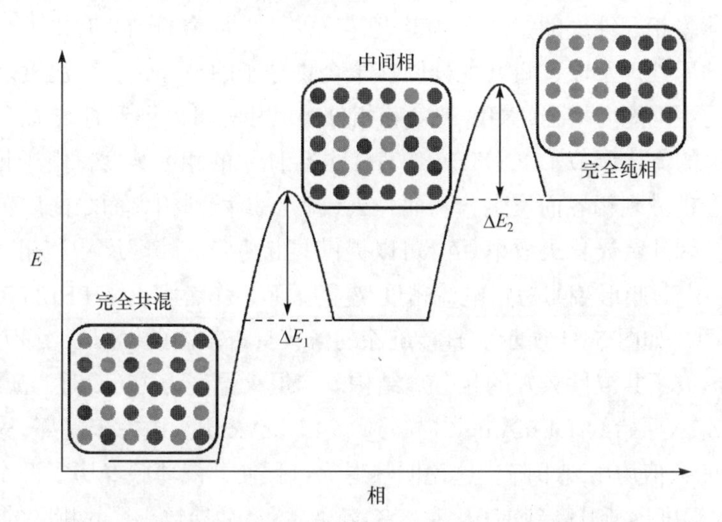

图 5-29　共混体系相分离过程中能量变化图

聚合物/富勒烯共混体系中，由于富勒烯分子为笼型分子，易于扩散、聚集，因此在后退火等情况下，富勒烯易于从聚合物相区内扩散出来，从而形成相对较纯的聚合物相区及富勒烯相区，如图 5-30(a)、(b)所示。然而，在全聚合物共混体系中，聚合物分子之间存在链缠结，在相分离过程中，给受体分子很容易进入异相相区。另外，由于共轭聚合物分子为半晶性聚合物，即使增强给受体结晶性，仍然有部分分子由于缠结、分子构象难于调整等原因无法结晶，因此，从能量角度和材料性质角度而言，聚合物共混体系在相分离过程中易形成相区不纯的相分离形貌，如图 5-30(c)、(d)所示。Ade 等[64]采用共振软 X 射线的方法表征了 PFB/F8BT 共混体系的相分离形貌。作者发现，直接制备的共混薄膜中给受体的相区不纯，导致器件性能远远低于富勒烯体系的器件性能，并且作者认为相区不纯的薄膜形貌为全聚合物共混体系的共同特征。

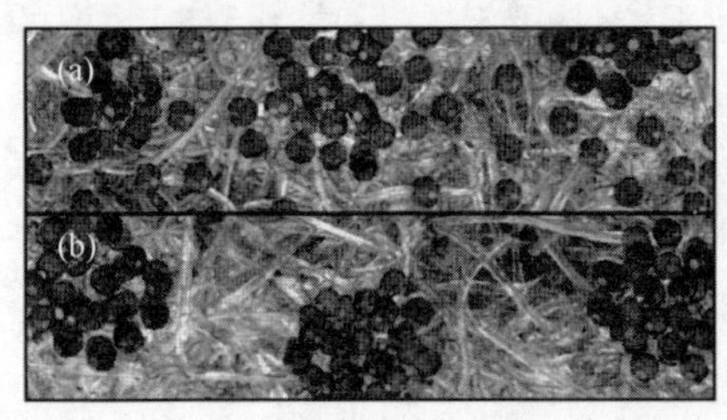

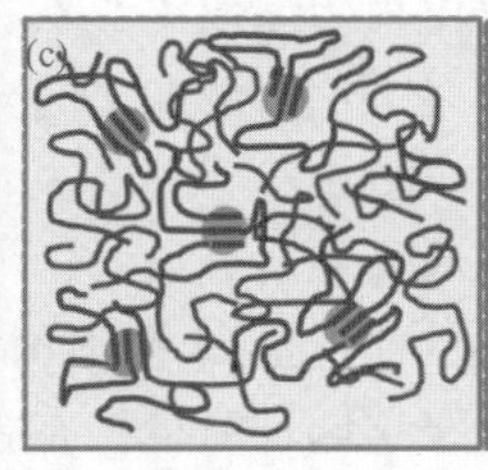

图 5-30　聚合物/富勒烯共混体系[(a)、(b)]及全聚合物共混体系[(c)、(d)]退火前后形貌示意图

采用溶液加工的共混薄膜具有热力学亚稳态结构，聚合物分子在外力作用下仍然可以运动，使得异相分子从相区中扩散出去，因而可以采用后处理的方式来实现共混薄膜相区纯度的提高。热退火是一种较为常用的调节有机太阳能电池活性层形貌的后处理手段，将共混薄膜在聚合物分子的玻璃化转变温度之上加热，分子链段的运动能力增强，相区纯度和相分离尺寸等可以得到有效调控。Ito 等[11]采用热退火的方式调节了 P3HT/PF12TBT 共混体系的相区纯度。由于相区中的激子产生后会扩散到相界面发生分离而猝灭或者在扩散到相界面之前以荧光的方式发生猝灭，因此荧光猝灭效率(Φ_q)可以提供共混薄膜的相区尺寸和相区纯度的信息。为了确定薄膜形貌与短路电流密度 J_{sc} 的关系，作者画出了 PF12TBT 的 Φ_q 与 J_{sc} 的关系图，如图 5-31 所示。直接旋涂的薄膜具有较高的 Φ_q 值，约为 90%，说明薄膜中形成了共混性较好的相分离结构。当退火温度为 120℃时，薄膜 Φ_q 值约为 80%，J_{sc} 从原始的 1.1 mA/cm^2 提高到了 4.2 mA/cm^2。进一步提高退火温度后，Φ_q 和 J_{sc} 的数值均出现下降。这说明热退火过程使共混薄膜经历了两个阶段的变化。当退火温度逐渐升高到 120℃时，聚合物链段运动导致小尺寸相区的纯度增加。在直接旋涂的共混薄膜的 PF12TBT 富集区中包含着少量的 P3HT 分子，PF12TBT

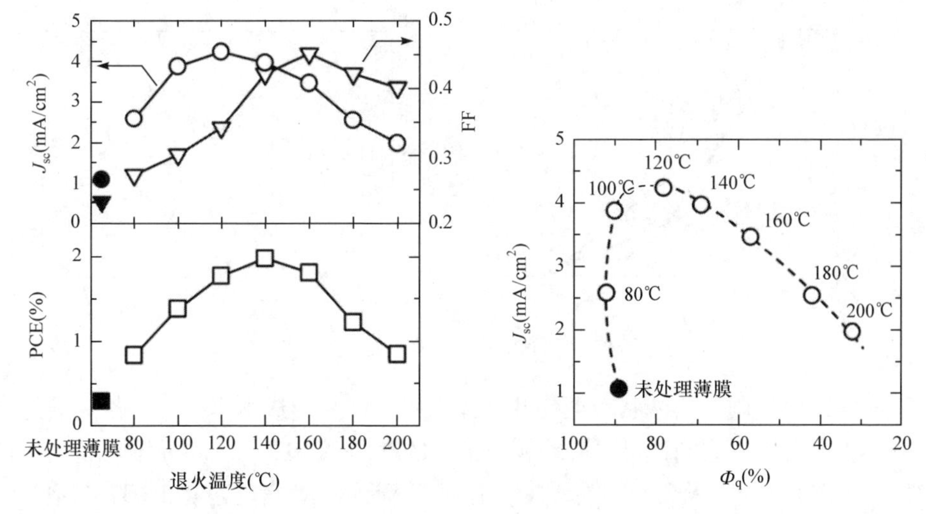

图 5-31　PF12TBT 的 Φ_q 与短路电流 J_{sc} 关系图[11]

相区中的激子传递到这些孤立的 P3HT 分子时就会猝灭，不能形成有效的光电流。正是由于相区纯度的增加以及相区尺寸的基本不变，使得 J_{sc} 在退火温度逐渐升高到 120℃过程中逐渐增加。另一方面，当退火温度高于 120℃时，相分离尺寸开始增大，相界面减少，导致 Φ_q 和 J_{sc} 的数值均出现下降。

Hou 等[65]通过选择可以降低受体聚集程度的添加剂氯萘(CN)，实现了 PBDTBDD-T/PBDTNDI-T 共混体系相区纯度的提高。通过向共混体系的 CB 溶液中添加 3% CN，由于 CN 溶剂与受体分子 PBDTNDI-T 相互作用力远远大于 CB 溶剂，同时 CN 具有更高的沸点，因此在成膜过程中，使得 PBDTNDI-T 具有更多的时间自组织形成纯相区，从 RSoXS 图中(图 5-32)作者发现，每个峰的散射强度积分均增加，代表着薄膜的平均相区纯度提高，双分子复合的概率降低，导致器件性能从 2.40%提高到 2.88%。

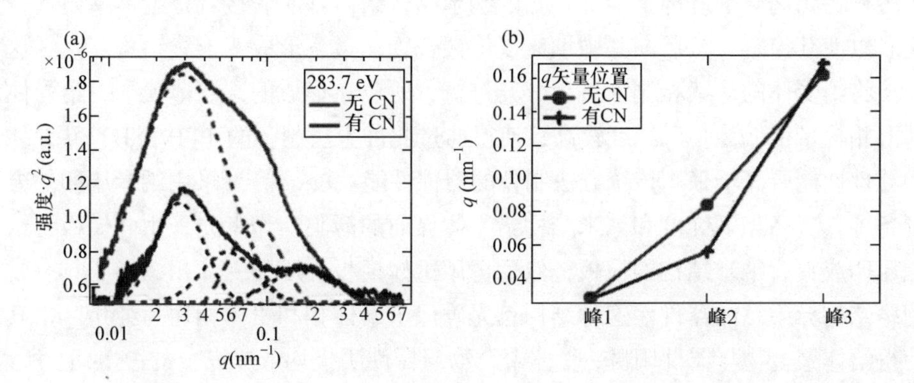

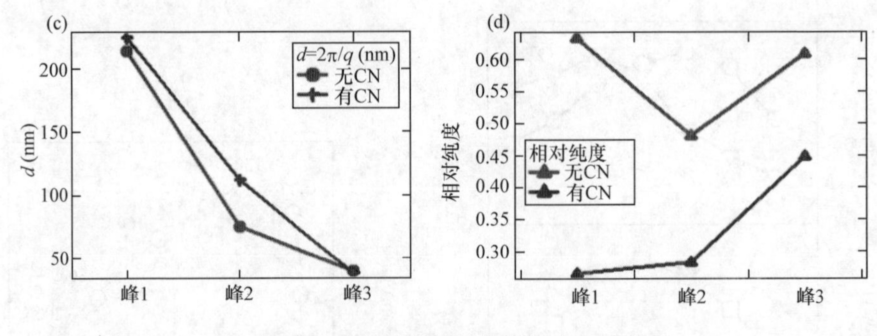

图 5-32 不同溶剂体系薄膜相区纯度[65]

此外，通过调节溶液状态促使共混体系中某一相形成纳米纤维，然后通过结晶诱导相分离的方式同样可以实现相区纯度的提高。2010 年，Lam 等[45]首先采用 P3HT 纳米纤维调节了聚合物共混体系的相分离形貌。作者通过将 P3HT 在边缘性溶剂二甲苯(pX)中逐渐降温的方式来制备纳米纤维，然后以 1∶1(质量比)的比例将 F8BT 溶解在 P3HT 纳米纤维的悬浊液中。通过制备器件后，薄膜形成明显的纤维状相分离形貌，如图 5-33(A)所示，相区纯度和结晶性的提高导致器件的短路电流密度提高了 10 倍，由 0.029 mA/cm^2 提高到了 0.29 mA/cm^2。随后，Li 等[66]采用向 P3HT 溶液中添加劣溶剂己烷的方式制备纳米纤维，接着将 F8TBT 添加到 P3HT 纳米纤维的悬浊液中，形成 1∶1(质量比)的共混溶液。通过旋膜制备的样品中 P3HT 形成了具有约 20 nm 宽和 5 μm 长的纤维，如图 5-33(B)所示，其器件性能在退火后可以达到 1.87%，远远高于未形成纳米纤维的器件性能。这些研究表明聚合物纳米纤维可以被用来提高共混薄膜的相区纯度，进而提高器件性能。

此外，研究者们采用了相诱导剂[67]和纳米压印[68]等新方法来实现相区纯度的调节。如图 5-34 所示，相诱导剂是一种绝缘聚合物，将其与给体聚合物直接共混，通过溶液加工的方法制备薄膜。然后选择可以溶解相诱导剂而不溶解聚合物给体的溶剂将相诱导剂洗掉，留下多孔的纳米结构给体基质。接着将给体基质进行光交联以使其稳定，然后向其中填充受体聚合物，最终形成双连续结构。由于这种方法将给受体的连续相制备过程分开进行，所以在形成的共混薄膜中，给受体的共混相含量很低，相区纯度较高，使得通过此种方法制备的 PFB/F8BT 共混体系的器件性能要高于采用传统方法制备的器件性能。Png 等[67]采用纳米压印的方法制备了具有高相区纯度和纳米结构给受体界面的薄膜。作者先采用硅模板将给体相压印成具有纳米结构的模板，然后再用给体模板去压印受体相，形成具有互穿网络结构异质结的器件。这种结构首先确保了给体相和受体相均为纯相区，其次使得给体聚合物与器件阳极、受体聚合物与器件阴极均形成完全的覆盖面。所以，采用纳米压印制备的 P3HT/F8TBT 器件的效率比标准器件高了两倍。

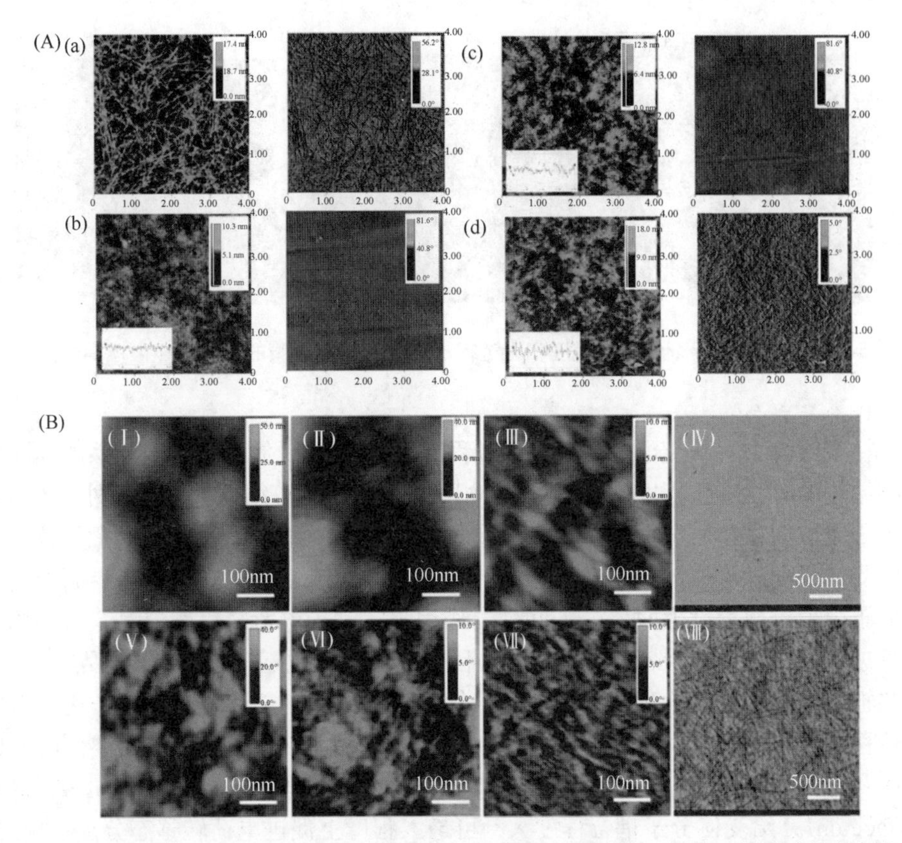

图 5-33　(A)P3HT：F8BT 薄膜的原子力显微镜高度图及相图[45]：(a)以二甲苯为溶剂制备的 P3HT 纳米纤维；(b)P3HT：F8BT 共混薄膜；(c)热退火处理后的 P3HT：F8BT 共混薄膜；(d)P3HT 纤维与 F8BT 共混后的薄膜；(B)P3HT：F8TBT 薄膜的原子力显微镜高度图[66]：(Ⅰ)、(Ⅴ)P3HT：F8TBT 共混薄膜；(Ⅱ)、(Ⅵ)热退火处理后的 P3HT：F8TBT 共混薄膜；(Ⅲ)、(Ⅶ)P3HT 纤维：F8TBT 共混薄膜；(Ⅳ)、(Ⅷ)无 P3HT 纤维及含 P3HT 纤维的 P3HT：F8TBT 薄膜的透射电子显微镜照片

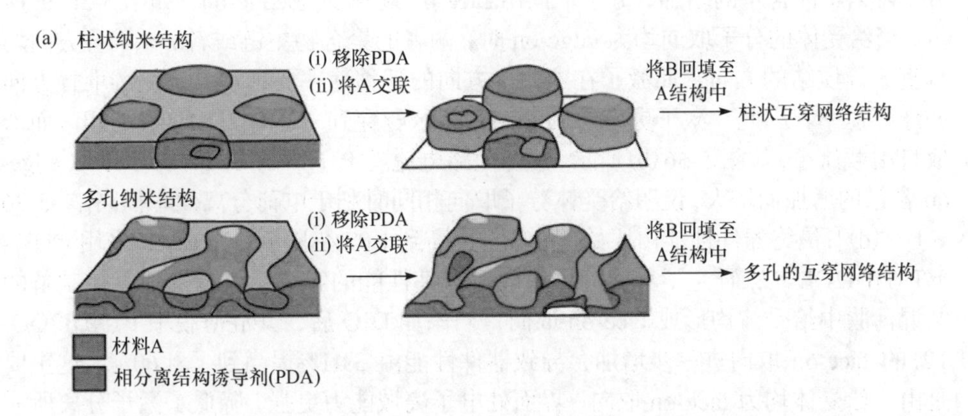

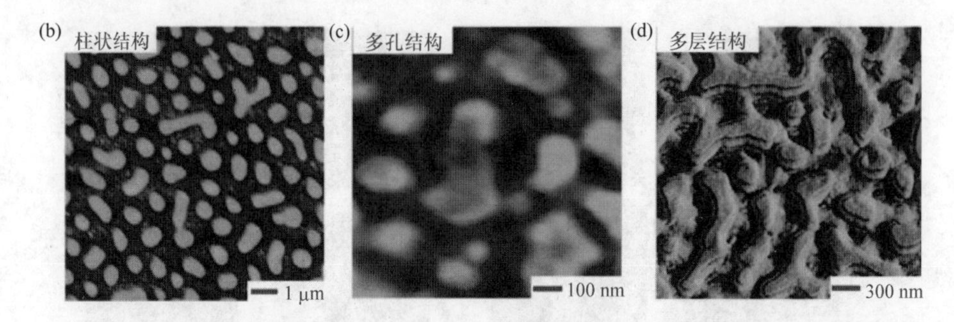

图 5-34 利用相诱导剂制备高纯度相区过程示意图及相应薄膜的原子力显微镜高度图[67]

3. 分子取向

在全聚合物太阳能电池中，以上过程除了与给体/受体材料共混体系的体相异质结结构的有序堆叠程度、相区尺寸、相区纯度、相分离结构息息相关外，还与给受体分子取向密不可分。众所周知，有机光伏电池中由于给受体介电常数较小，因此受体界面处形成的电荷转移态易转变为三线态或复合至基态。当界面处给受体分子轨道重叠程度大时，分子间耦合作用强，利于电荷转移态分离。富勒烯分子可近似看作球形，为各向同性分子，因此，在聚合物/富勒烯共混体系中，界面处共轭聚合物分子无论采取何种取向，给受体分子间均能够发生耦合作用，对电荷转移态分离无影响，如图 5-35 所示。而全共轭聚合物共混体系则需要同时考虑给体及受体分子取向，当界面处给受体分子取向一致时(edge-on/edge-on 或 face-on/face-on)，给受体分子耦合程度大，可最大程度上促进电荷转移态分离；反之，当取向不一致时(cdgc-on/facc-on)，给受体分子轨道无法重叠，因此促进 CT 态分离的驱动力相应减小，则不利于其分离[69]。

Schubert 等[70]通过添加剂调控了 P3HT/P(NDI2OD-T2)体系的相对分子取向，并建立了给受体相对分子取向与对器件性能的影响。作者发现 P3HT 的分子取向不随着添加剂 CN 含量的改变而改变，基本保持 edge-on 取向。而 P(NDI2OD-T2)分子随着 CN 含量的增加，分子取向由 face-on 逐渐变为 edge-on，如图 5-36(a)所示。当给受体的分子取向均为 edge-on 时，两者的聚合物主链或者 π-π 堆叠方向均垂直于异质结的方向，而激子在这两个方向的迁移速率要远远大于侧链堆叠方向的迁移速率。因此，激子更容易从 P3HT 相区隧穿到 P(NDI2OD-T2)的相区而形成自由载流子，如图 5-36(b)所示，器件短路电流随 P(NDI2OD-T2)分子采取 edge-on 含量的增加而增大，说明给受体分子取向相同时利于电荷分离效率提高[图 5-36(c)～(d)]，最终器件性能由原始的 0.08%提高到 1.07%。随后，Kim 等[46]采用 PTB7-th/P(NDI2OD-T2)研究了界面分子取向对器件性能的影响。作者发现直接制备的共混薄膜中给受体均形成 face-on 取向；当添加 DIO 后，共混薄膜中 P(NDI2OD-T2)的 face-on 取向进一步增加，导致器件性能由 3.41%提高到了 4.60%。这主要是由于给受体均为 face-on 取向，界面处电子离域能力更强，降低了激子分离所需

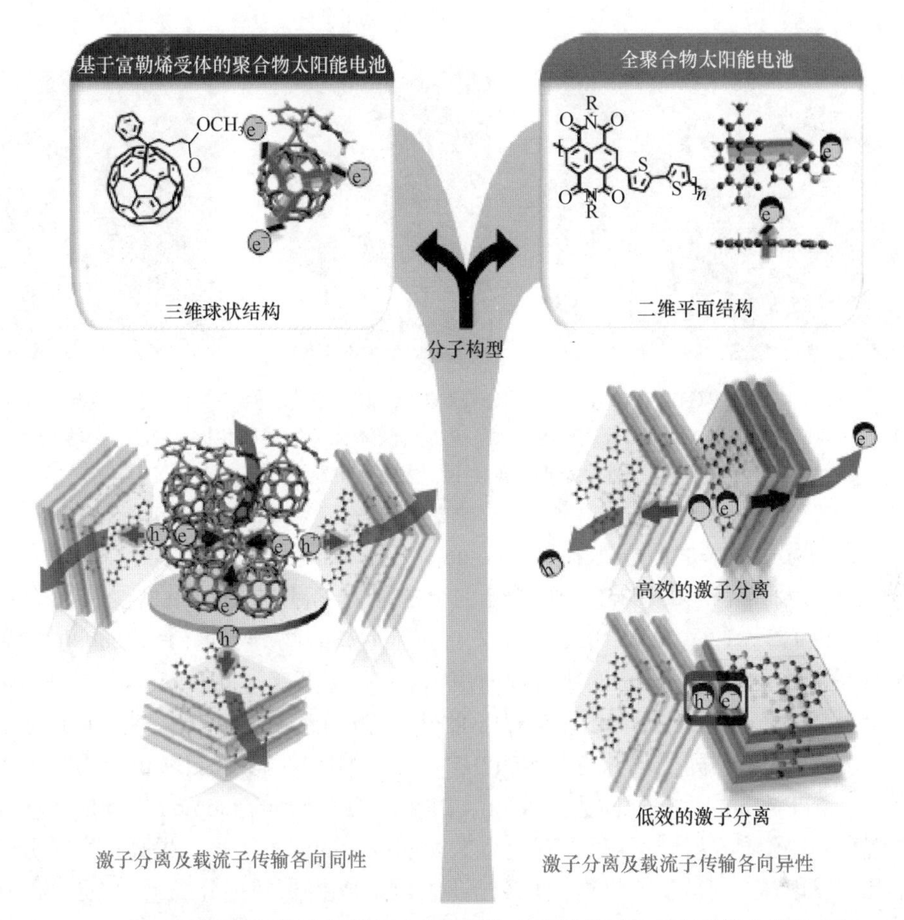

图 5-35 聚合物/富勒烯共混体系及聚合物/聚合物共混体系电荷转移态分离与界面分子取向关系示意图[18]

的能量，促使短路电流增大。综上所述，只有当界面处给受体分子取向相同时，才能有利于激子分离，进而提高器件性能。

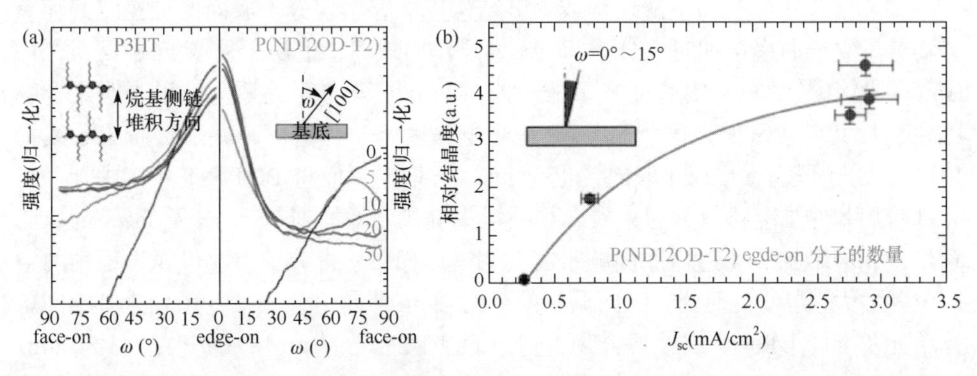

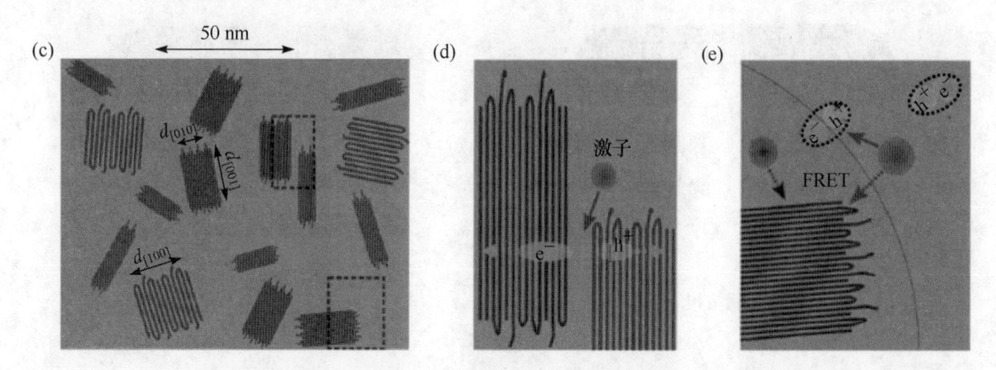

图 5-36 (a) P3HT 及 P(NDI2OD-T2) 分子取向随 CN 含量的变化；(b) 器件短路电流与分子取向间关系；(c) 添加 50%CN 时，薄膜形貌示意图；给受体分子均采取相同取向 (d) 及给受体分子采取不同取向 (e) 时界面处激子分离示意图[70]

聚合物分子量增加促进其采取 face-on 取向。Kim 等[23]研究了分子量对聚合物分子取向及结晶性的影响。作者分别合成了具有不同分子量的受体聚合物 P(NDI2HD-T2)，通过 GIWAXS 表征发现，随着聚合物分子量由 13600 增加到 49900，薄膜中的聚合物分子的优势取向由 edge-on 逐渐变为 face-on，其中 face-on 的含量由 21.5%增加到 78.6%(图 5-37)。此外，高分子量的薄膜结晶性也比低分子量的高出两倍。将不同分子量的 P(NDI2HD-T2) 与给体聚合物 PTB7-th 共混制备器件，由于 PTB7-th 的优势取向为 face-on，P(NDI2HD-T2) 的 face-on 取向的增多使得共混薄膜中给体/受体界面处形成更多的相同取向的分子排列，提高了激子分离效率和短路电流，使得器件性能由低分子量的 4.29%提高到高分子量的 6.14%。在 PPDT2FBT/P(NDI2OD-T2) 共混体系中给体分子量对分子取向及器件性能也会产生影响[71]。作者发现随着分子量升高，薄膜相区尺寸逐渐降低。同时，由于给体分子量的升高，聚合物的聚集程度增加，导致薄膜中的 face-on 含量增加，器件性能由低分子量的 3.88%增加到高分子量的 5.10%。

调节聚合物分子的主链结构或侧链结构也能够实现分子取向的调控。共轭聚合物分子主链曲率增加时，分子间 π-π 堆叠作用减弱，也易于采取 face- on 取向。Hou 课题组[72]的相关实验证实了分子曲率与分子取向间关系，结果表明聚合物 PDT-S-T 共轭主链的弧度为 10°(共轭主链弧度定义为链内苯并二噻吩中心线夹角) 时，分子既有 edge-on 取向，也有 face-on 取向；而将 PDT-S-T 主链中苯并二并噻吩用苯并二噻吩代替后，聚合物共轭主链弧度增加到 36°，分子 face-on 取向含量也相应增加。通过增加侧链密度或侧链体积，使得分子有序堆积过程中的空间位阻增大，亦可实现分子取向调控的目的。Iain 课题组合成了一系列具有不同单体单元长度的 DPP 类 D-A 聚合物：包括 DPPT-2T (1.97 nm)、DPP -TT (1.80 nm) 及 DPPT-T (1.58 nm)。三种聚合物由于主链重复单元长度逐渐降低，导致侧链密

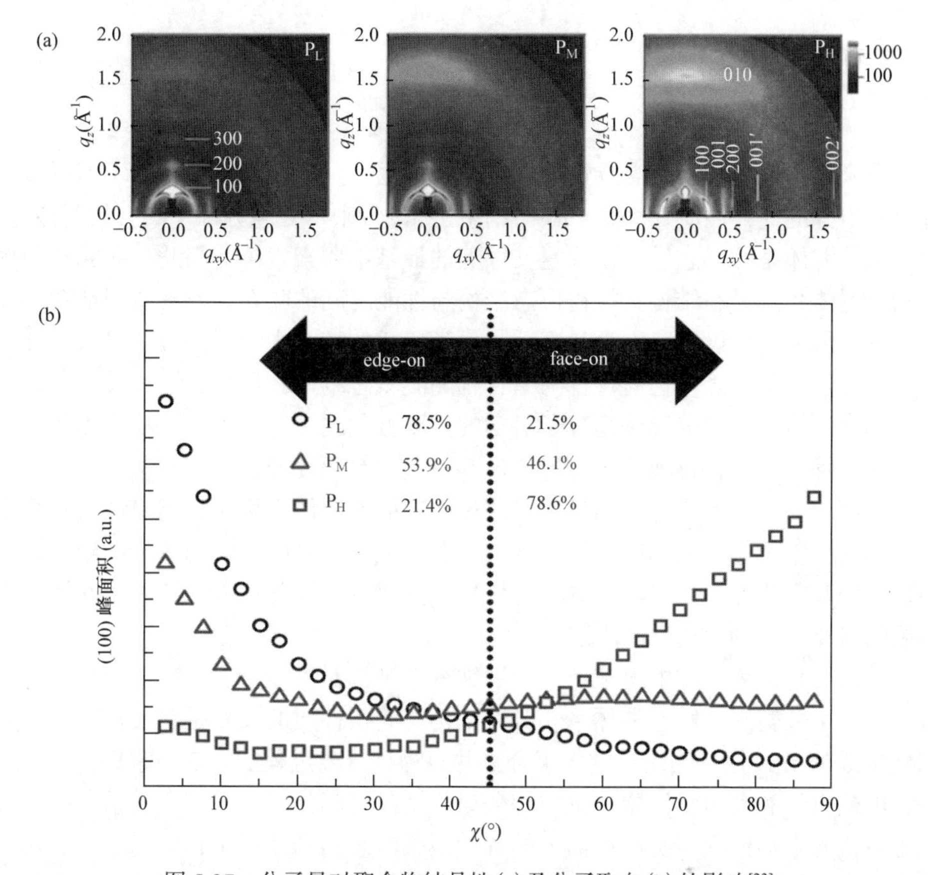

图 5-37 分子量对聚合物结晶性(a)及分子取向(b)的影响[23]

度增加；因此分子在有序堆叠过程中空间位阻增加，有序堆叠程度降低，分子取向也由 edge-on 转变为 face-on 取向。另外，通过增加聚合物分子侧链位阻也能够实现分子取向的转变[73]。例如，Jenekhe 教授课题组[74]将 DTS-TzTz 的线性烷基侧链用体积更大的 2-乙基己基替代，分子取向由 edge-on 转变为 face-on 取向。

通过上面的讨论，可以清晰地看到全聚合物太阳能电池器件的性能与活性层形貌密不可分。针对不同性质的共混体系，通过调节分子结构、溶液状态、成膜过程及后处理退火等均会实现诸如相分离尺寸、相区纯度及分子取向等的优化。然而，表征手段的限制，在全聚合物共混体系中仍存在很多相分离结构细节的盲区，例如共混相中给体与受体分子的比例、取向等依然无从探究，而这些结构细节对器件光物理过程有何影响也无从知晓。另外，很多相分离理论在全共轭聚合物共混体系中的适用性也受到挑战。因此，在表征手段日趋完善的基础上结合对相分离理论的不断深入认识，科研工作者会建立起更加完善的结构与性能间关联，从而为提高器件性能奠定基础！

5.5 小结

聚合物共混是调控聚合物性能的重要手段之一，聚合物共混体系不但可以具有每一组分的优异性质，另外，其微结构还可以带来每一组分都不具有的新性质。聚合物共混体系的形态结构是决定其性能的最基本要素之一，因此，研究各种聚合物共混体系的形态结构，探讨形态结构与性能之间的联系以及有意识地对共混体系进行形态结构设计，一直是高分子科学研究的核心主题。高分子材料的许多性能如力学性能、光电性能等都与聚合物的凝聚态结构和形貌密切相关。全共轭聚合物共混体系的相分离是高分子科学的重要方向之一。共轭聚合物作为薄膜场效应晶体管以及聚合物薄膜太阳能电池等中重要组成部分，不仅具有易于分子剪裁和溶液成型加工的特点，而且可以通过相应的共混体系优化其光电性质并获得单一均聚物所不具备的新的性质和现象，有效地提高光电器件的效率和稳定性等指标。因而，研究全共轭聚合物共混体系相分离结构与光伏性质的关系既是学科发展的需要，也有明确的应用前景。

全聚合物薄膜太阳能电池的活性层纳米微结构对其能量转换效率具有重要影响。建立全共轭聚合物共混体系相分离结构与光伏性质的关系是首要目标。研究刚性主链和 π-π 相互作用对共轭聚合物共混物相分离过程的影响，掌握薄膜形态调控的热力学和动力学因素，理解相分离、结晶之间的竞争与耦合关系，构建有利于有机光电器件性能提高所需要的各种薄膜形态结构，揭示相分离结构、相区纯度及界面扩散程度在能量传递和电荷转移中的作用，构建有源层形貌与光伏器件性能间的关系，对有机光电器件的性能提高与商业化开发具有重要意义。该领域的研究已成为国际上学术界的关注焦点和研究热点，是学科发展前沿。

参 考 文 献

[1] Jung J W, Liu F, Russell T P, Jo W H. A high mobility conjugated polymer based on dithienothiophene and diketopyrrolopyrrole for organic photovoltaics. Energy & Environmental Science, 2012,5(5):6857-6861.

[2] Tipnis R, Bernkopf J, Jia S, Krieg J, Li S, Storch M, Laird D. Large-area organic photovoltaic module: Fabrication and performance. Solar Energy Materials and Solar Cells, 2009,93(4):442-446.

[3] Zhu L, Zhong W, Qiu C, Lyu B, Zhou Z, Zhang M, Song J, Xu J, Wang J, Ali J. Aggregation-induced multilength scaled morphology enabling 11.76% efficiency in all-polymer solar cells using printing fabrication. Advanced Materials, 2019:1902899.

[4] Halls J, Walsh C, Greenham N C, Marseglia E, Friend R H, Moratti S, Holmes A. Efficient photodiodes from interpenetrating polymer networks. Nature, 1995,376(6540):498.

[5] Padmanaban G, Ramakrishnan S. Conjugation length control in soluble poly[2-methoxy-5-((2′-

ethylhexyl) oxy) -1, 4-phenylenevinylene] (MEHPPV): Synthesis, optical properties, and energy transfer. Journal of the American Chemical Society, 2000,122 (10):2244-2251.

[6] Yu G, Heeger A J. Charge separation and photovoltaic conversion in polymer composites with internal donor/acceptor heterojunctions. Journal of Applied Physics, 1995,78 (7):4510-4515.

[7] Kietzke T, Hörhold H-H, Neher D. Efficient polymer solar cells based on M3EH- PPV. Chemistry of Materials, 2005,17 (26):6532-6537.

[8] Sreearunothai P, Morteani A, Avilov I, Cornil J, Beljonne D, Friend R, Phillips R, Silva C, Herz L. Influence of copolymer interface orientation on the optical emission of polymeric semiconductor heterojunctions. Physical Review Letters, 2006,96 (11):117403.

[9] McNeill C R, Abrusci A, Zaumseil J, Wilson R, McKiernan M J, Burroughes J H, Halls J J, Greenham N C, Friend R H. Dual electron donor/electron acceptor character of a conjugated polymer in efficient photovoltaic diodes. Applied Physics Letters, 2007,90 (19):193506.

[10] Mori D, Benten H, Kosaka J, Ohkita H, Ito S, Miyake K. Polymer/polymer blend solar cells with 2.0% efficiency developed by thermal purification of nanoscale-phase-separated morphology. ACS Applied Materials & Interfaces, 2011,3 (8):2924-2927.

[11] Mori D, Benten H, Ohkita H, Ito S, Miyake K. Polymer/polymer blend solar cells improved by using high-molecular-weight fluorene-based copolymer as electron acceptor. ACS Applied Materials & Interfaces, 2012,4 (7):3325-3329.

[12] Zhou E, Cong J, Wei Q, Tajima K, Yang C, Hashimoto K. All-polymer solar cells from perylene diimide based copolymers: Material design and phase separation control. Angewandte Chemie International Edition, 2011,50 (12):2799-2803.

[13] Earmme T, Hwang Y J, Subramaniyan S, Jenekhe S A. All-polymer bulk heterojuction solar cells with 4.8% efficiency achieved by solution processing from a co-solvent. Advanced Materials, 2014,26 (35):6080-6085.

[14] Mori D, Benten H, Okada I, Ohkita H, Ito S. Highly efficient charge-carrier generation and collection in polymer/polymer blend solar cells with a power conversion efficiency of 5.7%. Energy & Environmental Science, 2014,7 (9):2939-2943.

[15] Gao L, Zhang Z G, Xue L, Min J, Zhang J, Wei Z, Li Y. All-polymer solar cells based on absorption-complementary polymer donor and acceptor with high power conversion efficiency of 8.27%. Advanced Materials, 2016,28 (9):1884-1890.

[16] Zhang K, Xia R, Fan B, Liu X, Wang Z, Dong S, Yip H L, Ying L, Huang F, Cao Y. 11.2% All-polymer tandem solar cells with simultaneously improved efficiency and stability. Advanced Materials, 2018,30 (36):1803166.

[17] Liu T, Diao P, Lin Z, Wang H. Sulfur and selenium doped nickel chalcogenides as efficient and stable electrocatalysts for hydrogen evolution reaction: The importance of the dopant atoms in and beneath the surface. Nano Energy, 2020, 74: 104787.

[18] Lee C, Lee S, Kim G U, Lee W, Kim B J. Recent advances, design guidelines, and prospects of all-polymer solar cells. Chemical Reviews, 2019,119 (13):8028-8086.

[19] Liu Z, Du Z, Wang X, Zhu D, Yang C, Yang W, Qu X, Bao X, Yang R. Simple perylene diimide based polymer acceptor with tuned aggregation for efficient all-polymer solar cells. Dyes and

Pigments, 2019,170:107608.

[20] Zhang Q, Chen Z, Ma W, Xie Z, Liu J, Yu X, Han Y. Efficient nonhalogenated solvent-processed ternary all-polymer solar cells with a favorable morphology enabled by two well-compatible donors. ACS Applied Materials & Interfaces, 2019,11(35):32200-32208.

[21] Kim M, Kim H I, Ryu S U, Son S Y, Park S A, Khan N, Shin W S, Song C E, Park T. Improving the photovoltaic performance and mechanical stability of flexible all-polymer solar cells via tailoring intermolecular interactions. Chemistry of Materials, 2019,31(14):5047-5055.

[22] St. Onge P B J, Ocheje M U, Selivanova M, Rondeau-Gagné S. Recent advances in mechanically robust and stretchable bulk heterojunction polymer solar cells. The Chemical Record, 2019, 19(6): 1008-1027.

[23] Kang H, Lee W, Oh J, Kim T, Lee C, Kim B J. From fullerene-polymer to all-polymer solar cells: The importance of molecular packing, orientation, and morphology control. Accounts of Chemical Research, 2016,49(11):2424-2434.

[24] Shaw A V, Vaughan A S, Andritsch T. The effect of organoclay loading and matrix morphology on charge transport and dielectric breakdown in an ethylene-based polymer blend. Journal of Materials Science, 2019,24(22):1111-1112.

[25] Yoshihara H, Yamamura M. Formation mechanism of asymmetric porous polymer films by photoinduced phase separation in the presence of solvent. Journal of Applied Polymer Science, 2019,136(34):47867.

[26] Tanaka H. Viscoelastic phase separation. Journal of Physics: Condensed Matter, 2000,12(15):207.

[27] Weng M, Qiu Z. Unusual fractional crystallization behavior of novel crystalline/crystalline polymer blends of poly(ethylene suberate) and poly(ethylene oxide) with similar melting points. Macromolecules, 2014,47(23):8351-8358.

[28] Ohashi S, Kilbane J, Heyl T, Ishida H. Synthesis and characterization of cyanate ester functional benzoxazine and its polymer. Macromolecules, 2015,48(23):8412-8417.

[29] De Rosa C, Di Girolamo R, Auriemma F, D'Avino M, Talarico G, Cioce C, Scoti M, Coates G W, Lotz B. Oriented microstructures of crystalline-crystalline block copolymers induced by epitaxy and competitive and confined crystallization. Macromolecules, 2016,49(15):5576-5586.

[30] Keller A. Morphology of polymers. Pure and Applied Chemistry, 1992,64(2):193-204.

[31] Tanaka H, Nishi T. New types of phase separation behavior during the crystallization process in polymer blends with phase diagram. Physical Review Letters, 1985,55(10):1102.

[32] Kline R J, McGehee M D, Kadnikova E N, Liu J, Fréchet J M, Toney M F. Dependence of regioregular poly(3-hexylthiophene) film morphology and field-effect mobility on molecular weight. Macromolecules, 2005,38(8):3312-3319.

[33] Lu S, Liu K, Chi D, Yue S, Li Y, Kou Y, Lin X, Wang Z, Qu S, Wang Z. Constructing bulk heterojunction with componential gradient for enhancing the efficiency of polymer solar cells. Journal of Power Sources, 2015,300:238-244.

[34] Lei Y, Sun J, Yuan J, Gu J, Ding G, Ma W. Controlling molecular weight of naphthalenediimide-based polymer acceptor P(NDI2OD-T2) for high performance all-polymer solar cells. Journal of Materials Science & Technology, 2017,33(5):411-417.

[35] Lee T H, Park S Y, Walker B, Ko S-J, Heo J, Woo H Y, Choi H, Kim J Y. A universal processing additive for high-performance polymer solar cells. RSC Advances, 2017,7(13):7476-7482.

[36] Zhou N, Dudnik A S, Li T I, Manley E F, Aldrich T J, Guo P, Liao H C, Chen Z, Chen L X, Chang R P, Facchetti A, de la Cruz M O, Marks T J. All-polymer solar cell performance optimized via systematic molecular weight tuning of both donor and acceptor polymers. Journal of the American Chemical Society, 2016,138(4):1240-1251.

[37] Shi S, Yuan J, Ding G, Ford M, Lu K, Shi G, Sun J, Ling X, Li Y, Ma W. Improved all-polymer solar cell performance by using matched polymer acceptor. Advanced Functional Materials, 2016,26(31):5669-5678.

[38] Sepe A, Rong Z, Sommer M, Vaynzof Y, Sheng X, Müller-Buschbaum P, Smilgies D M, Tan Z K, Yang L, Friend R H, Steiner O, Hüttner S. Structure formation in P3HT/F8TBT blends. Energy & Environmental Science, 2014,7(5):1725-1736.

[39] Li Z, Xu X, Zhang W, Meng X, Ma W, Yartsev A, Inganäs O, Andersson M R, Janssen R A, Wang E. High performance all-polymer solar cells by synergistic effects of fine-tuned crystallinity and solvent annealing. Journal of the American Chemical Society, 2016,138(34):10935-10944.

[40] Zhou K, Liu J, Zhang R, Zhao Q, Cao X, Yu X, Xing R, Han Y. The molecular regioregularity induced morphological evolution of polymer blend thin films. Polymer, 2016,86:105-112.

[41] Zhou K, Liu J, Li M, Yu X, Xing R, Han Y. Phase diagram of conjugated polymer blend P3HT/PF12TBT and the morphology-dependent photovoltaic performance. Journal of Physical Chemistry C, 2015,119(4):1729-1736.

[42] Hellebust S, Nilsson S, Blokhus A M. Phase behavior of anionic polyelectrolyte mixtures in aqueous solution. Effects of molecular weights, polymer charge density, and ionic strength of solution. Macromolecules, 2003,36(14):5372-5382.

[43] Zhou K, Liu J, Li M, Yu X, Xing R, Han Y. Decreased domain size and improved crystallinity by adjusting solvent-polymer interaction parameters in all-polymer solar cells. Journal of Polymer Science Part B: Polymer Physics, 2015,53(4):288-296.

[44] Pavlopoulou E, Kim C S, Lee S S, Chen Z, Facchetti A, Toney M F, Loo Y-L. Tuning the morphology of all-polymer OPVs through altering polymer-solvent interactions. Chemistry of Materials, 2014, 26: 5020-5027.

[45] Salim T, Sun S, Wong L H, Xi L, Foo Y L, Lam Y M. The role of poly(3-hexylthiophene) nanofibers in an all-polymer blend with a polyfluorene copolymer for solar cell applications. Journal of Physical Chemistry C, 2010,114(20):9459-9468.

[46] Schubert M, Collins B A, Mangold H, Howard I A, Schindler W, Vandewal K, Roland S, Behrends J, Kraffert F, Steyrleuthner R, Chen Z, Fostiropoulos K, Bittl R, Salleo A, Facchetti A, Laquai F, Ade H W, Neher D. Correlated donor/acceptor crystal orientation controls photocurrent generation in all-polymer solar cells. Advanced Functional Materials, 2014, DOI: 10.1002/adfm.201304216; Kang H, Kim K-H, Choi J, Lee C, Kim B J. High-performance all-polymer solar cells based on face-on stacked polymer blends with low interfacial tension. ACS Macro Letters, 2014, 3(10): 1009-1014.

[47] Zhou K, Zhang R, Liu J, Li M, Yu X, Xing R, Han Y. Donor/acceptor molecular orientation-dependent photovoltaic performance in all-polymer solar cells. ACS Applied Materials & Interfaces, 2015,7(45):25352-25361.

[48] Tanaka H, Araki T. Simulation method of colloidal suspensions with hydrodynamic interactions: Fluid particle dynamics. Physical Review Letters, 2000,85(6):1338.

[49] Moore J R, Albert-Seifried S, Rao A, Massip S, Watts B, Morgan D J, Friend R H, McNeill C R, Sirringhaus H. Polymer blend solar cells based on a high-mobility naphthalenediimide-based polymer acceptor: Device physics, photophysics and morphology. Advanced Energy Materials, 2011,1: 230-240.

[50] Campbell A R, Hodgkiss J M, Westenhoff S, Howard I A, Marsh R A, McNeill C R, Friend R H, Greenham N C. Low-temperature control of nanoscale morphology for high performance polymer photovoltaics. Nano Letters, 2008,8(11):3942-3947.

[51] Gu X, Yan H, Kurosawa T, Schroeder B C, Gu K L, Zhou Y, To J W, Oosterhout S D, Savikhin V, Molina-Lopez F,Tassone C J, Mannsfeld S C B, Wang C, Toney M F, Bao Z. Comparison of the morphology development of polymer-fullerene and polymer-polymer solar cells during solution-shearing blade coating. Advanced Energy Materials, 2016,6(22):1601225.

[52] Takeshita H, Shiomi T, Takenaka K, Arai F. Crystallization and higher-order structure of multicomponent polymeric systems. Polymer, 2013,54(18):4776-4789.

[53] Ikehara T, Kimura H, Qiu Z. Penetrating spherulitic growth in poly(butylene adipate-*co*-butylene succinate)/poly(ethylene oxide) blends. Macromolecules, 2005,38(12):5104-5108.

[54] Zhang R, Yan Y, Yang H, Yu X, Liu J, Zhang J, Han Y. The broken out and confinement phase separation structure evolution with the solution aggregation and relative crystallization degree in P3HT/N2200. Polymer, 2018,138(20):49-56.

[55] Zhang R, Yang H, Zhou K, Zhang J, Yu X, Liu J, Han Y. Molecular orientation and phase separation by controlling chain segment and molecule movement in P3HT/N2200 blends. Macromolecules, 2016,49(18):6987-6996.

[56] Epifani M, Chávezcapilla T, Andreu T, Arbiol J, Palma J, Morante J R, Díaz R. Surface modification of metal oxide nanocrystals for improved supercapacitors. Energy & Environmental Science, 2012,5(6):7555-7558.

[57] Lyons B P, Clarke N, Groves C. The relative importance of domain size, domain purity and domain interfaces to the performance of bulk-heterojunction organic photovoltaics. Energy & Environmental Science, 2012,5(6):7657-7663.

[58] Lee C, Li Y, Lee W, Lee Y, Choi J, Kim T, Wang C, Gomez E D, Woo H Y, Kim B J. Correlation between phase-separated domain sizes of active layer and photovoltaic performances in all-polymer solar cells. Macromolecules, 2016,49(14):5051-5058.

[59] Hwang Y J, Earmme T, Courtright B A, Eberle F N, Jenekhe S A. N-type semiconducting naphthalene diimide-perylene diimide copolymers: Controlling crystallinity, blend morphology, and compatibility toward high-performance all-polymer solar cells. Journal of the American Chemical Society, 2015,137(13):4424-4434.

[60] Tan Z, Zhou E, Zhan X, Xiang W, Li Y, Barlow S, Marder S R. Efficient all-polymer solar cells based on blend of tris(thienylenevinylene)-substituted polythiophene and poly[perylene diimide-alt-bis(dithienothiophene)]. Applied Physics Letters, 2008,93(7):307.

[61] Zhang R, Yang H, Zhou K, Zhang J, Liu J, Yu X, Xing R, Han Y. Optimized domain size and enlarged D/A interface by tuning intermolecular interaction in all-polymer ternary solar cells.

Journal of Polymer Science Part B: Polymer Physics, 2016,54(18):1811-1819.

[62] Sung L, Douglas J F, Han C C, Karim A. Suppression of phase-separation pattern formation in blend films with block copolymer compatibilizer. Journal of Polymer Science Part B: Polymer Physics, 2003,41(14):1697-1700.

[63] Mulherin R C, Jung S, Huettner S, Johnson K, Kohn P, Sommer M, Allard S, Scherf U, Greenham N C. Ternary photovoltaic blends incorporating an all-conjugated donor-acceptor diblock copolymer. Nano Letters, 2011, 11(11): 4846-4851.

[64] Swaraj S, Wang C, Yan H, Watts B, Luning J, McNeill C R, Ade H. Nanomorphology of bulk heterojunction photovoltaic thin films probed with resonant soft X-ray scattering. Nano Letters, 2010, 10(8): 2863-2869.

[65] Ye L, Jiao X, Zhang H, Li S, Yao H, Ade H, Hou J. 2D-conjugated benzodithiophene-based polymer acceptor: Design, synthesis, nanomorphology, and photovoltaic performance. Macromolecules, 2015,48(19):7156-7163.

[66] Yu W, Yang D, Zhu X, Wang X, Tu G, Fan D, Zhang J, Li C. Control of nanomorphology in all-polymer solar cells via assembling nanoaggregation in a mixed solution. ACS Applied Materials & Interfaces, 2014,6(4):2350-2355.

[67] Png R Q, Chia P J, Tang J C, Liu B, Sivaramakrishnan S, Zhou M, Khong S H, Chan H S, Burroughes J H, Chua L L. High-performance polymer semiconducting heterostructure devices by nitrene-mediated photocrosslinking of alkyl side chains. Nature Materials, 2010,9(2):152-157.

[68] He X, Gao F, Tu G, Hasko D, Huttner S, Steiner U, Greenham N C, Friend R H, Huck W T. Formation of nanopatterned polymer blends in photovoltaic devices. Nano Letters, 2010,10(4):1302-1307.

[69] Ye L, Jiao X, Zhou M, Zhang S, Yao H, Zhao W, Xia A, Ade H, Hou J. Manipulating aggregation and molecular orientation in all-polymer photovoltaic cells. Advanced Materials, 2015, 27(39): 6046-6054.

[70] Schubert M, Collins B A, Mangold H, Howard I A, Schindler W, Vandewal K, Roland S, Behrends J, Kraffert F, Steyrleuthner R. Correlated donor/acceptor crystal orientation controls photocurrent generation in all-polymer solar cells. Advanced Functional Materials, 2014,24(26):4068-4081.

[71] Kang H, Uddin M A, Lee C, Kim K-H, Nguyen T L, Lee W, Li Y, Wang C, Woo H Y, Kim B J. Determining the role of polymer molecular weight for high-performance all-polymer solar cells: Its effect on polymer aggregation and phase separation. Journal of the American Chemical Society, 2015,137(6):2359-2365.

[72] Wu Y, Li Z, Ma W, Huang Y, Huo L, Guo X, Zhang M, Ade H, Hou J. PDT-S-T: A new polymer with optimized molecular conformation for controlled aggregation and π-π stacking and its application in efficient photovoltaic devices. Advanced Materials, 2013,25(25):3449-3455.

[73] Zhang X, Richter L J, DeLongchamp D M, Kline R J, Hammond M R, McCulloch I, Heeney M, Ashraf R S, Smith J N, Anthopoulos T D. Molecular packing of high-mobility diketo pyrrolo-pyrrole polymer semiconductors with branched alkyl side chains. Journal of the American Chemical Society, 2011,133(38):15073-15084.

[74] Subramaniyan S, Xin H, Kim F S, Shoaee S, Durrant J R, Jenekhe S A. Effects of side chains on thiazolothiazole-based copolymer semiconductors for high performance solar cells. Advanced Energy Materials, 2011,1(5):854-860.

第6章

聚合物/非富勒烯体系体相异质结

6.1 聚合物/非富勒烯体系太阳能电池发展

近20年来，有机太阳能电池领域发展迅速，相对于给体材料的发展而言，受体材料发展相对缓慢，其中，富勒烯受体一直占据主导地位。富勒烯受体的优点主要包括以下几点：与给体材料相对匹配的电子能级、较高的载流子迁移率、电子的各向同性传输、纳米尺度的相分离结构。然而常用的富勒烯类受体材料(如$PC_{61}BM$)对太阳光谱的吸收主要位于紫外区，不易与给体材料的光谱吸收互补，电荷的产生主要依赖于给体材料的光吸收。尽管常用的富勒烯类受体材料C_{70}的衍生物$PC_{71}BM$在可见区域(400～700 nm)表现出较强的光吸收能力，但其较差的溶解性限制了加工条件。此外，富勒烯可修饰的化学结构有限，富勒烯及其衍生物通常具有较低的LUMO能级，导致最终器件的开路电压(V_{oc})相对较低。富勒烯的球形结构容易聚集结晶，从而影响器件长期的稳定性。从商业化角度看，富勒烯制备成本较高也限制了富勒烯类受体材料的应用。

过去几年间，非富勒烯受体材料迅猛发展，为克服以上问题提供了有效的途径。与富勒烯受体相比，非富勒烯受体具有带隙可调空间大、合成简单、光吸收强、形貌稳定性高、制备成本低等优点，吸引了越来越多的关注。2015年，Zhan等[1]合成了ITIC非富勒烯受体分子，由此掀起了非富勒烯受体研究的高潮。通过分子结构的优化，小分子非富勒烯受体在有机光伏器件中展现出了与富勒烯类体系相当甚至超越富勒烯类体系的光电转化效率。目前，非富勒烯电池的能量转换效率节节攀升，Ding课题组制备的基于D18/Y6共混体系活性层的单节非富勒烯电池的能量转换效率已经突破了18%[2]；由Chen课题组[3]研究的主要基于非富勒烯受体的叠层非富勒烯电池效率已达到17.3%；基于聚合物/非富勒烯的三元体系光伏电池也有很多体系的性能突破了17%[4-6]。经过短短几年的发展，基于非富勒烯受体有机太阳能电池器件性能已经超过了基于富勒烯受体的太阳能电池器件，充分说明了非富勒烯受体具有更加广阔的应用前景。

6.2　非富勒烯受体小分子

近年来，科学家们设计合成了多种多样的小分子受体材料，此类材料具有结构明确、可控性强等特点。新的非富勒烯受体（NFAs）小分子应该保持富勒烯具有的优异特性，例如有效的电荷转移和与给体材料具有好的共混形貌，而且具有更易合成、优异的溶解性能、能在加工过程中用对环境更友好的溶剂、增加光学吸收、易于结构可调性以便与给体有合适匹配的前线轨道能级。此外，NFAs 材料应具有比富勒烯稍低的 LUMO 能级以便与宽带隙的聚合物给体匹配而能够获得高的开路电压(V_{oc})。目前研究较为广泛的新型小分子受体(SMAs)主要包括吡咯并吡咯二酮(DPP)受体材料、芴基衍生物类电子受体材料、酰亚胺类受体材料以及基于 A-D-A 稠环小分子受体材料。下面我们将对非富勒烯有机太阳能电池受体材料发展进行简要介绍。

1. 吡咯并吡咯二酮受体材料

近年来，可溶液加工的窄带隙吡咯并吡咯二酮衍生物，展现出优良的有机半导体性质。在引入强吸电子基团(如醛基、三氟甲基、三氟苯基等)后，也可以作为小分子 OSC 电子受体材料。Janssen 等[7]制备了基于 DPP 的 OSC 小分子 n 型衍生物 DPP-T1、DPP-T2、DPP-TA1、DPP-TA2。由于溶解性的差异，OSC 器件制作时，DPP-T1 与 DPP-TA1 使用氯仿为溶剂，DPP-T2 与 DPP-TA2 则使用氯苯为溶剂，并经过热退火处理。但由于填充因子和开路电压较低，其器件的 PCE 并不理想，介于 0.15%～0.31%之间。与此同时，Sonar 课题组[8]也报道了一系列基于 DPP 结构的小分子。通过在 DPP 结构中引入三氟甲苯基和三氟苯基等强吸电子基团，合成了一系列可溶性窄带隙的 n 型电子受体材料 F3PDPP、TFPVDPP、TFPDPP、DTFPDPP。此类化合物的 HOMO 能级介于−5.18～−5.31 eV 之间，LUMO 能级介于−3.52～−3.68 eV 之间，带隙则介于 1.81～1.94 eV 之间，吸收范围覆盖了 300～700 nm。如此优良的光电性质主要是由于富电子的亚苯基(亚噻吩基)与拉电子基团 DDP 核之间发生了有效的电荷转移。当与 P3HT 按 2∶1 的比例制作光伏器件时，最高 PCE 为 1.00%。其中，化合物 TFPDPP 具有最高的 PCE，这主要是由于 TFPDPP 具有更好的分子平面结构，在成膜过程中有更好的 π-π 堆叠效应，更有利于激子的分离以及电荷的传输。

由于三苯胺分子存在 sp^3 轨道杂化，具有特殊的星型分子结构。当共轭分子与其结合形成 π 共轭结构的星状分子时，具有良好的电子传输性能和光学各向同性。

Zhan 等[9]以三苯胺为中间核、二噻吩吡咯并吡咯二酮为端基合成了 S(TPA-DPP)。该分子的 HOMO 与 LUMO 能级分别为−5.26 eV 与−3.26 eV。基于 P3HT：S(TPA-DPP)共混薄膜的光伏器件的 PCE 为 1.20%，V_{oc} 高达 1.18 V，但 J_{sc} 和 FF 较低。高的 V_{oc} 归因于较高的 LUMO 能级，而较低的 FF 和 J_{sc} 可能是由该分子较低的电子迁移率导致的。随后，他们设计合成以双苯并噻咯为中间给体单元、二噻吩吡咯并吡咯二酮为末端受体单元的小分子受体材料 DBS-2DPP[10]。该分子的 LUMO 能级为−3.28 eV，以该分子为受体材料，P3HT 为给体材料的光伏器件的开路电压接近 1 V，能量转换效率为 2.05%。Bhosale 等[11]以萘二亚胺为中间单元，两端连接 DPP，设计合成了受体分子 HP1。该分子在 300～850 nm 范围内具有良好的光吸收性能。电化学测试得到 HP1 的 HOMO 和 LUMO 能级分别为−4.92 eV 和−3.96 eV。以 P3HT 为给体材料，该小分子为受体材料的器件能量转换效率为 1.02%。光伏器件的开路电压为 1.05 V，短路电流密度为 2.5 mA/cm^2，填充因子为 0.45。随后他们将中间核替换为芴，合成了受体分子 DPP-1[12]。循环伏安法测得 DPP-1 的 HOMO 和 LUMO 能级分别为−5.30 eV 和−3.50 eV。与 HP1 相比，改变中间单元，主要调节了分子的 HOMO 能级，而 LUMO 能级变化不大。基于 P3HT：DPP1 的光伏器件的开路电压高达 1.10 V，能量转换效率为 1.20%。Chen 等[13]在 DPP1 的基础上，在 DPP 末端引入一个氰基取代的噻吩单元，设计合成了小分子 F8-DPPTCN。该分子的 HOMO 和 LUMO 能级分别为−5.31 eV 和−3.65 eV；与给体材料 P3HT 混合制备光伏器件，当给体/受体材料的比例为 1：3，并加入 0.4% 的 DIO 作为添加剂时，光伏器件效率量高可达 2.37%，但填充因了只有 0.39。基于 P3HT：F8-DPPTCN 共混薄膜的空穴和电子迁移率分别为 9.45×10^{-5} cm^2/(V·s) 和 2.38×10^{-3} cm^2/(V·s)，空穴和电子迁移率的不匹配可能是光伏器件的填充因子较低的原因。图 6-1 列出了上述基于 DPP 的小分子受体材料的结构式。

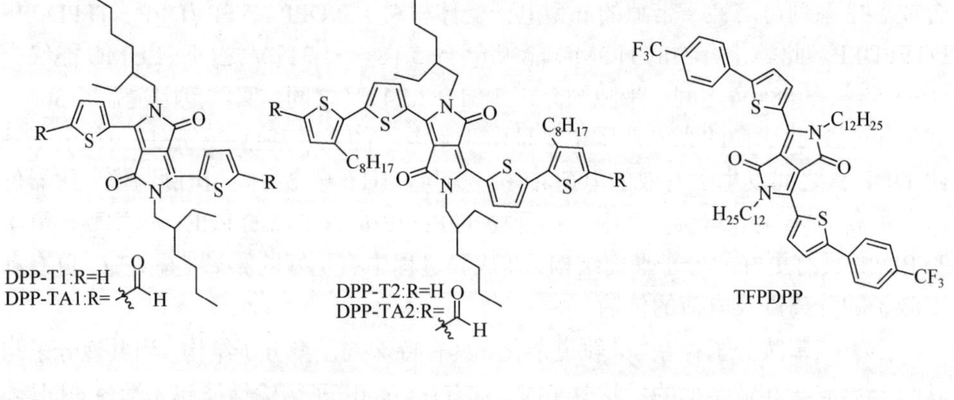

DPP-T1:R=H
DPP-TA1:R=
DPP-T2:R=H
DPP-TA2:R=
TFPDPP

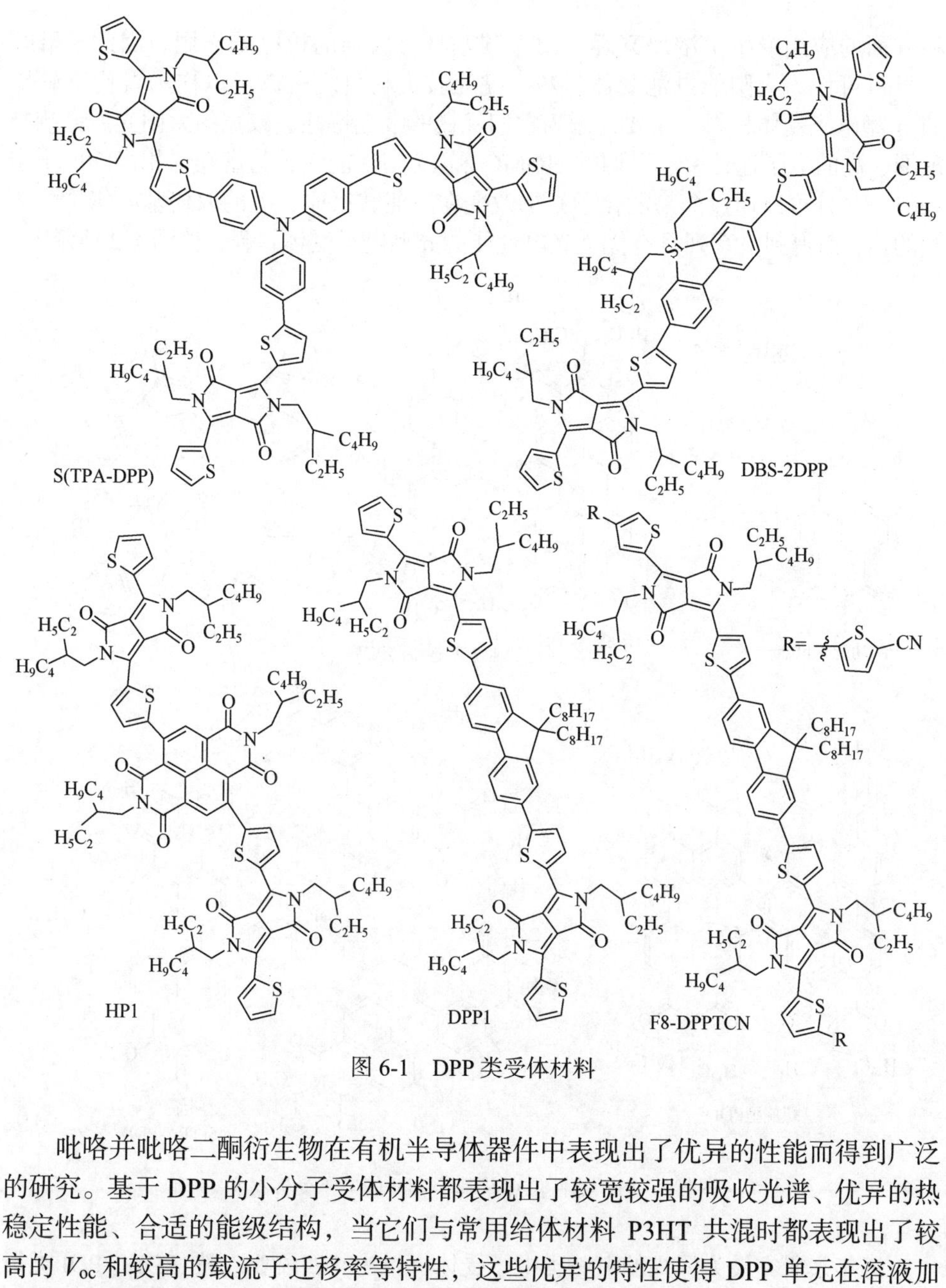

图 6-1 DPP 类受体材料

吡咯并吡咯二酮衍生物在有机半导体器件中表现出了优异的性能而得到广泛的研究。基于 DPP 的小分子受体材料都表现出了较宽较强的吸收光谱、优异的热稳定性能、合适的能级结构，当它们与常用给体材料 P3HT 共混时都表现出了较高的 V_{oc} 和较高的载流子迁移率等特性，这些优异的特性使得 DPP 单元在溶液加工的非富勒烯小分子受体材料中具有很好的潜在应用[7, 8, 14-16]。

2. 酰胺类受体材料

酰亚胺类材料作为电子传输材料在高性能有机场效应晶体管(OFET)方面具有重要的应用。基于此，人们对其作为有机太阳能电池非富勒烯 n 型电子受体材料方面的应用产生了浓厚兴趣。由于羰基具有极强的拉电子作用，因此，酰胺类材料可作为太阳能电池受体材料。酰亚胺类材料之所以可以作为替代富勒烯的 n 型电子受体材料，主要是因为它们优良的吸光特性、较宽的太阳光波谱响应范围、高的电子迁移率、可调的 HOMO 和 LUMO 能级、与富勒烯相当的电子亲和势，并且可以通过简易的化学修饰改变在酰亚胺氮原子上的取代基或修饰酰亚胺的核，而得到一系列具有优良光电性能的 n 型电子受体材料，如图 6-2 所示[17]。

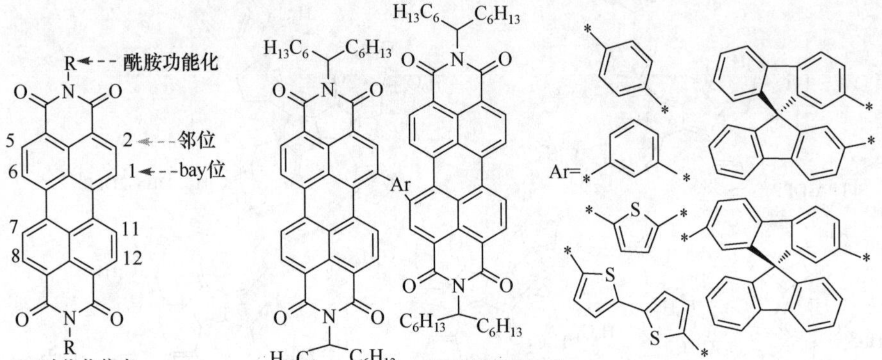

图 6-2　PDI 活性位点及基于 PDI 的电子受体材料

近年来研究最为深入的酰胺类电子受体材料为苝四酰亚二胺(PDI)。PDI 类衍生物受到广泛研究的主要原因是其具有优异的光、热和化学稳定性，另一方面由于其具有强拉电子的酰胺基团，可以形成大的共轭平面结构，拥有高的电子亲和势和迁移率[18-20]。从邓青云[21]首先使用 *N*,*N*′-二苯并咪唑-3,4,9,10-四羧酸二酰亚胺(PBI)和酞菁铜制备双层 p-n 结光伏电池开始，光电转换效率达到 1 %，酰胺类受体材料便进入了光伏领域。后来 Breeze 等又将二酰亚胺小分子 PBI 蒸镀后涂上 P3HT 及 PPV 等聚合物薄膜制成双层器件，在 80 mW/cm^2 模拟光光照下，优化后的光伏转化效率最高达到 0.47%和 0.71%。增加膜厚虽然能吸收更多的光子，但由于双层器件中给受体异质结接触面有限，大部分经光照产生的激子还没有到达分离界面就猝灭了，损失了大部分光电流。因此，目前以小分子二酰亚胺为受体的双层器件发展到多层异质结串联的器件，通过将多个双层给受体结构串联在一起，光电流有了较大增加。Friend 研究组[22]将 EP-PTC 与共轭聚合物给体 P3HT 共混制备了本体异质结型的光伏器件，其在 495 nm 光照下光电转换的外量子效率(EQE)由原来纯 P3HT 材料的 0.2%提高到 7%，他们认为这是由于在给体 P3HT 与受体 EP-PTC 之间发生了有效的电荷分离。因为前面提到的二酰亚胺的 LUMO 和 HOMO 能级都比 P3HT 相应的能级低 0.4 eV，符合其给体/受体界面上激子电荷分离的电子能级要求。他们在将另一种二酰亚胺分子 PPEI 与共轭聚合物给体材料 MEH-PPV 共混制备的光伏器件中，也得出了同样的结论。此后，他们将 EP-PTC 与小分子给体材料 HBC-PhC12 共混制备了光伏器件，在 490 nm 光照下的光电转化效率达到 1.95 %[23]。从纳米形貌上也证实了具有液晶性的二酰亚胺易发生分子间堆叠，形成自组装膜。这种自组装垂直于二酰亚胺分子平面，为电子的传输提供了畅通的路径。Roncali 研究组[24]将二酰亚胺 DP13 与窄带隙寡聚物给体材料共混得到的光伏器件也有较好的光伏性能。

苝酰亚胺及其衍生物在常规有机溶剂中溶解度有限，这限制了其在制作器件时溶剂的选择，对一些给体材料的成膜性造成了很大影响(比如 P3HT)。为了克服这样的影响，Kamm 等[25]通过在苝酰亚胺的 2,5,8,11 号位置上引入烷基支链，合成并研究了一系列苝酰亚胺类有机太阳能电池电子受体材料(化合物 PDI-1、PDI-2、PDI-3)。烷基支链的引入改善了 PDI 溶解性，尤其在高沸点溶剂中可以调节固态时的光物理性质，拓展了苝酰亚胺类材料在有机太阳电池中的应用。研究发现，当 P3HT 作为 p 型电子给体材料，PDI-3 作为 n 型电子受体材料制作 OSC 器件时，表现出了较好的器件性能，其转换效率(PCE)、短路电流密度(J_{sc})优于 PDI-1 和 PDI-2。PDI-3 在使用氯苯做溶剂时，器件效果最优，开路电压(V_{oc})达到了 0.75 V，甚至超过了典型的 P3HT 与 $PC_{61}BM$ 组成的异质结 OSC 器件。这可能是由于 p 型电子给体材料 P3HT 的 HOMO 与 PDI-3 的 LUMO 能级之差接近于比较理想的 0.8 eV。

虽然 PDI 类材料还存在很多问题(例如溶解性、分子过度聚集等)，但是由于 PDI 分子具有多个活性位点，可以在 PDI 分子上进行修饰，在保证 PDI 分子载流子传输性质基础上对分子进行改性；同时也可将 PDI 分子做成多聚体，从而调控分子的结晶行为[26]。Meng 等[27]将 Se 原子引入苝酰亚胺分子的 bay 位上，合成了 SdiPBI-Se。通过引入 Se 原子，可以增加分子内轨道的重叠，同时可以很好地利用 Se 原子上的空轨道接受电子，增加电子的迁移率。与 PBDB-T1 共混，制备的器件效率为 8.42%。Zhong 等[28]将四个苝酰亚胺单元 bay 位通过双键相连，得到四并稠环化合物 hPDI4，将 hPDI4 与 PTB7-Th 给体共混，制备的器件效率为 8.3%。彭强课题组[29]将三嗪单元与苝酰亚胺单元氨基相连，得到化合物 Ta-PDI，与 PTB7-Th 给体共混，制备的器件效率为 9.15%。目前，基于 PDI 的受体很多器件效率能够达到 6%以上，作为一种重要的电子受体材料，苝酰亚胺及其衍生物由于较强的光热稳定性及较高的载流子迁移率，在高效率的有机太阳能电池中发挥着重要的作用。

3. 芴基衍生物类电子受体材料

芴基衍生物在有机电致发光和有机激光领域得到了广泛研究，并展现出优良的电子传输性能和光电性质。对于 OSC 小分子受体材料而言，芴基衍生物的 LUMO 能级与给体材料（如 P3HT）比较匹配，可以有效降低给受体之间 LUMO 能级差带来的能量损失。由于芴及其衍生物含有一个刚性的平面内联苯单元，因此其具有较好的热稳定性和化学稳定性，图 6-3 为部分芴基衍生物的化学结构式。Burn 和 Meredith 课题组[30]合成了非富勒烯受体 K12，包括芴基以及苯并噻二唑单元，分子骨架结构提供了高的电子亲和势和可溶液加工性，具有与 $PC_{61}BM$ 相似的电子亲和势以及在 475 nm 左右弱的吸收峰。但是低的 LUMO 能级以及与 P3HT 互补的吸收使 K12 在与 P3HT 混合时成为一个有潜力的受体。优化过后的 P3HT/K12 器件获得了 0.73%的 PCE。Watkins 及其合作者[31]在 K12 基础上，通过 Suzuki 和 Knoevenagel 反应引入缺电子的茚满二酮单元，合成了 K12 的衍生物 FEHIDT。基于 P3HT/FEHIDT 的器件可以达到 2.43%的器件效率，其 V_{oc} 可达到 1 V，这对于非富勒烯受体来说是相当大的进步。更重要的是，作者也证明了类似的受体具有线性辛基侧链的结构，由于强的分子间的耦合导致较低的性能，这一发现说明侧链选择的重要性，除了能级以及带隙调控，其也是设计分子的一个考虑因素。此外，受体的核心单元对分子性质及器件效率也会产生至关重要的影响。占肖卫及其合作者设计合成了具有中心硒芴结构新型 SMAs，即 DBS-2DPP，与 P3HT 共混，可达到 2.05%的器件效率。同时，原子力显微镜显示薄膜具有很好的互穿网络结构，给受体间可以形成良好的相分离结构[10]。Bhosale 及其合作者[32]利用咔唑单元作为材料的核心，合成了 N7 受体分子，其与 P3HT 光谱互补，且具有较高的 HOMO 能级，使得 V_{oc} 可达到 1.17 V，器件效率能够达到 2.30%。Russell 及其合作者[13]设计和合成了 F8-DPPTCN，光吸收可以达到近红外 757 nm，同时通过引入噻吩-2-碳腈吸电子端基降低了 LUMO 能级。由于其结晶性较好，电子迁移率较高，可达 10^{-3} $cm^2/(V \cdot s)$，最终器件性能可达到 2.37%，V_{oc} 可达到 0.97 V。Lim 及其合作者[33]基于芴单元也发展了一个新型的小分子受体 Flu-RH，该分子具有较高的 HUMO 能级，可获得较高的 V_{oc}，同时该分子具有较强的光吸收（光吸收为 350～800 nm）。与 P3HT 共混后，器件效率可达 3.08%，开路电压可达到 1.03 V。FBR 分子是将噻吩替换成苯并噻二唑单元，其主要的吸收峰集中在 400～

600 nm 处[26]。在这个分子中，由于缺电子基团苯并噻二唑单元连接在芴基单元和罗丹宁单元之间，从而具有合适的 LUMO 能级，可以很好地和 P3HT 给体材料进行匹配，最终获得 4.11%的器件效率。此外，超快瞬态光谱显示此器件中给体和受体可以形成良好的薄膜结构从而增加电荷光生过程。

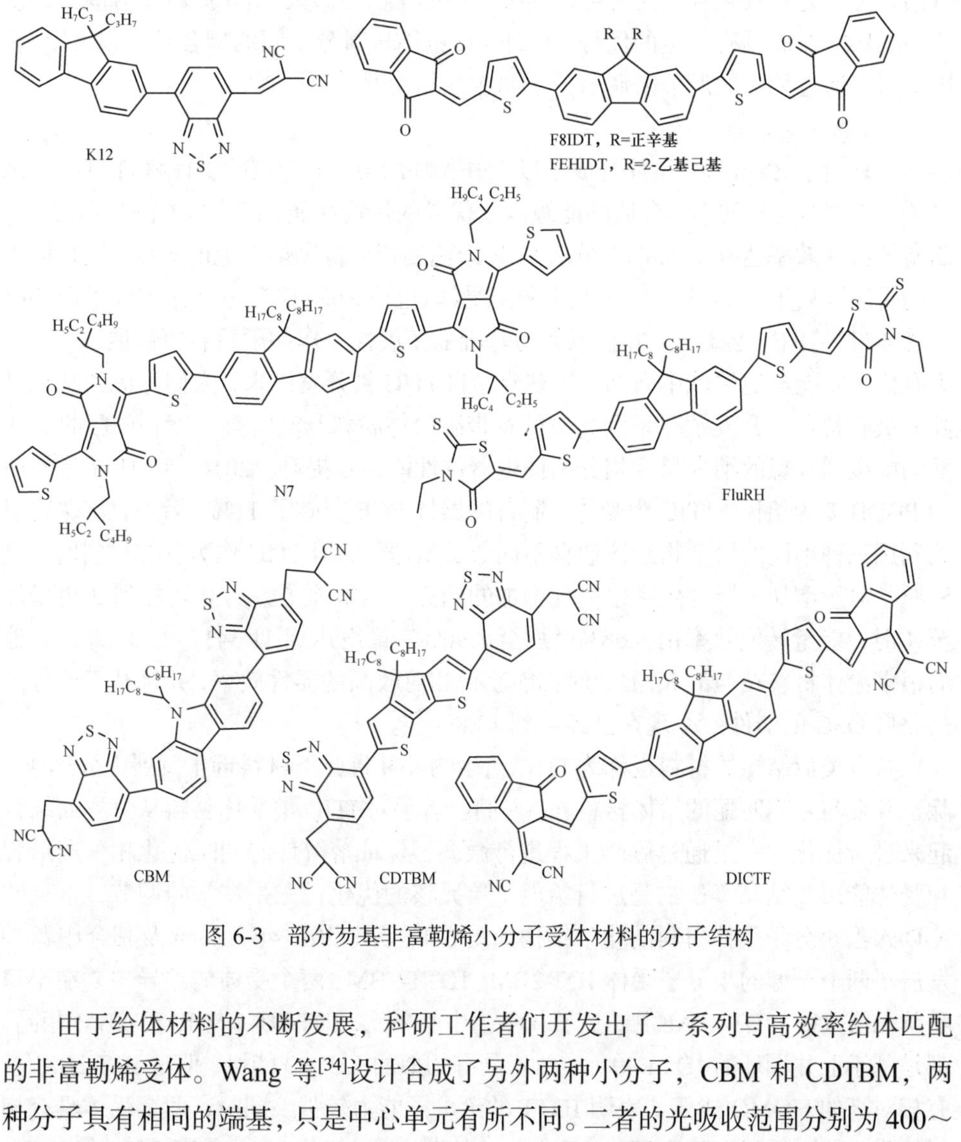

图 6-3　部分芴基非富勒烯小分子受体材料的分子结构

由于给体材料的不断发展，科研工作者们开发出了一系列与高效率给体匹配的非富勒烯受体。Wang 等[34]设计合成了另外两种小分子，CBM 和 CDTBM，两种分子具有相同的端基，只是中心单元有所不同。二者的光吸收范围分别为 400～600 nm 及 500～850 nm，与 PCE10 共混后，经过添加剂优化，薄膜形成明显的互穿网络结构。优化后的器件中，这两种受体都表现出了相似的器件效率，都能够达到 5.0%。Li 等 [35]发展了另一种芴基单元的小分子受体 DICTF，该分子具有较强的结晶性，同时，与 PCE10 共混后，通过原子力显微镜及透射电子显微镜可观察到，共混薄膜形成了纳米级互穿网络结构，最终器件效率可达到 7.93%。

综合看来，芴及其衍生物具有较高的电子亲和势和可溶液加工性，易与 P3HT 等给体分子光吸收互补，同时可以实现较高的 V_{oc}，此外，由于原料十分廉价，使这一材料的发展具有一定的优势。此外，侧链结构对分子间的耦合具有很大影响，因此可以通过侧链的调节来调节分子间相互作用[10, 13, 30, 32, 36]。

4. A-D-A 型小分子受体

2015 年，Zhan 等[1]设计合成了以七并稠环的 IDTT 为核的受体材料 ITIC，该分子具有强且宽的吸收、合适的能级以及优异的传输性能，将其与 PTB7-Th 混合，制备的器件效率达到了 6.8%。虽然 PCE 未达到相应富勒烯电池的效率，但是该工作的报道开启了人们对 A-D-A 型小分子受体(也被 Zhan 课题组称作小分子稠环电子受体材料)的广泛研究，并且以此为基础的拓展性工作如雨后春笋铺展开来，成为有机太阳能电池领域中新的研究热点。自 ITIC 被开发以来，人们考虑到其窄带隙的吸收特点，开发了一系列高效的宽带隙给体材料与其匹配，互补的吸收、匹配的能级和理想的纳米尺度相分离使得器件性能稳步提升。2016 年，Hou 等[37]使用 PBDB-T 为给体、ITIC 为受体，制备的器件 PCE 突破了 11%。后来，该课题组又利用三种不同的聚合物给体包含不同数量氟原子，以 ITIC 作为受体材料时，当氟原子数量增加，器件效率也呈现增加的趋势。当氟原子数由 0 增加到 2 再增加至 4 时，能量转换效率由 6.68%增加至 8.90%，最终达到 11.34%[38]。此外，其他的很多给体材料在与 ITIC 混合时都能获得相对较高的器件效率，并且基于该分子的叠层 OSC 的器件效率现在已经达到 13.8%[39]。

具有类似结构的材料也称为 ITIC 衍生物，并且此类材料近年发展十分迅速。除了开发与之相匹配的给体材料外，人们也着手对 ITIC 类受体材料从三方面结合起来进行优化。一是通过侧链工程进行微调，保证溶解性的同时优化相分离形貌和受体能级、结晶等；二是进行给电子单元核的优化；三是端基的调节，常见的 A-D-A 型小分子受体材料的化学结构如图 6-4 所示。2015 年，Zhan 及其合作者[40]发展了两个新型的小分子受体 IDT-2BM、IDTT-2BM，两个受体的差异主要在于噻吩单元的数量。IDT-2BM 主要基于 IDT 为中心单元，IDT-2BM 与 IDTT-2BM 相同，都是基于七并稠环的 IDTT 单元。两者具有相似的 LUMO 能级，但是 IDT-2BM 具有相对高的 HOMO 能级，表明 IDTT 的给电子能力较强。同时，两个受体具有相似的吸收范围。在以 PBDTTT-C-T 作为给体时，经过优化，基于 IDT-2BM 和 IDTT-2BM 受体的器件效率分别为 4.26%和 4.81%。同时，该课题组也报道了新型的小

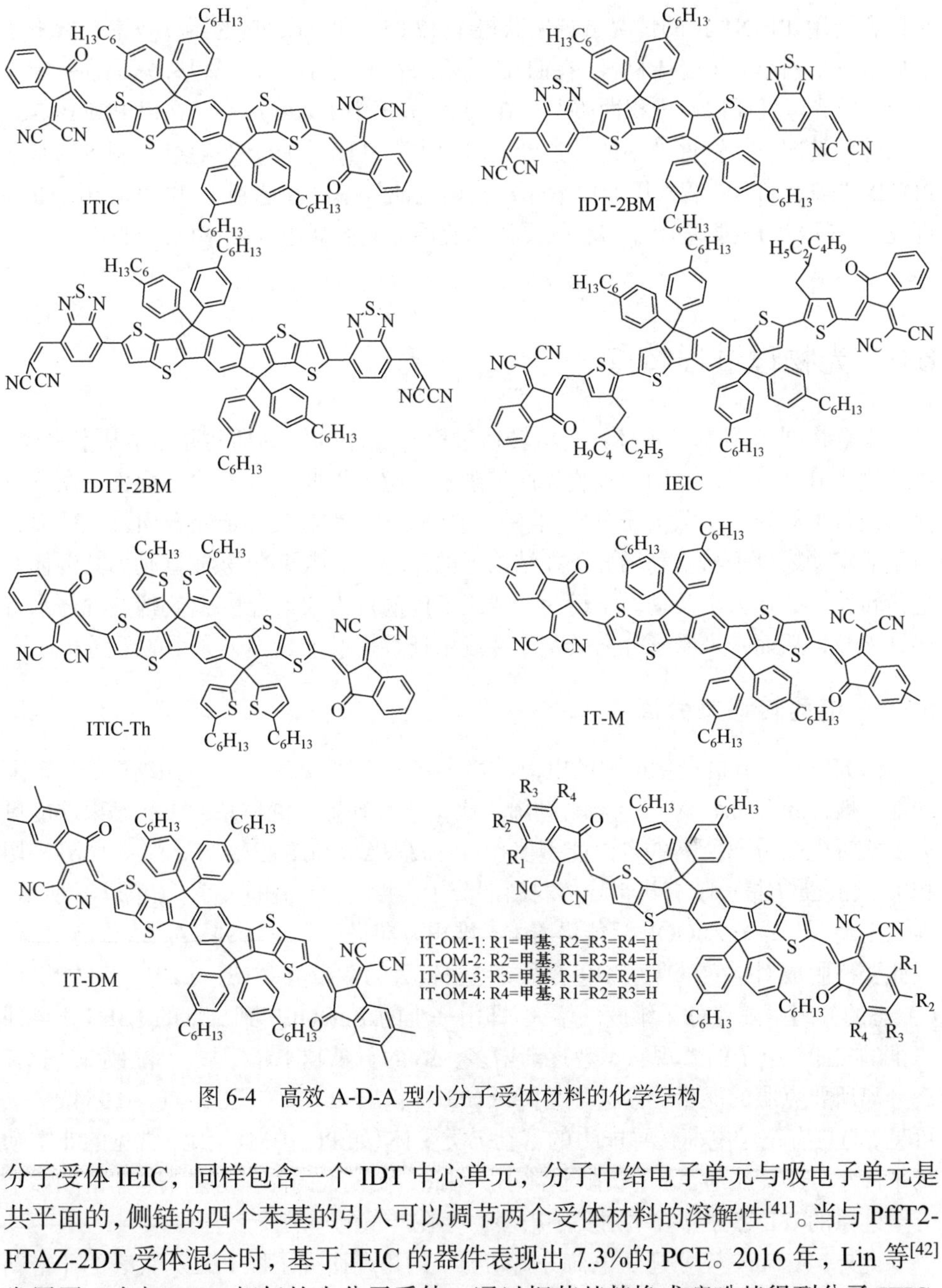
ITIC
IDT-2BM
IDTT-2BM
IEIC
ITIC-Th
IT-M
IT-DM
IT-OM-1: R1=甲基, R2=R3=R4=H
IT-OM-2: R2=甲基, R1=R3=R4=H
IT-OM-3: R3=甲基, R1=R2=R4=H
IT-OM-4: R4=甲基, R1=R2=R3=H

图 6-4　高效 A-D-A 型小分子受体材料的化学结构

分子受体 IEIC，同样包含一个 IDT 中心单元，分子中给电子单元与吸电子单元是共平面的，侧链的四个苯基的引入可以调节两个受体材料的溶解性[41]。当与 PffT2-FTAZ-2DT 受体混合时，基于 IEIC 的器件表现出 7.3%的 PCE。2016 年，Lin 等[42]发展了一个与 ITIC 相似的小分子受体，通过把苯基替换成噻吩基得到分子 ITIC-Th，因为分子中强的 S—S 引力有利于增加分子间引力，光谱显示这个分子在 500～800 nm 范围具有宽的吸收，以 PDBT-T1 给体混合可以获得高的器件效率(9.30%)。Hou 课题组[43]发展了两个不同端基取代的新型 NF 小分子受体：IT-M 和 IT-DM，它们在使用 PBDB-T 的情况下分别获得了 12.05%和 11.25%的器件效率。后来还发展了一系列小分子受体材料，在 ITIC 端基的各个位置引入甲氧基，从而在一定程度上影响光电性质以及堆积性质[44]。在 ITIC 分子中引入氟原子，在以 PBDB-T-SF 为给体的情况下，器件效率能够达到 13.10%[45]。目前，Hou 课题组[46]制备的基于 PDTB-EF-T：IT-4F 活性层的单节非富勒烯电池效率已经达到了 14.2%。由 Chen 课题组[3]研究的主要基于非富勒烯受体的叠层非富勒烯电池效率已达到 17.3%。

6.3 光物理过程特点

聚合物/非富勒烯共混体系光电转换过程与聚合物/富勒烯共混体系基本一致，主要包含五个过程，分别为吸收光产生激子、激子扩散至给体/受体界面、激子解离形成自由载流子、载流子分别向各自电极传输并被收集形成闭合回路。然而，由于非富勒烯分子与富勒烯分子在结构上的差异，导致聚合物/非富勒烯共混体系电荷转移态的热力学及动力学行为、载流子传输行为与聚合物/富勒烯共混体系有些许差异，从而带来激子分离效率、载流子迁移率及能量损失大小的不同。

6.3.1 电荷转移态分离

研究发现，有机光伏电池的电荷转移态(CT 态)都具有一定的束缚能，且该束缚能一般都超过 0.1 eV[47]。与富勒烯相比，非富勒烯共混体系的 CT 态束缚能更大。实现电荷分离所需的自由能差值($\Delta G=\Delta H-T\Delta S$)与焓变($\Delta H$)、熵变($\Delta S$)密切相关。Gregg[48]报道了有机半导体材料的分子维度与 ΔS 值的关系，如图 6-5 所示。他们发现，小分子 ZnOOE 只能沿着 π-π 堆积方向进行一维排列，对 ΔS 没有贡献，因此要摆脱成对空穴的吸引，电子需要克服较大的能量势垒(E_a=0.27 eV)才能实现 CT 态的分离。随着分子维度的增大(即由一维的 ZnOOEP 到二维的 P3HT，再到三维的 C_{60})，电子的微观状态数逐渐增多，ΔS 的贡献越来越明显，因此为实现 CT 态分离所要克服的能量势垒会显著降低(P3HT：E_a=0.13 eV；C_{60}：E_a=0.054 eV)。可见，与具有三维电荷传导能力的富勒烯类受体(如 $PC_{61}BM$)相比，常见的非富勒烯平面小分子无疑对 ΔS 的贡献非常小。因此，在较大的能量势垒下，非富勒烯小分子体系的 CT 态分离效率则要小很多，存在严重的单分子复合。

此外，Asbury 等[49]还从电荷分离动力学的角度研究了以 PDI 为代表的非富勒烯体系电荷分离过程中的温度依赖性，发现在 CT 态分离过程中 PDI 体系[受体材料为二叔丁基苯基取代的苝二酰亚胺(BTBP-PDI)]需要额外的活化能。如图 6-6(a)、(b)所示，随着时间的推移，瞬态振动光谱上羰基振动峰向低频移动，表明 P3HT/BTBP-PDI 与 P3HT/PCBM 体系均发生了电荷分离过程。羰基的振动峰位置随

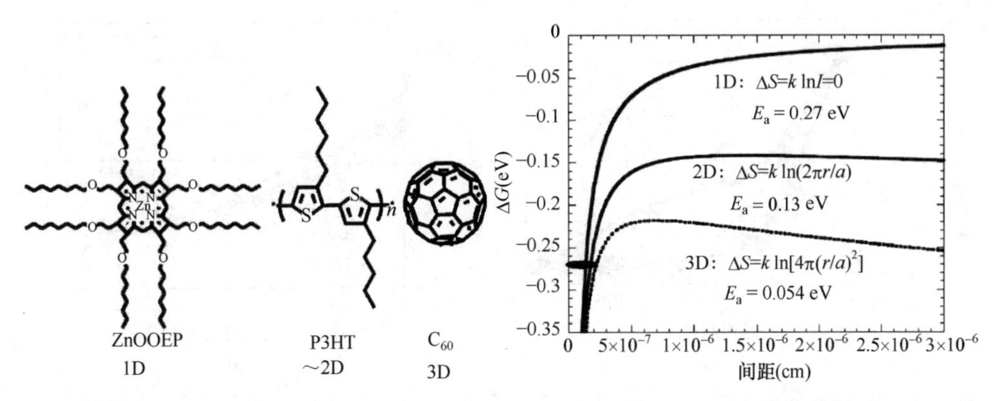

图 6-5 结晶性的卟啉类小分子（ZnOOEP）、聚(3-己基噻吩)（P3HT）与富勒烯（C_{60}）三种材料理论计算的电荷分离的自由能差值与电子-空穴分离距离(r)的关系(介电常数默认为 4)。ΔS 表示不同维数下的熵变方程；a 为晶格常数(默认为 1 nm)；E_a 为电荷分离的活化能(假设基态为−0.27 eV)[48]

时间的变化快慢则可以反映特定体系的电荷分离速率，如图 6-6(c)、(d)所示。通过对比 P3HT/BTBP-PDI 与 P3HT/PCBM 体系电荷分离速率与温度的依赖关系，发现前者的电荷分离过程需要额外的能量来激活，而后者则无须克服能量势垒即可完成电荷的分离过程，如图 6-6(e)、(f)所示。与富勒烯体系相比，PDI 材料的单位分子的电子离域程度更低，导致给体与受体之间只能形成较小的电子耦合程度，因此 P3HT/BTBP-PDI 体系本身具有更强的 CT 态束缚能进而限制了最终的电荷分离速率。Brédas 课题组[50]还利用量子化学的手段研究了 CT 态分离与成对电荷复合过程，发现与富勒烯体系相比，PDI 非富勒烯体系的 CT 态复合速率要快得多，由此可见，在非富勒烯体系中 CT 态的复合过程与其分离过程的竞争更为激烈。因此，非富勒烯共混体系对微观形貌的要求更为严苛。

然而，Shu 课题组[51]通过分子模拟及实验则得出了截然不同的结论。作者设计合成了一系列芴基受体材料 FENIDT，基于密度泛函理论(DFT)以及含时-DFT

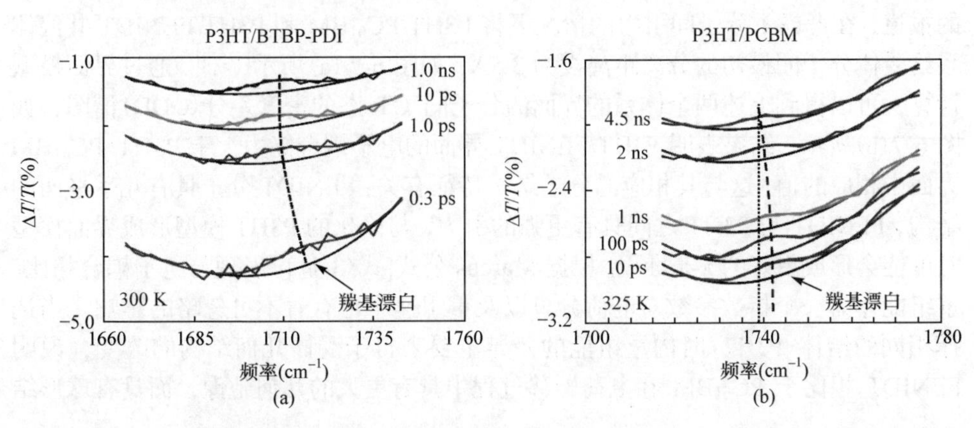

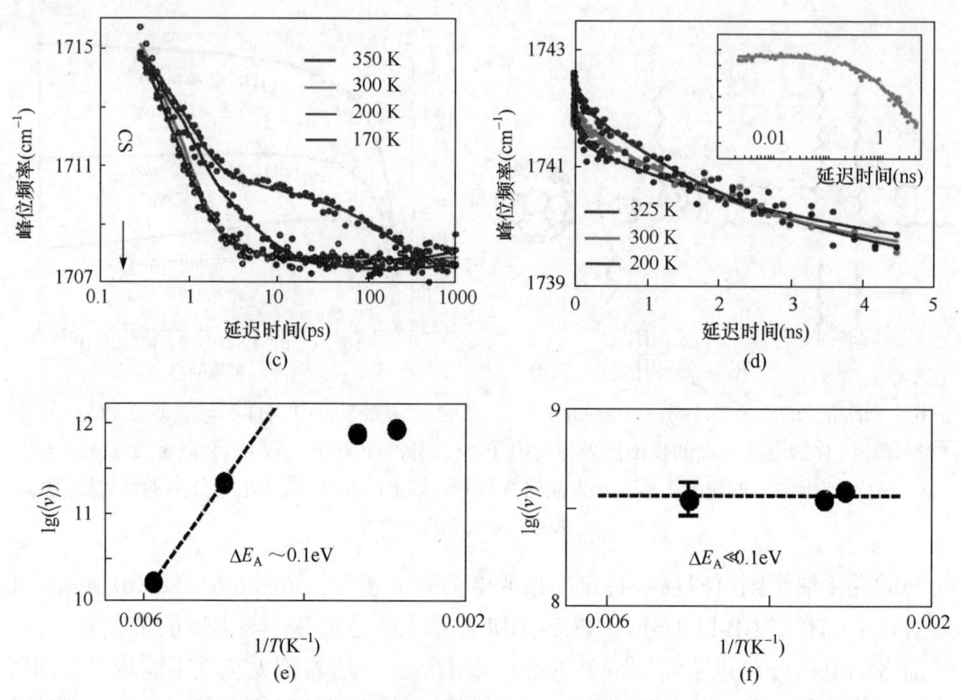

图 6-6 (a) 300 K 条件下的 P3HT/BTBP-PDI 体系的瞬态振动光谱；(b) 325 K 条件下的 P3HT/PCBM 体系的瞬态振动光谱；(c) 不同温度下 P3HT/BTBP-PDI 体系羰基振动频率随时间的变化规律；(d) 不同温度下 P3HT/PCBM 体系羰基振动频率随时间的变化规律；(e) P3HT/BTBP-PDI 体系电荷分离的平均速率与温度依赖关系；(f) P3HT/PCBM 体系电荷分离的平均速率与温度的依赖关系[49]

(TD-DFT) 计算，对 P3HT/$PC_{61}BM$ 和 P3HT/FENIDT 体相异质结进行了深入的比较性研究，估算并分析了一些决定器件效率的重要参数，例如电荷分离速率 (k_{CS}) 和电荷重组速率 (k_{CR})、重组能等。作者还研究了聚合物/富勒烯体系与聚合物/非富勒烯小体系界面给受体电子耦合的大小。对于给体/受体界面模型的模拟，根据先前的报道，在考虑了分子间引力的情况下将 P3HT/$PC_{61}BM$ 和 P3HT/FENIDT 共混体系给受体分子间最初的分离距离设为 3.5Å，如图 6-7 (a) 所示[52, 53]。通过界面模型计算，可以得到上述两个体系的界面的分子间 CT 态的密度差分 (CDD) 谱图，如图 6-7 (b) 所示。结果表明 P3HT/FENIDT 界面的电子耦合能力大于 P3HT/ $PC_{61}BM$ 界面中相应的值，这与其相应的分子结构特征有关：FENIDT 分子具有几乎平面的结构，FENIDT 与 P3HT 之间具有更强的引力，与简化的 P3HT 模型形成界面模型时可能会形成更好的 π-π 堆积。根据 Marcus 公式[式 (3-1)]，发现与电子耦合相比，重组能作为一个指数参数对电荷分离以及重组速率也有着不可忽略的影响。当选择相同的给体 P3HT 时内重组能的差异主要来自于受体几何结构的改变，说明 FENIDT 相比于 $PC_{61}BM$ 在电荷转移过程中具有更大的几何弛豫，而具有球形结

构的 $PC_{61}BM$ 更加稳定。因此，可以看出 NF 受体 FENIDT 贡献了大的重组能，这主要归结于 FENIDT 大的几何弛豫。根据半经验-Marcus 公式，优化的界面模型考虑相关参数，如电子耦合、吉布斯自由能和重组能，最终可以得到 k_{CS} 和 k_{CR}。结果表明，非富勒烯体系的电荷分离速率更快，这可能是非富勒烯体系性能高的原因之一[54]。

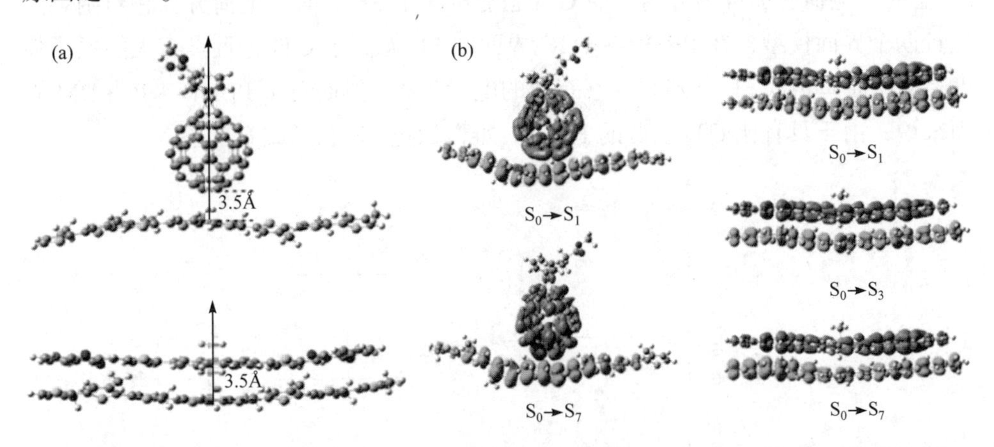

图 6-7 (a) P3HT/$PC_{61}BM$ 和 P3HT/FENIDT 界面初始堆积模型示意图[52,53]；(b) 在 CAM-B3LYP/6-31G(d, p) 水平下分别模拟的 P3HT/$PC_{61}BM$(左)、P3HT/FENIDT(右)界面的分子间 CT 态的密度差分(CDD)谱图[54]

为了进一步证实结论的普适性，作者还比较了 PBDB-T/ITIC 及 PBDB-T/$PC_{71}BM$ 两个共混体系[54]。无论是在电荷分离还是电荷重组过程，PBDB-T/ITIC 界面的电子耦合值都大于相应 PBDB-T/$PC_{71}BM$ 界面的电子耦合值。这是由于，相比于 $PC_{71}BM$ 的球形结构，ITIC 分子骨架好的平面性有利于与 PBDB-T 形成大面积的 π-π 相互作用。因此，由于速率正比于电子耦合的平方，根据 Marcus 方程，PBDB-T/ITIC 界面可能拥有更大的电荷分离速率。此外，对从分子动力学模拟结果中选出的典型界面模型中通过对 k_{CS} 和 k_{CR} 的估算显示，所有的界面模型都具有相似的 k_{CR}，而 PBDB-T/ITIC 界面的 k_{CS} 比 PBDB-T/$PC_{71}BM$ 界面高出 3 个数量级，暗示 ITIC 体系具有较好的电荷分离能力，如表 6-1 所示。

表 6-1 PBDB-T/ITIC 和 PBDB-T/$PC_{71}BM$ 界面模型计算得到的电子耦合[V_{CS}(eV) 和 V_{CR}(eV)]、重组能[λ_{CS}(eV) 和 λ_{CR}(eV)]、吉布斯自由能差[ΔG_{CS}(eV) 和 ΔG_{CR}(eV)]、界面电荷分离以及重组速率[k_{CS}(s^{-1}) 和 k_{CR}(s^{-1})][54]

体系	V_{CS}	V_{CR}	λ_{CS}	λ_{CR}	ΔG_{CS}	ΔG_{CR}	k_{CS}	k_{CR}
PBDB-T/ITIC	0.0059	0.5549	0.549	0.454	−0.86	−1.55	1.44×10^{11}	5.91×10^{4}
PBDB-T/$PC_{71}BN$	0.0037	0.2669	0.468	0.369	−1.06	−1.35	2.43×10^{8}	2.19×10^{4}

此外，PBDB-T/ITIC 及 PBDB-T/$PC_{71}BM$ 两个共混体系在能级分布上也展示出了很大的不同，这也可能会导致不同的电荷分离机制，从而影响效率。D/A 界面中 CT 态的角色一直存在争议，作为 Fenkel 态(FE 态)和电荷分离态的中间态，在一定程度上决定了产生自由载流子的数量。如图 6-8 所示，当 CT_1 态能量低于 FE 态时，电荷更加容易分离；而 CT_1 态能量高于 FE 态时，电荷分离相对困难。比较两个界面模型，在 PBDB-T/ITIC 界面中 FE 态高于 CT_1 态且具有大的振子强度，从而促使它从 FE 态到 CT_1 态有效的电荷分离；然而对于 PBDB-T/$PC_{71}BM$ 界面来说，由于具有比 CT_1 态低的 FE 态，难以通过 FE 态形成 CT_1 态。

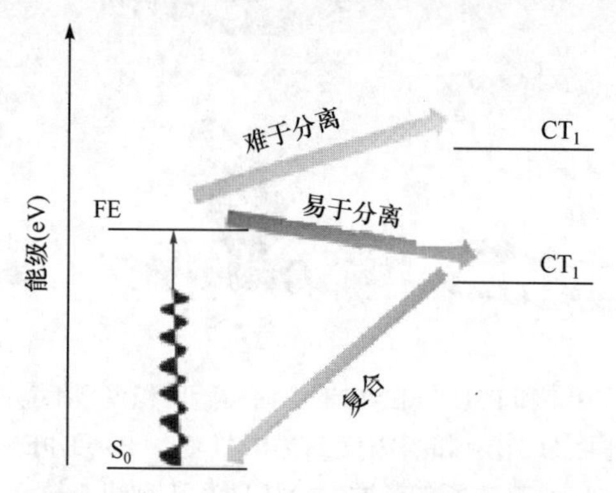

图 6-8 Fenkel 态和 CT 态的相关能级比较图[54]

通过分析两个体系的电荷分离能力，发现在热力学角度上 PBDB-T/ITIC 界面拥有更加匹配的 FE 态和 CT_1 态之间的相对位置，利于电荷通过更多的途径分离；在动力学角度上，PBDB-T/ITIC 有着更大的 k_{CS}，利于电荷转移态分离形成自由载流子。因此，相对于 PBDB-T/$PC_{71}BM$ 体系，PBDB-T/ITIC 体系有着更高的能量转换效率。

上述现象说明了部分聚合物/非富勒烯小分子共混体系性能优于相应的聚合物/富勒烯共混体系的主要原因在于 CT_1 态与 FE 态间的相对位置关系更合理，利于电荷通过更多的途径分离；另外，非富勒烯小分子几何弛豫幅度更大，且聚合物/非富勒烯小分子间电子耦合能力更强，导致 CT 态有着更高的电荷分离速率。然而，并非所有聚合物/非富勒烯体系均能满足上述条件，在部分共混体系中，例如 P3HT/BTBP-PDI 及 P3HT/ZnOOE 共混体系，CT 态分离困难、复合严重，反而器件性能低于相应的聚合物/富勒烯共混体系。由此可见，将聚合物分子与非富勒烯分子合理组合以实现 CT 态高效分离，是构建高性能太阳能电池的重要前提！

6.3.2 能量损失

现阶段，聚合物太阳能电池仍存在器件能量损失(E_{loss})大的瓶颈问题。高效无机和钙钛矿太阳能电池的能量损失通常为 0.4～0.5 eV，而文献报道的大部分高效有机太阳能电池的能量损失都大于 0.6 eV。因此，如何降低器件的 E_{loss} 是进一步提高有机太阳能电池效率的关键。目前，通常采取公式(6-1)计算能量损失：

$$E_{loss} = E_g^{opt} - qV_{oc} \tag{6-1}$$

式中，E_g^{opt} 由受体光学带隙中带隙低的组分决定，我们可以将公式进一步推导：

$$\begin{aligned} E_{loss} &= E_g^{opt} - qV_{oc} \\ &= \left(E_g^{opt} - qV_{oc}^{SO}\right) + \left(qV_{oc}^{SO} - qV_{oc}^{rad}\right) + \left(qV_{oc}^{rad} - qV_{oc}\right) \\ &= \left(E_g^{opt} - qV_{oc}^{SO}\right) + qV_{oc}^{rad,biowgap} - qV_{oc}^{nonrad} \\ &= \Delta E_1 + \Delta E_2 + \Delta E_3 \end{aligned}$$

式中，ΔE_1 为辐射能量损耗，主要由电荷产生过程引起，这部分能量损失在任何种类的电池中都是不可避免的，一般损失在 0.25～0.3 eV；ΔE_2 为带隙下的辐射复合引起的能量损耗，主要源于电荷分离和传输过程；ΔE_3 为非辐射能量损耗，其与材料的电致发光量子效率(EQE_{EL})直接相关，其损失一般在 0.30～0.48 eV。通过上述分析可知，聚合物/富勒烯体系界面处给受体间电子耦合能力弱于聚合物/非富勒烯体系，且分子形状稳定，发生几何弛豫程度小，从热力学及动力学角度，给受体界面处电荷转移态均不易发生分离，导致能量损失大。另外，Hou 等从静电势角度解释了聚合物/非富勒烯体系能量损失较小的原因[55]。作者通过分子模拟可知，对于聚合物/非富勒烯共混体系，正电荷和负电荷分别集中于给体和受体表面，如图 6-9(a)所示。因此，在聚合物分子表面静电势为负，而在非富勒烯分子表面静电势为正(0.98 eV)。这种电势分布会在给受体界面处诱导产生电场，利于电荷转移态分离。对于富勒烯分子而言，分子表面电荷均一分布，静电势较小(0.11 eV)，导致给受体界面处诱导产生电场小，对电荷转移态分离贡献较小。因此，对于富勒烯体系而言，ΔE_2 这部分损耗可以达到 0.6 eV 以上[56,57]，而相应的非富勒烯体系能量损失则小得多，如图 6-9(b)～(d)所示。

最近，Yan 课题组[59]报道的基于 BT 和四联噻吩聚合物材料的光学带隙为 1.6 eV 左右，基于此太阳能电池可以获得 0.79 V 的开路电压，相应的能量损失约为 0.8 eV，获得的 PCE 最高为 11.7%，已经十分接近于其理论极限值。对于非富勒烯体系，电池的能量损失可以低于 0.6 eV。而以非富勒烯作为受体时，能量损失则将大大降低。Li 等[60]协同运用烷硫链和主链扭曲的分子设计策略，设计合成了一种基于烷硫链取代噻吩 π 桥的窄带隙稠环受体材料 IE4F-S。将聚合物 PTQ10 作为给体材料与 IE4F-S 共混制备器件，尽管 PTQ10 和 IE4F-S 之间的 HOMO 能级差为零，

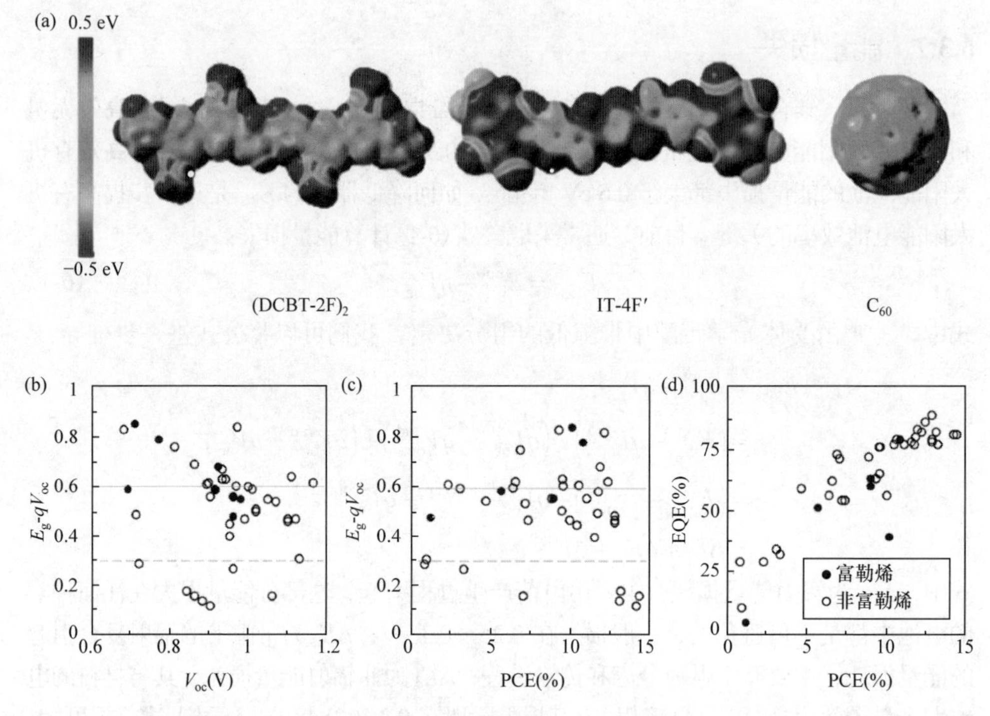

图 6-9 (a) (DCBT-2F)₂、IT-4F′及 C_{60} 分子静电势分布[55]；(b)、(c) 聚合物/富勒烯及聚合物/非富勒烯共混体系能量损失与开路电压及能量转换效率间关系；(d) 能量转换效率与外量子效率间关系[58]

电池器件仍取得了 12.20%的能量转换效率（PCE），V_{oc} 高达 0.996 V，器件的 E_{loss} 仅为 0.47 eV。这是目前文献报道的器件 E_{loss} 小于 0.5 eV 的能量转换效率最高值。结果表明，给受体间 HOMO 能级差为零时，电池器件仍能实现高的能量转换效率。

6.4 互穿网络结构

通过前面对于非富勒烯共混体系的光物理过程及存在问题的分析，我们发现，给体与受体材料共混形成的活性层的薄膜纳米形态对激子有效分离和载流子传输起到决定性作用[61]。由于非富勒烯小分子受体材料在分子结构方面的独特性质，该类体系对活性层的形态提出了更为严苛的要求。由于激子的寿命很短，其在有机光电材料中扩散长度约为 10～20 nm[62]。这就意味着如果让激子到达给体/受体界面时能够有效分离，给体和受体之间的相分离尺寸应与激子的扩散长度相当[63]。而理想的相分离形貌必须兼顾激子分离与电荷传输的平衡。当相区尺寸远大于激子扩散长度时，大量激子在有限的寿命内难以抵达给体/受体界面；而当相分离程度太小(给体/受体界面面积太多)时，非成对复合过程会变得异常严重。因此，理想的共混薄膜形态应该是由给体/受体形成相区尺寸为 10～20 nm 双连续的互穿网络结构，并且形成足够多的给体/受体两相界面以实现激子的分离。然而，与富勒烯分子相比，非富勒烯分子与给体聚合物间相互作用力、相容性等更为复杂。因此，进一步深入认识聚合物/非富勒烯体系相分离行为特点，对构筑互穿网络结构至关重要。

6.4.1　受体分子结构与相分离行为间关系

由于富勒烯分子为笼型结构，而非富勒烯分子多为二维平面型结构或者三维准球形结构，因此在分子体积、分子扩散速率、分子间堆叠作用力及与给体分子间相互作用力方面均有较大差别。这就导致聚合物/富勒烯共混体系的互穿网络结构形成过程与聚合物/非富勒烯共混体系有着明显的区别。而掌握聚合物/非富勒烯共混体系形成特点，也为分子设计及形貌调控奠定基础。

为了揭示基于富勒烯及非富勒烯共混体系互穿网络结构形成的特点，Ayzner 等[64]选取 P3HT 为聚合物给体材料，三种不同形状的小分子为受体材料，分别为 PDI、Sp-E(图 6-10)及 PCBM，研究了分子形状及分子轨道维度对薄膜凝聚态结构的影响。其中，PDI 分子具有刚性内核，分子呈平面型且分子间堆叠作用强，为平面型非富勒烯小分子，代表准二维结构分子；Sp-M 分子的中心碳原子为 sp^3 杂化，为非平面型非富勒烯小分子，代表准三维结构分子；PCBM 分子为笼型结构，代表三维结构分子。对于 P3HT/PCBM 共混体系，由于部分富勒烯分子可溶于 P3HT 无定形区域，结晶过程中 P3HT 分子间堆叠作用将驱动 PCBM 从 P3HT 无定形区扩散出来，从而形成 P3HT 富集相、富勒烯富集相及共混相；富集相中的分子进行有序堆叠、结晶，从而形成连续的载流子通路；另外，P3HT 形成的纤维晶将进一步限制富勒烯分子扩散聚集，从而使得 PCBM 仅能形成纳米级小尺寸微晶，最终形成纳米级互穿网络结构[65-70]，如图 6-11 所示。

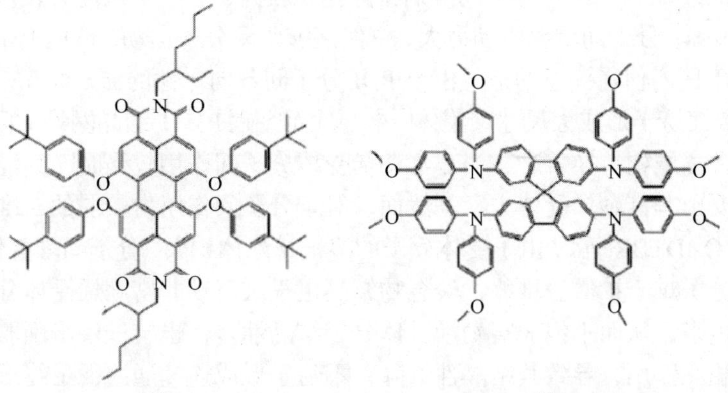

(a)　　(b)

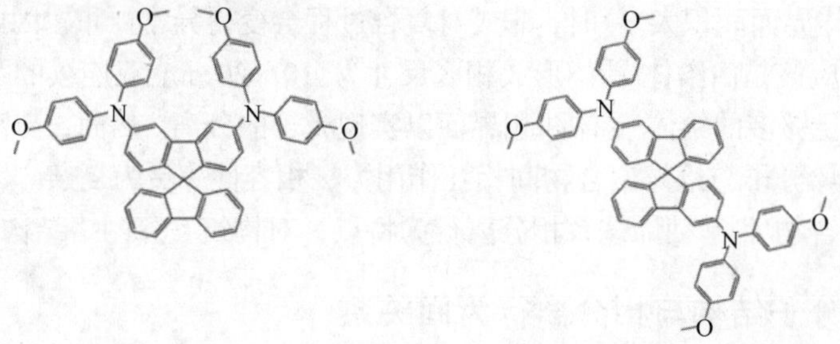

(c) (d)

图 6-10 PDI(a)、Sp-M(b)、Sp-Z(c)及 Sp-E(d)化学结构式[64]

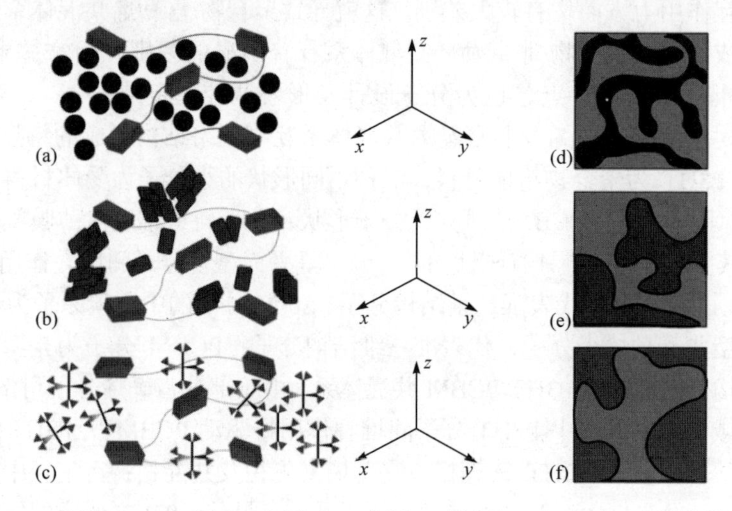

图 6-11 P3HT 分别与 PCBM[(a)、(d)]，PDI[(b)、(e)]及 SP-M[(c)、(f)]共混后局部结构示意图及薄膜相分离结构示意图[64]

对于 PDI 而言，由于分子的溶剂排除体积较大，分子扩散能力较差；但是，PDI 平面性强，分子间堆叠驱动力大，依然能够驱动分子运动，形成 P3HT 富集区及 PDI 富集区。值得注意的是，由于 PDI 分子间各向异性的 π-π 堆叠相互作用非常强，导致其易于形成大尺寸聚集体[71,72]，从而突破 P3HT 结晶网络的限制，形成大尺寸相分离结构。换言之，当非富勒烯受体分子间作用较强时，共混体系相分离结构主要由非富勒烯受体主宰。然而，对于分子间作用力较弱的二维分子而言(如 ITIC、O-IDTBR 等)，由于受体分子的溶剂排除体积大、分子间堆叠作用力弱，导致受体分子难于扩散、堆叠；聚合物结晶也很难驱动非富勒烯受体分子从共混相中扩散出来，从而不但非富勒烯受体分子结晶性差，也会进一步削弱聚合物给体分子间相互作用，导致其结晶性下降，不易于形成连续通路，最终形成无明显相分离结构的低结晶性薄膜。对于准三维结构的 Spiro-M 而言，由于其与 P3HT 分子间相互作用，能够诱导部分 P3HT 分子呈 face-on 取向排列。另外，由于其溶剂排除体积更大，分子间堆叠能力更弱，导致 Spiro-M 难于扩散结晶，因此体系中仅能形成较大尺寸(100 nm)的富集相区，而无法形成纳米级互穿网络结构。

Ayzner 等[73]进一步研究了非富勒烯受体小分子溶剂排除体积对相分离结构的影响。作者选择结晶性较高的 P3HT 及结晶性较低的 PTB7 分别为给体材料；选择结晶性较弱的双螺芴衍生物 Sp-M、Sp-Z 及 Sp-E 作为受体小分子，通过改变取代基位置及数量实现其溶剂排除体积的调节。结果表明，聚合物的结晶性及小分子的溶剂排除体积均会影响薄膜的相分离结构。例如，在 P3HT/Sp-M 体系中，可以观测到明显的 P3HT 相区及 Sp-M 相区，而在 PTB7/Sp-M 体系中，则仅能观测到 PTB7 富集相及 Sp-M 富集相；这是由于 P3HT 分子结晶能力强，因此能够驱动共混体系发生相分离，形成相对较纯的相区[74, 75]。另外，通过对比不同的受体分子，结果表明 Sp-M 与聚合物共混后，形成的相区尺寸较大；而 Sp-E 及 Sp-Z 与聚合物共混后形成的相区尺寸则较小，如图 6-12 所示。由于三种受体分子与聚合物分子间相互作用相似，作者将相区尺寸差别归因于三种分子溶剂排除体积的不同(Sp-M 的溶剂排除体积为 1.46 nm^3，Sp-Z 及 Sp-E 的溶剂排除体积为 0.959 nm^3)：溶剂排除体积越大，相区尺寸越大。

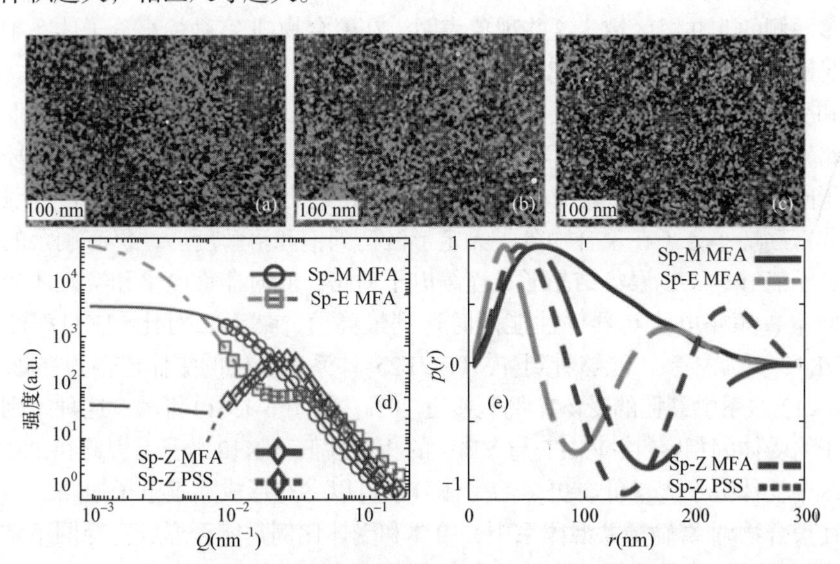

图 6-12 P3HT 分别与(a) Sp-M、(b) Sp-Z、(c) Sp-E 共混后的扫描透射电子显微镜能量损失谱；(d)共振弹性 X 射线散射及(e)距离分布函数[73]

由此可见，在聚合物/非富勒烯小分子共混体系中，不仅聚合物结晶性影响相分离结构，非富勒烯小分子间的堆叠作用力及分子体积均会影响薄膜的相区尺寸及结晶性。因此，形貌调控过程中要根据非富勒烯受体小分子的特性有针对性地调控。下面我们将从受体分子间相互堆叠作用大小、相容性及分子取向角度，详细介绍聚合物/非富勒烯共混体系形貌调控。

6.4.2 非富勒烯体系互穿网络结构形成过程

与聚合物/富勒烯共混体系相似，聚合物/非富勒烯体系互穿网络结构与给体和受体的比例关系密切。由于非富勒烯分子能够溶解于聚合物无定形区，因此，仅当非富勒烯分子含量达到一定阈值后，才能开始聚集，形成连续电子通路。另外，在相容性较高的体系中，给受体间具有较强的相互作用，会抑制给体及受体结晶，难以形成连续通路；因此，在给体/受体共混比例优化的前提下，需要进一步提高给体及受体结晶性。同时，为了促进载流子能够有效被相应电极所收集、避免传输过程中双分子复合，给体与受体材料在形成互穿网络结构的同时还应分别富集在阳极和阴极，形成理想的垂直相分离结构。

共混体系中给体和受体比例决定是否能够形成互穿网络结构。Burn 等[76]利用不同共混比例的 DSC 曲线得到了非富勒烯体系 P3HT/YF25 以及 P3HT/K12 的相图，并对不同共混比例下的相转变过程与器件性能进行对比，如图 6-13 所示。人们发现，对两种非富勒烯体系而言，最佳的共混比例都出现在非富勒烯小分子比例较多一侧的非共熔区域。这些现象表明，在聚合物/非富勒烯小分子体系中始终需要足够多的受体组分来构建结晶纯相区，从而保障自由电子的高效传输。通过给体和受体比例与短路电流关系也能看到，当受体比例较低时，由于无法形成连续通路，导致短路电流值低，器件性能差。而过高含量的受体分子则会破坏聚合物分子间作用力，不利于其结晶，也会导致短路电流偏低，不利于器件性能提高。仅当非富勒烯小分子在聚合物分子无定形区达到饱和溶解度后，仍有剩余的非富勒烯分子能够进一步聚集结晶形成连续电子通路，此时器件电子和空穴才能够被有效收集，短路电流与器件性能同时达到最高值。然而，对比 P3HT/YF25 与 P3HT/K12 共混体系，能够看到 P3HT/YF25 体系中最佳的受体比例为 58%，而 P3HT/K12 体系中最佳的受体比例则接近 70%，如图 6-13(c)所示。这种差别主要来源于给受体间相容性：P3HT 与 YF25 的相容性低于 K12 分子，因此在 P3HT 无定形区中受体分子含量低，更多的受体分子可以参与形成连续电子通路。由此可见，在聚合物/非富勒烯共混体系中，给体和受体比例是能否形成互穿网络结构的关键，而给受体分子间相容性进一步决定了给受体的最佳比值！

随着非富勒烯材料体系的不断发展，出现许多给受体相容性较好的共混体系，共混薄膜中受体分子倾向以无定形状态存在。在这种情况下，则需要在确保给体和受体比例能够形成互穿网络结构的基础上，进一步提高受体分子结晶性，促进形成载流子传输的连续通路。Liang 等[77]系统地研究了不同给体和受体比例下

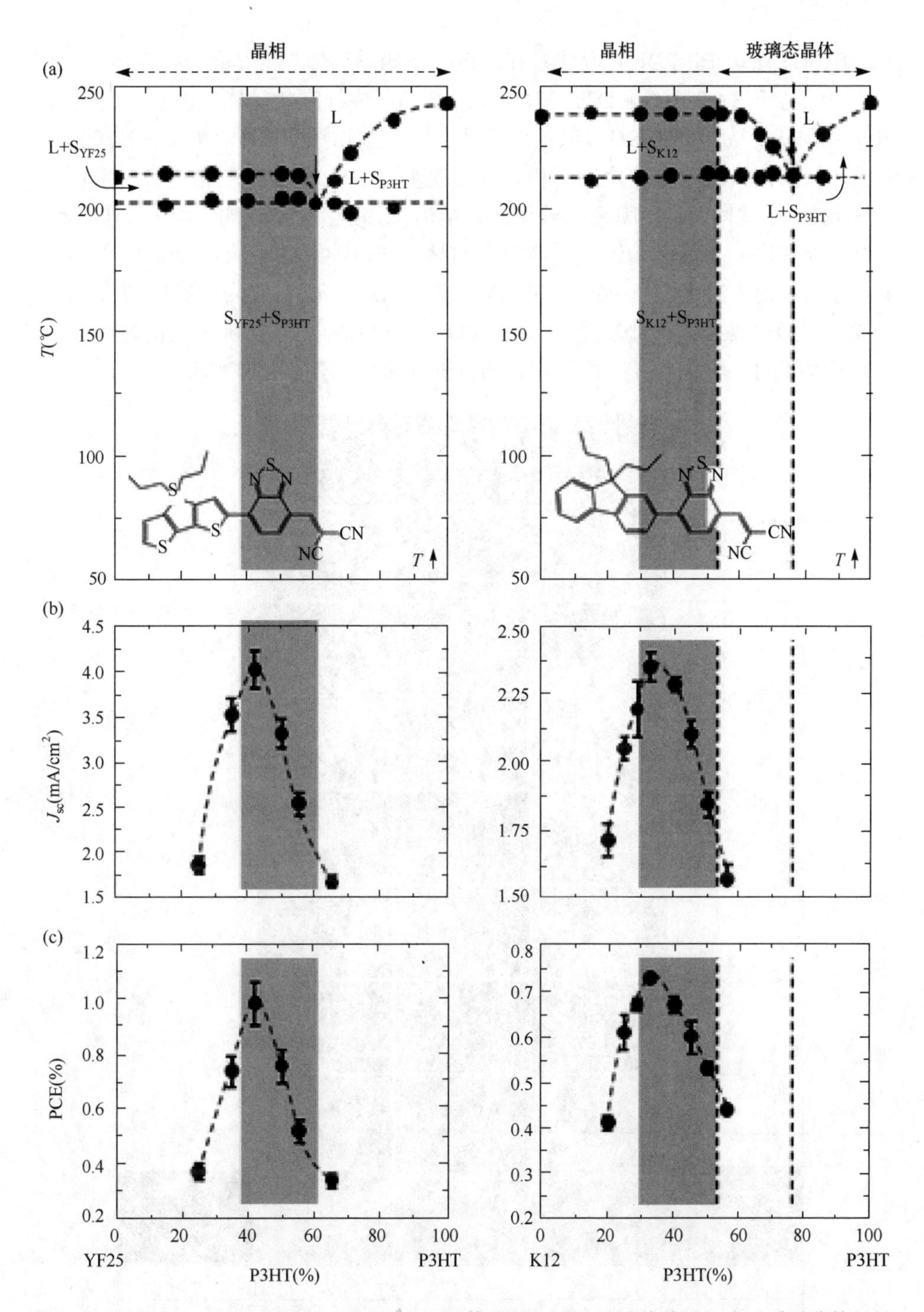

图 6-13 (a)P3HT/YF25(左)与 P3HT/K12(右)体系的相图以及随着共混组成(质量分数)的变化所对应的有机光伏器件的 J_{sc}(b)以及 PCE(c)[76]

p-DTS(FBTTh$_2$)$_2$/EP-PDI 共混体系在热退火下相分离形貌的变化(图 6-14)。当给受体比例高于 8∶2 时，p-DTS(FBTTh$_2$)$_2$ 结晶形成纤维状晶体，说明在此比例下相分离形貌主要由 p-DTS(FBTTh$_2$)$_2$ 结晶主导。当比例低于 4∶6 时，EP-PDI 聚集形成片状晶体，说明在此比例下相分离形貌主要由 EP-PDI 结晶主导。当比例在 7∶3 到 5∶5 之间时，薄膜无明显相分离结构，说明给受体相均匀混合。作者利用热退火处理进一步促进给体及受体聚集结晶，获得连续的载流子传输通路。结果表明，当热退火温度介于 90～130℃之间时，p-DTS 先结晶形成网络框架，此时，EP-PDI 处于熔融态，冷却过程中，EP-PDI 在 p-DTS 框架限制下形成微晶填充于 p-DTS 框架间，形成互穿网络结构，器件性能最优，达到了 4.25%。

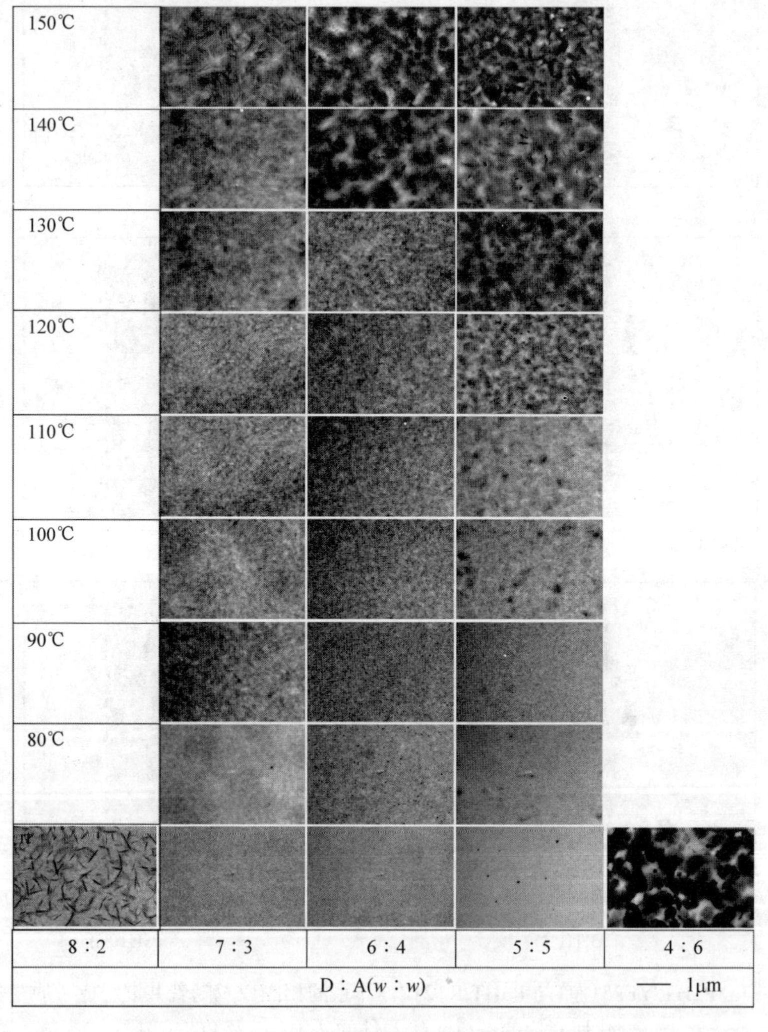

图 6-14 不同比例 p-DTS(FBTTh$_2$)$_2$∶EP-PDI 共混薄膜在不同温度下热退火后的 TEM 图[77]

不同于聚合物/富勒烯共混体系，富勒烯分子易于扩散、聚集，从而形成相对纯度较高的聚合物相区及富勒烯相区。通过与富勒烯分子对比，可以看到非富勒烯分子为非笼形结构且分子尺寸较大，导致其扩散活化能较高；另一方面，聚合物分子的分子量远大于非富勒烯分子，聚合物/非富勒烯分子共混体系为典型的非对称相分离体系，导致结晶过程中非富勒烯分子的扩散也会受到聚合物的干扰或结晶网络的限制，因此其结晶性较低。因此，如何抑制非对称相分离行为，提高受体分子结晶性，是构筑互穿网络结构的重要前提！Liang 等[78]通过调节给受体的结晶顺序，揭示了聚合物结晶网络对非富勒烯受体小分子结晶的限制作用。作者认为由于聚合物刚性较强、分子间作用力较大，聚合物易经由分子间相互作用形成结晶网络结构，而这种网络结构会抑制非富勒烯小分子受体的扩散和结晶。因此，非富勒烯小分子在聚合物形成完善结晶网络前发生有序堆叠，是提高小分子结晶的有效手段。作者通过两步退火方法，包括溶剂蒸气退火和热退火处理控制 PBDB-T 与 ITIC 结晶顺序，如图 6-15 所示。在 PBDB-T/ITIC 体系中，蒸气退火仅能促进 ITIC 结晶，而热退火仅能促进 PBDB-T 结晶。因此，可通过调控蒸气退火及热退火顺序来实现对聚合物和小分子结晶顺序的控制。研究结果表明，当 ITIC 先结晶时，此时 PBDB-T 结晶网络不完整，小分子易扩散，易于成核结晶；再利用热退火促进 PBDB-T 结晶性，从而形成高结晶性互穿网络结构，器件性能提高至 10.95%。而当 PBDB-T 先结晶，其形成的网络结构将限制后续的小分子扩散，导

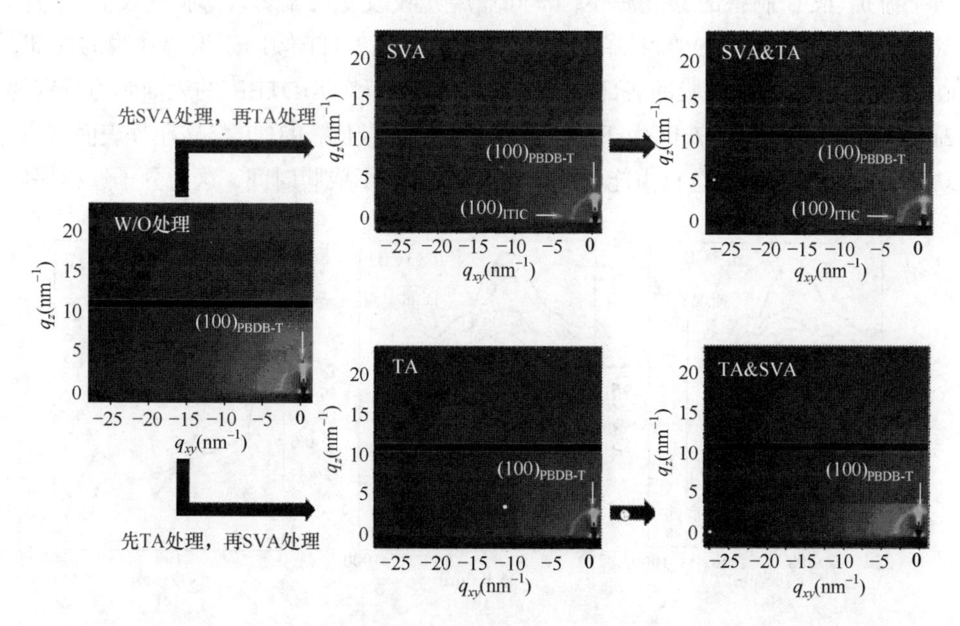

图 6-15　PBDB-T/ITIC 共混薄膜及分别经历热退火(TA)、溶剂蒸气退火(SVA)处理薄膜的 GIWAXS 衍射图像[75]

致小分子无法继续结晶，从而无法形成完善的电子通路，器件性能提高幅度较低，仅为10.01%。随后Liang系统地研究了P3HT/O-IDTBR共混体系成膜动力学、薄膜形貌和器件性能之间的关系[79]。在P3HT/O-IDTBR共混体系中，给受体同时结晶，因此二者结晶过程相互干扰，导致给受体结晶性差，相区纯度低。加入对于小分子受体具有选择溶解性的高沸点溶剂可以使给受体结晶分开进行同时延长成膜时间，增加给受体结晶性。因此，通过调节成膜动力学，构建了高结晶性的互穿网络结构，有利于光吸收及载流子传输，减少传输过程中的双分子复合，器件性能从4.45%提高到7.18%。由此可见，根据共混体系性质差异，选择合理的手段抑制非对称相分离是提高非富勒烯受体分子结晶性、构建互穿网络结构的前提。

在构建互穿网络结构的基础上，还要保证给体材料富集于阳极、受体材料富集于阴极，由此才能促使电子和空穴被相应电极有效收集。通过调节成膜动力学可有效调节垂直相分离结构。Han等通过向溶液中添加1,3,5-三氯苯(TCB)，实现了P3HT/O-IDTBR垂直相分离的优化[80]。作者通过测量共混膜的膜深度依赖-吸收光谱来确定亚层吸光性质，计算出的P3HT沿垂直方向的质量比如图6-16所示：对于未添加TCB的薄膜表面的P3HT含量(0～20 nm)为89%，而在其他子层(20～200 nm)中保持近50%，这表明P3HT沿垂直于共混膜方向分布相对均匀。然而，对于添加TCB制备的共混薄膜，不同亚层光吸收变化显著，薄膜的表面到底部的P3HT含量逐渐从96%下降到42%，这意味着P3HT倾向于聚集在膜的顶部，O-IDTBR容易下沉到膜的底部。这是由于P3HT和O-IDTBR的表面张力分别为21.1 mN/m和28.1 mN/m。由于P3HT的表面张力较低，P3HT容易在膜表面聚集，从而降低共混体系的总自由能。添加TCB后延长了成膜时间，这为分子迁移提供

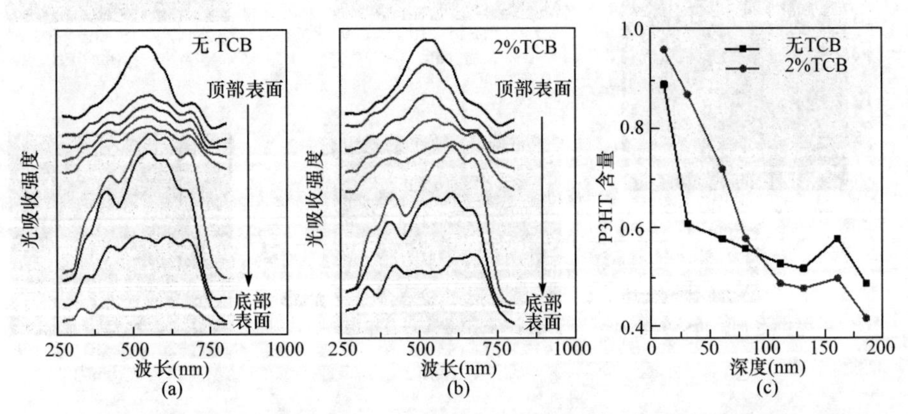

图6-16 未添加与添加2% TCB的P3HT/O-IDTBR共混薄膜的深度依赖-吸收光谱(a)和(b)，以及计算得出的P3HT沿垂直方向从顶部表面(0 nm)到底部表面(200 nm)含量随深度变化(c)[82]

了足够的时间，因此在自由能差的驱动下，P3HT 分子扩散到共混薄膜的顶部，O-IDTBR 迁移到膜的底部，形成了利于倒置器件的相分离结构[82]。Vanyzof 等[83]利用 X 射线光电子能谱(XPS)分析了 P3HT/非富勒烯共混体系的垂直相分离结构，结果表明 P3HT 确实倾向于富集在薄膜表面，这与其较低的表面能密不可分。Tan 等[84]也利用 XPS 分析了 PBDB-T/IT-M 的垂直相分离结构，结果表明在 ZnO 表面旋涂成膜后，PBDB-T 倾向于富集在薄膜表面，因此，这种活性层相分离结构与反向器件结构更加匹配。

6.4.3 结构与性能间关系

1. 相区尺寸

在聚合物/非富勒烯共混体系中，相区尺寸同样重要。与聚合物/富勒烯共混体系及全聚合物共混体系类似，相区尺寸既要确保激子能够扩散到异质结界面，又要避免电子和空穴在传输过程中发生双分子复合。目前研究表明，相区尺寸分布在 10～20 nm 范围可有效解决激子扩散与载流子传输这一矛盾，利于器件性能提高。在不同的给受体共混体系中，由于聚合物分子与非富勒烯分子相容性不同，因此相容性差的体系直接成膜后相区尺寸过大，需要降低相区尺寸；而相容性好的体系直接成膜后相区尺寸过小，则需要增大相区尺寸。

调节分子间相互作用可以实现相区尺寸的调控。Li 等[85]分别以聚合物 PTB7 和小分子 *p*-DTS(FBTTh$_2$)$_2$ 为给体材料、EP-PDI 为受体材料，研究了添加剂对活性层形貌的影响。烷基类添加剂与 EP-PDI 之间的分子间作用较弱，而芳环类添加剂与 EP-PDI 之间的分子间作用较强。对于 PTB7/EP-PDI 共混薄膜体系，由于给受体分子之间相溶性差，薄膜相分离尺度较大；加入与 EP-PDI 强相互作用的芳环类添加剂氯萘可抑制 EP-PDI 分子自聚集，从而降低 PTB7/EP-PDI 体系相分离尺寸，器件的能量转换效率也由 0.02%提高到 1.65%。对于 *p*-DTS(FBTTh$_2$)$_2$/EP-PDI 共混体系，由于给受体分子间相容性高，薄膜相分离尺寸较小。使用与 EP-PDI 之间相互作用较弱的 1,8-二碘辛烷为添加剂，能够促进 *p*-DTS(FBTTh$_2$)$_2$ 与 EP-PDI 结晶，从而诱导相分离发生，光伏器件的能量转换效率由 0.18%提高到 2.82%。通过添加固体添加剂也能够实现分子间作用的调控，从而调节相区尺寸。Fréchet 课题组[86]向 P3HT/PDI 体系中引入 P3HT 与 PDI 的嵌段聚合物作为相容剂。为了减小界面张力，该嵌段聚合物倾向于分布在两相界面处，并且与给体、受体分子都存在相互作用。相容剂的引入有效降低了 PDI 组分的相区尺寸，同时共混薄膜相分离形貌的稳定性也得到了提高。加入添加剂后在短波长区域 EQE 值明显增强，表明相分离形貌的改善使 PDI 相的激子分离效率显著提高。在 PTB7-Th/ITIC 共混体系引入 PDI 除了调节分子间相互作用力外，还能够拓宽活性层光谱吸收范围。

ITIC 分子平面性低，与 PTB7-Th 共混时，结晶性差；PDI 受体平面性高，其分子间 π-π 相互作用强，在与 PTB7-Th 共混时，易于形成大尺寸聚集体。而将 PDI 与 ITIC 共混，ITIC 可以抑制 PDI 的大尺寸聚集，同时 PDI 的强结晶性又有利于形成互穿网络结构，如图 6-17 所示[87]。因此，在 PDI/ITIC 共混比例为 3∶7 时，器件性能最高达到 8.64%。

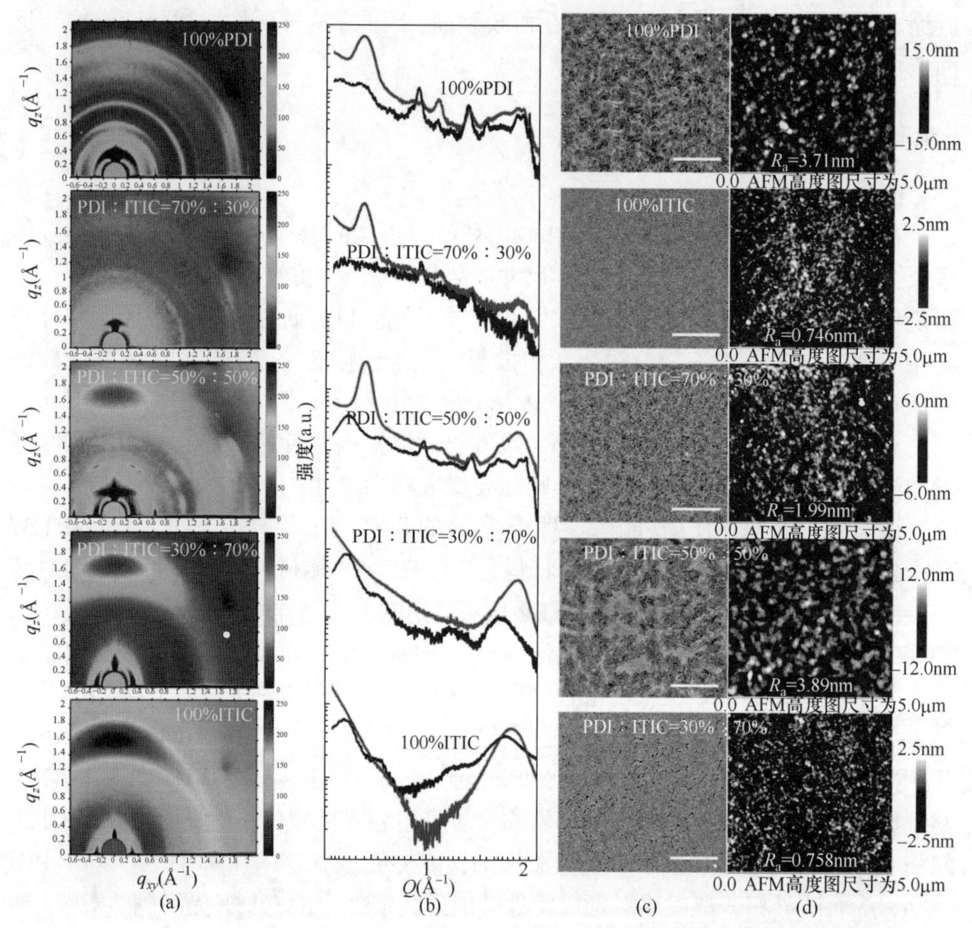

图 6-17　PDI∶ITIC 的 PTB7-Th/PDI/ITIC 共混薄膜的 GIWAXS 衍射图(a)及相应的面内面外衍射信号(b)；不同比例 PDI/ITIC 的 PTB7-Th/PDI/ITIC 共混薄膜的 TEM(c)及 AFM(d)图[87]

通过调节成膜动力学，也能够实现相区尺寸的调控。对于相分离尺寸过大的体系，可以通过缩短成膜过程降低相区尺寸。Wang 等[88]研究了 PBDB-T/INPIC-4F 共混体系在溶液涂膜过程中的自组装时间与其结晶性、分子取向以及相分离尺寸之间的关系。研究发现当 INPIC-4F 在溶液涂膜过程中如果具有较长的自组装时间时，极易生长成尺寸较大的球晶，电池器件性能仅为9.9%(FF = 69.4%, J_{sc} = 17.4 mA/cm^2)。而当采用热基底涂覆薄膜缩短INPIC-4F自组装时间时，INPIC-4F的大尺寸结晶受到抑制，不仅避免活性层薄膜形成较大的相分离程度，而且利于INPIC-4F分子间π-π堆积的形成。器件的FF能提升至73.2%，J_{sc}大幅提升至21.8 mA/cm^2，电池器件也取得了高达13.1%的光电转化效率。相反，如果在溶剂氛围内旋涂成膜，延长成膜时间，相区尺寸会进一步增大，器件性能急剧降低至6.5%，如图6-18所示。Xie课题组[89]进一步利用热基底与液氮冷冻相结合的方法控制P3HT/PDI体系的成膜动力学，在PDI组分形成大尺寸聚集体之前使两组分迅速固化，使共混体系冻结在热力学亚稳态，从而起到控制相分离程度的目的。

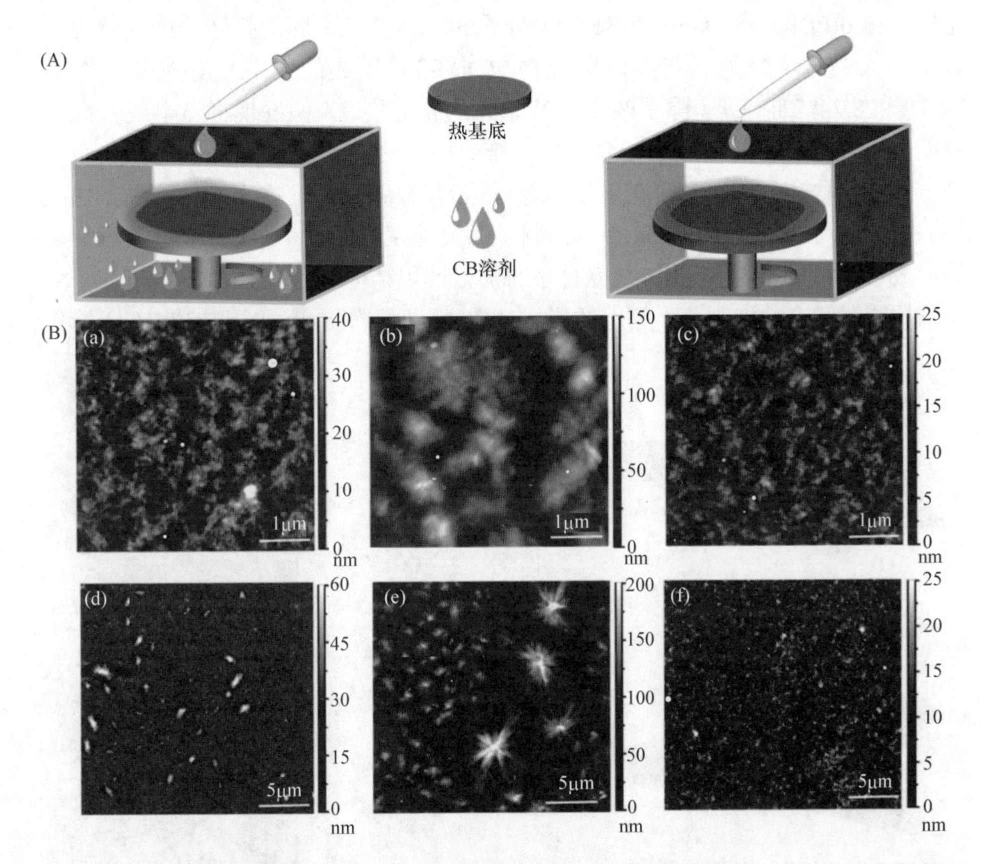

图6-18　(A)氯苯分子氛围下旋涂活性层和热基底上旋涂活性层示意图；(B)不同放大倍数下的PBDB-T/INPIC-4F薄膜表面的原子力显微镜图像：(a)、(d)旋涂，(b)、(e)蒸气氛围中旋涂，(c)、(f) 100℃ HS下旋涂[88]

通过分子剪裁，调控分子结晶性能够实现相区尺寸调控。具有平面结构的PDI小分子由于具有很强的π-π作用，非常容易形成大尺寸聚集体，因此可通过在其内核上引入取代基，降低其分子间 π-π 作用，以减少分子的自聚集[90]。此外，通过用单键或者某个基团直接将两个 PDI 分子连接起来，引入扭曲结构可以有效抑制 PDI 分子之间的强相互作用。Rajaram 等[91]在这方面做了开拓性的工作，他们将两个 PDI 分子通过 N—N 单键链接起来，形成了二聚体，显著地降低了 PDI 的平面性从而抑制了 PDI 分子的聚集，大幅度地提高了光电流，光电转化率达到了 2.77%，如图 6-19 所示。Jiang 等[92]在两个 PDI 分子 bay 位之间用单键链接起来，所形成的 PDI 二聚体分子的扭曲角度更大，他们制得的这种 PDI 小分子 s-diPBI 所获得的光电转化效率当时为 3.63%。之后，孟东等[27]在 s-diPBI 的基础上，在外侧的 bay 位上引入 S、Se 元素进行关环，使得 PDI 单元的平面性更强，与 s-diPBI 相比，Ss-diPBI-S 和 Ss-diPBI-Se 两个分子的 PDI 单元之间的扭转角度变得更大，有了更大的光学带隙，与给体聚合物 PDBT-T1 组成的太阳能电池分别得到了 7.16%和 8.24%的 PCE。除了两个 PDI 单元的相链接，人们发现将三个或者更多的 PDI 分子通过基团链接起来，会形成三维(3D)分子或准三维分子结构，从而调节分子间相互作用，同时利于载流子传输，达到较高的器件性能[29]。需要指出的是，结构扭曲的 PDI 寡聚体尽管有效抑制了大尺寸聚集的产生(从而避免了分子间态的形成)，但是却不利于获得长程有序的 π-π 堆积结构。为了不破坏 PDI 分子的平面结构同时又有效抑制分子间态的形成，Hartnett 等[93]提出通过调控 PDI 分子堆积

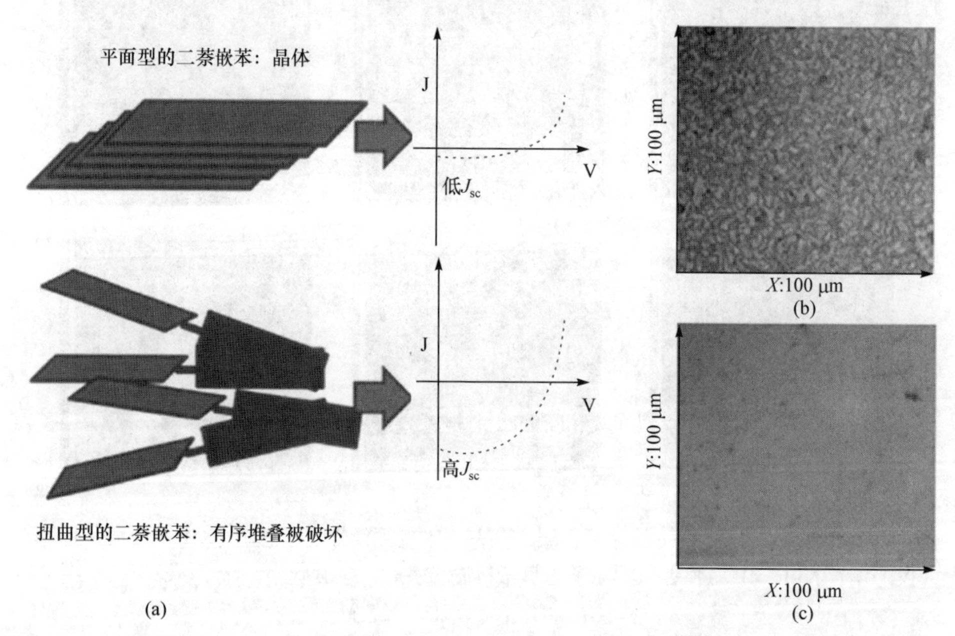

图 6-19 平面结构的 PDI 与具有扭曲结构的 PDI 分子的堆积模型、共混薄膜形态以及光伏性能对比(a)；(b)、(c)PBDTTT-CT 与两类 PDI 分子的共混薄膜的光学照片[91]

的相对滑移程度，实现削弱分子间耦合作用、抑制分子间态形成的目的(图 6-20)前期的研究表明，在 2, 5, 8, 11 位置引入取代基团的 PDI 分子会使分子间以相对滑移的形式存在。而这样的结构不仅有效抑制了分子间态的产生，而且不会对 π 堆积平面造成严重的破坏。由于空间位阻的差异，不同结构的取代基团的引入会导致 PDI 分子之间发生不同程度的滑移，进而影响分子间的耦合程度。通过透射电子显微镜(TEM)照片不难发现，分子相对滑移程度最大的苯基取代的 PDI 与聚合物给体 PBTI3T 的共混薄膜表现出更小的结晶尺寸以及更平整的薄膜形态，因而获得了更为优异的器件性能(PCE 达到 3.67%)。

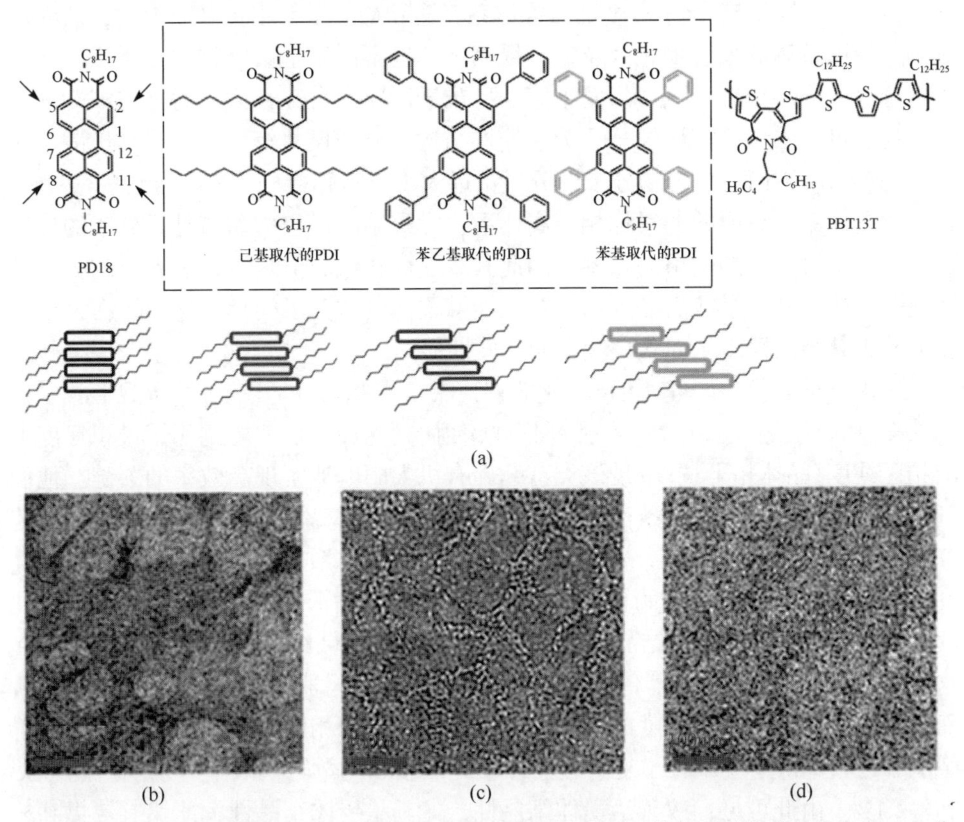

图 6-20 在 PDI 分子刚性内核的 2,5,8,11 位置取代不同基团后的分子结构式以及各个 PDI 分子的堆积方式示意图(a)；聚合物给体 PBTI3T 与不同 PDI 受体共混薄膜的 TEM 照片：(b) PBTI3T/己基取代的 PDI，(c) 2PBTI3T/苯乙基取代的 PDI，(d) PBTI3T/苯基取代的 PDI[92]

通过分子剪裁，调控给受体间相容性也能够实现相区尺寸调控。Zhan 等[94]通过合成新型的非富勒烯受体小分子，增加聚合物给体 PTB7-Th 与受体小分子的相容性，构建纳米级的互穿网络结构，在免退火条件下最终器件的光伏效率可以达到

6.3%。Sauvé 课题组[95]合成了两种具有不同侧链结构的新型非富勒烯小分子 $Zn(ADP)_2$ 和 $Zn(WS3)_2$。由于 P3HT 与两种小分子相容性的差异，P3HT/$Zn(ADP)_2$ 共混薄膜中形成了较大的 $Zn(ADP)_2$ 聚集体，而 P3HT/$Zn(WS3)_2$ 共混薄膜表面则更加平整。能量过滤透射电镜(energy-filtered TEM)照片表明 P3HT/$Zn(WS3)_2$ 体系中的 P3HT 纤维形成了更好的纳米级互穿网络，因而有效限制了两相的聚集，最终的器件光伏效率达到 4.1%[而 P3HT/$Zn(ADP)_2$ 体系只有 1.4%]。

2. 结晶性

在聚合物/非富勒烯共混体系中给受体结晶性及相区纯度对器件性能影响也至关重要。不同于聚合物/富勒烯共混体系，富勒烯分子易于扩散、聚集，从而形成相对纯度较高的聚合物相区及富勒烯相区；也不同于全聚合物共混体系，给受体聚合物分子间作用力强、易发生缠结，难于形成各自纯相区。通过与富勒烯分子对比，可以看到非富勒烯分子为非笼形结构且分子尺寸较大，导致其扩散活化能较高；另一方面，聚合物分子的分子量远大于非富勒烯分子，聚合物/非富勒烯分子共混体系为典型的非对称相分离体系，导致结晶过程中非富勒烯分子的扩散也会受到聚合物结晶网络的限制，因此其结晶性较低。但是，通过有效的分子结构剪裁、成膜动力学或后处理退火等，能够增强受体分子间相互作用，在一定程度上改善其结晶性，从而获得较高的器件性能。

中国科学院化学研究所 Hou 研究组[43]探究了 PBDB-T/IT-M 的微观形貌。借助共振软 X 射线衍射以及掠入射 X 射线衍射的表征，他们率先阐明了最小尺度上的相区纯度(晶体相干长度)是该类富勒烯有机太阳电池实现高效率的关键。他们剖析了该体系在不同加工条件下(直接成膜、添加剂、添加剂结合热退火)的形貌参数(相干长度、相区大小、相区纯度等)，发现该体系在所有条件下都存在着尺度约为 80 nm 和 10 nm 的两种相区。给受体分子的相干长度近似于小尺度相区纯度，成正相关，即给受体结晶性增强可促进小尺度相区纯度，如图 6-21 所示。在这种多尺度形貌体系中，器件的短路电流、填充因子与器件的总体相区纯度无关，而与最小尺度上的相区纯度成正比。当最小尺度上的相区纯度最高时，能够改善载流子迁移率即避免双分子复合，器件填充因子和能量转换效率分别能达到 0.73 和 12.1%。由此可见，改善给受体结晶性，尤其是受体结晶性，能够有效提高相区纯度。Holiday 等[96]在 P3HT/O-IDTBR 共混体系中，利用 130℃热退火 10 min，提高了给受体结晶性，器件性能达到 6.4%，创造了当时基于 P3HT 的非富勒烯二元共混体系最高性能。蒸气退火处理也是有效提高分子结晶性的手段，它主要通过以下两种方式实现：其一，在旋涂成膜过程中使用高沸点溶剂，通过控制溶剂挥发速率，来延长活性层的固化干燥过程，从而控制活性层的形貌[97]；其二，将共混膜放置在溶剂蒸气中，溶剂分子渗入活性层后，诱导聚合物链重新自组装排列成有序结构[98]。所选溶剂的沸点、蒸气压、对半导体材料的溶解性以及极性等溶剂性质无疑是薄膜处理过程中的极为重要调控因素。Sharma 等[99]研究了两种窄带隙小分子 DPP7 和 DPP8 作为受体，以 D-A 共聚物 P 为给体的共混体系，利用氯仿对 P/DPP7 与 P/DPP8 共混体系分别进行蒸气处理，延长了给受体自组织时间，提高了给受体有序聚集程度。器件性能分别由 2.48%和 3.91%提高至 4.86%和 7.19%。Taylor 课题组[100]首次提出在光活性层薄膜中掺杂“结晶助剂”，精确地调控了薄膜形貌与结晶度，成功实现了能量转换效率为 10.86%的非富勒烯有机薄膜太阳能电池。研究者首次引入方酸小分子作为“结晶助剂”，使其与非富勒烯材料之间形成紧密、高效的共混结晶，大幅增强了薄膜的结晶性，有效提高了有机半导体光电薄膜材料的载流子迁移率，实现了具有高电荷迁移率和高填充因子特性的三元掺杂非富勒烯太阳能光伏器件。

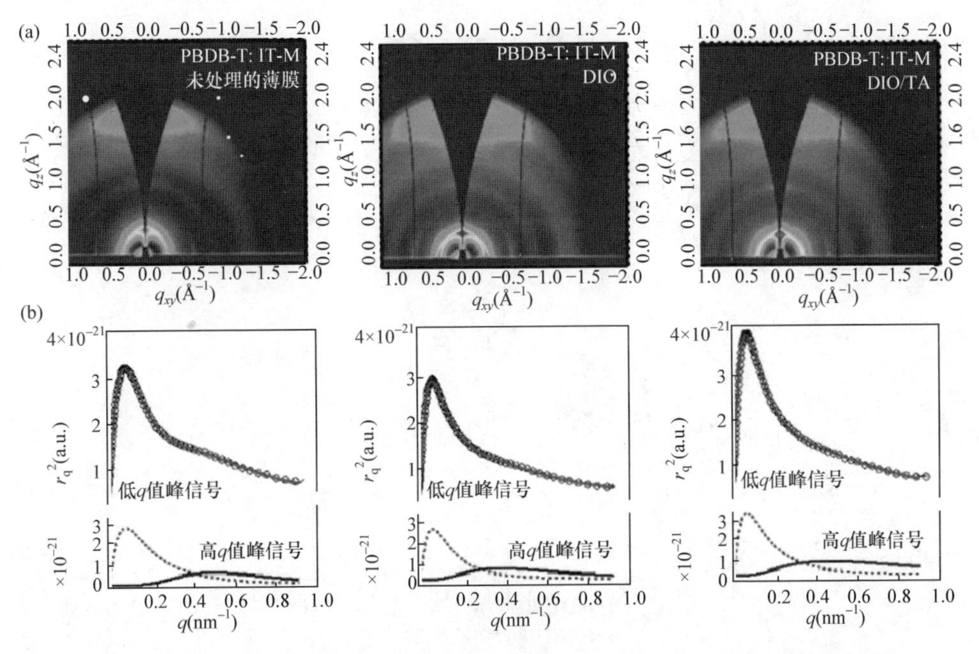

图 6-21　PBDB-T/IT-M 共混体系的 2D-GIWAXS 衍射图(a)与 RSoXS 图谱(b)[43]

通过调控分子结构，增强受体分子间相互作用也是提高结晶性的主要手段。Zhan 等[1]合成的 ITIC 分子，虽然具有强且宽的吸收、合适的能级以及优异的传输性能，然而，ITIC 分子间相互作用较弱，导致分子有序堆积程度较差[101]。Lin 等[42]通将 ITIC 中的苯环替换成噻吩环，合成 ITIC-Th［如图 6-22(a)、(b)所示］，与苯基相比，噻吩基侧链通过硫-硫分子间相互作用有利于分子间堆叠，可提高受体结晶性，与 PTB7-Th 共混，器件性能达到 8.7%，与 PBDB-T1 构成的电池器件得到了 9.6%的高 PCE。引入 F 原子能够进一步增强分子间相互作用。例如，在 ITIC-Th

中引入 F 原子，合成 ITIC-Th1，由于 F 原子间强的相互作用增强了受体分子间相互作用，从而提高受体结晶性，使 PCE 提高到 12.1%[102]。在 ITIC 的氰基茚酮上引入了更多的 F 原子得到了 IT-4F，在增强其结晶性的基础上，F 原子还能够拉低能级，使得 IT-4F 的吸收边缘边达到近红外，和 PBDB-T-SF 共混制备的器件性能高达 13%[45]。Holiday 等[96]利用正辛基取代 EH-IDTBR 中的乙基己基合成 O-IDTBR[图 6-22(c)]，减小了受体分子堆叠过程中的空间位阻，提高了其结晶性，基于 P3HT 为给体的器件效率由 6.0%提高至 6.4%。除了使用结构不同的侧链之外，侧链的位置也可以显著改变材料性能和设备性能，Yang 等[103]将 ITIC 的苯环上的烷基链改变取代位置，合成了异构体，该异构化对受体的电子分布影响不大，但增强了其分子间相互作用，也可以达到提高结晶性的目的。

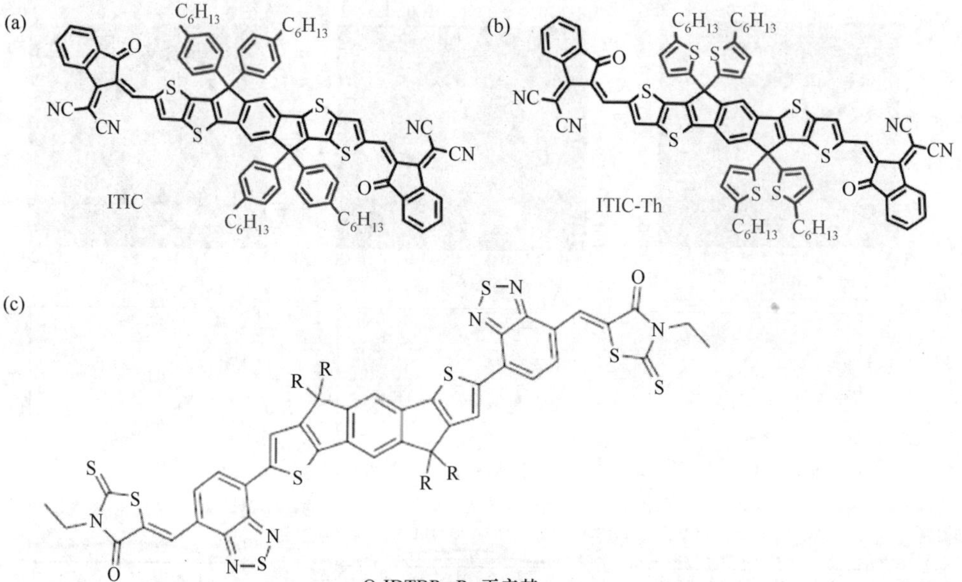

(a) ITIC (b) ITIC-Th

(c)

O-IDTBR R=正辛基
EH-IDTBR R=2-乙基己基

图 6-22 ITIC(a)、ITIC-Th(b)以及 O-IDTBR、EH-IDTBR(c)化学结构式

3. 分子取向

在本体异质结太阳能电池中，激子解离和电荷传输与共混膜的分子堆积方式和相分离形貌密切相关。在富勒烯共混薄膜中，由于富勒烯受体具有球形分子结构，受体分子的堆积方式并不影响自由电子的传输，因此很少受到关注。人们往往只关注聚合物给体或小分子给体材料的分子堆积方式对空穴传输的影响。而对平面结构的非富勒烯小分子受体来说，自由电子只能够沿着 π-π 堆积方向传输，因此受体分子的取向方式以及多级有序结构尺寸调控无疑对非富勒烯体系的光物

理过程具有至关重要的影响。与聚合物分子相一致，非富勒烯受体分子中载流子传输呈各向异性，沿 π-π 方向传输迁移率≫沿侧链方向传输迁移率，且 π-π 堆叠间距越小，载流子迁移率越高[104]。

受体分子的 π 平面只有沿着垂直于基底的方向进行堆积才能最终实现电荷的有效传输与收集，因此最近研究工作者也开始关注受体分子在共混薄膜中的取向排列。Chabinyc 课题组[105]利用近边 X 射线吸收精细结构谱图(NEXAFS)与二维 X 射线衍射谱图(2D-GIWAXS)研究了 P3HT 与十环烯三亚胺类(DTI)非富勒烯小分子共混体系在热退火前后分子取向的差异，如图 6-23 所示。NEXAFS 的结果显示，退火处理后 X 射线入射角度为 90°时对应的 285 eV 附近的信号变得更加显著，取向有序因子也由−0.093 降低至−0.15，表明退火处理的薄膜表现出更强的 edge-on (π-π 堆积方向平行于基底)排列特征。从退火后的 GIWAXS 信号，作者发现 DTI 分子的面内衍射信号显著增强，进一步证明 DTI 分子更倾向于 edge-on 的堆积方式。由于 DTI 分子的 edge-on 的堆积方式不利于垂直方向上电子的传输，因此电子迁移率降低了一个数量级，同时 PCE 值由初始的 1.6%降低到了不足 0.5%。Li 等[106] 利用热退火处理 J71/ITIC 共混体系，并通过 GIWAXS 对共混薄膜

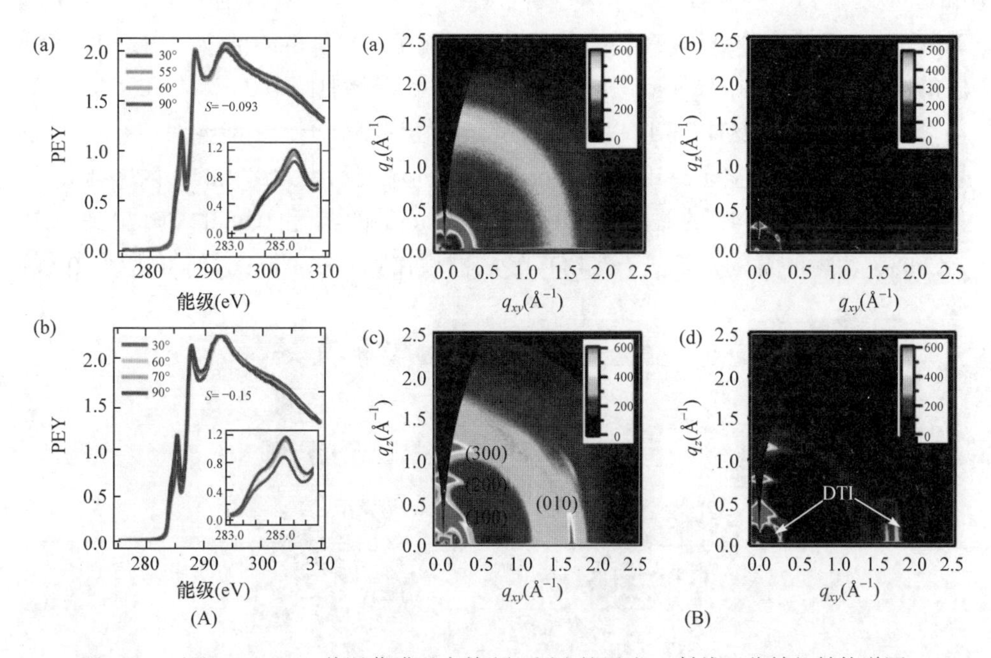

图 6-23　(A) P3HT/DTI 共混薄膜退火前(a)后(b)的近边 X 射线吸收精细结构谱图(NEXAFS)；(B)二维 X 射线衍射谱图(2D-GIWAXS)，其中(a)、(c)为 P3HT/DTI 共混薄膜，(b)、(d)为退火处理后的 P3HT/DTI 共混薄膜[105]

中给受体热退火前后的结晶行为进行了表征。热退火后，从(010)π-π 面外方向的方位角分布可看出，J71/ITIC 共混膜更容易采区 face-on 取向，此外，热处退火还减小了分子间 π-π 堆叠间距。取向的改善及 π-π 堆叠间距的降低，大幅提高了分子间电荷传输，抑制载流子复合，使器件性能由 9.03%提高至 11.41%。

除上述载流子迁移受分子取向影响外，给受体相对分子取向会影响激子分离效率。共轭聚合物介电常数较小，因此受体界面处形成的电荷转移态(CT 态)易转变为三线态或复合至基态。当界面处给受体分子取向一致时(edge-on/edge-on 或 face-on/face-on)，给受体分子四极矩诱导产生的电场方向一致，可最大程度上促进 CT 态分离；反之，当取向不一致时(edge-on/face-on)，给受体分子四极矩诱导产生的电场方向不一致，因此促进 CT 态分离的驱动力相应减小，则不利于其分离。A-D-A 稠环受体分子的各向异性使得非富勒烯全小分子电池活性层分子堆积调控所面临的问题更加复杂，且目前调制分子堆积方法仍不明朗。Hou 等[107]通过设计模型化合物来研究给体分子取向和聚集行为。他们设计合成了一组小分子材料 DRTB-T-CX(X = 2, 4, 6, 8)，这组给体分子具有相同共轭骨架和端基，区别在于末端基团烷基链长度不同。这一设计使得这四个小分子材料光电性质相近，但通过 2D-GIWAXS 测试分析发现，随着给体分子末端基团烷基链的增长，DRTBT-CX 薄膜的优势分子取向由 edge-on 排列转变为 face-on 排列(图 6-24)。将 DRTB-T-CX 与非富勒烯小分子受体 IT-4F 共混制备了非富勒烯小分子太阳能电池(器件活性层厚度为 100 nm)，得益于高比例 face-on 分子取向排列和更为优化的相区尺度大小，使得 DRTB-TC4/IT-4F 的器件展示出 18.27 mA/cm^2 的 J_{sc} 和 0.68 的 FF，PCE 高达 11.24%。值得注意的是，基于 C4/IT-4F 的器件在膜厚 300 nm 时仍可达到 10%的

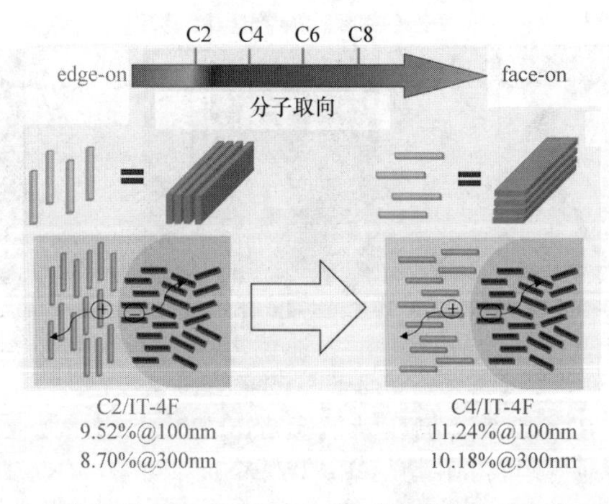

图 6-24 给体分子 DRTB-T-CX/IT-4F 共混薄膜分子取向示意图[107]

PCE，有很好的膜厚耐受性，这个特点将利于大面积卷对卷印刷方式制备器件。此项研究结果提供了一种简单而有效的调制分子堆积方式的方法，对高性能小给体分子材料设计具有重要参考意义。

Wei 课题组[108]将倾向于 edge-on 取向的给体(分别为 2F-C6C8 和 2F-C4C6)与 face-on 取向的 IDIC 受体共混，来研究不同侧链长度对活性层分子堆积取向的影响。结果表明，2F-C4C6 由于其烷基侧链短，具有较高的结晶度，导致其在成膜早期结晶，从而与 IDIC 受体相互作用小，取向依然保持 edge-on 取向，不利于激子分离。相反，2F-C6C8 的侧链较长，与 IDIC 分子间具有较强的相互作用，从而可以诱导 IDIC 取向转变为 edge-on，有利于激子分离。作者通过向溶液中添加 2-氯酚，延长成膜时间，增加给受体分子在成膜过程中作用时间。结果表明(图 6-25)，即使存在 2-氯酚，2F-C4C6 取向也无法转变为 edge-on。由此可见，给受体分子间相互作用力大小是诱导 IDIC 取向发生转变的关键。给受体取向一致的 2F-C6C8/IDIC 体系中，由于激子分离效率高，器件 J_{sc} 和 FF 分别为 13.98 mA/cm^2 和 65.20%，PCE 为 8.23%；而 2F-C4C6/IDIC 共混体系中由于给受体分子取向不

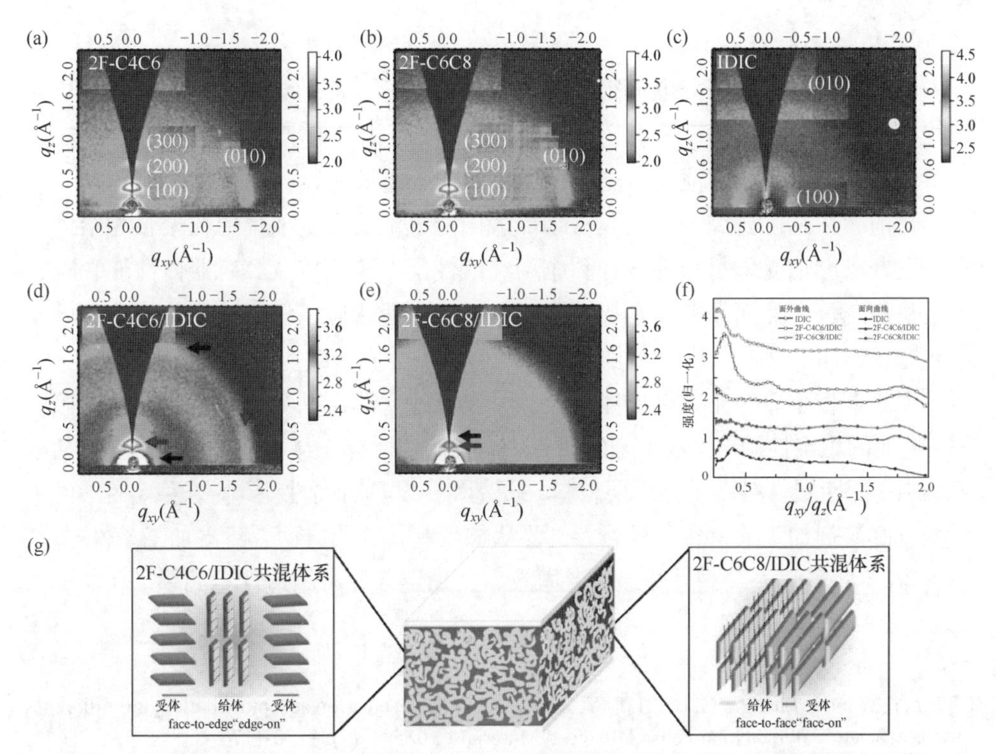

图 6-25 GIWAXS 图：(a)纯组分 2F-C4C6；(b)纯组分 2F-C6C8；(c)纯组分 IDIC 膜；(d)2F-C4C6/IDIC 共混膜；(e)2F-C6C8/IDIC 共混膜。(f)分别对应于两种共混体系及 IDIC 膜的面内、面外曲线和初始的 IDIC 膜；(g)两个活性层的分子堆积取向[107]

一致，J_{sc}、FF 和 PCE 分别仅为 13.66 mA/cm^2、53.53%和 6.41%。结果表明，烷基侧链在影响分子取向方面起着关键作用，足够长的烷基侧链可有助于增加在给受体界面处分子之间的相互作用，从而诱导给受体分子采取相同的取向，提高器件性能。

通过上面的讨论，可以清晰地看到聚合物/非富勒烯太阳能电池器件的性能与活性层形貌密不可分。针对不同性质的共混体系，通过调节分子结构、溶液状态、成膜过程及后退火处理等均会实现诸如相分离尺寸、相区纯度及分子取向等的优化。然而，由于聚合物/非富勒烯共混体系的独特性——易于发生非对称相分离且非富勒烯分子扩散系数低，导致活性层形貌更加复杂，优化形貌过程中存在诸多不可控因素。因此，需要根据给受体材料特性，结合热力学及动力学参数，进一步发展可精细调控活性层形貌的方法及原理，从而为提高器件性能奠定基础！

6.5 小结

近年来，有机太阳能电池得到飞速发展，无论是富勒烯还是非富勒烯有机太阳能电池的能量转换效率均已超过商业化标准，而相对于富勒烯有机太阳能电池，非富勒烯有机太阳能电池成本更低、吸收更宽、前景更好。

目前，在基础研究领域，非富勒烯太阳能电池研究主要集中在聚合物给体材料以及非富勒烯受体材料的设计和应用、活性层形貌调控及其对器件性能影响、大面积加工等。然而，非富勒烯太阳能电池的商业化应用仍然面临着许多不可回避问题，例如：材料结构比较复杂，需经过多步合成，成本高，不利于工业生产；薄膜形貌调控主要基于富勒烯体系经验，没有建立非富勒烯体系自身形貌调控原则；电池的稳定性问题。在未来的研究中，我们期待首先从电池材料本身，包括电极材料、活性层材料以及界面层材料，研究和开发具有高性能、良好稳定性、可用环境友好溶剂加工的材料。另外，也要从加工制备工艺方面，建立加工条件-薄膜形貌-器件性能间关系，另外综合考虑效率、稳定性、可制造性等问题。

参考文献

[1] Lin Y, Wang J, Zhang Z G, Bai H, Li Y, Zhu D, Zhan X. An electron acceptor challenging fullerenes for efficient polymer solar cells. Advanced Materials, 2015, 27(7): 1170-1174.

[2] Liu Q, Jiang Y, Jin K, Qin J, Xu J, Li W, Xiong J, Liu J, Xiao Z, Sun K, Yang S, Zhang X, Ding L. 18% Efficiency organic solar cells. Science Bulletin, 2020, 65(4): 272-275.

[3] Meng L, Zhang Y, Wan X, Li C, Zhang X, Wang Y, Ke X, Xiao Z, Ding L, Xia R, Yip H-L, Cao Y, Chen Y. Organic and solution-processed tandem solar cells with 17.3% efficiency. Science, 2018,

361(6407): 1094-1098.

[4] Zhan L, Li S, Lau T-K, Cui Y, Lu X, Shi M, Li C-Z, Li H, Hou J, Chen H. Over 17% efficiency ternary organic solar cells enabled by two non-fullerene acceptors working in an alloy-like model. Energy & Environmental Science, 2020, 13(2): 635-645.

[5] Liu L, Kan Y, Gao K, Wang J, Zhao M, Chen H, Zhao C, Jiu T, Jen A-K-Y, Li Y. Graphdiyne derivative as multifunctional solid additive in binary organic solar cells with 17.3% efficiency and high reproductivity. Advanced Materials, 2020, 32(11): 1907604.

[6] Li S, Zhan L, Jin Y, Zhou G, Lau T K, Qin R, Shi M, Li C Z, Zhu H, Lu X, Zhang F, Chen H. Asymmetric electron acceptors for high-efficiency and low-energy-loss organic photovoltaics. Advanced Materials, 2020, 32(19): 2001160.

[7] Karsten B P, Bijleveld J C, Janssen R A. Diketopyrrolopyrroles as acceptor materials in organic photovoltaics. Macromolecular Rapid Communications, 2010, 31(17): 1554-1559.

[8] Sonar P, Ng G-M, Lin T T, Dodabalapur A, Chen Z K. Solution processable low bandgap diketopyrrolopyrrole (DPP) based derivatives: Novel acceptors for organic solar cells. Journal of Materials Chemistry, 2010, 20(18): 3626-3636.

[9] Lin Y, Cheng P, Li Y, Zhan X. A 3D star-shaped non-fullerene acceptor for solution-processed organic solar cells with a high open-circuit voltage of 1.18 V. Chemical Communications, 2012, 48(39): 4773-4775.

[10] Lin Y, Li Y, Zhan X. A solution-processable electron acceptor based on dibenzosilole and diketopyrrolopyrrole for organic solar cells. Advanced Energy Materials, 2013, 3(6): 724-728.

[11] Patil H, Gupta A, Bilic A, Bhosale S V, Bhosale S V. A solution-processable electron acceptor based on diketopyrrolopyrrole and naphthalenediimide motifs for organic solar cells. Tetrahedron Letters, 2014, 55(32): 4430-4432.

[12] Patil H, Zu W X, Gupta A, Chellappan V, Bilic A, Sonar P, Rananaware A, Bhosale S V, Bhosale S V. A non-fullerene electron acceptor based on fluorene and diketopyrrolopyrrole building blocks for solution-processable organic solar cells with an impressive open-circuit voltage. Physical Chemistry Chemical Physics, 2014, 16(43): 23837-23842.

[13] Li S, Yan J, Li C Z, Liu F, Shi M, Chen H, Russell T P. A non-fullerene electron acceptor modified by thiophene-2-carbonitrile for solution-processed organic solar cells. Journal of Materials Chemistry A, 2016, 4(10): 3777-3783.

[14] Bai H, Cheng P, Wang Y, Ma L, Li Y, Zhu D, Zhan X. A bipolar small molecule based on indacenodithiophene and diketopyrrolopyrrole for solution processed organic solar cells. Journal of Materials Chemistry A, 2014, 2(3): 778-784.

[15] Kim Y, Song C, Ko E J, Kim D, Moon S-J, Lim E. DPP-based small molecule, non-fullerene acceptors for "channel Ⅱ" charge generation in OPVs and their improved performance in ternary cells. RSC Advances, 2015, 5(7): 4811-4821.

[16] Zhang F, Brandt R G, Gu Z, Wu S, Andersen T R, Shi M, Yu D, Chen H. The effect of molecular geometry on the photovoltaic property of diketopyrrolopyrrole based non-fullerene acceptors. Synthetic Metals, 2015, 203: 249-254.

[17] Wen Y, Liu Y. Recent progress in n-channel organic thin-film transistors. Advanced Materials, 2010, 22(12): 1331-1345.

[18] Zhan X, Facchetti A, Barlow S, Marks T J, Ratner M A, Wasielewski M R, Marder S R. Rylene and related diimides for organic electronics. Advanced Materials, 2011, 23(2): 268-284.

[19] Würthner F. Perylene bisimide dyes as versatile building blocks for functional supramolecular architectures. Chemical Communications, 2004, (14): 1564-1579.

[20] Würthner F, Stolte M. Naphthalene and perylene diimides for organic transistors. Chemical Communications, 2011, 47(18): 5109-5115.

[21] Tang C W. Two-layer organic photovoltaic cell. Applied Physics Letters, 1986,48(2):183-185.

[22] Dittmer J J, Marseglia E A, Friend R H. Electron trapping in dye/polymer blend photovoltaic cells. Advanced Materials, 2000, 12(17): 1270-1274.

[23] Schmidt-Mende L, Fechtenkötter A, Müllen K, Moons E, Friend R H, MacKenzie J D. Self-organized discotic liquid crystals for high-efficiency organic photovoltaics. Science, 2001, 293(5532): 1119-1122.

[24] Roncali J, Frère P, Blanchard P, de Bettignies R, Turbiez M, Roquet S, Leriche P, Nicolas Y. Molecular and supramolecular engineering of π-conjugated systems for photovoltaic conversion. Thin Solid Films, 2006, 511: 567-575.

[25] Kamm V, Battagliarin G, Howard I A, Pisula W, Mavrinskiy A, Li C, Müllen K, Laquai F. Polythiophene： perylene diimide solar cells-the impact of alkyl-substitution on the photovoltaic performance. Advanced Energy Materials, 2011, 1(2): 297-302.

[26] Nielsen C B, Holliday S, Chen H-Y, Cryer S J, McCulloch I. Non-fullerene electron acceptors for use in organic solar cells. Accounts of Chemical Research, 2015, 48(11): 2803-2812.

[27] Meng D, Sun D, Zhong C, Liu T, Fan B, Huo L, Li Y, Jiang W, Choi H, Kim T. High-performance solution-processed non-fullerene organic solar cells based on selenophene-containing perylene bisimide acceptor. Journal of the American Chemical Society, 2015, 138(1): 375-380.

[28] Zhong Y, Trinh M T, Chen R, Purdum G E, Khlyabich P P, Sezen M, Oh S, Zhu H, Fowler B, Zhang B. Molecular helices as electron acceptors in high-performance bulk heterojunction solar cells. Nature Communications, 2015, 6: 8242.

[29] Duan Y, Xu X, Yan H, Wu W, Li Z, Peng Q. Pronounced effects of a triazine core on photovoltaic performance-efficient organic solar cells enabled by a PDI trimer-based small molecular acceptor. Advanced Materials, 2017, 29(7): 1605115.

[30] Gui K, Mutkins K, Schwenn P E, Krueger K B, Pivrikas A, Wolfer P, Stutzmann N S, Burn P L, Meredith P. A flexible n-type organic semiconductor for optoelectronics. Journal of Materials Chemistry, 2012, 22(5): 1800-1806.

[31] Winzenberg K N, Kemppinen P, Scholes F H, Collis G E, Shu Y, Singh T B, Bilic A, Forsyth C M, Watkins S E. Indan-1, 3-dione electron-acceptor small molecules for solution-processable solar cells: A structure-property correlation. Chemical Communications, 2013, 49(56): 6307-6309.

[32] Raynor A M, Gupta A, Patil H, Ma D, Bilic A, Rook T J, Bhosale S V. A non-fullerene electron acceptor based on central carbazole and terminal diketopyrrolopyrrole functionalities for efficient, reproducible and solution-processable bulk-heterojunction devices. RSC Advances, 2016, 6(33): 28103-28109.

[33] Kim Y, Song C E, Moon S-J, Lim E. Rhodanine dye-based small molecule acceptors for organic photovoltaic cells. Chemical Communications, 2014, 50(60): 8235-8238.

[34] Wang K, Firdaus Y, Babics M, Cruciani F, Saleem Q, El Labban A, Alamoudi M A, Marszalek T, Pisula W, Laquai F. π-Bridge-independent 2-(benzo[*c*][1,2,5]thiadiazol-4-ylmethylene) malononitrile-substituted nonfullerene acceptors for efficient bulk heterojunction solar cells. Chemistry of Materials, 2016, 28(7): 2200-2208.

[35] Li M, Liu Y, Ni W, Liu F, Feng H, Zhang Y, Liu T, Zhang H, Wan X, Kan B. A simple small molecule as an acceptor for fullerene-free organic solar cells with efficiency near 8%. Journal of Materials Chemistry A, 2016, 4(27): 10409-10413.

[36] Schwenn P E, Gui K, Nardes A M, Krueger K B, Lee K H, Mutkins K, Rubinstein-Dunlop H, Shaw

P E, Kopidakis N, Burn P L. A small molecule non-fullerene electron acceptor for organic solar cells. Advanced Energy Materials, 2011, 1(1): 72.
[37] Zhao W, Qian D, Zhang S, Li S, Inganäs O, Gao F, Hou J. Fullerene-free polymer solar cells with over 11% efficiency and excellent thermal stability. Advanced Materials, 2016, 28(23): 4734-4739.
[38] Zheng Z, Awartani O M, Gautam B, Liu D, Qin Y, Li W, Bataller A, Gundogdu K, Ade H, Hou J. Efficient charge transfer and fine-tuned energy level alignment in a THF-processed fullerene-free organic solar cell with 11.3% efficiency. Advanced Materials, 2017, 29(5): 1604241.
[39] Cui Y, Yao H, Gao B, Qin Y, Zhang S, Yang B, He C, Xu B, Hou J. Fine-tuned photoactive and interconnection layers for achieving over 13% efficiency in a fullerene-free tandem organic solar cell. Journal of the American Chemical Society, 2017, 139(21): 7302-7309.
[40] Bai H, Wu Y, Wang Y, Wu Y, Li R, Cheng P, Zhang M, Wang J, Ma W, Zhan X. Nonfullerene acceptors based on extended fused rings flanked with benzothiadiazolylmethylenemalononitrile for polymer solar cells. Journal of Materials Chemistry A, 2015, 3(41): 20758-20766.
[41] Lin H, Chen S, Li Z, Lai J Y L, Yang G, McAfee T, Jiang K, Li Y, Liu Y, Hu H. High-performance non-fullerene polymer solar cells based on a pair of donor-acceptor materials with complementary absorption properties. Advanced Materials, 2015, 27(45): 7299-7304.
[42] Lin Y, Zhao F, He Q, Huo L, Wu Y, Parker T C, Ma W, Sun Y, Wang C, Zhu D. High-performance electron acceptor with thienyl side chains for organic photovoltaics. Journal of the American Chemical Society, 2016, 138(14): 4955-4961.
[43] Ye L, Zhao W, Li S, Mukherjee S, Carpenter J H, Awartani O, Jiao X, Hou J, Ade H. High-efficiency nonfullerene organic solar cells: Critical factors that affect complex multi-length scale morphology and device performance. Advanced Energy Materials, 2017, 7(7): 1602000.
[44] Li S, Ye L, Zhao W, Zhang S, Ade H, Hou J. Significant influence of the methoxyl substitution position on optoelectronic properties and molecular packing of small-molecule electron acceptors for photovoltaic cells. Advanced Energy Materials, 2017, 7(17): 1700183.
[45] Zhao W, Li S, Yao H, Zhang S, Zhang Y, Yang B, Hou J. Molecular optimization enables over 13% efficiency in organic solar cells. Journal of the American Chemical Society, 2017, 139(21): 7148.
[46] Li S, Ye L, Zhao W, Yan H, Yang B, Liu D, Li W, Ade H, Hou J. A wide band gap polymer with a deep highest occupied molecular orbital level enables 14.2% efficiency in polymer solar cells. Journal of the American Chemical Society, 2018, 140(23): 7159-7167.
[47] Zhu X Y, Yang Q, Muntwiler M. Charge-transfer excitons at organic semiconductor surfaces and interfaces. Accounts of Chemical Research, 2010, 41(16): 1779-1787.
[48] Gregg B A. Entropy of charge separation in organic photovoltaic cells: The benefit of higher dimensionality. Journal of Physical Chemistry Letters, 2011, 2(24): 3013-3015.
[49] Pensack R D, Guo C, Vakhshouri K, Gomez E D, Asbury J B. Influence of acceptor structure on barriers to charge separation in organic photovoltaic materials. Journal of Physical Chemistry C, 2012, 116(7): 4824-4831.
[50] Yi Y, Coropceanu V, Brédas J L. A comparative theoretical study of exciton-dissociation and charge-recombination processes in oligothiophene/fullerene and oligothiophene/perylenediimide complexes for organic solar cells. Journal of Materials Chemistry, 2011, 21(5): 1479-1486.
[51] Winzenberg K N, Kemppinen P, Scholes F H, Collis G E, Shu Y, Singh T B, Bilic A, Forsyth C M, Watkins S E. Indan-1,3-dione electron-acceptor small molecules for solution-processable solar cells: A structure-property correlation. Chemical Communications, 2013, 49(56): 6307-6309.
[52] Li Y, Pullerits T, Zhao M, Sun M. Theoretical characterization of the $PC_{60}BM$: PDDTT model

for an organic solar cell. Journal of Physical Chemistry C, 2011, 115(44): 21865-21873.
[53] Few S, Frost J M, Kirkpatrick J, Nelson J. Influence of chemical structure on the charge transfer state spectrum of a polymer: Fullerene complex. Journal of Physical Chemistry C, 2014, 118(16): 8253-8261.
[54] 潘清清, 含稠环非富勒烯受体材料在有机太阳能电池给受体界面处电荷转移机制的理论探讨. 长春: 东北师范大学, 2018.
[55] Yao H, Qian D, Zhang H, Qin Y, Xu B, Cui Y, Yu R, Gao F, Hou J. Critical role of molecular electrostatic potential on charge generation in organic solar cells. Chinese Journal of Chemistry, 2018, 36(6): 491-494.
[56] Kallweit S, Lindert J M, Maierhöfer P, Pozzorini S, Schönherr M. NLO electroweak automation and precise predictions for W^+ multijet production at the LHC. Journal of High Energy Physics, 2015, 2015(4): 12.
[57] Yang D, Wang Y, Sano T, Gao F, Sasabe H, Kido J. A minimal non-radiative recombination loss for efficient non-fullerene all-small-molecule organic solar cells with a low energy loss of 0.54 eV and high open-circuit voltage of 1.15 V. Journal of Materials Chemistry A, 2018, 6(28): 13918-13924.
[58] Gurney R S, Lidzey D G, Wang T. A review of non-fullerene polymer solar cells: From device physics to morphology control. Reports on Progress in Physics, 2019, 82(3): 036601.
[59] Zhao J, Li Y, Yang G, Jiang K, Lin H, Ade H, Ma W, Yan H. Efficient organic solar cells processed from hydrocarbon solvents. Nature Energy, 2016, 1(2): 15027.
[60] Zou Y, Dong Y, Sun C, Wu Y, Yang H, Cui C, Li Y. High-performance polymer solar cells with minimal energy loss enabled by a main-chain twisting nonfullerene acceptor. Chemistry of Materials, 2019, 31(11): 4222-4227.
[61] McDowell C, Abdelsamie M, Toney M F, Bazan G C. Solvent additives: Key morphology-directing agents for solution-processed organic solar cells. Advanced Materials, 2018, 30(33): 1707114.
[62] Yu G, Gao J, Hummelen J C, Wudl F, Heeger A J. Polymer photovoltaic cells: Enhanced efficiencies via a network of internal donor-acceptor heterojunctions. Science, 1995,270(5243): 1789-1791.
[63] Zhang L, Pei K, Yu M, Huang Y, Zhao H, Zeng M, Wang Y, Gao J. Theoretical investigations on donor-acceptor conjugated copolymers based on naphtho[1, 2-*c* ∶ 5, 6-*c*] bis [1, 2, 5] thiadiazole for organic solar cell applications. Journal of Physical Chemistry C, 2012, 116(50): 26154-26161.
[64] Roders M, Duong V V, Ayzner A L. Toward a better understanding of conjugated polymer blends with non-spherical small molecules: Coupling of molecular structure to polymer chain microstructure. Journal of Materials Research, 2017, 32(10): 1935-1945.
[65] Li G, Shrotriya V, Huang J, Yao Y, Moriarty T, Emery K, Yang Y. High-efficiency solution processable polymer photovoltaic cells by self-organization of polymer blends. World Scientific, 2011, 12(11): 80-84.
[66] Ayzner A L, Doan S C, Tremolet de Villers B, Schwartz B J. Ultrafast studies of exciton migration and polaron formation in sequentially solution-processed conjugated polymer/fullerene quasi-bilayer photovoltaics. Journal of Physical Chemistry Letters, 2012, 3(16): 2281-2287.
[67] Ro H W, Akgun B, O'Connor B T, Hammond M, Kline R J, Snyder C R, Satija S K, Ayzner A L, Toney M F, Soles C L. Poly(3-hexylthiophene) and [6, 6]-phenyl-C_{61}-butyric acid methyl ester mixing in organic solar cells. Macromolecules, 2012, 45(16): 6587-6599.
[68] Chen D, Liu F, Wang C, Nakahara A, Russell T P. Bulk heterojunction photovoltaic active layers

via bilayer interdiffusion. Nano Letters, 2011, 11(5): 2071-2078.
[69] Zhang Z, Feng L, Xu S, Yuan J, Zhang Z-G, Peng H, Li Y, Zou Y. Achieving over 10% efficiency in a new acceptor ITTC and its blends with hexafluoroquinoxaline based polymers. Journal of Materials Chemistry A, 2017, 5(22): 11286-11293.
[70] Kim J Y. Phase diagrams of binary low bandgap conjugated polymer solutions and blends. Macromolecules, 2019, 52(11): 4317-4328.
[71] Beljonne D, Cornil J, Muccioli L, Zannoni C, Brédas J-L, Castet F. Electronic processes at organic-organic interfaces: Insight from modeling and implications for opto-electronic devices. Chemistry of Materials, 2010, 23(3): 591-609.
[72] Ayzner A L, Nordlund D, Kim D-H, Bao Z, Toney M F. Ultrafast electron transfer at organic semiconductor interfaces: Importance of molecular orientation. Journal of Physical Chemistry Letters, 2014, 6(1): 6-12.
[73] Roders M, Pitch G M, Garcia-Vidales D, Ayzner A L. Influence of molecular excluded volume and connectivity on the nanoscale morphology of conjugated polymer/small molecule blends. Journal of Physical Chemistry C, 2018, 122(7): 3700-3708.
[74] Kim Y, Choulis S A, Nelson J, Bradley D D, Cook S, Durrant J R. Composition and annealing effects in polythiophene/fullerene solar cells. Journal of Materials Science, 2005,40(6):1371-1376.
[75] Cahn J W. Phase separation by spinodal decomposition in isotropic systems. Journal of Chemical Physics, 1965, 42(1): 93-99.
[76] Wolfer P, Schwenn P E, Pandey A K, Fang Y, Stingelin N, Burn P L, Meredith P. Identifying the optimum composition in organic solar cells comprising non-fullerene electron acceptors. Journal of Materials Chemistry A, 2013, 1(19): 5989-5995.
[77] Liang Q, Han J, Song C, Wang Z, Xin J, Yu X, Xie Z, Ma W, Liu J, Han Y. Tuning molecule diffusion to control the phase separation of the p-DTS$(FBTTh_2)_2$/EP-PDI blend system via thermal annealing. Journal of Materials Chemistry C, 2017, 5(27): 6842-6851.
[78] Liang Q, Han J, Song C, Yu X, Smilgies D M, Zhao K, Liu J, Han Y. Reducing the confinement of PBDB-T to ITIC to improve the crystallinity of PBDB-T/ITIC blends. Journal of Materials Chemistry A, 2018, 6(32): 15610-15620.
[79] Zhang Q, Chen Z, Ma W, Xie Z, Liu J, Yu X, Han Y. Efficient nonhalogenated solvent-processed ternary all-polymer solar cells with a favorable morphology enabled by two well-compatible donors. ACS Applied Materials & Interfaces, 2019, 11(35): 32200-32208.
[80] Liang Q, Jiao X, Yan Y, Xie Z, Lu G, Liu J, Han Y. Separating crystallization process of P3HT and O-IDTBR to construct highly crystalline interpenetrating network with optimized vertical phase separation. Advanced Functional Materials, 2019: 1807591.
[81] Gao S, Bu L, Zheng Z, Wang X, Wang W, Zhou L, Hou J, Lu G. Probing film-depth-related light harvesting in polymer solar cells via plasma etching. AIP Advances, 2017, 7(4): 045312.
[82] Chen C, Tang J, Gu Y, Liu L, Liu X, Deng L, Martins C, Sarmento B, Cui W, Chen L. Tissue regeneration: Bioinspired hydrogel electrospun fibers for spinal cord regeneration. Advanced Functional Materials, 2019, 29(4): 1970024.
[83] Vaynzof Y, Brenner T J K, Kabra D, Sirringhaus H, Friend R H. Compositional and morphological studies of polythiophene/polyflorene blends in inverted architecture hybrid solar cells. Advanced Functional Materials, 2012, 22(11): 2418-2424.
[84] Yang B, Baia Y, Zenga R, Zhaoa C, Zhanga B, Wang J, Hayatd T, Alsaedid A, Tan Z. Low-temperature *in-situ* preparation of ZnO electron extraction layer for efficient inverted polymer solar cells. Organic Electronics, 2019, 74 : 82-88.

[85] Li M, Liu J, Cao X, Zhou K, Zhao Q, Yu X, Xing R, Han Y. Achieving balanced intermixed and pure crystalline phases in PDI-based non-fullerene organic solar cells via selective solvent additives. Physical Chemistry Chemical Physics, 2014, 16(48): 26917-26928.
[86] Rajaram S, Armstrong P B, Kim B J, Fréchet J M. Effect of addition of a diblock copolymer on blend morphology and performance of poly(3-hexylthiophene): Perylene diimide solar cells. Chemistry of Materials, 2009, 21(9): 1775-1777.
[87] Zhao F, Wang C, Zhan X. Morphology control in organic solar cells. Advanced Energy Materials, 2018, 8(28): 1703147.
[88] Li W, Chen M, Zhang Z, Cai J, Zhang H, Gurney R S, Liu D, Yu J, Tang W, Wang T. Retarding the crystallization of a nonfullerene electron acceptor for high-performance polymer solar cells. Advanced Functional Materials, 2019, 29: 1807662.
[89] Guo X, Bu L, Zhao Y, Xie Z, Geng Y, Wang L. Controlled phase separation for efficient energy conversion in dye/polymer blend bulk heterojunction photovoltaic cells. Thin Solid Films, 2009, 517(16): 4654-4657.
[90] Sun J P, Hendsbee A D, Dobson A J, Welch G C, Hill I G. Perylene diimide based all small-molecule organic solar cells: Impact of branched-alkyl side chains on solubility, photophysics, self-assembly, and photovoltaic parameters. Organic Electronics, 2016, 35: 151-157.
[91] Rajaram S, Shivanna R, Kandappa S K, Narayan K. Nonplanar perylene diimides as potential alternatives to fullerenes in organic solar cells. Journal of Physical Chemistry Letters, 2012, 3(17): 2405-2408.
[92] Jiang W, Ye L, Li X, Xiao C, Tan F, Zhao W, Hou J, Wang Z. Bay-linked perylene bisimides as promising non-fullerene acceptors for organic solar cells. Chemical Communications, 2014, 50(8): 1024-1026.
[93] Hartnett P E, Timalsina A, Matte H R, Zhou N, Guo X, Zhao W, Facchettí A, Chang R P, Hersam M C, Wasielewski M R. Slip-stacked perylenediimides as an alternative strategy for high efficiency nonfullerene acceptors in organic photovoltaics. Journal of the American Chemical Society, 2014, 136(46): 16345-16356.
[94] Lin Y, Zhang Z-G, Bai H, Wang J, Yao Y, Li Y, Zhu D, Zhan X. High-performance fullerene-free polymer solar cells with 6.31% efficiency. Energy & Environmental Science, 2015, 8(2): 610-616.
[95] Mao Z, Senevirathna W, Liao J Y, Gu J, Kesava S V, Guo C, Gomez E D, Sauvé G. Azadipyrromethene-based Zn(Ⅱ)complexes as nonplanar conjugated electron acceptors for organic photovoltaics. Advanced Materials, 2014, 26(36): 6290-6294.
[96] Holliday S, Ashraf R S, Wadsworth A, Baran D, Yousaf S A, Nielsen C B, Tan C-H, Dimitrov S D, Shang Z, Gasparini N. High-efficiency and air-stable P3HT-based polymer solar cells with a new non-fullerene acceptor. Nature Communications, 2016,7:11585.
[97] Li G, Yao Y, Yang H, Shrotriya V, Yang G, Yang Y. "Solvent annealing" effect in polymer solar cells based on poly(3-hexylthiophene) and methanofullerenes. Advanced Functional Materials, 2007, 17(10): 1636-1644.
[98] Zhao Y, Xie Z, Qu Y, Geng Y, Wang L. Solvent-vapor treatment induced performance enhancement of poly (3-hexylthiophene) ： methanofullerene bulk-heterojunction photovoltaic cells. Applied Physics Letters, 2007, 90(4): 043504.
[99] Patil Y, Misra R, Keshtov M, Sharma G D. Small molecule carbazole-based diketopyrrolopyrroles with tetracyanobutadiene acceptor unit as a non-fullerene acceptor for bulk heterojunction organic solar cells. Journal of Materials Chemistry A, 2017, 5(7): 3311-3319.
[100] Zheng Y, Huang J, Wang G, Kong J, Huang D, Beromi M M, Hazari N, Taylor A D, Yu J. A

highly efficient polymer non-fullerene organic solar cell enhanced by introducing a small molecule as a crystallizing-agent. Materials Today, 2018, 21(1): 79-87.
[101] Li S, Zhan L, Zhao W, Zhang S, Ali B, Fu Z, Lau T K, Lu X, Shi M, Li C-Z. Revealing the effects of molecular packing on the performances of polymer solar cells based on A-D-C-D-A type non-fullerene acceptors. Journal of Materials Chemistry A, 2018, 6(25): 12132-12141.
[102] Zhao F, Dai S, Wu Y, Zhang Q, Wang J, Jiang L, Ling Q, Wei Z, Ma W, You W. Single-junction binary-blend nonfullerene polymer solar cells with 12.1% efficiency. Advanced Materials, 2017, 29(18): 1700144.
[103] Yang Y, Zhang Z G, Bin H, Chen S, Gao L, Xue L, Yang C, Li Y. Side-chain isomerization on an n-type organic semiconductor ITIC acceptor makes 11.77% high efficiency polymer solar cells. Journal of the American Chemical Society, 2016, 138(45): 15011-15018.
[104] Lan Y K, Huang C I. Charge mobility and transport behavior in the ordered and disordered states of the regioregular poly(3-hexylthiophene). Journal of Physical Chemistry B, 2009, 113(44): 14555-14564.
[105] Su G M, Pho T V, Eisenmenger N D, Wang C, Wudl F, Kramer E J, Chabinyc M L. Linking morphology and performance of organic solar cells based on decacyclene triimide acceptors. Journal of Materials Chemistry A, 2014, 2(6): 1781-1789.
[106] Bin H, Gao L, Zhang Z-G, Yang Y, Zhang Y, Zhang C, Chen S, Xue L, Yang C, Xiao M, Li Y. 11.4% Efficiency non-fullerene polymer solar cells with trialkylsilyl substituted 2D-conjugated polymer as donor. Nature Communications, 2016, 7: 13651.
[107] Yang L, Zhang S, He C, Zhang J, Yang Y, Zhu J, Cui Y, Zhao W, Zhang H, Zhang Y, Wei Z, Hou J. Modulating molecular orientation enables efficient nonfullerene small-molecule organic solar cells. Chemistry of Materials, 2018, 30(6): 2129-2134.
[108] Adil M A, Zhang J, Deng D, Wang Z, Yang Y, Wu Q, Wei Z. Modulation of the molecular orientation at the bulk heterojunction interface via tuning the small molecular donor-nonfullerene acceptor interactions. ACS Applied Materials & Interfaces, 2018, 10(37): 31526-31534.

索 引